高等学校公共基础课系列教材

大学物理（上册）

主　编　李艳辉

副主编　张艳艳　林正喆　崔志伟

周彩霞　杨　欢　李孟阳

主　审　郭立新　韩一平　李存志　白　璐

西安电子科技大学出版社

内 容 简 介

本书是西安电子科技大学教师根据多年教学经验和学生学习情况编写而成的教材。全书从培养高素质人才的基本要求出发，紧密结合新时代科技创新特征，力求在加强理论基础的同时，培养学生分析问题和解决问题的能力，培养学生的探索精神和创新意识。

本书分为8章，包括力学、光学和热学三部分内容。

本书可供工科各专业和理科、师范各非物理专业以及成人教育相关专业作为大学物理课程的教材，也可供自学者、物理爱好者使用。

图书在版编目（CIP）数据

大学物理. 上册 / 李艳辉主编. -- 西安 ：西安电子科技大学出版社，2025. 1. -- ISBN 978-7-5606-7542-8

Ⅰ. O4

中国国家版本馆 CIP 数据核字第 2025WE3232 号

策　　划　刘玉芳

责任编辑　刘玉芳

出版发行　西安电子科技大学出版社（西安市太白南路2号）

电　　话　(029) 88202421　88201467　　邮　　编　710071

网　　址　www.xduph.com　　电子邮箱　xdupfxb001@163.com

经　　销　新华书店

印刷单位　陕西天意印务有限责任公司

版　　次　2025年1月第1版　　2025年1月第1次印刷

开　　本　880毫米×1230毫米　1/16　　印张 17

字　　数　499千字

定　　价　68.00元

ISBN 978-7-5606-7542-8

XDUP 7843001-1

＊＊＊如有印装问题可调换＊＊＊

前　言

大学物理是高等学校理工科各专业学生的一门重要的通识性必修基础课。该课程在为学生系统地打好必要的物理基础、帮助学生树立科学的世界观、增强学生分析问题和解决问题的能力、培养学生的探索精神和创新意识等方面具有重要作用。打好物理基础不仅对学生在校学习起着十分重要的作用，而且对学生毕业后的工作和在工作中进一步学习新理论、新知识、新技术，不断更新知识都将产生深远的影响。

本书是编者根据多年的教学经验和学生的学习情况编写而成的。在编写过程中，编者注重在讲述物理基础理论的同时，训练和培养学生分析问题和解决问题的能力，并紧密结合新时代科技创新特征，介绍一些新科技的物理原理，以扩大学生的视野，培养其探索精神和创新意识。

为了帮助读者正确、深入、灵活、及时地掌握新的教学内容，提高学习效率，也为了帮助读者进一步培养科学思维方法，提高分析问题、解决问题的能力，书中编写了思考题、精选例题、应用型例题、科技专题和知识进阶。

(1) 思考题是与某节内容相关，与该节介绍的定理、定律、例题有紧密联系，引导读者深入分析的问题，涉及容易发生错误的物理概念，对相关内容的扩展，以及一些综合性或有复习性质的问题。

(2) 精选例题是一些较典型的并应该深入掌握的例题。本书中结合对这些例题的分析和求解，较详细地介绍了解题的一般思路和方法。为区分精选例题与一般例题，在精选例题前加了"★"标记。

(3) 应用型例题引导学生在学习过程中从实际问题出发，抽象出物理模型，旨在培养学生的探索精神和创新意识。

(4) 科技专题是为扩展新知识、新技术而补充的一般教材和教学中不可能深入介绍的一些重要物理基础知识，目的是使读者进一步了解国内外最新的科技成果。

(5) 知识进阶为物理学延伸学科的知识内容，供学有余力的学生了解学习。

(6) 本书还介绍了几位物理学家，他们在物理学方面的贡献具有划时代的重大意义。

本书的编写得到了西安电子科技大学物理学院教师的大力支持，在此深表谢意。同时也感谢物理学院的学生精心制作的"菲菲"形象插图。本书在编写过程中参考了若干现有教材和文献，在此向这些教材和文献的作者一并致谢。本书的出版还得到了西安电子科技大学教材建设基金资助项目的支持。

由于编者学识和教学经验有限，书中不当之处在所难免，恳请专家和读者批评指正。

编　者

2024 年 9 月

物理量的量纲和国际单位制

1. 物理量的量纲

量纲是物理学中的重要概念，它描述物理量在度量时的基本属性。为了定量地描述各种物理现象，需要引入一系列物理量，并通过物理量之间的关系来揭示自然规律。由于事物的尺寸、数量等特征本质上都是相对而言的，因此，为了准确衡量与比较不同物理量的大小，必须定义各自的量纲，以便对物理量的值进行标准化、相对化的描述。

物理量中存在着一些基本量。基本量是具有独立量纲的物理量。它们是物理量度量的基础，具有不可再分性。各种物理量之间通过描述基本自然规律的方程建立相互联系。因此，其它的非基本量可根据其定义或借助物理方程，用基本量进行表示。这些非基本量称为导出量。某物理量 Q 的量纲可用基本物理量量纲的幂次乘积表示为

$$\dim Q = \mathrm{A}^{\alpha}\mathrm{B}^{\beta}\mathrm{C}^{\gamma}\cdots$$

其中 A，B，C，…表示基本量 A，B，C，…的量纲。α，β，γ，…称为量纲指数。各个量纲指数都等于零的物理量称为无量纲量(量纲表示为 1)。只有量纲相同的物理量才能进行加减运算。一个等式两边的各个物理量量纲必须相同，故量纲可用于检验算式是否正确。

2. 国际单位制

本书采用国际单位制(SI)作为物理量的单位，分别是长度、时间、质量、电流、热力学温度、物质的量和发光强度这七个相互独立的基本物理量。其相应的基本单位为 m(米)、s(秒)、kg(千克)、A(安培)、K(开尔文)、mol(摩尔)、cd(坎德拉)，相应的量纲写作 L、T、M、I、Θ、N、J。下表列出了几种物理量的量纲。

物理量	量纲	物理量	量纲
速度	LT^{-1}	电场强度	$\mathrm{LMT}^{-3}\mathrm{I}^{-1}$
力	LMT^{-2}	磁感应强度	$\mathrm{MT}^{-2}\mathrm{I}^{-1}$
能量	$\mathrm{L}^{2}\mathrm{MT}^{-2}$	光强(能流密度)	MT^{-3}
热容	$\mathrm{L}^{2}\mathrm{MT}^{-2}\Theta^{-1}$	亮度	$\mathrm{L}^{-2}\mathrm{J}$
摩尔熵	$\mathrm{L}^{2}\mathrm{MT}^{-2}\Theta^{-1}\mathrm{N}^{-1}$	弧度	1

此外，还存在某些非标准单位。由于它们在某些情况下用于计量更加方便，故仍被保留使用，见下表。

名称	符号	数值
电子伏特	eV	$1.602176634\times10^{-19}$ J
原子质量单位	u	$1.66053906892(52)\times10^{-27}$ kg
电子的康普顿波长	λ_C	$2.42631023538(76)\times10^{-12}$ m

3. 国际单位制的词头

国际单位制中的词头加在某个单位之前，用于表示数量级（十进制中的倍数与分数单位）的缩写，见下表。

名　称	符号	代表的因数	名　称	符号	代表的因数
尧[它]（yotta）	Y	10^{24}	分（deci）	d	10^{-1}
泽[它]（zetta）	Z	10^{21}	厘（centi）	c	10^{-2}
艾[可萨]（exa）	E	10^{18}	毫（milli）	m	10^{-3}
拍[它]（peta）	P	10^{15}	微（micro）	μ	10^{-6}
太[拉]（tera）	T	10^{12}	纳[诺]（nano）	n	10^{-9}
吉[咖]（giga）	G	10^{9}	皮[可]（pico）	p	10^{-12}
兆（mega）	M	10^{6}	飞[母托]（femto）	f	10^{-15}
千（kilo）	k	10^{3}	阿[托]（atto）	a	10^{-18}
百（hecto）	h	10^{2}	仄[普托]（zepto）	z	10^{-21}
十（deca）	da	10^{1}	幺[科托]（yocto）	y	10^{-24}

4. 基本物理常数（国际物理和化学常量委员会（CODATA）2022 年的推荐值）

物理量	符　号	数　值
真空中光速	c	$299792458\ \mathrm{m\cdot s^{-1}}$
真空磁导率	μ_0	$4\pi\times10^{-7}=12.566370614\cdots\times10^{-7}\ \mathrm{N\cdot A^{-2}}$
真空电容率	ε_0	$8.854187817\cdots\times10^{-12}\ \mathrm{F\cdot m^{-1}}$
万有引力常数	G	$6.67430(15)\times10^{-11}\ \mathrm{m^3\cdot kg^{-1}\cdot s^{-2}}$
普朗克常数	h	$6.62607015\times10^{-34}\ \mathrm{J\cdot s}$
元电荷	e	$1.602176634\times10^{-19}\ \mathrm{C}$
磁通量子	Φ_0	$2.067833848\times10^{-15}\ \mathrm{Wb}$
玻尔磁子	μ_B	$9.2740100657(29)\times10^{-24}\ \mathrm{J\cdot T^{-1}}$
核磁子	μ_N	$5.0507837461\times10^{-27}\ \mathrm{J\cdot T^{-1}}$
里德伯常数	R_∞	$10973731.568160\ \mathrm{m^{-1}}$
玻尔半径	a_0	$5.29177210544(82)\times10^{-11}\ \mathrm{m}$
电子质量	m_e	$9.1093837139(28)\times10^{-31}\ \mathrm{kg}$
电子磁矩	μ_e	$-9.2847647043\times10^{-24}\ \mathrm{J\cdot T^{-1}}$
质子质量	m_p	$1.67262192595(52)\times10^{-27}\ \mathrm{kg}$
质子磁矩	μ_p	$1.41060679545(60)\times10^{-26}\ \mathrm{J\cdot T^{-1}}$
中子质量	m_n	$1.67492750056(85)\times10^{-27}\ \mathrm{kg}$
中子磁矩	μ_n	$-9.6623653(23)\times10^{-27}\ \mathrm{J\cdot T^{-1}}$
阿伏伽德罗常数	N_A	$6.02214076\times10^{23}\ \mathrm{mol^{-1}}$
摩尔气体常量	R	$8.314462618\ \mathrm{J\cdot mol^{-1}\cdot K^{-1}}$
玻耳兹曼常量	k	$1.380649\times10^{-23}\ \mathrm{J\cdot K^{-1}}$
斯特藩常量	σ	$5.670374419\times10^{-8}\ \mathrm{W\cdot m^{-2}\cdot K^{-4}}$

目　录

第 1 章　质点运动学

飞机能否被视为质点？其运动过程如何描述？

无论是宏观物体之间的相对移动(例如汽车在高速公路上的奔驰)，还是自然界中流体的流动(比如大气中的气流和河流的涌动)，或者是宇宙尺度上天体的自转与公转，都可以归为机械运动。运动学专注于从几何角度研究和描述这些机械运动，通过运动学的研究，可以回答许多实际问题：一架客机在跑道上必须行驶多长距离才能达到起飞速度？一颗棒球向上抛出后能够上升到多高的高度？当一只玻璃杯从手中滑落时，人们有多少时间可以接住它，以防它撞击到地面？

本章的内容将围绕质点运动学展开。首先，介绍运动学的基础概念，如质点、参考系以及坐标系，这些都是描述物体运动不可或缺的工具。接着探讨如何确定质点的具体位置，以及描述质点运动的基本物理量(位移、速度和加速度)，还将讨论平面曲线运动。通过这部分的学习，读者将掌握运动学参量的数学描述和运动学问题的数学分析方法(微分法、积分法)，这对理解日常运动现象及工程技术问题具有重要意义。最后介绍相对运动及参考系变换。

1.1 质点与参考系

1.1.1 质点

经典力学的研究内容是物体的机械运动，即宏观物体之间的相对位置变化，如各种交通工具的行驶、大气和河水的流动、天体的运行等。在研究机械运动时，物体的形状和大小是千差万别的。例如，人类自身的尺度为 m 量级，原子的尺度为 10^{-10} m 量级，恒星的尺度为 $10^{8}\sim10^{12}$ m 量级。在某些情况(如落体受到空气阻力)下，物体的形状和大小对其运动的影响较大；但在另一些情况下，形状和大小对物体运动的影响不大。如果研究的问题不涉及物体自身的转动和形变，则可以暂时忽略它们的形状和大小。

在物理学中，为了突出研究对象的主要性质而忽略次要因素，常常引入一些理想模型来代替实际系统。“质点”就是一个理想模型。质点模型忽略物体的形状和大小，把它们当作一个有质量但没有大小的点来处理。例如，人们常把单摆的摆球、在电场中运动的带电粒子等当作质点。对同一个物体，需根据所研究问题的情况确定是否可以看作质点。例如，在研究飞机的远距离飞行时可以将它看作质点，而在研究其姿态问题时就不能把它当作质点处理了。再如，地球的直径为 10^{6} m 量级，地球到太阳的距离为 10^{11} m 量级，因此在研究地球绕太阳运动时可将地球看作质点，而在研究地球自转时则不能将其处理为质点。

此外，当研究一些比较复杂的物体(如刚体、流体)运动时，虽然不能把整个体系看成质点，但在处理方法上可将其视为由大量质点组成的系统，在质点力学的基础上来研究这些系统的运动，这样就可以通过研究质点的运动规律来了解整个系统的运动规律。因此，研究质点的运动规律也是研究一般物体运动规律的基础。

1.1.2 参考系

力学首先描述物体的运动，然后研究物体运动的原因。人们对世间万物的描述都是相对的，如大小、多少、长短等。描述物体的运动也不例外。描述某物体的运动总是相对于另一些选定的参考物体而言的。例如，研究汽车的运动，常用街道、房屋或电线杆作参考物；观察轮船的航行，常用河岸上的树木、码头或灯塔作参考物。这些在研究物体运动时作为参照的物体(或彼此不作相对运动的物体群)，一般假定它是静止的，称为参考系。

参考系的选择对描述物体的运动具有重要意义。所选的参考系不同，对同一物体运动的描述就不同。例如，人站在运动着的船上，手中拿着一个物体，同船的人会认为它是静止的，而岸上的人看到它随船一起运动。如果船上的人松开手，则同船的人看到物体沿直线自由落下，而岸上的人看到物体作平抛运动。为什么对同一现象会观察到不同的结果呢？原因在于所选的参考系不同。船上的人以船为参考系，岸上的人以岸为参考系。

一般来说，仅仅研究物体运动时，只要描述方便，参考系可以任意选择。但是在考虑动力学问题时，选择参考系就要慎重了。因为力学规律(如牛顿定律)只对某类特定的参考系(惯性系)成立(见 2.1.2 节)。

1.1.3 确定质点位置的方法

在选定参考系之后，需把物体相对于参考系的位置精确、定量地表示出来。伽利略指出，数学是物理学的自然语言。确定质点相对参考系位置的数学方法，通常有以下几种。

1. 坐标法

在参考系上选择适当的坐标系可以方便地描述物体的位置。坐标系包括直角坐标系、极坐标系、球坐标系等。最常用的坐标系是直角坐标系。

如图 1.1 所示，建立一个固结在参考系 S 上的三维直角坐标系 $Oxyz$。设某时刻质点在 P 点，这样 P 点的位置就可以用直角坐标(x, y, z)来确定。例如，要描述室内物体的运动，可选地板的某一角为坐标原点，以墙壁和墙壁、墙壁和地板的交

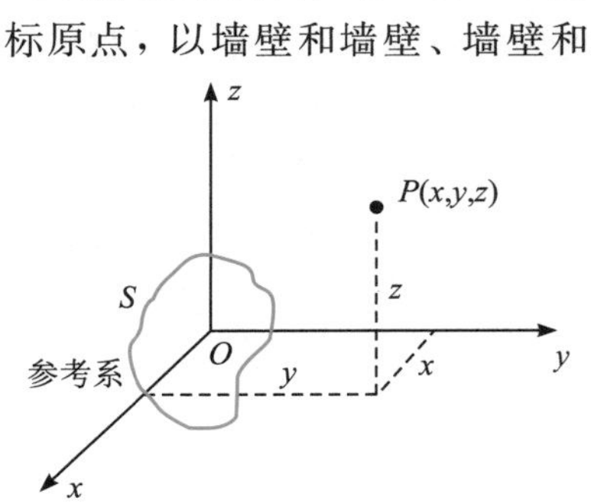

图 1.1

线为坐标轴，这就构成了一个直角坐标系。有时也选用极坐标系。例如研究地球的运动时，可以选以太阳为坐标原点，极轴指向某个方向的极坐标系。坐标系实质上是由实物构成的参考系的数学抽象。在讨论运动的一般性问题时，人们往往给出坐标系而不必具体地指明它所参照的物体。

若质点始终在一个平面上运动，则可在该平面上建立一个二维直角坐标系 Oxy，质点的位置可用两个坐标(x, y)来确定。最简单的情况是质点沿直线运动，这时可在该直线上建立一个坐标轴 Ox 轴。质点的位置只需用一个坐标 x 就可确定了。

2. 矢量法

在参考系中选定坐标系之后，可利用矢量表示质点的位置。如图 1.2 所示，在参考系 S 中选一点 O 作为参考点(坐标原点)。欲描述质点 M 的位置，需指出参考点到 M 所在位置的距离，还应指出质点相对于 O 点的方位，于是引入位置矢量(简称位矢)，即由参考点指向质点所在位置的矢量，如图 1.2 中的 $\boldsymbol{r}=\overrightarrow{OM}$ 所示。在各个时间下 $\boldsymbol{r}$ 的末端构成的集合为一条曲线，即质点 M 的运动轨迹。参考点 O 可以任意选择，但 O 点的选择不同，则对同一质点给出的 $\boldsymbol{r}$ 不同。

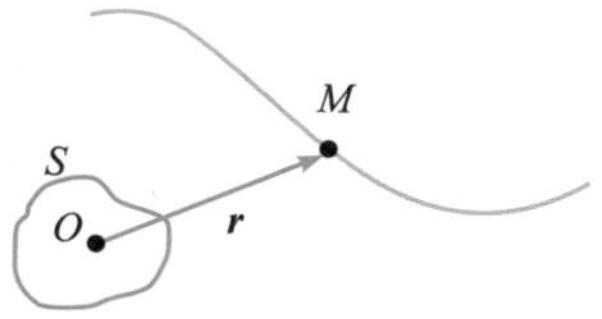

图 1.2

科技专题

用云室观测粒子的轨迹

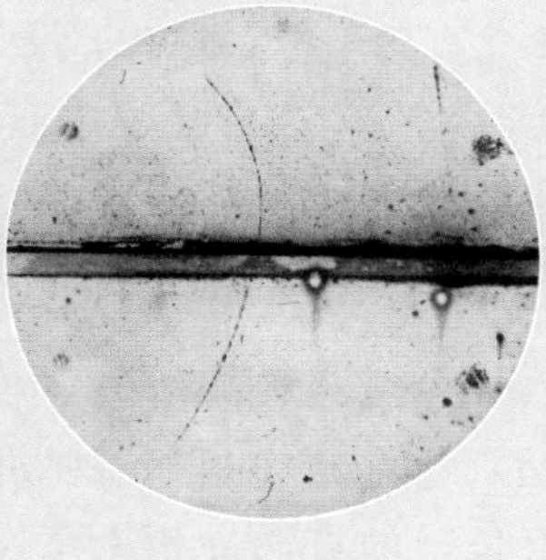

观察微观粒子的轨迹很困难。英国物理学家威尔逊(C. T. Wilson，1869—1959)发明了云室。他在 1895 年就开始设计使水蒸气冷凝形成云雾的设备并进行了大量实验，在 1911 年前后最终成型并用于实际观测。实验时，云室内充入饱和乙醇蒸气和空气，迅速移动活塞，容器内的气体绝热膨胀，温度急剧下降并达到过饱和状态。当带电粒子穿过云室时，在其经过的路径上产生离子，使过饱和蒸气以离子为核心凝结成液滴，从而记录下带电粒子的轨迹。右图为通过云室显示的正负电子在均匀磁场中的运动轨迹。在适当的光照下，这些小液滴对光有散射作用，可以通过玻璃窗观察到白亮的粒子径迹。另外还有一种气泡室，其中装有过热液体，当带电粒子穿过并使原子电离后，形成由气泡组成的轨迹。

3. 自然法

在某些情况下，质点相对参考系的运动轨迹是已知的。例如，过山车的轨道是固定的，相对于地面来说其轨迹是已知的。在这种情况下，可以采用如下的方法确定质点的位置：如图 1.3 所示，首先在已知的运动轨迹上任选一固定点 O，然后从 O 点起，规定 s 等于沿轨迹的某一方向(如向右)量得的曲线长度，这个方向称为自然坐标的正方向；反之为负方向，s 等于量得曲线长度的负值。这样质点在轨迹上的位置就可以用 s 唯一地确定，这种确定质点位置的方法称为自然法。O 点称为自然坐标的原点，s 称为自然坐标。s 和直角坐标 x，y，z 一样是代数量，其大小反映了质点与原点之间的曲线距离，其正负表明这个曲线距离是从轨迹上 O 点起沿哪个方向量得的。

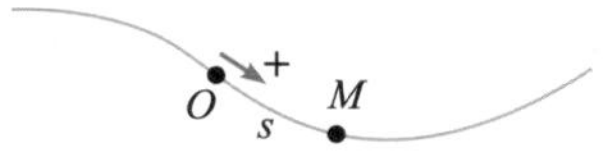

图 1.3

1.1.4　运动学方程

当质点相对于参考系运动时，其坐标随时间 t 变化，坐标是 t 的单值连续函数。这种函数关系从数学上确定了在选定的参考系中质点相对于坐标系的位置随时间变化的关系，称为质点运动学方程。掌握了质点运动学方程，可以确定质点在任意时刻的位置和质点的运动轨迹。此外，利用已知的质点运动学方程，还可以确定质点在任意时刻的速度和加速度等。根据具体条件确定质点运动学方程，是研究质点运动学的一个重要环节。

当用直角坐标(x, y, z)表示质点的位置时，有

$$\begin{cases} x=x(t) \\ y=y(t) \\ z=z(t) \end{cases}$$

当用位矢表示质点的位置时，有

$$\boldsymbol{r}=\boldsymbol{r}(t)$$

当用自然坐标s表示质点的位置时，有

$$s=s(t)$$

上述方程从数学上确定了质点相对于参考系的位置随时间变化的关系，称为质点运动学方程。质点运动学方程可确定质点在任意时刻的位置，也就知道了质点的运动轨迹。将质点运动学方程中的时间t消去，可得到描写质点轨迹几何形状的方程，通常称之为质点轨迹方程。

【例 1.1】 质点以半径r作匀速率圆周运动，角速度为ω，分别用直角坐标和自然坐标表示质点的运动学方程。

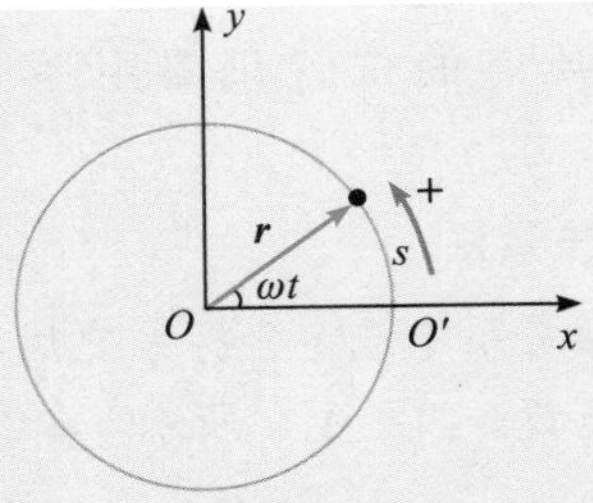

例 1.1 图

解 如例 1.1 图所示，以圆心O为坐标原点建立直角坐标系Oxy。设x轴与圆轨道的交点为O'。取质点经过O'点的时刻为起始时刻$t=0$。在任意t时刻，质点位矢与x轴的夹角为ωt。用直角坐标表示的运动学方程为

$$\begin{cases} x=r\cos\omega t \\ y=r\sin\omega t \end{cases}$$

取O'点为自然坐标原点，逆时针为自然坐标正方向。用自然坐标表示的运动学方程为

$$s=r\omega t$$

【例 1.2】 如例 1.2 图所示，有两根相互垂直的长臂CB和AD，其长度可根据需要进行调整。滑动杆(AB)的两端可在两根长臂的直线导槽上滑动，并带有一个用于固定笔的夹持器M。已知滑动杆的倾角$\varphi=\omega t$随时间变化，其中ω为常量。试求杆上M点的运动学方程和轨迹方程。

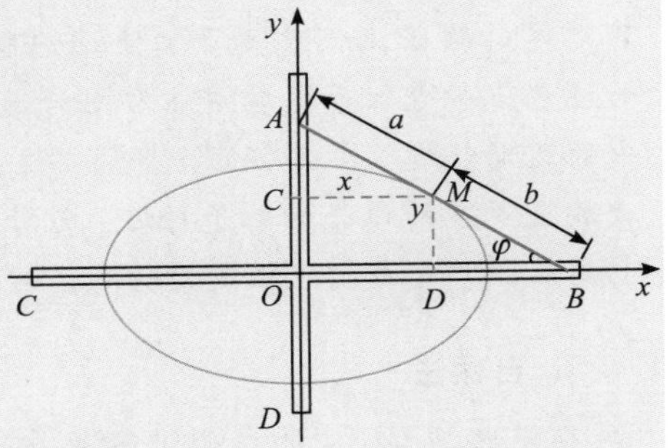

例 1.2 图

解 如例 1.2 图所示，沿固定导槽作直角坐标系Oxy。设$\overline{AM}=a$，$\overline{BM}=b$，则M点的坐标为

$$x=a\cos\varphi=a\cos\omega t$$

$$y=b\sin\varphi=b\sin\omega t$$

这就是用直角坐标表示的M点的运动学方程。

为了求M点的轨迹，从运动学方程中消去t，可得

$$\frac{x^2}{a^2}+\frac{y^2}{b^2}=1$$

即M点的轨迹是一椭圆。椭圆的中心在坐标原点，半轴长度分别为a、b。椭圆规是一种用于绘制椭圆形的绘图工具。它根据以上原理制作，可用于精确地画出各种尺寸和比例的椭圆。其两臂长度可根据需要进行调整。

思　考　题

1. 质点的定义是什么？为什么在某些情况下可以将物体简化为质点？
2. 在给定的参考系下，如何描述质点的运动？
3. 什么是坐标系？为什么要建立坐标系？
4. 举例说明，在描述哪些类型的运动时，需要建立什么样的坐标系？如何选择合适的坐标系来简化问题？

1.2　位移、速度与加速度

1.2.1　位移

1. 位移

质点运动时，其位置将随时间变化。在一段时间内，质点位置矢量的增量称为位移。如图 1.4 所示，质点沿轨迹作曲线运动。在 t 时刻质点位于 P 点，位矢为 $\boldsymbol{r}(t)$。在 $t+\Delta t$ 时刻质点位于 Q 点，位矢为 $\boldsymbol{r}(t+\Delta t)$。在时间间隔 Δt 内，质点位置的变化可由 P 点指向 Q 点的矢量 $\overrightarrow{PQ}$ 来描述。$\overrightarrow{PQ}$ 的大小等于 P 点与 Q 点之间的直线距离，方向由起点 P 指向终点 Q。矢量 $\overrightarrow{PQ}$ 称为质点在时间 Δt 内的位移。由图 1.4 可知

$$\overrightarrow{PQ}=\boldsymbol{r}(t+\Delta t)-\boldsymbol{r}(t)=\Delta\boldsymbol{r} \tag{1.1}$$

即质点在某一时间内的位移等于同一时间内其位矢的增量。

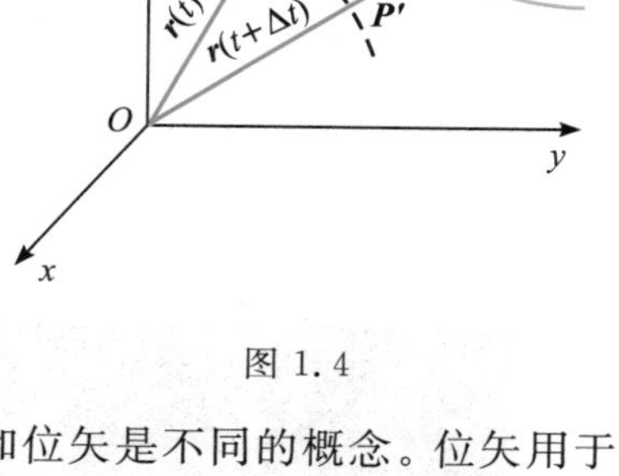

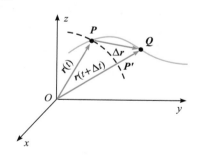

图 1.4

位移和位矢是不同的概念。位矢用于确定某一时刻质点的位置，而位移则描述了质点在某段时间内位置的变化。需要注意的是，位矢依赖于所选的坐标系，而位移则与坐标系的选择无关。读者可以通过自己绘制图形来验证这一点。位移只反映质点在一段时间内位置的改变，并不包含位置变化过程的细节信息。由图 1.4 可以看出，位移 $\Delta\boldsymbol{r}$ 的大小等于线段 PQ 的长度，但质点并非沿直线从 P 移动到 Q。

需要注意的是，在某段时间内，位移 $\Delta\boldsymbol{r}$ 的大小 $|\Delta\boldsymbol{r}|$ 与位矢大小的改变 Δr 往往是不相等的。位矢大小的改变表示为

$$\Delta r=|\boldsymbol{r}(t+\Delta t)|-|\boldsymbol{r}(t)| \tag{1.2}$$

在图 1.4 中，以 O 为圆心、以 $\boldsymbol{r}(t)$ 的长度为半径作圆弧，与 $\boldsymbol{r}(t+\Delta t)$ 相交于 P' 点，$P'Q$ 即为 Δr。位移的大小 $|\Delta\boldsymbol{r}|$ 等于线段 PQ 的长度。可以看出，$|\Delta\boldsymbol{r}|$ 和 Δr 往往是不相等的。例如，质点作圆周运动时，在一段时间内位移 $\Delta\boldsymbol{r}$ 不为零，而 Δr 始终为零。

位矢的这一性质对其他矢量也是成立的，即在某段时间内，矢量 $\boldsymbol{A}$ 增量的大小 $|\Delta\boldsymbol{A}|$ 与该矢量大小的增量 ΔA 往往不相等。这个结论是常常要用到的。初学者对此经常容易搞错，故特别加以说明。

2. 路程

运动质点在 Δt 内所经过的实际路径的长度称为路程，通常用 Δs 表示。路程与位移不一样，两者的区别主要有两点：其一，路程是标量，而位移是矢量。其二，路程准确地描述了质点实际运动的长度，却不能指出质点位置变化后的最终位置；位移虽只描述了质点运动位置变化的量值，但能指出质点位置变化后的最终位置。一般情况下，在一段时间 Δt 内，质点位移的大小 $|\Delta\boldsymbol{r}|$ 和质点走过的路程 Δs 往往是不相等的。例如，一质点沿直线从 A 点运动到 B 点，再沿直线返回 A 点。路程 Δs 等于线段 AB 的长度的 2 倍，而位移 $\Delta\boldsymbol{r}$ 为 0。在图 1.4 中，$|\Delta\boldsymbol{r}|$ 等于线段 PQ 的长度，而 Δs 为弧线 PQ 的长度。不过在时间间隔无限趋于 0 的情况下，二者无限接近，即

$$\lim_{\Delta t\to 0}\frac{|\Delta\boldsymbol{r}|}{\Delta s}=1 \tag{1.3}$$

也就是

$$\frac{|\mathrm{d}\boldsymbol{r}|}{\mathrm{d}s}=1 \tag{1.4}$$

但是要注意，在大多数情况下，$|\mathrm{d}\boldsymbol{r}|=\mathrm{d}s\neq \mathrm{d}r$。

1.2.2 速度

速度是描述质点位置变化快慢的物理量。中学时学过速度和速率的概念，当时没有微积分的工具，主要学习的是平均速度和平均速率。这里要进一步过渡到精确、瞬时的速度和速率的概念。下面先回顾一下平均速度的定义，然后建立瞬时速度的概念。

1. 平均速度

质点沿任一轨迹运动，在时间 Δt 内的位移为 $\Delta\boldsymbol{r}$，那么质点所发生的位移 $\Delta\boldsymbol{r}$ 与所经历时间 Δt 之比定义为该段时间内质点的平均速度，即

$$\bar{\boldsymbol{v}}=\frac{\Delta\boldsymbol{r}}{\Delta t} \tag{1.5}$$

平均速度是矢量，其大小 $|\bar{\boldsymbol{v}}|=\frac{|\Delta\boldsymbol{r}|}{\Delta t}$，其方向与位移 $\Delta\boldsymbol{r}$ 的方向相同。它表示在时间 Δt 内位矢 $\boldsymbol{r}$ 的平均变化率。显然，在大多数时候 $|\bar{\boldsymbol{v}}|\neq\frac{|\Delta r|}{\Delta t}$。在一段时间 Δt 内，将质点所走过路程的平均变化率定义为平均速率，即 $\bar{v}=\frac{\Delta s}{\Delta t}$，且 $|\bar{\boldsymbol{v}}|\neq\bar{v}$。注意区分平均速度和平均速率这两个不同的概念。

2. 瞬时速度

平均速度只能粗略地反映 Δt 时间内质点位置变化的快慢和方向，当时间间隔 Δt 无限减小并趋近于零，即 $\Delta t\to 0$ 时，质点的平均速度就会趋于一个确定的极限矢量(见图 1.5)，通常称之为质点在 t 时刻的瞬时速度，简称速度，即

$$\boldsymbol{v}=\lim_{\Delta t\to 0}\bar{\boldsymbol{v}}=\lim_{\Delta t\to 0}\frac{\Delta\boldsymbol{r}}{\Delta t}=\frac{\mathrm{d}\boldsymbol{r}}{\mathrm{d}t} \tag{1.6}$$

速度等于位矢对时间的一阶导数。可见，知道了位矢随时间的变化关系 $\boldsymbol{r}=\boldsymbol{r}(t)$，就可以求出质点的速度。速度是矢量，可精确地描述质点运动状态，其大小反映了 t 时刻质点运动的快慢，其方向为 t 时刻质点运动的方向。

由速度的定义式可知，t 时刻质点速度的方向就是当 $\Delta t\to 0$ 时平均速度的极限方向。由图 1.5 可以看出，当 $\Delta t\to 0$ 时，Q 点将无限趋近于 P 点，平均速度 $\bar{\boldsymbol{v}}$ 将和轨迹上 P 点处的切线重合，并指向运动方向。也就是说，速度 $\boldsymbol{v}$ 总是沿着质点所在位置的轨迹的切线，指向质点运动的方向。质点在作曲线运动时，速度沿轨迹的切线方向。

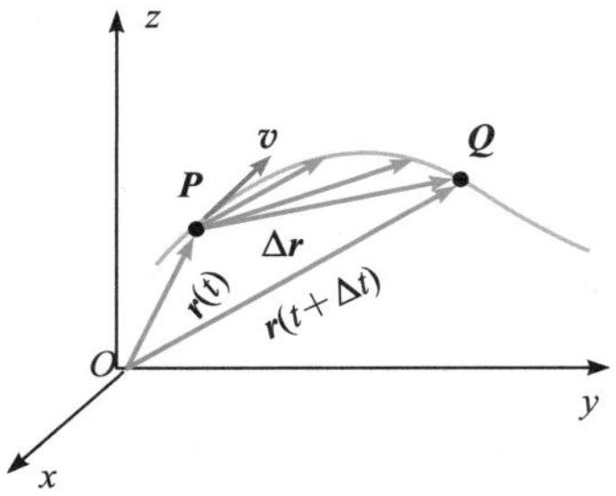

图 1.5

速度的大小 $v=\frac{|\mathrm{d}\boldsymbol{r}|}{\mathrm{d}t}=\frac{\mathrm{d}s}{\mathrm{d}t}$ 称为速率。一般情况下，$v\neq\frac{|\mathrm{d}r|}{\mathrm{d}t}$。例如，质点在圆周运动中，$\frac{\mathrm{d}r}{\mathrm{d}t}=0$，而 $v\neq 0$。可见速度和速率是两个不同的概念。日常生活中经常说的“汽车的速度”“火箭的速度”等，其实指的是“汽车的速率”“火箭的速率”。

科技专题

罗默测定光速

在几百年前，人们对光速存在着两种不同的观点。有人认为光速是无限的，也有人认为光速有限的，只是特别快而已。这两种观点争论了很长一段时间。直到 1676 年，天文学者奥勒·罗默(Ole Roemer，1644—1710)利用“木卫一蚀”的天文现象，证明了光速其实是有限的。

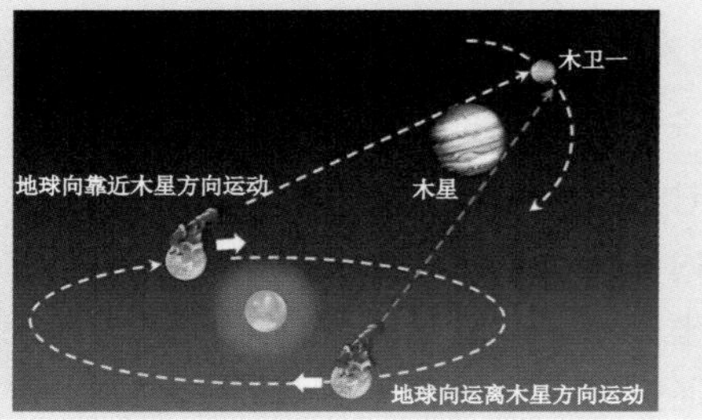

木卫一是最靠近木星的一颗卫星。木卫一每 42.5 小时绕木星公转一次。其轨道平面与木星绕太阳的轨道平面非常接近，

因此会周期性地进入和离开木星的阴影，产生“木卫一蚀”现象。罗默在巴黎天文台工作时，通过长期观测木卫一蚀的精确时间，发现了木卫一消失和出现的时间与预期存在偏差。当地球在公转轨道上远离木星运动时，木卫一出现的时间比预期晚；而当地球接近木星时，木卫一出现的时间则比预期早。这种偏差随着地球与木星之间距离的变化而周期性出现。罗默认为，这种偏差是由于光波传播速度有限造成的。当地球与木星之间的距离变化时，光波传播到地球所需的时间也会相应变化，从而导致观测到的木卫一蚀的时间出现偏差。罗默通过测量这种偏差的大小，并结合地球与木星之间的相对位置变化，估计出了光速的大致数值。虽然这一数值比现代测量值低了约 26%，但已经是物理学史上的重要突破。

罗默测定光速是物理学史上第一次测量出光速的近似值，对于人类认识光的本质具有重要意义。他的工作不仅推动了光学和天文学的发展，也为后来的物理学研究奠定了坚实的基础。

1.2.3　加速度

质点运动时，速度大小和方向都可能随时间变化，因此，对质点的运动仅知道速度是不够的，通常还需要研究其速度变化的快慢和方向。加速度就是描述速度变化情况的物理量。

1. 平均加速度

如图 1.6(a)所示，设质点沿轨迹作曲线运动。在时刻 t，质点位于 P 点，速度为 $\boldsymbol{v}(t)$，在时刻 $t+\Delta t$，质点位于 Q 点，速度为 $\boldsymbol{v}(t+\Delta t)$。$\Delta t$ 内速度的增量 $\Delta\boldsymbol{v}=\boldsymbol{v}(t+\Delta t)-\boldsymbol{v}(t)$表示该段时间内速度的变化(如图 1.6(b))所示)。

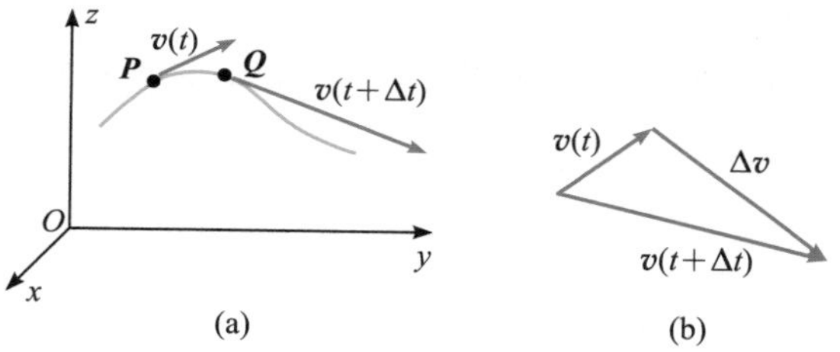

图 1.6

质点速度增量 $\Delta\boldsymbol{v}$ 与其所经历的时间 Δt 之比，称为这一段时间内质点的平均加速度，即

$$\bar{\boldsymbol{a}}=\frac{\Delta\boldsymbol{v}}{\Delta t} \tag{1.7}$$

平均加速度是矢量，其大小为$|\bar{\boldsymbol{a}}|=\frac{|\Delta\boldsymbol{v}|}{\Delta t}$，其方向与速度增量的方向相同。平均加速度表示在时间 Δt 内质点速度随时间的平均变化率，它只能对质点速度随时间变化的情况作粗略的描述。需要注意的是，不可以用速率的增量来表示平均加速度的大小；在大多数时候$|\bar{\boldsymbol{a}}|\neq\frac{|\Delta v|}{\Delta t}$。

2. 瞬时加速度

平均加速度只是近似地描述了 Δt 时间内质点速度变化的快慢和方向。同样地，当 Δt 越小时，其对质点速度变化情况描述得就越精确。当时间间隔 Δt 无限减小并趋近于零，即 $\Delta t\to 0$ 时，质点的平均加速度就会趋近于一个确定的极限矢量。这个极限矢量称为 t 时刻的瞬时加速度，简称加速度，即

$$\boldsymbol{a}=\lim_{\Delta t\to 0}\bar{\boldsymbol{a}}=\lim_{\Delta t\to 0}\frac{\Delta\boldsymbol{v}}{\Delta t}=\frac{\mathrm{d}\boldsymbol{v}}{\mathrm{d}t} \tag{1.8}$$

考虑到 $\boldsymbol{v}=\frac{\mathrm{d}\boldsymbol{r}}{\mathrm{d}t}$，加速度还可以表示为

$$\boldsymbol{a}=\frac{\mathrm{d}^2\boldsymbol{r}}{\mathrm{d}t^2} \tag{1.9}$$

即加速度等于速度对时间的一阶导数，或位矢对时间的二阶导数。根据 $\boldsymbol{v}=\boldsymbol{v}(t)$或 $\boldsymbol{r}=\boldsymbol{r}(t)$，可得质点的加速度。

加速度是矢量，可精确描述质点速度的变化情况，其方向就是当 $\Delta t\to 0$ 时平均加速度的极限方向。在直线运动中，$\boldsymbol{a}$ 与 $\boldsymbol{v}$ 同向，质点做加速运动；反之，质点做减速运动。在曲线运动中，加速度 $\boldsymbol{a}$ 的方向总是指向轨迹的凹侧，与同一时刻速度的方向一般是不同的。加速度的大小为 $a=\frac{|\mathrm{d}\boldsymbol{v}|}{\mathrm{d}t}$。一般来说，$a\neq\frac{|\mathrm{d}v|}{\mathrm{d}t}$。

思　考　题

1. 汽车的速度表测量的是速度还是速率？请解释。

2. 一个物体被垂直向上抛出且不受空气阻力，那么它在最高点停止运动时，为什么仍然可能具有加速度？

3. 做直线运动的物体其位矢方向是不是保持不变？

4. 参考点的选择不同，是不是位移也不同？

1.3 直角坐标系中的运动学矢量

1.3.1 用直角坐标系表示位矢和位移

在实际应用中，常选定某个坐标系将矢量具体表示出来。如图 1.7 所示，在参考系中选定坐标原点 O 并建立直角坐标系 $Oxyz$。空间中某点 P 的直角坐标(x, y, z)即位矢 $\boldsymbol{r}$ 沿坐标轴 x, y, z 轴的投影。用 $\boldsymbol{i}$, $\boldsymbol{j}$, $\boldsymbol{k}$ 分别表示沿 x, y, z 三个坐标轴正方向的单位矢量，则位矢为

$$\boldsymbol{r}=x\boldsymbol{i}+y\boldsymbol{j}+z\boldsymbol{k} \tag{1.10}$$

位矢的大小为

$$r=\sqrt{x^2+y^2+z^2} \tag{1.11}$$

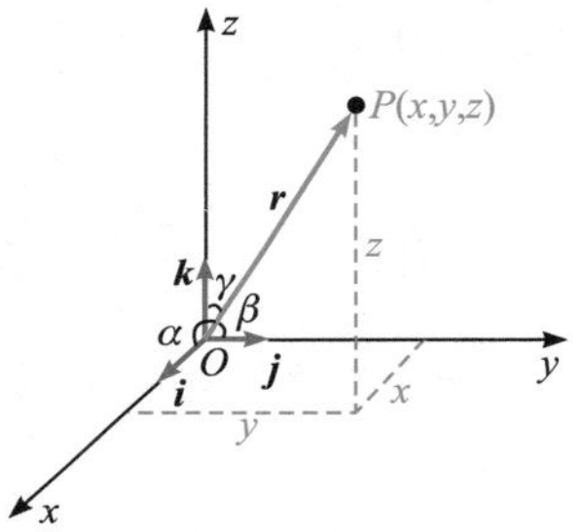

图 1.7

若已知用直角坐标系表示的质点运动学方程 $x=x(t)$, $y=y(t)$, $z=z(t)$，亦可将运动方程写为矢量形式 $\boldsymbol{r}=x(t)\boldsymbol{i}+y(t)\boldsymbol{j}+z(t)\boldsymbol{k}$。令 α, β, γ 分别表示 $\boldsymbol{r}$ 与 x, y, z 三个坐标轴的夹角，则位矢的方向余弦为

$$\begin{cases}\cos\alpha=\dfrac{x}{r}\\ \cos\beta=\dfrac{y}{r}\\ \cos\gamma=\dfrac{z}{r}\end{cases} \tag{1.12}$$

设在 t 时刻，质点的位矢为 $\boldsymbol{r}(t)=x(t)\boldsymbol{i}+y(t)\boldsymbol{j}+z(t)\boldsymbol{k}$。在 $t+\Delta t$ 时刻，质点的位矢为 $\boldsymbol{r}(t+\Delta t)=x(t+\Delta t)\boldsymbol{i}+y(t+\Delta t)\boldsymbol{j}+z(t+\Delta t)\boldsymbol{k}$，则在 Δt 时间段内，质点的位移为

$$\begin{aligned}\Delta\boldsymbol{r}&=\boldsymbol{r}(t+\Delta t)-\boldsymbol{r}(t)\\&=\Delta x\boldsymbol{i}+\Delta y\boldsymbol{j}+\Delta z\boldsymbol{k}\end{aligned} \tag{1.13}$$

其中，$\Delta x=x(t+\Delta t)-x(t)$，$\Delta y=y(t+\Delta t)-y(t)$，$\Delta z=z(t+\Delta t)-z(t)$。

1.3.2 用直角坐标系表示速度

根据速度的定义，有

$$\boldsymbol{v}=\frac{\mathrm{d}\boldsymbol{r}}{\mathrm{d}t}=\frac{\mathrm{d}}{\mathrm{d}t}(x\boldsymbol{i}+y\boldsymbol{j}+z\boldsymbol{k}) \tag{1.14}$$

考虑到直角坐标系是一种固定坐标系，其单位矢量 $\boldsymbol{i}$, $\boldsymbol{j}$, $\boldsymbol{k}$ 是恒定的，它们的大小和方向都不随时间变化，即$\dfrac{\mathrm{d}\boldsymbol{i}}{\mathrm{d}t}=\boldsymbol{0}$，$\dfrac{\mathrm{d}\boldsymbol{j}}{\mathrm{d}t}=\boldsymbol{0}$，$\dfrac{\mathrm{d}\boldsymbol{k}}{\mathrm{d}t}=\boldsymbol{0}$，故有

$$\boldsymbol{v}=\frac{\mathrm{d}x}{\mathrm{d}t}\boldsymbol{i}+\frac{\mathrm{d}y}{\mathrm{d}t}\boldsymbol{j}+\frac{\mathrm{d}z}{\mathrm{d}t}\boldsymbol{k} \tag{1.15}$$

用 v_x, v_y, v_z 分别表示速度沿坐标轴 x, y, z 方向的投影，则有 $v_x=\dfrac{\mathrm{d}x}{\mathrm{d}t}$，$v_y=\dfrac{\mathrm{d}y}{\mathrm{d}t}$，$v_z=\dfrac{\mathrm{d}z}{\mathrm{d}t}$，即速度沿直角坐标系中某一坐标轴的投影，等于质点对应该轴的坐标对时间的一阶导数。速度的大小可表示为

$$\begin{aligned}v&=\sqrt{\left(\frac{\mathrm{d}x}{\mathrm{d}t}\right)^2+\left(\frac{\mathrm{d}y}{\mathrm{d}t}\right)^2+\left(\frac{\mathrm{d}z}{\mathrm{d}t}\right)^2}\\&=\sqrt{v_x^2+v_y^2+v_z^2}\end{aligned} \tag{1.16}$$

速度的方向余弦为

$$\begin{cases}\cos\alpha=\dfrac{v_x}{v}\\ \cos\beta=\dfrac{v_y}{v}\\ \cos\gamma=\dfrac{v_z}{v}\end{cases}$$

如果已知用直角坐标系表示的质点运动学方程 $x=x(t)$, $y=y(t)$, $z=z(t)$，就可以求出质点在任意时刻速度的大小和方向。使用直角坐标系的方便之处在于其单位矢量恒定，对某个矢量求导不需考虑单位矢量的改变。但是在其他的一些曲线坐标系(如极坐标系)中，单位矢量不具有这种性质，对矢量求导需考虑单位矢量方向的改变。

★【例 1.3】 质点在二维平面上运动。已知该质点的运动方程为 $\boldsymbol{r}(t)=3t^2\boldsymbol{i}+4t^3\boldsymbol{j}$，$\boldsymbol{r}$ 的单位为 m，t 的单位为 s，求：

（1）速度矢量及其直角坐标分量表达式；

（2）$t_1=1$ s 和 $t_2=2$ s 两个时刻的速度；

（3）从 $t_1=1$ s 到 $t_2=2$ s 时间段内的平均速度。

解 （1）$\boldsymbol{v}=\dfrac{\mathrm{d}\boldsymbol{r}}{\mathrm{d}t}=6t\boldsymbol{i}+12t^2\boldsymbol{j}$ m/s，$v_x=6t$ m/s，$v_y=12t^2$ m/s。

（2）根据(1)的结果，代入时间后，得

$$\boldsymbol{v}(t_1)=6\boldsymbol{i}+12\boldsymbol{j}\ \text{m/s}$$

$$\boldsymbol{v}(t_2)=12\boldsymbol{i}+48\boldsymbol{j}\ \text{m/s}$$

（3）根据运动方程得

$$\boldsymbol{r}(t_1)=3\boldsymbol{i}+4\boldsymbol{j}\ \text{m}$$

$$\boldsymbol{r}(t_2)=12\boldsymbol{i}+32\boldsymbol{j}\ \text{m}$$

位移为

$$\Delta\boldsymbol{r}=\boldsymbol{r}(t_2)-\boldsymbol{r}(t_1)=9\boldsymbol{i}+28\boldsymbol{j}\ \text{m}$$

时间间隔为

$$\Delta t=t_2-t_1=1\ \text{s}$$

平均速度为

$$\bar{\boldsymbol{v}}=\frac{\Delta\boldsymbol{r}}{\Delta t}=9\boldsymbol{i}+28\boldsymbol{j}\ \text{m/s}$$

1.3.3 用直角坐标系表示加速度

根据加速度的定义，可得

$$\boldsymbol{a}=\frac{\mathrm{d}v_x}{\mathrm{d}t}\boldsymbol{i}+\frac{\mathrm{d}v_y}{\mathrm{d}t}\boldsymbol{j}+\frac{\mathrm{d}v_z}{\mathrm{d}t}\boldsymbol{k}\tag{1.17}$$

或者

$$\boldsymbol{a}=\frac{\mathrm{d}^2x}{\mathrm{d}t^2}\boldsymbol{i}+\frac{\mathrm{d}^2y}{\mathrm{d}t^2}\boldsymbol{j}+\frac{\mathrm{d}^2z}{\mathrm{d}t^2}\boldsymbol{k}\tag{1.18}$$

也就是说，加速度在直角坐标系 x，y，z 方向的分量分别为 $a_x=\dfrac{\mathrm{d}v_x}{\mathrm{d}t}=\dfrac{\mathrm{d}^2x}{\mathrm{d}t^2}$，$a_y=\dfrac{\mathrm{d}v_y}{\mathrm{d}t}=\dfrac{\mathrm{d}^2y}{\mathrm{d}t^2}$，$a_z=\dfrac{\mathrm{d}v_z}{\mathrm{d}t}=\dfrac{\mathrm{d}^2z}{\mathrm{d}t^2}$，即加速度沿直角坐标系中某一坐标轴的投影，等于速度沿该坐标轴的投影对时间的一阶导数，或等于质点在此轴上的坐标对时间的二阶导数。加速度的大小可表示为

$$\begin{aligned}a&=\sqrt{a_x^2+a_y^2+a_z^2}\\&=\sqrt{\left(\frac{\mathrm{d}v_x}{\mathrm{d}t}\right)^2+\left(\frac{\mathrm{d}v_y}{\mathrm{d}t}\right)^2+\left(\frac{\mathrm{d}v_z}{\mathrm{d}t}\right)^2}\\&=\sqrt{\left(\frac{\mathrm{d}^2x}{\mathrm{d}t^2}\right)^2+\left(\frac{\mathrm{d}^2y}{\mathrm{d}t^2}\right)^2+\left(\frac{\mathrm{d}^2z}{\mathrm{d}t^2}\right)^2}\end{aligned}\tag{1.19}$$

加速度的方向余弦为

$$\begin{cases}\cos\alpha=\dfrac{a_x}{a}\\[2mm]\cos\beta=\dfrac{a_y}{a}\\[2mm]\cos\gamma=\dfrac{a_z}{a}\end{cases}$$

如果已知用直角坐标系表示的质点运动学方程 $x=x(t)$，$y=y(t)$，$z=z(t)$，或者速度作为时间的函数 $v_x=v_x(t)$，$v_y=v_y(t)$，$v_z=v_z(t)$，就可以求出质点在任意时刻加速度的大小和方向。

★【例 1.4】 一质点以角速度 ω 作匀速率圆周运动，圆周半径为 r。求质点的速度和加速度。

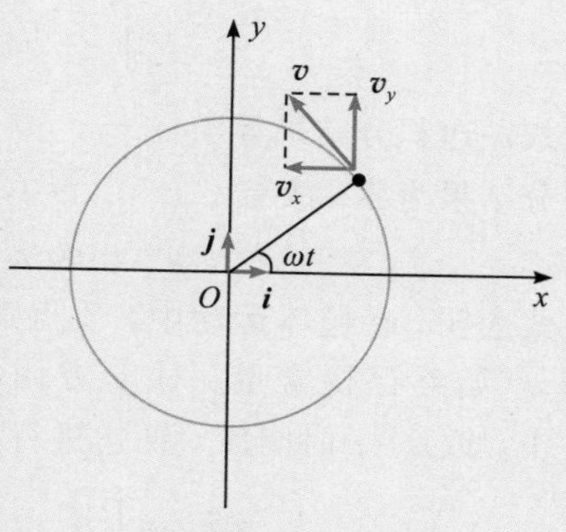

例 1.4 图

解 如例1.4图所示，以圆心O为原点建立直角坐标系Oxy。设$t=0$时，质点位于x轴与圆周的交点处。用直角坐标表示的该质点的运动学方程为

$$x=r\cos\omega t,\ y=r\sin\omega t$$

质点位矢可表示为

$$\boldsymbol{r}=r(\boldsymbol{i}\cos\omega t+\boldsymbol{j}\sin\omega t)$$

质点速度$\boldsymbol{v}$沿x，y轴的投影为

$$v_x=\frac{\mathrm{d}x}{\mathrm{d}t}=-\omega r\sin\omega t,\ v_y=\frac{\mathrm{d}y}{\mathrm{d}t}=\omega r\cos\omega t$$

故有

$$\boldsymbol{v}=\omega r(-\boldsymbol{i}\sin\omega t+\boldsymbol{j}\cos\omega t)$$

速度的大小为

$$v=\sqrt{v_x^2+v_y^2}=\omega r$$

可见速度的大小不变，而速度的方向随时间变化。

加速度$\boldsymbol{a}$沿x，y轴的投影为

$$a_x=\frac{\mathrm{d}v_x}{\mathrm{d}t}=-\omega^2 r\cos\omega t,\ a_y=\frac{\mathrm{d}v_y}{\mathrm{d}t}=-\omega^2 r\sin\omega t$$

即

$$\boldsymbol{a}=-\omega^2 r(\boldsymbol{i}\cos\omega t+\boldsymbol{j}\sin\omega t)=-\omega^2\boldsymbol{r}$$

加速度的大小为

$$a=\sqrt{a_x^2+a_y^2}=\omega^2 r$$

由例1.4可知，如果已知用直角坐标表示的质点运动学方程，就可通过求导的方法求出质点的速度和加速度。反之，如果已知质点的加速度为时间或坐标等的函数，并已知必要的初始条件或其他辅助条件，就可以通过积分的方法求出质点的速度和运动学方程。

【例1.5】 抛体运动规律可用于计算炮弹的弹道轨迹，以确保它们能准确击中目标。如例1.5图所示，大炮以初速度$\boldsymbol{v}_0$、仰角α射出炮弹。以初始位置为坐标原点O，水平方向为x轴，竖直向上为y轴建立直角坐标系。不计空气阻力，求炮弹的飞行时间、射程和轨迹方程。

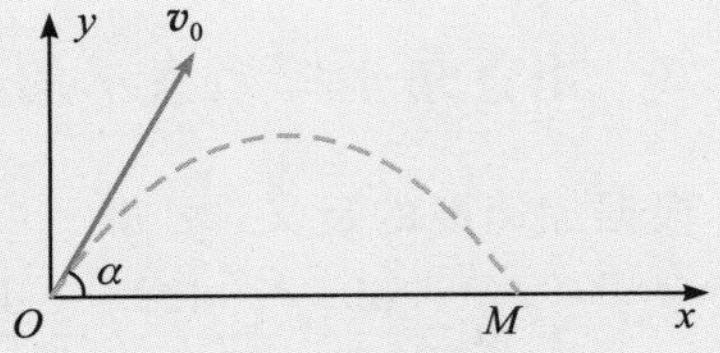

例1.5图

解 设任意时刻t，质点的坐标为(x,y)，速度的x，y分量为v_x，v_y。初始速度沿x轴和y轴的分量为

$$\begin{cases}v_{0x}=v_0\cos\alpha\\ v_{0y}=v_0\sin\alpha\end{cases}$$

根据自由落体规律可知，炮弹在空中的加速度为

$$a_x=\frac{\mathrm{d}v_x}{\mathrm{d}t}=0,\ a_y=\frac{\mathrm{d}v_y}{\mathrm{d}t}=-g$$

将上式中的第一式写为$\mathrm{d}v_x=a_x\mathrm{d}t$，取$0\sim t$时间段，并对两边进行积分，得

$$\int_{v_{0x}}^{v_x}\mathrm{d}v_x=\int_0^t a_x\mathrm{d}t$$

此式左边积分结果等于v_x-v_{0x}。因$a_x=0$，右边积分结果为零。故有$v_x-v_{0x}=0$，即

$$v_x=v_{0x}=v_0\cos\alpha$$

上式表明，在抛体运动中，质点速度沿x轴的投影v_x始终保持常量。对y方向，同理有$\mathrm{d}v_y=a_y\mathrm{d}t$。取$0\sim t$时间段对两边进行积分，得

$$\int_{v_{0y}}^{v_y}\mathrm{d}v_y=\int_0^t a_y\mathrm{d}t$$

其左边等于v_y-v_{0y}，右边为

$$\int_0^t a_y\mathrm{d}t=-\int_0^t g\mathrm{d}t=-gt$$

故有

$$v_y-v_{0y}=-gt$$

即

$$v_y=v_{0y}-gt=v_0\sin\alpha-gt$$

按速度的定义

$$\begin{cases}v_x=\dfrac{\mathrm{d}x}{\mathrm{d}t}\\ v_y=\dfrac{\mathrm{d}y}{\mathrm{d}t}\end{cases}$$

将x方向式改写为$\mathrm{d}x=v_x\mathrm{d}t$，取$0\sim t$时间段对两边进行积分，得

$$\int_0^x\mathrm{d}x=\int_0^t v_x\mathrm{d}t$$

其左边等于x，右边为$\int_0^t v_x\mathrm{d}t=\int_0^t v_0\cos\alpha\mathrm{d}t=v_0t\cos\alpha$。故有

$$x=v_0t\cos\alpha$$

同理，y方向式改写为$\mathrm{d}y=v_y\mathrm{d}t$，取$0\sim t$时

间段对两边进行积分，即

$$\int_0^y \mathrm{d}y = \int_0^t v_y \mathrm{d}t$$

其左边等于 y，右边为

$$\int_0^t v_y \mathrm{d}t = \int_0^t (v_0 \sin\alpha - gt)\mathrm{d}t$$

$$= v_0 t \sin\alpha - \frac{1}{2}gt^2$$

故有

$$y = v_0 t \sin\alpha - \frac{1}{2}gt^2$$

从 x 和 y 的表达式中消去 t 得轨迹方程 $y = x\tan\alpha - \frac{g}{2v_0^2\cos^2\alpha}x^2$。令 $y=0$ 可求出炮弹飞行时间为 $t=\frac{2v_0\sin\alpha}{g}$。将此时间代入 x 得炮弹的射程为 $x=\frac{v_0^2\sin2\alpha}{g}$。

例1.5表明，抛体运动沿 x 轴的运动为匀速直线运动，沿 y 轴的运动为匀变速直线运动。抛体运动可以看作是由沿 x 轴的匀速直线运动和沿 y 轴的匀变速直线运动，这两个相互垂直的独立运动叠加而成。需要指出的是，把一个运动分解为两个沿相互垂直方向并相互独立的运动，并不是一个普遍适用的法则。不是所有的运动都可以看作两个（或三个）沿相互垂直方向并相互独立运动的叠加。如物体在重力和空气阻力共同作用下的抛体运动。物体受到空气阻力的影响而发生偏转，空气阻力在水平方向和竖直方向上都会产生分量，使两个分运动不独立。在这种情况下，不能简单地将抛体运动分解为两个沿相互垂直方向，并相互独立运动的叠加了。

1.3.4　直线运动的代数量表示

在质点运动中，直线运动最简单，最具有普遍性。直线运动仅有一个方向。在这个方向上，运动学矢量可简化成代数量。代数量的正负号代表了相应矢量的方向。

为描述质点直线运动，建立仅含 Ox 坐标轴的坐标系。其原点位于参考系上的参考点，坐标轴与质点轨迹重合。仍用 $\boldsymbol{i}$ 表示沿 x 轴正方向的单位矢量，质点位置矢量为 $\boldsymbol{r}=x(t)\boldsymbol{i}$。因 $\boldsymbol{i}$ 为恒矢量，故当 $\boldsymbol{r}$ 随时间变化时，位置矢量的矢端与位置坐标 x 一一对应。实际上，用标量函数 $x=x(t)$ 即可描述质点沿直线的运动。

质点的速度为 $\boldsymbol{v}=\frac{\mathrm{d}\boldsymbol{r}}{\mathrm{d}t}=\frac{\mathrm{d}x}{\mathrm{d}t}\boldsymbol{i}$。同样地，因 $\boldsymbol{i}$ 为恒矢量，故 $v=\frac{\mathrm{d}x}{\mathrm{d}t}$。这里的 v 称为直线运动的速度（不是速率），其正负号代表了质点的运动方向。$v>0$，质点向 x 轴正方向运动；$v<0$，质点向 x 轴负方向运动。

质点的加速度为 $\boldsymbol{a}=\frac{\mathrm{d}\boldsymbol{v}}{\mathrm{d}t}=\frac{\mathrm{d}v}{\mathrm{d}t}\boldsymbol{i}=\frac{\mathrm{d}^2x}{\mathrm{d}t^2}\boldsymbol{i}$。这里用 $a=\frac{\mathrm{d}v}{\mathrm{d}t}=\frac{\mathrm{d}^2x}{\mathrm{d}t^2}$ 表示直线运动的加速度。若 a、v 符号相同，质点作加速运动；若 a、v 符号相反，质点作减速运动。

思考题

1. 已知一质点在 Oxy 平面内运动，其运动学方程为 $\boldsymbol{r}=2t^2\boldsymbol{i}+(12+t^3)\boldsymbol{j}$，$\boldsymbol{r}$ 的单位为m，t 的单位为s。试求质点的位矢、速度、加速度。

2. 一个物体以初速度 v_0，倾角 θ 向上发射，角度高于水平线。在其最高点时，它的速度矢量和加速度矢量分别是什么？

3. 如何判断质点在做曲线运动还是直线运动？

1.4　平面曲线运动

1.4.1　自然坐标系中的速度

运动轨迹在同一个平面内的运动称为平面曲线运动（例如汽车在平地上行驶、抛体运动等）。平面曲线运动代表了一类常见的实际运动。当质点作平面曲线运动且轨迹已知时，常用自然坐标来确定其位置、速度和加速度。如图1.8所示，在已知的运动轨迹上任选一固定点 O，从 O 点起，规定 s 等于沿轨迹的某一方向量得的曲线长度，这个方向称为自然坐标的正方向；反之为负方向，s 等于量得曲线长度的负值。这样就建立了自然坐标系。注意这里的 s 和路程的区别。路程是算术量，总是大于等于零。而自然坐标系的 s 是代数量，其正负号代表在轨迹上相对于 O 点的方向。利用自然坐标，质点运动学方程可写作 $s=s(t)$。

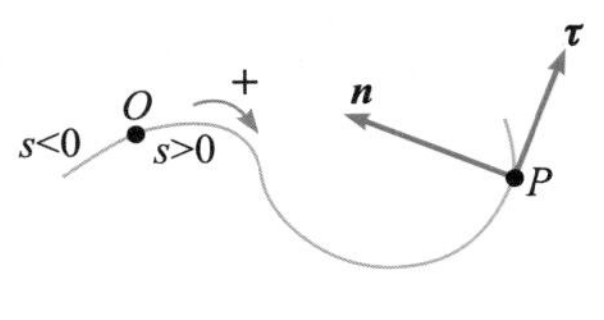

图 1.8

为了在自然坐标系中表示速度和加速度，通常建立两个正交的单位矢量。如图 1.8 所示，质点在 P 处，可在此处取一单位矢量沿曲线切线且指向自然坐标 s 增加的正方向，称为切向单位矢量 $\boldsymbol{\tau}$。另取一单位矢量沿曲线法线，且指向曲线的凹侧，称法向单位矢量 $\boldsymbol{n}$。任何矢量都可沿 $\boldsymbol{\tau}$ 和 $\boldsymbol{n}$ 方向正交分解。值得注意的是，直角坐标系中的单位矢量是恒矢量，其方向不随时间改变。但自然坐标系中的单位矢量 $\boldsymbol{\tau}$ 和 $\boldsymbol{n}$ 的方向将随质点在轨迹上的位置不同而改变，自然坐标系是一种随动坐标系。一般说来，$\boldsymbol{\tau}$ 和 $\boldsymbol{n}$ 不是恒矢量。

在自然坐标系中，可用其单位矢量将速度表示出来。一方面，速度总是沿着轨迹的切线方向；另一方面，速度的大小等于路程随时间变化的快慢。将这两方面结合起来，可得

$$\boldsymbol{v}=\frac{\mathrm{d}s}{\mathrm{d}t}\boldsymbol{\tau} \tag{1.20}$$

质点速度的大小由自然坐标 s 对时间的一阶导数决定，方向沿着质点所在处轨迹的切线方向，指向则由 $\frac{\mathrm{d}s}{\mathrm{d}t}$ 的正负号决定。$\frac{\mathrm{d}s}{\mathrm{d}t}>0$，速度指向 $\boldsymbol{\tau}$ 正方向；$\frac{\mathrm{d}s}{\mathrm{d}t}<0$，速度指向 $\boldsymbol{\tau}$ 负方向。$v=\frac{\mathrm{d}s}{\mathrm{d}t}$ 是速度矢量沿切线方向的投影，它是一个代数量。只要已知用自然法表示的质点运动学方程 $s=s(t)$，就可求出质点在任意时刻的速度的大小和方向。

1.4.2 自然坐标系中的加速度

在自然坐标系中，可将质点的加速度进行正交分解，表示为切向和法向分量。根据加速度的定义有

$$\boldsymbol{a}=\frac{\mathrm{d}\boldsymbol{v}}{\mathrm{d}t}=\frac{\mathrm{d}(v\boldsymbol{\tau})}{\mathrm{d}t}=\frac{\mathrm{d}v}{\mathrm{d}t}\boldsymbol{\tau}+v\frac{\mathrm{d}\boldsymbol{\tau}}{\mathrm{d}t} \tag{1.21}$$

与直角坐标系不同的是，自然坐标系为随动坐标系，自然坐标系的基矢方向随着质点的运动而改变。

下面讨论式(1.21)中第二项的 $\frac{\mathrm{d}\boldsymbol{\tau}}{\mathrm{d}t}$。如图 1.9(a)所示，曲线为质点的轨迹。当质点运动到某处时，曲线上的一小段路程 $\mathrm{d}s$ 可看做是该点处轨迹的曲率圆(曲率半径为 ρ)上的一段圆弧。切向单位矢量 $\boldsymbol{\tau}$ 在 $t\sim(t+\mathrm{d}t)$ 时间段内由 $\boldsymbol{\tau}(t)$ 变为 $\boldsymbol{\tau}(t+\mathrm{d}t)$，增量为 $\mathrm{d}\boldsymbol{\tau}=\boldsymbol{\tau}(t+\mathrm{d}t)-\boldsymbol{\tau}(t)$。注意，$\boldsymbol{\tau}$ 为单位矢量，其长度恒为 1，只改变方向，不改变大小。$\mathrm{d}\theta$ 为 $\boldsymbol{\tau}(t)$ 和 $\boldsymbol{\tau}(t+\mathrm{d}t)$ 的夹角。在图 1.9(b)中，$\boldsymbol{\tau}(t)$，$\boldsymbol{\tau}(t+\mathrm{d}t)$ 和 $\mathrm{d}\boldsymbol{\tau}$ 构成矢量三角形。由于 $\boldsymbol{\tau}$ 的长度始终保持不变，该三角形为等腰三角形。当 $\mathrm{d}t$ 趋于零时，$\mathrm{d}\theta$ 亦趋于零。此时应有 $|\mathrm{d}\boldsymbol{\tau}|=|\boldsymbol{\tau}|\mathrm{d}\theta=\mathrm{d}\theta$，并且 $\mathrm{d}\boldsymbol{\tau}$ 与 $\boldsymbol{\tau}$ 趋于垂直，即 $\mathrm{d}\boldsymbol{\tau}$ 的方向趋近于法向单位矢量 $\boldsymbol{n}$ 的方向。

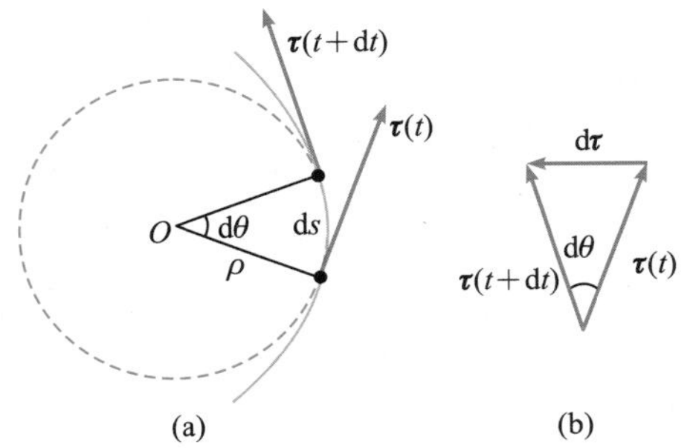

图 1.9

综上所述

$$\mathrm{d}\boldsymbol{\tau}=\boldsymbol{n}\mathrm{d}\theta$$

故有

$$\frac{\mathrm{d}\boldsymbol{\tau}}{\mathrm{d}t}=\frac{\mathrm{d}\theta}{\mathrm{d}t}\boldsymbol{n}=\frac{\mathrm{d}\theta}{\mathrm{d}s}\frac{\mathrm{d}s}{\mathrm{d}t}\boldsymbol{n}=\frac{v}{\rho}\boldsymbol{n}$$

代入式(1.21)得

$$\boldsymbol{a}=\frac{\mathrm{d}v}{\mathrm{d}t}\boldsymbol{\tau}+\frac{v^2}{\rho}\boldsymbol{n} \tag{1.22}$$

式(1.22)即加速度矢量在自然坐标系中的展开式。一般来说，矢量包括大小和方向两部分信息。一个矢量的改变，包括其大小的改变和方向的改变。式(1.22)右边的第一项 $\boldsymbol{a}_\tau=\frac{\mathrm{d}v}{\mathrm{d}t}\boldsymbol{\tau}$ 称为切向加速度，表示速度大小变化的快慢。式(1.22)右边的第二项 $\boldsymbol{a}_n=\frac{v^2}{\rho}\boldsymbol{n}$ 称为法向加速度，表示速度方向变化的快慢。

大家在中学阶段学过圆周运动(主要是匀速率圆周运动)。圆周运动是一种特殊的平面曲线运动。下面将回顾过去所学知识，并对平面曲线运动由特殊到一般进行讨论。

1. 匀速率圆周运动

设质点在以 r 为半径的圆周上做匀速率圆周运动。在匀速率圆周运动中，质点的速率始终保持不变，速度矢量 $\boldsymbol{v}$ 只改变方向，不改变大小。在任一瞬间，速度矢量总是沿着轨迹的切线方向，即速度方向总是与质点所在处的半径垂直。根据式(1.22)，由于匀速率圆周运动中速度大小 v 不变。故有

$$\boldsymbol{a}=\frac{v^2}{r}\boldsymbol{n} \tag{1.23}$$

式(1.23)即中学阶段所学的匀速率圆周运动向心加速度公式。由此可以看出匀速率圆周运动的向心加速度 $\boldsymbol{a}$ 总是与速度 $\boldsymbol{v}$ 垂直。在匀速率圆周运动中，速度的大小始终保持不变，即速度矢量仅仅有方向的改变。

2. 一般圆周运动

一般圆周运动是匀速率圆周运动的推广，代表了一类更广泛的情况。在一般圆周运动中，质点的速率可能发生改变。质点做一般圆周运动的加速度为

$$\boldsymbol{a}=\frac{\mathrm{d}v}{\mathrm{d}t}\boldsymbol{\tau}+\frac{v^2}{r}\boldsymbol{n} \tag{1.24}$$

切向加速度 $a_\tau=\frac{\mathrm{d}v}{\mathrm{d}t}=\frac{\mathrm{d}^2 s}{\mathrm{d}t^2}$是一个代数量。当 a_τ 与 v 符号相同时，质点做加速运动；当 a_τ 与 v 符号相反时，质点做减速运动。法向加速度的大小为 $a_\mathrm{n}=\frac{v^2}{r}$，其方向指向轨迹的凹侧。加速度的大小表示为

$$a=\sqrt{a_\tau^2+a_\mathrm{n}^2}=\sqrt{\left(\frac{\mathrm{d}v}{\mathrm{d}t}\right)^2+\left(\frac{v^2}{r}\right)^2} \tag{1.25}$$

如图 1.10 所示，加速度的方向可由下式确定。

$$\tan\theta=\frac{a_n}{a_\tau} \tag{1.26}$$

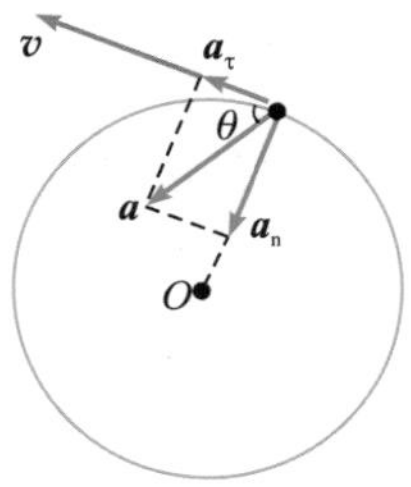

图 1.10

★【例 1.6】 质点作半径为 R 的圆周运动，切向加速度 a_τ 恒定。由静止开始运动。求 t 时刻质点速度、加速度的大小，以及质点走过的路程。

解 将 $a_\tau=\frac{\mathrm{d}v}{\mathrm{d}t}$改写为 $\mathrm{d}v=a_\tau\mathrm{d}t$。因 a_τ 为常量，利用初始条件两边积分得

$$\int_0^v \mathrm{d}v=\int_0^t a_\tau \mathrm{d}t$$

结果为 $v=a_\tau t$。质点的法向加速度为

$$a_\mathrm{n}=\frac{v^2}{R}=\frac{a_\tau^2 t^2}{R}$$

加速度的大小为

$$a=\sqrt{a_\tau^2+a_\mathrm{n}^2}=\sqrt{a_\tau^2+\frac{a_\tau^4 t^4}{R^2}}$$

按 $v=\frac{\mathrm{d}s}{\mathrm{d}t}$有

$$\int_0^s \mathrm{d}s=\int_0^t v\mathrm{d}t=\int_0^t a_\tau t\mathrm{d}t$$

积分得到 $s=\frac{1}{2}a_\tau t^2$。

★【例 1.7】 汽车在半径 $R=256$ m 的圆弧轨道上按 $s=30t+t^2$ 的规律运动，s 的单位为 m，t 的单位为 s，求其在第 1 秒末的速度和加速度的大小。

解

$$v=\frac{\mathrm{d}s}{\mathrm{d}t}=30+2t\ \mathrm{m/s}$$

$$a_\tau=\frac{\mathrm{d}v}{\mathrm{d}t}=2\ \mathrm{m/s^2}$$

$$a_\mathrm{n}=\frac{v^2}{R}=\frac{(30+2t)^2}{256}\ \mathrm{m/s^2}$$

在第 1 秒末，$t=1$ s，有

$$v=32\ \mathrm{m/s}$$

$$a_\tau=2\ \mathrm{m/s^2},\ a_\mathrm{n}=4\ \mathrm{m/s^2}$$

$$a=\sqrt{a_\tau^2+a_\mathrm{n}^2}=\sqrt{20}\ \mathrm{m/s^2}$$

3. 一般的平面曲线运动

如图 1.11 所示，质点作一般平面曲线运动时，过质点所在位置作轨迹的曲率圆和轨迹曲线相切。则质点在该处的无穷小邻域内，其运动可无限逼近沿曲率圆的运动。加速度可分解为切向和法向加速度，即

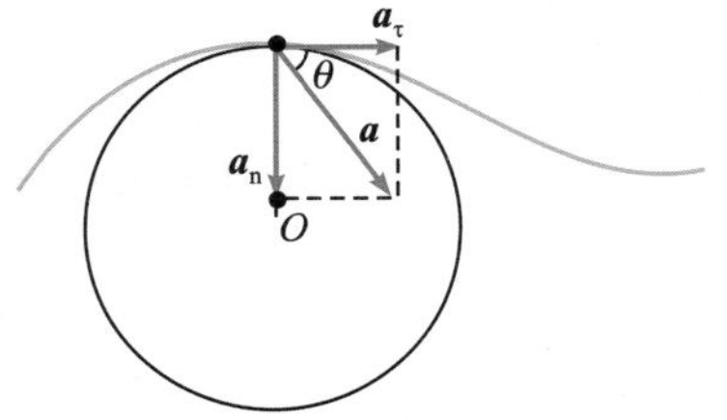

图 1.11

$$\boldsymbol{a}=\frac{\mathrm{d}v}{\mathrm{d}t}\boldsymbol{\tau}+\frac{v^2}{\rho}\boldsymbol{n} \tag{1.27}$$

值得注意的是，与圆周运动的情况不同，在一般平面曲线运动中，轨迹上不同位置的曲率半径和曲率中心是不同的。但质点无论在哪一点，其法向加速度的大小总为 $a_n=\dfrac{v^2}{\rho}$，方向指向曲率中心。质点作圆周运动时，圆上各点的曲率半径均相等，曲率中心均为原点。圆周运动是一般平面曲线运动的特殊情况。

【例 1.8】 以初速度 $v_0=20$ m/s，仰角 $\alpha=45°$抛出一物体，如例 1.8 图所示。求抛出后第 2 秒末物体的切向加速度 a_τ、法向加速度 a_n 和所在位置轨道的曲率半径 ρ。

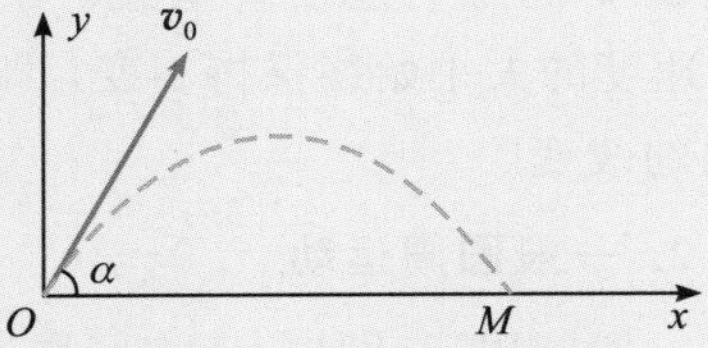

例 1.8 图

解 如图建立直角坐标系，物体速度的分量为

$$\begin{cases}v_x=v_0\cos\alpha=10\sqrt{2}\\ v_y=v_0\sin\alpha-gt=10\sqrt{2}-9.8t\end{cases}$$

代入 $t=2$ s，有

$$\begin{cases}v_x=10\sqrt{2}\ \text{m/s}\\ v_y=-5.46\ \text{m/s}\end{cases}$$

速度大小为 $v=\sqrt{v_x^2+v_y^2}=15.16$ m/s。由此可得速度矢量 $\boldsymbol{v}$ 与 y 轴正向夹角为

$$\theta=a\cos\left(\frac{v_y}{v}\right)=111.1°$$

物体的加速度 $\boldsymbol{a}=-g\boldsymbol{j}$，方向竖直向下。将加速度分别沿 $\boldsymbol{v}$ 方向和垂直 $\boldsymbol{v}$ 方向投影，即得 a_τ 和 a_n。

$$a_\tau=g\cos(180°-\theta)=3.53\ \text{m/s}^2$$

$$a_n=g\sin(180°-\theta)=9.14\ \text{m/s}^2$$

质点所在位置轨道的曲率半径为

$$\rho=\frac{v^2}{a_n}=25.14\ \text{m/s}^2$$

1.4.3 圆周运动的角量表示

研究圆周运动时，有时选用平面极坐标系较为方便。如图 1.12 所示，在参考系上选圆心 O 作为平面极坐标系的极点，在质点运动的平面内作一通过极点的射线作为极轴。连接极点和质点所在位置的直线段称为极径。极径与极轴的夹角称为角坐标 θ。通常规定从极轴沿逆时针方向量得的角 θ 为正，反之为负。因此角坐标 θ 是一个代数量。这样质点的位置就可以用平面极坐标来确定，相应地可写出用极坐标表示的质点运动学方程、速度和加速度。

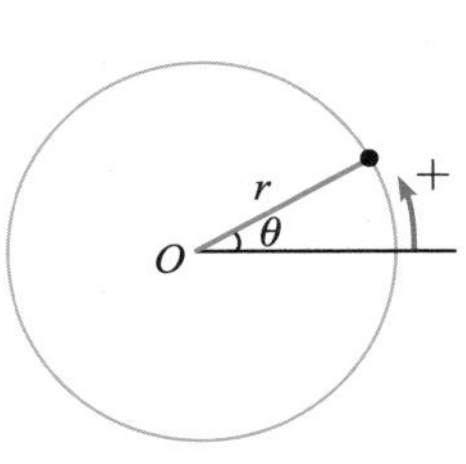

图 1.12

质点作圆周运动时，极径(半径)r 是一个常量。任意时刻 t 质点的位置可用角坐标 θ 完全确定。将 θ 表示为时间的函数 $\theta=\theta(t)$。角坐标的变化快慢

$$\omega=\frac{\mathrm{d}\theta}{\mathrm{d}t} \tag{1.28}$$

称为瞬时角速度(简称角速度)。在圆周运动中，质点的角速度为代数量，它的正负决定于质点的运动方向。角速度的变化快慢

$$\beta=\frac{\mathrm{d}\omega}{\mathrm{d}t} \tag{1.29}$$

称为质点的瞬时角加速度(简称角加速度)。在圆周运动中，角加速度等于角速度对时间的一阶导数，也等于角坐标对时间的二阶导数。角加速度可看作代数量。当质点在圆周上做加速运动时，ω 与 β 同号。当质点在圆周上做减速运动时，ω 与 β 异号。

可以看到，在质点作圆周运动时，既可以用线量描述，也可以用角量描述。线量与角量之间一定存在着某种联系。取极轴和圆周的交点作为自然坐标参考点，从极轴 $\theta=0$ 处到质点所在位置的弧长即为自然坐标 s。当质点位于 $\theta>0$ 处时，$s>0$；当质点位于 $\theta<0$ 处时，$s<0$。可知

$$s=r\theta \tag{1.30}$$

在自然坐标系中，质点的速度为 $\boldsymbol{v}=\frac{\mathrm{d}s}{\mathrm{d}t}\boldsymbol{\tau}=\omega r\boldsymbol{\tau}$。通常用代数量表示为

$$v=\omega r \tag{1.31}$$

切向和法向加速度为

$$a_\tau=\frac{\mathrm{d}v}{\mathrm{d}t}=\beta r \tag{1.32}$$

$$a_n=\frac{v^2}{r}=\omega^2 r \tag{1.33}$$

式(1.30)～式(1.33)为圆周运动中线量和角量的关系，在分析各种力学问题时经常用到。

★**【例 1.9】** 半径 $R=0.5$ m 的飞轮绕中心轴转动，其运动方程为 $\theta=t^3+3t$，θ 的单位为 rad，t 的单位为 s。求 $t=2$ s 时飞轮边缘上一点的角速度、角加速度及切向加速度、法向加速度的大小。

解　$\theta=t^3+3t$，$\omega=\frac{\mathrm{d}\theta}{\mathrm{d}t}=3t^2+3$

$$\beta=\frac{\mathrm{d}\omega}{\mathrm{d}t}=6t$$

当 $t=2$ s 时，

$$\omega=3\times2^2+3=15\ \mathrm{rad/s}$$

$$\beta=6\times2=12\ \mathrm{rad/s^2}$$

$$a_\tau=\beta R=12\times0.5=6\ \mathrm{m/s^2}$$

$$a_n=\omega^2R=15^2\times0.5=112.5\ \mathrm{m/s^2}$$

思考题

1. 匀速圆周运动中，质点的加速度是否为常量？
2. 切向加速度和法向加速度对质点的运动状态分别产生了怎样的影响？
3. 举例说明哪些实际情境中的运动可近似看作圆周运动。
4. 向心加速度在圆周运动中起什么作用？

1.5　运动学问题的数学求解

在实际遇到的运动学问题中，需根据已知的运动学量及其相互关系，求解未知的运动学量并给出描写位矢、速度、加速度变化的数学关系。从数学上来看，运动学问题大致有以下两种类型。第一类为已知质点的运动方程，求质点在任意时刻的速度和加速度。求解这类问题的基本方法是求导，即按 $\boldsymbol{v}=\frac{\mathrm{d}\boldsymbol{r}}{\mathrm{d}t}$ 和 $\boldsymbol{a}=\frac{\mathrm{d}\boldsymbol{v}}{\mathrm{d}t}=\frac{\mathrm{d}^2\boldsymbol{r}}{\mathrm{d}t^2}$ 计算。第二类为已知质点速度或加速度的变化关系以及初始条件，求质点在任意时刻的速度和运动方程。求解这类问题的基本方法是积分法，往往需要用到变量分离方法。下面具体介绍各类问题的求解方法。

1.5.1　加速度与时间的关系作为已知条件

当加速度与时间的关系已知时，可以通过积分来求解速度和位置。即已知加速度是时间的函数 $\boldsymbol{a}=\boldsymbol{a}(t)$，设 t_0 时刻速度为 $\boldsymbol{v}_0$，通过积分

$$\boldsymbol{v}=\boldsymbol{v}_0+\int_{t_0}^{t}\boldsymbol{a}(t)\mathrm{d}t \tag{1.34}$$

可以得到速度。随后将 $\boldsymbol{v}(t)$ 再对时间积分，设 t_0

时刻的位置为 $\boldsymbol{r}_0$，则

$$\boldsymbol{r}=\boldsymbol{r}_0+\int_{t_0}^{t}\boldsymbol{v}(t)\mathrm{d}t \tag{1.35}$$

只要已知某时刻的位置和速度，通过以上积分运算，即可计算出质点的位置、速度随时间的变化关系。

★【例 1.10】 质点做直线运动，其加速度的变化规律为 $a=-A\omega^2\cos\omega t$（A、ω 为大于零的常量）。在 $t=0$ 时，质点的位置 $x=A$，速度 $v=0$。求质点的运动学方程。

解 先求解速度。$t=0$ 时，速度 $v=0$。按式(1.34)积分得

$$\boldsymbol{v}=0+\int_0^t a\,\mathrm{d}t=-A\omega^2\int_0^t\cos\omega t\,\mathrm{d}t=-A\omega\sin\omega t$$

$t=0$ 时，位置 $x=A$。将 v 按式(1.35)积分得

$$x=A+\int_0^t v\,\mathrm{d}t=A-A\omega\int_0^t\sin\omega t\,\mathrm{d}t=A\cos\omega t$$

x 随时间 t 的变化关系如例 1.10 图所示，质点做初相位为零的简谐振动。

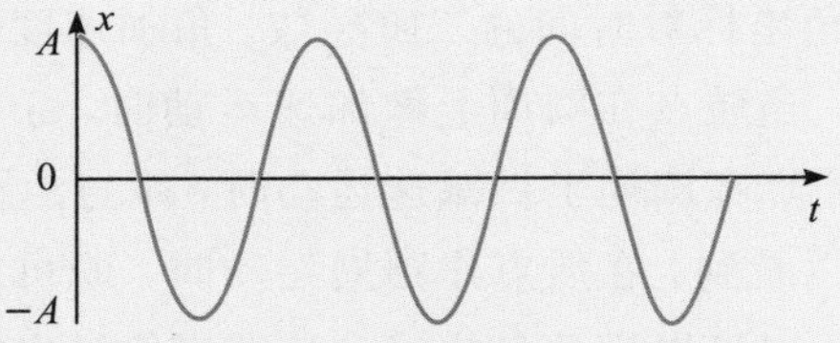

例 1.10 图

初值条件是物理问题的重要条件。对例 1.10，如果取 $\boldsymbol{v}(t)=-A\omega\sin\omega t+C$（$C$ 为任意常数），仍然满足条件 $a=\dfrac{\mathrm{d}v}{\mathrm{d}t}=-A\omega^2\cos\omega t$，但不满足初值条件（$t=0$ 时，速度 $v=0$）。满足物理上某个微分方程的结果可能有很多，但同时满足初值条件的结果往往只有一个。

对圆周运动，若已知角加速度与时间的关系 $\beta=\beta(t)$，可用类似方法积分求解。即角速度为

$$\omega=\omega_0+\int_{t_0}^{t}\beta(t)\mathrm{d}t$$

角坐标为

$$\theta=\theta_0+\int_{t_0}^{t}\omega(t)\mathrm{d}t$$

其中，θ_0 和 ω_0 分别为 $t=t_0$ 时的角坐标和角速度。

1.5.2 速度与位置的关系作为已知条件

此类问题的已知条件为速度与位置的关系 $\boldsymbol{v}=\boldsymbol{v}(\boldsymbol{r})$。过山车的运动就属于此类型。过山车的运动由既定程序控制，程序已规定好车运行到某处时速度有多快，即给定了 $\boldsymbol{v}=\boldsymbol{v}(\boldsymbol{r})$。对于此类问题，无法像式(1.35)那样将速度直接积分得到位置，因为在已知条件中，$\boldsymbol{v}$ 不是 t 的显函数，无法直接积分 $\int_{t_0}^{t}\boldsymbol{v}\mathrm{d}t$。

一般情况下，此类问题较难求解。下面仅介绍直线运动的情况。对于直线运动，若已知速度与位置的关系 $v=v(x)$，可按速度的定义 $v=\dfrac{\mathrm{d}x}{\mathrm{d}t}$ 将其改写为 $\dfrac{1}{v(x)}\mathrm{d}x=\mathrm{d}t$，即实现分离变量，然后利用此式对一段过程进行积分，即

$$\int_{x_0}^{x}\frac{1}{v(x)}\mathrm{d}x=\int_{t_0}^{t}\mathrm{d}t=t-t_0 \tag{1.36}$$

求得 $t=t(x)$ 后再写出反函数 $x=x(t)$，即位置随时间变化的关系。

在此基础上还可求出质点的加速度。直线运动中加速度的定义为 $a=\dfrac{\mathrm{d}v}{\mathrm{d}t}$，但已知条件 $v=v(x)$ 无法直接对时间求导。这里采取间接求导的方法，即

$$a=\frac{\mathrm{d}v}{\mathrm{d}t}=\frac{\mathrm{d}v}{\mathrm{d}x}\frac{\mathrm{d}x}{\mathrm{d}t}=v\frac{\mathrm{d}v}{\mathrm{d}x} \tag{1.37}$$

★【例 1.11】 列车进站时减速，其轨道为直线。由开始减速的位置沿轨道方向取 Ox 轴，列车速度与位置的关系为 $v=v_0\mathrm{e}^{-kx}$（v_0 为初始速度，k 为大于零的常数）。求列车的加速度以及其位置与时间的关系。

解　按式(1.37)知

$$a=v\frac{\mathrm{d}v}{\mathrm{d}x}=-kv_0^2\mathrm{e}^{-2kx}$$

由 $v=v_0\mathrm{e}^{-kx}$ 分离变量得

$$\frac{1}{v_0}\mathrm{e}^{kx}\mathrm{d}x=\mathrm{d}t$$

考虑从初始时刻 $t=0$ 开始到某时刻 t 的过程。初始位置 $x=0$，设 t 时刻的位置为 x。按式(1.36)积分，写作

$$\frac{1}{v_0}\int_0^x \mathrm{e}^{kx}\,\mathrm{d}x=\int_0^t \mathrm{d}t=t$$

左边积分结果为

$$\frac{1}{v_0}\int_0^{x(t)}\mathrm{e}^{kx}\,\mathrm{d}x=\frac{1}{kv_0}(\mathrm{e}^{kx}-1)$$

即 $t=\dfrac{1}{kv_0}(\mathrm{e}^{kx}-1)$。

其反函数为 $x=\dfrac{1}{k}\ln(1+kv_0t)$。

1.5.3　加速度与速度的关系作为已知条件

此类问题的已知条件为加速度与速度的关系 $\boldsymbol{a}=\boldsymbol{a}(\boldsymbol{v})$。如涉及空气阻力的问题就属于此类型。空气阻力与物体的运动速度呈正相关关系，即运动速度越快，空气阻力越大。一般情况下，此类问题在数学上较难求解。

对直线运动情况，已知 $a=a(v)$ 函数关系，可用分离变量法求解。按加速度的定义 $a=\dfrac{\mathrm{d}v}{\mathrm{d}t}$并将其改写为$\dfrac{1}{a(v)}\mathrm{d}v=\mathrm{d}t$。利用此式对一段过程进行积分，即

$$\int_{v_0}^{v}\frac{1}{a(v)}\mathrm{d}v=\int_{t_0}^{t}\mathrm{d}t=t-t_0 \qquad (1.38)$$

求得 $t=t(v)$后，再写出反函数 $v=v(t)$即速度随时间变化的关系。随后按式(1.35)即可得到位置与时间的关系。

对平面曲线运动，若已知切向加速度关系 $a_\tau=a_\tau(v)$，根据切向加速度的定义 $a_\tau=\dfrac{\mathrm{d}v}{\mathrm{d}t}$，按上述数学操作类似地可得到 $v=v(t)$。

【例 1.12】　通过研究细胞在液体中的运动和受阻力情况，可以揭示细胞的机械性质，如柔软度、弹性和变形能力。这对理解细胞的生物学功能和疾病状态有重要意义。细胞在液体中由静止开始受重力作用下降。重力产生的加速度为 g。在粘性流体中，低速运动物体所受的阻力产生与运动方向相反的加速度，大小与近似速度成正比。试计算细胞在液体中下降速度如何变化，最终达到怎样的运动状态。

解　细胞竖直向下作直线运动。取竖直向下为正方向。设细胞的速度为 v，加速度为

$$a=g-kv\quad (g、k\text{ 为常量})$$

由加速度的定义有$\dfrac{\mathrm{d}v}{\mathrm{d}t}=g-kv$。分离变量得$\dfrac{1}{g-kv}\mathrm{d}v=\mathrm{d}t$。设初始时刻为 0，将此式由时间 $0\to t$ 积分，有

$$\int_0^v\frac{1}{g-kv}\mathrm{d}v=\int_0^t\mathrm{d}t$$

结果为 $\ln\dfrac{g-kv}{g}=-kt$，即 $v=\dfrac{g}{k}(1-\mathrm{e}^{-kt})$。当时间足够长时，速度 v 趋于常数$\dfrac{g}{k}$。细胞无限接近于匀速直线运动状态，如例 1.12 图所示。

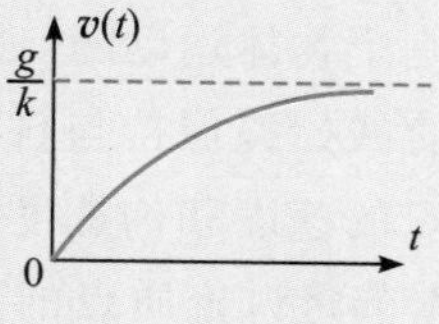

例 1.12 图

1.5.4　加速度与位置的关系作为已知条件

此类问题的已知条件为加速度与位置的关系 $\boldsymbol{a}=\boldsymbol{a}(\boldsymbol{r})$。一般情况下，此类问题在数学上较难求解。

对于直线运动的情况，已知 $a=a(x)$函数关

系，可用分离变量法求解。由加速度的定义 $a=\frac{dv}{dt}$，将其改写为 $a\,dx=\frac{dv}{dt}dx=v\,dv$。利用此式对一段过程进行积分，即

$$\int_{x_1}^{x_2}a(x)\,dx=\int_{v_1}^{v_2}v\,dv=\frac{1}{2}(v_2^2-v_1^2) \quad (1.39)$$

将此式左边的积分完成后，即可得到速度 v 与位置 x 的关系。不过，此处实际上得到的是 v^2，无法确定 v 的正负号。故此方法具有一定的不完备性。在得到 $v=v(x)$ 后，可按 1.5.2 节的方法继续进行计算。

对于平面曲线运动，若已知切向加速度关系 $a_\tau=a_\tau(s)$，根据切向加速度的定义 $a_\tau=\frac{dv}{dt}$，按上述数学操作可类似地得到 v。

★**【例 1.13】** 质点沿 x 轴运动，其加速度和位置的关系为 $a=2+6x^2$(单位：m/s^2)。质点在 $x=0$ 处的速度为 10 m/s，求质点在任意坐标 x 处的速度。

解 按 $a=\frac{dv}{dt}=2+6x^2$，两边乘 dx 得

$$(2+6x^2)\,dx=\frac{dv}{dt}dx=v\,dv$$

考虑质点位置由 0 变化到 x 的过程，对两边进行积分有

$$\int_0^x(2+6x^2)\,dx=\int_{10}^{v(x)}v\,dv=\frac{1}{2}(v(x)^2-10^2)$$

式左边的积分等于 $2x+2x^3$。故得

$$v(x)^2=4x+4x^3+100$$

根据加速度与位置的关系式可知恒有 $a>0$，因此速度恒大于零，可得

$$v(x)=\sqrt{4x+4x^3+100}。$$

1.6 相对运动

1.6.1 相对速度

前面所研究的问题都是相对已选定的参考系进行的，在运动学中，参考系的选择是任意的，在不同参考系中研究同一质点的运动会得到不同的结果。现在来讨论在相互运动的不同参考系中，同一质点的速度和加速度之间的关系。这里仅研究一个参考系相对于另一个参考系做平动的情况。当一个物体相对于另一个物体运动时，如果在运动物体内任意作的一条直线始终保持与自身平行，即在任意时刻物体内各点的速度和加速度都相同，则称这种运动为平动。本节将讨论质点的运动，并用两个参考系来描述，从而得出两个参考系中物理量(如速度和加速度)之间的数学变换关系。

如图 1.13 所示，坐标系 Oxy 固结在参考系 S 上，坐标系 $O'x'y'$ 固结在参考系 S' 上。坐标系 $O'x'y'$ 相对定坐标系 Oxy 平动。当参考系 S' 运动时，坐标轴 $O'x'$、$O'y'$ 分别与参考系 S 的坐标轴 Ox、Oy 保持平行。质点 P 相对于坐标系 Oxy 的位矢为 $\boldsymbol{r}$，相对于坐标系 $O'x'y'$ 的位矢为 $\boldsymbol{r}'$。设 O 点相对于 O' 点的位矢为 $\boldsymbol{r}_0$，则有

$$\boldsymbol{r}'=\boldsymbol{r}-\boldsymbol{r}_0 \quad (1.40)$$

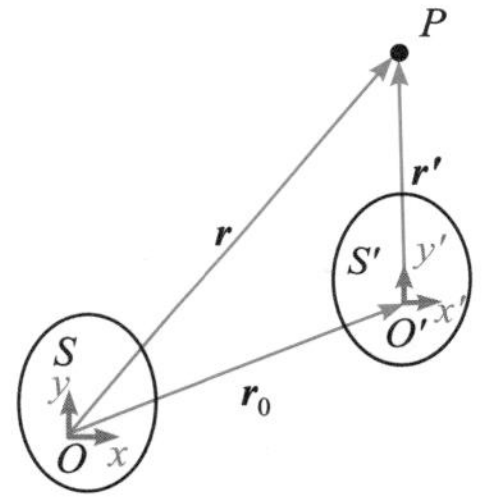

图 1.13

设经过一段时间 Δt，坐标系 $O'x'y'$ 相对坐标系 Oxy 移动了一段距离 $\Delta\boldsymbol{r}_0$。质点 P 相对于坐标系 Oxy 的位置移动了 $\Delta\boldsymbol{r}$，相对于坐标系 $O'x'y'$ 的位置移动了 $\Delta\boldsymbol{r}'$，则

$$\Delta\boldsymbol{r}'=\Delta\boldsymbol{r}-\Delta\boldsymbol{r}_0 \quad (1.41)$$

考虑一段极短的时间 dt，O、O' 和质点 P 皆发生微小的移动，则

$$d\boldsymbol{r}'=d\boldsymbol{r}-d\boldsymbol{r}_0$$

设坐标系 $O'x'y'$ 相对坐标系 Oxy 的平动速度为 $\boldsymbol{u}=\frac{d\boldsymbol{r}_0}{dt}$，则

$$\frac{d\boldsymbol{r}'}{dt}=\frac{d\boldsymbol{r}}{dt}-\boldsymbol{u} \quad (1.42)$$

质点 P 相对于坐标系 Oxy 的速度为

$$\boldsymbol{v}_O=\frac{d\boldsymbol{r}}{dt} \quad (1.43)$$

相对于坐标系 $O'x'y'$ 的速度为

$$\boldsymbol{v}_{O'}=\frac{d\boldsymbol{r}'}{dt} \quad (1.44)$$

将式(1.43)和式(1.44)代入式(1.42)可得

$$\boldsymbol{v}_{O'} = \boldsymbol{v}_O - \boldsymbol{u} \tag{1.45}$$

因此，质点 P 相对于动坐标系 $O'x'y'$ 的速度 $\boldsymbol{v}_{O'}$(相对速度)等于其相对于定坐标系 Oxy 的速度 $\boldsymbol{v}_O$(绝对速度)减去 O' 相对于 O 的平动速度 $\boldsymbol{u}$(牵连速度)。这一关系被称为速度变换定理。

科技专题

光 行 差

光行差是指运动的观测者观察到光的方向与同一时间、同一地点、静止的观测者观察到的方向有偏差的现象。光行差现象在天文观测上表现得尤为明显。由于地球公转、自转等原因，地球上观察天体的位置时总是存在光行差，其大小与观测者的速度和天体方向与观测者运动方向之间的夹角有关，并且在不断变化。

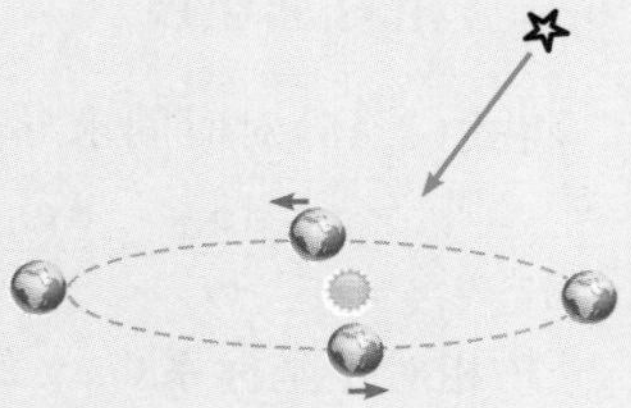

光行差现象是英国天文学家布拉德雷(James Bradley，1693—1762)在 1725 至 1728 年间发现的，他还利用光行差测量了光速。从地球上来看，恒星在一年内似乎围绕它的平均位置走出一个小椭圆。造成这种现象的原因是光的有限速率和地球绕太阳的运动引起的恒星位置的视移位。恒星发出的光相对于太阳有一定的传播方向。由于在一年内地球相对于太阳的运动状态不断变化，导致恒星发出的光相对于地球的传播方向也随之改变。

光行差是天体运动学中的一个重要现象，需要在天文观测和计算中进行修正。光行差的研究对于理解恒星运动、星系结构和宇宙演化等天文学问题具有重要意义。通过观测恒星的光行差，天文学家可以精确地计算出恒星与地球之间的距离，并研究恒星的运动规律。对光行差的严格计算需要考虑相对论效应带来的修正。

★**【例 1.14】** 菲菲骑自行车以速率 v 向西行驶，北风以速率 v 吹来(对地面)，如例 1.14 图所示。问骑车者遇到的风速及风向。

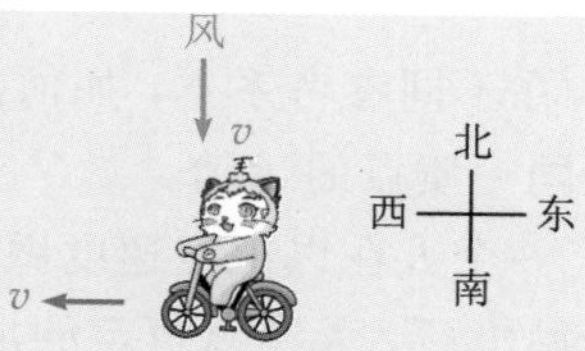

例 1.14 图

解 设地为参考系 S，菲菲为参考系 S'。风为运动物体 P。风相对于地面的速度 $v_{PS}=v$，方向向南。参考系 S' 相对于参考系 S 的速度 $v_{S'S}=v$，方向向西。

风相对于参考系 S' 的速度 $\boldsymbol{v}_{PS'}=\boldsymbol{v}_{PS}-\boldsymbol{v}_{S'S}$。按 $|\boldsymbol{v}_{S'S}|=|\boldsymbol{v}_{PS}|=v$ 及 $\boldsymbol{v}_{PS}$ 和 $\boldsymbol{v}_{S'S}$ 的方向可知 $v_{PS'}=\sqrt{v_{S'S}^2+v_{PS}^2}=\sqrt{2}\,v$，$\boldsymbol{v}_{PS'}$ 方向为东偏南 45°。

【例 1.15】 一辆带蓬卡车高 2 m。车静止时，雨滴可进入车内 1 m 处(见例 1.15 图(a))。当车以 $v_0=15$ km/h 前进时，雨滴恰不能进入车内(见例 1.15 图(b))。求雨速。

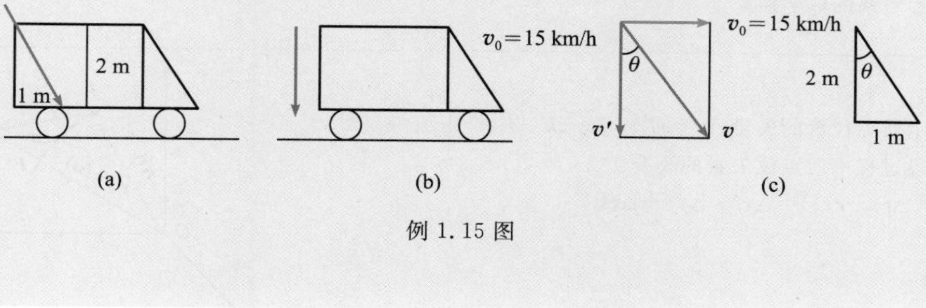

例 1.15 图

解 设地面为 S 系，车为 S'系，牵连速度的大小为 $v_0=15$ km/h，方向向右。

设雨对地速度为 $\boldsymbol{v}$，雨对车速度为 $\boldsymbol{v}'$，$\boldsymbol{v}'=\boldsymbol{v}-\boldsymbol{v}_0$(见例1.15图(c))，则

$$\tan\theta=\frac{1}{2}，\theta=26.6°$$

$$v=\frac{v_0}{\sin\theta}=\frac{15}{\sin 26.6°}=33.5\ \text{km/h}$$

1.6.2 相对加速度

将式(1.45)对时间求导，可得

$$\frac{\mathrm{d}\boldsymbol{v}_{O'}}{\mathrm{d}t}=\frac{\mathrm{d}\boldsymbol{v}_O}{\mathrm{d}t}-\frac{\mathrm{d}\boldsymbol{u}}{\mathrm{d}t} \tag{1.46}$$

质点 P 相对于坐标系 Oxy 的加速度为

$$\boldsymbol{a}_O=\frac{\mathrm{d}\boldsymbol{v}_O}{\mathrm{d}t} \tag{1.47}$$

相对于坐标系 $O'x'y'$的加速度为

$$\boldsymbol{a}_{O'}=\frac{\mathrm{d}\boldsymbol{v}_{O'}}{\mathrm{d}t} \tag{1.48}$$

设坐标系 $O'x'y'$相对坐标系 Oxy 的平动加速度为

$$\boldsymbol{a}_0=\frac{\mathrm{d}\boldsymbol{u}}{\mathrm{d}t} \tag{1.49}$$

将式(1.47)～式(1.49)代入式(1.46)可得

$$\boldsymbol{a}_{O'}=\boldsymbol{a}_O-\boldsymbol{a}_0 \tag{1.50}$$

即质点相对于坐标系 $O'x'y'$的加速度 $\boldsymbol{a}_{O'}$(相对加速度)等于其相对坐标系 Oxy 的加速度 $\boldsymbol{a}_O$(绝对加速度)减去坐标系 $O'x'y'$相对于坐标系 Oxy 的平动加速度 $\boldsymbol{a}_0$(牵连加速度)。这一关系被称为加速度变换定理。

需要指出的是，以上得到的速度和加速度变换定理，普遍适用于相互间作平动运动的两个坐标系。对动坐标系相对于固定坐标系作转动情况下的速度和加速度变换定理等讨论，参见理论力学等课程相关内容。

思　考　题

1. 在不同参考系下，如何描述质点的运动？给出一个具体例子，并说明如何在两个不同的参考系下描述同一质点的运动。

2. 一个人在以恒定速度做直线运动的火车上竖直向上抛出一石子，此石子能否落入人的手中？如果石子抛出后，火车以恒定的加速度前进，结果又将如何？

3. 装有竖直遮风玻璃的汽车，在大雨中以速率 v 前进，雨滴以速率 v 竖直下降，问雨滴将以什么角度打击遮风玻璃？

本　章　小　结

质点和参考系

质点：忽略物体形状和大小的一种物理模型。

参考系：研究运动时作为参照的、假定为静止的物体。

坐标系：参考系的数学抽象。

位矢和位移

位矢：表示质点位置的矢量。$\boldsymbol{r}=x\boldsymbol{i}+y\boldsymbol{j}+z\boldsymbol{k}$

位移：一段过程中质点位矢量的改变。

$\Delta\boldsymbol{r}=\boldsymbol{r}(t+\Delta t)-\boldsymbol{r}(t)=\Delta x\boldsymbol{i}+\Delta y\boldsymbol{j}+\Delta z\boldsymbol{k}$

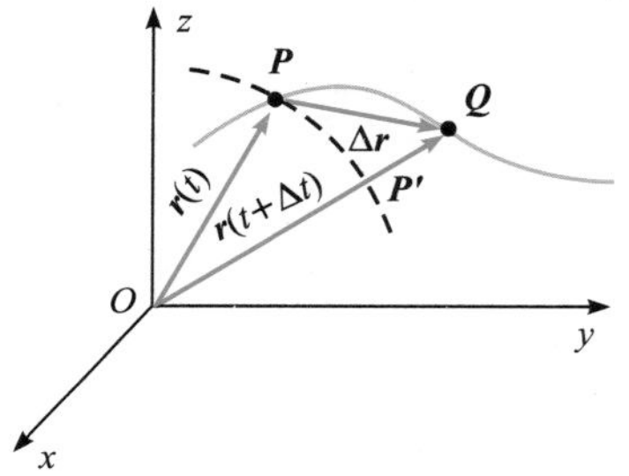

速度

速度：位矢变化的快慢。$\boldsymbol{v}=\dfrac{\mathrm{d}\boldsymbol{r}}{\mathrm{d}t}=\dfrac{\mathrm{d}x}{\mathrm{d}t}\boldsymbol{i}+\dfrac{\mathrm{d}y}{\mathrm{d}t}\boldsymbol{j}+\dfrac{\mathrm{d}z}{\mathrm{d}t}\boldsymbol{k}$

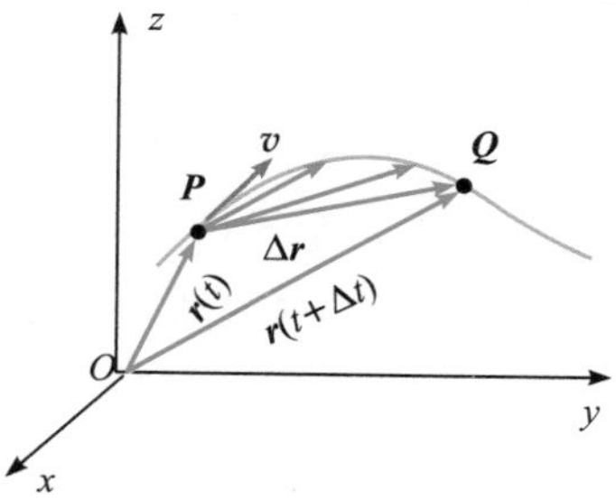

加速度

加速度：速度变化的快慢。$\boldsymbol{a}=\dfrac{\mathrm{d}^2\boldsymbol{r}}{\mathrm{d}t^2}=\dfrac{\mathrm{d}v_x}{\mathrm{d}t}\boldsymbol{i}+\dfrac{\mathrm{d}v_y}{\mathrm{d}t}\boldsymbol{j}+\dfrac{\mathrm{d}v_z}{\mathrm{d}t}\boldsymbol{k}$

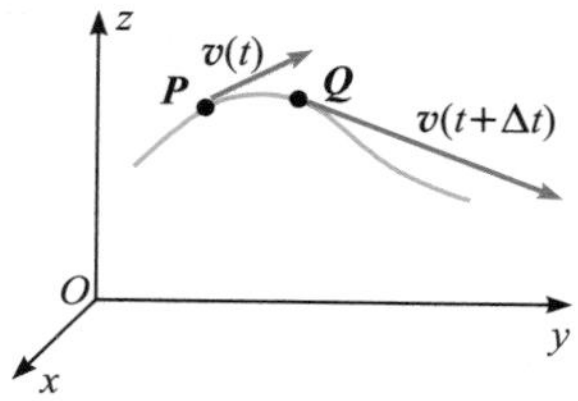

自然坐标系

将矢量分解为切向 $\boldsymbol{\tau}$ 和法向 $\boldsymbol{n}$

$\boldsymbol{v}=\dfrac{\mathrm{d}s}{\mathrm{d}t}\boldsymbol{\tau}$，$\boldsymbol{a}=a_\tau\boldsymbol{\tau}+a_n\boldsymbol{n}=\dfrac{\mathrm{d}v}{\mathrm{d}t}\boldsymbol{\tau}+\dfrac{v^2}{\rho}\boldsymbol{n}$

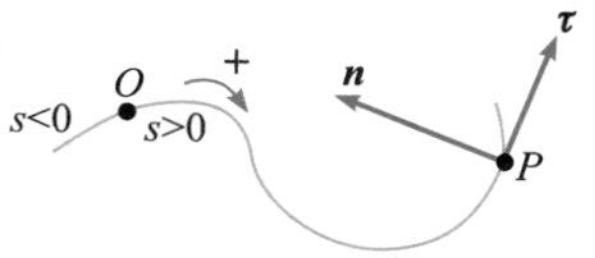

圆周运动

角速度 $\omega=\dfrac{\mathrm{d}\theta}{\mathrm{d}t}$，角加速度 $\beta=\dfrac{\mathrm{d}\omega}{\mathrm{d}t}$

速度 $v=\omega r$。加速度分解为 $a_\tau=\dfrac{\mathrm{d}v}{\mathrm{d}t}=\beta r$，$a_n=\dfrac{v^2}{r}=\omega^2 r$

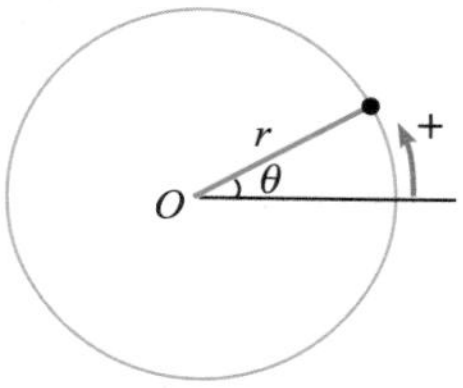

参考系变换

$\boldsymbol{v}_{O'}=\boldsymbol{v}_O-\boldsymbol{u}$

$\boldsymbol{a}_{O'}=\boldsymbol{a}_O-\boldsymbol{a}_0$

习　题

1. 已知质点沿 x 轴作周期性运动，其坐标 x 和时间 t 的关系为 $x=3\sin\dfrac{\pi}{6}t$，x 的单位为 m，t 的单位为 s。求 $t=1$ s 时质点的位移、速度和加速度。【答案：$v=\sqrt{3}\pi/4$，$a=-\pi^2/24$】

2. 质点的运动学方程为 $\boldsymbol{r}=\mathrm{e}^{-2t}\boldsymbol{i}+\mathrm{e}^{2t}\boldsymbol{j}+2\boldsymbol{k}$，($\boldsymbol{r}$ 的单位为 m，t 的单位为 s，求质点的轨迹和从 $t=-1$ s 到 $t=1$ s 质点的位移。【答案：$z=2$ 平面内的第一象限的一条双曲线 $xy=1$；$\Delta\boldsymbol{r}=-7.2537\boldsymbol{i}+7.2537\boldsymbol{j}$】

3. 质点的运动学方程为 $\boldsymbol{r}=R\cos t\boldsymbol{i}+R\sin t\boldsymbol{j}+2t\boldsymbol{k}$，其中 R 为正常数。求 $t=\pi/2$ 时质点的速度和加速度。【答案：$\boldsymbol{v}=-R\boldsymbol{i}+2\boldsymbol{k}$，$\boldsymbol{a}=-R\boldsymbol{j}$】

4. 质点沿直线的运动学方程为 $x=10t+3t^2$，x 的单位为 m，t 的单位为 s。

(1) 将坐标原点沿 Ox 轴正方向移动 2 m，其运动学方程如何？初速度有无变化？

(2) 将计时起点前移 1 s，其运动学方程如何？初始坐标和初速度发生怎样的变化？加速度变不变？【答案：$x'=3t^2+10t-2$，初速度不变；$x=3t'^2+4t'-7$，初始坐标由 0 变为 -7 m，初速度由 10 m/s 变为 4 m/s】

5. 质点在 xy 平面上运动，$t=0$ 时质点位于 $x=A$，$y=0$ 处，初始速度的分量为 $v_x=0$，$v_y=B\omega$。加速度的分量随时间的关系为 $a_x=-A\omega^2\cos\omega t$，$a_y=-B\omega^2\sin\omega t$。$A$，$B$，$\omega$ 都是常量。求质点的运

动轨迹。【答案：轨迹为椭圆$x^2/A^2+y^2/B^2=1$】

6. 直线运行的高速列车在电子计算机控制下减速进站。列车原运行速率为 $v_0=180$ km/h，其速率的变化规律如题 6 图所示。求列车行至 $x=1.5$ km 时的加速度。【答案：$a=-0.75$ m/s^2】

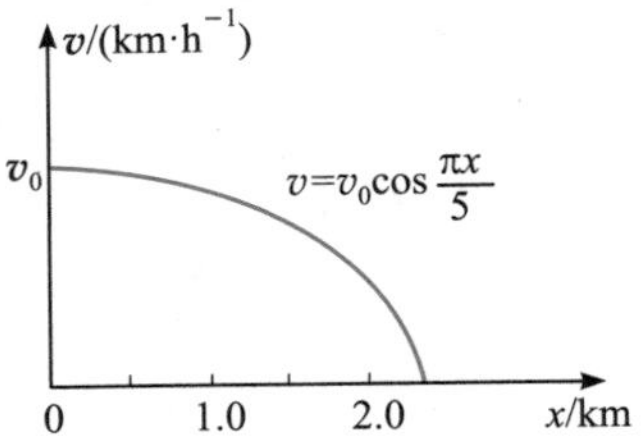

题 6 图

7. 列车在圆弧形轨道上自东转向北行驶，运动学方程为 $s=80t-t^2$，s 的单位为 m，t 的单位为 s。$t=0$ 时，列车在图中 O 点，此圆弧形轨道的半径 $r=1500$ m，求列车驶过 O 点以后前进至 1200 m 处的速率及加速度。【答案：$v=40$ m/s；$a=2.267$ m/s^2，$\boldsymbol{a}$ 与 $\boldsymbol{v}$ 所成夹角≈152°】

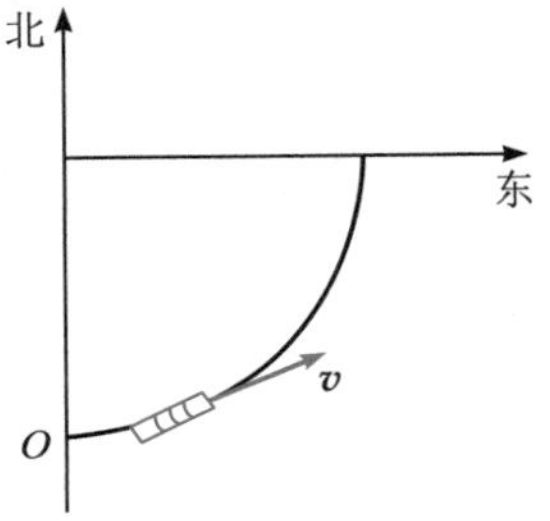

题 7 图

8. 火车以 200 m/h 的速度驶入圆弧形轨道，其半径为 300 m。司机一进入圆弧形轨道就立即减速，减速度为 2 g。求火车在何处的加速度最大？最大加速度是多少？【答案：$t=0$ 时，a 最大，$a_{max}=22.1$ m/s^2】

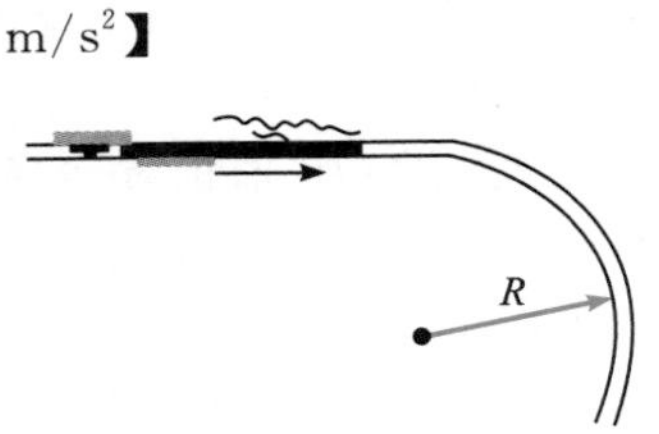

题 8 图

9. 已知炮弹的发射角为 θ，初速度为 v_0，求炮弹的抛物线轨道曲率半径随高度的变化。

【答案：$\rho(h)=\dfrac{(v_0^2-2gy)^{\frac{3}{2}}}{gv_0\cos\theta}$】

10. 一物体从静止开始作圆周运动，切向加速度 $a_\tau=3.00$ m/s^2，圆的半径 $R=300$ m。经过多少时间物体的加速度方向恰与半径成 45°夹角？

【答案：10 s】

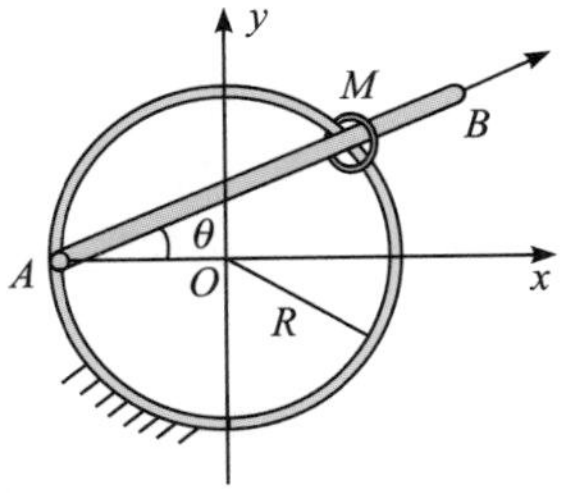

题 11 图

11. 半径为 R 的大环上套一小环 M，直杆 AB 穿入小环，并绕大环上的 A 轴以 $\theta=\omega t$ 逆时针转动（ω 为常量）。用自然坐标法求小环的运动学方程、速度和加速度。【答案：$s=2R\omega t$；$v=2R\omega$；$a_\tau=0$，$a_n=4R\omega^2$】

12. 在水平桌面上放置 A、B 两物体，用一根不可伸长的绳索按图示的装置把它们连接起来，C 点与桌面固定，已知物体 A 的加速度 $a_A=0.5g$，求物体 B 的加速度。【答案：$a_B=3g/8$】

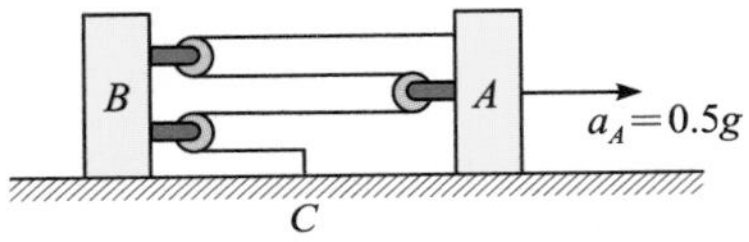

题 12 图

13. 飞机在某高度的水平面上飞行，机身的方向是自东北向西南，与正西夹角为 15°，风以 100 km/h 的速率自西南向东北方向吹来，与正南夹角为 45°，结果飞机向正西方向运动，求飞机相对于风的速度及其相对于地面的速度。【答案：$v_{机风}\approx 75.89$ m/s；$v_{机地}\approx 53.67$ m/s】

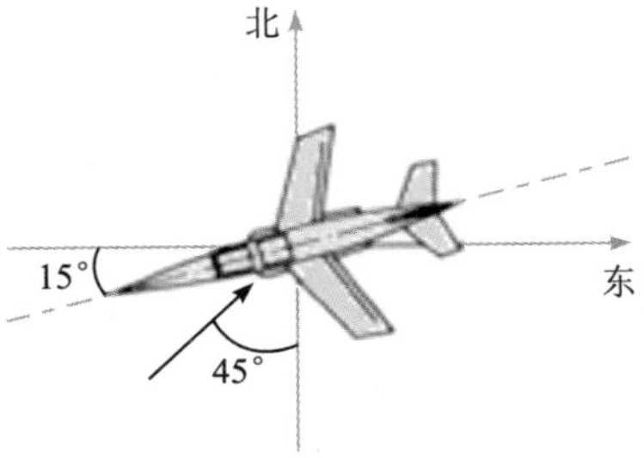

题 13 图

第 2 章　质点动力学

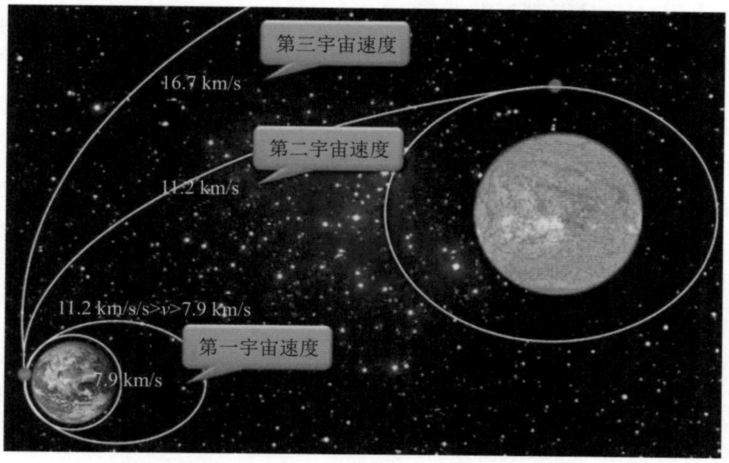

牛顿的问题：为什么苹果会掉落到地面？为什么存在第一、第二、第三宇宙速度？

物体的运动状态与其受力之间的关系一直是人们关注的核心问题。从古希腊哲学到近代科学革命，该领域的知识体系经历了深刻的变革。自牛顿于 1687 年发表其划时代的著作《自然哲学的数学原理》以来，牛顿定律构建了一个全面而深刻的运动理论体系。本章首先探讨质点动力学的理论框架，从牛顿三定律出发揭示物体运动状态变化的内在机制。

接下来将介绍经典力学中的动量概念，以及基于冲量所表述的动量定理。动量概念以其普适性在经典力学中具有举足轻重的地位。与力的概念相比，动量更侧重于描述物体运动状态的"量"的特征。动量定理揭示了力对物体运动状态改变的影响，即物体动量的变化等于作用在物体上所有外力的冲量之和。在物理学的发展进程中，动量不仅成为了理解碰撞、反冲等物理现象的关键，还引出了更为基本的动量守恒定律。动量守恒定律是自然界中最基本、最普遍的守恒定律之一。这一定律不仅在宏观物体的碰撞、爆炸等现象中得到了验证，也为现代物理学、工程学乃至天文学等多个领域提供了强有力的理论支持。

功和能是物理学中两个非常重要的概念。人类对能量的概念的认识经历了一个长期且曲折的过程。本章将详细介绍功的定义及计算方法，包括功的几种不同形式，如恒力做功和变力做功。随后，将建立质点及质点系的动能定理，讨论保守力所做功的特点，并引入势能的概念，分析势能和动能之间的转换关系。此外，还将深入研究机械能守恒定律，展示能量守恒定律在各种物理系统中的普遍适用性。

在描述转动现象时，我们往往需要引入另一个关键的物理量——角动量。角动量的概念在物理学的发展过程中经历了一个有趣且逐步深化的演变过程。直到 18 世纪，角动量才在力学中被正式定义和应用。到了 19 世纪，角动量被视为力学中最基本的概念之一，并逐渐被人们广泛接受。进入 20 世纪，角动量与动量、能量，成为力学中的核心概念之一。角动量之所以能取得如此重要的地位，是因为它遵循守恒定律并在近代物理学中具有广泛的应用。角动量守恒定律不仅在经典力学中发挥关键作用，在量子力学、天文学以及现代物理学的各个领域同样具有深远影响。

通过学习本章内容，读者可以深入理解物体运动与相互作用之间的内在联系，进而把握经典力学的基本框架与核心思想，全面理解动量、功、能以及角动量在物理学中的核心地位和重要意义。

2.1 牛顿定律及其应用

2.1.1 牛顿定律

动力学研究作用于物体上的力与物体的机械运动状态之间的关系。牛顿运动三定律总结了这方面的基本物理规律，是经典力学的基础。下面逐一进行介绍。

牛顿第一定律(惯性定律)表述为：任何质点都保持静止或匀速直线运动状态，直到外力迫使它改变运动状态。牛顿第一定律引入了惯性和力这两个基本概念。该定律指出，当质点不受任何力作用时，它将保持静止或匀速直线运动，这种性质称为惯性，其大小用质量来衡量。任何物体都有惯性，惯性大的物体难以改变其运动状态，惯性小的物体则易于改变其运动状态。质量是物体惯性大小的量度。力是一个物体对另一个物体的作用，这种作用能迫使物体改变其运动状态。作用于质点的力是质点运动状态发生改变的原因。牛顿第一定律是从大量实验事实中总结出来的，但由于自然界中不存在完全不受力的作用的物体，因此无法直接通过实验验证。人们确信牛顿第一定律的正确性，是因为从它导出的其它结果都与实验事实相符。

通过观察可知，若质点保持其运动状态不变，则作用在质点上的合力必定为零。因此，在实际应用中，牛顿第一定律可以表述为：任何质点，只要作用于它的合力为零，则该质点将保持静止或匀速直线运动状态。

牛顿第一定律给出了质点的平衡条件。牛顿第二定律则研究质点在不为零的合力作用下其运动状态如何变化。牛顿第二定律表述为

$$\boldsymbol{F} = m\boldsymbol{a} \tag{2.1}$$

其中，$\boldsymbol{F}$ 为质点受到的合力，m 为质量，$\boldsymbol{a}$ 为质点的加速度。它表明质点在受力的作用时，在某时刻的加速度其大小与质点在该时刻所受合力的大小成正比，与质点的质量成反比。加速度的方向与合力方向相同。牛顿第二定律表明，质点受力的作用而获得的加速度，不仅依赖于所受的力，而且与质点的质量有关。同一个力作用在具有不同质量的质点上，质量大的质点，获得的加速度小，质量小的质点，获得的加速度大。也就是说，大质量质点的运动状态较难改变，小质量质点的运动状态较容易改变。力是力学中最基本的概念之一。牛顿第二定律指出，任何质点，只有在作用于它的不为零的合力的迫使下，才能获得加速度。

物理学可定量地描述各类物理量之间的关系。物理定律通过物理量间的数量关系刻画自然规律。一个物理量的大小都是相对于人为规定的标准而言的，即规定一定单位，用该单位与研究客体相比所得的倍数。在表述物理定律时必须引入量纲以描述物理量在数值上的基本属性，以及它如何随基本物理量的变化而变化。简单来说，量纲表示物理量的“种类”或“性质”，如长度、质量、时间等。物理公式表示这些量或“倍数”间的相互关系。在物理学中需建立完整的单位体系。物理学方程式中出现的物理量最终将表现为以一定单位测出的数值。物理方程式要和一定的单位规定联系。说明某物理量为多少时，必须同时说明单位，否则没有意义。通常把某几个相互独立的量当作基本量，把它们的单位当作基本单位。其它量则根据定义或借助方程表示，称为导出量，它们的单位称为导出单位。

任一量 Q 可以用其它量以方程式的形式表示。这一表达式可以是若干项的和。每一项又可表示为选定的一组基本量 A，B，C，…的乘方之积(有时还乘以数字系数 ξ)，即 $\xi \mathrm{A}^{\alpha}\mathrm{B}^{\beta}\mathrm{C}^{\gamma}\cdots$。每一项中的基本量的指数 α，β，γ，…分别相同。导出量的单位由基本单位及其指数的组合来表示，此种关系式称为该物理量的量纲。量 Q 的量纲用基本量表示为

$$\dim Q = \mathrm{A}^{\alpha}\mathrm{B}^{\beta}\mathrm{C}^{\gamma} \tag{2.2}$$

其中，A，B，C，…表示基本量 A，B，C，…的量纲；α，β，γ，…称为量纲指数。利用量纲可以定出同一物理量的不同单位之间的换算关系。只有量纲相同才能够相加、相减或相等。指数函数是无量纲量。可以按照以上原则用量纲来检验等式的正确性。

1960 年第 11 届国际计量大会通过了国际单位制，简称为 SI。SI 选择七个量作为基本量，即长度、时间、质量、电流、热力学温度、物质的量和发光强度。其基本单位为 m(米)、s(秒)、kg(千克)、A(安培)、K(开尔文)、mol(摩尔)和 cd(坎德拉)。在力学中，分别用 L、T、M 表示长度、时间、质量的量纲。力学中物理量的量纲用这三个基本量表示。例如，速度表示位置变化的快慢，量纲为 LT^{-1}；加速度表示速度变化的快慢，量纲为

LT^{-2}。根据物理定律，可由某些物理量的量纲确定另一个物理量的量纲。例如，根据牛顿第二定律(式(2.1))可以确定，力的量纲等于质量量纲乘以加速度量纲，即 MLT^{-2}。在国际单位制中，力的单位为 N(牛顿)，1 N=1 kg·m·s^{-2}。

量纲分析是一种用于理解和预测物理量之间关系的方法，它基于物理量的量纲(或单位)来建立方程。

【例 2.1】 用量纲分析并推断单摆周期公式。

解 决定一个单摆物理特性的量有摆球质量 m、摆线长度 l 以及周围环境的重力加速度 g。这里假设摆球尺寸足够小，即将摆球看作质点，不考虑摆球形状、大小造成的影响。m、l、g 的量纲分别为 M、L、LT^{-2}。单摆周期 T 表示一种时间间隔，量纲为 T。要由 m、l、g 的量纲组合出 T 的量纲，应不包含 m，这是因为 m 的量纲是 M，为一个基本量，无法由其他量纲导出。欲用 l 和 g 的量纲组合出 T 的量纲，而 T 的量纲不包含长度量纲 L，只能组合成 $\frac{l}{g}$ 才能将 L 消去。符合 T 的量纲的表达式为

$$T=k\left(\frac{l}{g}\right)^{\frac{1}{2}}$$

无量纲比例系数 k 无法由量纲分析确定。量纲分析作为一种定性工具，通过物理量的量纲可找出它们之间的联系。

牛顿第三定律也称作用与反作用定律，其内容可陈述如下：当物体 A 以力 $\boldsymbol{F}_1$ 作用于物体 B 时，物体 B 也同时以力 $\boldsymbol{F}_2$ 作用于物体 A 上。$\boldsymbol{F}_1$ 和 $\boldsymbol{F}_2$ 总是大小相等，方向相反(即 $\boldsymbol{F}_1=-\boldsymbol{F}_2$)，且在同一条直线上。牛顿第三定律指出物体之间的作用总是相互的。如果把物体 A 作用于物体 B 的力称为作用力，那么物体 B 作用于物体 A 的力就称为反作用力。作用力与反作用力总是同时出现，同时消失，分别作用在相互作用着的两个物体上，而且属于同种类型的力。

牛顿(Isaac Newton，1643—1727)以其卓越的数学、物理学、天文学和自然哲学成就而闻名于世，他是17世纪科学革命的奠基人之一。牛顿出生在英格兰林肯郡的一个农民家庭，他很早就展现出了对机械和数学的天赋。他的叔叔注意到了他的才华，并将他送往格兰撒姆学校读书。在那里，牛顿对拉丁语、古希腊语、数学和自然哲学产生了浓厚的兴趣。1665年，牛顿在剑桥大学期间遭遇了伦敦大瘟疫，被迫返回家乡。这段隔离时间却成为了他科学发现的黄金时期。在这一时期，他发现了万有引力定律和微积分学的基础原理，这两项成就不仅改变了人类对自然世界的认知，而且为后来的科学发展奠定了坚实的基础。牛顿提出的著名的三大运动定律成为经典物理学的基础。此外，牛顿还是万有引力定律的发现者，这一定律成为天文学和物理学的重要基础。在数学领域，牛顿与莱布尼茨共同发明了微积分学，从而在物理学、工程学等多个领域产生了深远影响。在光学方面，牛顿通过三棱镜实验揭示了白光的组成，发现白光是由不同颜色的光混合而成的，这一发现为色谱学的发展奠定了基础。此外，他还发明了反射式望远镜，为天文学观测提供了重要工具。

牛顿被誉为现代科学之父之一，他的研究不仅为科学发展带来了革命性的变化，而且至今仍在各个领域发挥着重要作用，其学术和思想遗产持续影响着今天的科学、技术和文化发展。

牛顿定律像其他一切物理定律一样，有一定的适用范围。从19世纪末到20世纪初，物理学的研究领域开始从宏观世界深入到微观世界，由低速运动扩展到高速运动。在高速和微观领域，通过实验发现了许多新的现象，而这些现象用牛顿力学无法解释，这显示了牛顿力学的局限性。物理学的发展表明：物体的高速运动遵循相对论力学的规律。微观粒子的运动遵循量子力学的规律。牛顿力学只适用于宏观物体的低速运动，而不适用于处理高速运动问题，一般也不适用于微观粒子。目前遇到的实

际工程问题，绝大多数都属于宏观低速的范围。因此，牛顿力学仍然是一般技术科学的理论基础和解决工程实际问题的重要工具。

2.1.2　力学相对性原理

设想宇宙飞船远离诸星体，它的运动不受其他物体的影响，于是可提出一个理想模型。不受其他物体作用或离其他一切物体都足够远的质点称为孤立质点。牛顿第一定律指出，孤立质点静止或作匀速直线运动，这样的运动常称为惯性运动。静止或匀速直线运动都是相对于某参考系而言的。长期以来，人们假设了惯性参考系(简称惯性系)的概念，即孤立质点是相对于惯性系静止或作匀速直线运动的。也可以说，将相对于孤立质点静止或作匀速直线运动的参考系称为惯性系。若质点相对于某个惯性系静止或作匀速直线运动，则对另一个相对于该惯性系静止或作匀速直线运动的参考系来说，该质点同样是静止或作匀速直线运动的。也就是说，相对于某个惯性系作匀速直线运动的另一个参考系也是惯性系。找到一个惯性系，便能定义无穷多个惯性系。

事实上，并不存在真正孤立的质点，也不存在精确地满足上述描述的惯性系。某个参考系是否可视为惯性系，从根本上讲要根据观察和实验。大量的观察和实验表明，研究地球表面附近的许多现象时，在一定精度内，地球可被认为是惯性系。然而，从更高的精度看，地球并不是严格的惯性系。在讨论某些问题时，以地球为惯性系会出现明显的偏差。在讨论人造地球卫星运动时，常选择以地心为原点、坐标轴指向恒星的地心-恒星坐标系，这是比地球精确的惯性参考系。在研究行星等天体的运动时，可选择以太阳中心为坐标原点、坐标轴自原点指向其他恒星的日心-恒星参考系，这是更精确的惯性系。

根据以上讨论可知，牛顿第一定律在任何惯性系中都是成立的。下面讨论牛顿第二、第三定律。设参考系 S 为一个惯性系，参考系 S' 相对于 S 存在相对运动。设 S' 相对于 S 的运动速度为 $\boldsymbol{v}_0$。若 S 系中测得某质点的运动速度为 $\boldsymbol{v}$，则在 S' 系中测得该质点的运动速度 $\boldsymbol{v}'=\boldsymbol{v}-\boldsymbol{v}_0$。这两个惯性系所测得的同一个质点的速度是不一样的。但对加速度来说，设 S' 相对于 S 的加速度为 $\boldsymbol{a}_0$，在 S 系中测得该质点的加速度为 $\boldsymbol{a}$，则在 S' 系中测得该质点的加速度 $\boldsymbol{a}'=\boldsymbol{a}-\boldsymbol{a}_0$。当 $\boldsymbol{a}_0=\boldsymbol{0}$ 时，$\boldsymbol{a}'=\boldsymbol{a}$。也就是说，若 S' 相对于 S 作匀速直线运动，为另一个惯性系，则这两个惯性系观测到的同一个质点的加速度是相同的。由于牛顿第二定律是以质点的加速度为基础的，因此我们认为在任意惯性系中观测的同一个质点的加速度总是一样的，观测到的合力也总是一样的。可以说，牛顿第二定律、第三定律对于任何惯性系都成立。或者说，任何惯性系在牛顿定律面前都是平等的或平权的。我们不可能通过在某个惯性系中所做的力学实验来确定该参考系作匀速直线运动的速度。在所有惯性系中进行力学实验，所总结出的力学规律是相同的。例如，在一艘相对于地面作匀速直线运动的船上，由静止开始释放一个物体(见图 2.1)。从船上看，该物体以重力加速度向下作直线落体运动，其规律和地面上观测到的落体的运动规律是相同的。对力学规律来说，一切惯性系都是等价的，这称为力学相对性原理(或伽利略相对性原理)。后来人们将它推广到物理学的全部领域，认为各种物理定律(力、热、电、光等)对所有惯性系都成立，所有惯性系是平权的。该规律称为相对性原理。

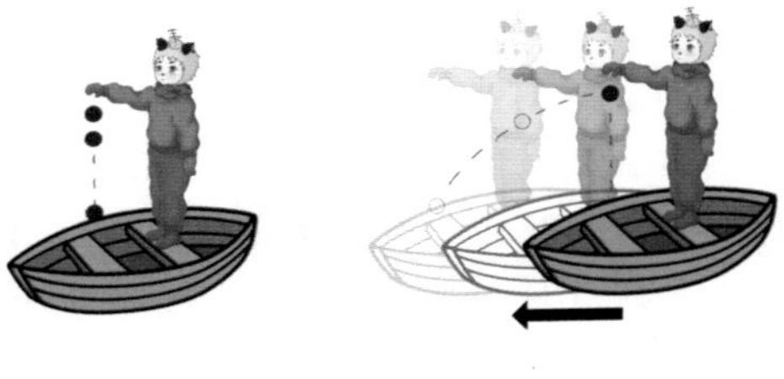

图 2.1

运动描述的相对性表明，只有相对于确定的参考系，才能对运动进行度量。换句话说，要了解质点是运动还是静止，只有对确定的参考系才有意义。描述质点运动的许多物理量(如位矢、速度和加速度)都具有这种相对性。运动学的物理量都是从空间和时间导出的，所以要解决上述描述运动的物理量的相对性问题，首先应该弄清楚在两个不同的参考系之间空间和时间的关系。

如图 2.2 所示，设有两个参考系 S 和 S'，相应的坐标系为 $Oxyz$ 和 $O'x'y'z'$，各对应轴互相平行。其中 x 轴与 x' 轴重合，并且相对作匀速直线运动。如取参考系 S 为基本参考系，则参考系 S' 相对于 S 的运动速度是 u，且沿 x 轴正方向。以 O 和 O' 重合的时刻作为计算时间的起点，我们要找出同一质点 P 在 S 系和 S' 系内的坐标变换公式。设

质点 P 在 S 和 S' 系中的位矢分别为 $\boldsymbol{r}$ 和 $\boldsymbol{r}'$，并以 $\boldsymbol{R}$ 代表 S' 系原点 O' 对 S 系原点 O 的位矢，则 $\boldsymbol{r}'=\boldsymbol{r}-\boldsymbol{R}$。对 S 系而言，它认为 $\boldsymbol{r}$ 和 $\boldsymbol{R}$ 是 S 系的观测值，而 $\boldsymbol{r}'$ 是 S' 系的观测值。在进行矢量相加时，各个矢量必须由同一坐标系来测定。所以，只有 S 系观测的 $\overrightarrow{O'P}$ 矢量值确实与 $\boldsymbol{r}'$ 相同，此式才成立。由此可见，上式成立的条件是，空间两点的距离不管从哪个坐标系测量，结果都应该相同，这一结论叫作空间绝对性。

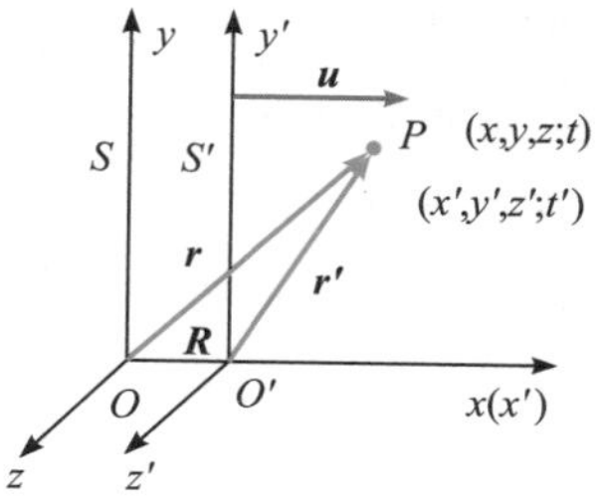

图 2.2

运动的研究不仅涉及空间，还涉及时间。同一运动所经历的时间，由 S 系观测为 t，由 S' 系观测为 t'，大量实验结果均表明 $t=t'$。这表明时间与坐标系无关，即时间具有绝对性。因此，$\boldsymbol{R}=\boldsymbol{u}t'$。上述关于时间和空间的两个结论构成了经典力学的绝对时空观，这种观点与大量的日常经验相符。

综上所述，质点 P 在 S' 系中的空间坐标 (x', y', z')、时间坐标 t' 与 S 系中的空间坐标 (x, y, z)、时间坐标 t 之间的关系式为

$$\begin{cases} x'=x-ut \\ y'=y \\ z'=z \\ t'=t \end{cases} \tag{2.3}$$

两个坐标系间的这些关系式叫作伽利略坐标变换式。在某时刻 t，质点 P 相对于 S 系的速度为 $\boldsymbol{v}_S$，相对于 S' 系的速度为 $\boldsymbol{v}_{S'}$。基于伽利略变换，式(2.3)前三项对时间 t 求导(因为 $t=t'$，所以不再区分，都用 t 表示)，可得

$$\begin{cases} \dfrac{\mathrm{d}x'}{\mathrm{d}t}=\dfrac{\mathrm{d}x}{\mathrm{d}t}-u \\ \dfrac{\mathrm{d}y'}{\mathrm{d}t}=\dfrac{\mathrm{d}y}{\mathrm{d}t} \\ \dfrac{\mathrm{d}z'}{\mathrm{d}t}=\dfrac{\mathrm{d}z}{\mathrm{d}t} \end{cases}$$

即

$$\begin{cases} v_{S'x}=v_{Sx}-u \\ v_{S'y}=v_{Sy} \\ v_{S'z}=v_{Sz} \end{cases} \tag{2.4}$$

伽利略(Galileo Galilei，1564—1642)生于意大利比萨，他 25 岁时受聘于比萨大学教数学，在此期间发现了落体定律。伽利略的名著有《关于托勒密和哥白尼两大世界体系的对话》，发表于 1632 年，此外还有 1638 年发表的《关于有关力学和位置运动的两种新科学的数学证明和谈话》。伽利略有强烈追求真理的精神。他将假设的哲学的逻辑的论证与实验比较进行检验。伽利略在物理学发展中做出了划时代的贡献。他第一次引入加速度的概念，得出匀变速运动的公式，正确指出落体运动的规律，并将抛体运动分解为水平匀速运动和落体运动。他发现了惯性定律。他强调机械不省功。他发明了温度计，提出了测光速的方法。他在音程和振动的关系方面取得了成绩，还发明了用长管和两个透镜制成的望远镜，并用于观察月球上的山峰、木星及其卫星、太阳黑子及自转以及金星和水星的盈亏，这些均支持了哥白尼的学说。

2.1.3　常见的力

要应用牛顿运动定律解决问题，首先必须正确分析物体的受力情况。在日常生活和工程技术中，经常遇到的力有万有引力、重力、弹力、摩擦力等。

1. 万有引力

任何物体之间都存在着互相吸引的力，称为万有引力。如图 2.3 所示，两个质量分别为 m_1 和 m_2 的质点，相隔距离为 r。实践表明，它们之间相互作用的万有引力 F 的方向沿着两质点的连线，其

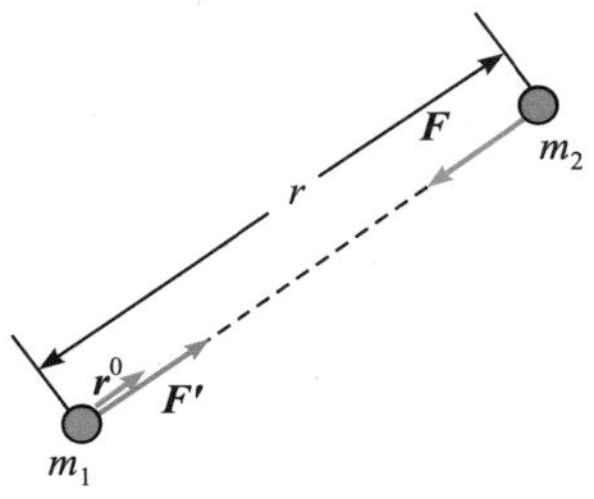

图 2.3

大小与两个质点质量的乘积成正比，与它们之间距离的平方成反比，即

$$F=G\frac{m_1m_2}{r^2} \tag{2.5}$$

式(2.5)为万有引力定律的数学表达式，其中 G 为比例常数，称为引力常量。在国际单位制中，$G=6.674\ 30\times10^{-11}\ \mathrm{m^3\cdot kg^{-1}\cdot s^{-2}}$。万有引力定律用矢量形式表示为

$$\boldsymbol{F}=-G\frac{m_1m_2}{r^2}\boldsymbol{r}^0=-G\frac{m_1m_2}{r^3}\boldsymbol{r} \tag{2.6}$$

其中，$\boldsymbol{F}$ 为施力物体(m_1)对受力物体(m_2)的引力，$\boldsymbol{r}^0$ 为施力物体(m_1)指向受力物体(m_2)的单位矢量。

万有引力定律适用于质点之间的相互作用。但是通过微积分计算可以证明，一个质量均匀分布的球体或质量分布是球对称的物体与一个质点相互作用的引力，也可以用万有引力定律来计算。这时我们把球体的全部质量看作集中于球心，把 r 理解为球心到质点的距离。例如，计算地球对某质点的引力，设地球质量为 M，质点质量为 m，质点到地心的距离为 x，则质点受到的引力 $F=G\dfrac{Mm}{x^2}$。设地球半径为 R，质点在地表处的重量 $G\dfrac{Mm}{R^2}$，即地表附近的重力加速度为

$$g=\frac{GM}{R^2}\approx9.8\ \mathrm{m/s^2} \tag{2.7}$$

事实上，由于地球并不是一个质量均匀分布的球体，还由于地球自转，因此地球表面不同地方的重力加速度 g 的值略有差异。不过在一般工程问题中这种差异常可忽略不计。

2. 弹力

当物体相互接触时，它们都会发生形变(有时这种形变非常微小，肉眼难以察觉)。形变的物体会试图恢复原状，从而产生相互作用力，这种力称为弹力。例如，将一个物体放在桌面上，物体对桌面施加一个向下的弹力，桌面对物体施加一个向上的弹力(反作用力)，这种弹力称为支持力。支持力的作用线垂直于两个物体接触点的公切面。

当物体与柔软的绳子相连时，物体与绳子之间也会产生力。这种力通常认为是由于物体和绳子都发生了变形，因此也属于弹力的范畴。绳子与物体间相互作用的拉力作用线沿着绳子方向，物体受到的拉力指向从力的作用点背离物体本身，而绳子受到的拉力则使绳子拉紧，这种力称为张力。绳子内部相邻的各段之间也存在张力的相互作用。一般情况下，绳子上各处的张力大小是不相等的，但当绳子的质量可以忽略不计时，绳子上各处的张力总是相等的。

物体与弹簧相连接，当弹簧处于拉伸或压缩变形时，物体和弹簧之间也会有弹力的相互作用。如图 2.4 所示，取弹簧原长时自由端点的位置为坐标原点 O，沿弹簧作 Ox 坐标轴。在弹簧弹性形变范围内，根据胡克定律，弹簧作用于物体上的弹力为

$$F=-kx \tag{2.8}$$

式中，k 称为弹簧的劲度系数，x 表示弹簧的形变量。式中的负号表示当弹簧处于拉伸形变时力的方向沿 x 轴反方向，当弹簧处于压缩形变时力的方向沿 x 轴正方向。

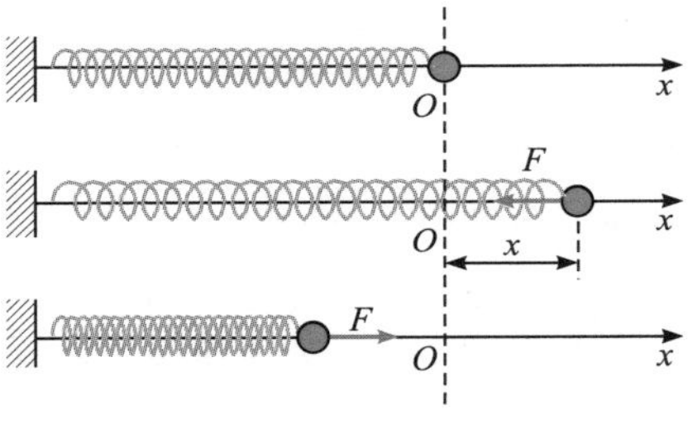

图 2.4

3. 摩擦力

当两物体相互接触，彼此之间保持相对静止，但有相对滑动的趋势时，在两物体接触面间出现的相互作用的摩擦力，称为静摩擦力。静摩擦力的作用线在两物体接触处的公切面内。实验表明，作用在物体上的最大静摩擦力的大小 $f_{\max}$ 与物体受到的法向力的大小 N 成正比，即

$$f_{\max}=\mu_0N \tag{2.9}$$

式中，μ_0 称为静摩擦系数，它与互相接触物体的

表面材料和表面状况有关。

当两物体相互接触并有相对滑动时，在两物体接触处出现的相互作用的摩擦力，称为滑动摩擦力。滑动摩擦力的作用线也在两物体接触处的公切面内，其方向总是与物体相对运动的方向相反。实验表明，作用在物体上的滑动摩擦力的大小也与物体受到的法向力的大小 N 成正比，即

$$f=\mu N \tag{2.10}$$

式中，μ 称为滑动摩擦系数，它不仅与物体接触表面的材料和状况有关，而且与物体相对滑动速度的大小有关。通常 μ 随相对速度的增加而稍有减小。当相对速度不太大时，μ 可近似看作常数。一般来说，在同种条件下，滑动摩擦系数小于静摩擦系数。

摩擦力的规律是比较复杂的。式(2.9)、式(2.10)都是由实验总结出的近似规律。摩擦力起源于物体间的电磁相互作用。近些年来，人们对摩擦力形成的机制进行了进一步研究，但仍存在一些值得进一步探讨的问题。

2.1.4　牛顿定律的应用

用牛顿运动定律求解质点动力学问题的一般步骤如下：

(1) 选取研究对象。研究对象可以是某个特定物体，也可以是某个物体的一部分或几个物体的组合。研究对象的选取方式由所研究问题的性质决定。

(2) 分析受力情况。物体运动状态的改变取决于该物体的受力情况。对研究对象进行受力分析是研究力学问题的关键。受力情况可用受力图来表示。受力图上应画出物体所受到的全部力。对系统内的每个物体，它们之间的作用力和反作用力应全部包含在受力图中。

(3) 建立坐标系。根据具体情况建立合适的坐标系，是解动力学问题的一个重要步骤。坐标系选取得当，可使问题简化。

(4) 列方程求解。在所建立的坐标系中，写出研究对象的牛顿方程和其它必要的辅助性方程。在列方程时，若力或加速度的方向事先不能判定，则可先假定一个方向，按假定方向列出方程并进行演算。根据演算结果与假定方向相比较即可确定其实际方向。

常用的坐标系有直角坐标系和自然坐标系。在直角坐标系中，若某个质点受到的力为 $\boldsymbol{F}_1$，$\boldsymbol{F}_2$，…，则将牛顿第二定律投影到各个坐标轴上，得

$$\begin{cases}\sum_i F_{ix}=m\dfrac{\mathrm{d}v_x}{\mathrm{d}t}=m\dfrac{\mathrm{d}^2x}{\mathrm{d}t^2}\\ \sum_i F_{iy}=m\dfrac{\mathrm{d}v_y}{\mathrm{d}t}=m\dfrac{\mathrm{d}^2y}{\mathrm{d}t^2}\\ \sum_i F_{iz}=m\dfrac{\mathrm{d}v_z}{\mathrm{d}t}=m\dfrac{\mathrm{d}^2z}{\mathrm{d}t^2}\end{cases} \tag{2.11}$$

研究平面曲线运动，常采用自然坐标系。将牛顿第二定律投影到自然坐标系的切向和法向，得

$$\begin{cases}\sum_i F_{i\tau}=ma_\tau=m\dfrac{\mathrm{d}v}{\mathrm{d}t}\\ \sum_i F_{in}=ma_n=m\dfrac{v^2}{\rho}\end{cases} \tag{2.12}$$

★**【例 2.2】**　在地球表面抛出一质点(不计空气阻力)，如例 2.2 图所示，求第一宇宙速度(即让质点不落回地面的速度)。

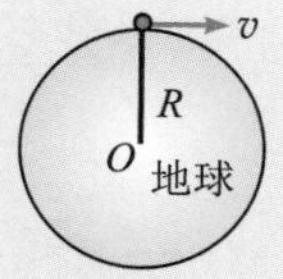

例 2.2 图

解　设地球质量为 M，地球半径为 R，质点质量为 m，第一宇宙速度为 v。质点不落回地面，即绕地球做匀速圆周运动。质点受到的重力充当向心力。将牛顿第二定律投影到自然坐标系的法向，得

$$G\frac{Mm}{R^2}=m\frac{v^2}{R}$$

解得 $v=\sqrt{\dfrac{GM}{R}}=\sqrt{gR}$。其中，$g=\dfrac{GM}{R^2}$ 为地表的重力加速度，地球平均半径 $R=6371\ \mathrm{km}$，可得

$$\begin{aligned}v&=\sqrt{gR}\\&=\sqrt{9.8\ \mathrm{m\cdot s^{-2}}\times(6371\times10^3\ \mathrm{m})}\\&=7.9\times10^3\ \mathrm{m/s}\end{aligned}$$

【例 2.3】 由地面沿竖直方向向上发射质量为 m 的宇宙飞船，如例 2.3 图所示，求宇宙飞船脱离地球引力所需的最小初速度(不计空气阻力及其它作用力)。

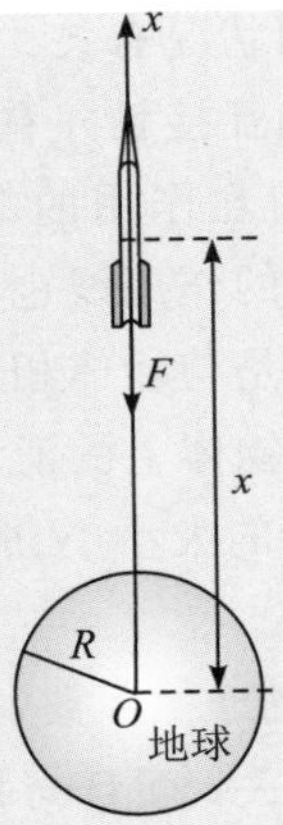

例 2.3 图

解 选宇宙飞船为研究对象，取竖直向上为 x 轴。根据万有引力定律，设地球质量为 M，地球对飞船的引力为

$$F=-G\frac{Mm}{x^2}$$

设地球半径为 R，地球表面的重力加速度为 $g=G\dfrac{M}{R^2}$，则 $F=-mg\dfrac{R^2}{x^2}$，也就是 $m\dfrac{dv}{dt}=-mg\dfrac{R^2}{x^2}$，化简得

$$\frac{dv}{dt}=-g\frac{R^2}{x^2}$$

按$\dfrac{dv}{dt}=\dfrac{dv}{dx}\dfrac{dx}{dt}=v\dfrac{dv}{dx}$，将上式改写为

$$v\,dv=-g\frac{R^2}{x^2}dx$$

从地面 $x=R$ 处以初速度 v_0 发射，直到飞船飞至坐标 x 处，对此过程积分：

$$\int_{v_0}^{v}v\,dv=\int_{R}^{x}-g\frac{R^2}{x^2}dx$$

得 $v^2-v_0^2=-2gR^2\left(\dfrac{1}{R}-\dfrac{1}{x}\right)$。飞船要脱离地球引力的作用，即意味着当 $x\to\infty$ 时，$v\geqslant 0$。将 $x\to\infty$ 代入上式，得 $v^2=v_0^2-2gR\geqslant 0$，即 $v_0\geqslant\sqrt{2gR}\approx 11.2\ \text{km/s}^1$。该速度称为第二宇宙速度。

★【例 2.4】 长度为 l 的绳子一端固定，另一端系质量为 m 的小球。将绳子拉至水平方向并无初速释放，如例 2.4 图所示，求绳子转过 θ 角后小球的速率及绳中的张力。

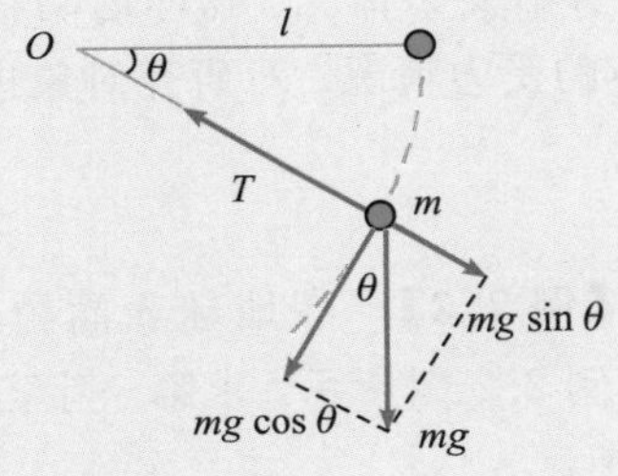

例 2.4 图

解 小球在重力作用下做圆周运动，用自然坐标系处理。当小球处在 θ 处时，圆的切线方向为切向，半径方向(指向圆心)为法向。小球受重力 mg 和绳子张力 T 的作用。将牛顿第二定律投影到自然坐标系的切向和法向，得

$$F_\tau=mg\cos\theta=m\frac{dv}{dt}$$

$$F_n=T-mg\sin\theta=m\frac{v^2}{l}$$

第一式化简为 $\dfrac{dv}{dt}=g\cos\theta$，然后改写为 $\dfrac{dv}{d\theta}\dfrac{d\theta}{ds}\dfrac{ds}{dt}=g\cos\theta$。其中$\dfrac{ds}{d\theta}=l$，$\dfrac{ds}{dt}=v$，故有

$$\frac{dv}{d\theta}\frac{v}{l}=g\cos\theta$$

分离变量得 $v\,dv=gl\cos\theta\,d\theta$。由初始状态积分至 θ 角处，有

$$\int_0^v v\mathrm{d}v=\int_0^\theta gl\cos\theta\,\mathrm{d}\theta$$

结果为$\frac{1}{2}v^2=gl\sin\theta$，即 $v=\sqrt{2gl\sin\theta}$。

将此结果代入第二式，得

$$T=mg\sin\theta+m\frac{v^2}{l}=3mg\sin\theta$$

2.1.5　非惯性系与惯性力

在物理学中，总是希望尽可能以最简明的方程、原理概括最广泛的现象。牛顿定律的适用范围是惯性系。惯性系以外的其他参考系称为非惯性系。下面讨论如何将牛顿力学推广到非惯性系，并在非惯性系中保持质点动力学方程的形式不变。我们将引入惯性力的概念，开辟一条解决非惯性系中力学问题的途径。这一物理思想在广义相对论中得到了进一步发展。

1. 平动非惯性系

平动非惯性系相对于某个惯性系作变速运动，但其空间取向始终保持不变。以图 2.5 为例，小车相对于地面有向右的加速度 $\boldsymbol{a}_0$。地面为惯性系，在地面上建立直角坐标系 $Oxyz$。小车为平动的非惯性系，在小车上建立直角坐标系 $O'x'y'z'$。在小车作平动的过程中，小车的空间取向始终不变，其上的坐标轴 x'，y'，z'的方向始终分别与地面参考系的 x，y，z 轴平行。

如图 2.5 所示，小车中有一水平光滑桌面，桌面上放置一小球，小球相对于地面静止。从地面参考系（惯性系）来看，小球的加速度 $\boldsymbol{a}=\boldsymbol{0}$。从小车参考系（非惯性系）来看，小球具有向左的加速度 $\boldsymbol{a}'=-\boldsymbol{a}_0$。对小车参考系而言，小球受到的合力为零，但具有不为零的加速度。牛顿定律在小车参考系中不成立。设小球质量为 m，这时可设想有一个虚拟的力 $\boldsymbol{F}_T^*=-m\boldsymbol{a}_0$ 作用于小球，其方向与小车相对于地面的加速度 $\boldsymbol{a}_0$ 的方向相反，这种力称为惯性力。对平动非惯性系，在引入惯性力后仍可沿用牛顿定律进行描述，即认为小球相对于小车的加速度 $\boldsymbol{a}'=-\boldsymbol{a}_0$ 是惯性力 $\boldsymbol{F}_T^*$ 造成的。

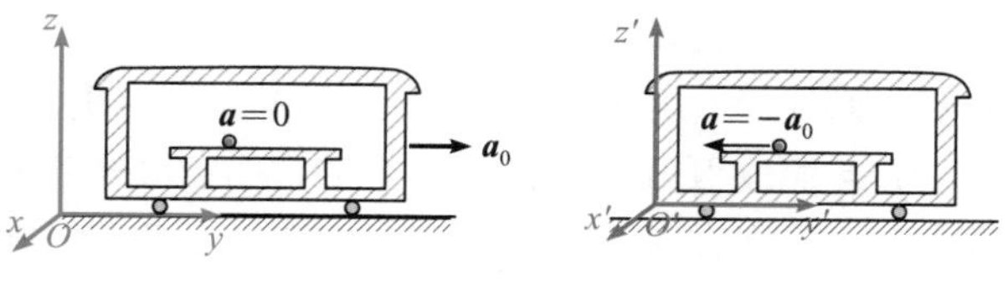

图 2.5

一般来说，设平动的非惯性系相对于惯性系运动的加速度为 $\boldsymbol{a}_0$。相对于惯性系而言，牛顿定律成立。设某个质点相对于惯性系的加速度为 $\boldsymbol{a}$，受到的合力为 $\boldsymbol{F}$，则 $\boldsymbol{F}=m\boldsymbol{a}$。若该质点相对于平动非惯性系的加速度 $\boldsymbol{a}'=\boldsymbol{a}-\boldsymbol{a}_0$，则上式的牛顿定律可写为 $\boldsymbol{F}=m\boldsymbol{a}'+m\boldsymbol{a}_0$。引入惯性力 $\boldsymbol{F}_T^*=-m\boldsymbol{a}_0$ 后，在非惯性系中牛顿第二定律可形式上恢复为

$$\boldsymbol{F}+\boldsymbol{F}_T^*=m\boldsymbol{a}' \tag{2.13}$$

合力为真实的 $\boldsymbol{F}$ 和假想的惯性力 $\boldsymbol{F}_T^*$ 的合成。

惯性力是一种虚拟的力，它不存在反作用力。在非惯性系中，可认为真实的力和惯性力同时作用在质点上。若某质点相对于非惯性系静止或作匀速直线运动，我们可认为作用在质点上的真实的力与惯性力相抵消，合力为零。若质点相对于非惯性系作变速运动，可认为质点相对于非惯性系的加速度是由真实的力与惯性力的合力产生的。

★**【例 2.5】**　如例 2.5 图所示，小车上有劲度系数为 k 的弹簧连着质量为 m 的物体。当小车以向右的加速度 a 运动时，求物体相对于小车静止时弹簧的伸长量。

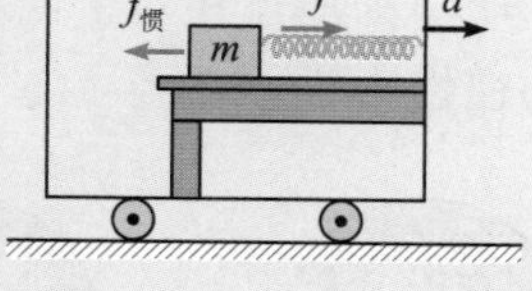

例 2.5 图

解　小车具有向右的加速度 a。在小车参考系中，物体受到向左的惯性力 $f_{惯}=ma$。当物体相对于小车静止时，弹簧对物体产生向右的力 $f=kx$，与向左的惯性力平衡，即 $kx=ma$。因此，求得 $x=\frac{ma}{k}$。

★【例 2.6】 解释潮汐现象的成因。

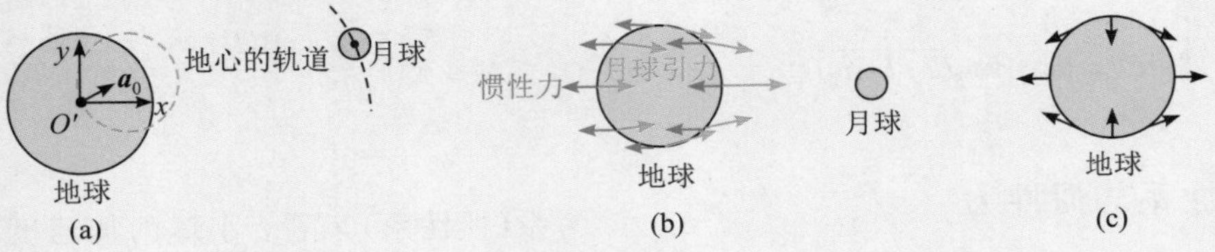

例 2.6 图

解 月球在地球引力的作用下运动。由于月球质量约为地球质量的$\frac{1}{81}$，因此月球对地球的引力能够对地球的运动造成可观的影响。如例 2.6 图(a)所示，地心在月球引力的作用下获得加速度 $\boldsymbol{a}_0$(方向指向月球)，沿虚线轨道运动。以地心 O'为坐标原点建立坐标系(注意，坐标轴方向保持不变，不随着地球自转而改变方向)，此坐标系为一非惯性系。

从非惯性系来看，地表的物质受月球引力和惯性力作用，如例 2.6 图(b)所示。这两种力的合力如例 2.6 图(c)所示。若某个质点 m 在地心处，则它受到月球引力 $\boldsymbol{F}=m\boldsymbol{a}_0$，惯性力 $\boldsymbol{F}^*=-m\boldsymbol{a}_0$，二者相抵消。对地面的某个质点来说，在地面离月球较近处，月球引力 $\boldsymbol{F}$ 大于它受到的惯性力 $\boldsymbol{F}^*=-m\boldsymbol{a}_0$，合力指向月球。在地面离月球较远处，月球引力 $\boldsymbol{F}$ 小于它受到的惯性力 $\boldsymbol{F}^*=-m\boldsymbol{a}_0$，合力指向背离月球方向。不管哪种情况，月球引力和惯性力的合力总是使地面物质隆起，这两种力的合力称为引潮力。

在地球自转过程中，当人们在地面上的位置运动到月球附近时，海洋的水受引潮力作用而涨潮(大潮)。当人们在地面上的位置运动到背离月球时，引潮力再次引起涨潮(小潮)。每天发生一次大潮和一次小潮，间隔约 12 小时。为什么小潮的涨潮幅度比大潮小？请读者自行分析。

2. 匀速转动非惯性系

匀速转动非惯性系的坐标原点相对于某个惯性系静止，但其坐标系相对于该惯性系绕某个空间取向以恒定角速度旋转。如图 2.6(a)所示，地面参考系(惯性系)的坐标系为 Oxy。O'点相对于地面静止，圆盘绕 O'点以恒定角速度 ω 旋转。在圆盘上建立随着圆盘旋转的坐标系 $O'x'y'$，即为一个匀速转动非惯性系。设一个质量为 m 的质点随着圆盘一起旋转(即相对于圆盘静止)，由 O'点指向该质点的位矢为 $\boldsymbol{r}$。从地面来看，该质点以半径 r 作匀速圆周运动，速度大小为 $V=\omega r$，需给它提供一个向心力 $\boldsymbol{F}=-m\omega^2\boldsymbol{r}$。从圆盘参考系 $O'x'y'$来看(图 2.6(b))，因质点相对于圆盘静止，因此假设一个虚拟的惯性力

$$\boldsymbol{F}_C^*=m\omega^2\boldsymbol{r} \tag{2.14}$$

其大小与 $\boldsymbol{F}$ 相同，但方向相反，这种惯性力称为惯性离心力。引入了惯性离心力，便可以说在圆盘参考系中质点受到 $\boldsymbol{F}$ 和惯性离心力 $\boldsymbol{F}_C^*$ 的作用，这两个力相抵消，因而质点相对于圆盘静止。

由于地球自转，因此地面参考系为一个转动参考系。如图 2.7 所示，在地面上所感受到的重力，实际上是地球引力与惯性离心力的合力。地表各处的重力加速度存在微小的差别。地球为一椭球。在南北两极，惯性离心力为零，并且距离地球中心最

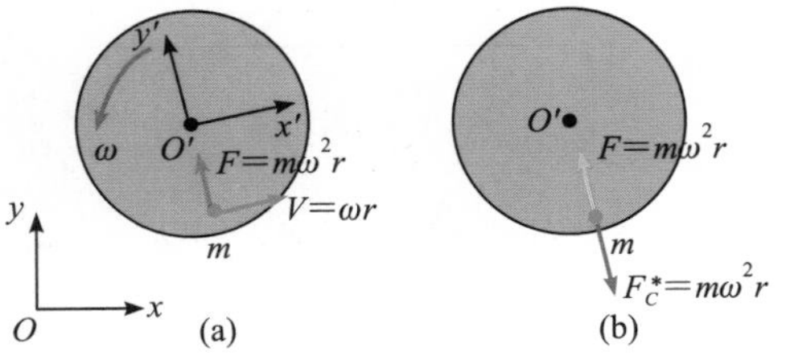

图 2.6

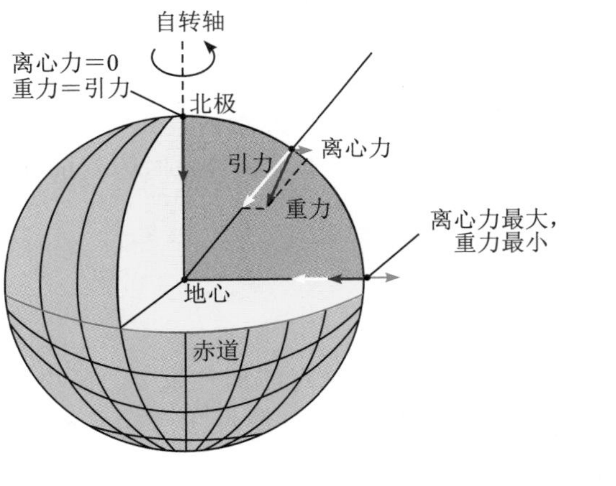

图 2.7

近，地球引力最大，故南北两极的重力加速度最大(约为 9.83 m/s^2)。在赤道上，惯性离心力最大，距离地球中心最远，地球引力最小，故赤道上的重力加速度最小(约为 9.78 m/s^2)。

若质点相对于匀速转动的非惯性系存在运动，则质点还可能受到另一种惯性力，称为科里奥利力。如图 2.8(a)所示，相对于地面参考系来说，质量为 m 的质点以半径 r、速度 v 绕 O'点作匀速圆周运动，需给它提供一个大小为 $F=m\dfrac{v^2}{r}$，方向指向 O'的向心力。从圆盘参考系来看(图 2.8(b))，质点相对于圆盘作匀速圆周运动，速度 $v'=v-\omega r$。在圆盘参考系中，维持此种运动需要的向心力大小为 $m\dfrac{v'^2}{r}$。因此我们可引入一个大小为 $F^*=m\omega^2 r+2m\omega v'$、方向沿半径向外的惯性力，认为 F 与惯性力 F^* 的合力(大小为 $F-F^*$，方向指向 O')提供质点所需的向心力。惯性力 F^* 的第一项称为惯性离心力，第二项称为科里奥利力。科里奥利力由质点在转动的非惯性系中的相对运动产生。它是科里奥利(G. G. Coriolis，1792—1843)于 1835 年提出的。

用角速度矢量描述圆盘的转动，记作 $\boldsymbol{\omega}$。右手握拳并伸出拇指，四指沿圆盘的旋转方向环绕，拇指即指向角速度矢量的方向(图 2.8(c))。角速度矢量的大小为 ω。理论分析表明，一般情况下的科里奥利力表示为

$$\boldsymbol{F}_K^*=2m\boldsymbol{v}'\times\boldsymbol{\omega} \tag{2.15}$$

参见图 2.8(d)，$\boldsymbol{v}'$为质点相对于转动参考系的速度。$\boldsymbol{v}'$、$\boldsymbol{\omega}$ 和 $\boldsymbol{F}_K^*$ 构成右手螺旋。

在地面上运动的物体，受地球自转的影响，在科里奥利力的作用下其运动方向将发生偏转。傅科(J. B. L. Foucault，1819—1868)于 1851 年在法国先贤祠所作的傅科摆实验证明了地球的自转。其原理涉及科里奥利力。傅科摆是一个大型单摆，如图 2.9(a)所示。傅科在大厅的穹顶上悬挂了一条 67 m 长的绳索，绳索的下面是一个重达 28 kg 的摆锤。摆锤的下方是巨大的沙盘。每当摆锤经过沙盘上方的时候，摆锤上的指针就会在沙盘上面留下运动的轨迹。实验表明，摆平面在不停地旋转，如图 2.9(b)所示。傅科摆的偏转方向与地球的自转方向相反。台风、飓风等气旋的旋转也是由科里奥利力所引起的(图 2.9(c))。当气流向低压中心流动时，科里奥利力引起气流运动方向的偏转。

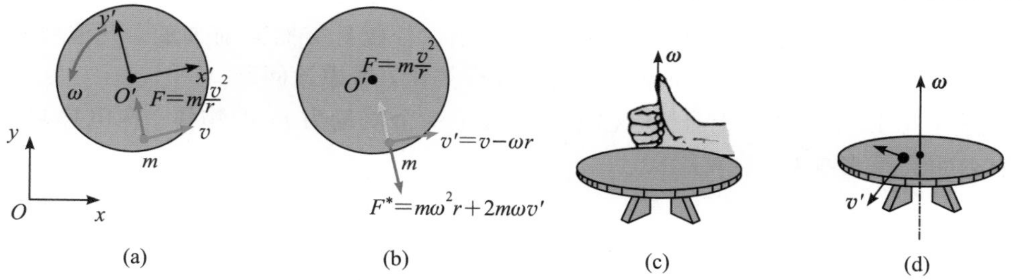

图 2.8

图 2.9

科技专题

手机中的传感器

智能手机中感知空间取向、加速度和旋转角速度的传感器基于微机电系统(microelectromechanical systems，MEMS)技术。MEMS 是一种在微观尺度上制造机械和电子元件的技术。压电式 MEMS 利

用的是压电材料受力时的电荷极化现象。当压电式 MEMS 受力时，其内部的质量块发生位移，导致压电材料被压缩或拉伸，从而产生极化电荷并转换为电信号。另一种常见的 MEMS 是电容式的，它由固定平板和可移动平板组成微小电容。当 MEMS 受力时，可移动平板的位移改变电容间距，电容值的变化通过电路测量并转换为信号。

MEMS 能够感知重力的大小和方向。当手机做变速运动时，MEMS 能感知附加的惯性力并得知手机的加速度；当手机做旋转运动时，MEMS 能够传感科里奥利力并得知手机的自转角速度。

3. 一般非惯性系

对一般的非惯性系来说，其坐标原点可能相对于惯性系运动，坐标系可能在作旋转运动，且角速度矢量可能在改变。因此，一般非惯性系中的惯性力可能为几种惯性力的叠加，既可能存在参考系变速平动造成的平移惯性力，又可能存在转动引起的惯性离心力和科里奥利力。此外，若非惯性系的自转角速度矢量随时间改变，则还存在一种附加的切向惯性力 $\boldsymbol{F}_P^* = m\boldsymbol{r}' \times \boldsymbol{\beta}$($\boldsymbol{\beta}$ 为角加速度矢量)，称为切向惯性力。一般情况下的惯性力比较复杂，这里不展开详细论述。

思 考 题

1. 设想一个宇航员在月球表面(月球表面无大气，重力加速度约为地球的 1/6)上跳高，与在地球上相比，他的跳高成绩会有何变化？请结合牛顿定律进行解释。

2. 汽车以恒定速率行驶，在平地上和经过拱桥顶端时对地面的压力有何差别？请解释原因。

3. 将装满水的饮料瓶平放在桌面上。瓶内有个气泡。若瓶身突然向前加速，气泡将往哪个方向移动？用惯性力的概念，并将其与重力和浮力的关系进行类比，考虑该问题。

4. 一个电梯正在以加速度 a 上升。电梯地板上放了一个质量为 m 的物体。在电梯乘客看来，这个物体所受的有效重力是多少？

2.2 动　量

2.2.1 动量和冲量

力能够改变物体的运动状态。为了对物体的运动状态和力产生的效果进行描述，下面描述动量和冲量的概念，然后建立动量定理来描述力改变物体运动状态的效果。

1. 动量

动量，顾名思义就是描写运动的量。根据生活经验可知，某个物体运动的程度与其质量和速度有关。假设有两个运动速度相同、质量不同的物体。若要阻止其运动，质量较大者其运动更难被阻止。因此可以说运动的量与质量有关。再考虑另一种情况，两个质量相同、速度不同的物体，速度较快者其运动更难被阻止。因此运动的量还与速度有关。于是，可将一个质点的动量定义为质量和速度的乘积，即

$$\boldsymbol{P} = m\boldsymbol{v} \tag{2.16}$$

动量 $\boldsymbol{P}$ 是一个矢量，其大小等于质点的质量和速率的乘积，方向指向质点的运动方向。动量的量纲是 LMT^{-1}。在国际单位制中，动量的单位为 $\mathrm{kg \cdot m \cdot s^{-1}}$。

2. 冲量

力能够改变物体的运动状态。下面对力产生的效果进行描述。任何力总在一段时间内作用。力的作用效果与其作用时间长短有关。为了描述力在一段时间内的累积作用，引入冲量概念。在极短时间 $\mathrm{d}t$ 内，将力 $\boldsymbol{F}$ 的累计效果写作 $\boldsymbol{F}\mathrm{d}t$，称为元冲量。在有限长时间 $t_1 \sim t_2$ 内，将元冲量求和得

$$\boldsymbol{I} = \int_{t_1}^{t_2} \boldsymbol{F}\mathrm{d}t \tag{2.17}$$

$\boldsymbol{I}$ 称为力 $\boldsymbol{F}$ 在 $t_1 \sim t_2$ 时间段内的冲量。冲量是一个矢量。在国际单位制中，冲量单位为 N · s，也就是

$kg \cdot m \cdot s^{-1}$，与动量的量纲相同。

需要注意的是，力 $\boldsymbol{F}$ 可能在一段时间内改变，冲量 $\boldsymbol{I}$ 的方向可能和力 $\boldsymbol{F}$ 的方向不同(除非力 $\boldsymbol{F}$ 是恒力)。式(2.17)为矢量积分，不可以将冲量 $\boldsymbol{I}$ 的大小表示为 $\int_{t_1}^{t_2} F\mathrm{d}t$。在直角坐标系中，可将矢量积分分解为分量形式，即

$$\begin{cases} I_x = \int_{t_1}^{t_2} F_x \mathrm{d}t \\ I_y = \int_{t_1}^{t_2} F_y \mathrm{d}t \\ I_z = \int_{t_1}^{t_2} F_z \mathrm{d}t \end{cases} \tag{2.18}$$

质点受到多个力 $\boldsymbol{F}_1, \boldsymbol{F}_2, \cdots, \boldsymbol{F}_n$ 的作用，总的冲量为各个力冲量的矢量和，即合力 $\boldsymbol{F}=\boldsymbol{F}_1+\boldsymbol{F}_2+\cdots+\boldsymbol{F}_n$ 的冲量，写作

$$\begin{aligned} \boldsymbol{I} &= \int_{t_1}^{t_2} \boldsymbol{F}\mathrm{d}t = \int_{t_1}^{t_2} (\boldsymbol{F}_1 + \boldsymbol{F}_2 + \cdots + \boldsymbol{F}_n)\mathrm{d}t \\ &= \boldsymbol{I}_1 + \boldsymbol{I}_2 + \cdots + \boldsymbol{I}_n \end{aligned} \tag{2.19}$$

动量和冲量具有相同的量纲，它们之间必然存在联系。这种联系就是动量定理。

2.2.2 质点的动量定理

对一个质点，按牛顿第二定律并考虑到质量为常量，设质点受到的合力为 $\boldsymbol{F}$，可得

$$\boldsymbol{F} = m\frac{\mathrm{d}\boldsymbol{v}}{\mathrm{d}t} = \frac{\mathrm{d}(m\boldsymbol{v})}{\mathrm{d}t} = \frac{\mathrm{d}\boldsymbol{P}}{\mathrm{d}t} \tag{2.20}$$

此为质点动量定量的微分形式，它表明合力决定质点动量变化的快慢。将此式改写为 $\boldsymbol{F}\mathrm{d}t=\mathrm{d}\boldsymbol{P}$，在一段时间内积分，可得

$$\boldsymbol{I} = \int_{t_1}^{t_2} \boldsymbol{F}\mathrm{d}t = \Delta\boldsymbol{P} = \boldsymbol{P}_2 - \boldsymbol{P}_1 \tag{2.21}$$

质点动量的改变等于合力的冲量。力的持续时间越长，其累积效果越明显，质点动量的改变也越大。合力在某一段时间内的冲量，决定始末两时刻的动量之差，但与该段时间内动量变化的细节无关。应当指出的是，和牛顿定律一样，质点动量定理只适用于惯性系。

动量和冲量都是矢量。动量定理是一个矢量方程。在进行具体操作时，可在直角坐标系中展开为分量形式，即

$$\begin{cases} I_x = \int_{t_1}^{t_2} F_x \mathrm{d}t = \Delta P_x \\ I_y = \int_{t_1}^{t_2} F_y \mathrm{d}t = \Delta P_y \\ I_z = \int_{t_1}^{t_2} F_z \mathrm{d}t = \Delta P_z \end{cases} \tag{2.22}$$

在直线运动情况下，可将力、动量、冲量简化为代数量，即

$$I = \int_{t_1}^{t_2} F\mathrm{d}t = \Delta P \tag{2.23}$$

★【例 2.7】 质量为 m 的铁锤竖直下落，打在木桩上并停下。设打击时间为 Δt，打击前铁锤的速率为 v。在打击木桩时间内，木桩对铁锤作用力的平均大小是多少？

解 取竖直向下为正方向。在打击时间 Δt 内，铁锤的动量由 mv 减至 0。设木桩对铁锤的作用力平均大小为 $\boldsymbol{F}$，方向竖直向上。铁锤受到的重力为 mg，方向竖直向下。根据动量定理有

$$(mg - \boldsymbol{F})\Delta t = 0 - mv$$

求得 $\boldsymbol{F} = mg + \dfrac{mv}{\Delta t}$。

在碰撞、打击等过程中，物体相互作用的时间极短(例如，两个钢球相碰撞的作用时间仅为 10^{-5} s 的数量级)，但力的峰值却很大而且变化很快。图 2.10 展示了助跑跳时运动员对地面的正压力。这种冲力随时间变化的规律很难测定。然而人们能够很容易地测出物体在冲力作用下动量的增量，再根据动量定理计算出冲力的冲量。如果知道碰撞所经历的时间，就可以求出平均冲力。若规定，在力的作用时间 $t_1 \sim t_2$ 内，平均力的冲量等于实际变力的冲量。这样，平均力定义为

$$\overline{\boldsymbol{F}} = \frac{\int_{t_1}^{t_2} \boldsymbol{F}\mathrm{d}t}{t_2 - t_1} = \frac{\Delta\boldsymbol{P}}{\Delta t} \tag{2.24}$$

冲量和平均力的方向总是一致的。

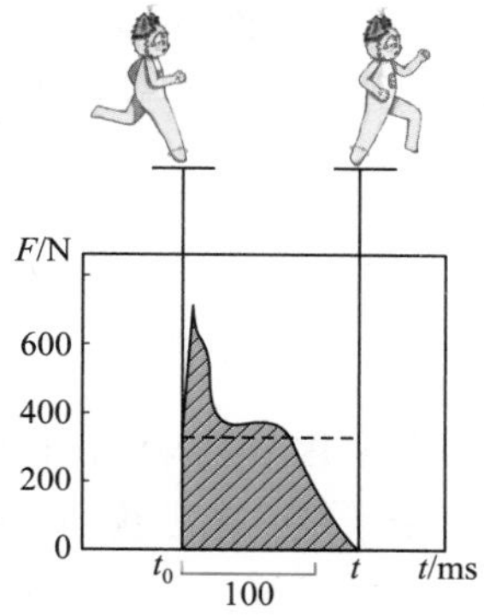

图 2.10

★【例 2.8】 煤粉从高度为 h 的漏斗下落，下方有一沿水平向右以速度 v 运动的传送带。煤粉落在传送带上后，便与传送带保持相同速度运动(图(a))。设单位时间从漏斗下漏的煤粉质量为 q，求煤粉撞击传送带时受到的平均作用力。

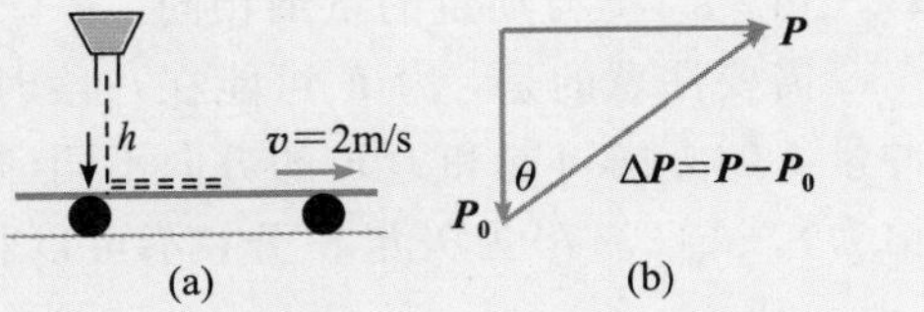

例 2.8 图

解 考虑很短的一段时间 Δt。一小团煤粉下落并接近传送带，在这段时间恰好全部落在传送带上。这些煤粉的质量为 $\Delta m=q\Delta t$，与传送带碰撞前的速度为 $v_0=\sqrt{2gh}$。动量为 $P_0=\Delta m v_0$，方向竖直向下(图(b))。

与传送带碰撞后，这些煤粉的动量变为 $P=\Delta m v$，方向水平向右。碰撞前后煤粉动量的改变用矢量表示为 $\Delta\boldsymbol{P}=\boldsymbol{P}-\boldsymbol{P}_0$。从图(b)中可以看出，$\boldsymbol{P}$ 与 $\boldsymbol{P}_0$ 垂直。故 $|\Delta\boldsymbol{P}|=\sqrt{P_0^2+P^2}=\Delta m\sqrt{v_0^2+v^2}=q\Delta t\sqrt{v_0^2+v^2}$。传送带对煤粉的平均作用力为 $\overline{\boldsymbol{F}}=\dfrac{\Delta\boldsymbol{P}}{\Delta t}$。该力的大小 $|\overline{\boldsymbol{F}}|=\left|\dfrac{\Delta\boldsymbol{P}}{\Delta t}\right|=q_m\sqrt{v_0^2+v^2}$，方向可表示为 $\tan\theta=\dfrac{P}{P_0}=\dfrac{v}{v_0}=\dfrac{v}{\sqrt{2gh}}$。

需说明的是，煤粉的重量为 Δmg。当 $\Delta t\to 0$ 时，煤粉的重量为无穷小量，可略去。传送带对煤粉的力正比于 $\dfrac{\Delta m}{\Delta t}$，为有限值。

★【例 2.9】 将质量为 m、长度为 L 的均质链条竖直提起，下端恰好与地面接触(图(a))。随后将链条释放并在重力作用中下落，求在链条下落过程中地面对链条的作用力。

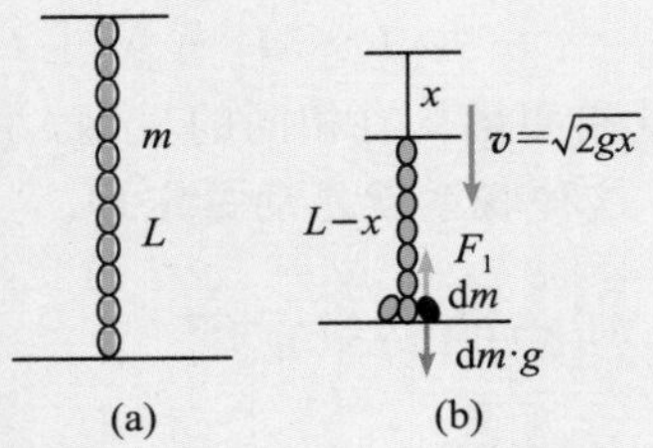

例 2.9 图

解 链条的质量线密度 $\rho=\dfrac{m}{L}$。如图(b)所示，设链条已下落长度为 x。将链条看作已下落和未下落两部分。地面对已下落部分提供向上的支持力 $F_0=x\rho g=\dfrac{xmg}{L}$。

未下落部分作自由落体运动，下落速度为 $v=\sqrt{2gx}$。考虑一段极短时间 $\mathrm{d}t$，该段时间内有质量元 $\mathrm{d}m=v\mathrm{d}t$ 落地(图(b))。设质量元受到地面的冲击力为 F_1(向上)，受到重力为 $\mathrm{d}m\cdot g$(向下)。以竖直向下为正方向，按动量定理有

$$(\mathrm{d}m\cdot g-F_1)\mathrm{d}t=\mathrm{d}m(0-v)=-\mathrm{d}m\sqrt{2gx}$$

略去高阶无穷小量，化简得

$$F_1=\frac{\mathrm{d}m}{\mathrm{d}t}\sqrt{2gx}=\rho\frac{\mathrm{d}x}{\mathrm{d}t}\sqrt{2gx}$$

此式中 $\dfrac{\mathrm{d}x}{\mathrm{d}t}=v=\sqrt{2gx}$ 即下落速度。故有 $F_1=\rho 2gx=\dfrac{2mgx}{L}$。地面对链条的总作用力为 $F=F_0+F_1=\dfrac{3mgx}{L}$。

2.2.3 质点系的动量定理

在力学的实际应用中，人们往往能够见到由大量质点组成的复杂系统。有形状和大小的物体，可看作大量质点构成的系统。下面研究质点系的动量定理。质点系内各质点动量的矢量和称为该质点系的动量。一个质点系里各个质点的质量分别为 m_1，m_2，…，m_n，速度分别为 $\boldsymbol{v}_1$，$\boldsymbol{v}_2$，…，$\boldsymbol{v}_n$，则系统的总动量为 $\boldsymbol{P}=\sum\limits_i m_i\boldsymbol{v}_i$。

质点系可能受到系统外其他物体对系统内某些质点的力，称为质点系受到的外力。质点系内部各个质点之间可能存在相互作用力，称为质点系的内力。以图 2.11 为例，系统内的质点 m_1 受到外力

$\boldsymbol{F}_1$，以及系统内的质点 m_2 对质点 m_1 的内力 $\boldsymbol{f}_{12}$。质点 m_2 受到外力 $\boldsymbol{F}_2$，以及系统内的质点 m_1 对质点 m_2 的内力 $\boldsymbol{f}_{21}$。$\boldsymbol{f}_{12}$ 和 $\boldsymbol{f}_{21}$ 为一对作用力和反作用力，即有 $\boldsymbol{f}_{21}=-\boldsymbol{f}_{12}$。

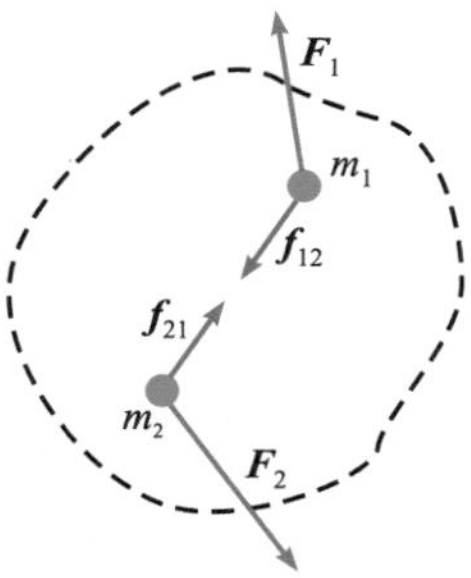

图 2.11

在一般情况下，设质点系中第 i 个质点受到的外力矢量和为 $\boldsymbol{F}_i$，内力矢量和为 $\boldsymbol{f}_i$。第 i 个质点的动量定理写作 $\mathrm{d}(m_i\boldsymbol{v}_i)=\boldsymbol{F}_i\mathrm{d}t+\boldsymbol{f}_i\mathrm{d}t$。对整个系统求和，有 $\mathrm{d}\boldsymbol{P}=\sum_i\mathrm{d}(m_i\boldsymbol{v}_i)=\sum_i\boldsymbol{F}_i\mathrm{d}t+\sum_i\boldsymbol{f}_i\mathrm{d}t$。内力的作用力和反作用力都作用在系统内，$\sum_i\boldsymbol{f}_i$ 包含了各个作用力和反作用力的总和。由于各对作用力和反作用力的矢量和为零，故实际上有 $\sum_i\boldsymbol{f}_i=0$。也就是说，质点系的动量定理可表达为

$$\mathrm{d}\boldsymbol{P}=\sum_i\boldsymbol{F}_i\mathrm{d}t \tag{2.25}$$

质点系动量的微小改变等于作用在质点系上所有外力元冲量的矢量和。这就是质点系动量定理的微分形式。在一段时间内，设外力 $\boldsymbol{F}_i$ 的冲量为 $\boldsymbol{I}_i$。质点系动量定理的积分形式表示为

$$\Delta\boldsymbol{P}=\sum_i\boldsymbol{I}_i \tag{2.26}$$

质点系动量的增量等于作用在质点系上所有外力冲量的矢量和。以上规律表明，系统的内力可改变系统内某些质点的动量，但不改变整个系统的总动量。例如，一个坐在车上的人，仅靠自己推车的力不能使车和人都前进。

在应用中，需把质点系动量定理的微分形式(2.25)具体在某个直角坐标系中展开，即

$$\begin{cases}\mathrm{d}\left(\sum_i m_i v_{ix}\right)=\sum_i F_{ix}\mathrm{d}t\\ \mathrm{d}\left(\sum_i m_i v_{iy}\right)=\sum_i F_{iy}\mathrm{d}t\\ \mathrm{d}\left(\sum_i m_i v_{iz}\right)=\sum_i F_{iz}\mathrm{d}t\end{cases} \tag{2.27}$$

质点系动量定理的积分形式在直角坐标系中表示为

$$\begin{cases}\Delta P_x=\sum_i I_{ix}\\ \Delta P_y=\sum_i I_{iy}\\ \Delta P_z=\sum_i I_{iz}\end{cases} \tag{2.28}$$

★**【例 2.10】** 将例 2.9 的问题，用质点系动量定理进行处理。

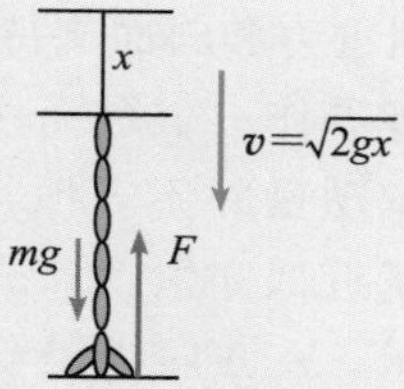

例 2.10 图

解　如图，将整根链条看作一个系统。设地面对系统的力为 F，方向竖直向上。链条的质量线密度 $\rho=\dfrac{m}{L}$。当链条下落了距离 x 时，下落速度为 $v=\sqrt{2gx}$。此时链条已落地部分静止，未落地部分以速度 v 向下运动。以竖直向下为正方向，整个系统的动量为

$$P=\rho(L-x)v$$

链条受到重力和地面的力，按动量定理有

$$mg-F=\frac{\mathrm{d}P}{\mathrm{d}t}$$

下面计算 $\dfrac{\mathrm{d}P}{\mathrm{d}t}$。在 P 的表达式里，x 与 v 均随时间变化。$\dfrac{\mathrm{d}x}{\mathrm{d}t}=v$ 即下落速度。链条的未下落部分作自由落体运动，其加速度为重力加速度，即 $\dfrac{\mathrm{d}v}{\mathrm{d}t}=g$。可得

$$\begin{aligned}\frac{\mathrm{d}P}{\mathrm{d}t}&=\frac{\mathrm{d}}{\mathrm{d}t}(\rho(L-x)v)=-\rho\frac{\mathrm{d}x}{\mathrm{d}t}v+\rho(L-x)\frac{\mathrm{d}v}{\mathrm{d}t}\\&=-\rho v^2+\rho(L-x)g\\&=-3\rho xg+\rho Lg\\&=-\frac{3mgx}{L}+mg\end{aligned}$$

由动量定理的式子得 $F=mg-\dfrac{\mathrm{d}P}{\mathrm{d}t}=\dfrac{3mgx}{L}$。

2.2.4 动量守恒定律

在物理中经常提及各种守恒量。所谓的某个物理量守恒，是指该物理量的值在一段时间内始终保持不变。需注意的是，仅知物理量一段时间的始末时刻的值相同，不能确定其是否守恒。矢量的守恒，是指矢量的大小和方向在一段时间内始终保持不变。常见的一种情况是，某个矢量并不守恒，但它沿某个方向的分量在一段时间内始终保持不变，则该矢量沿这个方向的分量守恒。

根据质点系动量定理可知，外力使得系统的总动量发生改变。在一段时间内，若质点系所受外力矢量和自始至终保持为零(即 $\sum_i \boldsymbol{F}_i = 0$)，则在该段时间内系统的动量守恒(即 $\boldsymbol{P} = \sum_i m_i \boldsymbol{v}_i =$ 常矢量)。质点系动量守恒在直角坐标系的投影为

$$\begin{cases} \sum_i m_i v_{ix} = \text{常量} \\ \sum_i m_i v_{iy} = \text{常量} \\ \sum_i m_i v_{iz} = \text{常量} \end{cases} \tag{2.29}$$

若作用质点系上的外力沿某一方向(例如 x 轴)投影的代数和为零(即 $\sum_i F_{ix} = 0$)，则该质点系的动量沿此坐标轴的分量始终保持不变(即 $\sum_i m_i v_{ix} =$ 常量)，质点系动量沿此坐标轴的分量守恒。

实际上，在某些情况下，当质点系受外力矢量和不为零时也可应用动量守恒近似求解。在某些极短时间内发生的过程中，若系统的内力远大于外力，系统内单个质点动量的改变基本上由内力引起，并且由于时间短，外力来不及对系统的动量造成太大影响。在误差允许范围内，可不计外力的影响，近似认为系统的动量守恒。

★**【例 2.11】** 如图所示，有一质量为 M(含炮弹)的大炮，沿一倾角为 θ 的光滑斜面下滑。当它速度为 v_0 时，沿水平方向发射质量为 m 的炮弹。欲使炮车在发射炮弹后瞬间静止，则炮弹出射速率应该是多少？

例 2.11 图

解 在炮车下滑过程中，在不计摩擦的情况下，炮车受到重力和斜面支持力这两个外力作用。将炮车和炮弹看作一个系统。对于炮弹发射过程，严格来说系统动量并不守恒，但可考虑动量沿某个方向的分量近似守恒。

如图所示，x 方向为沿斜面方向，y 方向为与斜面垂直的方向。系统的重力存在沿 x 方向的分量(大小为 $Mg\sin\theta$)，该分量大小恒定。在炮弹发射过程中，系统沿 x 方向受到的外力恒定，而内力(炮弹发射、炮弹与炮车分离的内部作用力)在这一瞬间很大，远远大于 $Mg\sin\theta$。因此可认为在炮弹发射过程中，系统沿 x 方向动量近似守恒。设炮弹出射速率为 v，欲使炮车发射炮弹后瞬间静止，有

$$Mv_0 = mv\cos\theta$$

即得 $v = Mv_0 / m\cos\theta$。

需要指出的是，例 2.11 中系统沿 y 方向动量并不守恒。在炮车运动过程中，斜面的支持力始终与重力的 y 分量(大小为 $Mg\cos\theta$、方向沿 y 轴反方向)抵消。当炮弹发射时，炮车受到炮弹巨大的反作用力。该力存在沿 y 轴反方向的分量。此时，斜面支持力会突然增大以抵消重力和炮弹反作用力的 y 分量。由于斜面是坚硬的，其支持力总会抵消其它的作用，以保证斜面上的物体不“陷入”到斜面内。像支持力这样的力称为约束反力。约束反力限制物体在某个方向上的运动。在本例的炮弹发射过程中，斜面的约束反力突然增大。虽然炮弹发射过程很短，但 y 方向并不满足内力远大于外力这一条件。因此系统在 y 方向上动量不守恒。

★**【例 2.12】** 用简单模型分析火箭发射过程。

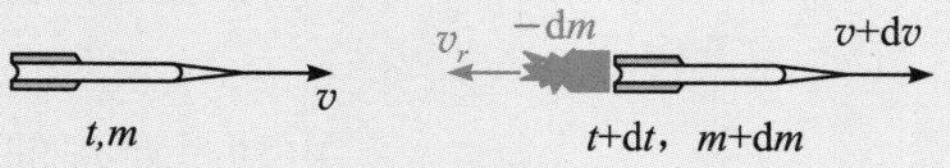

例 2.12 图

解　火箭的原理实质上就是动量守恒定律。火箭内部装有燃料。在火箭发射过程中，燃料燃烧生成的炽热气体向后喷射，火箭获得向前的动量。火箭在运动中不断排出气体，质量减少。在不考虑外力情况下，用以下方法分析此类变质量物体的运动。

如例 2.12 图所示，设火箭质量为 m，相对地面速度为 v。在极短时间后，火箭质量变为 $m+\mathrm{d}m$。这里 $\mathrm{d}m<0$。喷射出的燃料质量为 $-\mathrm{d}m$。设喷射出的燃料相对地面速度为 u。喷射出燃料 $-\mathrm{d}m$ 后，火箭速度变为 $v+\mathrm{d}v$。按动量守恒定律有

$$\begin{aligned} mv &= (m+\mathrm{d}m)(v+\mathrm{d}v)+(-\mathrm{d}m)u \\ &= mv+m\mathrm{d}v+v\mathrm{d}m-\mathrm{d}mu \end{aligned}$$

第二步略去了高阶无穷小量。燃料相对于火箭向后的喷射速度 v_r 由火箭发动机的性能决定，可看作常量。喷射出的燃料相对地面的速度为 $u=v-v_r$。代入上式，得

$$mv=mv+m\mathrm{d}v+\mathrm{d}mv_r$$

即 $m\mathrm{d}v+v_r\mathrm{d}m=0$。化为 $\mathrm{d}v=-v_r\dfrac{\mathrm{d}m}{m}$，由初始时刻开始积分，有

$$\int_0^v \mathrm{d}v=\int_{m_0}^{m}-v_r\frac{\mathrm{d}m}{m}$$

得 $v=v_r\ln\dfrac{m_0}{m}$。m_0 为火箭与燃料总共的初始质量。m 为燃料喷射完后火箭的剩余质量。一般火箭发动机 $v_r\approx 4\ \mathrm{km/s}$。欲将火箭发射出去，至少要达到第一宇宙速度，即 $v_{\max}\approx 8\ \mathrm{km/s}$。所需 $\dfrac{m_0}{m}\approx 7.4$。在实际情况下，考虑到地球引力及空气阻力，需 $\dfrac{m_0}{m}>16$。

动量守恒定律表明，不论质点系内运动情况如何复杂，相互作用如何强烈，只要质点系不受外力或作用于质点系外力的矢量和为零，则该质点系的动量守恒。应该指出，质点系内各质点相互作用的内力虽然不能改变整个质点系的动量，但却能改变质点系内各质点的动量，即能使质点系内各质点的动量发生转移。当系统和外界有相互作用时，质点从外界获得动量或向外界转移动量。所以，我们说动量是质点机械运动的一种量度。动量守恒反映了机械运动的一种守恒特性。

动量守恒定律是独立于牛顿定律的自然界中更普适的定律之一。实践表明，在有些问题中，牛顿定律已不成立，但是动量守恒定律仍然是适用的。动量守恒定律不仅适用于宏观物体的机械运动过程，还适用于分子、原子以及其它微观粒子的运动过程。

2.2.5　质心运动定理

人们在观察物体的一般运动时发现，尽管物体上各点的运动规律很复杂，但总有一个与它相关联的特殊点的运动规律比较容易找到。如图 2.12(a) 所示，在运动员跳水过程中，虽然运动员身体作出复杂的翻转动作，但能够找到一个特殊点，该点的运动规律就好像整个系统的质量全部集中在这个点上，呈现出质点抛体运动的规律。这个点称为系统的质心。图 2.12(b) 展示了高速摄影拍摄到的扳手在光滑桌面上的运动。虽然扳手存在自转，但其质心在光滑桌面上作匀速直线运动。

设一个系统中各个质点的质量分别为 m_1，m_2，…，m_n，位置分别为 $\boldsymbol{r}_1$，$\boldsymbol{r}_2$，…，$\boldsymbol{r}_n$。如图 2.12(c) 所示，系统的质心位置定义为

$$\boldsymbol{r}_c=\frac{\sum_{i=1}^{n}m_i\boldsymbol{r}_i}{\sum_{i=1}^{n}m_i}=\frac{\sum_{i=1}^{n}m_i\boldsymbol{r}_i}{m} \tag{2.30}$$

其中 $m=\sum_{i=1}^{n}m_i$ 为系统的总质量。对质量连续分布的物体，可以把它分割成无限多个质量元，质心的位置表示为

$$\boldsymbol{r}_c=\frac{\int\boldsymbol{r}\,\mathrm{d}m}{m} \tag{2.31}$$

质心位置只决定于质点系的质量和质量分布情况。对某个质点系来说，选取不同的坐标系，求得的质心坐标数值不同。但在某一瞬间，质心相对质点系的位置是一定的。形状对称、质量分布均匀的物体，质心在其几何中心(对称轴、对称面或对称中心)。需注意的是，一个物体的质心不一定在物体上。例如，一个质量分布均匀的圆环，其质心在圆心处。这时可以设想质心在物体的延拓部分上。在实际问题中，如果一个物体可以分割为几个简单的、已知质心的部分，求整个物体质心只需把各部分的质量集中在各部分的质心上，然后再根据式(2.30)即可求出质心位置。

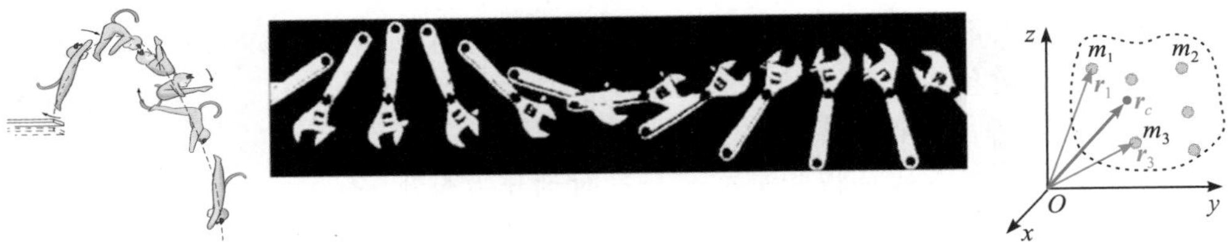

(a)　(b)　(c)

图 2.12

当质点系运动时，质心的位置也随时间而变化。质心的运动速度为

$$\boldsymbol{v}_c=\frac{\mathrm{d}\boldsymbol{r}_c}{\mathrm{d}t}=\frac{\sum m_i\frac{\mathrm{d}\boldsymbol{r}_i}{\mathrm{d}t}}{m}=\frac{\sum m_i\boldsymbol{v}_i}{m}\tag{2.32}$$

由此可看出，系统的总动量为

$$\boldsymbol{P}=\sum m_i\boldsymbol{v}_i=m\boldsymbol{v}_c\tag{2.33}$$

式(2.33)表明，质点系的动量等于该质点系的质量与质心速度的乘积。描写一个系统的总动量，就如同将整个系统的质量集中在质心。将上式两边对时间求导，按质点系动量定理可知，系统总动量随时间变化的快慢，等于作用在质点系上所有外力的矢量和。因此

$$\sum\boldsymbol{F}_i=\frac{\mathrm{d}\boldsymbol{P}}{\mathrm{d}t}=m\frac{\mathrm{d}\boldsymbol{v}_c}{\mathrm{d}t}=m\boldsymbol{a}_c\tag{2.34}$$

$\boldsymbol{a}_c$ 为质心的加速度。上式表明，质点系的质量与其质心加速度的乘积等于作用在质点系上所有外力的矢量和，这称为质心运动定理。质心运动定理表明，质点系质心的运动可以看成一个质点的运动。这个点集中了整个质点系的质量，也集中了质点系受到的所有外力。质心运动定理有其局限性，它仅给出质心加速度，并未对质点系运动作全面描述，但它毕竟为我们描述了质点系整体运动的重要特征。

思　考　题

1. 在什么情况下，力的冲量方向和力的方向相同？

2. 棒球运动员在接球时为何要戴厚而软的手套？篮球运动员接急球时为何往往持球缩手？

3. 悬浮在空中的气球下面吊有软梯，有一人站在上面，最初均处于静止，后来人开始向上爬，问：气球是否运动？

4. 飞机沿某水平面内的圆周匀速率地飞行了整整一周，其动量是否守恒？

2.3　机 械 能

2.3.1　功

作用于质点上的力在空间中的累积量称为力所做的功。用力做功起源于人们在生活中的感觉。手将重物从地面提至高处，感觉是要"费工夫"的。提炼成科学的概念，便是手施加的力做了功。大家在中学学过功的概念：力在受力质点移动距离上的投影与移动距离的乘积，即 $A=\boldsymbol{F}\cdot\Delta\boldsymbol{r}=F|\Delta\boldsymbol{r}|\cos\theta$(图 2.13)。这是关于恒力且质点做直线运动的情况。在一般情况下，将质点的路径分成无数多的小段(图 2.14)，每段可视为直线运动且认为力是不变的。每一小段位移为无穷小量，称为元位移。力在元位移上的功称为元功，即 $\mathrm{d}A=\boldsymbol{F}\cdot\mathrm{d}\boldsymbol{r}$。力在一段过程中的功为元功的累加，即

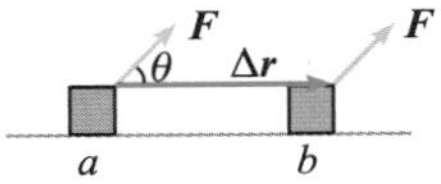

图 2.13

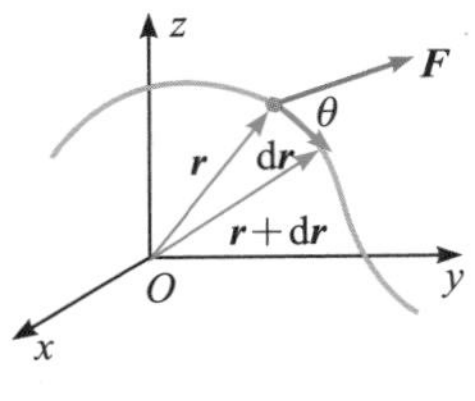

图 2.14

$$\begin{aligned}A&=\int\mathrm{d}A=\int\boldsymbol{F}\cdot\mathrm{d}\boldsymbol{r}=\int F\,|\,\mathrm{d}\boldsymbol{r}\,|\,\cos\theta\\&=\int F\,\mathrm{d}s\cos\theta\end{aligned}\tag{2.35}$$

国际单位制规定 1 N 力使受力点沿力的方向移动 1 m 所做的功作为功的单位，叫做 1 J(焦耳)，

即 1 J=1 N·m。功的量纲为 L^2MT^{-2}。

更换受力点不意味受力质点发生位移。如图 2.15 所示，手握住一端固定于墙壁的绳并在绳上滑动，绳上不同点顺次充当摩擦力受力点，各受力质点均未发生位移，故作用于绳的摩擦力不做功，但由于手在移动，故作用于手上的摩擦力做功。

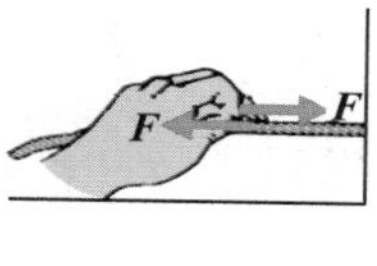

图 2.15

若干个力 $\boldsymbol{F}_1$，$\boldsymbol{F}_2$，…，$\boldsymbol{F}_n$ 作用于同一个质点上，合力为 $\boldsymbol{F}=\boldsymbol{F}_1+\boldsymbol{F}_2+\cdots+\boldsymbol{F}_n$。合力的功为

$$A=\int\boldsymbol{F}\cdot\mathrm{d}\boldsymbol{r}=\int(\boldsymbol{F}_1+\boldsymbol{F}_2+\cdots+\boldsymbol{F}_n)\cdot\mathrm{d}\boldsymbol{r}$$
$$=A_1+A_2+\cdots+A_n$$

其中，$A_i=\int\boldsymbol{F}_i\cdot\mathrm{d}\boldsymbol{r}$ 为力 $\boldsymbol{F}_i$ 的功。合力的功等于各个力做功的代数和。

在直角坐标系中，$\boldsymbol{F}$ 和 $\mathrm{d}\boldsymbol{r}$ 可以分别写成 $\boldsymbol{F}=F_x\boldsymbol{i}+F_y\boldsymbol{j}+F_z\boldsymbol{k}$ 和 $\mathrm{d}\boldsymbol{r}=\mathrm{d}x\boldsymbol{i}+\mathrm{d}y\boldsymbol{j}+\mathrm{d}z\boldsymbol{k}$。故有

$$\mathrm{d}A=F_x\mathrm{d}x+F_y\mathrm{d}y+F_z\mathrm{d}z \tag{2.36}$$

及

$$A=\int\mathrm{d}A=\int F_x\mathrm{d}x+F_y\mathrm{d}y+F_z\mathrm{d}z \tag{2.37}$$

上式的积分是沿着质点轨迹进行的，属于线积分。一般来说，线积分的值与积分路径有关。

若力 $\boldsymbol{F}$ 为恒力，则其功为

$$A=\int\boldsymbol{F}\cdot\mathrm{d}\boldsymbol{r}=\boldsymbol{F}\cdot\int\mathrm{d}\boldsymbol{r}=\boldsymbol{F}\cdot\Delta\boldsymbol{r} \tag{2.38}$$

即恒力的功等于该力与力的作用点位移的标量积。例如，质量为 m 的物体在地面附近运动。重力可视为恒力，其方向竖直向下。若物体高度增加了 Δh，则重力的功为 $A=-mg\Delta h$。

★**【例 2.13】** 如下图所示，质点在力 $\boldsymbol{F}=2y^2\boldsymbol{i}+3x\boldsymbol{j}$ N 作用下运动。

(1) 力 $\boldsymbol{F}$ 沿路径 Oab 所做的功是多少？

(2) 力沿 Ob 路径所做的功是多少？

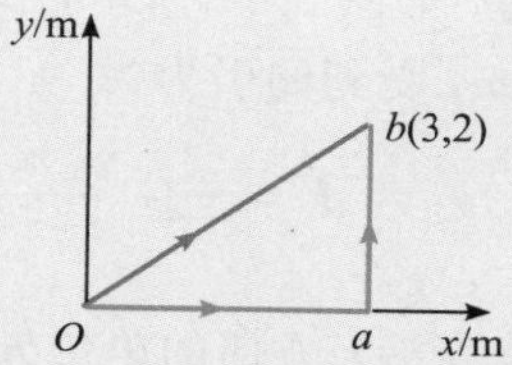

例 2.13 图

解 (1) 路径 Oa 上 $y=0$。则沿该路径 $\mathrm{d}y=0$，$\boldsymbol{F}=3x\boldsymbol{j}$。即 $F_x=0$，$F_y=3x$。力 $\boldsymbol{F}$ 沿 Oa 的功为

$$A_{Oa}=\int F_x\mathrm{d}x+F_y\mathrm{d}y=0$$

路径 ab 上 $x=3$，则沿该路径 $\mathrm{d}x=0$，$\boldsymbol{F}=2y^2\boldsymbol{i}+9\boldsymbol{j}$。即 $F_x=2y^2$，$F_y=9$。力 $\boldsymbol{F}$ 沿 ab 所做的功为

$$A_{ab}=\int F_x\mathrm{d}x+F_y\mathrm{d}y=\int_0^2 9\mathrm{d}y=18\ \mathrm{J}$$

将两部分功相加，$A_{Oab}=A_{Oa}+A_{ab}=18$ J。

(2) Ob 路径为一过原点 O 的直线。该直线的方程可写为 $y=kx$（k 为常量）。根据 b 点坐标可知 $k=\dfrac{2}{3}$。沿该路径 $\mathrm{d}y=\dfrac{2}{3}\mathrm{d}x$，$F_x=2y^2=\dfrac{8}{9}x^2$。力 $\boldsymbol{F}$ 沿 Ob 做的功为

$$A_{Ob}=\int F_x\mathrm{d}x+F_y\mathrm{d}y=\int 2y^2\mathrm{d}x+3x\mathrm{d}y$$
$$=\int_0^3\left(\frac{8}{9}x^2\mathrm{d}x+2x\mathrm{d}x\right)=17\ \mathrm{J}$$

力在单位时间内做的功称为功率，即 $P=\dfrac{\mathrm{d}A}{\mathrm{d}t}=\dfrac{\boldsymbol{F}\cdot\mathrm{d}\boldsymbol{r}}{\mathrm{d}t}=\boldsymbol{F}\cdot\boldsymbol{v}$。功率是描述做功快慢的一个量。力的功率等于力与受力点速度的标量积。功率的量纲为 L^2MT^{-3}。功率的单位由功和时间的单位或力和速度的单位来决定。国际单位制规定，力在 1 s 内做功 1 J，则功率为 1 W（瓦特）。在实际应用中，功率可以帮助我们理解和计算各种机械设备的效率。

下面介绍几种常见力的功。

1. 重力

质点在地面附近运动时，近似将质点受到的重力视为常量。如图 2.16 所示，取直角坐标系 $Oxyz$，z 轴垂直于地面竖直向上。质点受到的重力大小为 mg，方向竖直向下。用直角坐标分量表示为

$$F_x=0,\ F_y=0,\ F_z=-mg \tag{2.39}$$

质点从 M_1 到 M_2 运动过程中，重力做的功为

$$A=\int_{M_1}^{M_2}(F_x\mathrm{d}x+F_y\mathrm{d}y+F_z\mathrm{d}z)$$
$$=-mg(z_{M_2}-z_{M_1}) \tag{2.40}$$

即重力做的功等于重力的大小乘以质点高度增量的负值。这个功与 M_1 到 M_2 的路径无关。图中有路径Ⅰ和Ⅱ，质点沿这两条路径运动，重力所做的功相同。

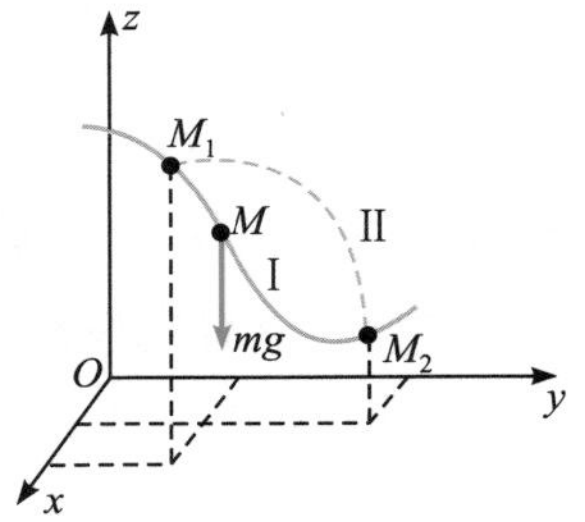

图 2.16 重力的功

2. 万有引力

设有质量为 m_1 的质点，可看作固定不动。另有质量为 m_2 的质点在 m_1 的万有引力作用下运动。以无穷远处为参考点，计算 m_2 在 m_1 的引力场中的功。如图 2.17 所示，设 m_2 相对于 m_1 的位矢为 $\boldsymbol{r}$，m_2 受到的引力为

$$\boldsymbol{F} = -G\frac{m_1 m_2}{r^2}\cdot\frac{\boldsymbol{r}}{r} \tag{2.41}$$

其中$\frac{\boldsymbol{r}}{r}$代表沿 $\boldsymbol{r}$ 方向的单位矢量。质点 m_2 从 $\boldsymbol{r}_1$ 到

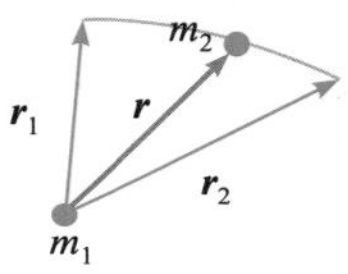

图 2.17 万有引力的功

$\boldsymbol{r}_2$ 运动过程中，引力做的功为

$$A = \int_{r_1}^{r_2}\boldsymbol{F}\cdot d\boldsymbol{r} = \int_{r_1}^{r_2} -G\frac{m_1 m_2}{r^2}\cdot\frac{\boldsymbol{r}}{r}\cdot d\boldsymbol{r}$$

考虑到 $\boldsymbol{r}\cdot\boldsymbol{r}=r^2$，两边微分得 $\boldsymbol{r}\cdot d\boldsymbol{r}=r\,dr$，故有

$$A = \int_{r_1}^{r_2} -G\frac{m_1 m_2}{r^2}dr = Gm_1 m_2\left(\frac{1}{r_2}-\frac{1}{r_1}\right) \tag{2.42}$$

当 m_2 远离 m_1 时，引力对 m_2 做负功。

3. 弹力

劲度系数为 k 的弹簧一端固定，另一端连接质点 M。如图 2.18 所示，取弹簧原长时质点所在位置为坐标原点 O，沿质点运动直线作 Ox 坐标轴。当质点位于坐标 x 处时，根据胡克定律将弹簧对质点的回复力用代数量表示为 $F=-kx$。力 F 在位移 dx 上的元功为 $dA=F\,dx=-kx\,dx$。质点从 x_1 到 x_2 运动过程中，弹力做的功为

$$A = \int_{x_1}^{x_2}F\,dx = \int_{x_1}^{x_2}(-kx)\,dx$$

$$= -\frac{1}{2}k(x_2^2 - x_1^2) \tag{2.43}$$

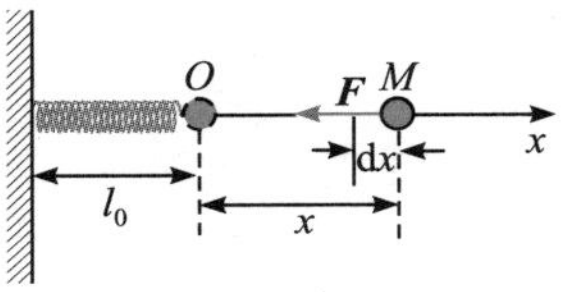

图 2.18 弹力的功

【例 2.14】 设质点与桌面的摩擦系数为 μ。如例 2.14 图所示，计算质点从 a 到 b 移动半个圆周的过程中摩擦力的功。

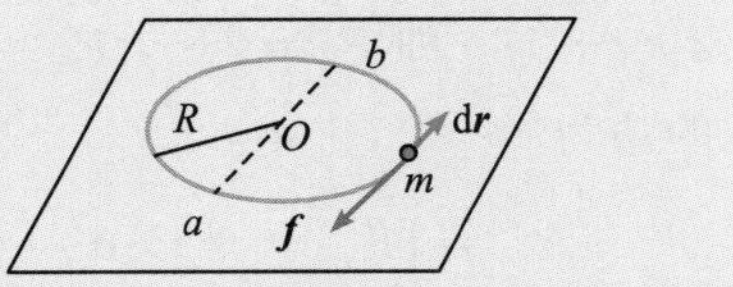

例 2.14 图

解 摩擦力的大小 $f=\mu mg$，方向总是与 $d\boldsymbol{r}$ 相反。摩擦力的功

$$A = \int\boldsymbol{f}\cdot d\boldsymbol{r} = \int f\cos\theta\,ds = -\int\mu mg\,ds = -\mu mg\pi R$$

注意，摩擦力的方向不断在改变，摩擦力不是恒力。

牛顿第三定律告诉人们，力总是成对的。一个质点受到另一个质点的力，另一个质点必然受到相应的反作用力。下面来研究作用力和反作用力所做功的总和。如图 2.19 所示，质量分别为 m_1 和 m_2 的两个质点，位矢分别为 $\boldsymbol{r}_1$ 和 $\boldsymbol{r}_2$。其间的相互作用力为 $\boldsymbol{F}_1$ 和 $\boldsymbol{F}_2$。$\boldsymbol{F}_1$ 作用在 m_1 上，$\boldsymbol{F}_2$ 作用在 m_2 上。根据牛顿第三定律可知 $\boldsymbol{F}_2=-\boldsymbol{F}_1$。定义 m_2 对 m_1 的相对位置为 $\boldsymbol{r}'=\boldsymbol{r}_2-\boldsymbol{r}_1$。一般情况下，$m_1$ 和

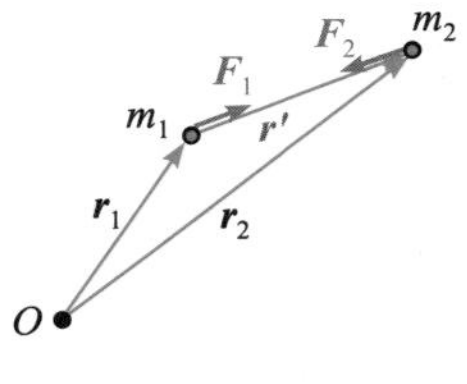

图 2.19 成对力的功

m_2 都可能移动，在无穷小时间内 $\boldsymbol{F}_1$ 和 $\boldsymbol{F}_2$ 所做功的总和为

$$\begin{aligned}\mathrm{d}A &= \boldsymbol{F}_1\cdot\mathrm{d}\boldsymbol{r}_1+\boldsymbol{F}_2\cdot\mathrm{d}\boldsymbol{r}_2\\ &=\boldsymbol{F}_2\cdot(\mathrm{d}\boldsymbol{r}_2-\mathrm{d}\boldsymbol{r}_1)=\boldsymbol{F}_2\cdot\mathrm{d}\boldsymbol{r}'\end{aligned}\tag{2.44}$$

该式表明，两质点间相互作用力所做的元功之和，等于作用在其中一个质点上的力与该质点对另一个质点相对位移的标量积。该表达式将 $\boldsymbol{F}_1$ 和 $\boldsymbol{F}_2$ 的总功归结为与质点间相对位移有关。无论选择哪个惯性系，或无论将坐标原点选在何处，该式总是成立。

常见的一种特殊情况是，在某段运动过程中相对位移 $\mathrm{d}\boldsymbol{r}'$ 始终与相互作用力（$\boldsymbol{F}_1$ 或 $\boldsymbol{F}_2$）方向垂直。在该段过程中，$\boldsymbol{F}_1$ 对 m_1 所做的功可能不为零，$\boldsymbol{F}_2$ 对 m_2 所做的功也可能不为零，但式(2.44)表明 $\boldsymbol{F}_1$ 和 $\boldsymbol{F}_2$ 所做功的代数和为零。

2.3.2　动能和动能定理

瀑布自崖顶落下，重力对水流做功，使水流的速率增加；水流冲击水轮机，冲击力对叶片做功，使叶片转动起来；子弹穿过钢板，阻力对子弹做负功，使子弹速度降低。力做功改变物体的运动状态，相应地，必定存在某种描述运动状态的物理量，它的改变正好由力对物体所做的功来决定。

设质量为 m 的质点在合力 $\boldsymbol{F}$ 作用下运动，加速度为 $\boldsymbol{a}$。按牛顿第二定律 $\boldsymbol{F}=m\boldsymbol{a}$，在极短时间 $\mathrm{d}t$ 内，合力的元功为

$$\begin{aligned}\mathrm{d}A &= \boldsymbol{F}\cdot\mathrm{d}\boldsymbol{r}=m\boldsymbol{a}\cdot\mathrm{d}\boldsymbol{r}\\ &=m\frac{\mathrm{d}\boldsymbol{v}}{\mathrm{d}t}\cdot\boldsymbol{v}\mathrm{d}t=m\boldsymbol{v}\cdot\mathrm{d}\boldsymbol{v}\end{aligned}\tag{2.45}$$

设速度 $\boldsymbol{v}$ 的大小为 v，按 $\boldsymbol{v}\cdot\boldsymbol{v}=v^2$，两边微分得 $\boldsymbol{v}\cdot\mathrm{d}\boldsymbol{v}=v\mathrm{d}v$，则式(2.45)变为

$$\mathrm{d}A=m\boldsymbol{v}\cdot\mathrm{d}\boldsymbol{v}=mv\mathrm{d}v=\mathrm{d}\left(\frac{1}{2}mv^2\right)\tag{2.46}$$

定义质点的动能为 $E_k=\frac{1}{2}mv^2$，式(2.46)在一段时间内的积分形式为

$$A=\Delta E_k\tag{2.47}$$

上式表明，作用于质点的合力在某一路程中对质点所作的功，等于质点在始末状态动能的增量，而与质点在运动过程中动能变化的细节无关，此原理称为**动能定理**。从质点动能定理可以看出，当合力做正功时（$A>0$），质点动能增加；反之，当合力做负功时（$A<0$），质点动能减少，这时质点依靠自己动能的减少来反抗外力作功。质点动能定理说明了做功与质点运动状态变化（动能变化）的关系。只要知道了质点在某过程的始、末两状态的动能，就知道了作用于质点的合力在该过程中对质点所做的功。

质点动能定理是质点动力学中重要的定理之一，它将质点的速率与作用于质点的合力及质点行经的路程三者联系了起来。动能定理的表达式是一个标量方程，它为分析、研究某些动力学问题提供了方便。

★**【例 2.15】**　物体由斜面底部以速度 v_0 向斜面上方冲去，然后又滑下，滑到底部时速度为 v_f。求物体上升最高高度 h。

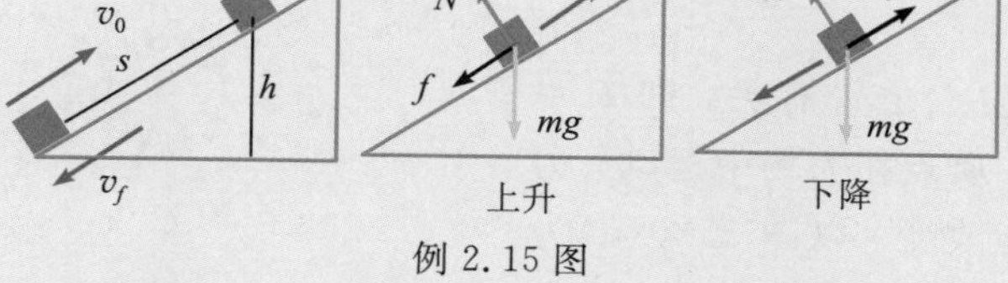

例 2.15 图

解　按上升和下降过程分别列出动能定理。设摩擦力大小为 f。在这两个过程中，摩擦力的方向均与运动方向相反，做负功。设从最低点到最高点的路程为 s，上升过程的动能定理写作

$$-mgh-fs=0-\frac{1}{2}mv_0^2$$

下降过程的动能定理写作

$$mgh-fs=\frac{1}{2}mv_f^2-0$$

将第二式减去第一式可消去未知项 fs，得

$$2mgh=\frac{1}{2}mv_f^2+\frac{1}{2}mv_0^2$$

解得 $h=\dfrac{v_f^2+v_0^2}{4g}$。

动能定理可推广到质点系的情况。设质点系由 n 个质点组成，在一段运动过程中，作用于各质点合力的功为 A_1，A_2，…，A_n。各质点动能为 E_{k1}，E_{k2}，…，E_{kn}。系统的总动能 $E_k=\sum E_{ki}$。对于该段过程，将各个质点的动能定理相加得

$$\sum A_i=\sum \Delta E_{ki}=\Delta E_k \tag{2.48}$$

该式表明，质点系从一个状态运动到另一个状态时，动能的增量等于作用于质点系内的各质点上所有力在这一过程中做功的总和。这就是质点系的动能定理。

在应用质点系动能定理分析力学问题时，常把质点系各质点受到的力分为内力和外力。需注意的是，不管外力还是内力都有可能做功。由于内力总是成对出现的，且每一对内力都满足牛顿第三定律，故作用在质点系内所有质点上的一切内力的矢量和恒等于零。必须指出，尽管质点系内所有内力的矢量和恒等于零，但所有内力做功的总和可以不为零。例如，炮弹爆炸时，爆炸中内力的功使炮弹系统的动能增大。在运用运动质点系动能定理分析问题时，要考虑外力和内力的功。

【例 2.16】 如例 2.16 图所示，静止在光滑水平面上的一质量为 M 的小车上悬挂质量为 m 的小球，绳长为 l。开始时摆线水平，摆球静止于 A 点。突然放手，当摆线运动到竖直方向的瞬间，摆球相对地面的速度是多少？

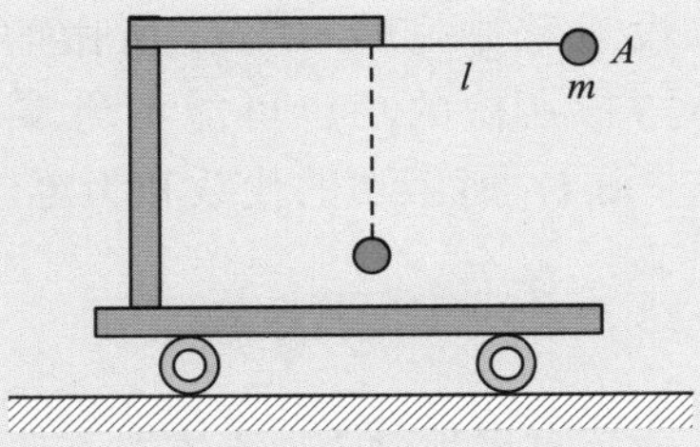

例 2.16 图

解 小球和车通过绳子产生相互作用力。小球的运动会影响车的运动。摆线运动到竖直方向的瞬间，小球运动方向向左，小车运动方向向右。设此时小球的速度为 v，小车的速度为 V。该系统在水平方向不受外力，系统水平方向动量守恒。小球和车的初始速度为零，故有

$$MV-mv=0$$

从初始状态开始，小球相对地面的高度下降了 l。重力所做的功为 mgl。绳子两端分别对小球和车产生张力，张力始终沿绳方向。在整个运动过程中，小球对车的相对运动始终与绳子垂直，故一对张力对系统做的总功为零。按动能定理有

$$mgl=\frac{1}{2}mv^2+\frac{1}{2}MV^2$$

以上两式解得 $v=\sqrt{\dfrac{2gl}{1+\dfrac{m}{M}}}$。

2.3.3 保守力与势能

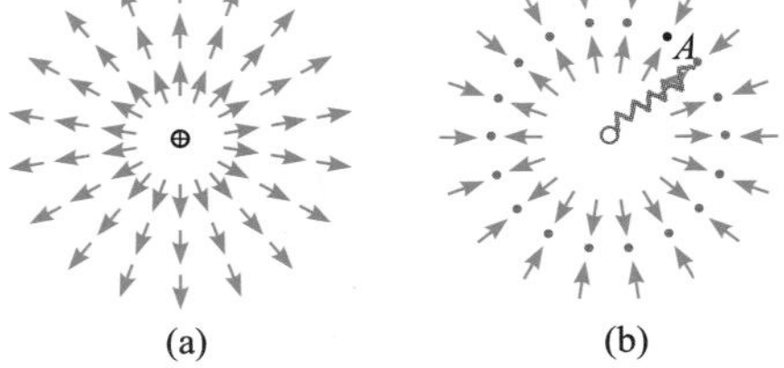

图 2.20

若质点所受的力仅与质点位置有关，即 $\boldsymbol{F}=\boldsymbol{F}(\boldsymbol{r})$，则这种力称为力场。质点在力场中运动，力场对质点做功，质点的动能改变。以图 2.20(a)为例，在一固定的带正电的点电荷周围放置另一个点电荷，图中箭头表示该电荷处在各个位置时受到的静电力。静电力仅取决于该电荷相对于固定电荷的距离和方位。力场的另一例子如图 2.20(b)所示，将弹簧一端固定，另一端与质点相连。当质点处在不同位置时，弹簧拉伸或压缩的情况不同，其所受弹性力仅与弹簧受拉受压情况有关。力场的概念体现了两个物体(或多个物体)之间的相互作用。

物理上存在这样一类力，它们所做的功只与质点的始末位置有关，而与中间路径的长短和形状无关(例如万有引力、弹性力)，这类力场称为保守力。如果质点在某一部分空间内的任何位置，都受到一个大小和方向完全确定的保守力的作用，则称这部分空间中存在着保守力场。例如，质点在地球表面附近空间中任何位置，都要受到一个大小和方向完全确定的重力作用，因而这部分空间中存在着重力场。如图 2.21 所示，在保守力场中，质点分别

沿路径 L_1 和 L_2 由 a 点向 b 点移动，则 $\int_{a\,L_1}^{b}\boldsymbol{F}\cdot\mathrm{d}\boldsymbol{r}=\int_{a\,L_2}^{b}\boldsymbol{F}\cdot\mathrm{d}\boldsymbol{r}$。保守力场的性质可表述为，质点沿这两条路径运动，保守力场所做的功相同。该特性也可以表示为 $\oint\boldsymbol{F}\cdot\mathrm{d}\boldsymbol{r}=0$，即质点在保守力场中沿任意闭合路径运动，保守力所做的功为零。

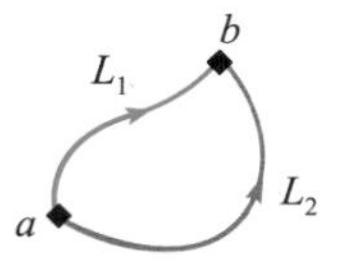

图 2.21

势能是在保守力场概念的基础上提出的。对于存在某种相互作用(如引力作用、静电作用等)的两个物体，为了理论研究上的方便，可先假设其中一个物体位置固定不动。当另一个物体在其周围移动时，若所处的位置不同，则受到的相互作用力也不同。该移动的物体所受的力可表示为力场 $\boldsymbol{F}=\boldsymbol{F}(\boldsymbol{r})$。力场对该物体做功，该物体受物体间相互作用影响，动能发生相应的改变。

若此种力场为保守力场，受力质点始末位置一定，力的功便确定了。因此，可以找到一个位置的函数，使这个函数在始末位置的增量恰好决定于受力质点自初始位置通过任何路径达到终止位置保守力做的功，该函数即势能。为了比较质点在保守力场中各点势能的大小，可在保守力场中选择任意位置 M_0 作为参考点(也称作势能零点)，令 M_0 点的势能 $E_p(M_0)$ 等于零。对任意位置 M，定义质点在 M 点的势能，在量值上等于质点从 M 点移动至参考点 M_0 的过程中保守力 $\boldsymbol{F}$ 所做的功，即

$$E_p(M)=\int_{M}^{M_0}\boldsymbol{F}(\boldsymbol{r})\cdot\mathrm{d}\boldsymbol{r}\tag{2.49}$$

在保守力场中，质点从 a 点沿任意路径移动到 b 点，其动能将发生确定的变化。考虑到保守力作功仅与始末位置有关，而与中间路径无关，因此，可以认为质点在保守力场中位置的改变伴随了动能的增减。这表明了在保守力场中的各点都蕴藏着一种能量，这种能量在质点位置改变时，有时释放出来转变为质点的动能，表现为质点动能增大；有时储藏起来，表现为质点动能的减少。这种蕴藏在保守力场、与位置有关的能量称为势能。质点从 a 点移动到 b 点时，保守力场所做的功为

$$\begin{aligned}A_{保}&=\int_{a}^{b}\boldsymbol{F}\cdot\mathrm{d}\boldsymbol{r}=\int_{a}^{M_0}\boldsymbol{F}\cdot\mathrm{d}\boldsymbol{r}+\int_{M_0}^{b}\boldsymbol{F}\cdot\mathrm{d}\boldsymbol{r}\\&=\int_{a}^{M_0}\boldsymbol{F}\cdot\mathrm{d}\boldsymbol{r}-\int_{b}^{M_0}\boldsymbol{F}\cdot\mathrm{d}\boldsymbol{r}\\&=-(E_p(b)-E_p(a))\end{aligned}\tag{2.50}$$

上式表明，势能只有相对意义，质点处在某位置的势能的具体值在物理上并不重要。有实质性意义的是两点间势能的差值。当质点在保守力场中移动时，保守力所做的功等于势能的增量的负值。该式右边的负号代表了能量的转化。当势能增加时，保守力做负功，动能相应减少；当势能减少时，保守力做正功，动能相应增加。式(2.50)还表明，同一质点在保守力场中任意两点上势能的差值与参考点的选择无关。当同时存在几种不同的保守力场时，总势能等于每一种势能的代数和。每种保守力场可以有自己的参考点，不同的保守力场参考点不必相同。

势能是质点位置的标量函数。一个质点在保守力场中的势能用直角坐标可表示为 $E_p=E_p(x, y, z)$。势能(标量场)和保守力场(矢量场)是两种等价的数学表示。势能代表了质点与场的相互作用。势能为质点和保守力场共同拥有的能量。由于保守力做功仅与始末位置有关，而与中间路径无关。因此，质点在保守力场中任一确定位置，相对选定零势能位置的势能值才是确定的、单值的。由于零势能位置的选取是任意的，所以势能的值总是相对的。当我们讲质点在保守力场中某点的势能量值时，必须明确是相对于哪个零势能位置而言的。

保守力场及其势能体现了两物体间的相互作用。势能与质点间的保守力相联系，故势能属于以保守力相互作用的质点系。例如，重力势能属于地球和受重力作用的质点所共有，弹性势能属于弹簧和相连质点所共有。为了方便，人们常采用“重力场中某质点的势能”等简略说法。事实上，自然界基本相互作用都是靠场来传递的，势能包含在场里。例如，两个电荷间的相互作用通过电磁场来传递，其相互作用能即为电磁场的能量。目前，我们暂不涉及由场的演化所造成的能量传播问题，可将势能认为是两个相互作用的质点共同具有的。

在讨论质点系的势能时，可只考虑和所研究的运动有关的那部分势能。例如，足球和地球构成的系统，包含足球和地球之间的重力势能。此外，地球是一个较大的物体，可将地球看作由大量质点构成的，构成地球的各个部分之间还存在引力势能。足球和地球构成的系统的总势能等于重力势能和地球固有引力势能的总和。不过我们通常研究足球在地面附近的运动，感兴趣的只是足球和地球共有的重力势能。在总势能中，地球固有引力势能仅以常量出现，可将它置于势能表示式的任意常量中。

在一般情况下，两个相互作用的质点可能都在

运动。按2.3.1节的结论，它们之间的一对相互作用力所做功的总和，可由二者的相对位移来表示。具体地说，设质点1和质点2的位矢分别为$\boldsymbol{r}_1$和$\boldsymbol{r}_2$，质点2相对于质点1的位置为$\boldsymbol{r}'=\boldsymbol{r}_2-\boldsymbol{r}_1$。质点1受到质点2的力为$\boldsymbol{F}_1$。质点2受到质点1的反作用力为$\boldsymbol{F}_2=-\boldsymbol{F}_1$。按式(2.44)可知，在某段过程中$\boldsymbol{F}_1$和$\boldsymbol{F}_2$所做功之和为

$$A=\int\boldsymbol{F}_1\cdot\mathrm{d}\boldsymbol{r}_1+\int\boldsymbol{F}_2\cdot\mathrm{d}\boldsymbol{r}_2=\int\boldsymbol{F}_2\cdot\mathrm{d}\boldsymbol{r}'$$

两质点间的保守力仅与相对位置有关，即$\boldsymbol{F}_2=\boldsymbol{F}_2(\boldsymbol{r}')$。因此，一般情况下，当两个质点都在移动时，势能的定义即式(2.49)仍然适用，只须将势能表达为相对位置的函数，即

$$E_p=E_p(\boldsymbol{r}')$$

在对势能函数进行具体推导时(见下节)，可认为其中一个物体是不动的，只考虑另一个物体的移动。所得到的结果适用于一般情况。需要强调的是，势能是一种相互作用能量，是相互作用的两个物体共同具有的。势能在数学上可表达为两个质点相对位置的函数。

下面介绍几种常见保守力的势能。

1. 重力势能

质点在地面附近运动时，所受重力由式(2.39)表示。重力所做的功仅与质点始末位置有关，而与具体运动路径无关。2.3.1节的式(2.40)给出了重力做的功与质点始末位置的关系。取M_0点为重力势能的参考点，按势能的定义即式(2.49)将空间某处(x, y, z)的重力势能表示为

$$E_p(x, y, z)=\int_{(x, y, z)}^{M_0}(F_x\mathrm{d}x+F_y\mathrm{d}y+F_z\mathrm{d}z)=mg(z-z_{M_0}) \qquad (2.51)$$

即重力势能等于重力的大小乘以质点位置到参考点的高度差。通常为了方便，将参考点M_0取在$z=0$处，则$E_p=mgz$。

根据式(2.50)和式(2.51)，当质点由M_1处移动到M_2处时，重力所做的功为$A=-mg(z_{M_2}-z_{M_1})$。当质点上升($z_{M_2}>z_{M_1}$)时，重力做负功，重力势能增加；当质点下降($z_{M_2}<z_{M_1}$)时，重力做正功，重力势能减少。

2. 引力势能

设有质量为m_1的质点，可看作固定不动。另有质量为m_2的质点在m_1的万有引力作用下运动。如图2.17所示，设m_2相对于m_1的位矢为$\boldsymbol{r}$，m_2受到的引力由式(2.41)表示。2.3.1节的式(2.42)给出了引力做的功与质点始末位置的关系。以无穷远处为参考点，计算m_2在m_1的引力场中的势能。按势能的定义，m_2在m_1的引力场中的势能表示为

$$E_p(\boldsymbol{r})=\int_F^{\infty}\boldsymbol{F}\cdot\mathrm{d}\boldsymbol{r}=-\frac{Gm_1m_2}{r} \qquad (2.52)$$

此为以无穷远处为参考点的引力势能表达式。需注意的是，引力势能为m_1和m_2共同具有。该势能既是m_2在m_1引力场中的势能，也是m_1在m_2引力场中的势能。

在地面附近，可将物体的引力势能近似为重力势能。设地球质量为M，半径为R。质量为m的物体在地表受到的引力为$F=G\dfrac{Mm}{R^2}=mg$，其中$g=G\dfrac{M}{R^2}$为地表处重力加速度。设物体距离地面高度为z，到地心的距离为$R+z$。将引力势能式(2.52)对z展开并作一阶近似得

$$E_p=-\frac{GMm}{R+z}\approx-\frac{GMm}{R}+\frac{GMm}{R^2}z=-\frac{GMm}{R}+mgz \qquad (2.53)$$

注意，式(2.53)以无穷远处为参考点。通过变换参考点(取地面$r=R$处为参考点)可消去常数项$-\dfrac{GMm}{R}$，在地面附近物体的引力势能与重力势能等价。

★**【例2.17】** 把质量为m的物体从地球表面发射出去，如例2.17图所示，求能使物体脱离地球引力场所需的最小初速度——第二宇宙速度。

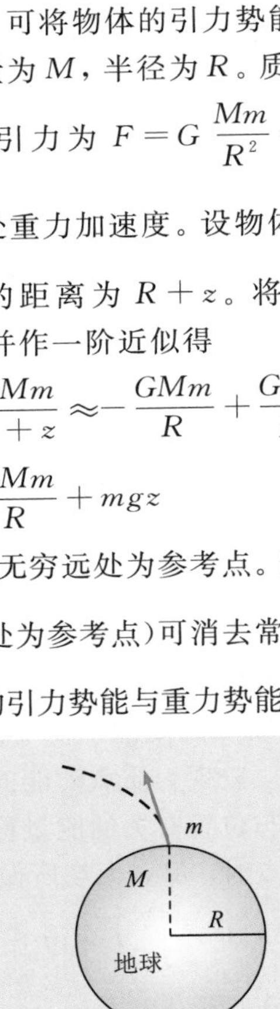

例2.17图

解　取地球中心为坐标原点，设地球质量为 M，半径为 R。取无穷远处为引力势能零点，物体在地表($r=R$)的势能为 $E_p(R)=-G\dfrac{Mm}{R}$，在无穷远处的势能为零。考虑到所求的是最小发射初速度 v_0，故当 $r\to\infty$ 时应取物体的速度 $v=0$。在此过程中，引力所做的功为

$$A=-(E_p(\infty)-E_p(r))=G\frac{Mm}{R}$$

根据动能定理

$$A=0-\frac{1}{2}mv_0^2$$

得 $v_0=\sqrt{\dfrac{2GM}{R}}=\sqrt{2gR}\approx 1.12\times 10^4\ \mathrm{m/s}$。第二宇宙速度与发射方向无关。在上面的分析中忽略了空气阻力，同时也未考虑地球自转等因素的影响。

3. 弹性势能

劲度系数为 k 的弹簧一端固定，另一端连接质点 M。2.3.1 节的式(2.43)给出了弹力做的功与质点始末位置的关系。取坐标原点为参考点，当质点位于 x 处时，弹簧的弹性势能表示为

$$E_p(x)=\int_x^0 F\,\mathrm{d}x=\frac{1}{2}kx^2 \tag{2.54}$$

即弹性势能等于弹簧的劲度系数与其形变量平方乘积的一半。

★**【例 2.18】**　当弹簧振子振幅较大，超过弹性范围时，弹性回复力的胡克定律需加以修正。现假定回复力随弹簧变形量的变化规律为 $F=-kx-ax^3$(k 和 a 为常数)。求弹簧的弹性势能。

解　假设弹簧一端固定，另一端连接质点。取弹簧为原长时质点所在位置为坐标原点 O，沿直线作 Ox 轴。力 F 在位移 $\mathrm{d}x$ 上的元功为 $\mathrm{d}A=F\mathrm{d}x=-kx\mathrm{d}x-ax^3\mathrm{d}x$。取 O 为参考点，质点位于 x 处时弹簧的弹性势能表示为

$$\begin{aligned}E_p(x)&=\int_x^0 F\,\mathrm{d}x=\int_x^0(-kx\,\mathrm{d}x-ax^3\,\mathrm{d}x)\\&=\int_0^x(kx\,\mathrm{d}x+ax^3\,\mathrm{d}x)\\&=\frac{1}{2}kx^2+\frac{1}{4}ax^4\end{aligned}$$

式(2.49)给出了势能的定义，同时也给出了由保守力场转换到势能函数的数学关系。保守力场与势能之间的数学关系是可逆的。对一段微小的位移，将式(2.49)或(2.50)取为微分形式，即保守力做的元功 $\mathrm{d}A_{保}=\boldsymbol{F}\cdot\mathrm{d}\boldsymbol{r}=-\mathrm{d}E_p$。在直角坐标系中写作

$$F_x\mathrm{d}x+F_y\mathrm{d}y+F_z\mathrm{d}z=-\mathrm{d}E_p \tag{2.55}$$

另一方面，势能函数 $E_p=E_p(x,y,z)$ 是空间坐标的函数，其全微分为

$$\mathrm{d}E_p=\frac{\partial E_p}{\partial x}\mathrm{d}x+\frac{\partial E_p}{\partial y}\mathrm{d}y+\frac{\partial E_p}{\partial z}\mathrm{d}z \tag{2.56}$$

比较以上二式可知

$$\begin{cases}F_x=-\dfrac{\partial E_p}{\partial x}\\[2ex]F_y=-\dfrac{\partial E_p}{\partial y}\\[2ex]F_z=-\dfrac{\partial E_p}{\partial z}\end{cases} \tag{2.57}$$

即

$$\boldsymbol{F}=-\nabla E_p=-\frac{\partial E_p}{\partial x}\boldsymbol{i}-\frac{\partial E_p}{\partial y}\boldsymbol{j}-\frac{\partial E_p}{\partial z}\boldsymbol{k} \tag{2.58}$$

以上为保守力与势能之间的微分关系。在已知势能 $E_p(x,y,z)$ 的情况下，根据上述关系，即可求出质点在保守力场中所受的保守力。

2.3.4　功能原理与机械能守恒

质点系的动能与势能之和称作质点系的机械能，功能原理和机械能守恒定律都是说明质点系机械能的变化规律的。若质点系内部的质点间存在保守力的相互作用，称为系统的保守内力。保守内力包含在系统内部。一般情况下，将内力划分为保守内力和非保守内力两部分。在一段物理过程中，系统受外力和内力的作用，各种力对系统做的总功 A 可划分为外力功和内力功。内力功又分为保守内力的功和非保守内力的功。按动能定理可知

$$\begin{aligned}A&=A_{外力}+A_{保守内力}+A_{非保守内力}\\&=E_{k2}-E_{k1}\end{aligned} \tag{2.59}$$

式中 E_{k1} 为系统初始状态的总动能，E_{k2} 为系统末

态的总动能。根据式(2.50)可知

$$A_{保守内力}=-(E_{p2}-E_{p1}) \tag{2.60}$$

式中 E_{p1} 为系统初始状态的内部势能，E_{p2} 为系统末态的内部势能。定义质点系的机械能为

$$E=E_k+E_p \tag{2.61}$$

再结合式(2.59)和式(2.60)得

$$A_{外力}+A_{非保守内力}=(E_{k2}+E_{p2})-(E_{k1}+E_{p1})=E_2-E_1 \tag{2.62}$$

此即功能原理。质点系机械能的增量等于一切外力和非保守内力所做功的代数和。

其实，功能原理与动能定理并无本质区别。它们的区别仅在于功能原理中引入了势能而无须考虑保守内力的功，这正是功能原理的优点。因为计算势能增量常常比直接计算功方便。保守内力做功和相应势能的改变是一种等价关系。若使用动能定理，计算做功时计入保守内力的功，就不能再考虑保守力对应的势能。若使用功能原理，计入保守内力的势能，计算做功时不可再计入保守内力的功。

按功能原理可知，在一段过程中若外力和非保守内力始终不做功，即始终有

$$A_{外力}+A_{非保守内力}=0$$

则质点的机械能始终保持不变，即

$$E=常量$$

此原理称为**机械能守恒定律**。在这种情况下，系统的动能和势能可以相互转换，但动能和势能的总和保持不变。

应用机械能守恒定律求解力学问题，一般可按以下步骤进行：

(1) 选取研究对象。如为质点系，则必须弄清所研究的质点系是由哪些质点组成的。

(2) 分析守恒条件。分析研究对象的运动过程是否满足机械能守恒条件。如不满足，则采用动能定理或其它方法求解。

(3) 明确过程的始末状态。选定各种势能的零势能位置，写出始末两状态研究对象的机械能。

(4) 列方程。根据机械能守恒定律列出方程并写出必要的辅助方程。

(5) 解方程，求出结果。

★**【例 2.19】** 如例 2.19 图所示，质量均匀的链条质量为 m，左方绳子悬挂质量为 m_1 的重物向下运动。初始状态链条位于桌面上的长度为 l_2，下垂部分长度为 l_1。不计摩擦，求链条全部滑到桌面时系统的速度。

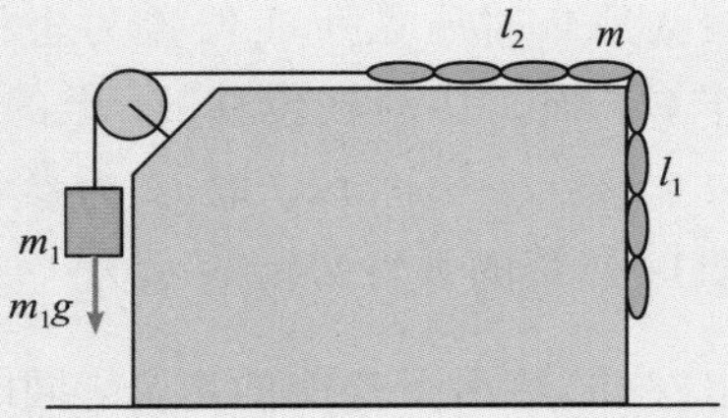

例 2.19 图

解 将链条、重物与地球看作一个系统。地球与链条、重物之间的引力属于保守内力，可用重力势能来描述。桌面和滑轮的支持力与系统运动方向垂直，始终不做功，系统机械能守恒。

将链条看作长度为 l_1 和 l_2 的两部分，它们的质心皆在各自的几何中心。当链条全部滑到桌面上时，l_1 的质量为 $\frac{l_1}{l_1+l_2}m$，质心高度上升了 $\frac{1}{2}l_1$；l_2 的质心高度不变。因此链条的重力势能改变为

$$\Delta E_{p链条}=\frac{l_1}{l_1+l_2}mg\ \frac{1}{2}l_1=\frac{l_1^2}{2(l_1+l_2)}mg$$

重物高度下降了 l_1，其重力势能改变为

$$\Delta E_{p重物}=-m_1gl_1$$

设链条全部滑到桌面时系统的速度为 v，系统动能增量为 $\Delta E_k=\frac{1}{2}(m+m_1)v^2$。按机械能守恒得

$$0=\Delta E_k+\Delta E_{p链条}+\Delta E_{p重物}=\frac{1}{2}(m+m_1)v^2+\frac{l_1^2}{2(l_1+l_2)}mg-m_1gl_1$$

解得 $v=\sqrt{\dfrac{2m_1gl_1-\dfrac{l_1^2}{l_1+l_2}mg}{m+m_1}}$。

★**【例 2.20】** 如例 2.20 图所示，质点 m_1 与 m_2 之间存在万有引力作用，初始距离为 l，两质点静止，不存在外力。求当间距变为 $\frac{1}{2}l$ 时两质点的速度。

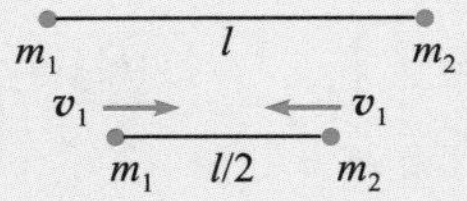

例 2.20 图

解　系统动量守恒、机械能守恒。设当间距变为$\frac{1}{2}l$时两质点速度分别为v_1和v_2，有

$$m_1v_1-m_2v_2=0$$

$$-G\frac{m_1m_2}{l}=\frac{1}{2}m_1v_1^2+\frac{1}{2}m_2v_2^2-G\frac{m_1m_2}{l/2}$$

联立解得

$$v_1=m_2\sqrt{\frac{2G}{(m_1+m_2)l}}$$

$$v_2=m_1\sqrt{\frac{2G}{(m_1+m_2)l}}$$

对一个系统，如果除了保守力做功以外，还有非保守力做功，那么系统的机械能就要发生变化。例如，物体沿斜面下滑。下滑过程中，除了重力做功以外，还有物体与斜面之间的摩擦力做功。摩擦力做功消耗了一部分机械能，因而物体的机械能减少了。实验发现，在物体机械能减少的同时，物体和斜面的温度均有所升高。这说明，通过摩擦力做功，物体的一部分机械能转换成了热能。热能是区别于机械能的另一种形式的能量。自然界中除了机械能和热能，还有其他许多形式的能量，例如与电磁现象相联系的电磁能、与化学反应相联系的化学能等。无数事实证明，各种形式的能量是可以相互转换的。能量既不会消失，也不能被创造，只能从一种形式转换为另一种形式。对一个孤立系统来说，无论发生何种变化，各种形式的能量可以相互转换，但它们的总和是一个常量。此结论称为能量守恒定律。

能量守恒定律是从大量事实中综合归纳得出的结论，它可以适用于任何变化过程，不论是机械的、热的、电磁的、原子和原子核的、化学的以至于生物的等。它是自然界具有最大普适性的定律之一。能量守恒定律能使我们更深刻地理解功的意义。这个定律表明，当一个物体或系统的能量发生变化时，必然有另一物体或系统的能量同时也发生变化。以做功的方法使一个系统的能量变化，本质上是这个系统与另一个系统之间发生了能量的交换，而这个能量的交换在量值上就用功来描述，所以功是能量交换或转换的一种度量。

知识进阶

关于能量的一种表述

一条定律，支配着至今所知的一切自然现象。关于这条定律没发现例外——就目前所知确实如此，这条定律称作能量守恒定律。它指出有某一个量，我们称它为能量，在自然界经历的多种多样的变化中它不变化。那是一个最为抽象的概念，因为它是一数学方面的原则；它表明有一种数量，当某些事情发生时它不变。

——费曼(Richard Phillips Feynman，1918—1988)

科技专题

历史上的永动机

右图为 17 世纪 30 年代英国渥赛斯特(Worcester)侯爵制造的机械永动装置。其设计思想是：在转动着的大轮下降的一侧，所有重物都移到比上升的一侧离轴较远的地方，从而可以施加较大的力矩，推动轮子不断地旋转下去。轮子的直径为 14 英尺，载有 40 个 50 镑的重物。从物理学角度来看，制造机械永动装置是不可能的，为什么？

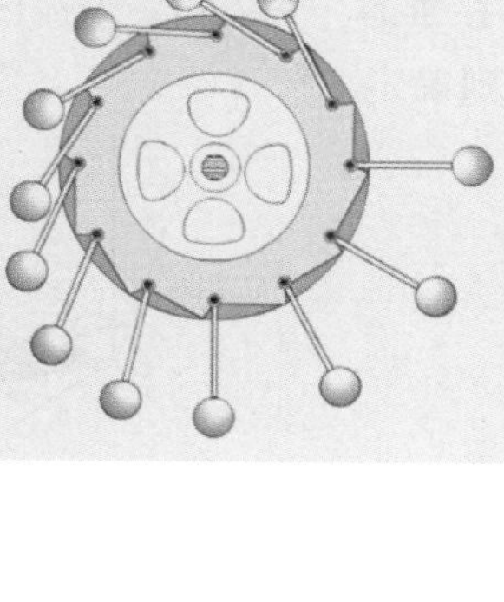

思考题

1. 起重机升起重物。考虑在加速上升、匀速上升、减速上升以及加速下降、匀速下降、减速下降六种情况下，合力之功的正负。

2. 当汽车以一定速度行驶时，踩刹车直到车停下来时车行驶的距离称为刹车距离。若汽车的速度增加到原来的$\frac{3}{2}$倍，试估计刹车距离增大到原来的多少倍。通过此例说明超速行驶的危险。

3. 某同学问：“两质点相距很远，引力很小，但引力势能大；反之，相距很近，引力势能反而小。想不通。”你能否帮助他解决这个疑难？

4. “弹簧拉伸或压缩时，弹性势能总是正的。”这一论断是否正确？如果不正确，在什么情况下，弹性势能会是负的？

5. 弹簧 A 和弹簧 B，劲度系数 $k_A>k_B$。

(1) 将弹簧拉长同样的距离；

(2) 拉长两个弹簧到某个长度时所用的力相同。

在这两种情况下拉伸弹簧的过程中，对哪个弹簧做的功更多？

6. 使用动滑轮系统来提升重物。所需施加的力减少了，提升重物的总功是否改变？解释机械优势在这个过程中是如何体现的。

2.4 角动量

2.4.1 质点的角动量定理和角动量守恒定律

角动量的概念与动量、能量的概念一样，也是物理学中最重要的基本概念之一。在大到天体小到电子、质子等微观粒子运动的描述和研究中经常要用到角动量。

如图 2.22 所示，设一质点 A 沿任意曲线运动。在某时刻，该质点相对于坐标原点 O 的位矢为 $\boldsymbol{r}$，动量为 $m\boldsymbol{v}$。则质点对 O 点的角动量定义为位矢 $\boldsymbol{r}$ 和动量的矢量积 $m\boldsymbol{v}$，即

$$\boldsymbol{L}=\boldsymbol{r}\times m\boldsymbol{v} \tag{2.63}$$

根据矢量积的定义，质点对 O 点角动量的大小为

$$\begin{aligned} L &= mvr\sin\varphi = mvh \\ &= 2\times \Delta OAB \text{ 的面积} \end{aligned} \tag{2.64}$$

式中 h 为 O 点到 $m\boldsymbol{v}$ 矢量作用线的垂直距离。角动量 $\boldsymbol{L}$ 垂直于 $m\boldsymbol{v}$ 和 $\boldsymbol{r}$ 组成的平面，方向由右手螺旋法则确定。

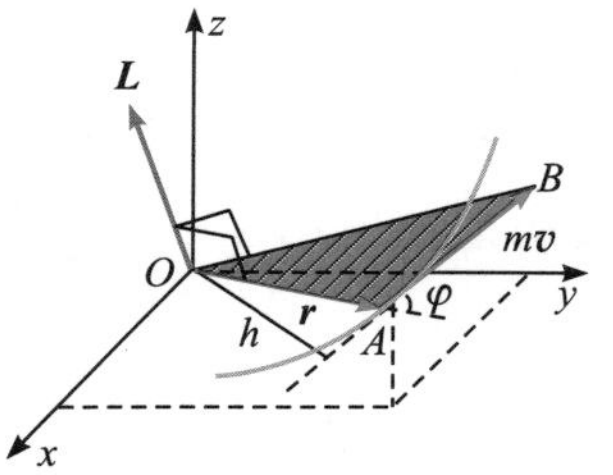

图 2.22

角动量不仅与参考系的选择有关。在具体所选的某个参考系中，角动量还与坐标原点的选择有关。在表述角动量时有必要说明是相对于哪个点的角动量。

质量为 m 的质点在合力 $\boldsymbol{F}$ 的作用下运动。某一时刻质点相对于坐标原点 O 的位矢为 $\boldsymbol{r}$，速度为 $\boldsymbol{v}$。将式(2.63)两边对时间求导，得

$$\frac{\mathrm{d}\boldsymbol{L}}{\mathrm{d}t}=\frac{\mathrm{d}\boldsymbol{r}}{\mathrm{d}t}\times m\boldsymbol{v}+\boldsymbol{r}\times m\frac{\mathrm{d}\boldsymbol{v}}{\mathrm{d}t} \tag{2.65}$$

由于 $\boldsymbol{v}=\frac{\mathrm{d}\boldsymbol{r}}{\mathrm{d}t}$，上式右边第一项为零。$\frac{\mathrm{d}\boldsymbol{v}}{\mathrm{d}t}$为加速度。按牛顿定律，$m\frac{\mathrm{d}\boldsymbol{v}}{\mathrm{d}t}$应等于作用在质点上所有力的合力 $\boldsymbol{F}$。综上所述，有

$$\frac{\mathrm{d}\boldsymbol{L}}{\mathrm{d}t}=\boldsymbol{r}\times\boldsymbol{F} \tag{2.66}$$

矢量

$$\boldsymbol{M}=\boldsymbol{r}\times\boldsymbol{F} \tag{2.67}$$

称为力 $\boldsymbol{F}$ 对 O 点的力矩。此式表明，质点相对于某点的角动量随时间变化的快慢，等于作用在该质点上所有力的合力对该点的力矩。这就是质点的角动量定理。质点的角动量定理也可直接用来求解质点动力学问题，特别是质点在运动过程中始终和一个点或一根轴相关联的问题(如单摆、行星运动等)。

力矩是物理学中一个重要的物理量，用于描述力改变物体转动效果的能力。力矩的量纲是 $\mathrm{L^2MT^{-2}}$。在国际单位制中，力矩的单位为 $\mathrm{kg\cdot m^2\cdot s^{-2}}$。力矩的大小和方向与坐标原点 O 有关，同一力相对于不同点的力矩可能不同。力的作用点沿其作用线滑移时，力对同一个点的力矩不变。在实际应用中，力矩被用来描述力使物体发生转动或者扭曲的能力。例如，用扳手拧紧螺栓、用传动系统推动车轮转动等，都需要考虑力矩的大小和方向。

由角动量定理式(2.66)可以看出，当作用在质点上的合力对坐标原点 O 的力矩始终为零时，质点相对于坐标原点 O 的角动量保持不变。这就是质点的角动量守恒定律。

★**【例 2.21】** 如例 2.21 图所示，圆锥摆的摆球以合适的速度在水平面内作匀速圆周运动。分别相对于 O 点和 A 点，讨论绳子张力和重力的力矩，以及角动量的改变。

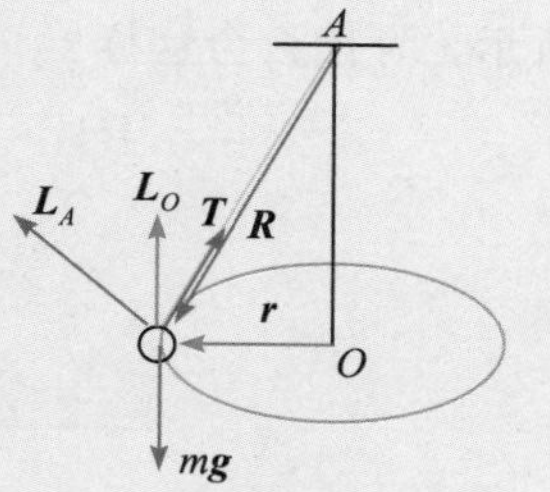

例 2.21 图

解 小球受绳子张力和重力的作用。相对于 A 点而言，小球的位矢 $\boldsymbol{R}$ 由 A 点指向小球。由于张力 $\boldsymbol{T}$ 与 $\boldsymbol{R}$ 共线，张力力矩 $\boldsymbol{M}_A(\boldsymbol{T})=\boldsymbol{R}\times\boldsymbol{T}=0$。重力力矩 $\boldsymbol{M}_A(m\boldsymbol{g})=\boldsymbol{R}\times m\boldsymbol{g}$ 不为零。质点受到的合力矩不为零，其角动量 $\boldsymbol{L}_A=\boldsymbol{R}\times m\boldsymbol{v}$ 不守恒。

相对于 O 点来说，张力力矩 $\boldsymbol{M}_O(\boldsymbol{T})=\boldsymbol{r}\times\boldsymbol{T}$ 和重力力矩 $\boldsymbol{M}_O(m\boldsymbol{g})=\boldsymbol{r}\times m\boldsymbol{g}$ 都不为零，但由于 $\boldsymbol{T}$ 和 $m\boldsymbol{g}$ 的合力沿水平方向，力矩的和 $\boldsymbol{M}_O(\boldsymbol{T})+\boldsymbol{M}_O(m\boldsymbol{g})=\boldsymbol{r}\times(\boldsymbol{T}+m\boldsymbol{g})=0$。小球相对于 O 点的角动量 $\boldsymbol{L}_O=\boldsymbol{r}\times m\boldsymbol{v}$ 守恒。

如例 2.21 图所示，$\boldsymbol{L}_A$ 的竖直分量与 $\boldsymbol{L}_O$ 是相等的(请读者自行思考为什么)。虽然 $\boldsymbol{L}_A$ 不守恒，但它仅仅是水平分量的方向在变化，竖直分量是保持不变的。相对于 A 点，它和 O 点所描写的力矩和角动量虽然不同，但其中是存在联系的。

★**【例 2.22】** 如例 2.22 所示，半径为 R 的光滑圆环在竖直平面内放置。质量为 m 的小球穿在圆环上，从 A 点开始由静止状态开始下滑。求小球滑至 B 点时对 O 点的角动量和角速度。

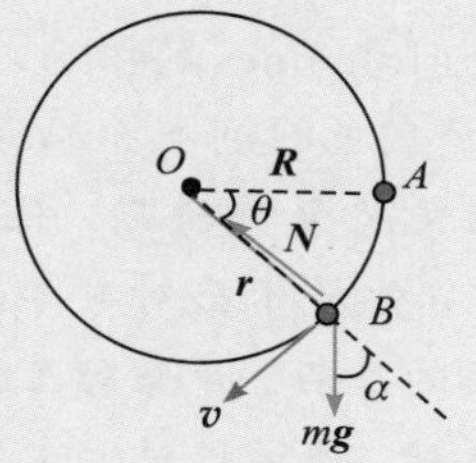

例 2.22 图

解 小球受到竖直向下的重力 mg，以及环的支持力 N。对 O 点来说，支持力 N 的力矩为零，重力的力矩为 $\boldsymbol{M}=\boldsymbol{r}\times m\boldsymbol{g}$，方向垂直于纸面向里，大小为 $M=mgR\sin\alpha=mgR\cos\theta$。小球的角动量为 $\boldsymbol{L}=\boldsymbol{r}\times m\boldsymbol{v}$，方向垂直于纸面向里，大小为 $L=mR^2\dfrac{\mathrm{d}\theta}{\mathrm{d}t}$。$\boldsymbol{L}$ 与 $\boldsymbol{M}$ 的方向始终相同，结合角动量定理有 $M=\dfrac{\mathrm{d}L}{\mathrm{d}t}$，即

$$\mathrm{d}L=mgR\cos\theta\,\mathrm{d}t$$

两边乘 L，得

$$L\,\mathrm{d}L=mR^2\frac{\mathrm{d}\theta}{\mathrm{d}t}\cdot mgR\cos\theta\,\mathrm{d}t=m^2gR^3\cos\theta\,\mathrm{d}\theta$$

从初态开始积分，即

$$\int_0^L L\,\mathrm{d}L=m^2gR^3\int_0^\theta\cos\theta\,\mathrm{d}\theta$$

可得 $\dfrac{1}{2}L^2=m^2gR^3\sin\theta$，即 $L=m\sqrt{2gR^3\sin\theta}$。按前述 L 表达式得 $\dfrac{\mathrm{d}\theta}{\mathrm{d}t}=\sqrt{\dfrac{2g\sin\theta}{R}}$。

设有一固定点 O，从 O 点到运动质点的位矢为 $\boldsymbol{r}$。若质点受到的力的作用线始终过 O 点，这种力称为有心力。有心力对 O 点的力矩始终为零。当质点所受合力为有心力时，质点对 O 点的角动量始终保持不变。在这种情况下，质点将被限制在与角动量矢量垂直的平面内运动。例如，在行星绕太阳运动时，若忽略其它星体对该行星的引力作用，则该行星对太阳中心的角动量守恒。我们可导出面积定理，即著名的开普勒第二定律。

★【例 2.23】 开普勒通过长期天文观测，总结出行星绕太阳运动的开普勒三大定律。开普勒第二定律告诉我们，行星在绕太阳运动时，太阳到行星的连线在一定时间内扫过的面积总是相同，如例2.23图所示。为什么会这样？请推导开普勒第二定律。

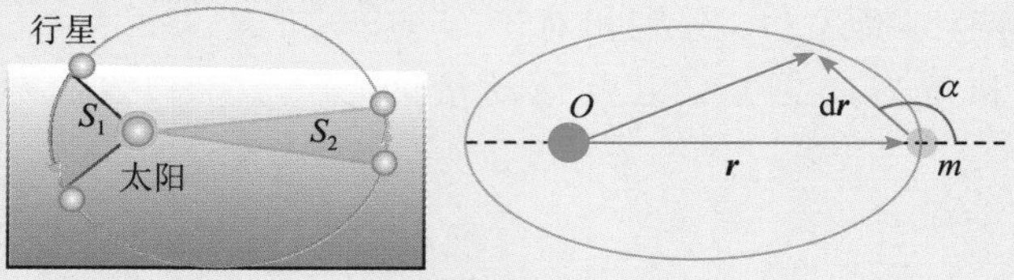

例 2.23 图

解 质量为 m 的行星在太阳(O 点)的有心力场中运动，对 O 点的角动量守恒，即 $\boldsymbol{L}=\boldsymbol{r}\times m\boldsymbol{v}$ 为常矢量。角动量的大小 $L=mvr\sin\alpha$，α 为行星运动方向与位矢 $\boldsymbol{r}$ 的夹角。将上式写作

$$L=m\frac{|\mathrm{d}\boldsymbol{r}|}{\mathrm{d}t}r\sin\alpha=2m\frac{1}{2}\frac{|\mathrm{d}\boldsymbol{r}|}{\mathrm{d}t}r\sin\alpha$$

其中$\frac{1}{2}|\mathrm{d}\boldsymbol{r}|r\sin\alpha$ 为图中 $\boldsymbol{r}$ 和 d$\boldsymbol{r}$ 所构成三角形的面积。当行星走过一段路程时，无数多个这样的三角形的累积，即为太阳与行星的连线扫过的面积。设 O 到行星连线在一段时间内扫过的面积为 S。则 $L=2m\frac{\mathrm{d}S}{\mathrm{d}t}$为常量，即$\frac{\mathrm{d}S}{\mathrm{d}t}$为常量。这表明在有心力作用下，行星从质心出发的位矢在单位时间内所扫过的面积是常量。这就是开普勒第二定律的内容。开普勒第二定律实质上是角动量守恒定律在有心力作用情况下的必然结果。

开普勒(Johannes Kepler，1571—1630)出生于神圣罗马帝国的威尔帕赫(现属德国巴伐利亚州)，是一位杰出的天文学家和数学家。开普勒出生时正值文艺复兴时期，他早年受到当时科学与哲学思潮的深刻影响。年幼时，他展示出对数学和天文学的浓厚兴趣，这些兴趣成为他日后学术生涯的基石。开普勒在神学和数学方面的学习为他进入天文学领域奠定了基础。他通过对天文观测数据的精确分析和数学推导，逐步揭示了行星运动的规律。1609 年，开普勒发表了他的第一本重要著作《新天文学》，其中包括了他的椭圆轨道定律和面积定律。这些定律不仅彻底改变了人们对天体运动的认识，也为后来牛顿的万有引力定律提供了重要的理论基础。

开普勒的研究和理论成果不仅限于天文学，他还在光学、数学和天体物理学等领域作出了重要贡献。他深刻影响了后世科学家对宇宙运行规律的理解和探索，开辟了现代天文学的道路。

在惯性系中取参考点 O，过 O 点取 z 坐标轴。质点对参考点 O 的角动量定理式(2.66)在 z 轴上的投影为

$$M_z=\frac{\mathrm{d}L_z}{\mathrm{d}t} \tag{2.68}$$

质点对 z 轴的角动量对时间的变化率等于作用于质点的合力对 z 轴的力矩。此为质点的对轴角动量定理。为了解其具体含义，下面作进一步分析。

先看某个力 $\boldsymbol{F}$ 对 O 点的力矩在 z 轴上的分量。在图 2.23 中，$\boldsymbol{r}$ 表示力 $\boldsymbol{F}$ 的作用点的位矢。过力 $\boldsymbol{F}$ 的作用点作一平面与 z 轴垂直，将 $\boldsymbol{F}$ 分解为与 z 轴平行的分量 $\boldsymbol{F}_{/\!/}$ 和与 z 轴垂直的分量 $\boldsymbol{F}_{\perp}$。$\boldsymbol{F}_{\perp}$ 落在与 z 轴垂直的平面内。将 $\boldsymbol{r}$ 也相应分解为 $\boldsymbol{r}_{/\!/}$ 和 $\boldsymbol{r}_{\perp}$。力 $\boldsymbol{F}$ 对 O 点的力矩为

$$\boldsymbol{M}=\boldsymbol{r}\times\boldsymbol{F}=\boldsymbol{r}\times\boldsymbol{F}_{\perp}+\boldsymbol{r}\times\boldsymbol{F}_{/\!/} \tag{2.69}$$

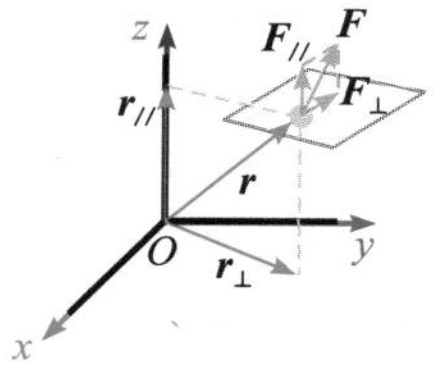

图 2.23

由于 $\boldsymbol{F}_{/\!/}$ 沿 z 方向，$\boldsymbol{r}\times\boldsymbol{F}_{/\!/}$ 项必然与 z 轴垂直。因此，力矩 $\boldsymbol{M}$ 在 z 轴上的分量只有 $\boldsymbol{r}\times\boldsymbol{F}_{\perp}$ 项，即

$$M_z=(\boldsymbol{r}\times\boldsymbol{F}_{\perp})_z \tag{2.70}$$

接下来将 $\boldsymbol{r}$ 分解，即

$$\boldsymbol{r}\times\boldsymbol{F}_{\perp}=\boldsymbol{r}_{\perp}\times\boldsymbol{F}_{\perp}+\boldsymbol{r}_{/\!/}\times\boldsymbol{F}_{\perp} \tag{2.71}$$

同理，由于 $\boldsymbol{r}_{/\!/}$ 沿 z 方向，$\boldsymbol{r}_{/\!/}\times\boldsymbol{F}_{\perp}$ 项与 z 轴垂直。M_z 只有 $\boldsymbol{r}_{\perp}\times\boldsymbol{F}_{\perp}$ 项。事实上，由于 $\boldsymbol{r}_{\perp}$ 和 $\boldsymbol{F}_{\perp}$ 均落在与 z 轴垂直的平面内，矢量积 $\boldsymbol{r}_{\perp}\times\boldsymbol{F}_{\perp}$ 沿 z 方向，也就是说

$$\boldsymbol{M}_z=\boldsymbol{r}_{\perp}\times\boldsymbol{F}_{\perp} \tag{2.72}$$

代表力矩 $\boldsymbol{M}$ 的 z 分量。力矩 $\boldsymbol{M}$ 的 z 分量也称为力 $\boldsymbol{F}$ 的对 z 轴的力矩，它等于力的作用点到 z 轴的垂直距离，与力在垂直于 z 轴的平面上的分量的矢量积。设 $\boldsymbol{r}_{\perp}$ 和 $\boldsymbol{F}_{\perp}$ 的夹角为 α，用代数量将 $\boldsymbol{M}_z$ 表示为

$$M_z=r_{\perp}F_{\perp}\sin\alpha \tag{2.73}$$

可以看出，若将 O 点移动到 z 轴上的其他位置，$\boldsymbol{M}$ 将改变，但是 M_z 不变。

当研究质点对 z 轴上某参考点的角动量在 z 轴上的投影时，亦可按照与对轴力矩类似的方法进行分解。将质点的速度 $\boldsymbol{v}$ 分解为与 z 轴平行的分量 $\boldsymbol{v}_{/\!/}$ 和与 z 轴垂直的分量 $\boldsymbol{v}_{\perp}$。于是得角动量在 z 轴上投影

$$\boldsymbol{L}_z=\boldsymbol{r}_{\perp}\times m\boldsymbol{v}_{\perp} \tag{2.74}$$

设 $\boldsymbol{r}_{\perp}$ 和 $\boldsymbol{v}_{\perp}$ 的夹角为 α，用代数量将 $\boldsymbol{L}_z$ 表示为

$$L_z=r_{\perp}v_{\perp}\sin\alpha \tag{2.75}$$

称为质点的对轴角动量。有了对轴角动量和对轴力矩，便可应用对 z 轴的角动量定理式(2.68)来解决一些问题。若作用于质点的各个对轴力矩的代数和始终为零，则质点对该轴的角动量保持不变，称为质点对轴角动量守恒定律。

★**【例 2.24】** 一条不可伸长的细绳穿过竖直放置的圆管。一端连接质量为 m 的小球。最初小球在水平面上作圆周运动(如图所示)，小球到管口的绳长为 l_1，倾角 $\theta_1=30°$。慢慢拉动绳子使小球到管口的距离变小，直到倾角变为 $\theta_2=60°$。不计摩擦，求在该过程中绳子对小球做的功。

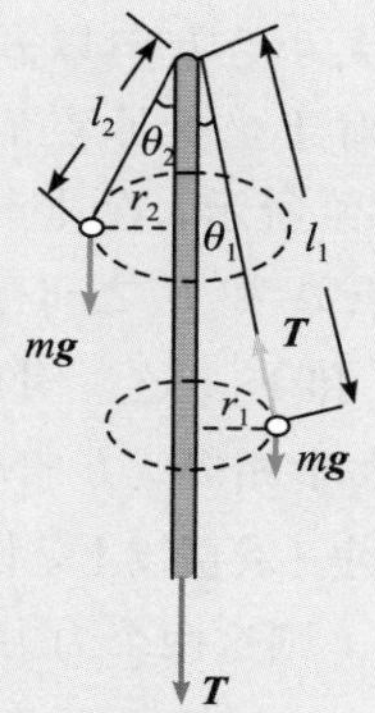

例 2.24 图

解　慢慢拉动绳子，小球到末态保持圆周运动。小球所受重力和绳子拉力对竖直中轴的力矩为零，小球绕中轴的角动量保持不变。根据对轴角动量守恒推断小球的速度，再根据小球机械能的变化，即可算出绳子所做的功。

设初态圆周运动轨道半径为 $r_1=l_1\sin\theta_1$。张力 T 的竖直分量与重力抵消，水平分量作为向心力，即

$$\begin{cases} T\cos\theta_1=mg \\ T\sin\theta_1=\dfrac{mv_1^2}{r_1}=\dfrac{mv_1^2}{l_1\sin\theta_1} \end{cases}$$

将 T 消去得 $v_1=\sqrt{\dfrac{gl_1}{\cos\theta_1}}\sin\theta_1=0.537\sqrt{gl_1}$。同理，对末态得 $v_2=\sqrt{\dfrac{gl_2}{\cos\theta_2}}\sin\theta_2=1.225\sqrt{gl_2}$。由于对轴角动量守恒，有

$$mv_1l_1\sin\theta_1=mv_2l_2\sin\theta_2$$

结合上述 v_1 和 v_2 表达式，得

$$l_2=l_1\frac{\sin\theta_1}{\sin\theta_2}\left(\frac{\tan\theta_1}{\tan\theta_2}\right)^{\frac{1}{3}}=0.400l_1$$

$$v_2=\sqrt{\frac{gl_2}{\cos\theta_2}}\sin\theta_2=1.225\sqrt{gl_2}$$
$$=0.775\sqrt{gl_1}$$

根据功能原理，绳子张力所做的功为

$$A=\frac{1}{2}m(v_2^2-v_1^2)+mg(l_1\cos\theta_1-l_2\cos\theta_2)$$
$$=0.156mgl_1+mg\left(\frac{\sqrt{3}}{2}l_1-\frac{1}{2}0.400l_1\right)$$
$$=0.822mgl_1$$

2.4.2 质点系的角动量定理和角动量守恒定律

在研究质点系时，经常把各个质点受到的力划分为外力和内力两部分。在研究质点系的动量定理时，已经看到内力总是成对出现，每一对内力大小相等、方向相反，这使得内力只改变系统内个别质点的动量，而不影响整个系统的总动量。下面研究内力力矩对系统角动量的影响，将会得到与此相似的结论。

质点系内各个质点之间存在内力的相互作用。相对于参考系中选定的坐标原点，每个内力都有相应的力矩，称为质点系的内力矩。内力矩的大小和方向取决于质点系内各质点之间的相对位置、内力的大小、方向以及力的作用点相对于坐标原点的位置。如图 2.24 所示，在质点系中某两个质点 A 和 B 之间存在一对内力 $\boldsymbol{F}_1$ 和 $\boldsymbol{F}_2$。这一对内力互为作用力和反作用力，它们大小相等、方向相反(即 $\boldsymbol{F}_2=-\boldsymbol{F}_1$)，力的作用线在同一条直线上。设质点 A 和 B 的位矢分别为 $\boldsymbol{r}_1$ 和 $\boldsymbol{r}_2$，则这两个力力矩的矢量和为

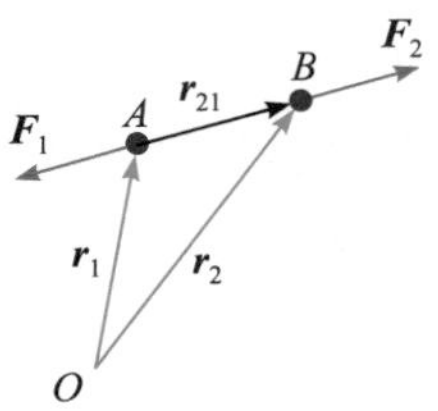

图 2.24

$$\boldsymbol{r}_1\times\boldsymbol{F}_1+\boldsymbol{r}_2\times\boldsymbol{F}_2=(\boldsymbol{r}_2-\boldsymbol{r}_1)\times\boldsymbol{F}_2 \tag{2.76}$$

$\boldsymbol{r}_2-\boldsymbol{r}_1$ 为质点 A 到质点 B 的相对位矢，即图中的 $\boldsymbol{r}_{21}$。由于 $\boldsymbol{F}_1$ 和 $\boldsymbol{F}_2$ 分别作用在质点 A 和 B 上，力的作用线又要求二者在同一条直线上，故 $\boldsymbol{F}_1$ 和 $\boldsymbol{F}_2$ 只能与两质点连线 $\boldsymbol{r}_{21}$ 共线。因此，式(2.76)中 $(\boldsymbol{r}_2-\boldsymbol{r}_1)\times\boldsymbol{F}_2=0$。也就是说，质点系内成对出现的内力，其力矩的总和总是为零。该规律可推广到系统里的所有内力，由于内力总是成对出现，整个系统内力力矩的总和为零。

质点系内各质点对于参考点 O 的角动量的矢量和，称为质点系对 O 点的总角动量。设各质点相对于 O 点的位矢分别为 $\boldsymbol{r}_1$，$\boldsymbol{r}_2$，…，$\boldsymbol{r}_n$，速度分别为 $\boldsymbol{v}_1$，$\boldsymbol{v}_2$，…，$\boldsymbol{v}_n$。第 i 个质点的角动量为 $\boldsymbol{L}_i=\boldsymbol{r}_i\times m_i\boldsymbol{v}_i$。系统的总角动量为

$$\boldsymbol{L}=\sum\boldsymbol{r}_i\times m_i\boldsymbol{v}_i \tag{2.77}$$

对每个质点来说，它可能受到外力和内力的作用。设第 i 个质点上的外力力矩的矢量和为 $\boldsymbol{M}_{i外}$，内力力矩的矢量和为 $\boldsymbol{M}_{i内}$。它的角动量的改变可表示为

$$\boldsymbol{M}_{i外}+\boldsymbol{M}_{i内}=\frac{\mathrm{d}\boldsymbol{L}_i}{\mathrm{d}t} \tag{2.78}$$

将上式对质点系内所有的质点求和，即 $\sum\boldsymbol{M}_{i外}+\sum\boldsymbol{M}_{i内}=\frac{\mathrm{d}\boldsymbol{L}}{\mathrm{d}t}$。此式描述了整个系统总角动量的变化。由于内力力矩的矢量和总是为零，即 $\sum\boldsymbol{M}_{i内}=0$。故有

$$\sum\boldsymbol{M}_{i外}=\frac{\mathrm{d}\boldsymbol{L}}{\mathrm{d}t} \tag{2.79}$$

即质点系对于参考点 O 的角动量随时间的变化率等于外力对该点力矩的矢量和，称为质点系对参考点 O 的角动量定理。若外力对参考点 O 的力矩矢量和总是为零，则质点系对该点的总角动量保持不变，称为质点系对参考点 O 的角动量守恒定律。

将式(2.79)投影到某个特定的方向(例如 z 轴)，写作

$$\sum M_{i外z}=\frac{\mathrm{d}L_z}{\mathrm{d}t} \tag{2.80}$$

该式表明质点系对 z 轴的角动量随时间的变化率，等于所受所有外力对 z 轴的力矩之和，称为质点系对 z 轴的角动量定理。若外力对 z 轴的力矩之和总是为零，则质点系对 z 轴的角动量保持不变，称为质点系对 z 轴的角动量守恒定律。

若系统中各质点绕共同的 z 轴作圆周运动，设第 i 个质点的质量为 m_i，速度为 v_i，转动半径为 r_i，角速度为 ω_i，则系统对 z 轴的角动量为

$$L_z=\sum r_i m_i v_i=\sum m_i r_i^2\omega_i \tag{2.81}$$

当系统对 z 轴的角动量守恒时，若 r_i 变小，则 ω_i 增大；若 r_i 变大，则 ω_i 减小。图 2.25 所示的茹可夫斯基凳，转轴光滑，菲菲站在圆盘上手握两个哑铃。圆盘旋转起来后，当菲菲的双臂伸开时，转速减慢。当菲菲的双臂收回时，则转速加快。

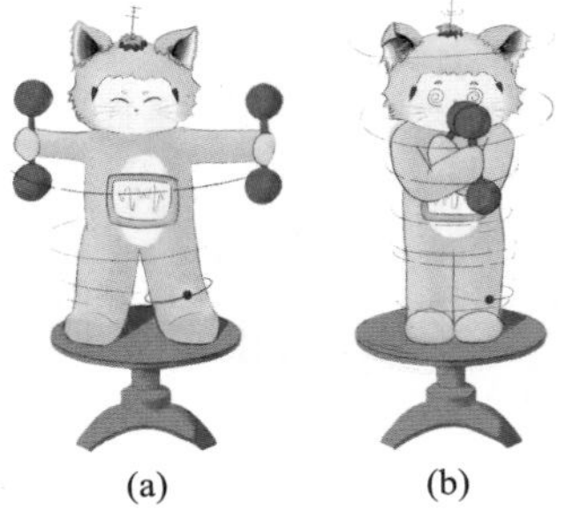
(a) (b)

图 2.25

★【例 2.25】　一转轴光滑的滑轮上有一根绳子。滑轮和绳子质量可忽略不计。两只质量相同的菲菲抓在绳子上，距地面高度相同，且初始速度为零。左边菲菲抓着绳子向上爬，右边菲菲不爬。哪个菲菲先到达滑轮？

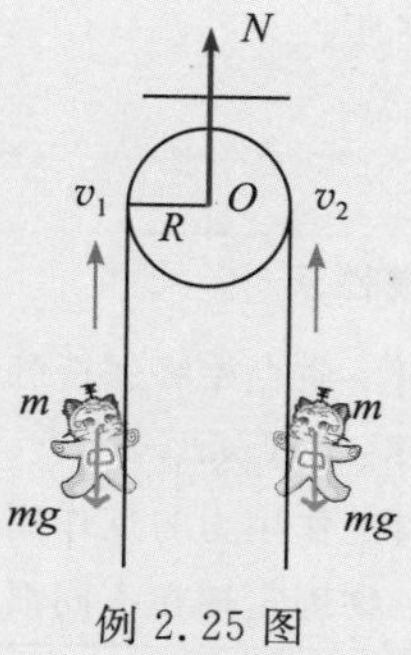

例 2.25 图

解　这是一道简单的中学物理题。下面采用新的方法——角动量守恒定律来解答。

两只菲菲、滑轮、绳子看作一个系统，系统受到的外力有两个菲菲的重力 mg，以及滑轮中心受到的支持力 N。取滑轮中心 O 点为参考点，过 O 点的转轴看作参考轴。两个菲菲的重力对转轴的力矩相互抵消。支持力 N 的力矩为零。故系统对转轴的角动量守恒。设滑轮半径为 R，则系统对转轴的角动量为

$$L_z = mv_1R - mv_2R$$

由于菲菲初始速度为零，故 $L_z=0$。因对轴角动量守恒，L_z 始终保持为零，由上式得 $v_1=v_2$。无论左边菲菲向上爬的速度是多少，两个菲菲的对地速度始终保持相等。故两个菲菲同时到达滑轮。

科技专题

陀　螺　仪

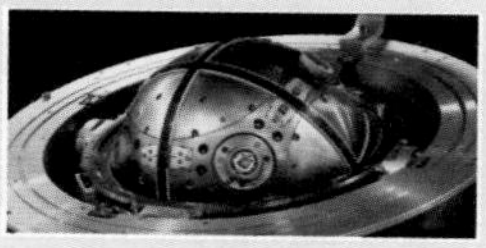

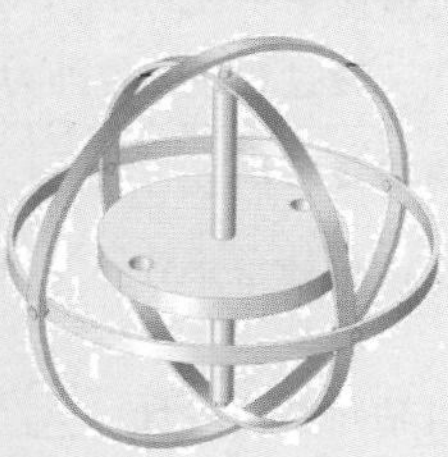

角动量守恒的一个重要应用是陀螺仪。陀螺仪最初用于航海导航，随着科学技术发展，陀螺仪在航空和航天中得到了广泛应用，是导弹和战斗机的核心部件之一。陀螺仪由高速回转体和万向节构成，利用高速回转体的角动量守恒，从而保证转子转轴方向不改变(定轴性)。这个方向不变的转子转轴会将参数实时传输到计算部，使导弹实现自身方向的精准定位。陀螺仪还被广泛应用于航海、探矿等方面。在使用时，陀螺仪仅需简单固定转子转轴，即可准确获取自身方位的参数。陀螺仪可自动控制系统中的信号传感器，提供准确的方位、水平、位置、速度和加速度等信号，以便驾驶员用自动导航仪来控制飞机、舰船或航天飞机等按一定的航线飞行，而在导弹、卫星运载器或空间探测火箭等航行体的制导中，则直接利用这些信号完成航行体的姿态控制和轨道控制。在航海中，陀螺仪主要用于对船身朝向的校准，结合卫星定位，能使船准确地避开暗礁、浅滩。而在勘探时，陀螺仪可时刻指明来时的方向，避免迷路。

思　考　题

1. 如果地球两极的冰山融化，水都回归海洋，对地球自转角速度会有什么影响？一昼夜时间会发生怎样的改变？

2. 滑冰运动员如何控制身体自转的快慢？

3. 直升飞机螺旋桨旋转会对机身造成什么影响？如何抵消这种影响？

本章小结

牛顿定律与惯性系

牛顿第一定律：质点始终保持静止或匀速直线运动状态，直到外力迫使它改变运动状态为止。

牛顿第二定律：$\boldsymbol{F}=m\boldsymbol{a}$。

牛顿第三定律：作用力与反作用力大小相等方向相反，且在同一条直线上。

相对性原理：物理定律在不同惯性系中具有相同的形式，所有惯性系是等价的。

动量定理与动量守恒定律

质点(系)动量的增量，等于作用在质点(系)上所有外力冲量的矢量和。$\Delta\boldsymbol{P}=\sum_i \boldsymbol{I}_i$。

在一段时间内，若质点系所受外力矢量和自始至终为零，则系统的动量守恒。

若质点系所受外力沿某一方向投影的代数和为零，则质点系动量沿该方向的分量守恒。

动能定理

质点的动能 $E_k=\frac{1}{2}mv^2$，质点的动能定理 $A=\Delta E_k$。

质点系的动能定理：作用于各质点合力的功为 A_1，$A_2\cdots A_n$，$\sum A_i=\sum \Delta E_{ki}=\Delta E_k$。

保守力与势能

质点从 a 点移动到 b 点时，保守力场所做的功为 $A_{\text{保}}=-(E_p(b)-E_p(a))$。

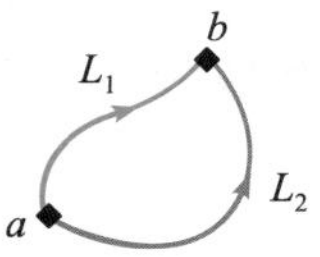

功能原理与机械能守恒

机械能 $E=E_k+E_p$，功能原理 $A_{\text{外力}}+A_{\text{保守内力}}=\Delta E$。

在一段过程中，若外力和非保守内力始终不做功，质点的机械能始终保持不变。

角动量定理

对点角动量定理：$\sum \boldsymbol{M}_{i\text{外}}=\frac{\mathrm{d}\boldsymbol{L}}{\mathrm{d}t}$。

对轴角动量定理：$\sum M_{i\text{外}z}=\frac{\mathrm{d}L_z}{\mathrm{d}t}$。

角动量守恒定律

在一段过程中，若系统外力力矩和始终为零，则系统的角动量始终保持不变。

在一段过程中，若系统外力对 z 轴的力矩和始终为零，则系统对 z 轴的角动量始终保持不变。

习　题

1. 质量为 m_2 的斜面可在光滑的水平面上滑动，斜面的倾角为 α，质量为 m_1 的菲菲与斜面之间亦无摩擦，求菲菲相对于斜面的加速度及其对斜面的压力。【答案：题 1 图 $a'=\frac{(m_1+m_2)\sin\alpha}{m_2+m_1\sin^2\alpha}g$；$N=\frac{m_1m_2\cos\alpha}{m_2+m_1\sin^2\alpha}g$】

题 1 图

2. 抛物线形弯管的表面光滑，绕竖直轴以匀角速率转动。抛物线方程为 $y=ax^2$，a 为正常数。小环套于弯管上。弯管角速度多大时，小环可在管上任一位置相对弯管静止？【答案：$\omega=\sqrt{2ag}$】

3. 图示系统置于以 $a=0.5g$ 的加速度上升的升降机内(g 为重力加速度)。AB 两物体质量相同均为 m。A 所在的桌面是水平的，绳子和定滑轮质量均不计。若忽略一切摩擦，求绳子的张力。【答案：$3mg/4$】

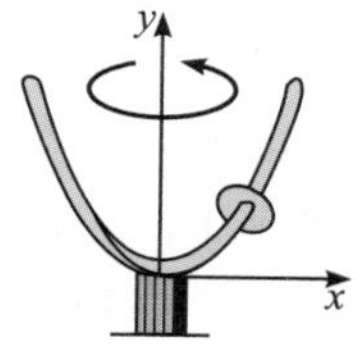

题 2 图

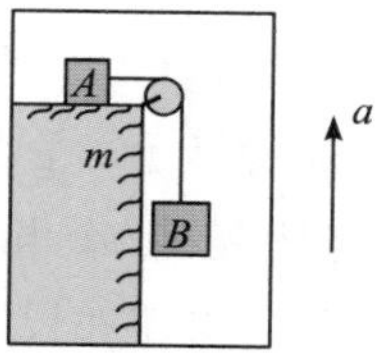

题 3 图

4. 长为 l、质量线密度为 λ 的匀质软绳，开始时两端 A 和 B 一起悬挂在固定点上。使 B 端脱离悬挂点自由下落，如图所示，当 B 端下落高度 $x<l$ 时，求悬挂点所受拉力 T 的大小。

【答案：$T=\dfrac{1}{2}(L+3x)\lambda g$】

5. 水流冲击在静止的涡轮叶片上。水流冲击叶片曲面前后的速率都等于 v，设单位时间投向叶片的水的质量保持不变等于 q，求水作用于叶片的力。【答案：$F=2qv$】

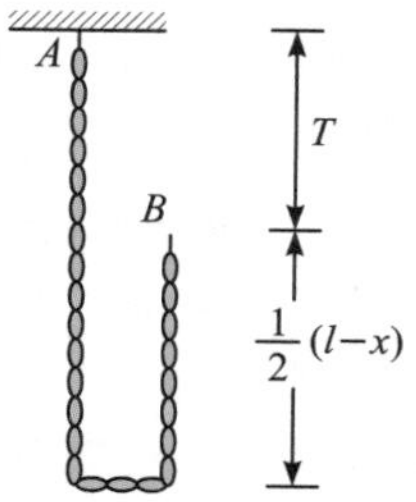

题 4 图

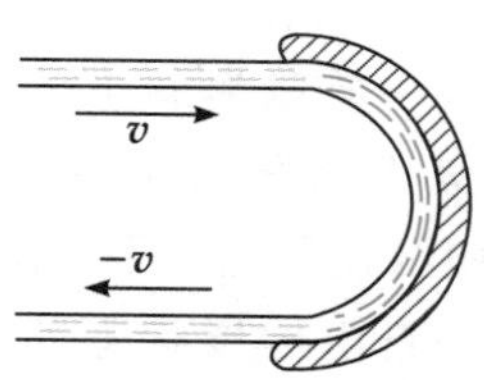

题 5 图

6. 盛有水的两个桶 A 和 B 用绳挂在定滑轮两侧。定滑轮无摩擦。A 和 B 质量同为 m_0，已包括桶内的水质量 $\dfrac{1}{2}m_0$。开始时系统静止。某时刻开始 A 桶的水从桶底小孔无相对速度流出，单位时间流出的质量为 a。当 A 桶的水刚好流完时，求 A 桶的上升速度 v。【答案：$v=\left(4\ln\dfrac{4}{3}-1\right)\dfrac{mg}{2a}$】

7. 细线系一小球，小球在光滑水平桌面上沿螺旋线运动，线穿过桌中心光滑圆孔。用力 F 向下拉绳，证明力 F 对线做的功等于线作用于小球的拉力所做的功(线不可伸长)。

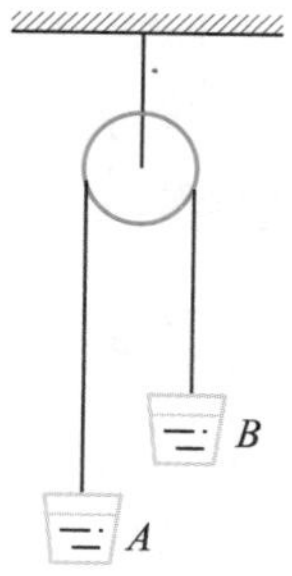

题 6 图

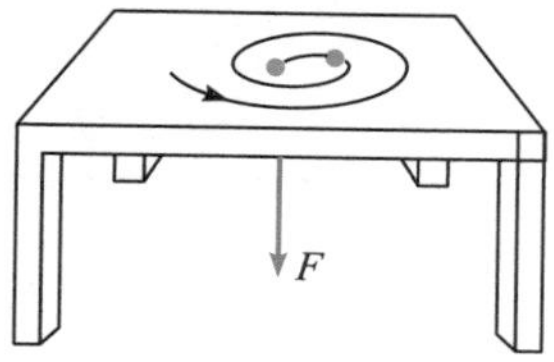

题 7 图

8. 质量为 m 的物体与轻弹簧相连，最初 m 处于使弹簧既未压缩也未伸长的位置，并以速度 v_0 向右运动，弹簧的劲度系数为 k，物体与支撑面间的滑动摩擦系数为 μ。求物体能达到的最远距离。

【答案：$l=\dfrac{\mu mg}{k}\left(\sqrt{1+\dfrac{kv_0^{2}}{\mu^{2}mg}}-1\right)$】

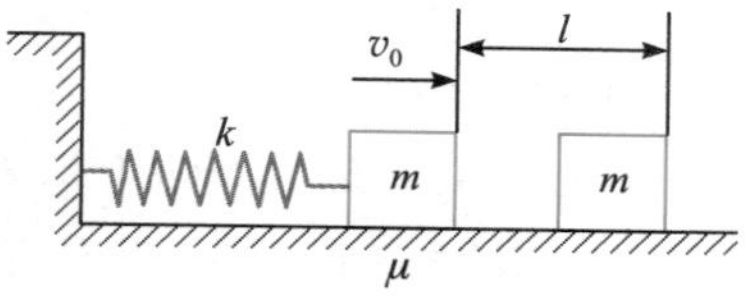

题 8 图

9. 轻且不可伸长的线上悬挂质量为 500 g 的圆柱体，圆柱体又套在可沿水平方向移动的框架内，框架槽沿铅直方向。框架的质量为 200 g，线长为 20 cm。自悬线静止于铅直位置开始，框架在水平力 $F=20.0$ N 作用下移至图中位置，求圆柱体的速度(不计摩擦)。【答案：2.4 m/s】

10. 质量为 200 g 的框架，用弹簧悬挂起来，使弹簧伸长 10 cm。今有一质量为 200 g 的铅块在高 30 cm 处从静止开始落进框架，求此框架向下移动的最大距离(弹簧质量不计，空气阻力不计)。【答案：0.3 m】

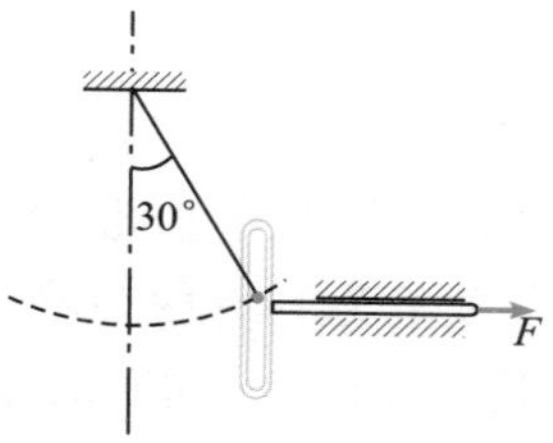

题 9 图

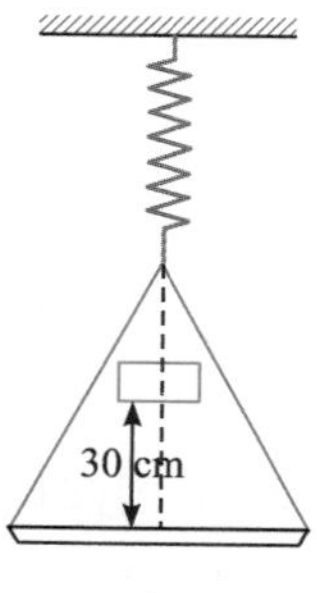

题 10 图

11. 质量为 $m_1=0.790$ kg 和 $m_2=0.800$ kg 的两物体与劲度系数为 10 N/m 的轻弹簧相连，置

于光滑水平桌面上。最初弹簧自由伸张。质量为 0.01 kg 的子弹以速率 $v_0=100$ m/s 沿水平方向射于 m_1 内，问：弹簧最多压缩了多少?【答案：0.25 m】

题 11 图

12. 质量为 m 的质点自由下落。在某时刻具有速度 v。此时它相对于 A、B、C 三点的距离分别为 d_1、d_2、d_3，求：① 质点对三个点的角动量。② 质点所受重力对三个点的力矩。【答案：$J_A=mvd_1$，$J_B=mvd_1$，方向向纸里；$J_C=md_3\times\boldsymbol{v}=0$；$M_A=mgd_1$，$M_B=mgd_1$，方向向纸里；$\boldsymbol{M}_C=\boldsymbol{d}_3\times m\boldsymbol{g}=0$】

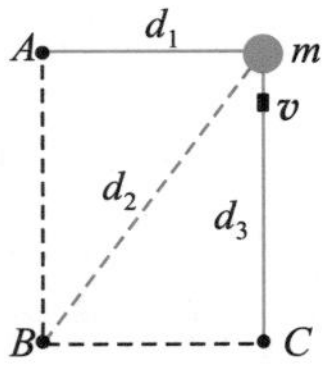

题 12 图

13. 一个具有单位质量的质点在力场 $\boldsymbol{F}=(3t^2-4t)\boldsymbol{i}+(12t-6)\boldsymbol{j}$(单位：N)中运动，其中 t 为时间(单位：s)。该质点在 $t=0$ 时位于原点，且速度为零。求当 $t=2$ s 时该质点所受的对原点的力矩。【答案：$\boldsymbol{M}=-40\boldsymbol{k}$ N·m】

14. 人造卫星在地球引力作用下沿椭圆轨道运动。地球位于椭圆焦点处。卫星近地点离地面距离为 439 km，远地点离地面距离为 2384 km。地球半径为 6370 km。已知卫星在近地点的速度为 8.12 km/s，求卫星在远地点的速度。
【答案：6320 km/s】

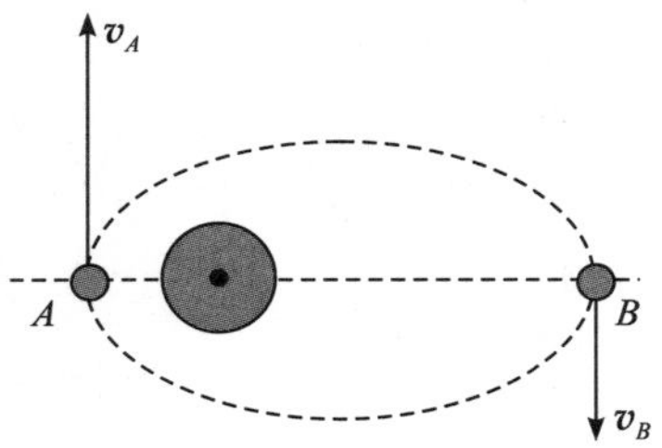

题 14 图

15. 水平光滑桌面中间有一光滑小孔，轻绳一端伸入孔中，另一端系一质量为 10 g 的小球，沿半径为 40 cm 的圆周作匀速圆周运动。这时从孔下拉绳，所用的力为 $F=10^{-3}$ N。如果继续向下拉绳，使小球沿半径为 10 cm 的圆周作匀速圆周运动，这时小球的速率是多少？拉力做的功是多少？【答案：0.2 m/s；3×10^{-3} J】

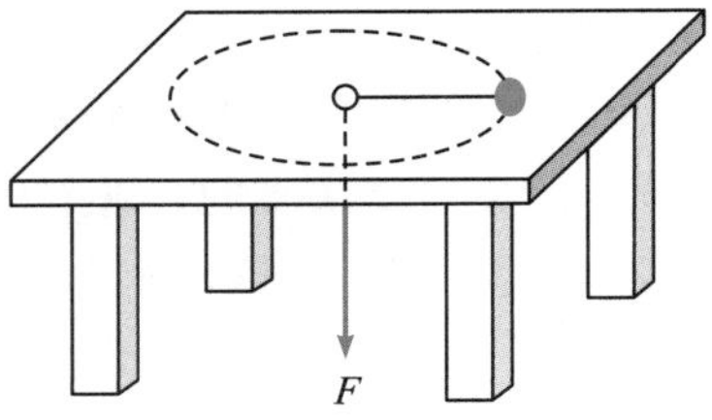

题 15 图

16. 质量为 200 g 的小球 B 以弹性绳在光滑水平面上与固定点 A 相连。弹性绳的劲度系数为 8 N/m，其自由伸展长度为 600 mm。最初小球的位置及速度 v_0 如图所示。当小球的速率变为 v 时，它与 A 点的距离最大且等于 800 mm，求此时小球的速率 v 及初速率 v_0。【答案：0.33 m/s；1.3 m/s】

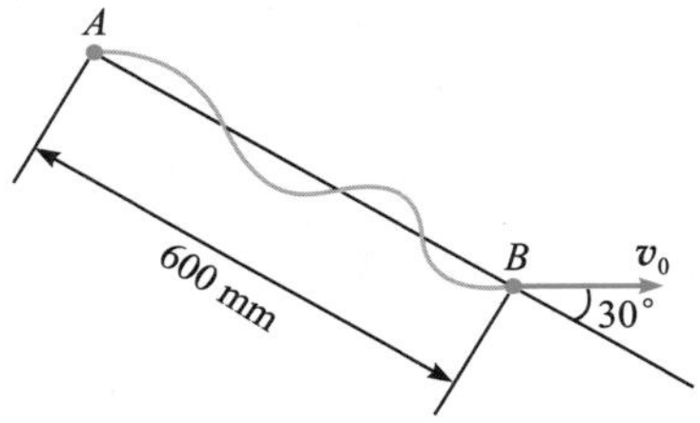

题 16 图

17. 理想滑轮悬挂质量为 m 的两砝码盘。用轻线拴住轻弹簧的两端使它处于压缩状态，将此弹簧竖直放在一砝码盘上，弹簧上端放一质量为 m 的砝码。另一砝码盘上也放置质量为 m 的砝码，使两盘静止。燃断轻线，轻弹簧达到自由伸展状态即与砝码脱离。已知弹簧劲度系数为 k，被压缩的长度为 l_0，求砝码升起的高度。【答案：$h=3\ k\ l_0^2/8mg$】

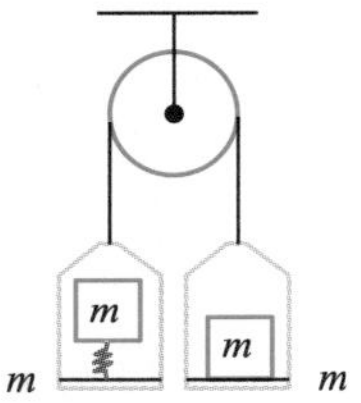

题 17 图

18. 圆锥摆的中央支柱是一个中空的管子，有线穿过它，且将线逐渐拉短。设摆长为 l_1 时摆锤速度为 v_1。求：将摆长拉到 l_2 时，摆锤速度 v_2 为多少？圆锥的顶角有什么变化？【答案：$v_2=\frac{r_1}{r_2}v_1$；增大】

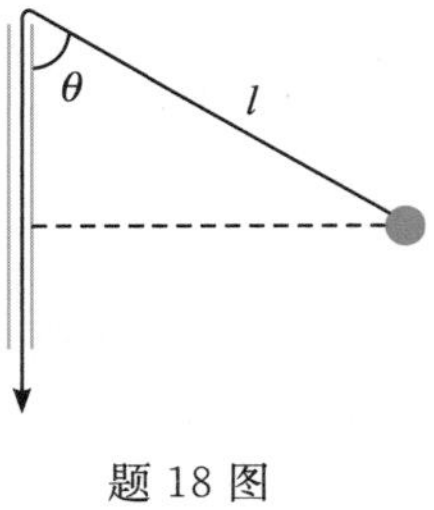

题 18 图

19. 证明行星在轨道上运动的总能量为 $E=-\frac{GMm}{r_1+r_2}$。式中 M 为太阳质量，m 为行星质量。r_1 和 r_2 分别为行星近日点和远日点到太阳的距离。

第3章　刚体力学基础

风力发电机的叶片可以看作质点吗？叶片的各个部分有相同的角速度。
叶片上到旋转轴不同距离处的速度一样吗？有什么差别？

在实际力学问题中，研究对象往往是由大量质点构成的复杂系统。对坚硬的、形变很小的物体，可忽略其形变，抽象为刚体模型。刚体模型作为质点系的特例，可在牛顿定律的基础上建立刚体力学基本定律，包括刚体绕定轴转动定律、刚体绕定轴转动情况下的动能定理等。与角动量相关的规律在刚体力学中也有实用意义。所有这些定律在工程问题中都有着广泛的应用。

3.1 刚体运动的描述

3.1.1 刚体的概念

实验表明，任何物体在受到力或其他外界作用时，都会发生不同程度的形变。例如，汽车经过桥梁时，桥梁将发生压缩和弯曲形变。一般来说，研究物体在力的作用下的运动，必须考虑它们的形状、大小的变化。但是，把形状、大小的变化考虑在内，会使问题变得相当复杂。不过对一些物体(通常指较坚硬的固体材料)来说，其形变非常小，不容易用肉眼察觉。如果物体的微小变形对所研究的问题只是次要因素，忽略它并不影响对问题的研究，那么就可抽象出刚体模型。刚体是指在任何力的作用下其形状、大小始终保持不变的物体。任何物体都是由大量质点组成的。因此，刚体也可定义为在力的作用下所有质点之间的距离始终保持不变的物体。

将研究对象视为哪种理想模型，视问题的性质而定。例如，在研究机械中齿轮的运动时，可将齿轮看作刚体。对庙宇中悬挂的大钟，在研究其摆动时可将其视作刚体，而在研究其振动发声时则要进一步考虑钟体各部分的形变和相互作用。

物体受力时总是要发生形变的。因此，不存在真正的严格意义上的刚体。不过，在一些情况下，刚体是力学中一个十分有用的理想模型。刚体的一般运动是比较复杂的。但可以证明，刚体的一般运动可分解为平动和绕瞬时轴的转动。因此，研究刚体的平动和转动是研究刚体复杂运动的基础。

3.1.2 刚体的平动

刚体运动时，若在刚体内所作的任一条直线都始终保持和原来的方向平行，此种运动就称为刚体的平动。如图 3.1(a)所示，当刚体平动时，刚体上的任意直线 AB 始终保持其方向不变。但是，切不可误以为平动刚体上任意一点的轨迹都必定是直线。图 3.1(b)为在工程中被广泛采用的平行四连杆机构。其中，过 O_1、O_2 存在垂直于纸面的转轴。O_1A、O_2B 两杆的长度相等，可绕各自的转轴运动。在运动过程中，O_1ABO_2 保持为平行四边形。按照平动的定义，AB 杆的运动显然为平动。作平动的 AB 杆上任意一点的轨迹都是圆。再如，汽车行驶经过弯道时并不是平动，因为车身的方向随着车拐弯而改变。

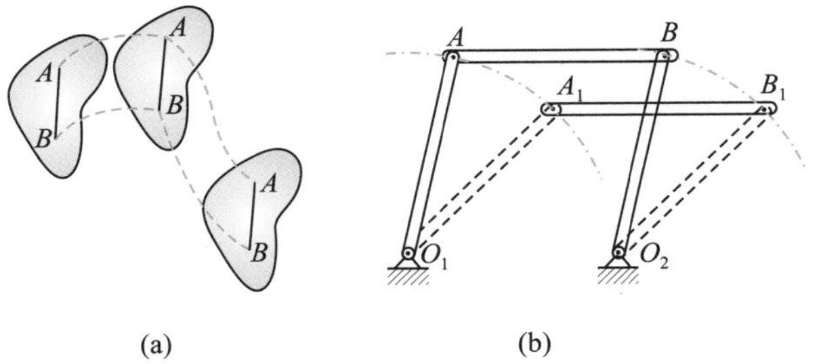

图 3.1

下面将证明平动刚体上各点的运动轨迹都相同，且在任意瞬时各点的速度、加速度也都相同。如图 3.2 所示，刚体 M 作平动，在 M 上任取两点 A 和 B，它们的位矢分别为 $\boldsymbol{r}_A$ 和 $\boldsymbol{r}_B$。随着刚体的运动，A 点依次经过 A_1，A_2，…，A_n 各点，B 点依次经过 B_1，B_2，…，B_n 各点。由于刚体作平动，因此线段 AB 与 A_1B_1，A_2B_2，…，A_nB_n 皆平行且长度相同。也就是说，线段 AA_1 平行于线段 BB_1，A_1A_2 平行于线段 B_1B_2，以此类推，折线 $AA_1A_2\cdots A_n$ 与 $BB_1B_2\cdots B_n$ 的形状完全相同。考虑刚体运动过程中更多的点，使每一步的时间间隔趋于无限小，可得到 A 点与 B 点的轨迹。按以上论述，AB 两点的轨迹完全相同。以此类推，刚体作平动时，刚体上各点的运动轨迹都相同。这是刚体特性(形状、大小绝对不变)的必然结果。在任意时刻，AB 两点位置的关系可写作

$$\boldsymbol{r}_B=\boldsymbol{r}_A+\overrightarrow{AB} \tag{3.1}$$

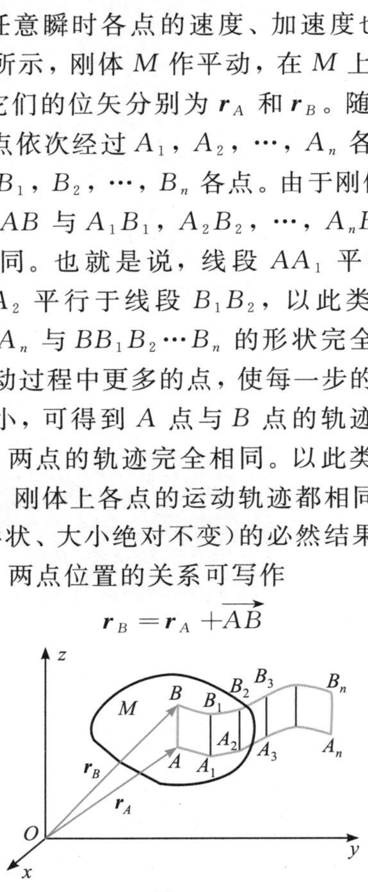

图 3.2

考虑到 $\overrightarrow{AB}$ 为常矢量，两边对时间求导得

$$\frac{\mathrm{d}\boldsymbol{r}_B}{\mathrm{d}t}=\frac{\mathrm{d}\boldsymbol{r}_A}{\mathrm{d}t}+\frac{\mathrm{d}\overrightarrow{AB}}{\mathrm{d}t}=\frac{\mathrm{d}\boldsymbol{r}_A}{\mathrm{d}t} \tag{3.2}$$

即 A、B 两点的速度始终保持相等。再对时间求导得

$$\frac{\mathrm{d}^2\boldsymbol{r}_B}{\mathrm{d}t^2}=\frac{\mathrm{d}^2\boldsymbol{r}_A}{\mathrm{d}t^2} \tag{3.3}$$

即 A、B 两点的加速度始终保持相等。以此类推，平动刚体上各点的速度、加速度总是相同。

3.1.3　刚体的定轴转动

刚体运动时，若刚体上各点都绕某一条相对于参考系固定不动的直线作圆周运动，各点轨迹所在平面均与该直线垂直，则这种运动称为刚体的定轴转动。该直线称为定轴转动的转轴。例如，电风扇叶片的运动是定轴转动。为了描述刚体的定轴转动，如图 3.3(a)所示，在参考系中取一固定的直角坐标系 $Oxyz$，z 轴与刚体的转轴重合(垂直于纸面)。在平面图上任选一点 A(与 O 不重合)，则平面图的位置可由 A 的位置唯一确定。设由 x 轴到 OA 的夹角为 θ，规定自 x 轴逆时针转向 OA 时为 θ 的正方向，称为刚体绕定轴转动的角坐标。刚体的定轴转动可用函数

$$\theta=\theta(t) \tag{3.4}$$

描述，称为刚体定轴转动的运动学方程。绕定轴转动的刚体在时间 Δt 内角坐标的增量 $\Delta\theta$ 称为该段时间内的角位移。面对 z 轴观察，若 $\Delta\theta>0$，则刚体逆时针转动；若 $\Delta\theta<0$，则刚体顺时针转动。在国际单位制中，角坐标和角位移的单位为 rad(弧度)，它们是量纲为 1 的量。

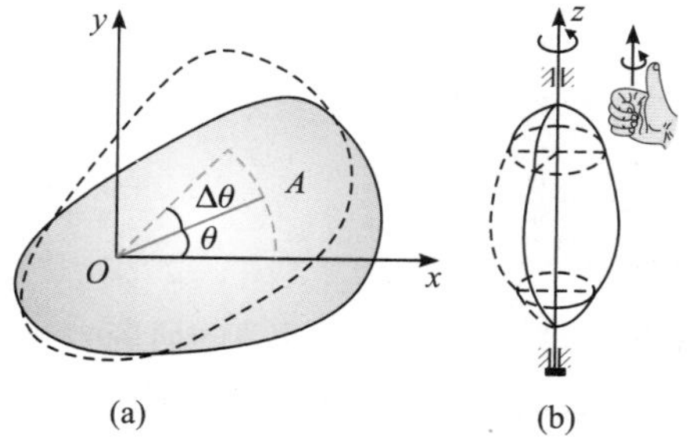

图 3.3

和质点作圆周运动时的角速度、角加速度的定义方法相似，本节也定义绕定轴转动的刚体的角速度和角加速度。刚体在时刻 t 的角速度 ω 等于刚体角坐标对时间的一阶导数，即

$$\omega=\frac{d\theta}{dt} \tag{3.5}$$

ω 是描述绕定轴转动的刚体的转动快慢和转动方向的物理量，是代数量。如果刚体沿 θ 角正方向转动，则角速度 $\omega>0$；反之 $\omega<0$。在国际单位制中，角速度的单位为 rad/s^1。工程上还常用每分钟转过的圈数 n(简称转速)来描述刚体转动的快慢，其单位为 r/min。ω 与 n 之间的关系为

$$\omega=\frac{\pi n}{30} \tag{3.6}$$

刚体的角速度 ω 是描述整个刚体绕定轴转动的物理量。在任意时刻，绕定轴转动的刚体只有一个角速度。

在一般情况下，转轴的空间取向可指向任意方位，仅用代数量的 ω 不足以表示转动方向。当问题比较复杂，特别是进行理论分析研究时，矢量表达式往往更为方便。角速度矢量 $\boldsymbol{\omega}$ 是这样规定的：角速度矢量的方向沿转轴，其指向与刚体的转动方向之间按右手螺旋关系确定(如图 3.3(b)所示)，其大小为代数量 ω 的大小。当 $\omega>0$ 时，$\boldsymbol{\omega}$ 沿 z 轴正方向；当 $\omega<0$ 时，$\boldsymbol{\omega}$ 沿 z 轴反方向。

角速度 ω 对时间的一阶导数就是绕定轴转动的刚体的角加速度，以符号 β 表示，即

$$\beta=\frac{d\omega}{dt}=\frac{d^2\theta}{dt^2} \tag{3.7}$$

刚体绕定轴转动的角加速度 β 也是代数量。$\beta>0$ 表示角加速度的方向与角坐标的正方向一致；$\beta<0$ 表示角加速度的方向与角坐标的正方向相反。在国际单位制中，角加速度单位为 rad/s^2。角加速度也是描述整个刚体绕定轴转动的物理量。在任意时刻，绕定轴转动的刚体只有一个角加速度。

★**【例 3.1】**　设轮盘的转速在 10 s 内由900 r/min 均匀增加到 1500 r/min，求：

(1) 轮盘的角加速度；

(2) 这段时间内轮盘转过的圈数。

解　轮盘作匀加速定轴转动，角速度 β 恒定。初始转速 $n_1=900$ r/min，初始角速度 $\omega_1=\frac{\pi n_1}{30}=30\pi$ rad/s。末态转速 $n_2=1500$ r/min，末态角速度 $\omega_2=\frac{\pi n_2}{30}=50\pi$ rad/s。

t 时刻的角速度为

$$\omega(t)=\omega_1+\int_0^t\beta dt=\omega_1+\beta t$$

按 $t=10$ s 时 $\omega=\omega_2$，可得 $\beta=\frac{\omega_2-\omega_1}{t}=2\pi\ rad/s^2$。

该段时间内轮盘的角位移为

$$\Delta\theta=\int_0^t\omega dt=\int_0^t(\omega_1+\beta t)dt$$
$$=\omega_1 t+\frac{1}{2}\beta t^2=400\pi\ rad$$

轮盘转过的圈数 $N=\frac{\Delta\theta}{2\pi}=200$ 圈。

在研究刚体绕定轴转动的问题时，往往需要计算刚体上某点的速度和加速度。而在绕定轴转动的刚体上，任一点都在垂直于转轴的平面内作圆周运动。如图 3.4 所示，设刚体上某点与转轴之间的垂直距离为 $r_{\perp}$，则该点的速度大小为

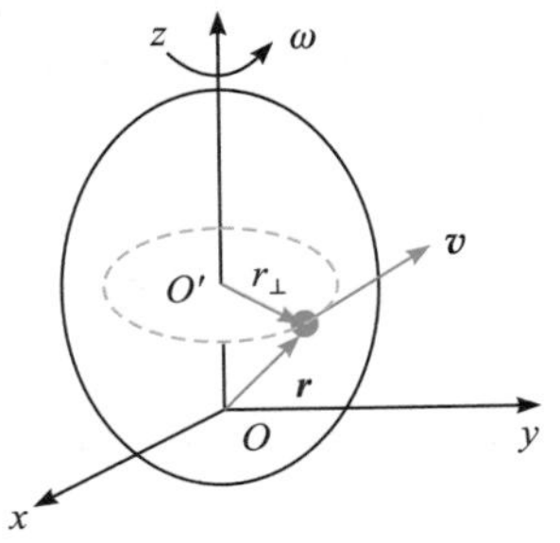

图 3.4

$$v=\omega r_{\perp} \tag{3.8}$$

由于该点作圆周运动，因此其加速度可分解为切向和法向加速度两部分，即 $\boldsymbol{a}=a_{\tau}\boldsymbol{\tau}+a_{n}\boldsymbol{n}$。切向加速度和法向加速度分别表示为

$$\begin{cases} a_{\tau}=\dfrac{\mathrm{d}v}{\mathrm{d}t}=\beta r_{\perp} \\ a_{n}=\dfrac{v^{2}}{r_{\perp}}=\omega^{2} r_{\perp} \end{cases} \tag{3.9}$$

【例 3.2】 半径 $r=0.50$ m 的飞轮以 $\beta=3.00\ \mathrm{rad/s^2}$ 的恒定角加速度由静止开始转动。求其边缘上一点在 2 s 末时的速度、切向加速度和法向加速度。

解 飞轮由静止开始转动，在 2 s 末 $\omega=\int_0^t \beta\mathrm{d}t=\beta t=6.00\ \mathrm{rad/s}$。边缘上一点的速度大小 $v=\omega r=3.00\ \mathrm{m/s}$，方向沿飞轮边缘切线。切向加速度 $a_{\tau}=\beta r=1.50\ \mathrm{m/s^2}$，法向加速度 $a_{n}=\omega^{2} r=18.0\ \mathrm{m/s^2}$。

将角速度看成矢量后，就可以用角速度矢量来表示绕定轴转动的刚体内某点的速度。如图 3.4 所示，坐标原点 O 位于 z 轴上，将 $\boldsymbol{r}_{\perp}$ 看作矢量。可以看出，$\boldsymbol{\omega}$ 与 $\boldsymbol{r}_{\perp}$ 垂直，即 $\boldsymbol{\omega}\times\boldsymbol{r}_{\perp}$ 的大小为 $\omega r_{\perp}$。此外，按矢量积的右手螺旋法则，$\boldsymbol{\omega}\times\boldsymbol{r}_{\perp}$ 恰好指向速度 $\boldsymbol{v}$ 的方向。结合式(3.8)可总结出矢量表达式 $\boldsymbol{v}=\boldsymbol{\omega}\times\boldsymbol{r}_{\perp}$。刚体上某点的矢径 $\boldsymbol{r}=\overrightarrow{OO'}+\boldsymbol{r}_{\perp}$。作矢量积 $\boldsymbol{\omega}\times\boldsymbol{r}=\boldsymbol{\omega}\times\overrightarrow{OO'}+\boldsymbol{\omega}\times\boldsymbol{r}_{\perp}$。因 $\boldsymbol{\omega}$ 与 $\overrightarrow{OO'}$ 共线，故 $\boldsymbol{\omega}\times\overrightarrow{OO'}=\boldsymbol{0}$，即得 $\boldsymbol{\omega}\times\boldsymbol{r}=\boldsymbol{\omega}\times\boldsymbol{r}_{\perp}$。综上所述，有

$$\boldsymbol{v}=\boldsymbol{\omega}\times\boldsymbol{r} \tag{3.10}$$

思考题

1. 刚体的平动具有什么特点？为什么说对刚体平动的研究可归结为对质点运动的研究？

2. 有人说刚体运动时，刚体上各点的运动轨迹都是直线，其运动不一定是平动；刚体上各点的运动轨迹都是曲线，其运动不可能是平动。你认为对吗？试举例说明。

3. 汽车拐弯是平动吗？为什么？

3.2 刚体定轴转动定律

3.2.1 定轴转动的角动量

刚体是一种质点系。在研究刚体时，可将刚体无限分割，看作由大量质点构成的系统。对于质点系，往往可通过质点系的动量定理、动能定理和角动量定理来把握系统的整体运动情况。刚体的总动量、总动能和总角动量分别为系统中各个质点动量、动能和角动量的总和。下面来看如何计算绕定轴转动的刚体的角动量。

首先考虑刚体的对点角动量。如图 3.5 所示，刚体以角速度 ω 绕 z 轴转动。设刚体上某个质量为 Δm_i 的质元其位矢为 $\boldsymbol{r}_i$，速度为 $\boldsymbol{v}_i$。相对于坐标原点 O 来说，该质元的角动量 $\boldsymbol{L}_i=\boldsymbol{r}_i\times\Delta m_i\boldsymbol{v}_i$ 垂直于 $\boldsymbol{r}_i$ 和 $\boldsymbol{v}_i$ 所决定的平面。一般来说，刚体上任意质元的角动量并不一定指向转轴方向。对整个体系来说，总角动量 $\boldsymbol{L}$ 并不一定沿转轴，可能与角速度矢量 $\boldsymbol{\omega}$ 成一定的夹角。

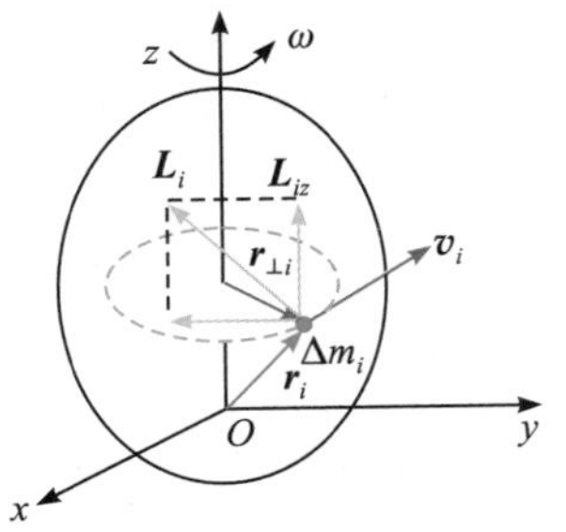

图 3.5

接下来研究刚体的对轴角动量。设刚体上某个质量为 Δm_i 的质元到转轴的垂直距离为 $r_{\perp i}$。如图 3.5 所示，该质元对坐标原点 O 的角动量矢量 $\boldsymbol{L}_i$ 可沿坐标系分解。由于 $\boldsymbol{v}_i$ 落在与 z 轴垂直的平面内，因此 $\boldsymbol{L}_i$ 沿 z 轴的分量可表示为

$$L_{iz}=\Delta m_i v_i r_{\perp i}=\Delta m_i r_{\perp i}^2\omega \tag{3.11}$$

对所有质元求和，可得到整个刚体绕 z 轴的角动量为

$$L_z=J\omega \tag{3.12}$$

其中，$J=\sum\Delta m_i r_{\perp i}^2$ 为各质元的质量与其到转动轴线的垂直距离的平方的乘积之和，称为刚体绕 z 轴的转动惯量。考虑将刚体无限分割，则转动惯量表示为

$$J=\int r_{\perp}^2\,\mathrm{d}m \tag{3.13}$$

转动惯量的单位由质量与长度的单位决定。在国际单位制中，转动惯量的单位为 $\mathrm{kg\cdot m^2}$，量纲为 $\mathrm{ML^2}$。转动惯量由刚体本身的质量分布以及转轴的位置决定。转动惯量是刚体定轴转动等效惯性的量度。刚体的各个质元的质量越大，离轴越远，则转动惯量越大。

3.2.2　转动惯量的计算

刚体对轴的转动惯量的大小取决于三个因素，即刚体转轴的位置、刚体的质量和质量对轴的分布情况。刚体的质量是连续分布的，式(3.13)的积分为对刚体的体积分。对形状复杂的刚体，用理论计算方法求转动惯量是困难的，实际中常通过实验来测定。对质量分布有规律、几何形状规整的物体，可通过式(3.13)计算转动惯量。

一般情况下，若已知刚体上的密度分布，即密度作为空间位置的函数 $\rho=\rho(\boldsymbol{r})$，则转动惯量表示为

$$J=\int r_{\perp}^2\,\rho\mathrm{d}V \tag{3.14}$$

其中，$\mathrm{d}V$ 为体积元。

对平面物体，考虑其质量面密度 $\sigma=\sigma(\boldsymbol{r})$，则转动惯量表示为

$$J=\int r_{\perp}^2\,\sigma\mathrm{d}S \tag{3.15}$$

其中，$\mathrm{d}S$ 为面元。

对线状物体，考虑其质量线密度 $\lambda=\lambda(\boldsymbol{r})$，则转动惯量表示为

$$J=\int r_{\perp}^2\,\lambda\mathrm{d}l \tag{3.16}$$

其中，$\mathrm{d}l$ 为线元。

下面举例说明几种几何形状简单、质量分布均匀的刚体转动惯量的计算方法。

【例 3.3】 质量为 m、半径为 R 的均质细圆环，转轴与其所在平面垂直并过圆心，求转动惯量。

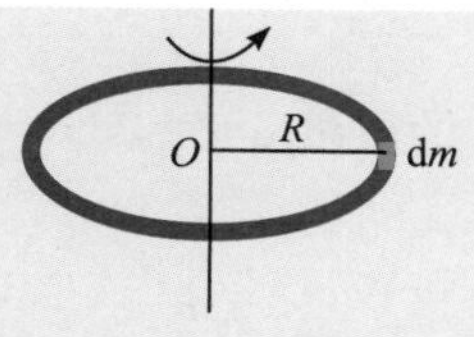

例 3.3 图

解　考虑圆环上任意质元 $\mathrm{d}m$，可知所有质元到转轴的垂直距离都为 R，即 $r_{\perp}=R$。按转动惯量的定义 $J=\int r_{\perp}^2\,\mathrm{d}m$，因 $r_{\perp}=R$ 为常量，故可得圆环 $J=R^2\int\mathrm{d}m=mR^2$。

【例 3.4】 质量为 m、半径为 R 的均质圆盘，转轴与其所在平面垂直并过圆心，求转动惯量。

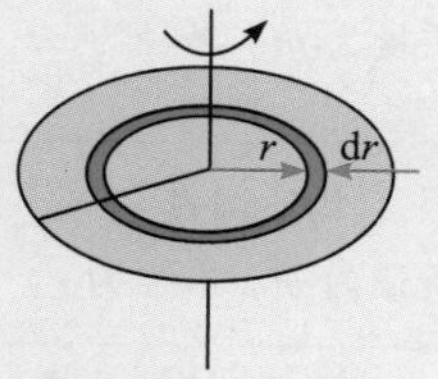

例 3.4 图

解　计算平面刚体的转动惯量，可试图将其分解为已知线型刚体的组合。从圆心处出发取半径 $r(0\leqslant r\leqslant R)$，考虑微元 $\mathrm{d}r$。如例 3.4 图所示，$r\sim r+\mathrm{d}r$ 部分对应于一个细圆环。当 $\mathrm{d}r\to0$ 时，可运用例 3.3 的结果 $J=mR^2$ 表示细圆环的转动惯量，即设 $r\sim r+\mathrm{d}r$ 部分细圆环的质量为 $\mathrm{d}m$，

用 $\mathrm{d}m$ 取代上式的 m，用 r 取代上式的 R，该部分细圆环的转动惯量为 $\mathrm{d}J=r^2\mathrm{d}m$。

圆盘的质量面密度 $\sigma=\dfrac{m}{\pi R^2}$。上述细圆环的质量为

$$\mathrm{d}m=\sigma\mathrm{d}S=\sigma 2\pi r\mathrm{d}r=\frac{2mr\mathrm{d}r}{R^2}$$

积分得整个圆盘的转动惯量为

$$J=\int\mathrm{d}J=\int_0^R r^2\mathrm{d}m=\int_0^R r^2\frac{2mr\mathrm{d}r}{R^2}=\frac{1}{2}mR^2$$

★【例 3.5】 质量为 m、长为 l 的均质杆，如例 3.5 图所示，求对过其中心的垂直轴的转动惯量。

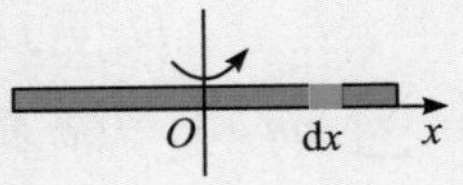

例 3.5 图

解 以转轴处为坐标原点，沿杆方向建立 x 轴。在 x 处取微元 $\mathrm{d}x$。杆的质量线密度 $\lambda=\dfrac{m}{l}$。微元 $\mathrm{d}x$ 的质量 $\mathrm{d}m=\lambda\mathrm{d}x=\dfrac{m}{l}\mathrm{d}x$，到转轴的距离为 $|x|$。杆的转动惯量为

$$J=\int_{-\frac{l}{2}}^{\frac{l}{2}}x^2\mathrm{d}m=\int_{-\frac{l}{2}}^{\frac{l}{2}}x^2\frac{m}{l}\mathrm{d}x=\frac{1}{12}ml^2$$

★【例 3.6】 质量为 m、长为 l 的均质杆，如例 3.6 图所示，求对过其一端的垂直轴的转动惯量。

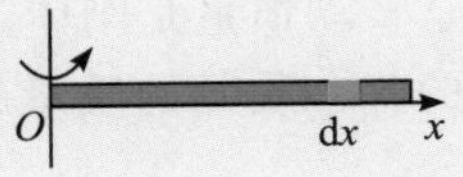

例 3.6 图

解 以转轴处为坐标原点，沿杆方向建立 x 轴。在 x 处取微元 $\mathrm{d}x$。杆的质量线密度 $\lambda=\dfrac{m}{l}$。微元 $\mathrm{d}x$ 的质量 $\mathrm{d}m=\lambda\mathrm{d}x=\dfrac{m}{l}\mathrm{d}x$，到转轴的距离为 x。杆的转动惯量为

$$J=\int_0^l x^2\mathrm{d}m=\int_0^l x^2\frac{m}{l}\mathrm{d}x=\frac{1}{3}ml^2$$

可以看出，对同一个刚体，当转轴位置不同时，转动惯量也不一样。

工程上常通过实验测量刚体的转动惯量。表 3.1 给出了一些质量分布均匀的刚体的转动惯量。

表 3.1 一些质量分布均匀的刚体的转动惯量

刚 体	转 轴	转动惯量	简 图
均质圆环 (质量为 m，半径为 r)	通过圆环中心与环面垂直	mr^2	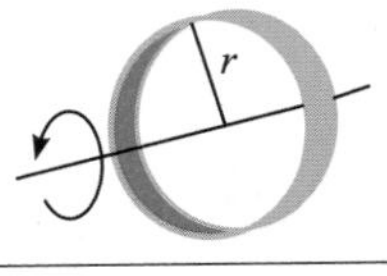
均质圆盘 (质量为 m，半径为 r)	通过圆盘中心与盘面垂直	$mr^2/2$	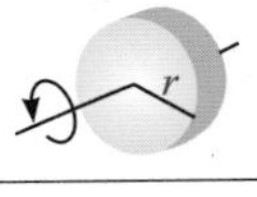
均质球体 (质量为 m，半径为 r)	沿直径	$2mr^2/5$	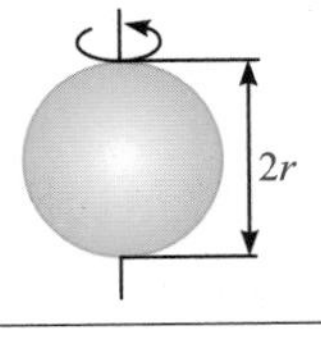

续表

刚　体	转　轴	转动惯量	简　图
均质球壳 （质量为 m，半径为 r）	沿直径	$2mr^2/3$	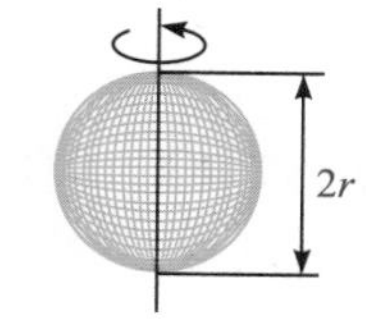
均质圆柱体 （质量为 m，半径为 r）	沿几何轴	$mr^2/2$	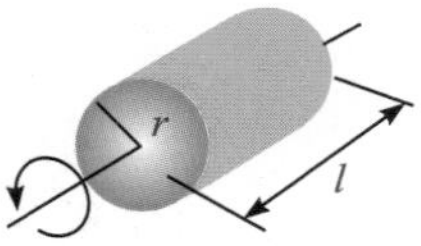
均质细杆 （质量为 m，长为 l）	通过中心与杆垂直	$ml^2/12$	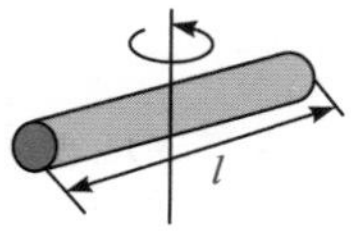

转动惯量在处理刚体运动问题时十分有用。下面介绍两个用于计算转动惯量的定理。

1. 平行轴定理

刚体转动惯量与轴的位置有关。若有两根平行的转轴，其中一轴过质心，则刚体对两轴的转动惯量有下列关系：

$$J = J_C + md^2 \tag{3.17}$$

式中，m 为刚体质量，J_C 为刚体对过质心的轴的转动惯量，J 为对另一平行轴的转动惯量，d 为两轴的垂直距离。式(3.17)称为平行轴定理。下面进行证明。

如图 3.6 所示，C 为刚体质心。过质心 C 有一垂直于纸面的转轴。O 为刚体上的另一点，过 O 有

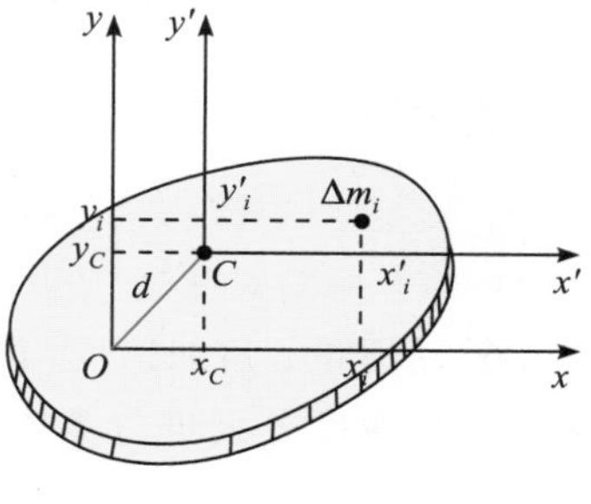

图 3.6

垂直于纸面的另一转轴(与过 C 的轴平行)。建立坐标系 $Cx'y'$ 和 Oxy。设某个质元 Δm_i 在 Oxy 坐标系中的位置为(x_i，y_i)，在 $Cx'y'$ 坐标系中的位置为(x_i'，y_i')，质心 C 在 Oxy 坐标系中的位置为(x_C，y_C)，则刚体对 O 轴的转动惯量为

$$\begin{aligned} J &= \sum \Delta m_i (x_i^2 + y_i^2) \\ &= \sum \Delta m_i [(x_i' + x_C)^2 + (y_i' + y_C)^2] \\ &= \sum \Delta m_i (x_i'^2 + y_i'^2) + (x_C^2 + y_C^2) \sum \Delta m_i + \\ &\quad 2x_C \sum \Delta m_i x_i'^2 + 2y_C \sum \Delta m_i y_i'^2 \end{aligned} \tag{3.18}$$

根据质心的定义，$\left(\dfrac{\sum \Delta m_i x_i'^2}{m}, \dfrac{\sum \Delta m_i y_i'^2}{m}\right)$ 为质心在质心坐标系 $Cx'y'$ 中的位置($m = \sum \Delta m_i$ 为刚体总质量)，即(0，0)，故式(3.18)最后两项为零，即

$$\begin{aligned} J &= \sum \Delta m_i (x_i'^2 + y_i'^2) + (x_C^2 + y_C^2) \sum \Delta m_i \\ &= J_C + md^2 \end{aligned} \tag{3.19}$$

平行轴定理得证。由该定理可知，在刚体对各平行轴的不同转动惯量中，对质心轴的转动惯量最小。

【例 3.7】 质量为 m、长为 l 的均质杆，转轴过其一端。如例 3.7 图所示，用平行轴定理求转动惯量。

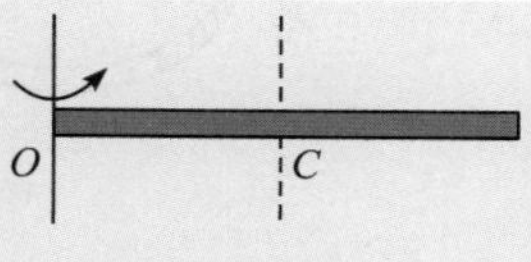

例 3.7 图

解 由例3.5知，当转轴过质心 C 时，转动惯量为 $J_C=\frac{1}{12}ml^2$。OC 距离 $d=\frac{1}{2}l$。按平行轴定理，当转轴过 O 点时，有

$$J=J_C+md^2=\frac{1}{12}ml^2+m\left(\frac{1}{2}l\right)^2=\frac{1}{3}ml^2$$

★**【例3.8】** 如例3.8图所示，在水平面内有两个均质圆盘，被一通过盘心的细轻杆连接。此系统可绕垂直于水平面的 O_1 轴转动。O_1 轴通过一个盘的圆心。计算该系统对 O_1 轴的转动惯量。

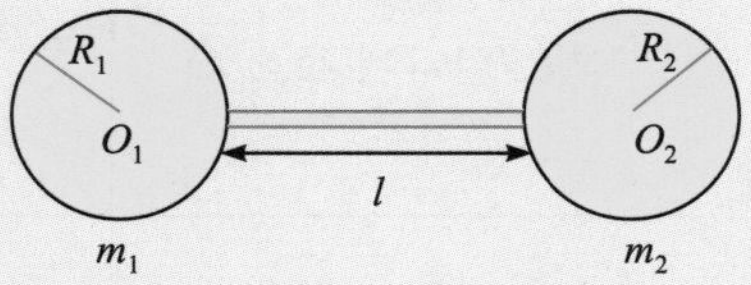

例3.8图

解 轻杆的质量忽略不计。系统的转动惯量为两圆盘转动的惯量之和。如例3.8图所示，按例3.4的结论，左边圆盘对 O_1 轴的转动惯量为 $J_1=\frac{1}{2}m_1R_1^2$。O_2 为右边圆盘的质心。右边圆盘对 O_2 的转动惯量为 $J_{2C}=\frac{1}{2}m_2R_2^2$。$O_1$ 到 O_2 距离为 R_1+R_2+l。按平行轴定理，右边圆盘对 O_1 轴的转动惯量为

$$\begin{aligned}J_2&=J_{2C}+m_2(R_1+R_2+l)^2\\&=\frac{1}{2}m_2R_2^2+m_2(R_1+R_2+l)^2\end{aligned}$$

整个系统对 O_1 轴的转动惯量为

$$\begin{aligned}J&=J_1+J_2\\&=\frac{1}{2}m_1R_1^2+\frac{1}{2}m_2R_2^2+m_2(R_1+R_2+l)^2\end{aligned}$$

需注意的是，只有对同一轴的转动惯量才可以叠加。

2. 垂直轴定理

如图3.7所示，设刚体为厚度无穷小的薄板，建立坐标系 $Oxyz$。z 轴与薄板垂直，Oxy 平面在薄板平面内。刚体对 z 轴的转动惯量为

$$\begin{aligned}J_z&=\sum m_ir_i^2\\&=\sum m_ix_i^2+\sum m_iy_i^2\\&=J_x+J_y\end{aligned}\tag{3.20}$$

式中，$J_x=\sum m_ix_i^2$ 为刚体对 x 轴的转动惯量，$J_y=\sum m_iy_i^2$ 为刚体对 y 轴的转动惯量。无穷小厚度的薄板对一与它垂直的轴的转动惯量，等于薄板对板面内两根相互垂直的轴的转动惯量之和。本定理仅对无穷小厚度的薄板成立，不可用于厚度不可忽略的板。

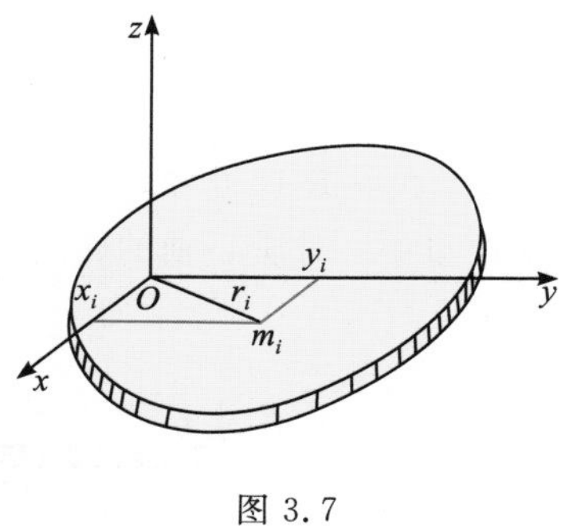

图3.7

3.2.3 刚体定轴转动定律

根据质点系的对轴角动量定理，将式(3.12)对时间求导，得刚体定轴转动定律

$$M_z=J\frac{\mathrm{d}\omega}{\mathrm{d}t}=J\beta\tag{3.21}$$

式中，$\beta=\frac{\mathrm{d}\omega}{\mathrm{d}t}$为定轴转动的角加速度。它表明当刚体绕固定轴转动时，刚体对该转动轴的转动惯量与角加速度的乘积等于外力对此转动轴的力矩的总和。可将力矩、转动惯量、角加速度与牛顿第二定律中的力、质量、加速度分别进行类比对应，力使质点产生加速度，力矩使刚体产生角加速度。对轴力矩 M_z 的计算方法参见2.4.1节。在涉及重力力矩时，认为重力的等效作用点在刚体的质心上。运用定轴转动定理和牛顿运动定律，可讨论许多有关转动的动力学问题。

★【例 3.9】　将轻绳绕过滑轮边缘，绳与滑轮之间无滑动。

(a) 将质量为 m 的砝码挂在绳子下端；

(b) 用恒力 $F=mg$ 向下拉绳子。

两种情况下滑轮的角加速度分别是多少？哪种情况的角加速度更大，为什么？

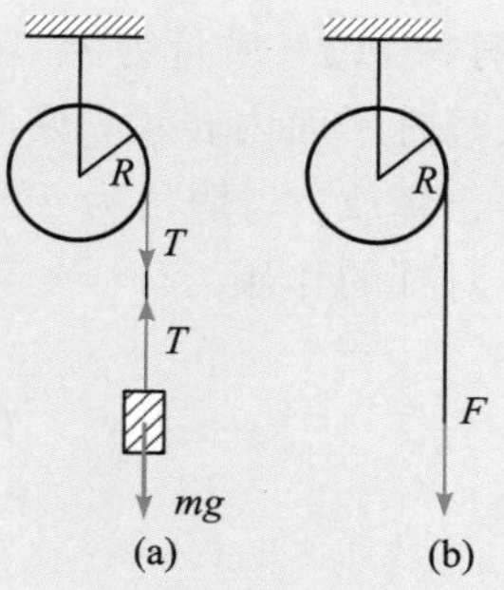

例 3.9 图

解　(a) 设滑轮的转动惯量为 J。如例 3.9 图所示，设绳中的张力为 T。以滑轮顺时针转动、物体向下运动为正方向。设滑轮的半径为 R，滑轮的角加速度为 β。物体的加速度为 $a=\beta R$，物体运动的牛顿方程为

$$mg-T=ma=m\beta R$$

根据滑轮的转动定律得

$$TR=J\beta$$

根据以上两式得

$$\beta=\frac{mgR}{J+mR^2}$$

(b) 根据滑轮的转动定律得

$$mgR=J\beta$$

即 $\beta=\dfrac{mgR}{J}$。

比较以上两种结果知，情况(b)的角加速度更大。这是由于在情况(a)中，以滑轮为研究对象，物体的重力 mg 并非直接作用在滑轮上，作用在滑轮上的是绳子的张力，这个张力小于 mg。情况(b)中绳子的张力等于 mg。可见，以上两种情况角加速度不同的原因是绳中张力大小不同，滑轮受到的合外力矩不同。

★【例 3.10】　如例 3.10 图所示，质量为 m、半径为 R 的均质圆盘作为滑轮。轻绳绕过滑轮，两边分别悬挂质量为 m_1、m_2 的物体。求系统的加速度。

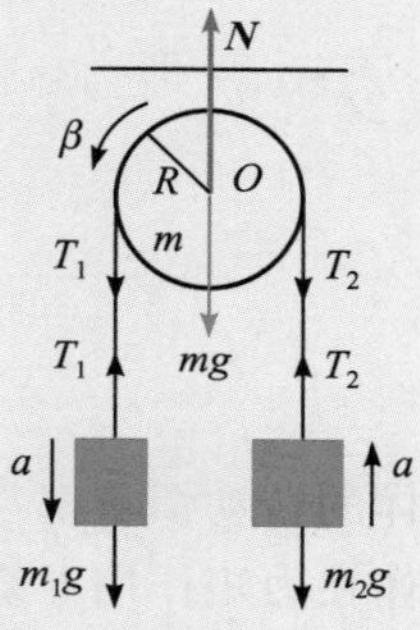

例 3.10 图

解　不妨设左边物体向下运动、右边物体向上运动、滑轮逆时针运动为系统的正方向。设物体的加速度为 a，则滑轮的加速度 $\beta=\dfrac{a}{R}$。设左边绳中的张力为 T_1，右边绳中的张力为 T_2。左边物体的牛顿方程为

$$m_1g-T_1=m_1a$$

右边物体的牛顿方程为

$$T_2-m_2g=m_2a$$

根据滑轮的转动定律得

$$T_1R-T_2R=J\beta=\frac{Ja}{R}$$

其中，$J=\dfrac{1}{2}mR^2$ 为滑轮的转动惯量。将本式简化为 $T_1-T_2=\dfrac{1}{2}ma$，与前面两式相加得

$$m_1g-m_2g=m_1a+m_2a+\frac{1}{2}ma$$

得

$$a=\frac{m_1-m_2}{m_1+m_2+\frac{1}{2}m}g$$

【例 3.11】 质量为 m、长度为 l 的均质杆可绕其一端的水平轴在竖直平面内转动，见例 3.11(a)图。转轴光滑。将杆由水平处静止释放。当摆角为 θ 时，求杆的角速度 ω 和角加速度 β，及转轴对杆的作用力。

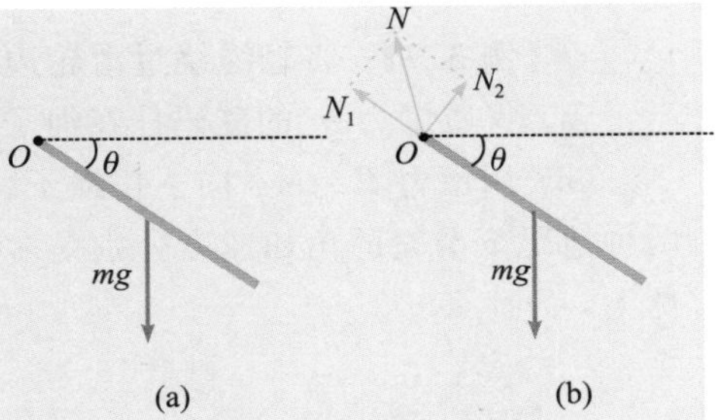

例 3.11 图

解 杆的转动惯量为 $J=\frac{1}{3}ml^2$。杆的重力作用在其质心，即杆长一半处。当摆角为 θ 时，重力的对轴力矩为 $M=mg\,\frac{l}{2}\cos\theta$。转轴对杆的力矩为零。根据定轴转动定律得

$$mg\,\frac{l}{2}\cos\theta=\frac{1}{3}ml^2\beta$$

即 $\beta=\frac{3g}{2l}\cos\theta$。按 $\beta=\frac{d\omega}{dt}=\frac{d\omega}{d\theta}\frac{d\theta}{dt}=\omega\,\frac{d\omega}{d\theta}$得

$$\omega\, d\omega=\frac{3g}{2l}\cos\theta\, d\theta$$

从初态开始积分，即 $\int_0^\omega \omega\, d\omega=\int_0^\theta \frac{3g}{2l}\cos\theta\, d\theta$，得$\frac{1}{2}\omega^2=\frac{3g}{2l}\sin\theta$，即

$$\omega=\sqrt{\frac{3g\sin\theta}{l}}$$

转轴对杆的作用力可根据质心运动定理求得。杆的质心作圆周运动。如例 3.11 图(b)所示，将转轴对杆的作用力 N 分解为法向力 N_1 和切向力 N_2 两部分。质心运动定理的切向方程为

$$mg\cos\theta-N_2=ma_\tau=m\beta\,\frac{l}{2}$$

质心运动定理的法向方程为

$$N_1-mg\sin\theta=ma_n=m\omega^2\,\frac{l}{2}$$

由以上两式解得

$$N_1=mg\sin\theta+m\omega^2\,\frac{l}{2}=\frac{5}{2}mg\sin\theta$$

$$N_2=mg\cos\theta-m\beta\,\frac{l}{2}=\frac{1}{4}mg\cos\theta$$

思 考 题

1. 刚体的转动惯量都与哪些因素有关？“一个确定的刚体有确定的转动惯量”这句话对吗？
2. 刚体在力矩作用下绕定轴转动，当力矩增大或减小时，其角速度和角加速度将如何变化？
3. 机械中常用边缘很重的轮子作为飞轮。飞轮一旦转起来就很难停下来，为什么？

3.3 刚体定轴转动中的功和能

3.3.1 力矩的功

动能定理和功能原理可应用于刚体的运动。在应用于定轴转动情况时，掌握力矩做功和定轴转动动能的计算方法，将给处理问题带来方便。下面讨论力矩的功。如图 3.8 所示，设力 $\boldsymbol{F}$ 作用于定轴转动刚体上的 A 点，A 点到转轴的垂直距离矢量为 $\boldsymbol{r}_\perp$。当刚体作定轴转动转过一个微小角度 $d\theta$ 时，A

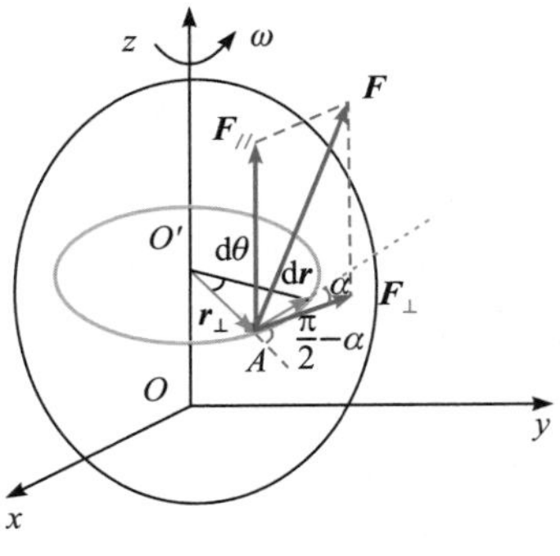

图 3.8

点的位移为 $d\boldsymbol{r}_\perp$。将力 $\boldsymbol{F}$ 分解为两个力 $\boldsymbol{F}=\boldsymbol{F}_{/\!/}+\boldsymbol{F}_\perp$。$\boldsymbol{F}_{/\!/}$ 与 z 轴平行，$\boldsymbol{F}_\perp$ 与 z 轴垂直。由于 $\boldsymbol{F}_{/\!/}$ 与位移 $d\boldsymbol{r}_\perp$ 垂直，不做功。因此当刚体定轴转动时，力 $\boldsymbol{F}$ 在该过程做的功为

$$\begin{aligned} dA &= \boldsymbol{F}\cdot d\boldsymbol{r}_\perp = \boldsymbol{F}_\perp\cdot d\boldsymbol{r}_\perp \\ &= F_\perp |d\boldsymbol{r}_\perp| \cos\alpha \\ &= F_\perp r_\perp \cos\alpha\, d\theta \end{aligned} \tag{3.22}$$

其中，α 为 $\boldsymbol{F}_\perp$ 与 $d\boldsymbol{r}_\perp$ 的夹角，$|d\boldsymbol{r}_\perp| = r_\perp d\theta$ 为刚体转过 $d\theta$ 时 A 点走过的路程。注意，$\boldsymbol{F}_\perp$ 落在 $\boldsymbol{r}_\perp$ 和 $d\boldsymbol{r}_\perp$ 构成的平面内。由于 A 点做圆周运动，$\boldsymbol{r}_\perp$ 和 $d\boldsymbol{r}_\perp$ 垂直，$\boldsymbol{F}_\perp$ 和 $\boldsymbol{r}_\perp$ 的夹角为 $\dfrac{\pi}{2}-\alpha$。

$\boldsymbol{F}$ 对 z 轴的力矩为

$$\boldsymbol{M}_z = \boldsymbol{r}_\perp \times \boldsymbol{F}_\perp \tag{3.23}$$

方向沿 z 轴。对轴力矩用代数量表示为

$$M_z = r_\perp F_\perp \sin\left(\frac{\pi}{2}-\alpha\right) = r_\perp F_\perp \cos\alpha \tag{3.24}$$

结合式(3.22)，力 $\boldsymbol{F}$ 的元功可表示为

$$dA = M_z d\theta \tag{3.25}$$

式(3.25)通常称为力矩的功，它是力 $\boldsymbol{F}$ 的功在定轴转动情况下的一种方便的表示。力 $\boldsymbol{F}$ 在一段过程中所做的功可表示为

$$A = \int M_z d\theta \tag{3.26}$$

如果刚体同时受几个力 $\boldsymbol{F}_1$，$\boldsymbol{F}_2$，…，$\boldsymbol{F}_n$ 的作用，总力矩为各个力对轴力矩的代数和，即

$$M_z = M_{z1} + M_{z2} + \cdots + M_{zn} \tag{3.27}$$

注意，几个力在刚体上的作用点可能不同，一般情况下不得将其取合力再计算力矩。几个力所做元功的代数和为

$$dA = M_{z1} d\theta + M_{z2} d\theta + \cdots + M_{zn} d\theta = M_z d\theta \tag{3.28}$$

3.3.2　定轴转动动能

下面给出刚体定轴转动动能的表达式。如图 3.9 所示，刚体上某个质量为 Δm_i、速度为 $\boldsymbol{v}_i$ 的质元，动能为 $\frac{1}{2}\Delta m_i v_i^2$。设定轴转动角速度为 ω，转轴到该质元的垂直距离为 $r_{\perp i}$，则 $v_i = r_{\perp i}\omega$。整个体系总动能为

$$E_k = \sum \frac{1}{2}\Delta m_i v_i^2 = \sum \frac{1}{2}\Delta m_i r_{\perp i}^2 \omega^2 = \frac{1}{2}J\omega^2 \tag{3.29}$$

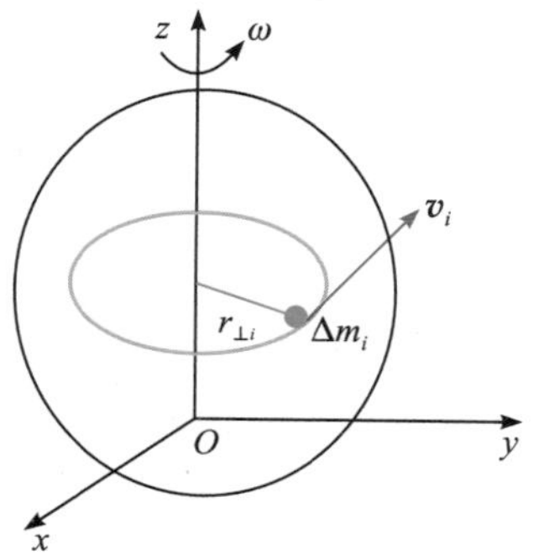

图 3.9

此为刚体定轴转动动能的表达式。定轴转动的动能由转动惯量 J 和转动角速度 ω 决定。与单个质点的动能进行类比，J 对应于质点的质量 m，ω 对应于质点的速度 v。注意，在描述刚体或其他有形状物体的动能时，一般情况下不可将其作为一个质点处理(即不能将刚体动能写为 $\frac{1}{2}mv^2$)。只有在物体作平动时(即物体上每个质元速度的大小、方向相同)才可将整个体系的动能写作 $\frac{1}{2}mv^2$。

3.3.3　动能定理和功能原理在定轴转动中的应用

有了力矩的功和定轴转动动能的表达式，便可以方便地在定轴转动问题中运用动能定理、功能原理和机械能守恒定律。动能定理、功能原理和机械能守恒定律在定轴转动中具有重要的应用价值。它们不仅为人们提供了理解和分析刚体定轴转动现象的理论基础，还为人们解决实际问题提供了有力的工具和方法。

在分析刚体或包括刚体的系统时，若涉及重力势能，可等效认为刚体的质量集中在重心。若刚体的质心相对于重力势能参考点的高度为 z，则其重力势能为 $E_p = mgz$。

★**【例 3.12】**　如例 3.12 图所示，质量为 m、长度为 l 的均质杆可绕其一端的水平轴在竖直平面内转动，转轴光滑。将杆由水平处静止释放。当摆角为 θ 时，用功能原理求杆的角速度 ω。

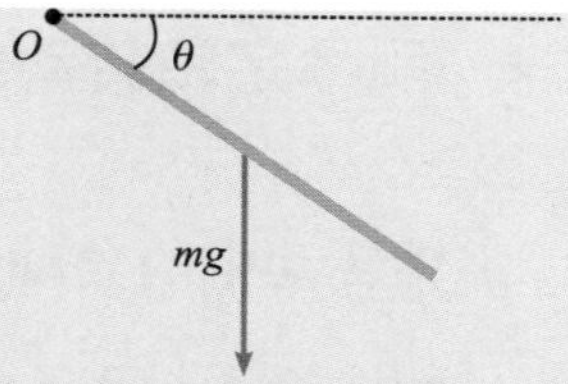

例 3.12 图

解 杆受重力和 O 点的支持力。在杆下落过程中，O 点对杆的支持力不做功。重力为保守力。系统机械能守恒。

杆的重力作用在其质心，即杆长一半处。以 O 点为重力势能参考点，当摆角为 θ 时，杆的重力势能为

$$E_p=-mg\ \frac{l}{2}\sin\theta$$

杆的转动惯量为 $J=\frac{1}{3}ml^2$。设角速度为 ω，杆的动能为

$$E_k=\frac{1}{2}J\omega^2=\frac{1}{6}ml^2\omega^2$$

按机械能守恒得

$$0=E_k+E_p=\frac{1}{6}ml^2\omega^2-mg\ \frac{l}{2}\sin\theta$$

即 $\omega=\sqrt{3g\sin\theta/l}$。

★**【例 3.13】** 如例 3.13 图所示，质量为 m_1、半径为 R 的均质圆盘可绕水平轴无摩擦转动，线绳缠绕在圆盘上并悬挂质量为 m_2 的物体，求物体由静止开始高度下降 h 后的速度。

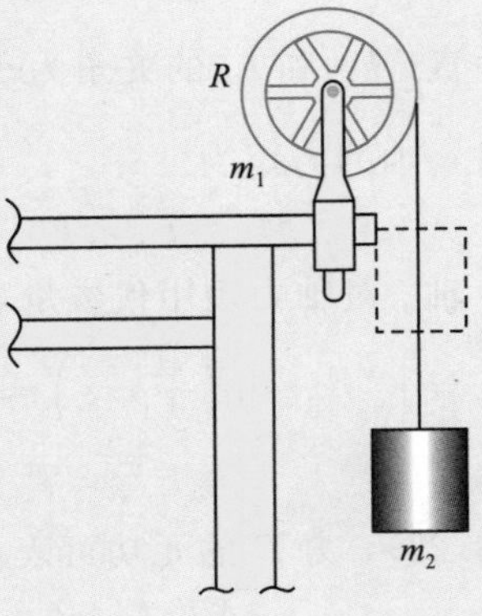

例 3.13 图

解 将圆盘和物体看作一个系统。圆盘受到的转轴支持力不做功。绳在圆盘和物体两端产生一对大小相等、方向相反的张力。由于绳不可伸长，在物体下落过程中，张力对圆盘和物体做的功等值反号，其和为零。重力为保守力，系统机械能守恒。取物体的初始位置为重力势能零点，得

$$0=\frac{1}{2}m_2v^2+\frac{1}{2}J\omega^2-mgh$$

其中 $J=\frac{1}{2}m_1R^2$ 为圆盘的转动惯量，v 为物体下落 h 时的速度，$\omega=\frac{v}{R}$ 为物体下落 h 时圆盘的角速度。解得 $v=\sqrt{\frac{4m_2gh}{m_1+2m_2}}$。

思考题

1. 刚体转动动能与质点动能的关系是什么？
2. 两个重量相同的球，密度分别为 ρ_1 和 ρ_2。它们分别以角速度 ω_1 和 ω_2 绕通过球心的轴转动。两球的动能之比是多大？
3. 为什么转动惯量大的刚体在相同角速度下有更大的转动动能？

3.4 刚体定轴转动中的角动量守恒

3.4.1 定轴转动中的角动量定理

在 3.2 节中，通过刚体定轴转动的对轴角动量表达式(3.12)，应用质点系的角动量定理得到了定轴转动定律式(3.21)。刚体的定轴转动定律即质点系的角动量定理的微分形式。对一段时间内的运动过程，将定轴转动定律式(3.21)两边对时间 dt 积分，得

$$\int_{t_1}^{t_2}M_z\,\mathrm{d}t=\int_{\omega_1}^{\omega_2}J\,\mathrm{d}\omega=J\omega_2-J\omega_1 \tag{3.30}$$

$J\omega_1$ 和 $J\omega_2$ 分别为 t_1 和 t_2 时刻刚体的对轴角动量。$\int_{t_1}^{t_2} M_z \mathrm{d}t$ 称为 t_1 到 t_2 时间段内外力的冲量矩。冲量矩表示了力矩在一段时间内的累积效应。定轴转动刚体的对轴角动量在某一时间的增量，等于该时间段内作用在刚体上的冲量矩。此为定轴转动中对轴角动量定理的积分形式。

【例 3.14】 如例 3.14 图所示，质量为 m、长度为 l 的均质杆一端悬挂，杆可绕悬挂轴 O 在竖直平面内自由转动。当杆静止时，在杆的中心 C 瞬间作用一冲量 I_F，方向垂直于杆。不计摩擦，求杆获得的角速度以及随后它能够偏转的最大角度。

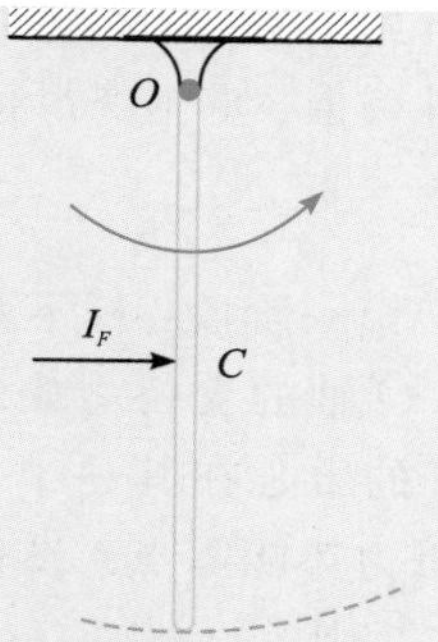

例 3.14 图

解 除了冲力外，杆还受到重力和悬挂轴 O 的支持力。在冲量作用过程中，这两个力对悬挂轴的力矩为零。设冲量作用结束后杆获得的角速度为 ω，按对轴角动量定理的积分形式有

$$\int M_z \mathrm{d}t = J\omega$$

其中 $J = \frac{1}{3}ml^2$ 为杆绕 O 轴的转动惯量。设冲力为 F，其冲量 $I_F = \int F \mathrm{d}t$，对 O 轴的力矩 $M_z = F\,\frac{l}{2}$，冲量矩 $\int M_z \mathrm{d}t = \int F\,\frac{l}{2}\mathrm{d}t = I_F\,\frac{l}{2}$。故有

$$\omega = \frac{\int M_z \mathrm{d}t}{J} = \frac{3I_F}{2ml}$$

冲击后，杆向右漂移，悬挂轴 O 的支持力不做功，系统机械能守恒。将杆质心的初始位置设为重力势能零点。设杆偏转的最大角度为 θ，有

$$\frac{1}{2}J\omega^2 = mg\,\frac{l}{2}(1-\cos\theta)$$

得

$$\cos\theta = 1-\frac{J\omega^2}{mgl} = 1-\frac{3I_F^2}{4m^2gl}$$

3.4.2 角动量守恒在定轴转动中的应用

对一个包含定轴转动刚体的系统，当所有外力对轴的力矩的和始终为零时，根据对轴角动量定理，系统的对轴角动量在运动过程中保持不变。即系统的对轴角动量守恒。角动量守恒定律是自然界普遍适用的定律之一。它不仅适用于宏观问题，而且适用于原子、原子核等牛顿力学不适用的微观情况。它是比牛顿定律更为基本的定律。角动量守恒定律在实际工程和日常生活中有着广泛应用。

★**【例 3.15】** 如例 3.15 图所示，在光滑水平面内，一根质量为 M、长度为 l 的均质杆可绕其一端转动。一颗质量为 m 的子弹以速度 v 击穿杆的自由端。击穿后子弹的速度降为 $\frac{1}{2}v$，求杆获得的角速度 ω。

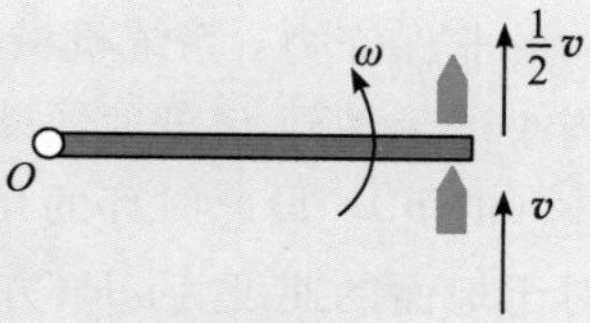

例 3.15 图

解 将杆与子弹看作一个系统，其受到的外力为转轴 O 对杆产生的支持力。该支持力对 O 轴的力矩为零，系统对轴角动量守恒。可得

$$mvl = m\,\frac{v}{2}l + \frac{1}{3}Ml^2\omega$$

解得 $\omega = \frac{3mv}{2Ml}$。

★【例 3.16】 如例 3.16 图所示，质量为 M、长度为 l 的均质杆可在竖直平面内转动。O 轴正下方有一质量为 m 的木块。木块与桌面的滑动摩擦系数为 μ。将杆拉到水平位置后令其由静止开始下落(不计 O 轴摩擦和空气阻力)。杆与木块发生完全非弹性碰撞。求木块滑行的距离。

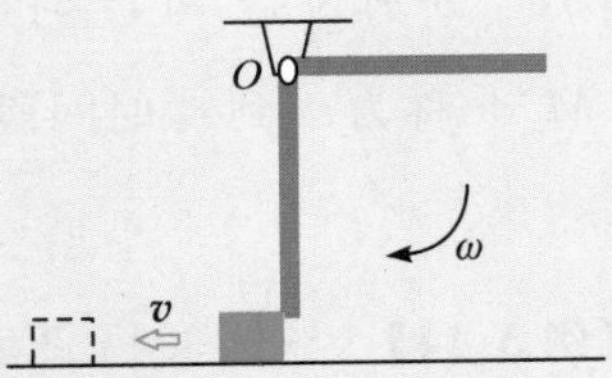

例 3.16 图

解 第一阶段：杆下落。杆受重力和 O 轴的支持力。O 轴的支持力始终不做功，杆的机械能守恒。杆的质心在其一半长度处。将杆的初始位置设为重力势能零点。设杆即将撞击木块时的角速度为 ω，则

$$0=\frac{1}{2}J\omega^2-Mg\ \frac{l}{2}$$

其中 $J=\frac{1}{3}Ml^2$ 为杆的转动惯量。解得 $\omega=\sqrt{\frac{3g}{l}}$。

第二阶段：碰撞。O 轴支持力力矩为零。系统对 O 轴角动量守恒。设碰撞后杆的角速度为 ω'，木块速度为 v。按非弹性碰撞特点可知 $v=\omega' l$。按角动量守恒有

$$\frac{1}{3}Ml^2\omega=\frac{1}{3}Ml^2\omega'+mvl$$

解得

$$v=\frac{M\omega l}{M+3m}=\frac{M}{M+3m}\sqrt{3gl}$$

第三阶段：木块减速运动。滑动摩擦力为 $f=-\mu mg$，方向与木块运动方向相反。木块加速度为 $a=\frac{f}{m}=-\mu g$，滑行距离为

$$s=\frac{v^2}{2|a|}=\left(\frac{M}{M+3m}\right)^2\cdot\frac{3l}{2\mu}$$

【例 3.17】 如例 3.17 图所示，空心圆环可绕竖直轴 AC 自由转动，转动惯量为 J_0，半径为 R，初始角速度为 ω_0。质量为 m 的小球原来静止于 A 点，由于微小振动向下滑动(环内壁光滑)。求小球滑到 B、C 两点时环的角速度和小球相对环的速度。

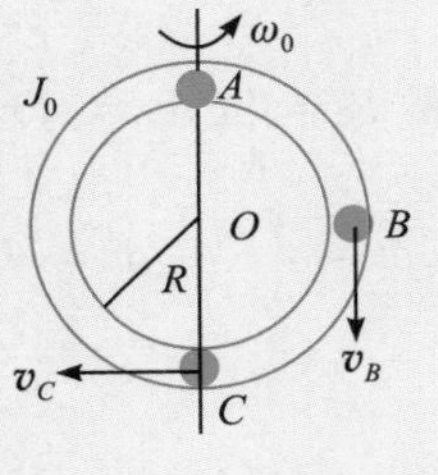

例 3.17 图

解 当小球下滑时，小球相对于地面的速度可看作小球相对于环的速度和所在处环相对于地面速度的叠加。小球受到的重力力矩矢量没有竖直分量，系统对竖直轴角动量守恒。系统没有受到做功的非保守力，系统机械能守恒。

当小球运动到 B 处时，设小球相对于环的速度为 v_B(向下)。设此时环的角速度为 ω，则 B 点环相对于地面的速度为 ωR(方向与地面平行)。在计算小球对竖直轴的角动量时，仅考虑其速度的 ωR 分量。小球对轴角动量为 $mR^2\omega$。按对轴角动量守恒有

$$J_0\omega_0=J_0\omega+mR^2\omega$$

求得 $\omega=\frac{J_0\omega_0}{J_0+mR^2}$。设 O 点为重力势能零点，按机械能守恒有

$$\frac{1}{2}J_0\omega_0^2+mgR=\frac{1}{2}J_0\omega^2+\frac{1}{2}m(v_B^2+\omega^2R^2)$$

解得 $v_B=\sqrt{2gR+\frac{I_0\omega_0^2R^2}{I_0+mR^2}}$。

当小球运动到 C 处时，小球对轴角动量为零。按对轴角动量守恒可知

$$J_0\omega_0=J_0\omega$$

即 $\omega=\omega_0$。设小球相对于环的速度为 v_C。由于环的 C 处相对于地面速度为零，故 v_C 也是小球相对于地面的速度。按机械能守恒有

$$\frac{1}{2}J_0\omega_0^2+mgR=\frac{1}{2}J_0\omega^2+\frac{1}{2}mv_C^2-mgR$$

解得 $v_C=\sqrt{4gR}$。

思　考　题

1. 什么是刚体定轴转动的角动量？如何计算刚体定轴转动的角动量？
2. 为什么转动惯量大的刚体在相同角速度下具有更大的角动量？
3. 刚体在定轴转动过程中，如果其质量分布发生变化，角动量会如何变化？
4. 在太空中，一个无外力矩作用的刚体绕固定轴自由旋转，其角动量将如何变化？

3.5 进　动

本节介绍一种刚体转轴不固定的情况。大家都知道，玩具陀螺在不转动时，由于重力矩的作用会倾倒。但是，当陀螺绕自身对称轴急速旋转时，尽管仍存在重力矩，陀螺不会翻倒。如图 3.10(a)所示，陀螺重力对支点 O 的力矩作用的结果将使陀螺的自转轴画出一个圆锥面(图中虚线路径)。陀螺的这种运动也可以用回转仪来演示，如图 3.10(b)所示。回转仪的主要组成部分是一个质量很大的具有旋转对称轴的飞轮，飞轮可以绕自身对称轴自由转动。将飞轮自转轴(水平轴)一端置于支架的顶点 O 上，并使其可以绕 O 点自由转动。当飞轮不绕自身对称轴旋转时，在重力矩的作用下，它将绕 O 点在铅直平面内倒下；当飞轮绕其自身对称轴高速旋转时，其对称轴不仅可以继续保持水平方位不倒，而且还将绕铅直轴缓慢地转动。陀螺或回转仪高速旋转时，其轴绕铅直轴的转动称为进动。陀螺仪在外力作用下产生进动的效应，叫作回转效应。初看起来，回转效应有些不可思议，为什么陀螺在重力矩作用下不会倾倒？这是机械运动矢量性的一种表现。

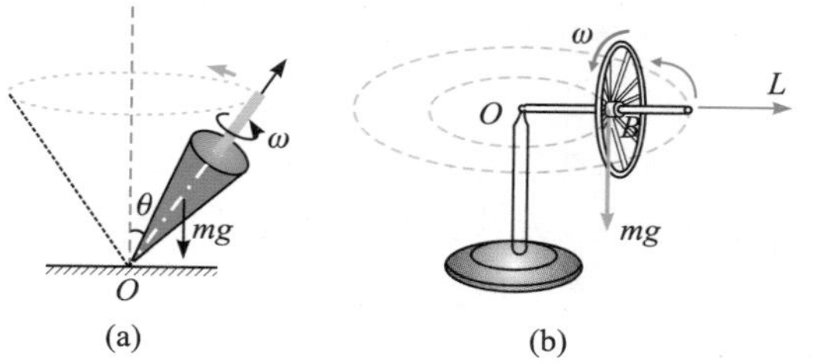

图 3.10

下面利用角动量定理对陀螺进动的产生进行说明，并计算进动速度。陀螺绕其对称轴以角速度 ω 高速旋转，见图 3.11(a)，对固定点 O，它的角动量 $\boldsymbol{L}$(即不考虑进动部分的角动量)可以近似表示为

$$\boldsymbol{L}=J\omega\boldsymbol{r}^0$$

式中 J 为陀螺绕其对称轴的转动惯量，$\boldsymbol{r}^0$ 为沿陀螺对称轴线的单位矢量，其指向与陀螺旋转方向间满足右手螺旋法则。作用在陀螺上的力对 O 点的力矩只有重力矩 $\boldsymbol{M}_O$，其大小为 $M_O=mgb\sin\varphi$。b 及 φ 如图 3.11 所示，$\boldsymbol{M}_O$ 的方向垂直于 z_0Oz 平面，显然也垂直于角动量矢量 $\boldsymbol{L}$。按角动量定理

$$\frac{\mathrm{d}\boldsymbol{L}}{\mathrm{d}t}=\boldsymbol{M}_O$$

可见在极短时间 $\mathrm{d}t$ 内，角动量的增量 $\mathrm{d}\boldsymbol{L}$ 与 $\boldsymbol{M}_O$ 平行，也垂直于 $\boldsymbol{L}$，见图 3.11(b)。这表明，在 $\mathrm{d}t$ 时间内，陀螺在重力矩 $\boldsymbol{M}_O$ 的作用下，其角动量 $\boldsymbol{L}$ 的大小未变，但 $\boldsymbol{L}$ 矢量绕铅直轴 z 转过了 $\mathrm{d}\theta$ 角，这一转动就是前面讲到的进动。

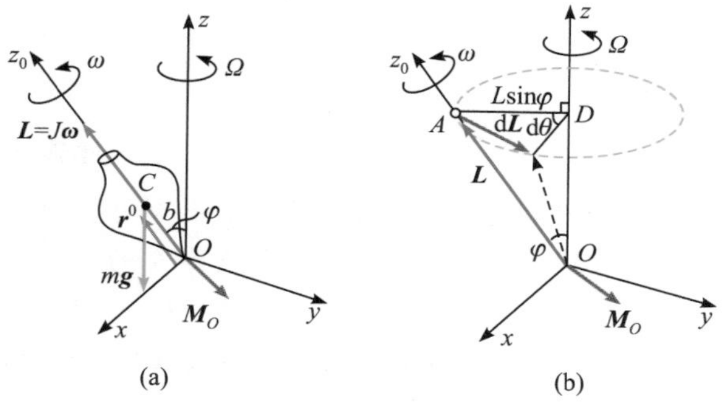

图 3.11

可以近似地计算进动的角速度 Ω 的大小。事实上，由于

$$|\mathrm{d}\boldsymbol{L}|=M_O\mathrm{d}t$$

$$|\mathrm{d}\boldsymbol{L}|=L\sin\varphi\mathrm{d}\theta$$

可得

$$J\omega\sin\varphi\mathrm{d}\theta=mgb\sin\varphi\mathrm{d}t$$

$$\Omega=\frac{\mathrm{d}\theta}{\mathrm{d}t}=\frac{mgb}{J\omega}$$

如若陀螺自转角速度 ω 保持不变，则进动角速度应保持不变。实际上由于各种摩擦阻力矩的作用，ω 将不断地减小，与此同时，进动角速度 Ω 将逐渐

增大，进动将变得不稳定。

以上的分析是近似的，只适用于自转角速度 ω 比进动角速度 Ω 大得多的情况。因为有进动的存在，陀螺的总角动量除了上面考虑到的因自转运动产生的一部分外，还有进动产生的部分。只有在 $\omega \gg \Omega$ 时，才能不计因进动产生的角动量。

陀螺和回转仪理论在地球物理学、电磁学、高速刚体动力学、导航和控制等工程技术中有着广泛应用。例如，飞行中的子弹或炮弹在运动过程中会受到空气阻力的影响，这种阻力的方向是与弹道相反的。通常情况下，空气阻力的作用点并不在子弹或炮弹的质心上，这会产生一个力矩，使得弹头有可能翻转。为了防止这种翻转现象，工程师们设计了来复线，使子弹或炮弹在飞行过程中绕自身的对称轴快速旋转(如图 3.12 所示)。这种旋转运动利用了回转效应。回转效应使得空气阻力的力矩引起子弹或炮弹的自转轴绕弹道方向进动。通过这种进动，子弹或炮弹的自转轴始终与弹道方向保持较小的偏离，从而避免了弹头翻转的可能性。正是这种设计，使得高速运动的子弹或炮弹能够保持稳定的飞行轨迹，确保其命中目标的精度。这种技术在现代武器系统中得到了广泛应用，大大提升了武器的性能和可靠性。但是，任何事物都是一体两面的，回转效应有时也会造成危害。例如，在轮船转弯时，由于回转效应，涡轮机的轴承将受到附加的力，这在设计和使用中是必须考虑的因素。

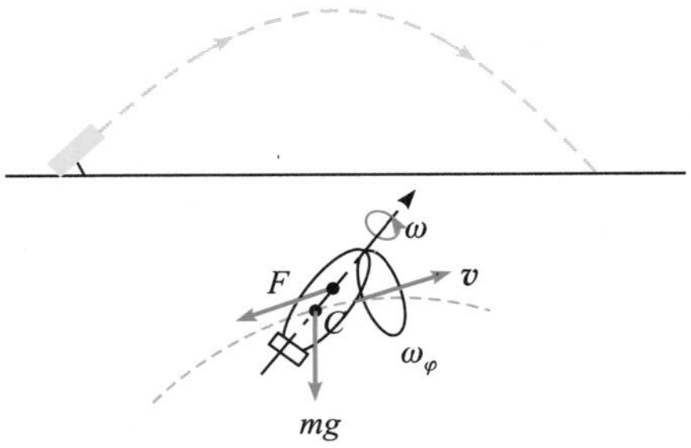

图 3.12

进动的概念在微观世界中也有着广泛的应用。例如，原子中的电子不仅绕原子核旋转，还具有自身的自旋运动，这两者都赋予电子角动量。当电子处于外磁场中时，它们会以外磁场的方向为轴线进行进动。这种现象为解释物质磁性的理论提供了基础。进动现象不仅解释了物质的磁性，还为现代科学技术的发展提供了理论支持。例如，核磁共振成像(MRI)技术正是基于进动理论，通过检测原子核在磁场中的进动频率来获得高分辨率的人体内部结构图像。这种技术在医学诊断中具有不可替代的重要作用，极大地提高了疾病早期检测和诊断的准确性。

科技专题

地轴的进动与岁差

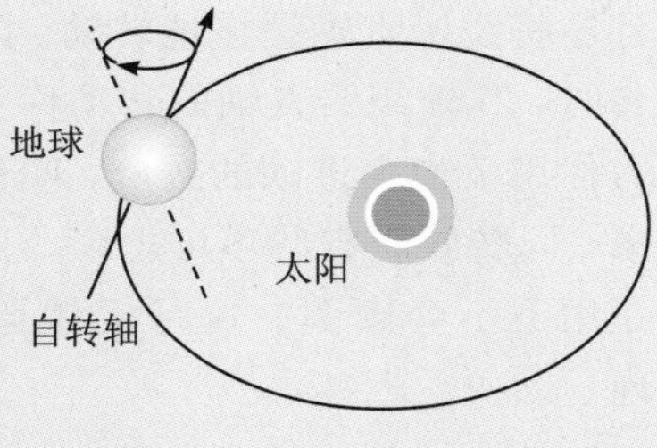

进动现象的发现，可追溯到古代对于星体的观测。公元前二世纪，古希腊天文学家喜帕恰斯发现恒星的黄经较前人观测值有较显著的改变，而黄纬的变化则不明显。公元 330 年，中国天文学家虞喜把太阳在一回归年内的运动与其在一恒星年中的运动区别开来，创立了岁差的概念。公元 436 年，祖冲之编纂的《大明历》中，将岁差的概念引入历年计算，对后世的授时有着深远的影响。地轴进动的周期约为两万六千年。当今的地轴方向指向北极星附近。大约一万两千年后，地轴将指向织女星附近。

牛顿首次对岁差现象进行了理论上的解释。地球的形状并非完美球形，而是一个椭球。赤道附近凸出部分受太阳引力作用(月球引力也起到一定的作用)，对地球质心产生力矩，因而发生进动。牛顿首次对地轴进动周期进行了理论计算，得到了与天文观测相符的结果。

思考题

1. 自行车为什么不容易倒?
2. 高速旋转的陀螺仪受到微小扰动，其自转轴方向如何改变?

本章小结

刚体定轴转动

角速度 $\omega=\dfrac{d\theta}{dt}$

角加速度 $\beta=\dfrac{d\omega}{dt}$

定轴转动刚体上某点的速度 $\boldsymbol{v}=\boldsymbol{\omega}\times\boldsymbol{r}$

定轴转动刚体上某点的加速度 $a_\tau=\dfrac{dv}{dt}=\beta r_\perp$

$a_n=\dfrac{v^2}{r_\perp}=\omega^2 r_\perp$

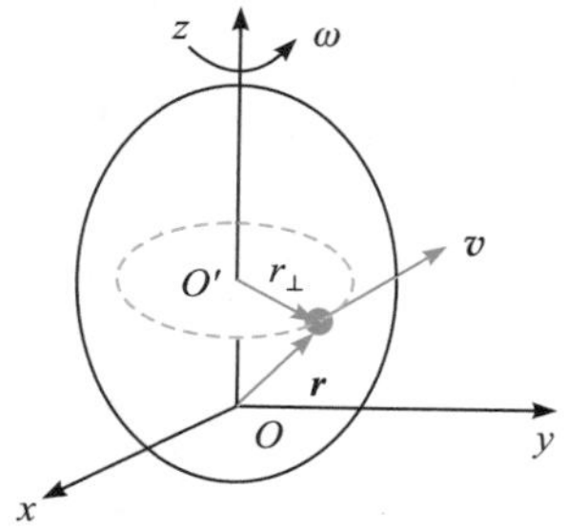

定轴转动定律

转动惯量 $J=\int r_\perp^2\, dm$

对转轴的角动量 $\boldsymbol{L}_z=J\omega$

转动定律 $M_z=J\beta$

定轴转动的功和能

力矩的功 $A=\int M_z\, d\theta$

定轴转动动能 $E_k=\dfrac{1}{2}J\omega^2$

定轴转动的角动量定理

$$\int_{t_1}^{t_2} M_z\, dt=J\omega_2-J\omega_1$$

习　题

1. 某发动机飞轮在时间间隔 t（单位：s）内的角位移为 $\theta=at+bt^3-ct^4$（单位：rad），求发动机飞轮在 t 时刻的角速度和角加速度。【答案：$\omega=a+3bt^2-4ct^3$；$\beta=6bt-12ct^2$】

2. 半径为 0.1 m 的圆盘在竖直平面内转动。在圆盘平面内建立 Oxy 坐标系，原点在轴上。x 和 y 轴分别沿水平向右和竖直向上的方向。当 $t=0$ 时，边缘上一点 A 恰好在 x 轴上。该点的角坐标满足 $\theta=1.2t+t^2$（单位：rad），求转过 45°后 A 点的速度和加速度在 x 和 y 轴上的投影。【答案：$v_x=-0.151$ m/s；$v_y=0.151$；$a_x=-0.465\ \text{m/s}^2$；$a_y=-0.182\ \text{m/s}^2$】

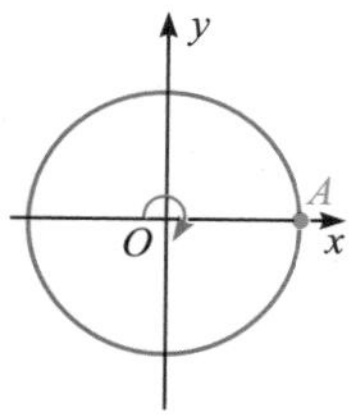

题 2 图

3. 在质量为 m、半径为 R 的匀质圆盘上挖出半径为 r 的两个圆孔，圆孔中心在半径 R 的中点，

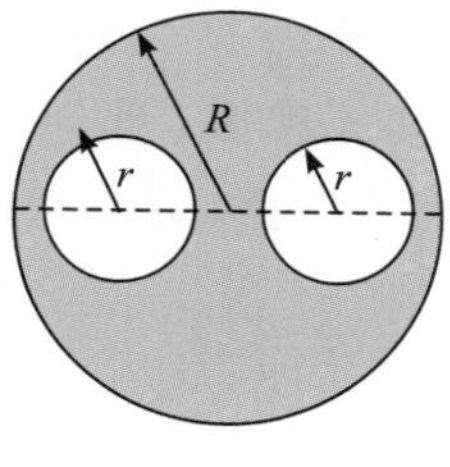

题 3 图

求剩余部分对过大圆盘中心且与盘面垂直的轴线的转动惯量。【答案：$I=\frac{1}{2}M\left(R^2-r^2-\frac{2r^4}{R^2}\right)$】

4. 半径为 R、用轻辐条支撑的均质圆环可绕中央水平轴无摩擦转动。初始角速度为 ω_0。而后让环与地面接触。环的重力全部都由水平地面支持力抵消。已知环与地面摩擦系数为 μ，环多长时间停止转动？【答案：$t=\frac{\omega_0 R}{\mu g}$】

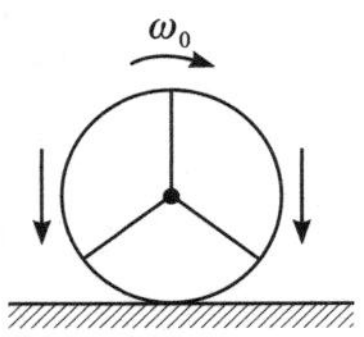

题 4 图

5. 利用图中所示装置测轮盘的转动惯量。悬线和轴的垂直距离为 r。为排除轴承摩擦力矩造成的影响，先悬挂质量较小的重物 m_1，从距地面高度为 h 处由静止开始下落，测得落地时间为 t_1。然后悬挂质量较大的重物 m_2，同样自高度 h 处下落，测得落地时间为 t_2。近似认为两种情况下摩擦力矩相等，根据以上数据确定轮盘的转动惯量。【答案：$I=\frac{(m_2-m_1)gr^2t_1^2t_2^2-2hr^2(m_2t_1^2-m_1t_2^2)}{2h(t_1^2-t_2^2)}$】

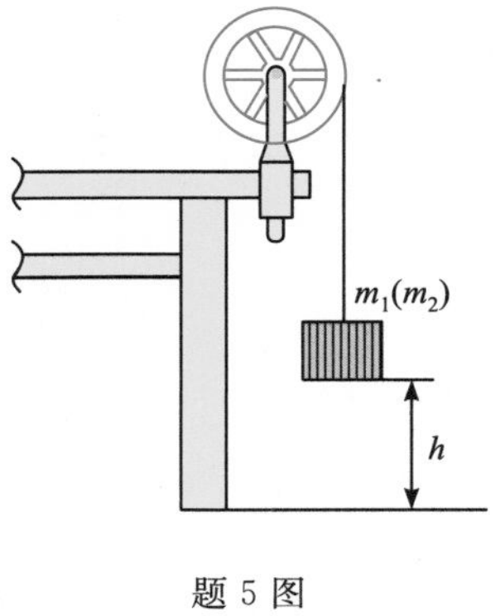

题 5 图

6. 两个质量分别为 m_1 和 m_2 的物块，通过线绳和质量为 M、半径为 R 的均质滑轮连在一起。物块与水平桌面间无摩擦，线绳与滑轮无相对滑动，滑轮与转轴间无摩擦。求物块的加速度 a。【答案：$a=\frac{2m_1}{2(m_1+m_2)+M}g$】

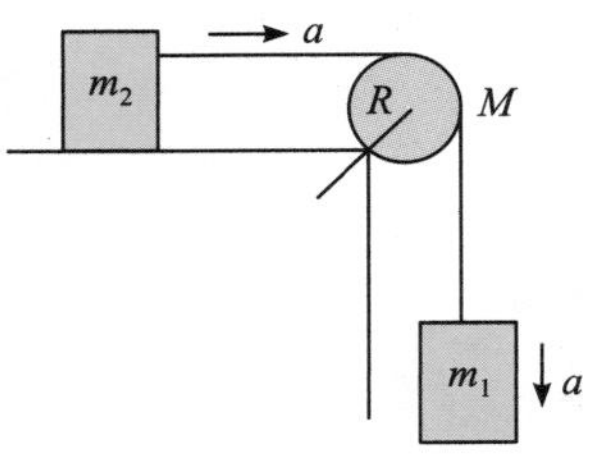

题 6 图

7. 一恒定力矩 M 作用于铰车的鼓轮上使鼓轮转动。轮半径为 r，质量为 m_1。轮可看作均质圆柱。缠在轮上的绳子系一质量为 m_2 的物体。斜面倾角为 α，物体与斜面滑动摩擦系数为 μ。从静止开始，轮转过 φ 角时的角速度是多少？【答案：$\omega=\sqrt{4\varphi\frac{M-m_2r(\sin\alpha+\mu\cos\alpha)}{(m_1+2m_2)r^2}g}$】

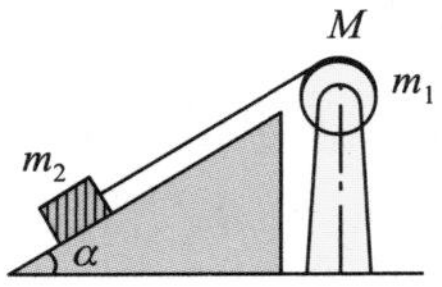

题 7 图

8. 两个质量为 m_1 和 m_2 的物体分别系在两条绳上。这两条绳分别绕在半径为 r_1 和 r_2 并装在同一轴的两鼓轮上。轴间摩擦不计。两鼓轮的转动惯量分别为 J_1 和 J_2。求两物体的加速度和绳中张力。【答案：$a_1=r_1g\frac{r_2m_2-r_1m_1}{m_1r_1^2+m_2r_2^2+J_1+J_2}$，

$a_2=r_2g\frac{r_2m_2-r_1m_1}{m_1r_1^2+m_2r_2^2+J_1+J_2}$；

$T_1=m_1g\left(1+\frac{r_1r_2m_2-r_1^2m_1}{m_1r_1^2+m_2r_2^2+J_1+J_2}\right)$，

$T_2=m_2g\left(1-\frac{r_2^2m_2-r_1r_2m_2}{m_1r_1^2+m_2r_2^2+J_1+J_2}\right)$】

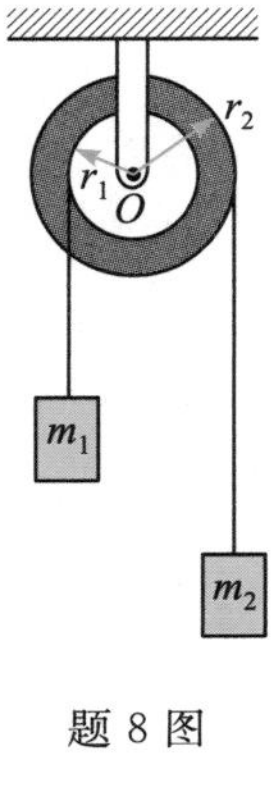

题 8 图

9. 扇形装置可绕光滑的铅直轴线 O 转动，其转动惯量为 I。装置的一端有槽，槽内有一根短弹簧，槽的中心轴线与转轴垂直距离为 r。在槽内装有一质量为 m 的小球。开始时小球用细线固定，弹簧处于压缩状态。然后燃断细线，小球以速度 v_0 弹出，求转动装置的反冲角速度。【答案：$\omega = rmv_0/I$】

10. 长为 1 m、质量为 2.5 kg 的均质棒，垂直悬挂在 O 点。另一端用 $F=100$ N 的水平力撞击，该力作用时间为 0.02 s。求：

(1) 棒获得的角动量。

(2) 棒端点上升的距离。【答案：2 $\text{kg}\cdot\text{m}^2\cdot\text{s}^{-1}$；0.196 m】

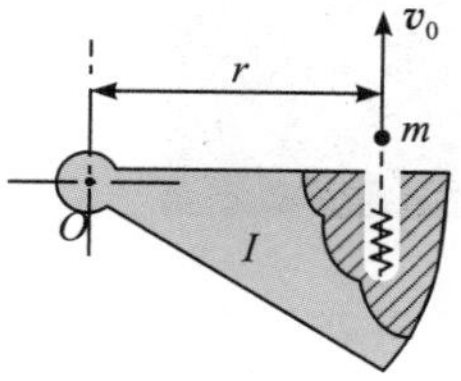

题 9 图

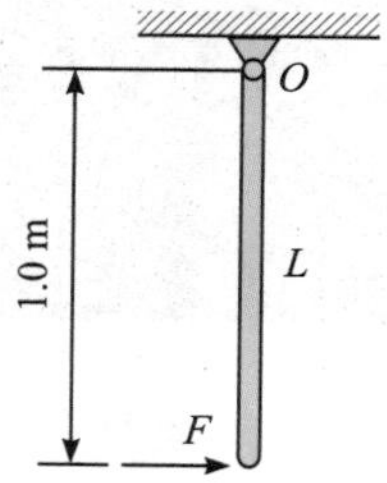

题 10 图

11. 轮 A 的质量为 m，半径为 r，以角速度 ω_1 转动。轮 B 质量为 $4m$，半径为 $2r$。两轮都是均质圆盘。将轮 B 移动与轮 A 接触。轮轴摩擦不计。求两轮接触后的角速度和结合过程中动能损失。【答案：$\omega=\dfrac{1}{17}\omega_1$；$\Delta E=-\dfrac{4}{17}mr^2\omega_1^2$】

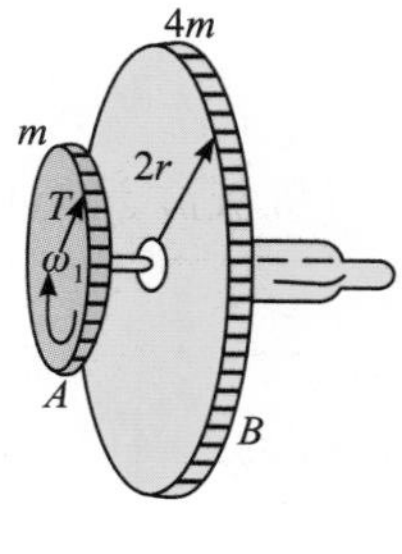

题 11 图

12. 质量为 0.25 kg 的小球可在一均质管中滑动。管长 1 m，管质量为 1 kg。管可绕过其中点 C 的垂直轴转动。设小球通过 C 点时管的角速度为 10 rad/s，求小球离开管口时管的角速度。【答案：5.71 rad/s】

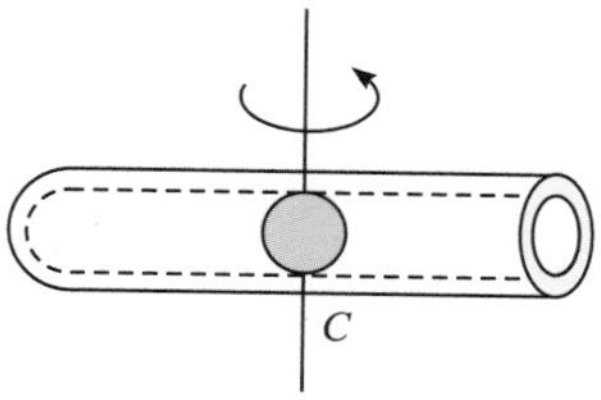

题 12 图

13. 木杆质量 $M=1$ kg，长 $l=40$ cm，可绕其中心点转动。质量 $m=10$ g 的子弹以 $v=200$ m/s 的速度射入杆端，其方向与杆正交。若子弹陷入杆中，求杆获得的角速度。【答案：29.1 rad/s】

14. 滑轮半径为 30 cm，转动惯量为 0.50 $\text{kg}\cdot\text{m}^2$。弹簧劲度系数为 2.0 N/m。物体质量为 60 g。物体由静止开始下落 40 cm 后，速率是多少？【答案：0.39 m/s】

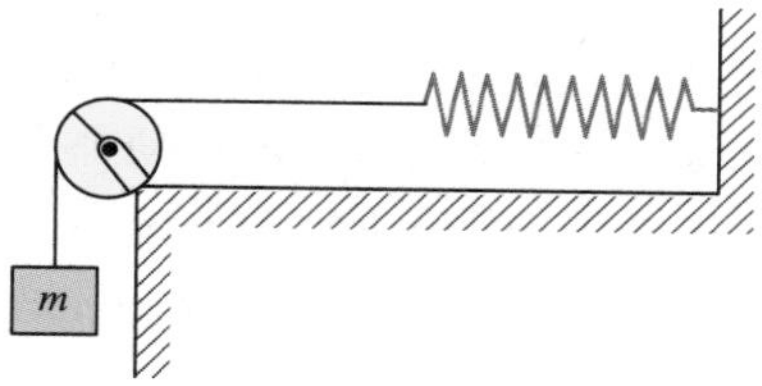

题 14 图

15. 陀螺绕其对称轴按图示方向旋转。其下端支于桌面上。从上面往下看，陀螺的进动方向是顺时针还是逆时针？【答案：逆时针】

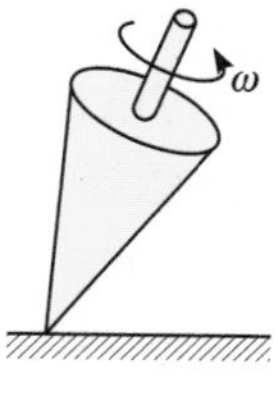

题 15 图

第4章 机械振动

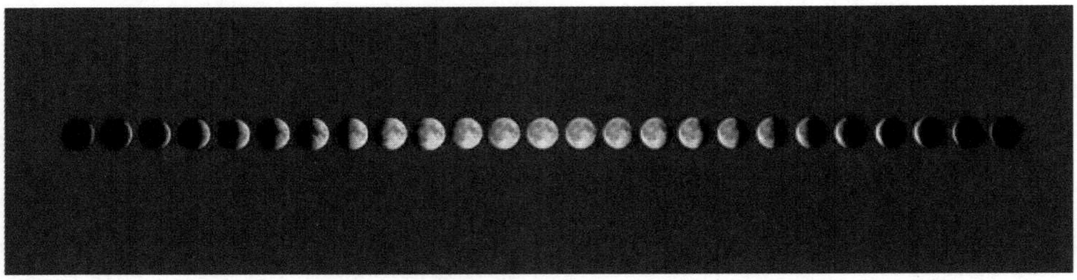

“人有悲欢离合，月有阴晴圆缺”，地球上观察到月亮的形态，圆缺交替，呈周期性变化，如何描述这种呈周期性变化的月亮形态？

自然界中一切物质都处于永恒的运动之中，物质的运动形式是多种多样的，比如机械运动、电磁运动、热运动等，各种不同形式的运动都有自己特殊的规律性。有一种运动形式非常特殊，它能够包含在机械运动、电磁运动等各种不同形式的运动中，并且在自然界中广泛存在，这就是振动。

在物理学中，振动的一般定义为：当某个物理量(如位置、电量、电流、电压、电场、磁场、温度等)在某一确定的数值附近随时间作周期性的变化时，此物理量的运动形式称为振动。例如，物体在一个稳定的平衡位置附近作周期性的机械运动称为机械振动，如钟摆的运动、发音体的运动、固体物理中原子的振动等。交流电路中的电流在某一电流值附近作周期性变化；光波、无线电波传播时，空间某点的电场强度和磁场强度随时间作周期性的变化等，这些振动称为电磁振荡。

机械振动和电磁振荡虽有区别，但它们具有相同的数学特征和运动规律，研究方法基本相同。本章以机械振动为例讨论振动的一般规律。机械振动的基本规律是进一步学习机械波、波动光学等后续章节以及交流电路、电磁场与电磁波、无线通信技术等相关知识的重要基础。

一般的振动是比较复杂的，简谐振动是最基本、最简单的振动。任何复杂的振动都可以分解为若干个简谐振动。因此，本章重点描述简谐振动的基本规律，进而讨论简谐振动的合成及非简谐振动的分解，并简要介绍阻尼振动、受迫振动和共振现象。

4.1　简 谐 振 动

4.1.1　简谐振动的定义

物体运动时，如果离开平衡位置的位移(或角位移)随时间按余弦函数(或正弦函数)的规律变化，这样的振动称为简谐振动，简称谐振动。在忽略阻力的情况下，弹簧振子的小幅振动以及单摆的小角度摆动都是简谐振动。

以弹簧振子为例，一个劲度系数为 k 的轻质线性弹簧一端固定，另一端系着质量为 m 的物体，这样的系统称为弹簧振子。弹簧振子系统置于光滑水平面上，当弹簧处于自然长度时，物体处于平衡位置，记为 O 点，如图 4.1 所示。以 O 点为坐标原点、向右为 x 轴正方向建立坐标系。将物体向右移动一定距离后释放，物体将在弹簧弹性力的作用下在平衡位置附近做往复运动。

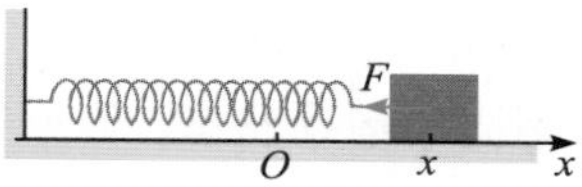

图 4.1

当物体偏离平衡位置的位移为 x 时，弹簧弹性力为

$$F=-kx \tag{4.1}$$

式中，负号表示弹簧弹性力的方向与物体离开平衡位置的位移方向相反，即弹簧弹性力总是指向物体的平衡位置，是使物体回到平衡位置的弹性回复力。根据牛顿第二运动定律，可得

$$-kx=m\frac{\mathrm{d}^2x}{\mathrm{d}t^2} \tag{4.2}$$

或

$$\frac{\mathrm{d}^2x}{\mathrm{d}t^2}+\frac{k}{m}x=0 \tag{4.3}$$

令

$$\sqrt{\frac{k}{m}}=\omega \tag{4.4}$$

则式(4.3)可改写为

$$\frac{\mathrm{d}^2x}{\mathrm{d}t^2}+\omega^2x=0 \tag{4.5}$$

这就是简谐振动的运动微分方程，也称为简谐振动的动力学方程。这一微分方程的实数通解可表示为

$$x=A\cos(\omega t+\varphi) \tag{4.6}$$

或

$$x=A\sin(\omega t+\varphi) \tag{4.7}$$

这就是简谐振动的运动学方程，简称简谐振动方程。式(4.6)和式(4.7)中，A 和 φ 是两个积分常数，$A>0$，$\omega>0$，它们的物理意义和确定方法将在后面讨论。

从数学上看，式(4.5)的实数通解还可表示为

$$x=a\cos\omega t+b\sin\omega t \tag{4.8}$$

式中，a 和 b 为任意常数。若令 $a=A\cos\varphi$，$b=-A\sin\varphi$，则式(4.8)与式(4.6)相同；若令 $a=A\sin\varphi$，$b=A\cos\varphi$，则式(4.8)与式(4.7)相同。余弦函数和正弦函数都可用来描述简谐振动，为统一起见，本书除特别说明外，均采用式(4.6)所示的余弦函数表示简谐振动的运动学方程。

将式(4.6)对时间 t 求一阶、二阶导数，可得简谐振动物体在任意时刻的速度和加速度：

$$v=\frac{\mathrm{d}x}{\mathrm{d}t}=-\omega A\sin(\omega t+\varphi)$$

$$=\omega A\cos\left(\omega t+\varphi+\frac{\pi}{2}\right) \tag{4.9}$$

$$a=\frac{\mathrm{d}^2x}{\mathrm{d}t^2}=-\omega^2A\cos(\omega t+\varphi)$$

$$=\omega^2A\cos(\omega t+\varphi+\pi) \tag{4.10}$$

可见，物体做简谐振动时，其速度和加速度也随时间作周期性变化。图 4.2 画出了简谐振动的位移、速度和加速度随时间变化的关系曲线(设 $\varphi=0$)，其中表示 $x-t$ 关系的曲线称为简谐振动的振动曲线。

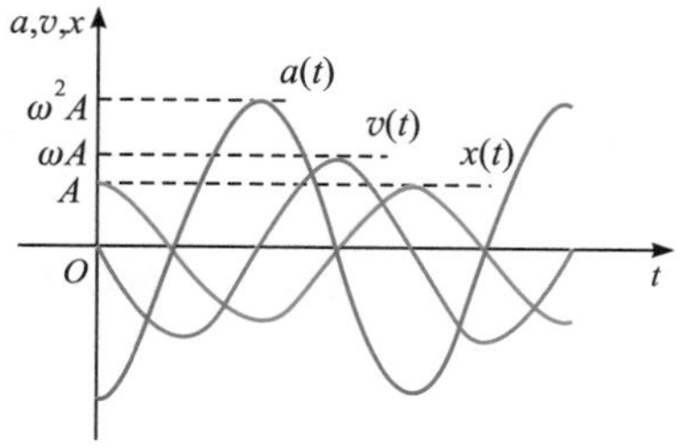

图 4.2

比较式(4.6)和式(4.10)，可得

$$a=\frac{\mathrm{d}^2x}{\mathrm{d}t^2}=-\omega^2x \tag{4.11}$$

这一关系式表明，简谐振动的加速度与位移成正比而反向。这一结论通常称为简谐振动的运动学特征，也是判别物体是否做简谐振动的依据之一。

4.1.2　简谐振动的描述

由简谐振动方程可知，A、ω 和 φ 是描述简谐振动的三个重要参量。

1. 振幅

在简谐振动方程中，由于余弦函数的绝对值不大于1，因此物体离开平衡位置的位移 x 的绝对值不大于 A，即

$$|x|=|A\cos(\omega t+\varphi)|\leqslant A$$

由此可见，A 表示简谐振动的物体离开平衡位置的最大位移的绝对值，称为振幅。振幅 A 恒取正值，它表明物体的振动位移范围在 $-A$ 和 $+A$ 之间。振幅 A 的大小由初始条件决定，A 越大表明振动越强，系统的振动能量越多。

2. 周期和频率

振动的特征之一是运动具有周期性。物体做一次全振动所经历的时间称为振动的周期，用 T 表示，单位为 s(秒)，即每经过一个周期 T，简谐振动的物体的运动状态完全重复一次，则

$$x=A\cos(\omega t+\varphi)=A\cos[\omega(t+T)+\varphi]$$

$$v=\frac{\mathrm{d}x}{\mathrm{d}t}=-\omega A\sin(\omega t+\varphi)$$

$$=-\omega A\sin[\omega(t+T)+\varphi]$$

因此可得

$$T=\frac{2\pi}{\omega} \tag{4.12}$$

物体在1秒内所作的全振动的次数称为频率，用 ν 表示，单位为 Hz(赫兹)。频率与周期的关系为

$$\nu=\frac{1}{T}=\frac{\omega}{2\pi} \tag{4.13}$$

$$\omega=2\pi\nu \tag{4.14}$$

ω 表示物体在 2π 秒内所作全振动的次数，称为角频率或圆频率，单位是 rad/s。

由式(4.4)可得，弹簧振子的角频率为

$$\omega=\sqrt{\frac{k}{m}} \tag{4.15}$$

其振动周期和频率分别为

$$T=2\pi\sqrt{\frac{m}{k}} \tag{4.16}$$

$$\nu=\frac{1}{2\pi}\sqrt{\frac{k}{m}} \tag{4.17}$$

式中，质量 m 和劲度系数 k 都属于弹簧振子本身固有的性质，表明周期和频率只与振动系统本身的物理性质有关。这种只由振动系统本身的固有属性所决定的周期和频率称为振动的固有周期和固有频率。

简谐振动方程也可用周期和频率表示如下：

$$x=A\cos(\omega t+\varphi)=A\cos(2\pi\nu t+\varphi)$$

$$=A\cos\left(\frac{2\pi}{T}t+\varphi\right) \tag{4.18}$$

3. 相位

在角频率 ω 和振幅 A 都已确定的简谐振动中，振动物体在任意时刻的运动状态(位置、速度、加速度)均由 $\omega t+\varphi$ 来决定。$\omega t+\varphi$ 是决定简谐振动物体运动状态的物理量，称为振动的相位。相位的单位是 rad(弧度)。

每经过一个周期 T，简谐振动的物体的运动状态完全重复一次。但在一个周期内，每一时刻的运动状态都不相同，这种不同就反映在相位的不同上，相位在一个周期内经历着 $0\sim2\pi$ 的变化。因此在描述简谐振动时，可以直接用相位代替时间 t 描述物体的各种不同的运动状态。例如图4.1中的弹簧振子，若用式(4.6)所示的余弦函数表示简谐振动，则当相位 $\omega t+\varphi=0$ 时，表示物体在正向最大位移处，且速度为零，当相位 $\omega t+\varphi=\pi/2$ 时，表示物体正处于平衡位置，并以最大速率向 x 轴负方向运动，当相位 $\omega t+\varphi=3\pi/2$ 时，表示物体正处于平衡位置，并以最大速率向 x 轴正方向运动。可见，在 $0\sim2\pi$ 范围内，不同的相位对应不同的运动状态，当相位相差 2π 或 2π 的整数倍时，其所描述的运动状态完全相同。由此可见，用相位描述振动物体的运动状态，能充分体现出简谐振动的周期性。

φ 是 $t=0$ 时的相位，称为初相位，简称初相。初相 φ 反映了初始时刻($t=0$)简谐振动物体的运动状态。例如，$\varphi=0$，表示 $t=0$ 时刻物体正处于其正向最大位移处且速度为零。

月相变化

月亮本身不发光，而是靠反射太阳光发亮，当太阳、地球和月球三者之间的位置发生变化时，地球上的人会看到月亮被照亮的部分发生周期性的变化。天文学中将地球上看到的月球被太阳照亮的部分称为“月相”，其中的“相”即相位，因此，月相是对月亮呈周期性变化的形态的描述。月球绕地球

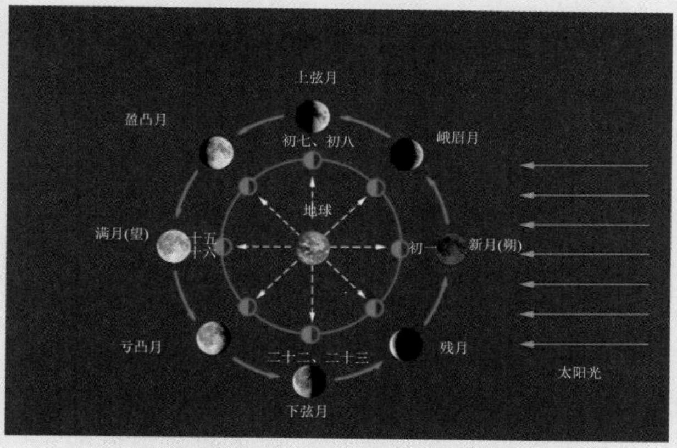

的周期为一个月，月相在一个月的周期内不断变化着，这就是月相变化。月相变化大体上分为朔、峨眉月、上弦月、盈凸月、望、亏凸月、下弦月、残月等几个阶段。农历初一时，月球运行至地球和太阳之间，月球的背面被太阳照亮，在地球上看不到它，这种月相称为“朔”，也叫“新月”。在这一天，月亮与太阳几乎同时升起，同时落下。在朔之后，月球升起的时间越来越晚，太阳落山后不久，在西边天空可以看到状如眉毛的弯弯月牙，称为“峨眉月”。峨眉月的月面突出部分朝西，呈反“C”状。农历初七左右，上弦月会出现在上半夜的西南方天空，从北半球上看，月亮的右半边被照亮，呈半圆状。农历十五、十六时，地球位于太阳和月亮之间，月球朝向地球的一面都会被照亮，圆圆的月亮整晚可见。这时的月相称为“望”，又称“满月”。到了农历二十二左右，在下半夜的东南方天空可以看到近似半圆状的下弦月，从北半球上看月亮的左半边被照亮。之后到了农历月末，黎明时分可以在东方天空看到残月，月面突出部分朝东，像字母“C”。月相从残月又回到朔，再度开始新一轮的周期变化。

如前所述，对于给定的简谐振动系统，其固有周期 T 或角频率 ω 是确定的，而振幅 A 和初相 φ 的取值取决于振动系统的初始条件。例如，若已知 $t=0$ 时刻谐振动物体相对于平衡位置的位移 x_0 和速度 v_0，将其代入式(4.6)和式(4.9)，可得

$$x_0=A\cos\varphi,\quad v_0=-\omega A\sin\varphi \tag{4.19}$$

由此可解得 A 和 φ 分别为

$$A=\sqrt{x_0^2+\frac{v_0^2}{\omega^2}} \tag{4.20}$$

$$\tan\varphi=-\frac{v_0}{\omega x_0} \tag{4.21}$$

其中，初相 φ 一般取 $0\sim2\pi$ 或 $-\pi\sim\pi$ 之间，而在此范围内通常有两个 φ 的取值均可满足式(4.21)，因此必须将其值代回式(4.19)中，根据位移 x_0 和速度 v_0 的正负号判定取舍。

★**【例 4.1】** 物体沿 x 轴作简谐振动，平衡位置在坐标原点 O，已知振幅为 0.02 m，周期为 0.5 s，起始时刻物体在 0.01 m 处，且向 x 轴正方向运动。

(1) 求物体的简谐振动方程；

(2) 若以物体在平衡位置且向 x 轴负方向运动的时刻开始计时，试写出物体的振动方程。

解 设物体的简谐振动方程为

$$x=A\cos(\omega t+\varphi)$$

(1) 由题意，$A=0.02$ m，$T=0.5$ s，有

$$\omega=\frac{2\pi}{T}=4\pi\quad \text{rad/s}$$

初始时刻，$t=0$ 时，$x_0=0.01$ m，代入简谐振动方程可得

$$x_0=0.02\cos\varphi=0.01$$

$$\cos\varphi=\frac{1}{2}$$

所以

$$\varphi=\frac{\pi}{3}\quad 或\quad \varphi=-\frac{\pi}{3}$$

由题意可知，$t=0$ 时，物体向 x 轴正方向运动，即

$$v_0=-\omega A\sin\varphi>0$$

所以

$$\varphi=-\frac{\pi}{3}$$

因此，物体的简谐振动方程为

$$x=0.02\cos\left(4\pi t-\frac{\pi}{3}\right)\ \text{m}$$

(2) 根据题意，$t=0$ 时，$x_0=0$，代入简谐振动方程可得

$$x_0=0.02\cos\varphi=0$$

所以

$$\varphi=\frac{\pi}{2}\quad 或\quad \varphi=-\frac{\pi}{2}$$

又由于初始时刻物体向 x 轴负方向运动，即

$$v_0=-\omega A\sin\varphi<0$$

所以

$$\varphi=\frac{\pi}{2}$$

因此，物体的简谐振动方程为

$$x=0.02\cos\left(4\pi t+\frac{\pi}{2}\right)\ \mathrm{m}$$

从本题可以看出，初相 φ 通常由物体在初始时刻的振动状态来确定。对于同一简谐振动，若取不同的起始计时时刻，则有不同的初相。在实际应用中，对于周期 T 或频率 ω 已确定的简谐振动系统，若无法直接获取初始时刻的振动状态，则利用物体在 $t>0$ 的某时刻的振动状态(位移或速度)，也可以解析求得简谐振动的振幅 A 及初相 φ。

4.1.3 简谐振动的旋转矢量表示法

质点作匀速率圆周运动时，其运动在任意直径方向上的投影就是简谐振动。由于匀速率圆周运动和简谐振动具有这种特殊关系，所以常常借助匀速率圆周运动来研究简谐振动。

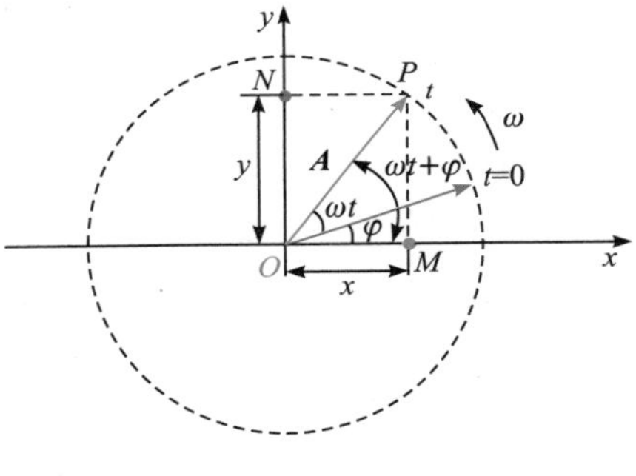

图 4.3

如图 4.3 所示，建立直角坐标系 Oxy，过原点 O 作一矢量 $\boldsymbol{A}$，矢量 $\boldsymbol{A}$ 的模等于 A。设 $t=0$ 时刻，矢量 $\boldsymbol{A}$ 与 x 轴的夹角为 φ，当矢量 $\boldsymbol{A}$ 以角速度 ω 在图 4.3 平面内绕 O 点沿逆时针方向匀速率旋转时，矢量的端点 P 随其绕 O 点作半径为 A 的匀速率圆周运动。t 时刻，矢量 $\boldsymbol{A}$ 与 x 轴的夹角为 $\omega t+\varphi$，此时矢量 $\boldsymbol{A}$ 的端点 P 在 x 轴上的投影点 M 和其在 y 轴上的投影点 N 的坐标分别为

$$x=A\cos(\omega t+\varphi)$$
$$y=A\sin(\omega t+\varphi)$$

这正是用余弦函数或正弦函数形式所描述的简谐振动方程。由此可见，匀速率旋转的矢量 $\boldsymbol{A}$，其端点 P 在 x 轴和 y 轴上的投影点的运动都是简谐振动。因此，矢量绕其端点的匀速率旋转可以用来描述简谐振动，此描述方法称为旋转矢量法。矢量旋转时，P 点作匀速圆周运动，对应的圆周称为参考圆，旋转矢量法也称为参考圆法。

用旋转矢量法描述简谐振动时，可以直观地表示出振幅、角频率、相位及相位差等特征参量。矢量 $\boldsymbol{A}$ 的长度即为简谐振动的振幅 A，矢量 $\boldsymbol{A}$ 的旋转角速度 ω 就是简谐振动的角频率 ω，任意时刻矢量 $\boldsymbol{A}$ 与 x 轴的夹角就是简谐振动的相位 $\omega t+\varphi$，$t=0$ 时刻，此夹角为初相 φ。某时刻旋转矢量 $\boldsymbol{A}$ 的位置可用以判断该时刻简谐振动的运动状态。旋转矢量 $\boldsymbol{A}$ 旋转一周，相当于 M 点在 x 轴上完成一次全振动，所用时间为周期 T，相位变化为 2π。若简谐振动物体在 Δt 时间内相位的变化量为 $\Delta\varphi$，相当于矢量 $\boldsymbol{A}$ 在 Δt 时间内转过的角度为 $\Delta\varphi$，由于矢量 $\boldsymbol{A}$ 是匀角速转动的，因此有

$$\frac{\Delta\varphi}{\Delta t}=\omega=\frac{2\pi}{T}\tag{4.22}$$

★【例 4.2】 一质量为 0.1 kg 的物体沿 x 轴作简谐振动，平衡位置在坐标原点 O。已知振幅为 0.1 m，周期为 2 s。起始时刻物体在 $x=0.05$ m 处，向 x 轴负方向运动，如例 4.2 图所示，试求：

(1) 物体第一次经过平衡位置时的速度；

(2) 物体第一次在 $x=-0.05$ m 处的加速度；

(3) 物体从 $x=0.05$ m 处运动到 $x=-0.05$ m 处所需的最短时间。

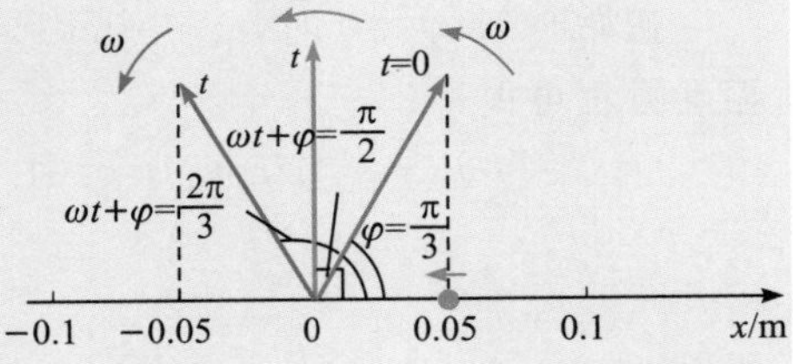

例 4.2 图

解 先求简谐振动方程。设物体的简谐振动方程为

$$x = A\cos(\omega t + \varphi)$$

据题意可知，$A=0.1$ m，$T=2$ s，$\omega=2\pi/T=\pi$ rad/s。将初始条件 $t=0$ 时，$x=0.05$ m 代入简谐振动方程可得

$$0.05=0.1\cos\varphi$$

$$\cos\varphi=\frac{1}{2}$$

所以

$$\varphi=\frac{\pi}{3} \quad 或 \quad \varphi=-\frac{\pi}{3}$$

已知 $t=0$ 时，物体向 x 轴负方向运动，即

$$v_0=-\omega A\sin\varphi<0$$

所以

$$\varphi=\frac{\pi}{3}$$

因此简谐振动方程为

$$x=0.1\cos\left(\pi t+\frac{\pi}{3}\right)\ \text{m}$$

也可利用旋转矢量求解初相 φ。由初始条件可知，其振动初始状态如图中蓝色旋转矢量所示，此时旋转矢量与 x 轴的夹角为 $\pi/3$，因此可得

$$\varphi=\frac{\pi}{3}$$

（1）由简谐振动方程，可得简谐振动物体的速度为

$$v=-\omega A\sin(\omega t+\varphi)$$

$$=-0.1\pi\sin\left(\pi t+\frac{\pi}{3}\right)\quad \text{m/s}$$

当物体第一次经过平衡位置时，旋转矢量与 x 轴的夹角为 $\pi/2$，即 $\omega t+\varphi=\pi/2$，因此可得物体速度

$$v=-0.1\pi\sin\left(\frac{\pi}{2}\right)=-0.1\pi=-0.314\ \text{m/s}$$

（2）由简谐振动方程，可得简谐振动物体的加速度为

$$a=-\omega^2 A\cos(\omega t+\varphi)$$

$$=-0.1\pi^2\cos\left(\pi t+\frac{\pi}{3}\right)\ \text{m/s}^2$$

当物体第一次在 $x=-0.05$ m 处时，旋转矢量与 x 轴的夹角为 $2\pi/3$，即 $\omega t+\varphi=2\pi/3$，因此可得物体的加速度

$$a=-0.1\pi^2\cos\left(\frac{2\pi}{3}\right)=0.05\pi^2=0.493\ \text{m/s}^2$$

（3）由旋转矢量图可知，物体从 $x=0.05$ m 处运动到 $x=-0.05$ m 处的过程中，旋转矢量转过的最小角度为

$$\Delta\varphi=\frac{2\pi}{3}-\frac{\pi}{3}=\frac{\pi}{3}$$

由于旋转矢量的转动速率为 ω，因此所需的最短时间为

$$\Delta t=\frac{\Delta\varphi}{\omega}=\frac{1}{3}=0.333\ \text{s}$$

★【例 4.3】 已知某简谐振动的振动曲线如例 4.3 图所示，请写出此简谐振动的振动方程。

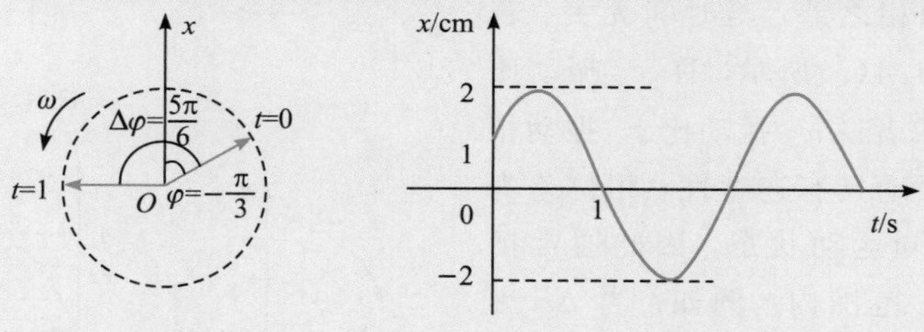

(a) (b)

例 4.3 图

解 设物体的简谐振动方程为

$$x=A\cos(\omega t+\varphi)$$

由振动曲线可直接读取简谐振动的振幅 $A=2$ cm。初相 φ 和角频率 ω 可应用旋转矢量法求解。在振动曲线的左侧建立与振动曲线的纵坐标轴平行同向的 Ox 轴，坐标原点 O 与振动曲线横坐标轴位于同一水平线，以 O 为中心，作半径为 A 的参考圆，如例 4.3 图(a)所示。

由振动曲线可知，$t=0$ 时，振动物体位于 $x=1$ cm 处，向 x 轴正方向运动，此时旋转矢量的位置如例 4.3 图(a)所示，旋转矢量与 x 轴的夹角大小为 $\pi/3$。旋转矢量与 x 轴的夹角以逆时针

方向为正方向，因此简谐振动的初相为

$$\varphi=-\frac{\pi}{3}$$

由振动曲线可知，$t=1$ s 时，物体第一次经过平衡位置向 x 轴负方向运动，此时旋转矢量的位置如例 4.3 图(a)所示，旋转矢量与 x 轴的夹角大小为$\frac{\pi}{2}$。

因此，从 $t=0$ 到 $t=1$ s 的过程中，旋转矢量转过的角度为

$$\Delta\varphi=\frac{\pi}{2}+\frac{\pi}{3}=\frac{5\pi}{6}$$

旋转矢量的转动角速度就是简谐振动的角频率，因此可得

$$\omega=\frac{\Delta\varphi}{\Delta t}=\frac{5\pi}{6}$$

所以简谐振动方程为

$$x=2\cos\left(\frac{5}{6}\pi t-\frac{\pi}{3}\right)\ \text{cm}$$

可见，旋转矢量有助于直观地描述、形象地理解相位的概念和作用，也在一定程度上简化了简谐振动中的数学处理问题，对于进一步研究振动问题十分有益。

利用旋转矢量还可以表示两个简谐振动的相位差，并利用相位差形象地描述两个同频率简谐振动的步调关系。相位及相位差都是非常重要的概念，它在振动、波动以及光学、近代物理、交流电、无线电技术等方面都有着广泛的应用。

例如，有两个频率相同的简谐振动，其振动方程分别为

$$x_1=A_1\cos(\omega t+\varphi_1)$$

$$x_2=A_2\cos(\omega t+\varphi_2)$$

两个振动的相位之差称为**相位差**，用 $\Delta\varphi$ 表示：

$$\Delta\varphi=(\omega t+\varphi_2)-(\omega t+\varphi_1)=\varphi_2-\varphi_1$$

由此可见，这两个同频率的简谐振动在任意时刻的相位差都等于其初相之差，与时间无关。若 $\Delta\varphi=\varphi_2-\varphi_1>0$，如图 4.4(a)所示，称 x_2 振动比 x_1 振动相位超前 $\Delta\varphi$，或者说 x_1 振动比 x_2 振动相位落后 $\Delta\varphi$。由于简谐振动具有连续性，相位差为 2π 表示同一振动的相同运动状态，因此通常把 $|\Delta\varphi|$ 的值限定在 $0\sim\pi$ 范围内。例如，当 $\Delta\varphi=\varphi_2-\varphi_1=\frac{3\pi}{2}$时，如图 4.4(b)所示，通常不说 x_2 振动比 x_1 振动相位超前$\frac{3\pi}{2}$，而说 x_2 振动比 x_1 振动相位落后$\frac{\pi}{2}$。

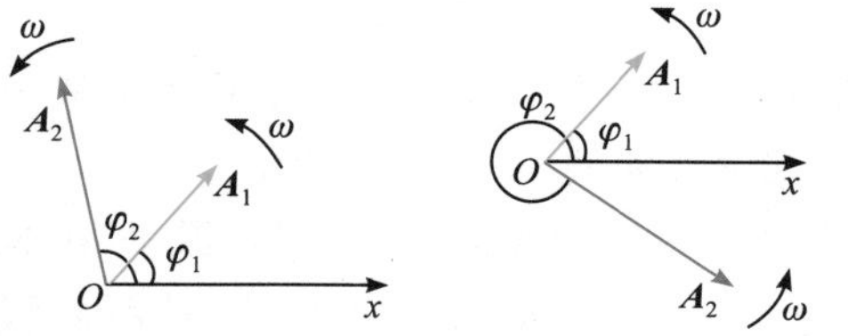

(a) (b)

图 4.4

特别地，当 $\Delta\varphi=0$(或者 2π 的整数倍)时，称这两个简谐振动是**同相**的。如图 4.5 所示，同相的两个简谐振动的步调完全一致，两振动物体将同时到达各自的正向最大位移处，同时经过平衡位置向负方向运动，又同时到达各自的负向最大位移处。当 $\Delta\varphi=\pi$(或者 π 的奇数倍)时，称这两个简谐振动是**反相**的。如图 4.6 所示，反相的两个简谐振动的步调完全相反，其中一个振动物体到达其正向最大位移处时，另一个却到达其负向最大位移处，同时经过平衡位置但运动方向相反。

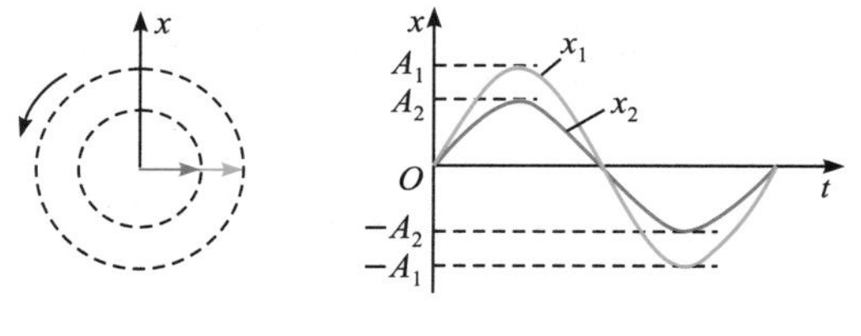

图 4.5

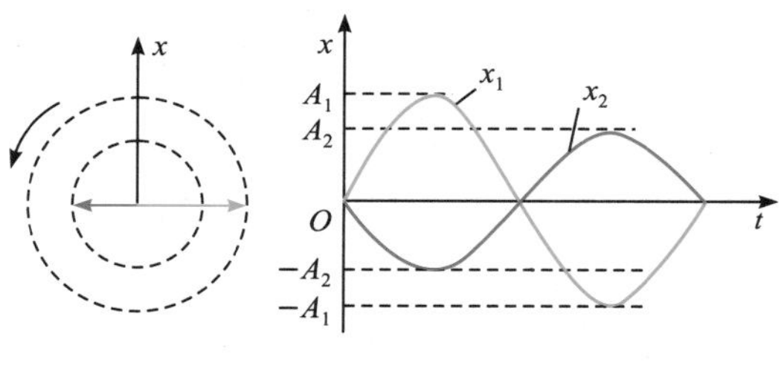

图 4.6

相位差也可以用来比较同频率的不同物理量变化的步调。例如，由式(4.9)、式(4.10)以及图4.2可以看出，速度 v 比位移 x 相位超前$\frac{\pi}{2}$，加速度 a 比速度 v 相位超前$\frac{\pi}{2}$，加速度 a 与位移 x 反相。

在交流电路中，交流电流及交流电压信号的一般表达式常采用正弦函数形式。需注意，在应用正弦函数形式的简谐振动方程时，相位与振动状态的对应关系与 4.1.2 节描述的有所不同。如图 4.7 所示，当 $\omega t+\varphi=0$ 时，$y=0$，质点在平衡位置且向 y 轴正方向运动；当 $\omega t+\varphi=\pi/2$ 时，$y=A$，质点在正向最大位移处；当 $\omega t+\varphi=\pi$ 时，$y=0$，质点在平衡位置且向 y 轴负方向运动；当 $\omega t+\varphi=3\pi/2$ 时，$y=-A$，质点在负向最大位移处。

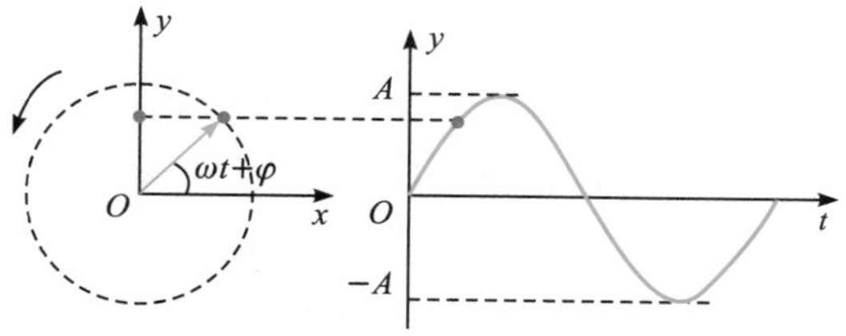

图 4.7

★【例 4.4】 某交流电路的正弦电流如图所示，已知振荡频率 $\nu=50$ Hz，求此正弦电流的解析表达式以及 $t=0.1$ s 时的瞬时值。

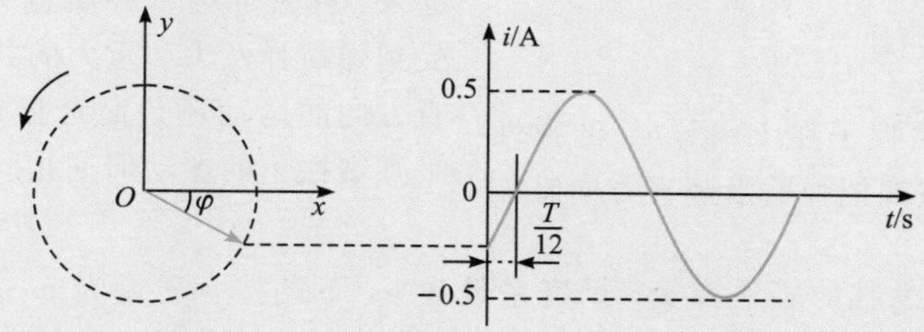

例 4.4 图

解 设正弦电流的解析表达式为

$$i(t)=I_m\sin(\omega t+\varphi)$$

由题意可知，$\omega=2\pi\nu=100\pi$ rad/s，由电流曲线可直接读取电流最大值 $I_m=0.5$ A，初相 φ 可应用旋转矢量法求解。在电流曲线的左侧作互相正交的 Ox 轴和 Oy 轴，Oy 轴与电流曲线的纵坐标轴平行，坐标原点 O 与电流曲线的横坐标轴位于同一水平线，以 O 为中心作半径为 I_m 的参考圆，根据电流曲线可确定旋转矢量的初始位置，如例 4.4 图所示。

由电流曲线可知，电流由初始值变化到零所用时间 $\Delta t=T/12$，即旋转矢量由初始位置(φ)逆时针旋转至 Ox 轴位置($\varphi=0$)用时 $\Delta t=T/12$，因此有

$$\Delta\varphi=0-\varphi=\omega\Delta t=\frac{2\pi}{T}\cdot\frac{T}{12}=\frac{\pi}{6}$$

可得初相为

$$\varphi=-\frac{\pi}{6}$$

所以，正弦电流的解析表达式为

$$i(t)=0.5\sin\left(100\pi t-\frac{\pi}{6}\right)\ \text{A}$$

$t=0.1$ s 时，电流的瞬时值为

$$i_{t=0.1}=0.5\sin\left(100\pi\times0.1-\frac{\pi}{6}\right)=-0.25\ \text{A}$$

知识进阶

简谐振动的复数表示

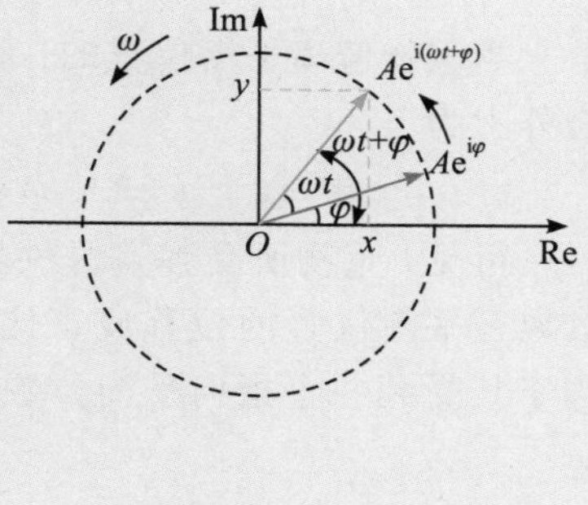

二维平面上的矢量还可以表示为复数形式，如右图所示，在以横轴为实轴、以纵轴为虚轴构成的复平面内，任一矢量 **A** 的复数形式可表示为 $\tilde{\boldsymbol{A}}=x+\mathrm{i}y$(式中 $\mathrm{i}=\sqrt{-1}$)。当矢量 **A** 绕 O 端逆时针以 ω 匀速率旋转时，上式可写成

$$\tilde{\boldsymbol{A}}(t)=A\cos(\omega t+\varphi)+\mathrm{i}A\sin(\omega t+\varphi)=A\mathrm{e}^{\mathrm{i}(\omega t+\varphi)}$$

因此有

$$x=A\cos(\omega t+\varphi)=\mathrm{Re}\left[A\mathrm{e}^{\mathrm{i}(\omega t+\varphi)}\right]$$

$$y=A\sin(\omega t+\varphi)=\mathrm{Im}\left[A\mathrm{e}^{\mathrm{i}(\omega t+\varphi)}\right]$$

式中，Re 和 Im 分别表示实部运算符号和虚部运算符号。上式表明，简谐振动也可用一个复数 $Ae^{i(\omega t+\varphi)}$ 的实部或虚部来表示。复数 $Ae^{i(\omega t+\varphi)}$ 即简谐振动的复数表达式，也可以表示为 $Ae^{i\varphi}e^{i\omega t}$，其中 $e^{i\omega t}$ 是一个时间的复函数，它相当于一个旋转因子，随着时间的推移，它在复平面上是以原点 O 为中心、以角速度 ω 沿逆时针方向不断旋转的复数。而 $Ae^{i\varphi}$ 称为简谐振动的复振幅(电路中称为相量)。同理，当矢量 $\boldsymbol{A}$ 绕 O 端顺时针旋转时，其转动角速度为 $-\omega$，与此相对应的复数可表示为 $Ae^{i(-\omega t+\varphi)}=Ae^{i\varphi}e^{-i\omega t}$，旋转因子变成了 $e^{-i\omega t}$。

需要指出的是，复指数函数 $Ae^{i(\omega t+\varphi)}$ 与 $Ae^{i(-\omega t+\varphi)}$ 都是式(4.5)的解，所以都可以用来描述简谐振动。但复数本身没有物理意义，其实部或虚部才能代表作简谐振动的物理量(比如位移、电流等)。与三角函数相比，用复指数函数形式来描述振动及波动过程，特别对于较为复杂的振动或波动问题，数学运算更为简便，因此广泛应用于电磁波、光波的传播与散射以及电路、信号分析等领域。

4.1.4 简谐振动的实例

前面研究了水平弹簧振子在 $F=-kx$ 的弹性力作用下的简谐振动，假如把弹簧沿竖直方向悬挂起来，弹簧下端系一质量为 m 的物体，此时物体受到弹簧弹性力和重力的共同作用，那么物体沿竖直方向的运动还是简谐振动吗？其振动周期与水平弹簧振子的振动周期相同吗？

★【例 4.5】 竖直悬挂的轻质弹簧，劲度系数为 k，下端挂一质量为 m 的重物，如例 4.5 图所示。现将重物下拉一定距离后无初速度释放，试证明重物在竖直方向上的运动仍是简谐振动，并求其振动周期。

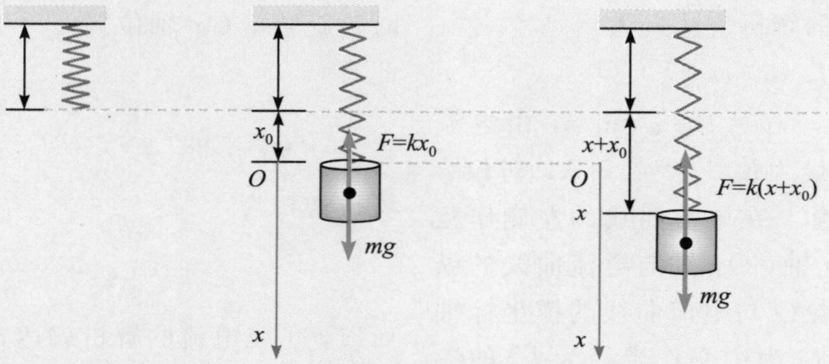

例 4.5 图

解 以重物为研究对象，取其平衡位置为坐标原点，沿竖直向下方向建立 Ox 坐标轴，如图所示。设重物在平衡位置处时弹簧的伸长量(即静止形变)为 x_0，此时重物所受弹簧弹性力与重力平衡，于是有

$$mg-kx_0=0$$

当重物偏离平衡位置的位移为 x 时，其所受合外力为

$$F_{合}=mg-k(x+x_0)=-kx$$

可见，重物所受弹簧弹性力和重力的合力与其离开平衡位置的位移成正比，且方向相反，相当于其受到一个指向平衡位置的弹性回复力，因此重物在竖直方向上的运动仍为简谐振动。

根据牛顿运动定律，重物的运动微分方程为

$$-kx=m\frac{d^2x}{dt^2}$$

即

$$\frac{d^2x}{dt^2}+\frac{k}{m}x=0$$

此微分方程与式(4.5)完全相同，可得振动系统的固有角频率和周期分别为

$$\omega=\sqrt{\frac{k}{m}}$$

$$T=2\pi\sqrt{\frac{m}{k}}$$

以上分析表明，竖直方向的弹簧振子除了弹性力外，还受重力作用，但系统的振动规律(固有周期和频率)不变，重力对于弹簧振子的作用只是改变了系统的平衡位置，建立坐标时必须将坐标原点取在新的平衡位置上。若其他形式的恒力作用在弹簧振子上，也可以得到类似的结论。如图 4.8 所示的几种情况下，弹簧振子系统的振动周期是否相同？

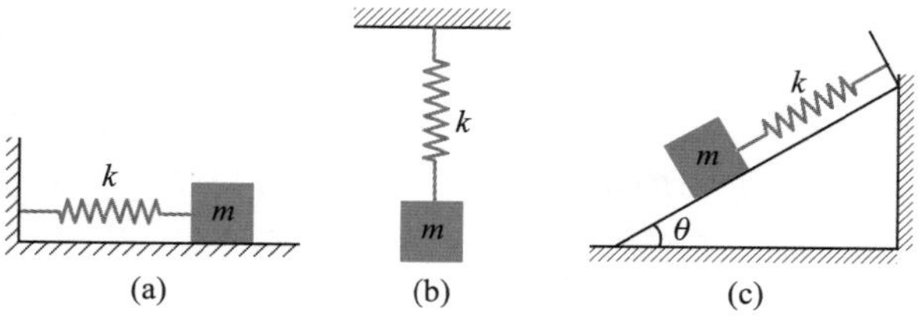

图 4.8

根据竖直方向弹簧振子的静力平衡条件，系统的固有角频率和周期还可表示为

$$\begin{cases} \omega = \sqrt{\dfrac{g}{x_0}} \\ T = 2\pi\sqrt{\dfrac{x_0}{g}} \end{cases} \tag{4.23}$$

式(4.23)表明，对于竖直方向的弹簧振子，只需测量其静止形变量 x_0，即可获得弹簧振子的固有频率或周期。这一方法在工程上广为应用。

在机械结构中，弹性元件往往具有比较复杂的组合形式，比如并联弹簧或串联弹簧，为简化分析，可以用一个等效弹簧代替整个组合弹簧，组合弹簧系统的固有周期也相应地用等效弹簧的劲度系数来表征。设有两个劲度系数分别为 k_1 和 k_2 的轻质弹簧，若两弹簧并联，如图 4.9(a)所示，则等效弹簧的劲度系数和弹簧系统的固有周期为

$$\begin{cases} k = k_1 + k_2 \\ T = 2\pi\sqrt{\dfrac{m}{k_1 + k_2}} \end{cases} \tag{4.24}$$

若两弹簧串联，如图 4.9(b)所示，则等效弹簧劲度系数和弹簧系统的固有周期为

$$\begin{cases} k = \dfrac{k_1 k_2}{k_1 + k_2} \\ T = 2\pi\sqrt{\dfrac{m(k_1 + k_2)}{k_1 k_2}} \end{cases} \tag{4.25}$$

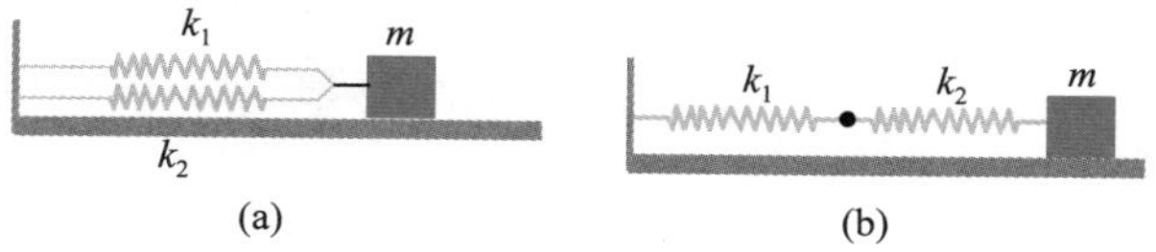

图 4.9

实际上，在机械运动中，不论作用力是否源于弹性力，只要它遵从类似 $F = -kx$ 的规律，其运动必然是简谐振动。一般来说，不管 x 是什么物理量(位置、电量、电流、电压、电场、磁场、温度等)，只要它随时间的变化满足式(4.5)这样的微分方程，该物理量的变化规律就一定是简谐振动的运动形式，而且其振动角频率 ω 就等于式(4.5)中 x 的系数的平方根。这一结论常用以判断某一动力学系统是否简谐振动，并求出其振动周期。

★**【例 4.6】**　一长为 0.25 m 的立方体木块浮于静水中，若将木块沿竖直方向慢慢压入水中后放手，则木块在水面上沉浮振荡，已知木块的密度 $\rho_木$ 为 800 kg/m^3，若不计水的阻力，试证明木块的运动为简谐振动，并求其振动方程。

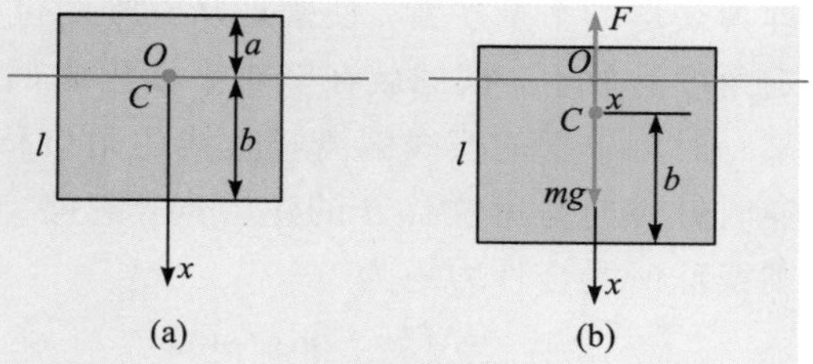

例 4.6 图

解　以木块为研究对象，取水面处为坐标原点，竖直向下建立 Ox 坐标轴，如例 4.6 图(a)所示。木块的位置可用静浮时同水线上的 C 点来描述。

设静浮时木块浸入水的部分高为 b，未浸入水的部分高为 a，由于木块所受的浮力与重力平衡，因此有

$$mg = l^2 b \rho_水 g$$

式中，l 为立方体木块的边长，m 为木块的质量，且有 $m = l^3 \rho_木$，代入上式可得

$$b = \frac{\rho_木}{\rho_水} l = 0.2\ \text{m}$$

$$a = l - b = 0.05\ \text{m}$$

设某时刻 C 点相对于水面的位移为 x，如例 4.6 图(b)所示，此时木块所受合力为

$$F = mg - l^2(x + b)\rho_水 g = m\frac{\mathrm{d}^2 x}{\mathrm{d}t^2}$$

于是有

$$\frac{d^2x}{dt^2}+\frac{\rho_水}{\rho_木}\frac{g}{l}x=0$$

$$\frac{d^2x}{dt^2}+\frac{g}{b}x=0$$

此微分方程表明，立方体木块在竖直方向的运动是简谐振动。其振动角频率为

$$\omega=\sqrt{\frac{g}{b}}=\sqrt{\frac{9.8}{0.2}}=7\ \text{rad/s}$$

根据题意，初始时刻木块全部浸入水中，且无初速度释放，因此振幅 A 和初相 φ 分别为

$$A=a=0.05\ \text{m},\quad \varphi=0$$

所以木块的简谐振动方程为

$$x=0.05\cos(7t)\ \text{m}$$

下面研究几种常见的其他类型的简谐振动系统。

1. 单摆

如图 4.10 所示，一根长为 l、不可伸长的轻质(质量可忽略不计)细线，上端固定于 A 点，下端系一质量为 m 的可视为质点的重物，重物自然下垂就构成了一个单摆，通常称细线为摆线，称重物为摆锤或摆球。

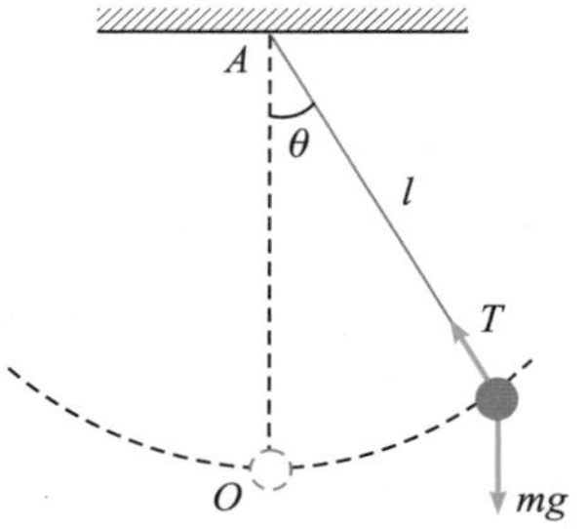

图 4.10

当摆球位于固定点正下方的 O 点处时，摆线呈竖直状态，此时摆球所受的合外力为零，O 点处即为摆球的平衡位置。使摆球从其平衡位置偏离一定角度后放手，摆球就在竖直平面内来回摆动。设某一时刻单摆的摆线偏离竖直线的角位移为 θ，取逆时针方向为角位移 θ 的正方向，忽略空气阻力，则摆球所受合外力矩为

$$M=-mgl\sin\theta \tag{4.26}$$

式中负号表示力矩方向与角位移 θ 的方向相反。由转动定律可得

$$-mgl\sin\theta=ml^2\frac{d^2\theta}{dt^2} \tag{4.27}$$

整理可得

$$\frac{d^2\theta}{dt^2}+\frac{g}{l}\sin\theta=0 \tag{4.28}$$

根据摆球在圆弧切线方向上的受力分析，应用牛顿运动定律同样可获得式(4.28)的微分方程。

当角位移 θ 很小时，$\sin\theta\approx\theta$，式(4.28)可简化成

$$\frac{d^2\theta}{dt^2}+\frac{g}{l}\theta=0 \tag{4.29}$$

这一方程与式(4.5)具有相同的形式，是简谐振动的动力学方程的角量形式。因此可得出结论：在小角度摆动的情况下，单摆的振动是简谐振动。上式中 θ 项系数的平方根即为单摆的简谐振动角频率

$$\omega=\sqrt{\frac{g}{l}} \tag{4.30}$$

单摆的简谐振动周期为

$$T=\frac{2\pi}{\omega}=2\pi\sqrt{\frac{l}{g}} \tag{4.31}$$

可见，单摆的周期取决于摆线长度和该处的重力加速度。此结论可用以测量地球表面特定位置的重力加速度。

求解微分方程式(4.29)，可得单摆的简谐振动运动学方程，即单摆的振动方程

$$\theta=\theta_A\cos(\omega t+\varphi) \tag{4.32}$$

其中 θ_A 为单摆振动的最大摆角，恒为正，称为角振幅；φ 为单摆振动的初相。角振幅和初相的取值均由初始条件决定。上式对时间 t 求导，可得单摆的角速度

$$\Omega=\frac{d\theta}{dt}=-\omega\theta_A\sin(\omega t+\varphi) \tag{4.33}$$

角位移 θ 和角速度 Ω 是描述单摆在某时刻运动状态的运动参量，而初相 φ 和振动角频率 ω 是描述单摆的简谐振动规律的谐振参量，两组物理量容易混淆，应用时需注意区分。

2. 复摆

可绕着固定光滑水平轴在竖直面内转动的刚体也是摆，与单摆相比，它有着更为复杂的质量分布，通常叫做复摆或者物理摆，实际的摆通常都是复摆。

如图 4.11 所示，质量为 m 的任意形状的物体，可以绕不通过质心 C 的水平固定 O 轴在竖直面内转动。当质心 C 位于固定点正下方时，物体处于平衡状态。使物体从其平衡位置偏离一定角度后放手，物体就会绕水平 O 轴在竖直平面内来回摆

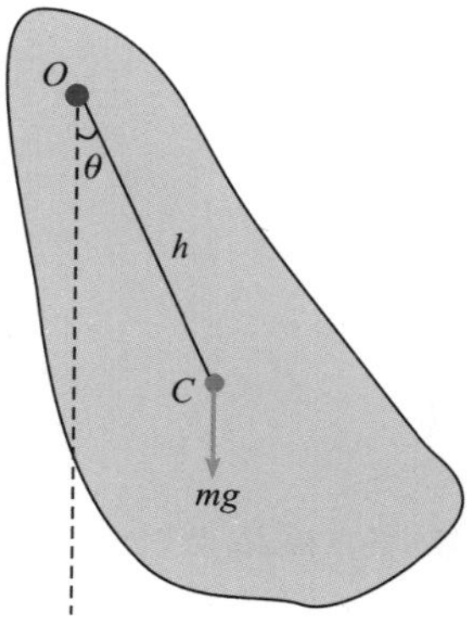

图 4.11

动。设物体绕 O 轴转动惯量为 J，质心 C 到 O 轴的距离为 h，某一时刻质心与轴的连线 OC 偏离竖直线的角位移为 θ，取逆时针方向为 θ 的正方向，忽略各种阻力矩，则由转动定律可得

$$-mgh\sin\theta = J\frac{\mathrm{d}^2\theta}{\mathrm{d}t^2} \tag{4.34}$$

式中负号表示力矩方向与角位移 θ 的方向相反。当摆角 θ 很小时，$\sin\theta\approx\theta$，上式可简化成

$$\frac{\mathrm{d}^2\theta}{\mathrm{d}t^2}+\frac{mgh}{J}\theta=0 \tag{4.35}$$

这一方程与式(4.5)和式(4.29)相比较，可知，复摆作小角度摆动时可视为简谐振动，振动角频率和振动周期分别为

$$\omega=\sqrt{\frac{mgh}{J}},\quad T=2\pi\sqrt{\frac{J}{mgh}} \tag{4.36}$$

可见，除了重力加速度 g，复摆的周期还与物体绕定轴的转动惯量 J 和物体质心到定轴的距离 h 有关。此结论可用以测量物体绕某固定轴的转动惯量。

特别地，若物体所有质量都集中于质心 C 处，复摆退化成单摆，则物体绕定轴转动的转动惯量 $J=mh^2$，将其代入式(4.36)，即可得与单摆相同的结论。因此，单摆是复摆的特例，或者说从简谐振动的运动规律上来看，每一个复摆都可以等效成一个摆线长度为 l_0 的单摆，摆线长度 l_0 可由式(4.31)确定，OC 延长线上距 O 轴 l_0 的点，称为该物理摆对 O 轴的振动中心。

知识进阶

摆的大角度振动与非线性系统

单摆、复摆只有在小角度摆动的条件下，其运动微分方程才符合简谐振动的线性微分方程的形式。一般当 $\theta<5°$ 时，可认为 $\sin\theta\approx\theta$。$\theta=5°$ 时，$\sin\theta$ 和 θ 的差别仅有 0.13%，而 $\theta=25°$ 时，$\sin\theta$ 和 θ 的差别高达 3.25%。因此，当单摆、复摆的摆角较大时，其运动微分方程应写成

$$\frac{\mathrm{d}^2\theta}{\mathrm{d}t^2}+\omega_0^2\sin\theta=0$$

式中 ω_0 是由式(4.30)和式(4.36)表示的固有角频率。这一微分方程是非线性的，不满足线性叠加原理，通常很难求得精确的解析解。由该方程所描述的运动要比简谐振动复杂得多。

在研究物理问题时，通常会把复杂的问题分解成若干个小问题，然后把各个小问题的解叠加在一起，得到整个问题的解。但这种“整体等于部分的线性叠加”的分析方法对于非线性系统并不适用。在非线性系统中，各个小问题的解之间并不是独立不相干的，而是有着某种相互作用，这种相互作用使得整个问题的解不能简单地等于各部分的解之和。

从数学上看，$\sin\theta$ 可展开为级数

$$\sin\theta=\theta-\frac{\theta^3}{3!}+\frac{\theta^5}{5!}+\cdots$$

上式若只取第一项，即 $\sin\theta\approx\theta$，由此看来，线性实际上只是忽略了系统的高阶项导致的整体复杂性，是一种理想的或者近似的结果，而绝大多数实际系统是非线性的。

上式若取前两项，代入上述非线性微分方程可得

$$\frac{\mathrm{d}^2\theta}{\mathrm{d}t^2}+\omega_0^2\theta-\frac{\omega_0^2}{6}\theta^3=0$$

与简谐振动的线性微分方程相比，上式方程中含有非线性项 $-\frac{\omega_0^2}{6}\theta^3$。上式方程的近似解为

$$\theta=\theta_A\cos\omega t+\frac{\theta_A^3}{192}\cos 3\omega t$$

式中

$$\omega=\omega_0\sqrt{1-\frac{\theta_A^2}{8}}\approx\omega_0\left(1-\frac{\theta_A^2}{16}\right)$$

与此相对应的周期可表示为

$$T=\frac{2\pi}{\omega}=\frac{2\pi}{\omega_0}\left(1-\frac{\theta_A^2}{8}\right)^{-1/2}\approx T_0\left(1+\frac{\theta_A^2}{16}\right)$$

式中 ω_0 和 T_0 分别为 $\theta_A\to 0$ 时的系统角频率和周期，也就是单摆作小幅振动时的角频率和周期。上式表明，摆的振动周期不再是系统固有的常量，而是与振幅大小有关，随着振幅的增大，单摆的振动周期也将逐渐增大。当摆角较大时，在三次非线性项的影响下，摆的运动不再是单一的简谐振动，而是由一个频率为 ω 的基频简谐振动和一个频率为 3ω 的三次谐频简谐振动叠加而成的合振动，但三次谐频的振幅远小于基频振动的振幅。

此外，摆的运动形式将会受初始条件的影响。如下图所示，当单摆在平衡位置处获得的起始能量不同时，其所呈现运动形式也不同。起始能量较低时，单摆最大摆角小于 $\pi/2$，依然作往复性运动；起始能量较高时，单摆最大摆角大于 $\pi/2$，摆球到达最高点后不会沿原路返回，运动不具有往复性；起始能量更高时，单摆最大摆角大于 π，摆球将在竖直平面内作圆周运动，其运动形式已不是通常意义的摆动了。

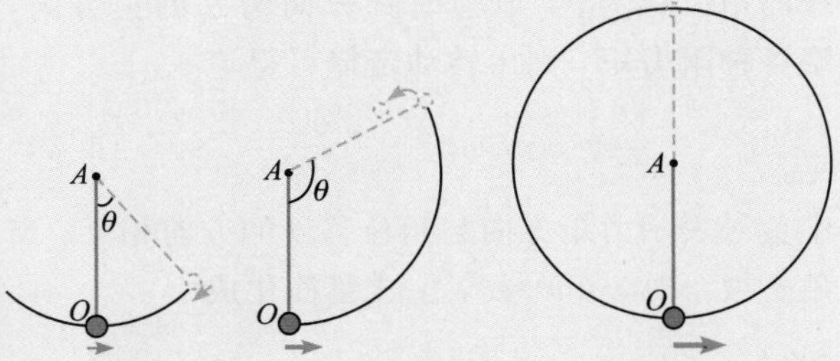

对于非线性系统，在某些情况下，初始条件的微小差异将会导致截然不同的结果，即表现出对初始条件极为敏感的依赖性，这使得系统的未来运动状态几乎无法预测，从而呈现出随机性。这种确定性动力学系统中存在的貌似无规则的类随机运动称为混沌。混沌是自然界的普遍现象。

3. 扭摆

如图 4.12 所示，用一金属丝或纤维把一圆盘悬挂起来，悬线通过圆盘的质心。将圆盘从平衡位置(参考线 $\theta=0$ 处)转过一个角度，然后释放，圆盘就会围绕这个参考线位置以角简谐运动的形式振动起来。这种装置称为**扭摆**。

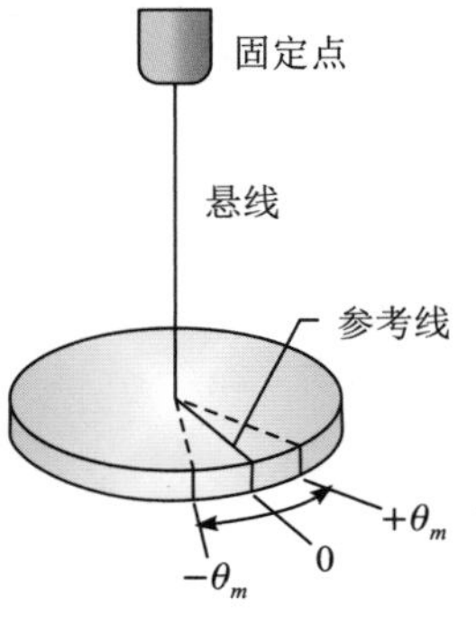

图 4.12

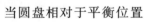

当圆盘相对于平衡位置转过角度 θ 时，悬线被扭转，于是对圆盘施加了一绕悬轴的力矩 M，力矩的大小与圆盘的角位移 θ 成正比，即

$$M=-\kappa\theta \tag{4.37}$$

式中负号表示被扭转的悬线施加于圆盘的力矩是反抗圆盘的转动角位移 θ 的，κ 是常量，称为**扭转系数**，其大小由悬线的材料、长度、直径等因素决定。设圆盘绕其悬轴的转动惯量为 J，则根据刚体的定轴转动定律可得

$$-\kappa\theta=J\frac{\mathrm{d}^2\theta}{\mathrm{d}t^2} \tag{4.38}$$

即

$$\frac{\mathrm{d}^2\theta}{\mathrm{d}t^2}+\frac{\kappa}{J}\theta=0 \tag{4.39}$$

上式表明扭摆的扭转运动是简谐振动，且振动角频率和周期分别为

$$\omega=\sqrt{\frac{\kappa}{J}},\quad T=2\pi\sqrt{\frac{J}{\kappa}} \tag{4.40}$$

上述结果很重要。用金属丝把物体挂起来，通过测定扭摆系统的振荡周期即可确定物体的转动惯量及金属丝的扭转系数 κ 或切变模量。

葛庭燧(1913—2000)，山东蓬莱人，中国科学院院士，金属内耗研究领域的创始人之一。1945 至 1949 年葛庭燧在芝加哥大学金属研究所从事金属滞弹性和内耗的研究。期间，葛庭燧利用扭摆设计和制作了世界上第一台“扭摆内耗仪”，国际上被称为“葛氏扭摆”；利用“葛氏扭摆”首次发现了晶粒间界内耗峰，国际上被称为“葛氏峰”，阐明了晶粒间的粘滞性质，奠定了滞弹性内耗的理论基础；根据晶界内耗实验结果提出了晶界的“无序原子群”模型，国际上被称为“葛氏晶界模型”。

葛庭燧发明的“葛氏扭摆”使金属内耗在低频范围内的测量成为可能，导致了许多重要内耗现象的发现，极大地推动了金属内耗研究领域的发展。多年以来，用扭摆测量内耗的仪器已经有了许多改进，但它们的基本形式仍然保持了原始扭摆的设计。

“葛氏扭摆”内耗仪是唯一一个以中国人命名的物理科学测量仪器，时至今日，它们还在全世界各国的实验室里默默运转着，就如同葛庭燧身上的科学家精神，光照后人，永留世间。

4. *LC* 电磁振荡

在电路中，回路电流和极板电荷以及与之相伴随的电场和磁场的周期性变化称为**电磁振荡**，电磁振荡与机械振动有类似的运动形式。由一个电容器 C 和一个电感线圈 L 串联而成的电路称为 ***LC* 振荡电路**。忽略回路电阻和辐射阻尼，LC 电路中的电磁振荡可视为无阻尼自由振荡。这是一个非力学的简谐振动的实例。

如图 4.13 所示，先将电键 K 拨到电源一侧，使电源给电容器充电，然后再将电键 K 拨向右侧接通 LC 电路，此后回路电流的大小及方向随时间周期性变化。取逆时针为 LC 回路的正方向，设某时刻的回路电流为 i，电容器两极板上电量分别为 $+q$ 和 $-q$，根据基尔霍夫电压定律，在无阻尼的情况下，有

$$\mathscr{E}_L = -L\frac{\mathrm{d}i}{\mathrm{d}t} = \frac{q}{C}$$

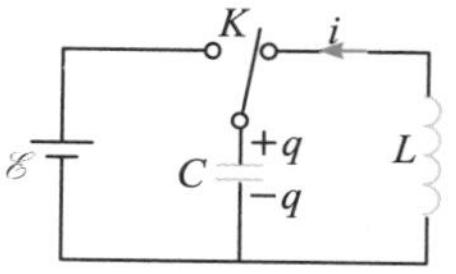

图 4.13

由于 $i=\dfrac{\mathrm{d}q}{\mathrm{d}t}$，上式可写成

$$\frac{\mathrm{d}^2 q}{\mathrm{d}t^2} + \frac{1}{LC}q = 0 \tag{4.41}$$

上式表明，电容器极板上的电荷量按简谐振动的形式周期性变化，可写成

$$q = q_0\cos(\omega t + \varphi) \tag{4.42}$$

式中 q_0 为极板上电荷量的最大值，称为**电荷量振幅**，φ 是简谐振荡的初相位，q_0 和 φ 的数值由初始条件决定，ω 是振荡角频率，由微分方程(4.41)可得

$$\omega = \frac{1}{\sqrt{LC}},\qquad T = 2\pi\sqrt{LC} \tag{4.43}$$

回路中任意时刻的电流为

$$i = \frac{\mathrm{d}q}{\mathrm{d}t} = -\omega q_0 \sin(\omega t + \varphi)$$
$$= \omega q_0 \cos\left(\omega t + \varphi + \frac{\pi}{2}\right) \tag{4.44}$$

可见，在 LC 振荡电路中，电容器极板上电荷量 q 和回路电流 i 都随时间作同周期的简谐振动，振荡周期和频率由振荡电路本身的性质决定，但电流的相位比电荷量的相位超前 $\pi/2$。

电磁振荡的物理原理是谐振器、电磁波及许多电子技术的基础，对相关课程学习会有帮助。同时，它也是理解物理学中振荡偶极子这一理想模型的基础。将 LC 串联回路与弹簧振子作类比，有助于理解电磁振荡。电源给电容器充电的过程，是给极板电荷或板间电压设定初始值的过程，也是通过给 LC 电路注入谐振能量来触发回路中的电荷、电流、电场、磁场等作简谐振动的过程，就好像弹簧振子放在那里只是个振动系统，但没有振动，通过外力将小球拉到某一位移处然后放手，才会触发弹簧振子系统的简谐振动，而初始位移及初始速度决定了系统的初始能量，亦即弹簧振子系统的谐振动能量。电容器带电后极板电压相当于弹簧作用在物体上的弹性力，而线圈的自感作用相当于弹簧振子中物体的惯性。在弹簧振子系统中，位移 x 和速度 v 做简谐运动，与之对应，LC 无阻尼自由振荡回路中，电量和电流也做简谐运动。

4.1.5 简谐振动的能量

现以图 4.1 所示的水平弹簧振子为例来说明简谐振动系统的能量特征。设某时刻物体离开平衡位置的位移为 x，速度为 v，即

$$x = A\cos(\omega t + \varphi)$$
$$v = -\omega A\sin(\omega t + \varphi)$$

取弹簧原长 O 点处为弹性势能零点，则该时刻系统的弹性势能为

$$E_p = \frac{1}{2}kx^2 = \frac{1}{2}kA^2\cos^2(\omega t + \varphi) \quad (4.45)$$

系统的动能为

$$E_k = \frac{1}{2}mv^2 = \frac{1}{2}m\omega^2A^2\sin^2(\omega t + \varphi) \quad (4.46)$$

由于 $\omega = \sqrt{\frac{k}{m}}$，所以有

$$E_k = \frac{1}{2}kA^2\sin^2(\omega t + \varphi) \quad (4.47)$$

因此振动系统的总机械能为

$$E = E_k + E_p = \frac{1}{2}kA^2 \quad (4.48)$$

以上分析表明，在简谐振动过程中，弹簧振子系统的动能和势能都随时间 t 作周期性变化，但总机械能保持不变，即系统机械能是守恒的，如图 4.14 所示。这是因为在简谐振动过程中，只有系统的保守内力(如弹簧弹性力)做功，没有其他外力做功，也没有非保守内力做功，所以系统总机械能必然守恒。系统的动能 E_k 和势能 E_p 不断地相互转化，而总机械能保持恒定。弹簧振子系统的动能与势能相互转化的周期为简谐振动周期 T 的一半，即 $T/2$，也就是说，弹簧振子每做一次全振动，系统机械能就在动能和势能之间相互转换两次。

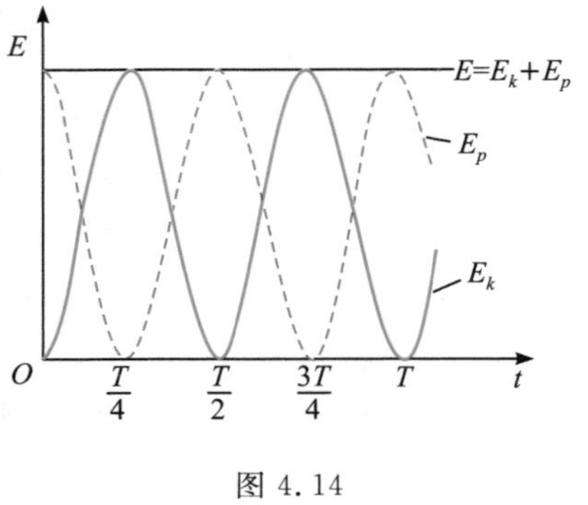

图 4.14

根据式(4.45)和式(4.47)可得弹簧振子在一个周期 T 内的平均势能和平均动能：

$$\bar{E}_p = \frac{1}{T}\int_t^{t+T} E_p\,\mathrm{d}t = \frac{1}{T}\int_t^{t+T} \frac{1}{2}kA^2\cos^2(\omega t + \varphi)\,\mathrm{d}t = \frac{1}{4}kA^2$$

$$\bar{E}_k = \frac{1}{T}\int_t^{t+T} E_k\,\mathrm{d}t = \frac{1}{T}\int_t^{t+T} \frac{1}{2}kA^2\sin^2(\omega t + \varphi)\,\mathrm{d}t = \frac{1}{4}kA^2$$

上式表明，简谐振动在一个周期内的平均势能和平均动能相等，都等于简谐振动总能量的一半。

式(4.48)表明，对于确定的弹簧振子，系统的总机械能与振幅的平方成正比，振动振幅越大，振动系统总机械能就越多，所以说，振幅的大小反映了振动系统总能量的多少。此结论具有一定的普遍意义，对于经典物理学范围内的其他简谐振动系统也同样适用。如在 LC 无阻尼自由电磁振荡电路中，电容器中的电场能量与自感线圈内的磁场能量相互转化，但系统总的电磁能保持不变。对于确定的 LC 振荡电路，系统的总电磁能正比于电容器极板的电荷量振幅 q_0 的平方。

图 4.15 所示为弹簧振子的势能曲线，即势能随位移 x 的变化关系曲线。由图可见，弹簧振子的势能曲线 $\overset{\frown}{BOC}$ 是抛物线，O 点为振动系统的稳定平衡位置，系统势能在此处取极小值。弹簧振子的能量特征具有普遍意义，适用于任何一个简谐振动系统。理论上可以证明：对于任何的一维势能函数或势能曲线，在其极小值附近都可近似描述成类似于弹簧振子势能的抛物线形式，所以在无摩擦的情况下，振动系统在其稳定平衡位置附近的小幅度振动都是简谐振动。近代物理中研究微观粒子的运动时，如分子中的原子、晶体中的离子或者等离子体中的自由电子等，在其平衡位置附近的振动都可视为简谐振动。

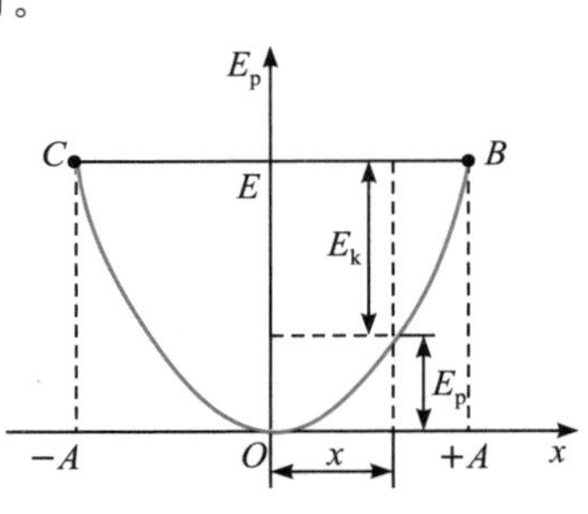

图 4.15

工程应用中常用能量守恒的方法来判断某动力学系统是否作简谐振动，进而求解简谐振动系统的固有周期和频率。

★【例 4.7】 一质量为 $3m$ 的 L 形均质细杆由互相垂直的两部分组成，其中水平部分杆长为 l，竖直部分杆长为 $2l$，可绕直角顶点处的固定 O 轴在竖直面内无摩擦转动，水平杆的末端与劲度系数为 k 的轻质弹簧相连，弹簧处于竖直状态且上端固定，如图(a)所示。系统平衡时，水平杆刚好处于水平位置。当其受到扰动后，杆在其平衡位置附近作小幅度摆动，试用能量分析方法求证杆的小幅度摆动是简谐振动，并求其振动的固有周期。

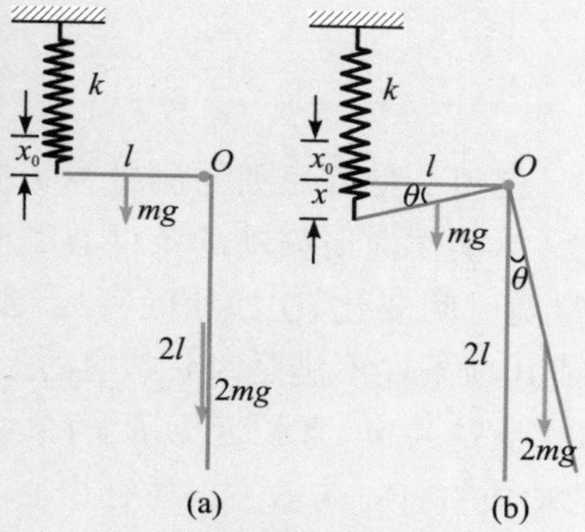

例 4.7 图

解 以杆、弹簧和地球组成的系统为研究对象，设当系统平衡时，弹簧伸长量为 x_0，此时弹簧弹力力矩与水平杆的重力力矩平衡，即

$$kx_0 l = mg\frac{l}{2}$$

系统受到扰动后，杆在平衡位置附近小幅摆动的过程中，只有保守内力做功，因此系统的总机械能守恒。

设某时刻杆偏离平衡位置的角位移为 θ，角速度为 ω，如图(b)所示，若以弹簧原长位置为弹力势能零点，以 O 轴所在的水平位置为重力势能零点，此时系统的总机械能可表示为

$$E=\frac{1}{2}J\omega^2+\frac{1}{2}k(x_0+x)^2-mg\left(\frac{1}{2}l\sin\theta\right)-2mgl\cos\theta$$

上式第一项为杆的转动动能，第二项为弹簧的弹力势能，第三、四项分别为杆的水平和竖直部分的重力势能。由于系统机械能守恒，故有

$$\frac{\mathrm{d}E}{\mathrm{d}t}=0$$

因此可得

$$J\omega\frac{\mathrm{d}^2\theta}{\mathrm{d}t^2}+k(x_0+x)\frac{\mathrm{d}x}{\mathrm{d}t}-\frac{mgl}{2}\cos\theta\frac{\mathrm{d}\theta}{\mathrm{d}t}+2mgl\sin\theta\frac{\mathrm{d}\theta}{\mathrm{d}t}=0$$

当角位移 θ 很小时，$\sin\theta\approx\theta$，$\cos\theta\approx 1$，$x\approx l\theta$，代入上式，整理可得

$$\frac{\mathrm{d}^2\theta}{\mathrm{d}t^2}+\frac{(2mgl+kl^2)}{J}\theta=0$$

此微分方程表明，L 形杆作小角度摆动时是简谐振动。式中 J 为 L 形杆对 O 轴的转动惯量

$$J=\frac{1}{3}ml^2+\frac{1}{3}(2m)(2l)^2=3ml^2$$

代入微分方程，可得简谐振动角频率和振动周期分别为

$$\omega=\sqrt{\frac{2mg+kl}{3ml}}$$

$$T=2\pi\sqrt{\frac{3ml}{2mg+kl}}$$

★【例 4.8】 质量为 M 的物块在光滑水平桌面上与一劲度系数为 k 的轻质弹簧相连接，弹簧的另一端固定在墙面上。起初物块 M 静止，弹簧处于自然长度状态，如图所示。现有一质量为 m 的子弹以速度 v 射入木块并嵌入其中(设子弹射入过程用时极短)，试求此简谐振动系统的振幅。

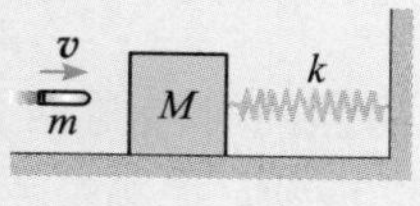

例 4.8 图

解 以子弹和物块构成的系统为研究对象，在子弹射入物块的过程中，系统不受外力作用，因此在水平方向上满足动量守恒。设子弹嵌入物块后两者的共同速度为 V，于是有

$$mv=(M+m)V$$

可得

$$V=\frac{m}{M+m}v$$

此时弹簧处于自然状态，因此弹力势能 $E_p=0$，系统的总机械能为

$$E=E_k+E_p=\frac{1}{2}(M+m)V^2+0=\frac{m^2v^2}{2(M+m)}$$

由简谐振动系统机械能与振幅的关系 $E=\frac{1}{2}kA^2$，可得振幅为

$$A=\sqrt{\frac{2E}{k}}=\frac{mv}{\sqrt{(M+m)k}}$$

思考题

1. 仅用一把直尺如何测量弹簧振子的固有频率？

2. 单摆作简谐振动的条件有哪些？当① 摆线可伸长(比如弹力绳)，② 摆线质量不能忽略，③ 摆球质量随时间变化(比如沙漏)，④ 摆锤并非只沿铅锤面摆动，而是有水平速度分量，⑤ 摆角较大中的一项或几项条件不满足时，单摆的运动特征将是怎样的？

3. 质量为 m 且长度为 L 的单摆，其重心在摆锤位置，重心到轴的距离为摆长 L；质量 m 且长度 $2L$ 的均质直杆，其重心在质杆中心，中心到轴的距离也是 L。当均质杆和单摆均在竖直平面作小幅振荡时，两者的周期相比如何？

4. 同一个简谐振动，分别用正弦函数和用余弦函数表示其振动的运动学方程，区别何在？

5. 弹簧的劲度系数 k 与弹簧的长度有关吗？若将一个弹簧分割成两段，那么每段弹簧的劲度系数还是 k 吗？

6. 若考虑弹簧的质量，弹簧振子的振动周期与轻质弹簧的周期相同吗？

4.2 简谐振动的合成

在实际问题中，常会遇到一个物体同时参与两个或多个振动的情况，比如两列波在空间相遇，相遇区域的每一质元都同时参与两个振动，根据运动叠加原理，质元的实际运动就是两个振动的叠加，即振动的合成。一般的振动合成问题比较复杂，本节重点讨论两个简谐振动在同方向及垂直方向上的合成，更为复杂的振动往往可以看作是由多个简谐振动合成而得的。简谐振动的合成是机械波的叠加、光的干涉等后续章节知识的基础，在声学、光学、电磁波传播、无线电技术等领域有着极为广泛的应用。

4.2.1 同方向、同频率简谐振动的合成

设物体同时参与两个沿 x 方向的角频率都为 ω 的简谐振动，振幅分别为 A_1 和 A_2，初相分别为 φ_1 和 φ_2，其振动方程分别为

$$x_1 = A_1\cos(\omega t + \varphi_1)$$

$$x_2 = A_2\cos(\omega t + \varphi_2)$$

合振动的位移为两个分振动位移的代数和，即

$$x = x_1 + x_2 = A_1\cos(\omega t + \varphi_1) + A_2\cos(\omega t + \varphi_2)$$

利用三角函数公式可求得合振动的位移为

$$x = A\cos(\omega t + \varphi)$$

可见两个同方向、同频率的简谐振动合成后仍为简谐振动，合振动的频率与分振动频率相同，合振动的振幅 A 和初相 φ 分别可表示为

$$A = \sqrt{A_1^2 + A_2^2 + 2A_1A_2\cos(\varphi_2 - \varphi_1)} \tag{4.49}$$

$$\tan\varphi = \frac{A_1\sin\varphi_1 + A_2\sin\varphi_2}{A_1\cos\varphi_1 + A_2\cos\varphi_2} \tag{4.50}$$

应用旋转矢量法分析简谐振动的合成，可以更加直观、简便地获得以上结论。如图 4.16 所示，两个分振动的旋转矢量分别为 $\boldsymbol{A}_1$ 和 $\boldsymbol{A}_2$，初始时刻 ($t=0$) 两矢量与 x 轴的夹角分别为 φ_1 和 φ_2，它们在 x 轴上的投影分别为 x_1 和 x_2，即为两个分振动的位移。利用平行四边形法则可得 $\boldsymbol{A}_1$ 和 $\boldsymbol{A}_2$ 的合矢量 $\boldsymbol{A}$，任一时刻 $\boldsymbol{A}$ 在 x 轴的投影为 $x = x_1 + x_2$，即合振动的位移。计时开始后两矢量以相同的角速度 ω 逆时针旋转，旋转过程中，包括合矢量 $\boldsymbol{A}$ 在内的整个平行四边形一起以角速度 ω 转动，因此 t 时刻，矢量 $\boldsymbol{A}$ 所代表的合振动位移为

$$x = x_1 + x_2 = A\cos(\omega t + \varphi)$$

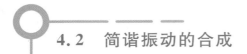

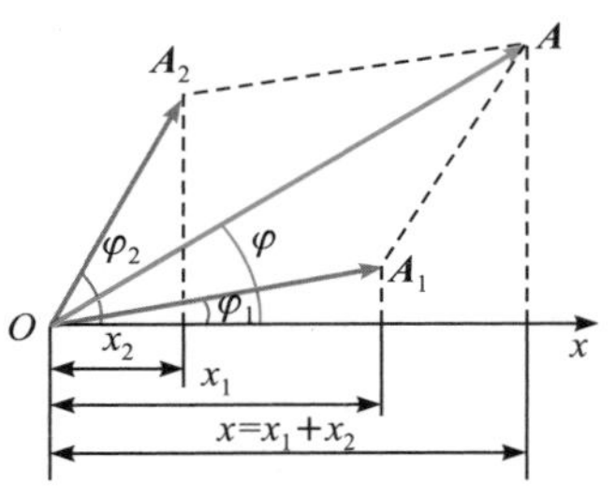

图 4.16

这表明，两个分振动 x_1 和 x_2 的合振动 x 仍是简谐振动。利用图中几何关系可求得合振动的振幅 A 和初相 φ 分别为

$$A=\sqrt{A_1^2+A_2^2+2A_1A_2\cos(\varphi_2-\varphi_1)}$$

$$\tan\varphi=\frac{A_1\sin\varphi_1+A_2\sin\varphi_2}{A_1\cos\varphi_1+A_2\cos\varphi_2}$$

由式(4.49)可以看出，合振动振幅不仅与分振动振幅有关，还与两分振动的初相差 $\varphi_2-\varphi_1$ 有关。下面重点讨论两个特例。

1. 同相合成

若相位差

$$\varphi_2-\varphi_1=\pm 2k\pi \quad k=0,1,2,\cdots$$

两分振动步调相同，此时振动的合成称为同相合成，如图 4.17 所示。合振动振幅为

$$A=\sqrt{A_1^2+A_2^2+2A_1A_2\cos(\varphi_2-\varphi_1)}=A_1+A_2$$

即当两分振动同相合成时，合振动振幅为两分振动振幅之和，这是合振动振幅可能达到的最大值。特别的，若 $A_1=A_2$，则合振动振幅是分振动振幅的两倍。

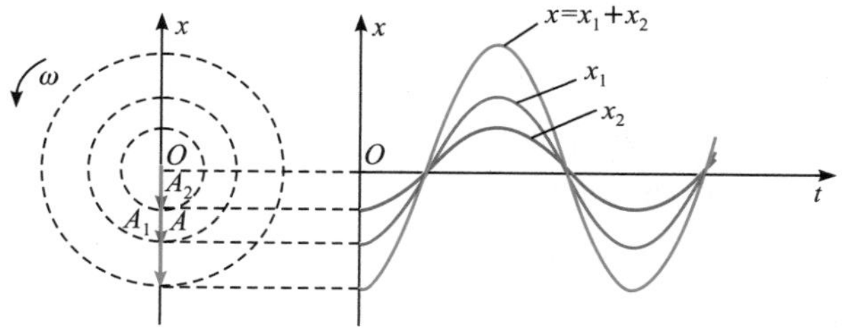

图 4.17

2. 反相合成

若相位差

$$\varphi_2-\varphi_1=\pm(2k+1)\pi \quad k=0,1,2,\cdots$$

两分振动步调相反，则此时振动的合成称为反相合成，如图 4.18 所示。合振动振幅为

$$A=\sqrt{A_1^2+A_2^2+2A_1A_2\cos(\varphi_2-\varphi_1)}=|A_1-A_2|$$

即当两分振动反相合成时，合振动振幅为两分振动振幅之差的绝对值，这是合振动振幅可能达到的最小值。特别的，若 $A_1=A_2$，则 $A=0$，即两个振幅相等的简谐振动反相合成的结果是使物体处于静止状态。

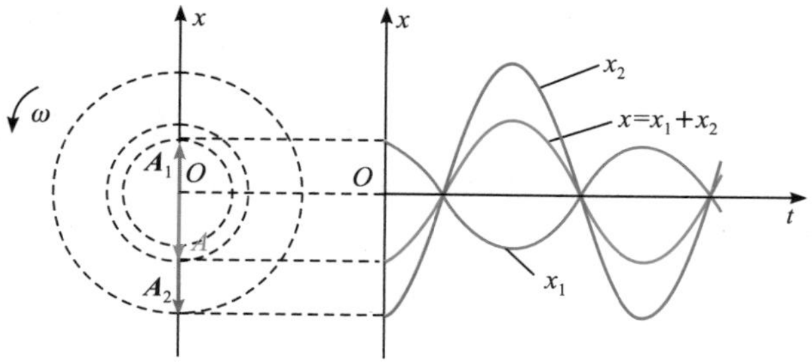

图 4.18

一般情形下，相位差 $\varphi_2-\varphi_1$ 可取任意值，此时合振动振幅的取值在最大值 A_1+A_2 和最小值 $|A_1-A_2|$ 之间。

★**【例 4.9】** 如例 4.9 图所示，有两个同方向同频率的简谐振动，合成后其合振动振幅 $A=20$ cm，合振动与第一个简谐振动的相位差 $\varphi-\varphi_1=\frac{\pi}{6}$，若已知第一个简谐振动的振幅 $A_1=10\sqrt{3}$ cm，试求第二个简谐振动的振幅 A_2 以及两分振动的初相差 $(\varphi_2-\varphi_1)$。

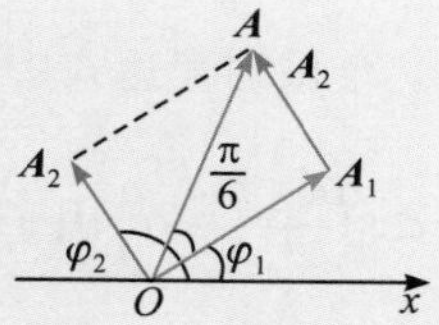

例 4.9 图

解 用旋转矢量法描述简谐振动的合成，如图所示，矢量 $\boldsymbol{A}_1$ 和 $\boldsymbol{A}_2$ 分别表示两个分振动，矢量 $\boldsymbol{A}$ 表示合振动，且有 $\boldsymbol{A}=\boldsymbol{A}_1+\boldsymbol{A}_2$，因此

$$\boldsymbol{A}_2=\boldsymbol{A}-\boldsymbol{A}_1$$

由矢量三角形几何关系可得

$$A_2=\sqrt{A^2+A_1^2-2AA_1\cos(\varphi-\varphi_1)}=10\ \text{cm}$$

又由于

$$A^2=A_1^2+A_2^2+2A_1A_2\cos(\varphi_2-\varphi_1)$$

故有

$$\cos(\varphi_2-\varphi_1)=\frac{A^2-A_1^2-A_2^2}{2A_1A_2}=0$$

因此可得

$$\varphi_2-\varphi_1=\frac{\pi}{2}$$

利用旋转矢量法分析简谐振动的合成问题，可以避免繁杂的三角函数运算，有极大的优越性。还需特别强调，初相 φ_1、φ_2 以及 φ 的取值范围一般为 $0\sim 2\pi$ 或 $-\pi\sim\pi$ 之间，在利用式(4.49)和式(4.50)求解时往往可获得两个初相的取值，还需做进一步判定来取舍，利用旋转矢量法则可以很大程度上避免这个问题。利用旋转矢量法还可以将两个简谐振动的合成推广到多个简谐振动的合成，这在研究光的多缝干涉、光栅衍射以及电磁波辐射与天线阵列等无线电技术中都有着重要的应用。

4.2.2 同方向不同频率简谐振动的合成

若物体同时参与两个同方向但不同频率的简谐振动，其合振动依然沿原来的振动方向，但不再是简谐振动。

为简单起见，设两个分振动振幅都是 A，初相都为零，振动角频率分别为 ω_1 和 ω_2，其振动方程分别为

$$x_1 = A\cos\omega_1 t$$
$$x_2 = A\cos\omega_2 t$$

应用三角函数的和差化积公式，可得合振动的表达式为

$$x = x_1 + x_2 = A\cos\omega_1 t + A\cos\omega_2 t = 2A\cos\left(\frac{\omega_2-\omega_1}{2}t\right)\cdot\cos\left(\frac{\omega_2+\omega_1}{2}t\right)$$

由上式可以看出，合振动不是简谐振动。但当两个分振动的频率都较大而其差很小时，即 $\omega_2-\omega_1 \ll \omega_2+\omega_1$，合振动表达式中 $\cos\left(\frac{\omega_2-\omega_1}{2}t\right)$ 因子的变化频率比 $\cos\left(\frac{\omega_2+\omega_1}{2}t\right)$ 因子小得多，前者只随时间作缓慢的周期性变化，而后者随时间变化很快，振动位移随时间的变化主要由 $\cos\left(\frac{\omega_2+\omega_1}{2}t\right)$ 决定。若令

$$A(t) = \left|2A\cos\left(\frac{\omega_2-\omega_1}{2}t\right)\right| \qquad (4.51)$$

并将其视为振幅项，则合振动可看成是角频率为 $\frac{\omega_2+\omega_1}{2}$、振幅作缓慢变化的近似简谐振动。合振动振幅的周期性变化导致合振动忽强忽弱，如图 4.19 所示。

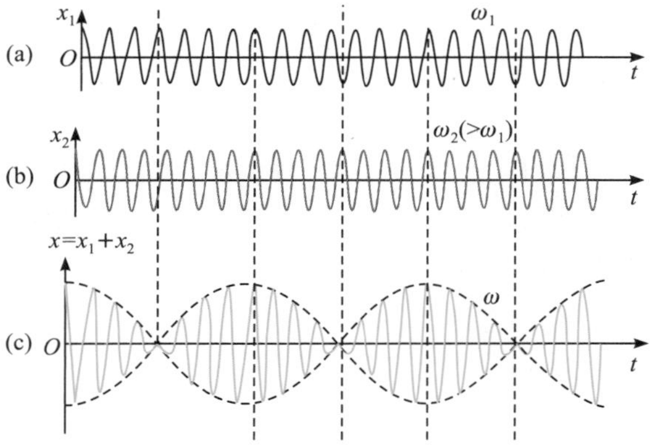

图 4.19

这种频率较大但相差很小的两个同方向的简谐振动，在合成时所形成的合振动振幅忽强忽弱的周期性变化的现象称为**拍**，合振动振幅变化的频率，即单位时间内合振动振幅大小变化的次数称为**拍频**。由式(4.51)可得，拍频为

$$\nu = \left|\frac{\omega_2-\omega_1}{2\pi}\right| = |\nu_2-\nu_1| \qquad (4.52)$$

即拍频等于两个分振动频率之差的绝对值。

同方向不同频率的简谐振动的合成也可以用旋转矢量法来形象地说明。如图4.20 所示，两个分振动的旋转矢量 $\boldsymbol{A}_1$ 和 $\boldsymbol{A}_2$ 以不同的角速度旋转，它们之间的夹角随时间变化，导致其合矢量 $\boldsymbol{A}$ 的大小也随时间周期性变化。每当两分振动矢量重合时，合振动振幅最大，反向时合振动振幅最小。设 $\boldsymbol{A}_2$ 比 $\boldsymbol{A}_1$ 转得快，单位时间内 $\boldsymbol{A}_2$ 比 $\boldsymbol{A}_1$ 多转 $\nu_2-\nu_1$ 圈，合振动振幅则经历 $\nu_2-\nu_1$ 次最大或最小值。因此，拍频 $\nu=|\nu_2-\nu_1|$。

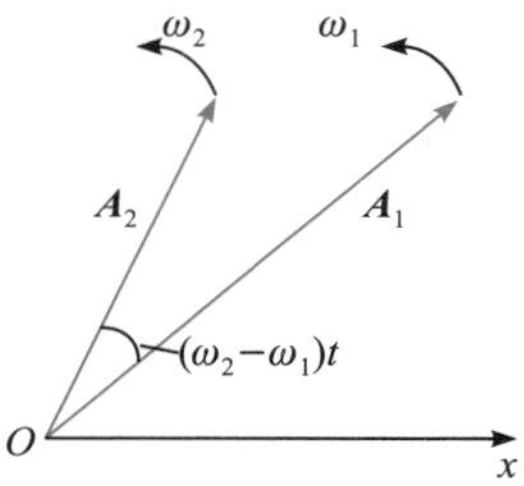

图 4.20

可用音叉演示拍现象。取两个频率相近的音叉，若单独敲击其中一个音叉，则发出的声音声强均匀；若同时敲击两个音叉，则会听到声音时高时低的嗡嗡之音。由于声强与空气振动的振幅的平方成正比，所以声强的时强时弱的变化反映出合振动振幅忽大忽小的周期性变化，即拍现象。

拍及拍频可用于测量未知信号的频率。若已知一个高频振动的频率，使之与另一频率相近但未知的振动叠加，通过测量合振动的拍频即可获得未知信号的频率。拍现象还广泛应用于速度测量、无线电技术和地面卫星跟踪等技术领域。例如，LC 振荡电路可以产生稳定的高频振荡，但利用它产生的低频振荡很不稳定，因此，在无线电技术中采用两个频率很高并且相差很小的高频振荡，使之在同一方向上叠加产生差拍，进而得到极低的低频电路振荡。

科技专题

超外差接收机

在无线通信收发机中，超外差接收机是目前最常用的一种结构。它将接收机接收到的高频信号与本地产生的振荡信号进行混频，产生一个固定的中频信号。这个中频信号的频率等于接收机接收的高频信号频率与本振信号频率的差值。

如下图所示，天线接收的是中心频率为 f_c 的已调制且频带有限的高频信号(图(a))，本地振荡器产生一个频率为 f_1 的等幅正弦高频信号(图(b))，通常 $f_1 > f_c$，两个信号在混频器中变频，输出的中频信号为其差频分量，即 $f_i = f_1 - f_c$。对比图(c)和图(a)，输出的中频信号只改变了输入信号的载波频率，其频谱结构与输入信号完全相同，高频信号的包络线并未改变，即保留了输入信号的全部有用信息。

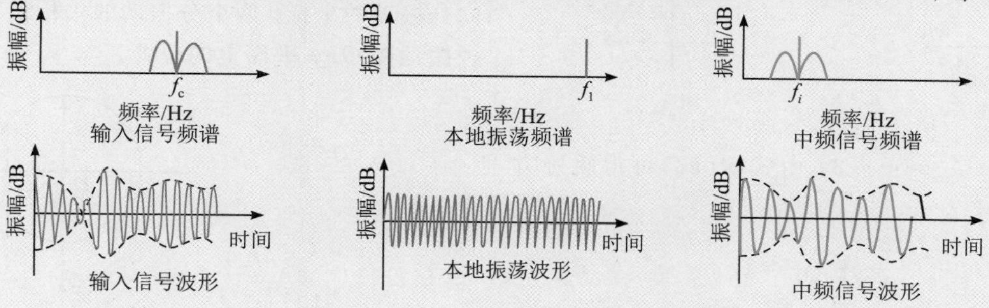

(a) (b) (c)

这种固定频率的中频信号有利于后续的信号处理，如滤波、放大和调解等。相比于高频放大，中频放大容易得到更大和更为稳定的放大量。

4.2.3 垂直方向同频率简谐振动的合成

若物体同时参与两个不同方向的简谐振动，通常情况下，振动物体将在平面上作曲线运动，其轨迹由两个分振动的频率、振幅及相位差决定。

设物体参与的两个同频率的简谐振动分别在 x 轴和 y 轴方向上进行，振动方程分别为

$$x = A_1\cos(\omega t + \varphi_1)$$
$$y = A_2\cos(\omega t + \varphi_2)$$

任一时刻的合振动在 Oxy 平面上的位置坐标 (x, y) 由上式给出，因此上式实际上就是振动物体运动轨迹的参数方程。两式联立消去 t，即可得合振动在 Oxy 平面的轨迹方程

$$\frac{x^2}{A_1^2} + \frac{y^2}{A_2^2} - 2\frac{x}{A_1}\frac{y}{A_2}\cos(\varphi_2 - \varphi_1) = \sin^2(\varphi_2 - \varphi_1) \tag{4.53}$$

一般来说，这一轨迹方程是椭圆方程，椭圆的大小被限制在 $x = \pm A_1$ 和 $y = \pm A_2$ 的范围内，椭圆的具体形状取决于各分振动振幅 A_1、A_2 以及相位差 $\varphi_2 - \varphi_1$。下面重点讨论几种特殊情况。

(1) $\varphi_2 - \varphi_1 = 0$，即两分振动同相，由式(4.53)可得轨迹方程为

$$y = \frac{A_2}{A_1}x$$

此时，合振动的轨迹是一条位于一、三象限且过原点的直线，直线的斜率为 A_2/A_1，如图 4.21 所示。设 $\varphi_1 = \varphi_2 = \varphi$，则任一时刻，振动物体相对于坐标原点 O 的位移 r 为

$$r = \pm\sqrt{x^2 + y^2} = \sqrt{A_1^2 + A_2^2}\cos(\omega t + \varphi)$$
$$= A\cos(\omega t + \varphi)$$

由此可得，互相垂直的两个同频率简谐振动同相合成时，其合振动依然是简谐振动，振动频率和初相都与分振动相同，振幅等于 $\sqrt{A_1^2 + A_2^2}$。反之，沿任意方向的一个简谐振动都可以分解为两个互相垂直的同频率的简谐振动，各分振动振幅为原振幅在该方向上的投影。

(2) $\varphi_2 - \varphi_1 = \pi$，即两分振动反相，由式(4.53)可得轨迹方程为

$$y = -\frac{A_2}{A_1}x$$

此时，合振动的轨迹是一条位于二、四象限且过原点的直线，直线的斜率为 $-A_2/A_1$，如图 4.22 所示。设 $\varphi_1 = \varphi$，$\varphi_2 = \varphi + \pi$，则任一时刻，振动物体相对于坐标原点 O 的位移 r 为

$$r = \pm\sqrt{x^2+y^2} = \sqrt{A_1^2+A_2^2}\cos(\omega t+\varphi) = A\cos(\omega t+\varphi)$$

由此可得，互相垂直的两个同频率简谐振动反相合成时，其合振动依然是简谐振动。

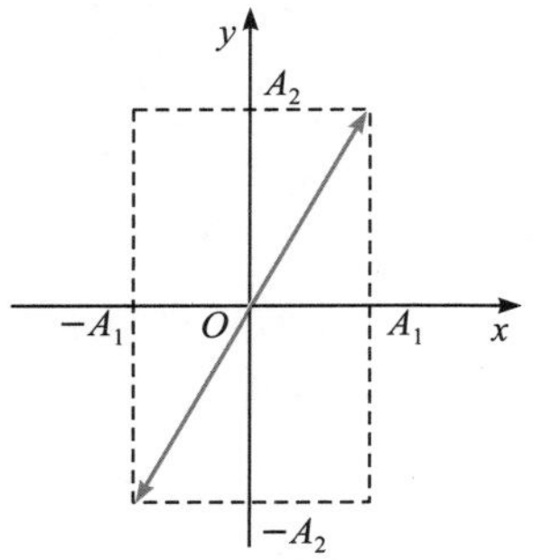

图 4.21

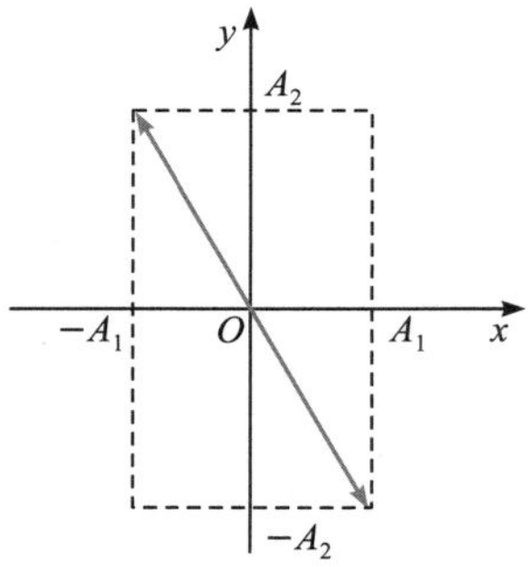

图 4.22

(3) $\varphi_2-\varphi_1=\pm\pi/2$，由式(4.53)可得轨迹方程为

$$\frac{x^2}{A_1^2}+\frac{y^2}{A_2^2}=1$$

此时，合振动的轨迹是以坐标轴为主轴的正椭圆，物体将沿着椭圆轨迹顺时针或逆时针方向运动，如图 4.23 所示。

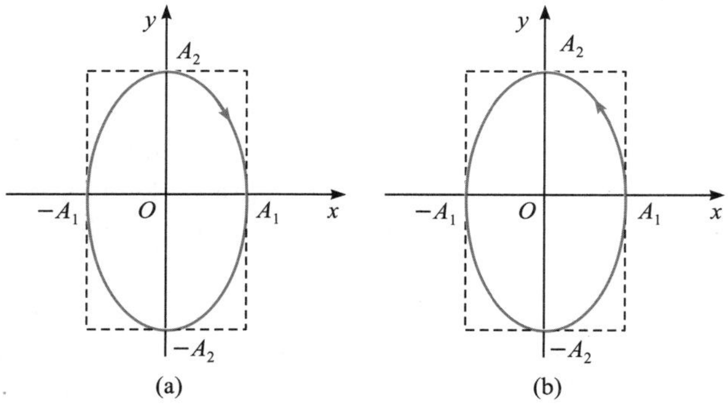

图 4.23

当 $\varphi_2-\varphi_1=\pi/2$ 时，y 轴上的振动相位比 x 轴上的振动相位超前 $\pi/2$，振动物体沿顺时针方向作椭圆运动；当 $\varphi_2-\varphi_1=-\pi/2$ 时，y 轴上的振动相位比 x 轴上的振动相位落后 $\pi/2$，振动物体沿逆时针方向作椭圆运动。

特别的，若 $\varphi_2-\varphi_1=\pm\pi/2$，且两个分振动的振幅相等，即 $A_1=A_2$，合振动的轨迹是以坐标原点 O 为中心的圆，振动物体将沿圆形轨迹顺时针或逆时针方向匀速率运动。反之，匀速率圆周运动可以分解为两个互相垂直的同频率的简谐振动。旋转矢量法就是基于简谐振动和圆周运动的这种联系建立起来的几何描述方法。

(4) $\varphi_2-\varphi_1$ 等于其他任意值，合振动轨迹为一般斜椭圆，椭圆相对于坐标轴的倾斜程度随初相差 $\varphi_2-\varphi_1$ 的取值不同而变化。

借助旋转矢量法可以作图描绘合振动的椭圆轨迹。设两分振动振幅分别为 A_1 和 A_2，初相分别为 0 和 $\pi/4$，如图 4.24 所示，以 O 为坐标原点建立 Ox 和 Oy 坐标轴，在 y 轴延长线上取一点 O_1，以 O_1 为圆心、A_1 为半径作一圆，旋转矢量 $\boldsymbol{A}_1$ 末端在 x 轴的投影即为 x 方向分振动的坐标。在 x 轴延长线上取一点 O_2，以 O_2 为圆心、A_2 为半径作一圆，旋转矢量 $\boldsymbol{A}_2$ 末端在 y 轴的投影即为 y 方向分振动的坐标。两个分振动的坐标值共同决定了合振动在 Oxy 平面上的位置。

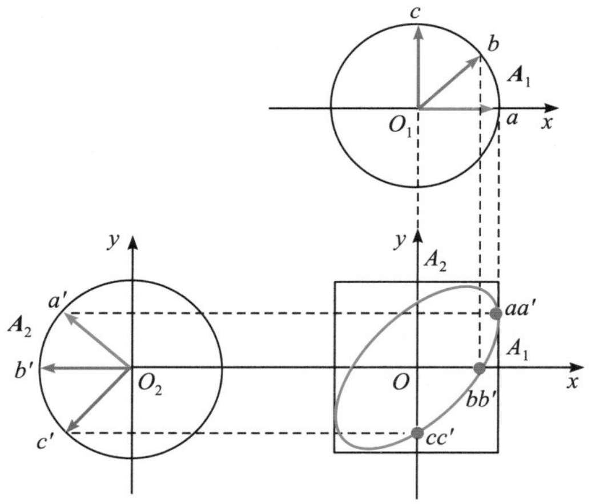

图 4.24

起始时刻，旋转矢量 $\boldsymbol{A}_1$ 沿 x 轴方向(末端在图 4.24 中 a 处)，旋转矢量 $\boldsymbol{A}_2$ 与 y 轴夹角为 $\pi/4$(末端在图 4.24 中 a' 处)，因此合振动的位置在 aa' 处。经过 $T/8$ 后，旋转矢量 $\boldsymbol{A}_1$ 转到与 x 轴夹角为 $\pi/4$ 的位置(末端在图 4.24 中 b 处)，旋转矢量 $\boldsymbol{A}_2$ 转到与 y 轴夹角为 $\pi/2$ 的位置(末端在图 4.24 中 b' 处)，此时合振动的位置在 bb' 处。再经过 $T/8$，旋转矢量 $\boldsymbol{A}_1$ 转到与 x 轴夹角为 $\pi/2$ 的位置(末端在图 4.24 中 c 处)，旋转矢量 $\boldsymbol{A}_2$ 转到与 y 轴夹角为 $3\pi/4$ 的位置(末端在图 4.24 中 c' 处)，此时合振动的位置在 cc' 处。依此方法直到确定一个完整周期内的合振动位置，并用曲线将它们连起来，即为合振动的椭圆轨迹，如图 4.24 右下所示。从轨迹还可看出该椭圆是按顺时针方向旋转的。

图 4.25 给出了两个互相垂直的同频率简谐振动在几种不同初相差情况下合振动的轨迹曲线，轨迹曲线上的箭头方向为质点沿轨迹的运动方向。

综上所述，两个互相垂直的同频率简谐振动合成时，只有当两分振动的初相差为零或 π 的整数

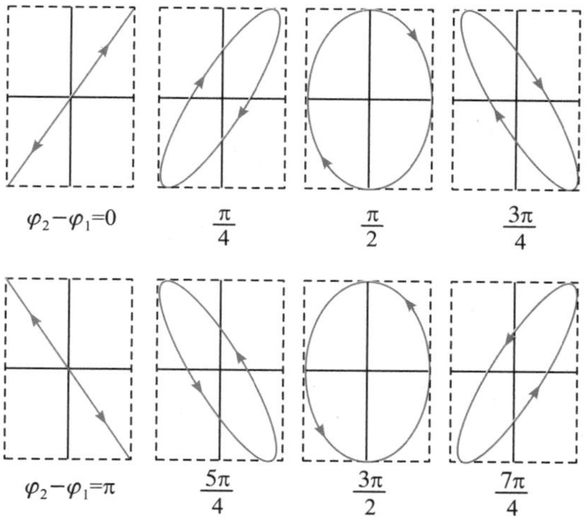

图 4.25

倍时，合振动才是简谐振动。当初相差为 $\pm\pi/2$ 时，合振动轨迹为正椭圆；当分振动振幅相等时，正椭圆变为圆；当初相差为其他值时，合振动轨迹为一般斜椭圆。相反的，任意方向的简谐振动、某些椭圆及某些圆运动可以分解为两个互相垂直的同频率简谐振动。两个互相垂直的同频率简谐振动的合成理论研究在电磁波场的极化、光的偏振及偏振实验技术中有着重要应用。

4.2.4　垂直方向不同频率简谐振动的合成与李萨如图

当质点同时参与两个互相垂直的方向上、频率不同的简谐振动时，合成运动的轨迹一般比较复杂且不稳定。

若两分振动的频率比较接近，可近似看作互相垂直方向上同频率的简谐振动的合成，但频率的微小差异导致两分振动的相位差随时间缓慢变化，因此合成运动轨迹将按照图 4.25 所示的次序在矩形范围内，由直线变成椭圆，再变成直线，不断循环变化。

若两分振动的频率之比为有理数，即频率之比为简单的整数比，则合成运动的轨迹是稳定的闭合曲线，合成运动是周期性运动。合成运动的轨迹形状与两分振动的频率之比有关，还与两分振动的初相差有关。图 4.26 为两分振动不同频率比和初相差所对应的合运动轨迹图，这些图形称为李萨如图形。在工程技术领域，人们常利用李萨如图形进行频率和相位的测定。

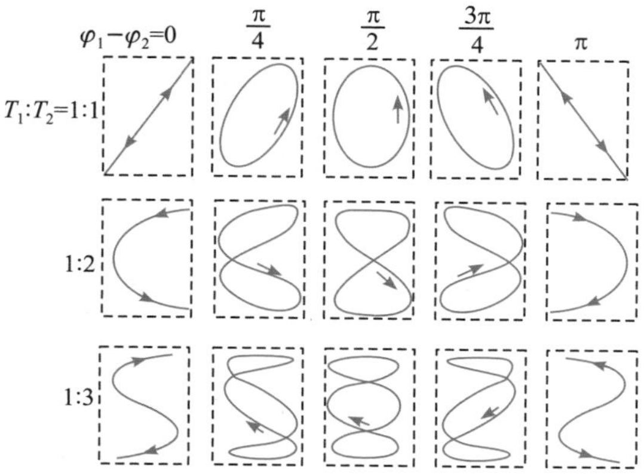

图 4.26

借助于示波器可以直观地演示各种条件下两个简谐振动的合成。示波器通常有两个输入通道，可以同时测量并显示两路信号的波形。在“YT”时基模式下，可以将两路正弦信号的波形进行同方向叠加，并显示出叠加后的波形，频率相近的信号合成后可产生如图 4.19 所示的“拍”现象。在“XY”时基模式下，可以将两路正弦信号进行垂直方向的叠加，频率相同的信号合成后可呈现如图 4.25 所示的轨迹图；频率成整数比的信号合成后可呈现如图 4.26 所示的轨迹图。大学物理实验中“声速的测量”就是利用示波器将接收点的信号与声源信号垂直叠加，并根据叠加后的图形判断接收点信号与声源信号的相位关系。

知识进阶

非简谐振动的分解　频谱

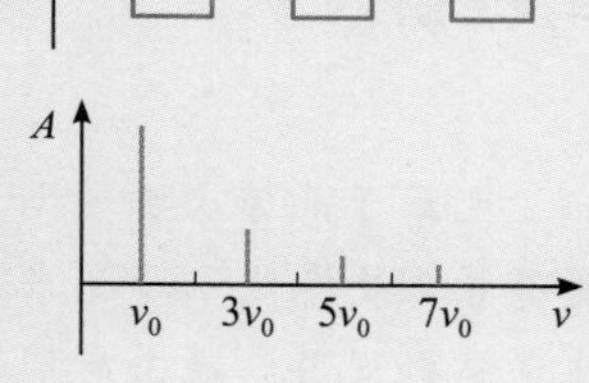

前面讨论的基本上都是简谐振动，简谐振动仅仅是周期性振动的一个特殊情况。实际中的振动，往往是比较复杂的非简谐振动。对于非简谐振动，直接分析往往比较困难。

实际上，任何一个比较复杂的周期性振动都可以分解为一系列不同频率的简谐振动的叠加。这种把一个复杂的周期性振动分解为许多简谐振动之和的方法称为**谐振分析**，在数学上则称为**傅里叶级数**，它指出，一个周期为 T、频率为 ν 的周期函数 $x(t)$ 可以表示为

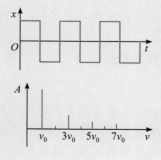

$$x(t)=\frac{A_0}{2}+\sum_{n=1}^{\infty}[A_n\cos(2\pi n\nu t+\varphi_n)]$$

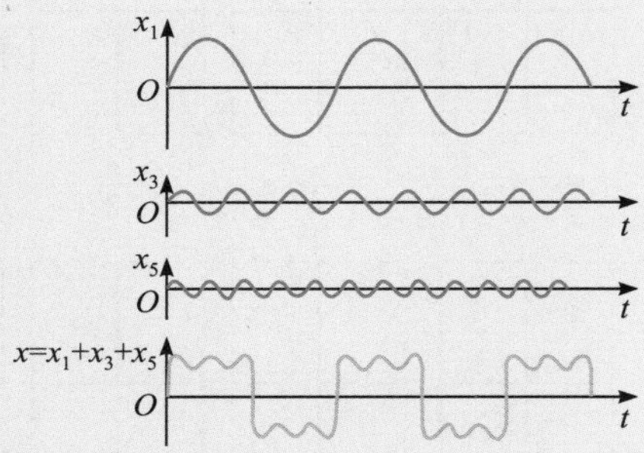

式中 A_0、A_n、φ_n 均为常系数。如果把周期函数 $x(t)$ 看成一个复杂的周期性振动，上式求和符号中每一项都代表一个简谐振动，系数 A_n、φ_n 分别表示频率为 $n\nu$ 的简谐振动的振幅和初相。在这一系列简谐振动中，$n=1$ 时振动频率 ν 最低，称为基频，这也是周期函数 $x(t)$ 的频率。当 $n=2$、3 … 时，振动频率为 2ν、3ν……是基频的整数倍，统称为倍频，或二次、三次……谐频。

不同的 $x(t)$ 函数形式按傅里叶级数展开之后，n 的有效取值以及各系数均有不同。例如，矩形方波信号按傅里叶级数展开后可表示为

$$x(t)=\frac{4}{\pi}\sin 2\pi\nu_0 t+\frac{4}{3\pi}\sin 6\pi\nu_0 t+\frac{4}{5\pi}\sin 10\pi\nu_0 t+\cdots$$

上式表明，一个频率为 ν_0 的矩形方波信号可以分解为频率为 ν_0、$3\nu_0$、$5\nu_0$、$7\nu_0$……的一系列简谐振动。以简谐振动频率为横坐标，以各频率对应的振幅为纵坐标所作的图解，称为该振动的**频谱**。一般周期性振动的频谱是分立的线状谱，而且谐频次数越高，该项所对应的振幅就越小。在实际应用中，常常截取前 n 个低频项作近似处理。例如，将频率为 ν_0、$3\nu_0$ 和 $5\nu_0$ 的简谐振动曲线叠加之后的合振动曲线，比较接近矩形方波波形。所取项数越多，合成之后的曲线形状就越接近矩形方波的波形。其他任何非简谐周期性振动都可按上述方法进行傅里叶级数分解和频谱分析。

傅里叶级数的复数形式可表示为

$$x(t)=\frac{A_0}{2}+\sum_{n=1}^{\infty}\frac{A_n}{2}[e^{i(n\omega t+\varphi_n)}+e^{-i(n\omega t+\varphi_n)}]=\frac{1}{2}\sum_{n=-\infty}^{\infty}A_n e^{i\varphi_n}e^{in\omega t}$$

上式求和符号中的每一项都表示一个用复数形式描述的简谐振动。

对于非周期性振动，可通过傅里叶变换将其分解为一系列简谐振动的叠加，即

$$x(t)=\frac{1}{2\pi}\int_{-\infty}^{\infty}X(\omega)e^{i\omega t}d\omega$$

$$X(\omega)=\int_{-\infty}^{\infty}x(t)e^{-i\omega t}dt$$

式中 $X(\omega)$ 是单位频率上的频谱，称为**频谱密度函数**，简称**频谱**。从简谐振动的角度分析，$X(\omega)$ 是角频率为 ω 的简谐振动分量的复振幅，一般是复数，包含简谐振动的振幅和相位信息。

频谱分析是一种重要的信号处理技术，它通过将时域信号转换为频域信号，以便人们更好地了解、分析和处理信号。频谱分析技术广泛应用于通信工程、自动控制工程以及雷达、声呐、遥测、遥感、图像处理、语音识别、振动分析、石油及海洋资源勘测、生物医学工程和生态系统分析等各个领域。比如在音频处理中，通过频谱分析，可了解音频信号中各个频率成分的能量分布，以便于进一步对音频信号进行滤波、均衡器设计、音调识别等。在通信系统中，通过频谱分析获取信号的频率分布、带宽占用情况等信息，可为通信系统的设计和优化提供依据。

科技专题

永乐大钟的声学特性

现藏于北京大钟寺古钟博物馆的永乐大钟，铸造于明永乐年间。永乐大钟通高 6.75 米，钟壁厚度不等，最厚处 185 毫米，最薄处 94 毫米，重约 46.5 吨，钟体内外遍铸经文，共 23 万字。永乐大钟钟声悠扬悦耳，轻击时圆润深沉，重击时浑厚洪亮，音波起伏节奏明快优雅，令人称奇。据明人蒋一

葵《长安客话》记述，昔日的永乐大钟，日供六僧击之，“昼夜撞击，声闻数十里，其声宏宏，时远时近，有异它钟”。

如此美妙绝伦的钟声是怎么形成的呢？

1980 年，中国科学院声学研究所的专家对永乐大钟进行了声学测试，首次获得了永乐大钟声学特性的科学数据。测试结果表明，永乐大钟的基频是 16 Hz(对应的乐音 C_0 是 16.35 Hz)，泛音频率极为丰富，主要分音有：22 Hz(对应的乐音 F_0 是 21.83 Hz)、58 Hz(对应的乐音 $^{\#}A_1$ 是 58.27 Hz)、87 Hz(对应的乐音 F_2 是 87.31 Hz)、98 Hz(对应的乐音 G_2 是 98 Hz)、129 Hz(对应的乐音 C_3 是 130.81 Hz)、164 Hz(对应的乐音 E_3 是 164.81 Hz)、169 Hz、173 Hz(对应的乐音 F_3 是 174.61 Hz)、188 Hz、212 Hz、218 Hz(对应的乐音 A_3 是 220 Hz)、223 Hz、229 Hz、233 Hz(对应的乐音 $^{\#}A_3$ 是 233.08 Hz)、244 Hz、246 Hz(对应的乐音 B_3 是 246.94 Hz)。以上 17 种振动频率在撞响永乐大钟的同时发出，犹如“和弦”音，更像交响乐团在瞬间齐声发出的奏鸣，感人至深。其奥妙在于有很多的分音都与音乐上的标准音保持了精度较高的一致性，且基本符合泛音的理想比例排列，永乐大钟的钟声属于和谐音。

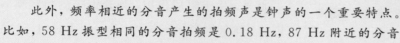

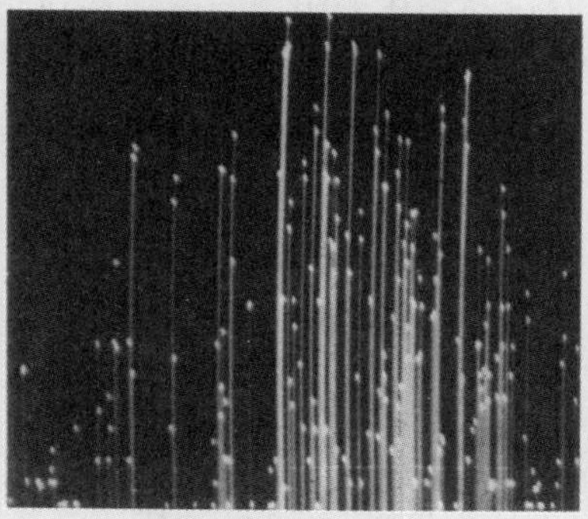

此外，频率相近的分音产生的拍频声是钟声的一个重要特点。比如，58 Hz 振型相同的分音拍频是 0.18 Hz，87 Hz 附近的分音拍频是 1.7 Hz，98 Hz 附近的分音有 0.6 Hz 和 1.1 Hz 的拍频，129 Hz 附近有 1.7 Hz 拍频，164 Hz 和 169 Hz 振型相同的拍频是 5 Hz。并且钟声持续到后来被听到的是 129 Hz 附近和更低频率的声音，正是这个 129 Hz 附近的 1.7 Hz 的拍频声和更低频率音的持续，最长的基频音竟然长达 3 分钟，使人们有了一种“钟声向上走”的感觉和抖动感，显示出钟声的震撼力。古书中所说钟声“时远时近”“余音绕梁”，应该就是“拍频音”和“延时音”的声学效果。

永乐大钟堪称我国的“钟王”，每逢国之盛典，重大节庆，时代更新，那雄浑的钟声就会定时回响在喧闹的城市上空，给现代人类送去悠远的历史祝福。

思 考 题

1. 产生拍的条件是什么？如果两分振动的振幅不相等，是否也有拍现象？
2. 调音师是怎样给乐器调音的？
3. 怎样利用李萨如图确定两简谐振动的频率比？
4. 怎样利用示波器判断两未知信号的相位是同相还是反相关系？
5. 电路以及信号分析中常用到滤波器，被“滤”掉的是什么？滤波器的工作原理是怎样的？
6. 周期性振动和非周期性振动的频谱的主要区别是什么？

4.3　阻尼振动 受迫振动 共振

4.3.1　阻尼振动

前面几节所讨论的简谐振动，物体只在弹性力或准弹性力的作用下振动，不受任何阻力作用，振动振幅恒定不变，这样的简谐振动是一种无阻尼自由振动。但这只是一种理想的情况，实际上，振动物体总是会受到各种阻力的作用。比如弹簧振子，由于受到空气阻力的作用，它在平衡位置附近振动的振幅将逐渐减小。这种在弹性力和阻力共同作用下的振动称为阻尼振动。

在阻尼振动中，振动系统不断地克服阻力做功，因而其总能量在振动过程中逐渐减少。振动系统能量损失的原因通常有两种：一种是振动物体受到其他介质的摩擦阻力，使振动系统的机械能逐渐转化为热量而耗散；另一种是由于振动物体引起邻近质元的振动，使系统的能量以波动的形式向四周辐射出去。为简单起见，本节仅讨论振动物体在介质基底表面的摩擦阻力作用下的阻尼振动。

实验表明，当物体在介质表面低速运动时，基底对运动物体的阻力与其速率成正比，即

$$f=-bv$$

式中比例系数 b 称为阻力系数，其值与物体的大小、形状及介质的性质有关。

以弹簧振子为例，如图 4.27 所示，光滑水平面上的弹簧上固定着质量为 m 的物块，弹簧的劲度系数为 k，O 点为平衡位置。将物块向右移至位置 A_0(初始振幅)后释放，物块在弹性力和阻力的共同作用下在 O 点附近振动。设某时刻物块偏离平衡位置的位移为 x，根据牛顿第二定律可得

$$m\frac{\mathrm{d}^2x}{\mathrm{d}t^2}=-kx-b\frac{\mathrm{d}x}{\mathrm{d}t} \tag{4.54}$$

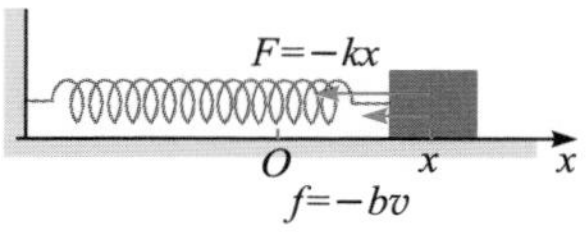

图 4.27

令 $\omega_0^2=k/m$，表示无阻尼时系统的固有角频率，代入上式后，上式可改写为

$$\frac{\mathrm{d}^2x}{\mathrm{d}t^2}+\frac{b}{m}\frac{\mathrm{d}x}{\mathrm{d}t}+\omega_0^2x=0 \tag{4.55}$$

这就是考虑阻尼时的弹簧振子运动微分方程，是一个二阶线性常系数齐次微分方程，关于它的详细解法，读者可以参考高等数学教材，这里主要从物理方面讨论它的几种解的意义。

1. 欠阻尼

对于阻尼较小的情况，当 $b/2m<\omega_0$ 时，上述运动方程的实数解为

$$x=A_0\mathrm{e}^{-(b/2m)t}\cos(\omega' t+\varphi) \tag{4.56}$$

$$\omega'=\sqrt{\omega_0^2-\left(\frac{b}{2m}\right)^2}=\sqrt{\frac{k}{m}-\left(\frac{b}{2m}\right)^2} \tag{4.57}$$

式(4.56)中 A_0 和 φ 为积分常数，可由初始条件决定。由式(4.56)可以看出，阻尼振动的位移随时间的变化规律包含两项因子，其中 $\cos(\omega' t+\varphi)$ 表示在弹性力和阻尼力作用下的周期运动，$A_0\mathrm{e}^{-(b/2m)t}$ 表示阻尼力使得振动振幅随时间逐渐减小。阻尼越小，振幅减弱越慢，运动越接近于简谐振动。这种阻尼较小的情况称为欠阻尼。如图 4.28 以及图 4.29(a)所示，欠阻尼的振动曲线是以指数函数 $A\mathrm{e}^{-(b/2m)t}$ 为包络线的振荡余弦曲线。严格来说，阻尼振动并不是周期运动，通常把阻尼振动叫做准周期运动。

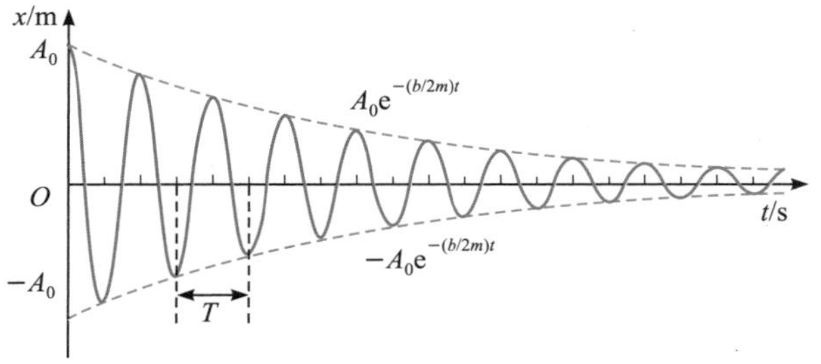

图 4.28

此外，由于阻尼作用，弹簧振子的角频率 ω' 不再是系统的固有频率 $\omega_0=\sqrt{k/m}$。由式(4.57)可知，阻尼振动的周期不仅取决于弹簧振子本身的性质，还与阻尼力的大小相关。由于阻尼力的作用，振子的振动周期增大了，即振动变慢了。阻尼越大，振幅减小得越快，周期比无阻尼时长得越多。

2. 过阻尼

若阻尼过大，当 $b/2m>\omega_0$ 时，式(4.55)的解可以表示为

$$x=C_1\mathrm{e}^{-a_1t}+C_2\mathrm{e}^{-a_2t} \tag{4.58}$$

其中 C_1 和 C_2 是由初始条件决定的常数，a_1 和 a_2 是由振动系统参量 m、k 和阻力系数 b 决定的常数。这时振动物体将缓慢地逼近平衡位置，且不再作往复性运动，如图 4.29 中的曲线(c)所示，这种情况称为过阻尼。

3. 临界阻尼

当 $b/2m=\omega_0$ 时，由式(4.57)所描述的振动角频率恰好为零，即 $\omega'=0$，这是物体能否再做往复性运动的临界条件，振动物体刚好能平滑地回到平衡位置并停止运动，这种情况称为临界阻尼，如图 4.29 中的曲线(b)所示。

对比图 4.29 中三种不同阻尼的振动曲线，相对于过阻尼和欠阻尼，临界阻尼的振动物体回到并停在平衡位置所需的时间最短。因此当物体偏离平衡位置后，需要其最快恢复到并停在平衡位置，例

如，灵敏电流计等精密仪表中的指针偏转系统，常用施加临界阻尼的方法来实现。

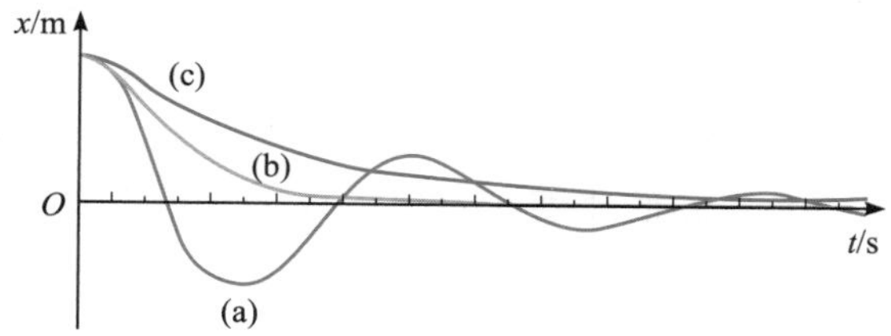

图 4.29

在实际应用中，可以根据不同的要求改变阻尼的大小以控制系统的振动情况。例如，各种弦乐器利用空气箱增强辐射阻尼，以增大辐射声能。如图 4.30 所示，汽车悬架系统的减震器实质上就是振动阻尼器，通过阻尼力抑制车架及车身的振动以提高乘客舒适度。其他各类机器的减震系统大都采用的是一系列的阻尼装置。在包含电感、电容和电阻的电路中，振荡回路的总能量因电阻的消耗和电磁波的辐射而逐渐减少，从而形成阻尼振荡。

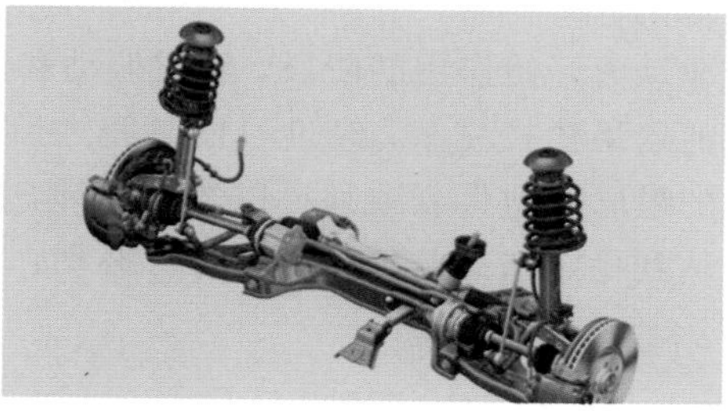

图 4.30

★**【例 4.10】** 质量 $m=5.88$ kg 的物体挂在弹簧上，让它在竖直方向上作自由振动。在无阻尼情况下，其振动周期为 $T_0=0.4\pi$ s；在阻力与物体运动速度成正比的某一介质中，它的振动周期为 $T=0.5\pi$ s。求当速度为 0.01 m/s 时，物体在阻尼介质中所受的阻力。

解 设阻力 $f=-bv$，根据阻尼振动运动方程，角频率为

$$\omega=\sqrt{\omega_0^2-\left(\frac{b}{2m}\right)^2}$$

$$\frac{2\pi}{T}=\sqrt{\left(\frac{2\pi}{T_0}\right)^2-\left(\frac{b}{2m}\right)^2}$$

由此得 $$b=4\pi m\sqrt{\frac{1}{T_0^2}-\frac{1}{T^2}}$$

当物体速度为 v 时，所受的阻力大小为

$$f=-bv=-4\pi mv\sqrt{\frac{1}{T_0^2}-\frac{1}{T^2}}$$

$$=-4\pi\times5.88\times0.01\sqrt{\frac{1}{(0.4\pi)^2}-\frac{1}{(0.5\pi)^2}}$$

$$=-0.353\ \text{N}$$

负号表示阻力与速度方向相反。

4.3.2 受迫振动与共振

实际的振动系统中，阻尼总是客观存在的。要使有阻尼的振动系统维持恒定振幅的振荡，必须通过周期性的外力作用，不断地给振动系统补充能量。如图 4.31 所示，要使小朋友以恒定的幅度随秋千摆动，需要周期性的外力不断推动。这种周期性的外力称为驱动力。物体在周期性外力的持续作用下发生的振动称为受迫振动。实际中的很多振动都属于受迫振动，例如声波引起的耳膜振动，机器运转时导致的基座的振动等。

图 4.31

1. 具有周期性驱动力的阻尼振荡

仍以弹簧振子为例，设其除了受弹性力、粘滞阻力外，还受到一周期性驱动力的作用，为简单起见，设驱动力的形式为

$$F=F_d\cos\omega_d t \tag{4.59}$$

式中 F_d 为驱动力的幅值，ω_d 为驱动力的角频率。物体在弹性力、阻力和驱动力的共同作用下，根据牛顿第二运动定律可得

$$m\frac{d^2x}{dt^2}=-kx-b\frac{dx}{dt}+F_d\cos\omega_d t \tag{4.60}$$

仍令 $\omega_0^2=k/m$，则上式可以写成

$$\frac{d^2x}{dt^2}+\frac{b}{m}\frac{dx}{dt}+\omega_0^2x=\frac{F_d}{m}\cos\omega_d t \tag{4.61}$$

这是作受迫振动的物体的运动微分方程，是一个二阶线性常系数非齐次微分方程。当阻尼较小时，微分方程的解为

$$x = A_0 e^{-(b/2m)t}\cos\left(\sqrt{\omega_0^2-\left(\frac{b}{2m}\right)^2}\,t+\varphi_0'\right)+$$
$$A\cos(\omega_d t+\varphi_0) \tag{4.62}$$

上式中的第一项表示阻尼振动，第二项表示简谐振动，因此，受迫振动可以看成是由阻尼振动和简谐振动合成的。

在驱动力开始作用的阶段，阻尼振动和简谐振动合成的结果比较复杂，经过一段时间之后，第一项表示的阻尼振动将衰减到可以忽略不计，此时受迫振动达到稳定状态，即等幅的简谐振动，其表达式为

$$x = A\cos(\omega_d t+\varphi_0) \tag{4.63}$$

其中振荡角频率 ω_d 为驱动力的角频率，振幅 A 和初相分别为

$$A=\frac{F_d}{m\sqrt{(\omega_0^2-\omega_d^2)^2+\left(\frac{b}{m}\right)^2\omega_d^2}} \tag{4.64}$$

$$\tan\varphi_0=\frac{-b\omega_d}{m(\omega_0^2-\omega_d^2)} \tag{4.65}$$

从能量角度分析，当受迫振动达到稳定振动状态时，驱动力在一个周期内对系统做的正功恰好补偿了因阻尼振动而消耗的能量，因而系统能够维持等幅振动。

2. 共振

式(4.64)表明，稳定受迫振动的振幅 A 与驱动力的频率 ω_d 有关。图 4.32 给出了不同阻尼条件下受迫振动振幅 A，随驱动力角频率 ω_d 与系统固有频率 ω_0 的比值变化的情况。由此不难看出，对于阻尼不太大的情况，当驱动力角频率接近系统固有角频率时，振幅增大且存在极大值。这种位移振幅达到最大值的现象叫做位移共振。

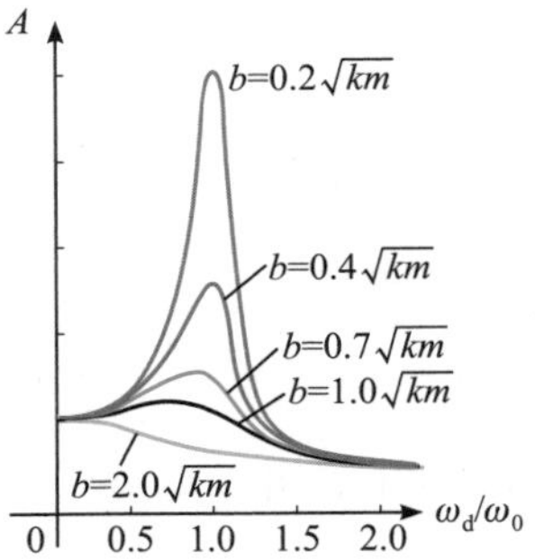

图 4.32

将式(4.64)对 ω_d 求导数，并令 $\frac{dA}{d\omega_d}=0$，可得位移共振角频率

$$\omega_{共振}=\sqrt{\omega_0^2-\frac{1}{2}\left(\frac{b}{m}\right)^2} \tag{4.66}$$

上式表明，当发生位移共振时，驱动力的角频率略小于系统的固有频率 ω_0，阻尼越小，$\omega_{共振}$ 越接近 ω_0，共振位移振幅也就越大。

受迫振动的速度在一定条件下也可以发生共振，形成速度共振。在稳态时，将式(4.63)对 t 求导可得振动物体的瞬时速度

$$v=\frac{dx}{dt}=v_m\cos\left(\omega_d t+\varphi_0+\frac{\pi}{2}\right) \tag{4.67}$$

其中

$$v_m=\frac{\omega_d F_d}{m\sqrt{(\omega_0^2-\omega_d^2)^2+4\left(\frac{b}{m}\right)^2\omega_d^2}}$$

将上式对 ω_d 求导，并令 $\frac{dv_m}{d\omega_d}=0$，可以得到速度的共振频率为

$$\omega_{共振}=\omega_0 \tag{4.68}$$

上式表明，当驱动力的频率等于系统的固有频率时，速度幅值达到最大。在阻尼很小的情况下，速度共振和位移共振可以不加区分。

共振现象在声学、光学以及无线电技术中极为普遍，比如，许多声学仪器就是应用共振原理设计的；原子核的磁性共振是研究固体性质的有力工具；收音机的“调谐”就是利用了“电共振”。但共振现象也有其危害性，特别是共振时，如果振动系统的振幅过大，将对桥梁、高楼等建筑物及机器设备等造成严重的破坏，例如，1940 年华盛顿的塔科曼大桥建成并于同年因大风引起桥共振被摧毁(如图 4.33 所示)；曾经有一连的士兵齐步跨过一座桥，摧毁了这座桥，原因在于他们的脚步频率接近桥梁的自然振动频率，由此产生的振动幅度足以将桥梁撕裂；当一架特定飞机发动机的振动频率正好与其机翼的固有频率接近时也会发生共振，有时会导致机翼脱落。这些都是设计制造工程师必须考虑的问题。

图 4.33

知识进阶

LRC电路和电共振

LRC电路既用于产生特定频率的信号，也用于从更复杂的信号中分离出特定频率的信号。它们是许多电子设备中的关键部件，特别是在无线电设备，用于振荡器、滤波器、调谐器和混频器电路中，LRC电路是电子功能器件的重要单元。

在LRC电路中，电荷和电流都随时间作周期性的变化，相应地，电场能量和磁场能量也都随时间作周期性变化，并且不断地相互转换，如果电路中没有任何能量损耗，这种电磁振荡称为无阻尼自由振荡。实际上，电路中的能量总有一部分转变为电阻所消耗的焦耳热，一部分以电磁波的形式辐射出去，因此，如果电路中没有电源来供给能量，那么，回路中的电磁振荡将是振幅逐渐减小的阻尼振荡。如果在电路中加入一个电动势作周期性变化的电源，如右图所示，持续不断地为其供给能量，即可使电流振幅保持不变，这种在外加周期性电动势持续作用下产生的振荡，称为受迫振荡。

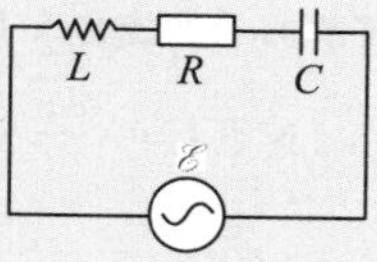

设外加电源的电动势为 $\mathscr{E}=\mathscr{E}_0\cos\omega t$，则受迫振荡的微分方程可写成

$$L\frac{\mathrm{d}^2q}{\mathrm{d}t^2}+R\frac{\mathrm{d}q}{\mathrm{d}t}+\frac{q}{C}=\mathscr{E}_0\cos\omega t$$

在稳定状态下，其解为

$$q=Q_0\cos(\omega t+\varphi_0)$$

电流的振荡可以表示为

$$i=\frac{\mathrm{d}q}{\mathrm{d}t}=-\omega Q_0\sin(\omega t+\varphi_0)=I_0\cos(\omega t+\varphi_0')=\omega Q_0\sin\left(\omega t+\varphi_0+\frac{\pi}{2}\right)$$

式中 $I_0=\omega Q_0$ 表示电流的最大值，即电流的振幅，

$$I_0=-\frac{\varepsilon_0}{\sqrt{R^2+\left(\omega L-\frac{1}{\omega C}\right)^2}}$$

可以看到，电流 i 振荡角频率与电动势的角频率相同，但两者的相位并不相同，在交流电路理论中，ωL 为感抗，$\frac{1}{\omega C}$为容抗，$\sqrt{R^2+\left(\omega L-\frac{1}{\omega C}\right)^2}$ 为阻抗，它们都和电阻有着相同的单位。

当电路满足条件 $\omega L=\frac{1}{\omega C}$时，电流将有最大的振幅。由上述条件可得

$$\omega=\sqrt{\frac{1}{LC}}$$

即，当外加电动势的频率与无阻尼自由振动的频率相等时，电流的振幅最大，其值等于 ε_0/R，这时电流与外加电动势之间的相位差 $\varphi_0'=0$。这种振幅达到最大值的现象称为电共振。

思考题

1. 汽车减震装置的工作原理是怎样的？

2. 产生共振的条件是什么？共振时物体作什么性质的运动？

3. 飞机以恒定高度直线飞行。如果一阵风袭来，抬起飞机的机头，机头就会上下摆动，直到飞机最终恢复到原来的姿态。飞机的振荡是无阻尼、欠阻尼、临界阻尼还是过阻尼？

4. 当以接近其固有频率的频率驱动时，阻尼很小的振荡器比阻尼较大的相同振荡器具有更大的响

应。当以远高于或低于自然频率的频率驱动时，哪种振荡器将具有更大的响应：① 阻尼很小的振荡器；② 阻尼较大的振荡器？

本章小结

简谐振动的表达式 $x=A\cos(\omega t+\varphi)$

振幅 A：振动物体离开平衡位置的最大位移，恒为正。

角频率 ω：系统的固有角频率，由振动系统决定。

初相 φ：初始时刻的相位，决定于起始时刻的选择。

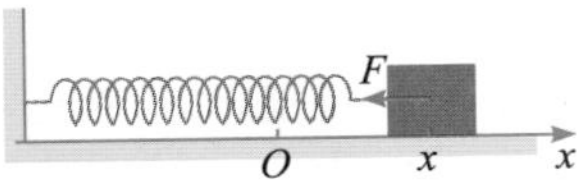

简谐振动的微分方程

$$\frac{d^2x}{dt^2}+\omega^2x=0$$

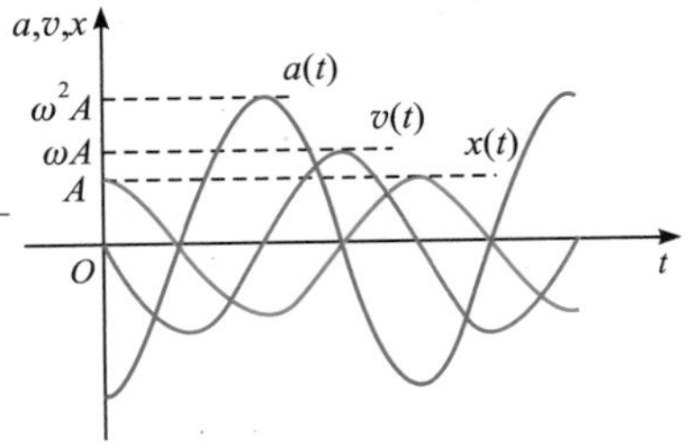

简谐振动的速度和加速度

速度：$v=\frac{dx}{dt}=-\omega A\sin(\omega t+\varphi)$

加速度：$a=\frac{d^2x}{dt^2}=-\omega^2A\cos(\omega t+\varphi)$

简谐振动的旋转矢量法

矢量末端在 x 轴上的投影坐标：$x=A\cos(\omega t+\varphi)$

矢量末端在 y 轴上的投影坐标：$y=A\sin(\omega t+\varphi)$

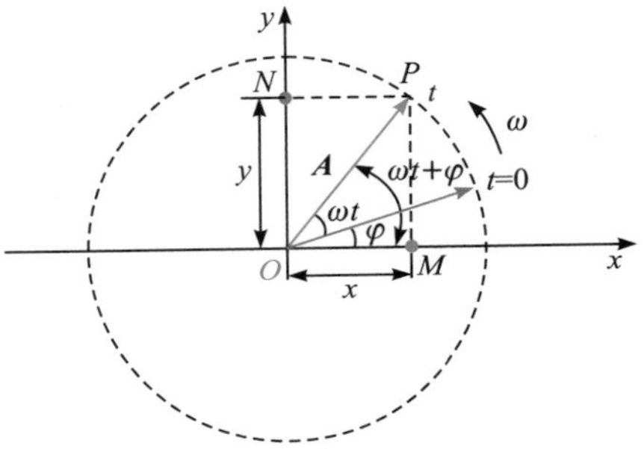

简谐振动的能量

动能：$E_k=\frac{1}{2}kA^2\sin^2(\omega t+\varphi)$

势能：$E_p=\frac{1}{2}kA^2\cos^2(\omega t+\varphi)$

总机械能：$E=E_k+E_p=\frac{1}{2}kA^2$

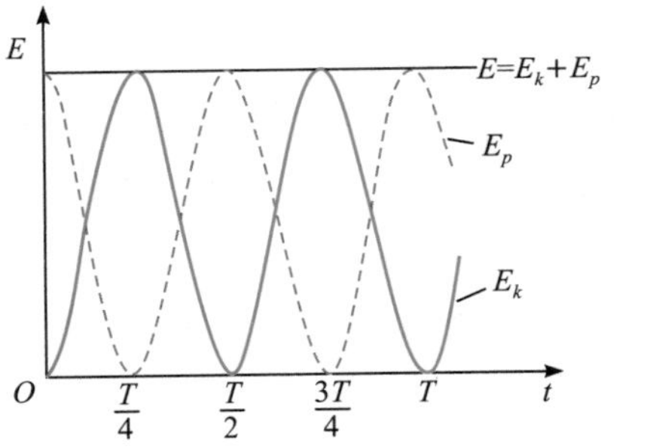

简谐振动的合成

同方向同频率：同方向同频率的简谐振动。

合振动振幅：$A=\sqrt{A_1^2+A_2^2+2A_1A_2\cos(\varphi_2-\varphi_1)}$

合振动初相：$\tan\varphi=\frac{A_1\sin\varphi_1+A_2\sin\varphi_2}{A_1\cos\varphi_1+A_2\cos\varphi_2}$

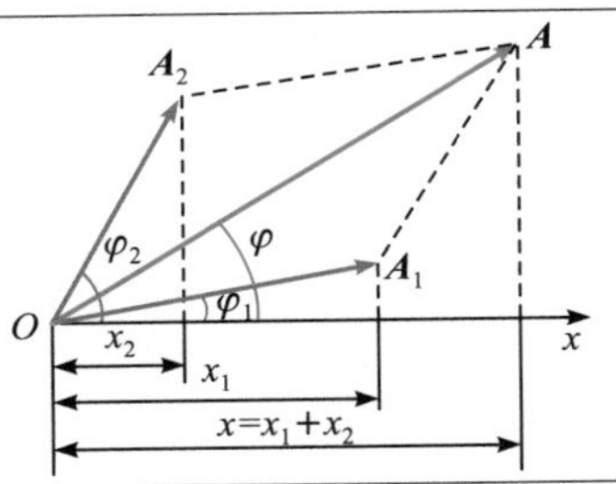

同方向不同频率：两频率相差很小时形成拍的现象。

形成拍的条件：$\omega_2-\omega_1 \ll \omega_2+\omega_1$

拍频：$\nu=|\nu_2-\nu_1|$

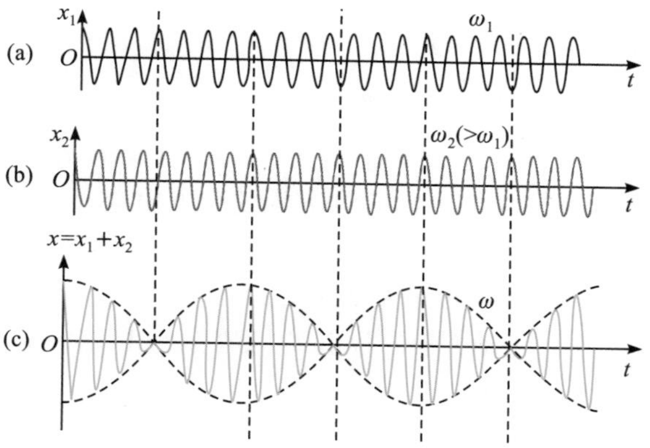

垂直方向同频率：轨迹形状取决于相位差，一般为椭圆。

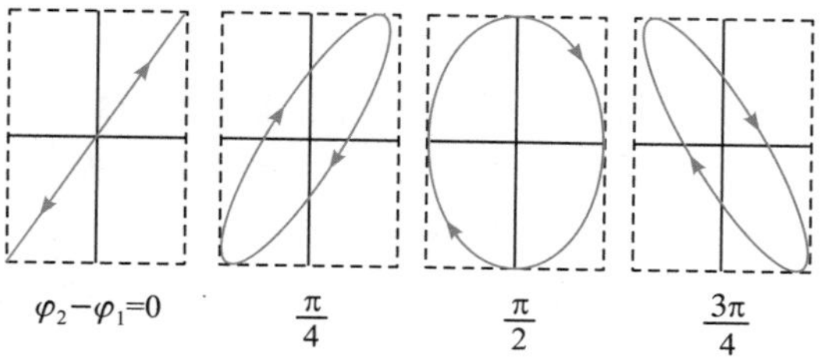

垂直方向不同频率：频率为整数比时形成李萨如图。

阻尼振动

$$\frac{d^2x}{dt^2}+\frac{b}{m}\frac{dx}{dt}+\omega_0^2x=0$$

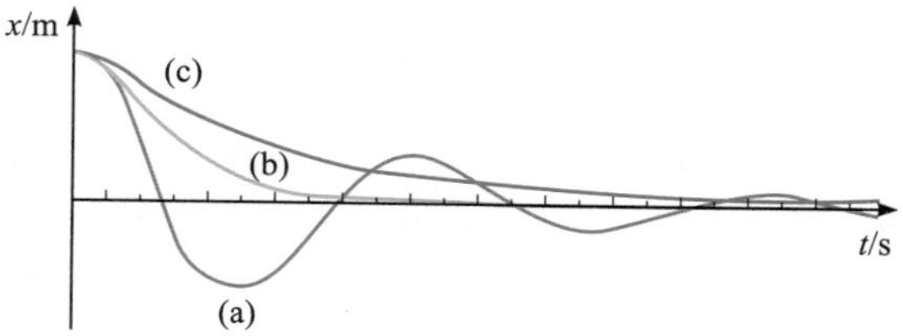

欠阻尼振动：$b/2m<\omega_0$，振幅随时间指数衰减。

过阻尼振动：$b/2m>\omega_0$，物体回不到平衡位置，能量就消耗完了。

临界阻尼振动：$b/2m=\omega_0$，物体恰好回到平衡位置，能量就消耗完了。

受迫振动

$$\frac{d^2x}{dt^2}+\frac{b}{m}\frac{dx}{dt}+\omega_0^2x=\frac{F_d}{m}\cos\omega_d t$$

共振

$\omega_d=\omega_0$ 时，振动速度和振幅都达到极大，发生共振。

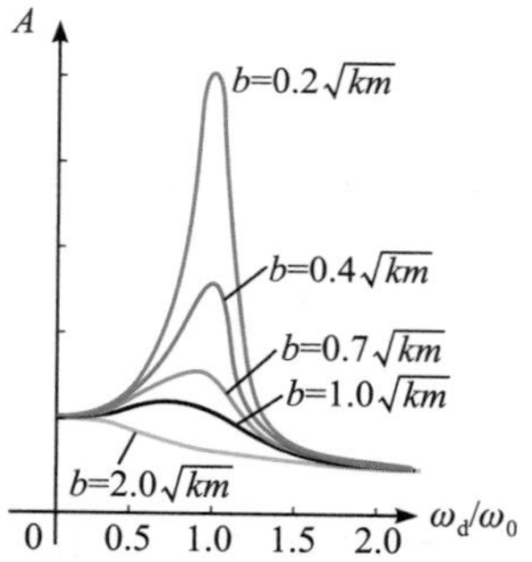

习　题

4.1　一弹簧振子在光滑水平面上，已知弹簧弹性系数 $k=1.60$ N/m，物体质量 $m=0.40$ kg，以平衡位置为坐标原点，向右为 x 轴正方向，试求下列情况下物体 m 的振动方程。

(1) 将物体从平衡位置向右移到 $x=0.10$ m 处，由静止释放；

(2) 将物体从平衡位置向右移到 $x=0.10$ m 处，并给物体向左的速度，速率为 0.20 m/s。【答案：(1) $x=0.10\cos(2t)$ m；(2) $x=0.1\sqrt{2}\cdot\cos\left(2t+\frac{\pi}{4}\right)$ m】

4.2 一物体作简谐振动，其速度最大值 $v_m=3\times10^{-2}$ m/s，其振幅 $A=2\times10^{-2}$ m。若 $t=0$ 时，物体位于平衡位置且向 x 轴的负方向运动。求：

(1) 振动周期 T；

(2) 加速度的最大值 a_m；

(3) 振动方程的数值式。【答案：(1) $T=2\pi/\omega=4.19$ s；(2) $a_m=4.5\times10^{-2}$ m/s^2；(3) $x=0.02\cos(1.5t+0.5\pi)$】

4.3 振幅 A 和角频率 ω 相同的两个 x 轴上的简谐振动，t 时刻，$x_1=A/2$，$v_1<0$；$x_2=-A/2$，$v_2>0$，求两简谐振动的相位差。【答案：π】

4.4 一质点沿 x 轴作简谐振动，振幅为 A，周期为 T，求质点从 $x=A$ 处运动到 $x=A/2$ 处和从 $x=A/2$ 处运动到 $x=0$ 处，所需最短时间各为多少？【答案：$T/6$；$T/12$】

4.5 物体沿 x 轴作简谐振动，振幅为 0.12 m，周期为 2 s，以平衡位置为 x 轴坐标原点，当 $t=0$ 时，物体坐标为 $x_0=0.06$ m，且向 x 轴正方向运动，求：

(1) 初相；

(2) $t=0.5$ s 时的坐标 x、速度 v 和加速度 a；

(3) 物体从 $x=-0.06$ m 处沿 x 轴负方向运动到平衡位置 $x=0$ 处所需的最短时间；

(4) 物体在平衡位置且向 x 轴负方向运动的时刻开始计时，求其初相和运动方程。【答案：(1) $\varphi=-\frac{\pi}{3}$ 或 $\varphi=\frac{5\pi}{3}$；(2) $x=0.12\cos\left(\pi t-\frac{\pi}{3}\right)$ m，$v=-0.12\pi\sin\left(\pi t-\frac{\pi}{3}\right)$ m/s，$a=-0.12\pi^2\cdot\cos\left(\pi t-\frac{\pi}{3}\right)$ m/s^2；(3) $\Delta t=\frac{5}{6}s$；(4) $\varphi=\frac{\pi}{2}$，$x=0.12\cos\left(\pi t+\frac{\pi}{2}\right)$ m】

4.6 一轻弹簧在 60 N 的拉力下伸长 30 cm。现把质量为 4 kg 的物体悬挂在该弹簧的下端并使之静止，再把物体向下拉 10 cm，然后由静止释放并开始计时。求：

(1) 物体的振动方程；

(2) 物体在平衡位置上方 5 cm 时，弹簧对物体的拉力；

(3) 物体从第一次越过平衡位置时刻起到它运动到上方 5 cm 处所需要的最短时间。【答案：(1) $x=0.1\cos(7.07t)$ m；(2) $f=4(9.8-2.5)$ N$=29.2$ N；(3) $\Delta t=0.074$ s】

4.7 下图为某质点做谐振动的 x-t 曲线。求其振动方程。【答案：$x=10\cos\left(\pi t-\frac{\pi}{2}\right)$ cm】

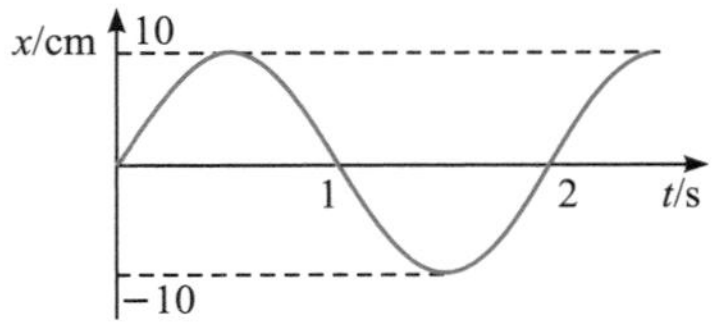

题 4.7 图

4.8 一质点作简谐振动的速度与时间的关系曲线如图所示，已知质点振动振幅为 2.0 cm，求：

(1) 振动周期；

(2) 振动方程。【答案：(1) 4.2 s；(2) $x=0.02\cos\left(1.5t-\frac{5\pi}{6}\right)$ m】

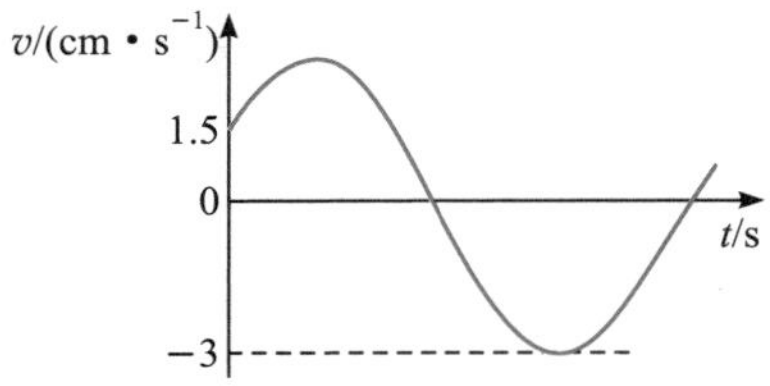

题 4.8 图

4.9 如图所示，不可伸长的轻质绳绕过半径为 R、质量为 M 的定滑轮，绳子的一端与固定在地面的弹簧相连，弹簧弹性系数为 k，绳子的另一端系着质量为 m 的物体。将物体从平衡位置缓慢向下拉一微小距离后放手，忽略摩擦及阻力，试证明物体作简谐振动，并求其振动周期。【答案：证明过程略；$T=2\pi\sqrt{\frac{M+2m}{2k}}$】

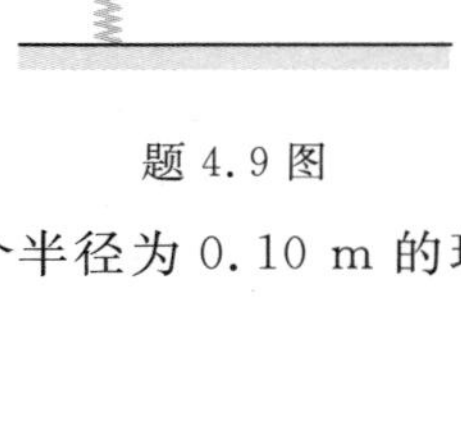

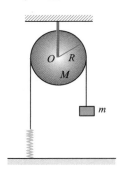

题 4.9 图

4.10 一个半径为 0.10 m 的环竖直悬挂在墙

面的钉子上，如图所示，求环在竖直面内作小幅摆动的振荡周期。【答案：0.88 s】

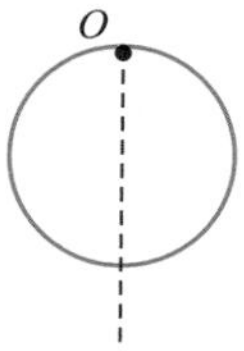

题 4.10 图

4.11 一落地座钟的钟摆由长为 L 的轻杆和半径为 r，质量为 m 的均质圆盘组成，如图所示，如果其摆动周期为 1 s，则 r 与 L 之间的关系如何？【答案：$6\pi^2r^2+(8\pi^2L-g)r+4\pi^2L^2-gL=0$】

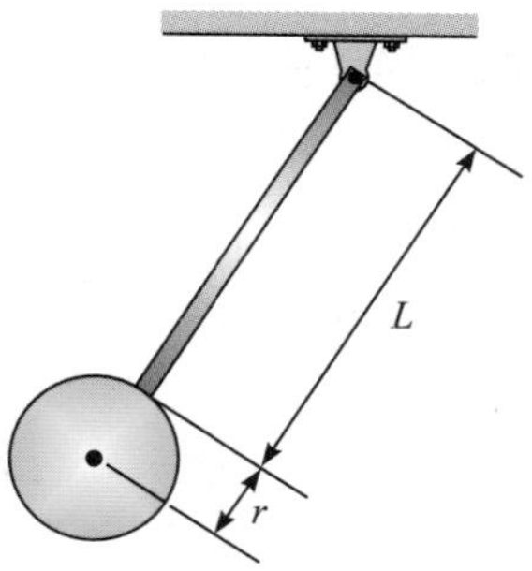

题 4.11 图

4.12 若题 4.11 图中组成摆的均质圆盘的半径 $r=10.0$ cm，质量 $m=500$ g，均质直杆的长度 $L=50$ cm，质量 $M=270$ g，求：

(1) 此摆对水平轴的转动惯量；

(2) 摆的质心到水平轴的距离；

(3) 摆作小幅度振动时的周期。【答案：(1) 0.205 $kg\cdot m^2$；(2) 47.7 cm；(3) 1.5 s】

4.13 如图所示，两条材质、长度、直径完全相同的金属丝，一端固定，另一端分别悬挂着重物。左边悬挂的是一根长度 $L=12.4$ cm，质量 $m=135$ g 的均质细杆，右边悬挂的是一砝码。起初两物体均处于平衡状态，分别将其扭转一角度后释放，测出细杆和砝码的振荡周期分别为 2.53 s 和 4.76 s。试求砝码对其悬轴的转动惯量。【答案：

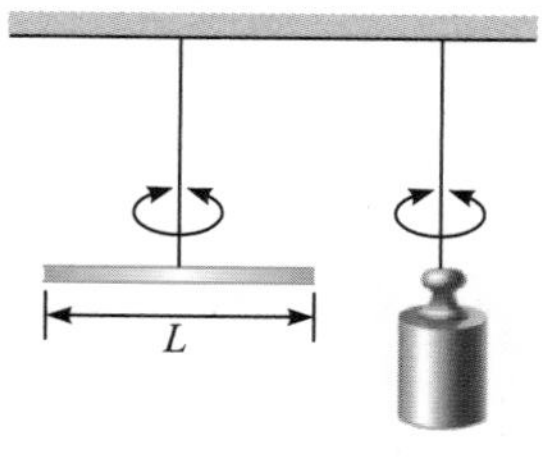

题 4.13 图

6.12×10^{-4} $kg\cdot m^2$】

4.14 一弹簧振子在光滑水平面上作振幅为 A 的简谐振动，当物块离开平衡位置的位移为振幅的一半时，弹簧振子的动能和势能各占系统总能量的多少？物块在何处时振动系统的动能和势能各占总能量的一半？【答案：$3E/4$，$E/4$；$0.71A$】

4.15 如图所示，弹簧的倔强系数 $k=25$ N/m，物块 $M=0.6$ kg，物块 $m=0.4$ kg，M 与 m 间最大静摩擦系数为 $\mu=0.5$，M 与地面间是光滑的。现将物块拉离平衡位置，然后任其自由振动，使 m 在振动中不致从 M 上滑落，问系统所能具有的最大振动能量是多少。【答案：0.48 J】

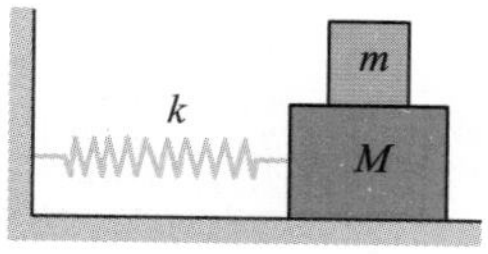

题 4.15 图

4.16 如图所示，有一水平弹簧振子，弹簧的劲度系数 $k=24$ N/m，重物的质量 $m=6$ kg，重物静止在平衡位置上。设以一水平恒力 $F=10$ N 水平向左作用于物体(不计摩擦)，使之由平衡位置向左运动 0.05 m 时撤去力 F。当重物运动到左方最远位置时开始计时，求物体的运动方程。【答案：$x=0.204\cos(2t+\pi)$】

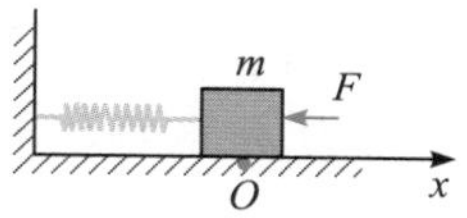

题 4.16 图

4.17 在竖直悬挂的轻弹簧下端系一质量为 100 g 的物体，当物体处于平衡状态时，再对物体加一拉力使弹簧伸长，然后从静止状态将物体释放。已知物体在 32 s 内完成 48 次振动，振幅为 5 cm。求：

(1) 上述的外加拉力是多大？

(2) 当物体在平衡位置以下 1 cm 处时，此振动系统的动能和势能各是多少？【答案：(1) $F=0.444$ N，(2) $E_k=1.07\times10^{-2}$ J，$E_p=4.44\times10^{-4}$ J】

4.18 在一竖直轻弹簧下端悬挂质量 $m=5$ g 的小球，弹簧伸长 $x_0=1$ cm 而平衡。经推动后，该小球在竖直方向作振幅为 $A=4$ cm 的振动，求：

(1) 小球的振动周期；

(2) 振动能量。

【答案：(1) $T=0.201$ s；(2) $E=3.92\times10^{-3}$ J】

4.19　如图所示，轻质弹簧的一端固定在墙上，另一端系着质量为 M 的小车，小车在光滑的水平面上作振幅为 A，周期为 T 的简谐振动。每当小车经过平衡位置时，就会有质量为 m 的砂粒从车的正上方自由落入车中。当小车第 n 次经过平衡位置后，问：

(1) 小车运动到离平衡位置的最远距离是多少？

(2) 小车再一次回到平衡位置所需最短时间是多少？

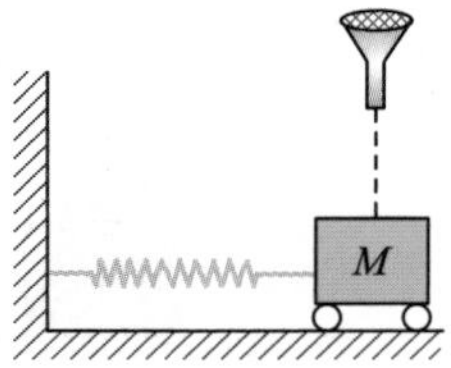

题 4.19 图

【答案：$A\sqrt{\dfrac{M}{M+nm}}$；$\dfrac{1}{2}T\sqrt{\dfrac{M+nm}{M}}$】

4.20　一物体挂在弹性系数为 k 的弹簧下面，振动周期为 T。若把该弹簧从中间二等分，将物体挂在分割后的其中一根弹簧上，则振动周期变成多少？若将分割后的两根弹簧并联在一起并挂上物体，则其振动周期变成多少？【答案：$\dfrac{\sqrt{2}}{2}T$，$\dfrac{1}{2}T$】

4.21　如图所示，两个同样的弹性系数为 k 的弹簧，一端系在质量为 m 的物块上，另一端固定，求证：当物块在光滑水平面上振动时，其振动频率为 $f=\dfrac{1}{2\pi}\sqrt{\dfrac{2k}{m}}$。

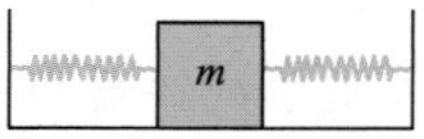

题 4.21 图

4.22　题 4.21 中，假设两个弹簧的弹性系数分别为 k_1 和 k_2，求证物块的振动频率为 $f=\sqrt{f_1^2+f_2^2}$，其中 f_1 和 f_2 分别是物块只与弹簧 k_1 或 k_2 相连时的振动频率。

4.23　如图所示，两个同样的弹性系数为 k 的弹簧连接起来，一端固定在墙面，另一端与质量为 m 的物块相连，求证：当物体在光滑水平面上振动时，其振动频率为 $f=\dfrac{1}{2\pi}\sqrt{\dfrac{k}{2m}}$。

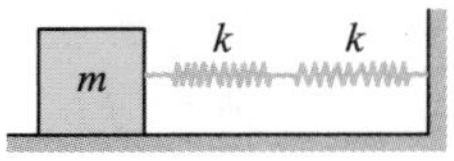

题 4.23 图

4.24　有两个同方向同频率的简谐振动，其合成振动的振幅为 0.2 m，位相与第一振动的位相差为 $\pi/6$，若第一振动的振幅为 $\sqrt{3}\times10^{-1}$ m，用振幅矢量法求第二振动的振幅及第一、第二两振动位相差。【答案：0.1 m；$\pi/2$】

4.25　一质点同时参与三个同方向同频率的简谐振动，它们的振动方程分别为 $x_1=A\cos\omega t$，$x_2=A\cos\left(\omega t+\dfrac{\pi}{3}\right)$，$x_3=A\cos\left(\omega t+\dfrac{2\pi}{3}\right)$，试用振幅矢量方法求合振动方程。

【答案：$x=2A\cdot\cos\left(\omega t+\dfrac{\pi}{3}\right)$】

4.26　两个同方向的简谐振动周期相同，振幅分别为 $A_1=0.05$ m，$A_2=0.07$ m，合振动为 $A=0.09$ m 的简谐振动，求两个分振动的相位差。【答案：84.3°或 arccos0.1】

第 5 章　机　械　波

拨动琴弦时，弦上会出现哪些振动模式？哪些因素决定了乐器的音调和音色？

在经典物理学范畴内，振动状态在空间中的传播过程称为波动，简称波。波动是自然界中一种常见的物质运动形式。通常可将波动分成三大类：一类是机械振动在弹性介质中的传播，称为机械波，如摇动绳子产生的波、空气中传播的声波和水面波等；第二类是变化的电场和变化的磁场在空间的传播，称为电磁波，如无线电波、光波和 X 射线等；第三类是近代物理研究表明微观粒子具有波动性，称为物质波或概率波，如电子、中子、质子等微观粒子都具有波动性，这类波将在近代物理基础部分进行讨论。

虽然各类波的本质不同，传播机理不同，各有其特殊的性质和规律，但它们都具有波动的共同特征，比如都具有一定的传播速度，都能产生反射、折射、干涉、衍射等现象，并且具有相似的数学表达形式。

本章主要以机械波为例讨论波动的一般规律，包括机械波的产生和传播、波函数和波动方程、波动的能量、波动的衍射和干涉现象、驻波及多普勒效应等，本章所讨论的波的传播规律适用于各种类型的波。

5.1　机械波的产生与传播

5.1.1　机械波的形成

可以传播振动的物质称为介质(也称为媒质)，具有弹性的介质称为弹性介质。在弹性介质中，各质元之间是相互作用着的弹性力。若介质中某一质元 A 因受外界扰动而离开其平衡位置，邻近质元将对 A 施加一个弹性力，使之回到平衡位置，并在平衡位置附近作振动。与此同时，当质元 A 偏离平衡位置时，也对邻近质元施加了一个弹性力，迫使邻近质元也在自己平衡位置附近振动。即弹性介质中一个质元的振动会引起邻近其他质元的振动，而邻近质元的振动又会引起更远质元的振动，这样依次带动，振动就以一定速度由近及远地在弹性介质中传播出去，形成机械波。

由此可见，机械波的产生必须依赖两个必要条件：首先要有作机械振动的物体，即波源；其次要有能够传播这种机械振动的弹性介质，只有介质中各质元间相互作用，才可能将机械振动向外传播出去。比如声波是声带振动并在空气中传播形成的波动，作振动的声带成为波源，空气则是传播振动的弹性介质。

按照介质中各质元的振动方向和波动传播方向之间的关系，机械波可以分为横波和纵波两种基本模式。若质元的振动方向与波的传播方向互相垂直，这种波称为横波，如绳子上传播的波。若质元的振动方向与波的传播方向互相平行，这种波称为纵波，如空气中传播的声波。有一些波既不是纯粹的横波，也不是纯粹的纵波，如水面波。

横波在弹性介质中传播时，一层介质相对于另一层介质发生横向平移，即切变。固体能够产生切变弹性力，但液体和气体不能产生切变弹性力。因此，只有固体介质才能传播机械横波。纵波在弹性介质中传播时，介质产生压缩或拉伸形变，即体变或容变。固体、液体和气体都能够产生体变弹性力。因此，纵波在固体、液体和气体中都可以传播。

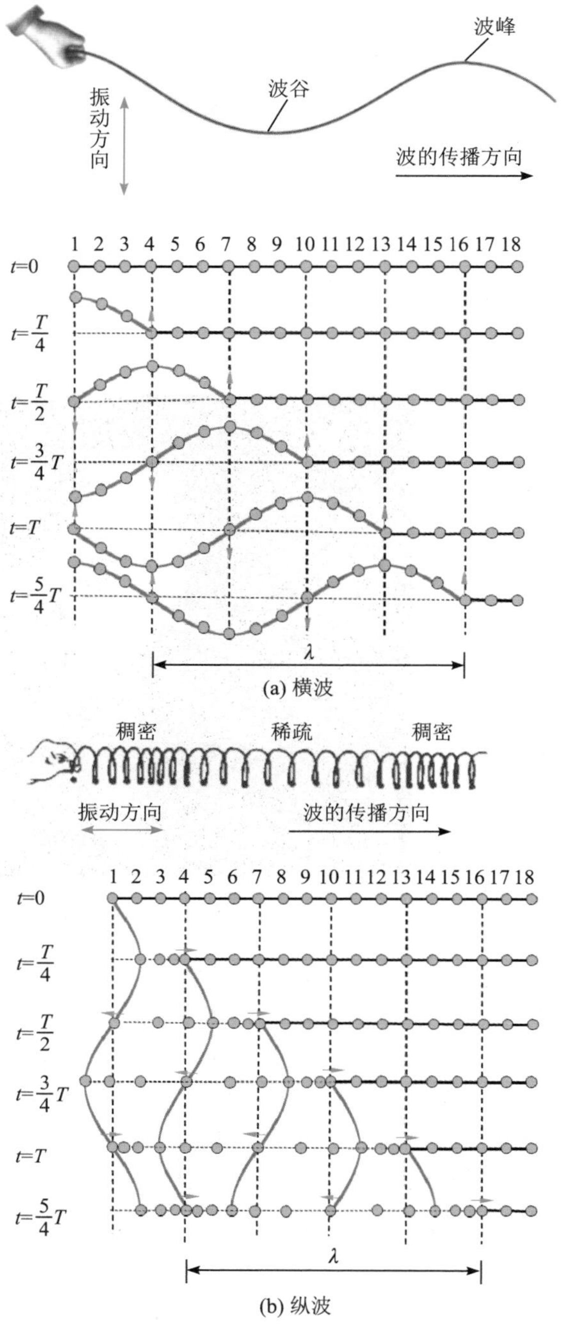

图 5.1

如图 5.1(a)所示，一根拉紧的长绳，一端固定，另一端握在手中，当手在垂直于绳的方向上下抖动时，可以看到绳子上各部分质元依次上下振动。这是因为绳子上各质元之间有弹性力，当手带动第一个质元向上抖动时，第一个质元带动第二个质元向上运动，第二个又带动第三个，依次传递。当手带动第一个质元回到平衡位置时，它也带动第二个质元回到平衡位置，而后第三、第四个质元也将被依次带回到各自的平衡位置，于是由于手的抖动引起的振动就从绳子的一端传向另一端。当横波在绳子上传播时，绳子上交替出现凸起的波峰和凹下的波谷，一个接一个的波形沿着绳子向固定端传播，这是横波的外形特征。

如图 5.1(b)所示，将一根水平放置的长弹簧右端固定，用手推拉左端，使左端作左右振动，弹簧各个环节就会依次左右振动起来。当纵波在弹簧中传播时，弹簧出现交替的“稀疏”和“稠密”区域，并且以一定速度传播出去，这是纵波的外形特征。

从图 5.1 可以看出，无论横波还是纵波，在波的传播过程中，介质中的各质元都只在各自平衡位置附近振动，并不随波前进。这说明波动只是振动状态在介质中的传播。就像麦田里被风吹出的波浪一样，我们能够看到波浪跨越田野传播，但庄稼依然留在原地。

波动形成时，介质中的各质元依次开始振动，前面质元的振动带动后面质元的振动。质元的振动状态常用相位来描述，各质元的振动状态不同，也就是相位不同，先振动起来的质元相位超前于后振动起来的质元相位。因此波的传播过程是振动状态的传播，也是相位的传播。

某时刻，在波的传播方向上，将各质元离开平衡位置的位移 y 与相应的平衡位置坐标 x 的关系描绘成曲线，称为波形曲线。波在传播过程中，波形以一定速度沿着波的传播方向平移，这种波形会“行走”的波动称为行波。从图 5.1(a)中可以看出，绳子中横波的波形曲线实质上就是绳子上各质元在该时刻离开各自平衡位置的状态。而图 5.1(b)所示的纵波疏密相间的外形特征并不能直观描述其波形曲线。需特别注意的是，纵波的密部中心和疏部中心，即质元分布最密集和最稀疏的位置，并非其波形曲线的正向和负向最大位移处，而是平衡位置处，此处质元形变量最大。所以在描述波的一般传播规律时，以横波为例会更为直观。

5.1.2 机械波的几何描述

波源振动后，波从波源出发，在弹性介质中向各个方向传播。为了形象描述波在空间的传播情况，本节引入波线、波面和波前的概念。

在波的传播过程中，任一时刻介质中各振动相位相同的点联结成的面称为波面，也称同相位面或波阵面。某时刻，传播到达最前面的一个波面称为波前。任一时刻，波面可以有任意多个，一般使相邻两个波面之间的相位差等于 2π，但波前只有一个。沿波的传播方向作的有方向的线段称为波线。各向同性介质中，波线方向与波面垂直。

根据波面的不同几何形状，可将波分为平面波、球面波和柱面波等。如图 5.2 所示，波面形状是平面的波称为平面波，波面形状是球面的波称为球面波，波面形状是柱面的波称为柱面波。点波源在均匀各向同性介质中沿各个方向发出的波就是球面波，波面是以点波源为球心的一族同心球面。当波源尺寸远小于波长或传播距离时可近似看作点波源，例如一个人讲话或拍手，发出的声波是以球面波的方式向外传播的。当球面波传播到离波源很远时，相邻球形波面可以看作近似平行的平面，此时的波可视为平面波。例如，太阳发出的光波到达地球表面附近时可视为平面波。同步线源在均匀各向同性介质中产生柱面波。例如线阵列扬声器可近似看作线声源，其所辐射的声波波阵面类似柱面波。在光学上，用平面光波照亮一个极细的长缝可以获得近似的柱面波。

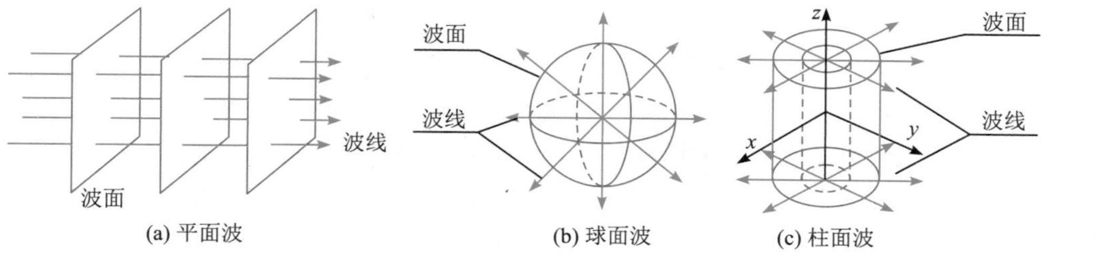

图 5.2

5.1.3 描述波动的物理量

下面介绍描述波动的几个物理量。

1. 波长

同一波线上两个相邻的、相位差为 2π 的质元之间的距离称为波长，用 λ 表示。波源作一次全振动，波向前传播的距离等于一个波长。从波形上看，波长就是一个完整波形的长度。对于横波，波长等于相邻两个波峰或相邻两波谷之间的距离；对于纵波，波长等于相邻两密部中心或相邻两疏部中心之间的距离。波长描述了波在空间上的周期性。

2. 周期和频率

波向前传播一个波长的距离所需要的时间，称为波的周期，用 T 表示。周期的倒数称为波的频率，用 ν 表示，即 $\nu=1/T$，波的频率等于单位时间内波向前传播的完整波形数。由于波源作一次全振动，波向前传播一个波长的距离，所以波的周期和频率就是波源的振动周期和频率。波的周期和频率描述了波在时间上的周期性。

3. 波速

在波动过程中，某一振动状态在单位时间内向前传播的距离称为波速，用 u 表示。波速也称为相速度，即相位向前传播的速度。波速 u 与波长 λ 及周期 T 和频率 ν 的关系为

$$u=\frac{\lambda}{T}=\nu\lambda$$

需指出，波速是振动状态的传播速度，而不是介质中某质元的振动速度。两者是截然不同的两个概念。

波速的大小主要取决于介质的性质，与波源无关。例如，弹性波的波速决定于介质的密度及弹性模量，通常介质中相邻部分单位面积上的相互作用力 F/S 称为应力，介质形状的相对变化量 $\Delta l/l$、$\Delta S/S$、$\Delta V/V$ 称为应变，应力与应变成正比，比例系数称为模量。

理论和实验都证明，固体中横波和纵波的波速分别为

$$u=\sqrt{\frac{G}{\rho}} \quad (\text{横波})$$

$$u=\sqrt{\frac{Y}{\rho}} \quad (\text{纵波})$$

式中，G 为固体的切变弹性模量，Y 为固体的杨氏弹性模量，ρ 为固体的密度。

液体和气体中纵波的波速为

$$u=\sqrt{\frac{K}{\rho}}$$

式中，K 为液体或气体的体变弹性模量，ρ 为液体或气体的密度。

拉紧的绳子或弦线上横波的波速为

$$u=\sqrt{\frac{T}{\mu}}$$

式中，T 为绳子或弦线上的张力，μ 为绳子或弦线的质量线密度。

理想气体中纵波(即声波)的波速为

$$u=\sqrt{\frac{p\gamma}{\rho}}=\sqrt{\frac{\gamma RT}{M}}$$

式中，M 为气体的摩尔质量，γ 为气体的热容比，p 是气体的压强，T 是气体的热力学温度，R 是摩尔气体常数，ρ 为气体在相应状态下的密度。例如，空气的热容比 $\gamma=1.40$，标准状态下($p=101.3$ kPa，$T=273.15$ K)的声速约为 331 m/s。表 5.1 给出了一些典型介质中的声速值。

表 5.1 典型介质中的声速

介质	温度/℃	声速/($\mathrm{m\cdot s^{-1}}$)
空气	0	331
空气	20	343
水	0	1402
水	20	1482
海水	20	1522
铝	—	6420
钢	—	5941
花岗岩	—	6000

4. 波幅

在波动过程中，波所到达的区域内各质元振动的振幅，即波动的幅度，称为波幅，用 A 表示。在无能量吸收的介质中，平面波的波幅就是波源的振幅。

应该注意，在讨论机械波在弹性介质中的传播时，通常假设介质是连续的，因为当波长远大于介质中各分子之间的距离时，介质中一个波长 λ 的距离内，有无数个分子在依次振动，介质在宏观上看起来就像是连续的。但如果波长小到等于或小于分子间距离的数量级时，介质就不能被认为是连续的了，这时的介质就不能传播机械波了。机械波在给定弹性介质中传播时，频率越高，波长越小，因此存在一个频率上限。

思 考 题

1. 波形曲线表示的波一定是横波吗？

2. 地震波在地球内部有横波和纵波两种传播模式，哪一种传播速度更快？如何估算震中到检测点的距离？

3. 振动绳的一端，使波沿拉紧的绳传播。若增大振动频率，则波速和波长如何变化？若增大绳中张力，则波速和波长如何变化？

4. 波从一种介质传播进入另一种介质时，波长、频率、波速、振幅各物理量中，哪些量会改变？哪些量不会改变？

5. 体育场内“观众的人浪”是波动的一个例子：振动在人群中传播，但没有物质传输(没有观众从一个座位移动到另一个座位)，这种波是横波、纵波，还是横波与纵波的组合？

6. 吉他的六根弦长度相同，张力几乎相同，但粗细不同。波在哪根弦上传播得最快？(a) 最粗的绳；(b) 最细的绳；(c) 所有弦上的波速相同。

5.2 平面简谐波的波函数

机械波是机械振动在弹性介质中的传播，是弹性介质内大量质元参与的一种集体运动形式。这种运动形式可以用数学函数式加以描述。以沿 x 轴方向传播的横波为例，各个质元在任一时刻的振动位移 y 随质元位置坐标 x 和时间 t 而变化，也就是说质元振动位移 y 是质元位置坐标 x 和时间 t 的函数，即 $y(x, t)$。这种描述波传播的函数 $y(x, t)$ 称为波函数。波函数是描述任一质元在任意时刻运动状态的物理量。

根据波面的定义可知，任一时刻同一波面上的各质元的振动状态完全相同，所以，在研究平面简谐波传播规律时，只需讨论与波面垂直的任意一条波线上波的传播规律，就可知道整个平面波的传播规律。

一般来说，介质中各个质元的振动情况是很复杂的，由此产生的波动及其波函数也很复杂。如果波源作简谐振动，介质中各质元也作同频率的简谐振动，这时的波称为简谐波。简谐波是一种最简单却很重要的波，简谐波传播的是同频率的简谐振动。其他复杂的波都可以看作是由许多不同频率的简谐波叠加而成的，因此研究简谐波的波动规律是研究复杂波动的基础。如果简谐波的波面形状为平面，这样的简谐波称为平面简谐波。本章主要讨论在各向同性、无吸收的均匀无限大介质中传播的平面简谐波。

5.2.1 平面简谐波的波函数

设有一平面简谐波，在无吸收的均匀无限大介质中沿 x 轴正方向传播，波速为 u，取任意一条波线为 x 轴，并取 O 点为坐标原点，如图 5.3 所示。若已知原点 O 处质元的简谐振动方程为

$$y_O(t) = A\cos(\omega t + \varphi_0) \tag{5.1}$$

式中，y_O 表示原点 O 处质元在 t 时刻离开平衡位置的位移，A 为振动振幅，ω 为振动角频率，φ_0 为 O 点的振动初相。

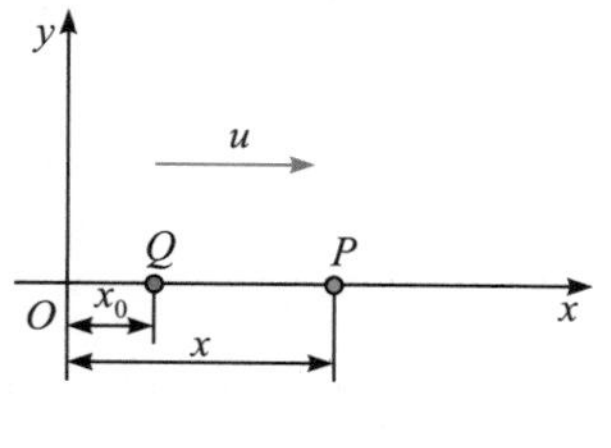

图 5.3

当平面简谐波在无吸收的均匀无限大介质中传播时，波所到达的区域内各质元均以相同的振幅、相同的频率作简谐振动。取坐标为 x 的任意一点 P，当波传播到达 P 点后，P 点处质元作振幅为 A、角频率为 ω 的简谐振动。由于振动是由 O 点向 P 点方向传播的，所以 P 点处质元的振动步调落后于 O 点处质元的振动步调。若振动从 O 点传播到 P 点所需时间为 Δt，则 P 点处质元在 t 时刻的振动状态就是 O 点处质元在 $t-\Delta t$ 时刻的振动状态，即

$$\begin{aligned} y(x, t) &= y_O(t-\Delta t) \\ &= A\cos[\omega(t-\Delta t)+\varphi_0] \end{aligned} \tag{5.2}$$

由图 5.3 可知，O 点与 P 点之间的距离为 x，因此 $\Delta t=\frac{x}{u}$，将其代入式(5.2)可得

$$y(x,t)=A\cos\left[\omega\left(t-\frac{x}{u}\right)+\varphi_0\right] \quad (5.3)$$

式(5.3)实际上给出了平面简谐波在传播过程中，波线上任一点处质元作简谐振动的位移随时间的变化规律。因此，式(5.3)即为沿 x 轴正方向传播的平面简谐波的波函数，也常称为平面简谐波的波动方程。

利用关系式 $\omega=\frac{2\pi}{T}$ 和 $u=\frac{\lambda}{T}$，沿 x 轴正方向传播的平面简谐波的波函数还可以写成

$$y(x,t)=A\cos\left[2\pi\left(\frac{t}{T}-\frac{x}{\lambda}\right)+\varphi_0\right] \quad (5.4)$$

$$y(x,t)=A\cos[\omega t-kx+\varphi_0] \quad (5.5)$$

式(5.5)中，k 称为角波数，其定义为

$$k=\frac{2\pi}{\lambda} \quad (5.6)$$

角波数 k 的单位是 rad/m，它表示单位长度上波的相位变化，也可理解为 2π 长度内所包含的完整波形的个数。对于沿 x 轴正方向传播的平面简谐波，式(5.3)、式(5.4)和式(5.5)是完全等价的。

如果平面简谐波是沿 x 轴负方向传播的，那么 P 点处质元的振动步调超前于 O 点处质元的振动步调，所以 P 点处质元在 t 时刻的振动状态就是 O 点处质元在 $t+\Delta t$ 时刻的振动状态，于是有

$$\begin{aligned}y(x,t)&=y_O(t+\Delta t)=A\cos[\omega(t+\Delta t)+\varphi_0]\\&=A\cos\left[\omega\left(t+\frac{x}{u}\right)+\varphi_0\right]\end{aligned} \quad (5.7)$$

这是沿 x 轴负方向传播的平面简谐波的波函数，也可以写成下列形式：

$$y(x,t)=A\cos\left[2\pi\left(\frac{t}{T}+\frac{x}{\lambda}\right)+\varphi_0\right] \quad (5.8)$$

$$y(x,t)=A\cos[\omega t+kx+\varphi_0] \quad (5.9)$$

以上这些波函数均是基于已知 $x=0$ 的坐标原点 O 处质元的振动方程式(5.1)写出的。不难将其推广至一般情形，即已知 x 轴上某一定点 Q(设 $x=x_0$)处质元振动方程为

$$y(x_0,t)=A\cos(\omega t+\varphi_0) \quad (5.10)$$

当平面简谐波沿 x 轴正方向传播时，振动从 Q 点传播到 P 点所需时间 Δt 可表示为

$$\Delta t=\frac{x-x_0}{u} \quad (5.11)$$

相应的波函数为

$$y(x,t)=A\cos\left[\omega\left(t-\frac{x-x_0}{u}\right)+\varphi_0\right] \quad (5.12)$$

应当指出，式(5.12)所示的波函数对于横波和纵波都同样适用。对于横波，质元离开平衡位置的位移 y 与波的传播方向 x 轴垂直；对于纵波，质元离开平衡位置的位移 y 沿 x 轴方向。

5.2.2 波函数的物理意义

由式(5.3)可见，平面简谐波的波函数是一个含有 x 和 t 两个自变量的余弦函数，它在时间上和空间上都具有周期特征，即满足

$$y(x,t+T)=y(x,t) \quad (5.13)$$

$$y(x+\lambda,t)=y(x,t) \quad (5.14)$$

式(5.13)和(5.14)可作为平面简谐波的周期和波长的定义式。这也再次表明波的周期 T 和波长 λ 是表征波动的时间周期性和空间周期性的物理量。

对于式(5.3)所示的沿 x 轴正方向传播的平面简谐波的波函数，若 $x=x_0$ 给定，则位移 y 仅为时间 t 的函数，即可得 $x=x_0$ 处质元的简谐振动方程为

$$\begin{aligned}y(t)&=A\cos\left[\omega\left(t-\frac{x_0}{u}\right)+\varphi_0\right]\\&=A\cos\left[\omega t-\frac{2\pi x_0}{\lambda}+\varphi_0\right]\end{aligned} \quad (5.15)$$

与式(5.1)所示的 O 点处质元振动方程相比，x_0 处质元的振动相位落后于 O 点处质元 $\frac{2\pi x_0}{\lambda}$。若以 t 为横坐标，y 为纵坐标，作 y-t 曲线，即可得 $x=x_0$ 处质元的振动曲线，如图 5.4 所示。振动曲线以 T 为周期，初相与该质元的位置坐标 x_0 有关。在沿波传播方向上，各质元的振动频率相同，振动振幅相同，但振动相位依次落后。任意两定点 $x=x_1$ 和 $x=x_2$ 处质元振动的相位差为

$$\begin{aligned}\Delta\varphi&=\varphi_{x_2}-\varphi_{x_1}\\&=\left[\omega\left(t-\frac{x_2}{u}\right)+\varphi_0\right]-\left[\omega\left(t-\frac{x_1}{u}\right)+\varphi_0\right]\\&=\frac{2\pi}{\lambda}(x_1-x_2)\end{aligned} \quad (5.16)$$

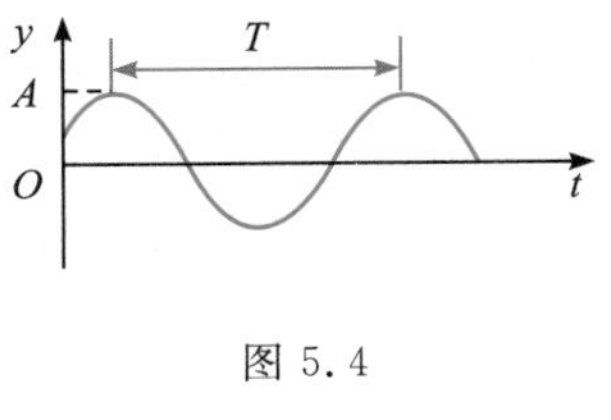

图 5.4

考虑到 $\Delta x = x_2 - x_1$，式(5.16)可以写成

$$\Delta\varphi = -\frac{2\pi}{\lambda}\Delta x \tag{5.17}$$

通常在不需要明确哪个质元的相位超前或落后时，式(5.17)中的负号可以省略，简单写成

$$\Delta\varphi = \frac{2\pi}{\lambda}\Delta x \tag{5.18}$$

若 $t = t_0$ 给定，则位移 y 仅为质元位置 x 的函数，即可得 $t = t_0$ 时刻，各质元离开平衡位置的位移分布情况：

$$y(x) = A\cos\left[\omega\left(t_0 - \frac{x}{u}\right) + \varphi_0\right] \tag{5.19}$$

若以 x 为横坐标，y 为纵坐标，作 y-x 曲线，即可得 $t = t_0$ 时刻的波形曲线，如图 5.5 所示。波形曲线以波长 λ 为周期，描述了 $t = t_0$ 时刻波线上各质元离开平衡位置的运动状态。

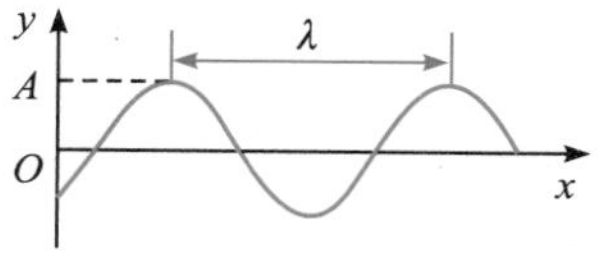

图 5.5

若 x 和 t 都在变化，式(5.3)所示的波函数表示波在传播方向上各个质元离开平衡位置的位移随时间变化的规律。若以 x 为横坐标，y 为纵坐标，可以得到任意时刻的波形曲线，不同时刻对应着不同的波形曲线，随着时间 t 的变化，可以观察到波形向前传播。图 5.6 分别画出了 t 时刻和 $t+\Delta t$ 时刻的波形曲线，可以看出 Δt 时间内，波形向前平移了 Δx 的距离。也就是说 t 时刻 x 处质元的相位，经过 Δt 时间后已经传至 $x+\Delta x$ 处了，即

$$\omega\left(t - \frac{x}{u}\right) + \varphi_0 = \omega\left[(t + \Delta t) - \frac{x + \Delta x}{u}\right] + \varphi_0$$

由此可解得

$$\Delta x = u\Delta t \tag{5.20}$$

所以说，波的传播就是相位的传播，即振动状态的传播。波速 u 就是相位传播的速度，也是波形向前平移的速度。

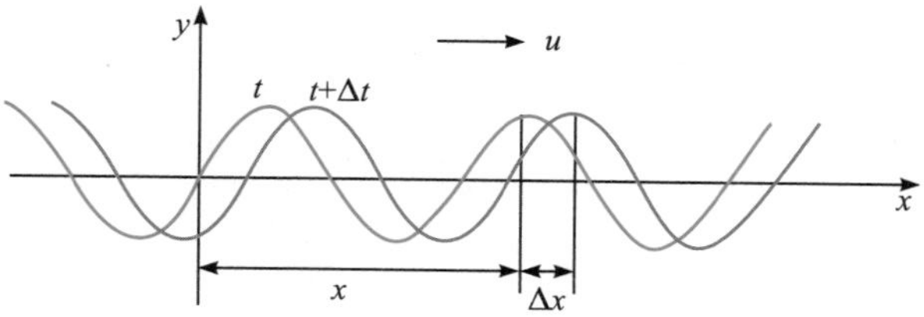

图 5.6

需注意，波速 u 与质元的振动速度 v 是完全不同的两个概念。任一质元的振动速度可通过 x 处质元的振动方程，即波函数，将其离开平衡位置的位移 y 对 t 求偏导求得，即

$$v = \frac{\partial y}{\partial t} = -\omega A\sin\left[\omega\left(t - \frac{x}{u}\right) + \varphi_0\right] \tag{5.21}$$

★**【例 5.1】** 一平面简谐波沿 x 轴正方向传播，已知其波函数为 $y = 0.05\cos[\pi(10t - 4x)]$ m，求：

(1) 此波的振幅、周期、波长和波速；

(2) x 轴上各质元振动时的最大振动速度和最大振动加速度；

(3) $x = 0.2$ m 处的质元在 $t = 0.1$ s 时的相位。

解 (1) 沿 x 轴正方向传播的平面简谐波的标准波函数形式为

$$y = A\cos\left[2\pi\left(\frac{t}{T} - \frac{x}{\lambda}\right) + \varphi_0\right]$$

将本题的波函数也写成标准形式，于是有

$$y = 0.05\cos[2\pi(5t - 2x)] = 0.05\cos\left[2\pi\left(\frac{t}{0.2} - \frac{x}{0.5}\right)\right] \text{ m}$$

两式对比即可得

$$A = 0.05 \text{ m},\ T = 0.2 \text{ s},\ \lambda = 0.5 \text{ m},$$

$$u = \frac{\lambda}{T} = 2.5 \text{ m/s}$$

本题也可以根据各物理量的定义，通过对相位关系的分析来求解。

振幅 A 是各质元振动位移的最大值，即

$$A = y_{max} = 0.05 \text{ m}$$

周期 T 是各质元的振动周期，也就是质元振动相位变化 2π 所经历的时间，即

$$\pi[10(t+T) - 4x] - \pi(10t - 4x) = 2\pi$$

求解可得 $T = 0.2$ s。

波长 λ 是同一波线上两个相邻的、相位差为 2π 的质元之间的距离，即

$$\pi(10t - 4x) - \pi[10t - 4(x+\lambda)] = 2\pi$$

求解可得 $\lambda = 0.5$ m。

波速 u 是质元振动相位传播的速度，设相位经过 Δt 时间向前传播了 Δx 距离，即

$$\pi(10t-4x)=\pi[10(t+\Delta t)-4(x+\Delta x)]$$

求解可得 $u=\dfrac{\Delta x}{\Delta t}=2.5\ \text{m/s}$。

(2) 质元的振动速度为

$$v=\frac{\partial y}{\partial t}=-10\pi\times0.05\sin[\pi(10t-4x)]$$

可得其最大值为

$$v_{\max}=10\pi\times0.05=1.57\ \text{m/s}$$

(3) 由平面简谐波的波函数可知，x 处质元在 t 时刻的相位为

$$\varphi=\pi(10t-4x)$$

将 $x=0.2$ m，$t=0.1$ s 代入上式，可得

$$\varphi=\pi(10\times0.1-4\times0.2)=\frac{\pi}{5}\ \text{rad}$$

★**【例 5.2】** 有一平面简谐波在空间传播，已知波的传播和由此波引起的 A 点的振动方程为 $y_A=3\cos\left(4\pi t+\dfrac{\pi}{2}\right)$ m。求下列图示情况下的波函数。

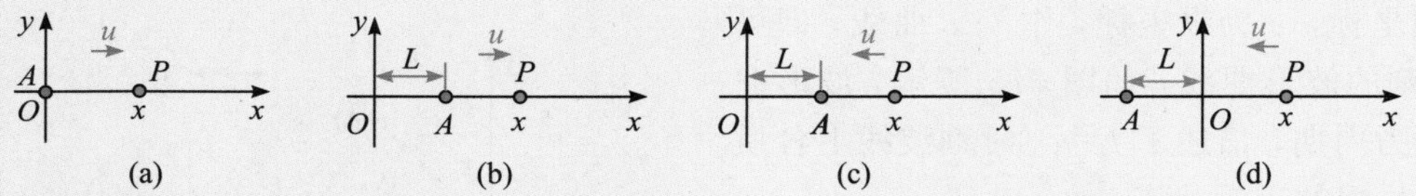

例 5.2 图

解 (a) 在 x 处任取一点 P，由波的传播方向可知，P 点振动落后于 A 点，A 点与 P 点之间的距离 x，可知波由 A 点传播到 P 点所需时间为 $\Delta t=\dfrac{x}{u}$，所以 P 点处质元在 t 时刻的振动状态就是 A 点处质元在 $t-\Delta t$ 时刻的振动状态，因此有

$$y(x,t)=y_A(t-\Delta t)$$
$$=3\cos\left[4\pi\left(t-\frac{x}{u}\right)+\frac{\pi}{2}\right]\text{m}$$

(b) 在 x 处任取一点 P，由波的传播方向可知，P 点振动落后于 A 点，A 点与 P 点之间的距离 $x-L$，可知波由 A 点传播到 P 点所需时间为 $\Delta t=\dfrac{x-L}{u}$，因此有

$$y(x,t)=y_A(t-\Delta t)$$
$$=3\cos\left[4\pi\left(t-\frac{x-L}{u}\right)+\frac{\pi}{2}\right]\text{m}$$

(c) 在 x 处任取一点 P，由波的传播方向可知，P 点振动超前于 A 点，A 点与 P 点之间的距离 $x-L$，可知波由 P 点传播到 A 点所需时间为 $\Delta t=\dfrac{x-L}{u}$，所以 P 点处质元在 t 时刻的振动状态就是 A 点处质元在 $t+\Delta t$ 时刻的振动状态，因此有

$$y(x,t)=y_A(t+\Delta t)$$
$$=3\cos\left[4\pi\left(t+\frac{x-L}{u}\right)+\frac{\pi}{2}\right]\text{m}$$

(d) 在 x 处任取一点 P，由波的传播方向可知，P 点振动超前于 A 点，A 点与 P 点之间的距离 $x+L$，可知波由 P 点传播到 A 点所需时间为 $\Delta t=\dfrac{x+L}{u}$，因此有

$$y(x,t)=y_A(t+\Delta t)$$
$$=3\cos\left[4\pi\left(t+\frac{x+L}{u}\right)+\frac{\pi}{2}\right]\text{m}$$

★**【例 5.3】** 某潜水艇声呐发出的超声波为平面简谐波，其振幅 $A=1.2\times10^{-3}$ m，频率 $\nu=5.0\times10^4$ Hz，波长 $\lambda=2.85\times10^{-2}$ m，波源振动的初相 $\varphi_0=0$，求：

(1) 该超声波的波函数；

(2) 距波源 2 m 处质元的振动方程；

(3) 距波源 8 m 和 8.05 m 处两质元的相位差。

解 (1) 以波源为坐标原点，沿超声波传播方向建立 Ox 轴。由题意得，波源简谐振动方程为

$$y_O(t)=A\cos(\omega t+\varphi)$$
$$=1.2\times10^{-3}\cos(10^5\pi t)\ \mathrm{m}$$

平面简谐波的波函数为

$$y=y_O\left(t-\frac{x}{u}\right)$$
$$=1.2\times10^{-3}\cos(10^5\pi t-220x)\ \mathrm{m}$$

(2) 令 $x=2$ m，可得距波源 2 m 处质元的振动方程为

$$y=1.2\times10^{-3}\cos(10^5\pi t-440)\ \mathrm{m}$$

(3) 沿波的传播方向上，任意两点振动的相位差为

$$\Delta\varphi=\frac{2\pi}{\lambda}\Delta x=11\ \mathrm{rad}$$

★**【例 5.4】** 一平面简谐波沿 x 轴正方向传播，在 $t=0$ 时刻的波形如图所示。求：

(1) 此平面简谐波的波函数；

(2) 图中 P 点在 $t=1$ s 时的速度。

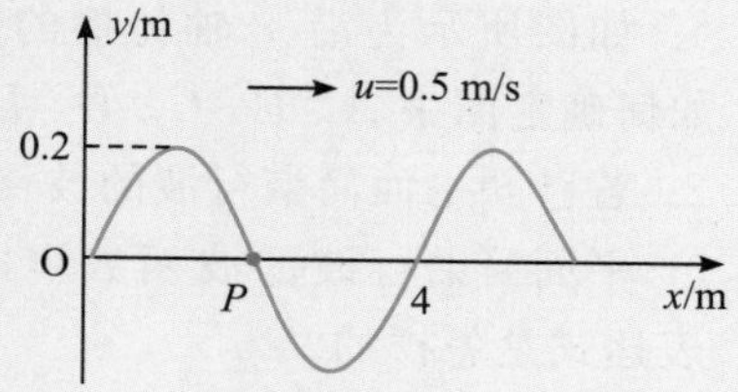

例 5.4 图

解 (1) 由波形图可知，波幅 $A=0.2$ m，波长 $\lambda=4$ m，因此周期 $T=\lambda/u=8$ s，角频率 $\omega=2\pi/T=\pi/4$ rad/s。

首先确定 O 点振动方程。已知 $t=0$ 时刻，O 点在平衡位置处，若将波形沿波的传播方向平移一微小位移 Δx，可判断出 O 点处质元向 y 轴负方向(向下)运动。由旋转矢量法可知 O 点初相 $\varphi_0=\pi/2$。于是可得 O 点的振动方程

$$y_O(t)=0.2\cos\left(\frac{\pi}{4}t+\frac{\pi}{2}\right)\mathrm{m}$$

进而可得平面简谐波的波函数

$$y=0.2\cos\left[\frac{\pi}{4}\left(t-\frac{x}{u}\right)+\frac{\pi}{2}\right]$$
$$=0.2\cos\left(\frac{\pi}{4}t-\frac{\pi}{2}x+\frac{\pi}{2}\right)\mathrm{m}$$

(2) 将波函数对 t 求偏导，可得 x 轴上任一质元在任一时刻的振动速度

$$v=\frac{\partial y}{\partial t}$$
$$=-\frac{\pi}{4}\times0.2\sin\left(\frac{\pi}{4}t-\frac{\pi}{2}x+\frac{\pi}{2}\right)\quad\mathrm{m/s}$$

将 $x=2$ m，$t=1$ s 代入可得

$$v_P=-\frac{\pi}{4}\times0.2\sin\left(\frac{\pi}{4}\times1-\frac{\pi}{2}\times2+\frac{\pi}{2}\right)$$
$$=0.035\pi$$
$$=0.11\ \mathrm{m/s}$$

$v_P>0$，说明此刻 P 点的振动速度方向沿 y 轴正方向。

5.2.3 平面波的波动微分方程

将式(5.3)所示的沿 x 轴正方向传播的平面简谐波波函数分别对 t 和 x 求二阶偏导数，可得

$$\frac{\partial^2 y}{\partial t^2}=-\omega^2A\cos\left[\omega\left(t-\frac{x}{u}\right)+\varphi_0\right]$$
$$\frac{\partial^2 y}{\partial x^2}=-\frac{\omega^2}{u^2}A\cos\left[\omega\left(t-\frac{x}{u}\right)+\varphi_0\right]$$

比较上述两式可得

$$\frac{\partial^2 y}{\partial x^2}=\frac{1}{u^2}\frac{\partial^2 y}{\partial t^2}\tag{5.22}$$

如果从式(5.3)所示的沿 x 轴负方向传播的平面简谐波的波函数出发，则所得结果完全相同。式(5.22)称为沿 x 轴传播的平面波的波动方程。它是物理学的重要方程之一。数学上可以证明，它是各种平面波(不限于平面简谐波)所必须满足的微分方程，各种平面波波函数都是它的解。平面波的波动方程不仅适用于机械波，还广泛地适用于电磁波、热传导、化学中的扩散等过程，即任何物理量 y，只要它与时间和坐标的关系满足方程式(5.22)，则这一物理量就按波动的形式传播，而且

偏导数$\dfrac{\partial^2 y}{\partial t^2}$的系数的倒数的平方根就是波动的传播速度。

可以证明，如果物理量$\xi(x, y, z, t)$在三维空间中以波动的形式传播，只要传播介质是线性、均匀、各向同性且无吸收的，就有

$$\frac{\partial^2 \xi}{\partial x^2}+\frac{\partial^2 \xi}{\partial y^2}+\frac{\partial^2 \xi}{\partial z^2}=\frac{1}{u^2}\frac{\partial^2 \xi}{\partial t^2} \tag{5.23}$$

式中$\xi(x, y, z, t)$表示t时刻(x, y, z)处质元的振动位移。式(5.23)称为**波动微分方程**，任何物质运动，只要它的运动规律符合式(5.23)，它就一定是以u为传播速度的波动过程。

思考题

1. 如图所示为沿x轴传播的平面简谐横波在某时刻的波形曲线，如何确定图中A、B、C、D、E处各质元在该时刻的振动方向？

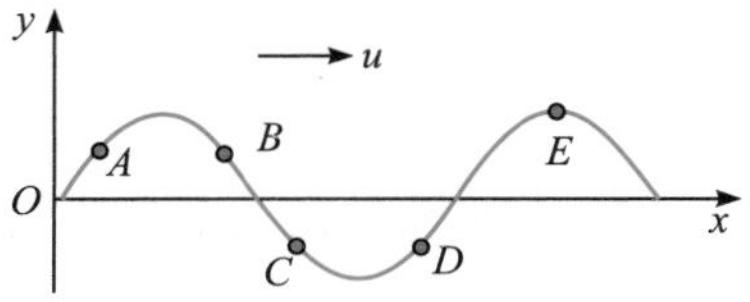

2. 若已知平面简谐行波的波函数，如何判断波的传播方向？
3. 平面简谐行波的波函数可以用正弦函数或复指数形式表示吗？表达式是怎样的？

5.3 波的能量

机械波是机械振动在弹性介质中的传播，机械波传播所到之处，原来静止的质元开始在各自平衡位置附近振动。各质元一旦振动起来便具有速度，因而具有动能，振动的质元离开各自平衡位置致使介质产生弹性形变，因而具有势能。因此，波的传播过程伴随着能量的传播。波动传播到哪里，能量就传播到哪里。这是波动过程的重要特征之一。

5.3.1 波的能量

机械波的能量是指在波动过程中传播振动的介质所具有的能量。下面以绳子上传播的横波为例来分析波动的能量特征。

设有一平面简谐波以波速u沿绳子传播，绳子的截面积为S，质量的线密度为μ。取波的传播方向为x轴正方向，绳子上各质元振动方向为y轴，则沿绳子传播的平面简谐波的波函数可以表示为

$$y=A\cos\left[\omega\left(t-\frac{x}{u}\right)+\varphi_0\right]$$

在绳子上任取一小线元Δx，其质量为$\Delta m=\mu\Delta x$，由波函数可得此线元的振动速度为

$$v=\frac{\partial y}{\partial t}=-\omega A\sin\left[\omega\left(t-\frac{x}{u}\right)+\varphi_0\right]$$

线元的动能为

$$\begin{aligned}E_k&=\frac{1}{2}\Delta m v^2\\&=\frac{1}{2}\Delta m\omega^2A^2\sin^2\left[\omega\left(t-\frac{x}{u}\right)+\varphi_0\right]\end{aligned} \tag{5.24}$$

线元在振动过程中，除了在y方向上有位移，在绳子张力的作用下也会沿其长度方向上发生弹性形变，如图5.7所示，线元由原长Δx变成了Δl，伸长量为

$$\begin{aligned}\Delta l-\Delta x&=\sqrt{(\Delta x)^2+(\Delta y)^2}-\Delta x\\&=\Delta x\left[\sqrt{1+\left(\frac{\partial y}{\partial x}\right)^2}-1\right]\end{aligned} \tag{5.25}$$

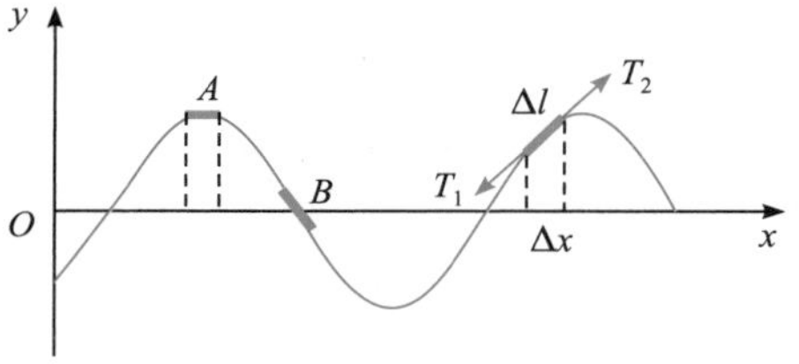

图 5.7

当线元作小幅振动时，Δy很小，波形曲线的切线斜率$\dfrac{\partial y}{\partial x}$及其平方都很小，于是有

$$\left[1+\left(\frac{\partial y}{\partial x}\right)^2\right]^{1/2}=1+\frac{1}{2}\left(\frac{\partial y}{\partial x}\right)^2+\cdots$$

略去高阶项，并代入式(5.25)可得

$$\Delta l-\Delta x\approx\frac{1}{2}\left(\frac{\partial y}{\partial x}\right)^2\Delta x \tag{5.26}$$

当线元形变量很小时，可近似认为线元两端的张力大小相等，即$T_1=T_2=T$，在线元被拉伸的过程中，张力做功并将能量转化为线元的弹性形变

势能，即

$$E_p=(\Delta l-\Delta x)T\approx\frac{1}{2}\left(\frac{\partial y}{\partial x}\right)^2\Delta xT$$

将波函数对 x 求一阶偏导，可得

$$\frac{\partial y}{\partial x}=\frac{\omega}{u}A\sin\left[\omega\left(t-\frac{x}{u}\right)+\varphi_0\right]$$

又根据绳子中的波速 u 和绳子张力的关系 $T=\mu u^2$，有

$$E_p=\frac{1}{2}\Delta m\omega^2A^2\sin^2\left[\omega\left(t-\frac{x}{u}\right)+\varphi_0\right]\quad(5.27)$$

线元的总机械能等于其动能和弹性势能之和，即

$$\begin{aligned}E&=E_k+E_p\\&=\Delta m\omega^2A^2\sin^2\left[\omega\left(t-\frac{x}{u}\right)+\varphi_0\right]\end{aligned}\quad(5.28)$$

比较式(5.24)和式(5.27)可以看出，波动传播过程中，介质中任一质元的动能和弹性势能都随时间 t 作周期性变化，且在任一时刻线元动能与弹性势能的值都相等，即 $E_k=E_p$。这表明线元的动能和弹性势能是同相变化的，动能最大时，弹性势能也最大，动能为零时，弹性势能也为零。图 5.7 中处于最大位移处的 A 点质元，此刻质元速度为零且无形变，因而其动能和弹性势能均为零；而图中处于平衡位置处的 B 点质元，此刻其速度最大且形变量最大，因而动能和弹性势能都达到最大值。

由式(5.28)可以看出，在波动传播过程中，任一质元的总机械能并非常量，而随时间 t 和位置坐标 x 作周期性变化。平面简谐波的这一能量特征明显区别于作简谐振动的弹簧振子系统的能量。弹簧振子的振动系统是孤立的保守系统，系统机械能是守恒的。平面简谐波中的介质质元虽然也作简谐振动，但质元与相邻质元之间有弹性作用，并非孤立系统，质元运动过程中与相邻质元有能量交换，因此单个质元的机械能并不守恒，而是在波动传播过程中不断吸收和放出能量。质元从最大位移处回到平衡位置的过程，是其不断地从先振动起来的质元获得能量使其机械能增加的过程，而质元从平衡位置运动到最大位移的过程，是其不断地把能量传递给后振动起来的质元使其机械能减少的过程，这样，能量就随着波动向前传播。因此说，波动传播的过程就是能量传播的过程。

5.3.2 波的能量密度和能流密度

如前所述，机械波的能量是指在波动过程中传播振动的介质所具有的能量。为了精确描述波动的能量在介质各处的分布，将单位体积中波的能量称为波的能量密度，用 w 表示。由式(5.28)可得

$$w=\frac{E}{\Delta V}=\rho A^2\omega^2\sin^2\left[\omega\left(t-\frac{x}{u}\right)+\varphi_0\right]\quad(5.29)$$

式中，ΔV 为线元体积，$\rho=\Delta m/\Delta V$ 表示介质的质量密度。式(5.29)表明介质中任一点处波的能量密度也随时间 t 作周期性变化。通常将波的能量密度在一个周期内的平均值称为波的平均能量密度，用 $\bar{w}$ 表示。

$$\bar{w}=\frac{1}{T}\int_0^T w\,\mathrm{d}t=\frac{1}{2}\rho A^2\omega^2\quad(5.30)$$

式(5.30)表明，波的平均能量密度与振幅的平方、频率的平方以及介质的质量密度成正比。

波的能量是随着波动在介质中传播的，为了描述波动能量的传播特性，通常引入能流密度的概念。在单位时间内通过垂直于波线方向的单位面积的波的平均能量，叫作波的能流密度。能流密度是一个矢量，用 $\boldsymbol{I}$ 表示，在各向同性介质中，能流密度矢量的方向就是波速的方向。设在各向同性均匀介质中，波向右传播，垂直于波传播方向取一面积 S，如图 5.8 所示，已知介质中平均能量密度为 $\bar{w}$，一个周期内通过 S 的能量应恰好等于 S 左侧体积为 uTS 的长方体内的能量，因此能流密度的大小 I 为

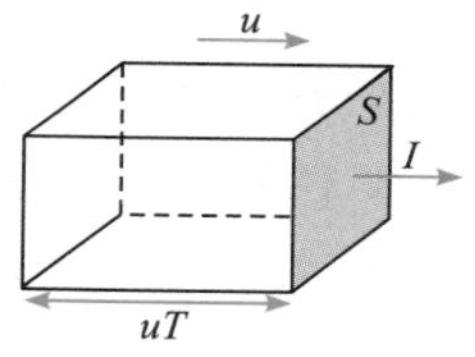

图 5.8

$$I=\frac{\bar{w}uTS}{TS}=\bar{w}u=\frac{1}{2}\rho A^2\omega^2u\quad(5.31)$$

能流密度也称为波的强度，单位是 $\mathrm{W/m^2}$。式(5.31)表明在给定的均匀介质(ρ 和 u 一定)中，波的强度与振幅的平方成正比。此结论对于无线电波和光波也同样适用。

5.3.3 平面波和球面波的振幅

5.2 节在导出平面简谐波的波函数时，曾指出平面波在无吸收的均匀介质中传播时，各质元振动的振幅相同。现在从波的能量角度来讨论平面波振幅不变的意义。

设有一平面简谐行波以波速 u 在各向同性、均匀介质中传播，在垂直于波的传播方向上取两个平行平面，面积均为 S，如图 5.9 所示，通过第一个平面的波也将通过第二个平面。设平面波通过两

平面处的能流密度分别为 I_1 和 I_2，则单位时间内通过这两个平面的平均能量分别为 I_1S 和 I_2S。当介质无吸收时，根据能量守恒定律，可得

$$I_1S = I_2S$$

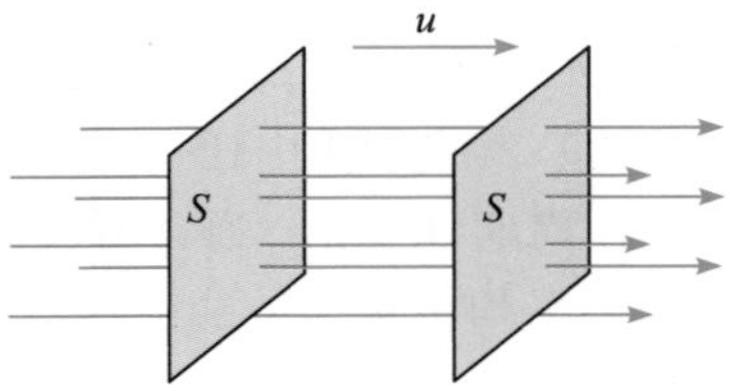

图 5.9

由式(5.31)可得

$$\frac{1}{2}\rho A_1^2\omega^2 uS = \frac{1}{2}\rho A_2^2\omega^2 uS$$

式中，A_1 和 A_2 分别为两平面处波的振幅。因此有

$$A_1 = A_2$$

即平面简谐波在无吸收介质中传播时振幅保持不变。

球面波在各向同性、均匀的介质中传播时，即使介质无吸收，球面波的振幅也会随着球面波波面的扩大而减小。设波源在 O 点，以点波源为中心，作半径分别为 r_1 和 r_2 的两个同心球形波面，波面面积分别为 S_1 和 S_2，如图 5.10 所示。

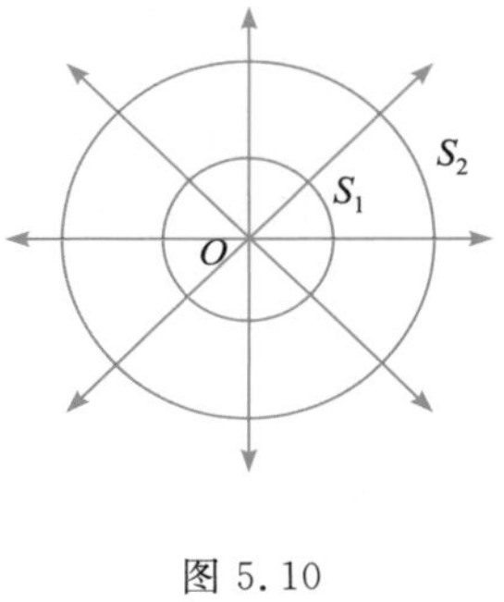

图 5.10

当介质无吸收时，根据能量守恒定律，可得

$$\frac{1}{2}\rho A_1^2\omega^2 uS_1 = \frac{1}{2}\rho A_2^2\omega^2 uS_2$$

式中，A_1 和 A_2 分别为 S_1 和 S_2 两球面处波的振幅。因此有

$$A_1^2 \cdot 4\pi r_1^2 = A_2^2 \cdot 4\pi r_2^2$$

即

$$A_1 r_1 = A_2 r_2 \tag{5.32}$$

式(5.32)表明，球面波在传播过程中，各处质元振动的振幅 A 与该处离开波源的距离 r 成反比。设距波源单位距离处的质元振幅为 A_0，则球面波传播到离开波源 r 处的振幅为 $A = \frac{A_0}{r}$，因此球面波的波函数可表示为

$$y(r,t) = \frac{A_0}{r}\cos\left[\omega\left(t - \frac{r}{u}\right) + \varphi_0\right],\quad r > 0 \tag{5.33}$$

5.3.4 波的吸收

平面简谐波在无吸收的介质中传播时能量没有损耗，所以介质中各处质元的振幅保持不变。而实际上，介质总是要吸收一部分波的能量，因此波的强度和振幅都将随着波动的传播而逐渐减弱，这种现象称为波的吸收。介质所吸收的波动能量将转化成其他形式的能量，比如介质的内能。

以无限大介质平板为例，设波通过厚度为 $\mathrm{d}x$ 的介质薄层后，振幅的增量为 $\mathrm{d}A$，实验表明，振幅衰减量($-\mathrm{d}A$)正比于此处振幅，也正比于该处介质薄层的厚度 $\mathrm{d}x$，即

$$-\mathrm{d}A = \alpha A\,\mathrm{d}x \tag{5.34}$$

式中，α 称为介质的吸收系数。α 的大小与介质自身性质和波的频率有关，大体上讲，流体的吸收系数正比于波的频率的平方 ν^2，而固体的吸收系数正比于波的频率 ν。式(5.34)积分可得

$$A = A_0 e^{-\alpha x} \tag{5.35}$$

式中，A_0 和 A 分别为 $x=0$ 处和任意 x 处的振幅，表明平面波在实际介质中传播时，各质元振动的振幅随波的传播距离呈指数规律衰减，如图 5.11(a)所示。

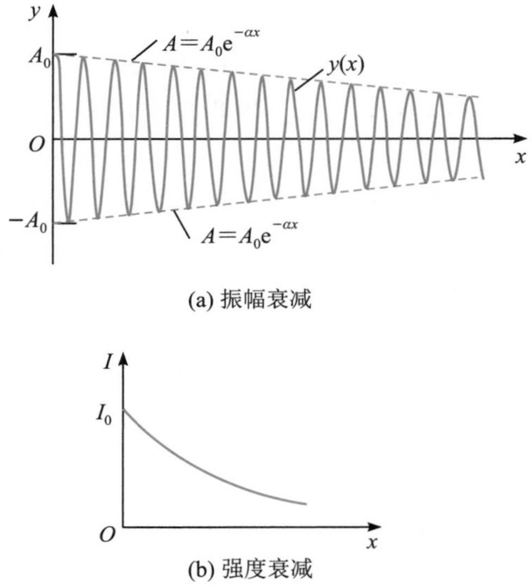

(a) 振幅衰减

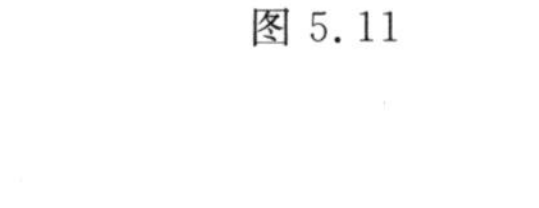

(b) 强度衰减

图 5.11

由于波的强度与振幅的平方成正比，因此可得平面波强度的衰减规律为

$$I = I_0 e^{-2\alpha x} \tag{5.36}$$

式中，I_0 和 I 分别为 $x=0$ 处和任意 x 处的波的强度。式(5.36)表明，平面波在实际介质中传播时，波的强度随传播距离呈指数规律衰减，如图5.11(b)所示，介质的吸收系数越大，强度衰减就越快。

5.3.5 声压和声强

在弹性介质中传播的频率在 20 Hz～20 kHz 范围内的机械纵波，称为声波，产生这类声波的振动叫作声振动。频率高于 20 kHz 的机械波称为超声波，频率低于 20 Hz 的机械波称为次声波。在流体中传播的声波都是纵波。

在描述声波传播中介质各点振动的强弱时，常用声压和声强这两个物理量。

1. 声压

介质中无声波传播时的压强称为静压强，当声波在介质中传播时，某点压强与静压强之间的差值称为声压，常用 p 表示。声压是由于声波而引起的附加压强。由于声波是纵波，声波传播的介质空间有疏密区。在介质稀疏区域，实际压强小于静压强，声压为负值；在介质稠密区域，实际压强大于静压强，声压为正值。因此，随着声波在介质中的传播，介质中各点振动位移作周期性变化，各处声压也随时间作周期性变化。可以证明，介质中任一点处的声压可表示为

$$\begin{aligned} p &= \rho u \omega A \cos\left[\omega\left(t-\frac{x}{u}\right)+\varphi_0-\frac{\pi}{2}\right] \\ &= p_m \cos\left[\omega\left(t-\frac{x}{u}\right)+\varphi_0-\frac{\pi}{2}\right] \end{aligned} \tag{5.37}$$

式中，ρ 为介质密度，A、ω 和 u 分别为声波的振幅、角频率和波速，$p_m=\rho u \omega A$ 称为声压振幅。由式(5.37)可以看出，介质中某处声压比该处质元位移在相位上落后 $\pi/2$，因此，在质元位移最大处声压为零，在位移为零处声压最大。

2. 声强

声波的能流密度称为声强，即单位时间内通过垂直于声波传播方向的单位面积的平均声波能量。在实际测量时，测量声强比测量声压更为困难，所以常常先测出声压，再根据声强和声压的关系换算得出声强。

由式(5.31)可得声强 I 为

$$I = \frac{1}{2}\rho A^2 \omega^2 u = \frac{1}{2}\frac{p_m^2}{\rho u} = \frac{p_n^2}{\rho u} \tag{5.38}$$

式中，$p_n=\frac{p_m}{\sqrt{2}}$ 称为有效声压。从式(5.38)可以看出声波频率越大时，不仅声压振幅越大，其有效声压和声强也都越大。

人耳的听觉是由物理机制和生理机制共同产生的。当声波的交变压力到达外耳时，鼓膜按入射声波的频率振动，振动传至中耳的几个听小骨并放大，然后通过内耳中的液体传至内耳的神经末梢，经分析整理形成信号传至大脑，于是产生了不同音调和强度的声音感觉，这就是听觉过程。能引起人类产生听觉的声波，不仅有一定的频率范围，还有一定的声强范围，声强范围随声波频率而变化。以频率为 1000 Hz 的声波为例，一般正常人刚好能听见的声强下限为 10^{-12} W/m^2，使人耳产生疼痛感觉的声强上限为 1 W/m^2。虽然人耳对声强的听觉范围很广，但对声强的变化并不敏感，声学中通常用声强的对数标度作为声强级。

声强级 L_I 的定义为

$$L_I = 10\log\frac{I}{I_0} \tag{5.39}$$

式中，$I_0=10^{-12}$ W/m^2，称为基准声强，是频率为 1000 Hz 的声波能引起人耳听觉的最低声强。声强级的单位为分贝，用符号 dB 表示。人耳感觉到的声音响度与声强级有一定关系，一般来讲，声强级越高，人耳感觉越响。表 5.2 给出了日常生活中常遇到的一些声音的声强、声强级和响度。

表 5.2 一些声音的声强、声强级和响度

声源	声强/(W/m^2)	声强级/dB	响度
引起听觉的最弱声音	10^{-12}	0	
轻声交谈	10^{-10}	20	轻
正常谈话	10^{-6}	60	正常
闹市街道	10^{-5}	70	响
雷声、炮声	10^{-1}	110	极响
摇滚乐	1	120	震耳
引起痛觉的声音	1	120	

需指出，人耳对于声音响度的感觉还与声波频率有关。比如，同为 50 dB 声强级的声音，当频率为 1 kHz 时，人耳听起来已相当响，但当频率为

50 Hz 时，人耳却听不见。

若是单个频率或由少数几个谐频合成的声波，如果强度不太大，听起来是悦耳的乐音。不同频率不同强度的声波无规律的组合在一起，听起来便是噪声。噪声在城市中已成为污染环境的重要因素，如果长期在 90 dB 以上的高噪声环境下工作或生活，会损坏听觉，甚至危害人体健康。日常生活中的噪声，如汽车喇叭的鸣叫声、声强过大的音乐声、物件的撞击声以及各种汽笛和发动机的声音，都是严重损伤听力的原因。为此，减轻和消除噪声已成为目前保护环境所必须考虑的重要问题。

★**【例 5.5】** 设一扬声器向无吸收、无反射的均匀介质空间发出球面声波，声波频率 $\nu=2\text{ kHz}$，已知在距扬声器 6 m 远处的声强为 $I=1.0\times10^{-3}\text{ W/m}^2$，试求：

(1) 扬声器的功率 P 为多大？

(2) 距扬声器 30 m 远处的声强为多大？

解 (1) 扬声器发出球面波，扬声器的功率 P 与某处声强的关系为 $P=IS$，可得

$$P=I\cdot4\pi r^2=1\times10^{-3}\times4\pi\times6^2=0.452\text{ W}$$

(2) 球面波传播过程中，某处振幅与该处到波源的距离成反比，因此强度与该处到波源的距离平方成反比，即

$$\frac{I_2}{I_1}=\left(\frac{r_1}{r_2}\right)^2$$

因此可得

$$I_2=I_1\left(\frac{r_1}{r_2}\right)^2=4.0\times10^{-5}\text{ W/m}^2$$

【例 5.6】 面积为 3 m² 的窗户面向闹市区街道，若街道上的噪声在窗口的声强级为 80 dB，问传入室内的声波功率为多大？

解 由声强级定义

$$L_I=10\log\frac{I}{I_0}$$

可得街道噪声在窗口的声强为

$$I=I_0 10^{\frac{L_I}{10}}=10^{-12}\times10^8=10^{-4}\text{ W/m}^2$$

传入室内的声波功率是指单位时间内传入室内的声波能量，因此有

$$P=IS=10^{-4}\times3=3\times10^{-4}\text{ W}$$

【例 5.7】 用聚焦超声波的方法，可以在液体中产生高达 $1.2\times10^9\text{ W/m}^2$ 的大振幅超声波。设波源作频率为 500 kHz 的简谐振动，液体密度为 $1.0\times10^3\text{ kg/m}^3$，声速为 1500 m/s，求此时液体质元振动的位移振幅、速度振幅和加速度振幅。

解 由题意可知，波的频率 $\nu=5\times10^5\text{ Hz}$，强度 $I=1.2\times10^9\text{ W/m}^2$，介质密度 $\rho=1.0\times10^3\text{ kg/m}^3$，设质元振动位移振幅为 A，由强度 I 的定义式 $I=\frac{1}{2}\rho A^2\omega^2 u$，可得

$$A=\frac{1}{\omega}\sqrt{\frac{2I}{\rho u}}=\frac{1}{2\pi\nu}\sqrt{\frac{2I}{\rho u}}=\frac{1}{2\pi\times5\times10^5}\sqrt{\frac{2\times1.2\times10^9}{1\times10^3\times1500}}=1.27\times10^{-5}\text{ m}$$

质元速度振幅为

$$v_m=\omega A=\sqrt{\frac{2I}{\rho u}}=\sqrt{\frac{2\times1.2\times10^9}{1\times10^3\times1500}}=40\text{ m/s}$$

质元加速度振幅为

$$a_m=\omega^2 A=\omega\sqrt{\frac{2I}{\rho u}}=2\pi\times5\times10^5\times\sqrt{\frac{2\times1.2\times10^9}{1\times10^3\times1500}}=1.256\times10^8\text{ m/s}^2$$

【例 5.8】 空气中波的吸收系数 $\alpha_1=2\times10^{-11}\nu^2/\text{m}$，钢中吸收系数 $\alpha_2=4\times10^{-7}\nu/\text{m}$。其中，$\nu$ 代表声波频率。试求：5 MHz 的超声波分别在空气中和在钢中传播多少距离后，其声强减为原来的 1%？

解 由题意，超声波频率 $\nu=5\times10^6$ Hz，因此空气和钢的吸收系数分别为

$$\alpha_1=2\times10^{-11}\times(5\times10^6)^2=500/\text{m}$$

$$\alpha_2=4\times10^{-7}\times5\times10^6=2/\text{m}$$

由平面波强度衰减公式 $I=I_0\mathrm{e}^{-2\alpha x}$，可得

$$x=\frac{1}{2\alpha}\ln\frac{I_0}{I}$$

当 $I=I_0\times1\%$时，代入上式可得厚度为

$$x_1=\frac{1}{2\times500}\ln(100)=0.0046\ \text{m}$$

$$x_2=\frac{1}{2\times2}\ln(100)=1.15\ \text{m}$$

可见，高频超声波很难透过气体，但极易透过固体。

思 考 题

1. 波在传播过程中，质元的总机械能随时间变化，这与能量守恒定律是否矛盾？为什么？
2. 乐音和噪声有何区别？噪声的危害有哪些？
3. 人是怎样利用双耳效应分辨声源方向的？
4. 如何利用超声波测量某介质中的声速？

5.4 惠更斯原理

5.4.1 惠更斯原理

波在无限大的均匀介质中传播时，波的传播方向、波速以及波阵面的形状都将保持不变。但当波在传播过程中遇到障碍物，或从一种介质进入另一种介质时，波阵面的形状和波的传播方向都将发生改变。如图 5.12 所示，水面波在传播时遇到障碍物小孔，当障碍物小孔的尺度与水面波波长相差不多时，穿过小孔的波面是以小孔为中心的圆弧形，与原来的波面形状无关，就好像小孔是通过障碍物的波的新波源。

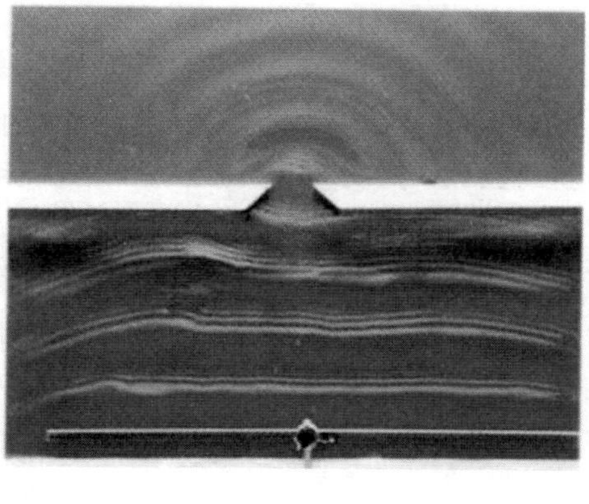

图 5.12

荷兰物理学家惠更斯(Christiaan Huygens，1629—1695)在观察和研究了大量类似现象的基础上，于 1690 年提出：介质中波动传播到达的各点都可以看作是发射子波的波源，在其后的任一时刻，这些子波的包络面就是新的波面。这就是惠更斯原理。如图 5.13 所示，设 S_1 为 t 时刻的波阵面，根据惠更斯原理，S_1 上的每一点都是子波源，这些子波源发出球面子波，经 Δt 时间后形成半径为 $u\Delta t$ 的球面，在波的前进方向上，这些子波球面的包络面 S_2 就是 $t+\Delta t$ 时刻的新的波面。惠更斯原理适用于任何形式的波动过程，无论机械波还是电磁波，无论传播波动的介质是均匀的还是非均匀的，是各向同性的还是各向异性的。根据惠更斯原理，若已知某时刻波前的形状和位置，用几何作图的方法就可以确定出下一时刻波面的形状和位置，从而在很广泛的范围内解决波在传播方向上的问题。

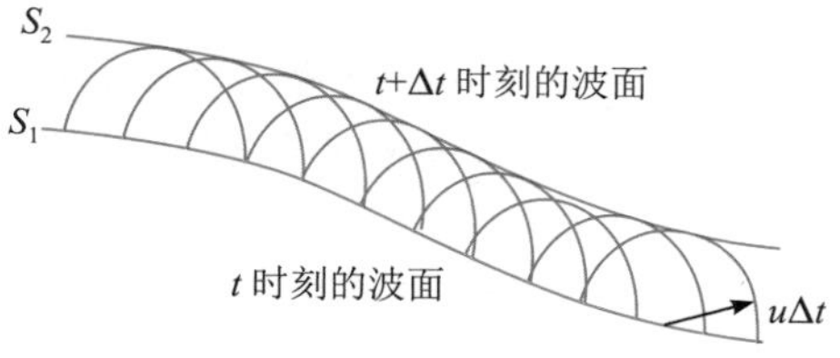

图 5.13

以球面波为例，如图 5.14 所示，以 O 点为圆心的球面波以速度 u 在均匀、各向同性的介质中向周围传播，已知 t 时刻的波前是半径为 R_1 的球面 S_1，根据惠更斯原理，S_1 上的各点都可以看作子波波源，经过 Δt 时间以后，这些子波波源发出的

球面波半径为 $u\Delta t$。以 S_1 面上各点为圆心，朝波的前进方向画出许多半径为 $u\Delta t$ 的半球面，这些子波的包络面 S_2 即为 $t+\Delta t$ 时刻的新的波前。显然，S_2 是以 O 为圆心的半径 $R_2=R_1+u\Delta t$ 的球面。应用同样的方法，可以根据惠更斯原理描绘出平面波在均匀、各向同性的介质中传播 Δt 时间之后形成的新波面依然是平面，如图 5.15 所示。

应当指出的是，波在各向异性的介质中传播时，由于它沿不同方向的波速不同，子波的波阵面将不再是半球面，如本书第 6 章讨论光波在双折射晶体中传播时出现的椭球面，但同样可以应用惠更斯原理确定下一时刻的波面形状及波的传播方向。

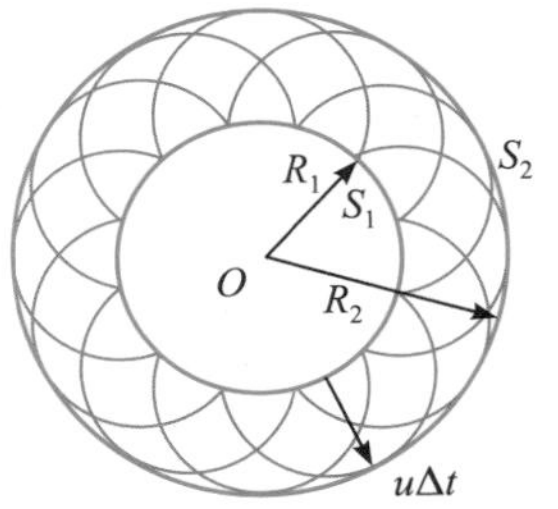

图 5.14

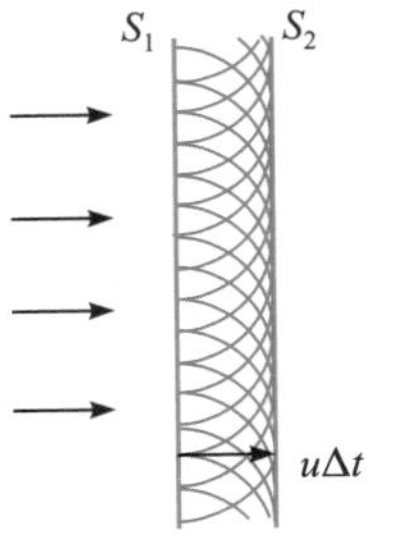

图 5.15

克里斯蒂安·惠更斯(Christiaan Huygens，1629—1695)，荷兰物理学家、天文学家、数学家，在 17 世纪创立了光的波动学说，该学说与光的微粒学说对立。

1678 年，他在法国科学院的一次演讲中公开反对牛顿的光的微粒说，随后在 1690 年出版的《光论》一书中正式提出了光的波动说，建立了著名的惠更斯原理。在惠更斯原理的基础上，他推导出了光的反射和折射定律，解释了光的双折射现象。惠更斯原理是近代光学的一个重要基本理论。然而，它虽然可以预测光的衍射现象的存在，却不能对这些现象作出定量解释，也就是说，它可以确定光波的传播方向，却不能确定沿不同方向传播的振动的振幅。因此，惠更斯原理是人类对光学现象的一个近似的认识。直到后来，菲涅耳(Augustin-Jean Fresnel，1788—1827)对惠更斯的光学理论作了发展和补充，创立了“惠更斯-菲涅耳原理”，才较好地解释了衍射现象，完成了光的波动说的全部理论。

5.4.2 波的衍射

当波在传播过程中遇到障碍物时，其传播方向发生改变并能绕过障碍物的边缘继续向前传播，这种现象称为波的衍射，也称波的绕射。衍射现象是波的重要特征之一，一切波动都具有衍射现象。

衍射现象是否显著和障碍物或狭缝的宽度与波长之比有关。如图 5.16(a)所示，当狭缝宽度 d 远大于入射波波长 λ 时，波通过狭缝后的波阵面宽度与狭缝宽度几乎相等，波阵面几乎未发生弯曲，平面波继续向前传播，衍射现象并不明显。当狭缝宽度 d 大于或等于入射波波长 λ 时，波通过狭缝后波阵面的两端发生弯曲，波的传播方向向两端发散，如图 5.16(b)所示，衍射现象比较明显。当狭缝宽度 d 远小于入射波波长 λ 时，波通过狭缝后的波阵面变为球面，波的传播方向变为以狭缝位置为中心的辐射方向，如图 5.16(c)所示，衍射现象更加明显。

应用惠更斯原理可以定性解释波的衍射现象。当平面波向右传播到达障碍物上的狭缝时，缝上各点都可看作新的子波波源，这些波源发出许多球形子波，沿波的前进方向作出这些子波的包络面，即可得到新的波面。如图 5.16 所示，当 $d\gg\lambda$ 时，狭缝上有无数多个子波源发出子波，所得的新波面几乎没有发生弯曲，近似还是平面；当 $d\geqslant\lambda$ 时，狭缝上的子波源发出的子波包络面已不再是平面，而是在狭缝边缘处发生弯曲，从而使波的传播方向偏离原方向而向外延展，进入狭缝两侧的阴影区域；当 $d\ll\lambda$ 时，狭缝处可看作只有一个子波波源，因此平面波通过狭缝后的波面变成了球面。

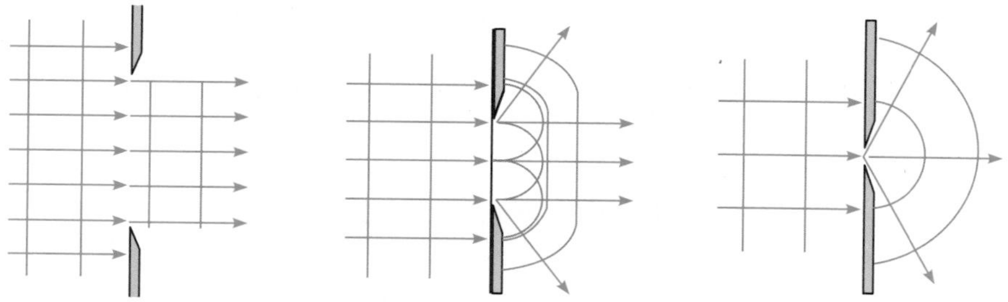
(a) $d\gg\lambda$　　(b) $d\geq\lambda$　　(c) $d\ll\lambda$

图 5.16

应当指出的是，惠更斯原理只能对波的衍射现象作粗略的定性解释，它不能解释诸如光波经过狭缝或小孔衍射后的强度在空间的分布等问题。后来菲涅耳（Augustin-Jean Fresnel，1788—1827）对惠更斯原理作了重要补充，建立了惠更斯-菲涅耳原理，这个原理后来成为解决波的衍射问题的理论基础。本书将在第 6 章波动光学中介绍惠更斯-菲涅耳原理及其在光的衍射中的应用。

5.4.3　波的反射与折射

当波传播到两种介质的分界面时，一部分会被反射回原介质传播，另一部分则以另一波速在另一介质中沿另一方向传播，这是波的反射和折射现象。惠更斯原理可以定性解释波在两种介质分界面上的反射和折射现象，也可以定量推导波在两种均匀且各向同性的介质分界面上的反射和折射定律。

设有一平面波以入射角 i 斜向入射到两种均匀、各向同性介质的分界面 MN 上，如图 5.17 所示，设入射波的波面和两介质的界面 MN 均垂直于图面，波在介质 1 中的波速设为 u_1。t 时刻，入射波的波前到达 AB 位置，A 点与分界面相遇，此后，AB 上的 A_1、A_2 点将依次到达分界面上的 E_1、E_2 点，直到 $t+\Delta t$ 时刻，B 点到达分界面上的 C 点。设 $AA_1=A_1A_2=A_2B$，则波从 AB 面到达分界面上的 A、E_1、E_2、C 点所用的时间分别为 0、$\frac{1}{3}\Delta t$、$\frac{2}{3}\Delta t$、Δt，因此在 $t+\Delta t$ 时刻，从 A、E_1、E_2、C 点，向介质 1 发出的子波的半径分别为 $u_1\Delta t$、$\frac{2}{3}u_1\Delta t$、$\frac{1}{3}u_1\Delta t$、0，这些子波的包络面就是过 C 点且与这些圆弧相切的直线 CD，也就是说，$t+\Delta t$ 时刻反射波的波前就是通过 CD 且与图面垂直的平面。作垂直于波阵面 CD 的直线，即可得反射线。设反射角为 i'，由于 $AD=BC=u_1\Delta t$，故直角三角形 ΔBAC 和 ΔDCA 是全等的，因此 $\angle BAC=\angle DCA$，所以 $i=i'$，即入射角等于反射角。从图 5.17 中可以看出，入射线、反射线和分界面的法线均在同一平面内。这就是波的反射定律。

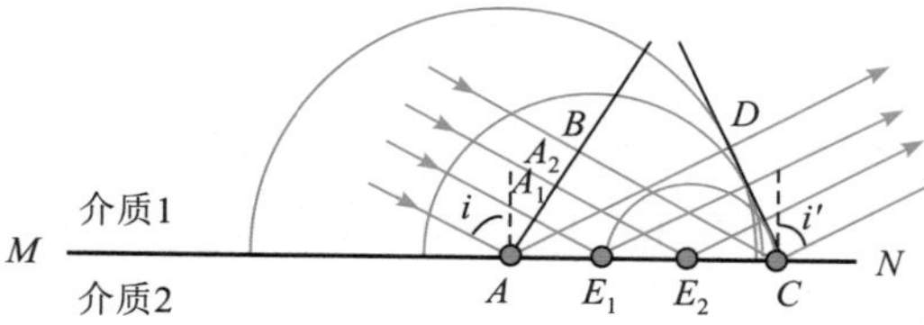

图 5.17

用同样的方法可以分析波在介质 2 中的传播情况。如图 5.18 所示，t 时刻波从波阵面 AB 斜向传播，在经过 Δt 后依次到达分界面并进入介质 2 传播时，波速发生变化。设波在介质 2 中的波速为 u_2，则在 $t+\Delta t$ 时刻，从分界面上的 A、E_1、E_2、C 向介质 2 发出的子波的半径分别为 $u_2\Delta t$、$\frac{2}{3}u_2\Delta t$、$\frac{1}{3}u_2\Delta t$、0，这些子波的包络面就是过 C 点且与这些圆弧相切的直线 CF，也就是说，$t+\Delta t$ 时刻介质 2 中的折射波的波前就是通过 CF 且与图面垂直的平面。作垂直于波阵面 CF 的直线，即可得折射线。设折射角为 r，由图 5.18 可知，$\angle BAC=i$，$\angle FCA=r$，所以

$$BC=u_1\Delta t=AC\sin i$$

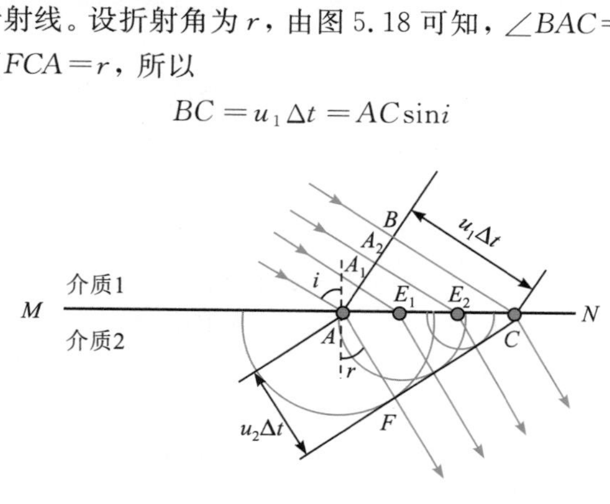

图 5.18

$$AF = u_2 \Delta t = AC\sin r$$

两式相除，可得

$$\frac{\sin i}{\sin r} = \frac{u_1}{u_2} = n_{21} \qquad (5.40)$$

这就是波的折射定律。式中，n_{21} 称为介质 2 对于介质 1 的相对折射率。

思 考 题

1. 俗话说“隔墙有耳”，人在墙边低声交谈时，墙外更容易听到的是男生的声音还是女生的声音？
2. 惠更斯原理的局限性是什么？

5.5 波的叠加原理和波的干涉

5.5.1 波的叠加原理

实际生活中，经常会发生两列或几列波同时在介质中传播并在某一区域相遇的情况：比如水面上两列圆形水波相遇，它们相互穿插，像鱼鳞一样各自沿原来的方向前进；交响乐队中不同乐器同时发声，人们在听到和谐美妙的乐曲的同时，仍能区分出各种乐器的音色，这说明各波并不因为相遇而相互影响，而是仍保持它们原有的波动特征；各广播电台发出不同频率的无线电波，到达收音机接收端并被选择性地接收，这表明电磁波相遇并不互相影响各自的传播特征。

通过对这些现象的观察和研究，可总结出如下规律：

(1) 几列波在同一介质中传播，相遇后，每列波都将保持自己原有的波动特性(如频率、波长、波形、振动方向等)，并按照原来的传播方向继续前进，而不受其他波的影响，这称为波传播的独立性原理。

(2) 在几列波相遇的介质区域内，各质元的振动位移是各列波单独存在时在该点引起的振动位移的矢量和，这称为波的叠加原理。

设有两列波同时在 x 轴上传播，$y_1(x, t)$ 和 $y_2(x, t)$ 分别为每列波单独存在时各处质元沿 y 轴方向上的振动位移。当两列波重叠时，重叠区内各质元的合振动位移 $y(x, t)$ 为

$$y(x, t) = y_1(x, t) + y_2(x, t) \qquad (5.41)$$

式(5.41)表明，两列振动方向相同的波在相遇区域，其波函数代数相加即为合成波的波函数。在任一时刻，波的叠加就是同一时刻波形的叠加；对任一质元，波的叠加就是质元振动的叠加。图 5.19 所示为两个振动方向相同且沿同一方向传播的频率比为 1∶2 的等幅波的叠加情况(某时刻波形的叠加)。

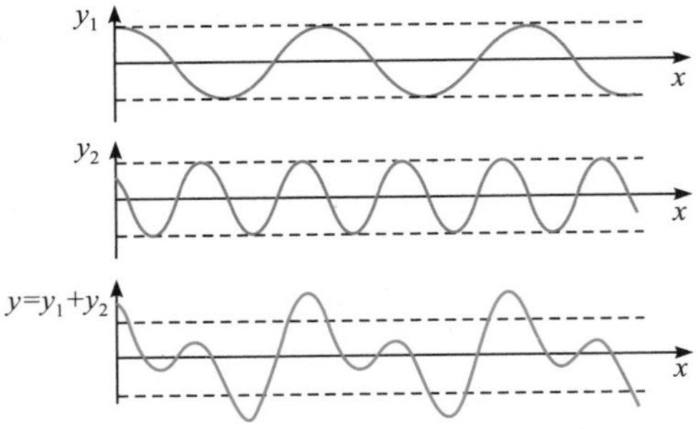

图 5.19

如图 5.20 所示，两列振动方向相同的波在同一条拉紧的线上沿相反方向传播。当两波相遇时，合成波的位移为两列波各自位移之和；当两波相遇之后，两列波仍以原来的波形继续传播。

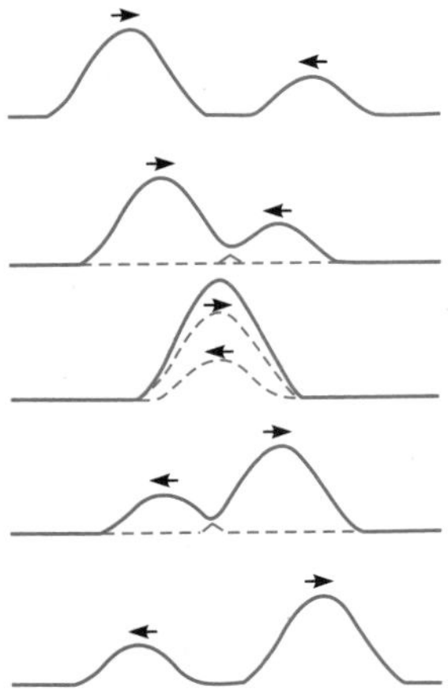

图 5.20

一般来说，复杂的波可以分解为一系列简谐波的叠加，因此波的叠加原理是分析复杂的非简谐波的理论基础。但必须指出，波的叠加原理并不是普遍成立的。只有当波的强度较小，描述波动过程的

波动微分方程的数学形式为线性方程时，波的叠加原理才成立。也就是说，对于波强度很大或者波在非线性介质中传播的情况，波的叠加原理一般不成立。本书中只讨论叠加原理成立的情况。

5.5.2 波的干涉

一般情况下，几列振幅、频率、相位各不相同的波在同一区域相遇叠加的情况较为复杂。下面讨论一种简单且重要的情况，即频率相同、振动方向相同、相位差恒定的两列平面简谐波在空间相遇叠加的情况。在相遇区域，两列波分别引起的各质元的振动叠加后，有的质元合振动始终加强，有的质元合振动始终减弱，在相遇区形成稳定的强度分布，这种现象称为波的干涉现象。发生干涉现象的三个条件称为相干条件，满足相干条件的波称为相干波，产生相干波的波源称为相干波源。

根据波的叠加原理，两列相干波在相遇区域引起的两个分振动是频率相同、振动方向相同且相位差恒定的，但不同点的相位差不同。若在某点处两个分振动恰好同相，则合振动加强；若在某点处两个分振动恰好反相，则合振动减弱。对于相遇区域的任一质元，其合振动的强弱是完全确定的，因而在整个相遇区形成一个稳定的干涉图样。

图 5.21 所示为水面波的干涉现象。把两个小球装在同一支架上，使小球的下端紧贴平静的水面。当支架以特定频率沿竖直方向振动时，两个小球和水面的接触点作为相干波源，发出两列振动频率相同、振动方向相同、相位相同的相干波，两列波相遇区域内的各点振动强弱形成稳定的空间分布。

图 5.21

下面应用波的叠加原理来讨论波的干涉现象中各点干涉加强或减弱的条件。

设有两个相干波源 S_1 和 S_2，其简谐振动方程分别为

$$y_{10}=A_{10}\cos(\omega t+\varphi_{10})$$

$$y_{20}=A_{20}\cos(\omega t+\varphi_{20})$$

式中，ω 为两波源的振动角频率，A_{10} 和 A_{20} 分别为两波源的振幅，φ_{10} 和 φ_{20} 分别为两波源的初相。两波源发出的波在同一介质中传播且在 P 点相遇，设其波长均为 λ，P 点到两波源的距离分别为 r_1 和 r_2，如图 5.22 所示。

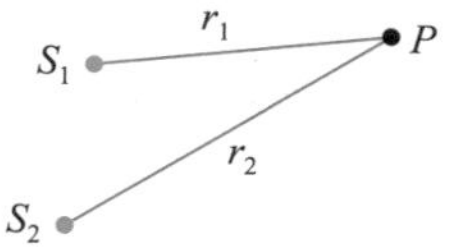

图 5.22

两列波在 P 点引起的振动方程分别为

$$y_1=A_1\cos\left(\omega t+\varphi_{10}-\frac{2\pi}{\lambda}r_1\right)$$

$$y_2=A_2\cos\left(\omega t+\varphi_{20}-\frac{2\pi}{\lambda}r_2\right)$$

式中，A_1 和 A_2 分别为两列波到达 P 点时在 P 点引起的振动振幅。可见，P 点处的质元同时参与两个同方向、同频率的简谐振动，因此其合振动依然为同方向、同频率的简谐振动。由同方向、同频率简谐振动的合成式可知，P 点的合振动方程为

$$y=y_1+y_2=A\cos(\omega t+\varphi_0)$$

式中，φ_0 为 P 点合振动的初相，且有

$$\tan\varphi_0=\frac{A_1\sin\left(\varphi_{10}-\frac{2\pi r_1}{\lambda}\right)+A_2\sin\left(\varphi_{20}-\frac{2\pi r_2}{\lambda}\right)}{A_1\cos\left(\varphi_{10}-\frac{2\pi r_1}{\lambda}\right)+A_2\cos\left(\varphi_{20}-\frac{2\pi r_2}{\lambda}\right)}$$

A 为 P 点合振动的振幅，且有

$$A=\sqrt{A_1^2+A_2^2+2A_1A_2\cos\Delta\varphi} \quad (5.42)$$

式中，$\Delta\varphi$ 为 P 点参与的两个分振动的相位差，即

$$\Delta\varphi=(\varphi_{20}-\varphi_{10})-\frac{2\pi}{\lambda}(r_2-r_1) \quad (5.43)$$

式中，$\varphi_{20}-\varphi_{10}$ 是两相干波源的初相差，r_2-r_1 是两列波在 P 点相遇时的传播路程之差，称为波程差，常用符号 δ 表示。

波在给定的均匀介质中传播时，波在介质中某处的强度正比于该处质元振动振幅的平方。设 I_1 和 I_2 分别为两列波单独存在时传播至 P 点的强度，则两列波叠加后的合成波在 P 点的强度 I 为

$$I=I_1+I_2+2\sqrt{I_1I_2}\cos\Delta\varphi \quad (5.44)$$

对于两列波相遇区域的任意给定点 P，波程差 r_2-r_1 是一定的，两列波在 P 点的相位差 $\Delta\varphi$ 是一个恒量，因而 P 点的合振动振幅以及合成波在 P 点的强度也是恒量。在相遇区内的不同位置，两

列波相遇时的波程差 r_2-r_1 各不相同，因而合振动振幅及合成波的强度也各不相同。于是，两列相干波在相遇区形成不均匀但稳定的强度分布。

当两列波在某处的相位差满足：

$$\Delta\varphi=\varphi_{20}-\varphi_{10}-\frac{2\pi(r_2-r_1)}{\lambda}=\pm 2k\pi,\ k=0,1,2,\cdots \quad (5.45)$$

时，该处合振幅和合成波的强度最大，称为干涉相长。此时有

$$A=A_{max}=A_1+A_2 \quad (5.46)$$

$$I=I_{max}=I_1+I_2+2\sqrt{I_1I_2}=(\sqrt{I_1}+\sqrt{I_2})^2 \quad (5.47)$$

当两列波在某处的相位差满足：

$$\Delta\varphi=\varphi_{20}-\varphi_{10}-\frac{2\pi(r_2-r_1)}{\lambda}=\pm(2k+1)\pi,\ k=0,1,2,\cdots \quad (5.48)$$

时，该处合振幅和合成波的强度最小，称为干涉相消。此时有

$$A=A_{min}=|A_1-A_2| \quad (5.49)$$

$$I=I_{min}=I_1+I_2-2\sqrt{I_1I_2}=(\sqrt{I_1}-\sqrt{I_2})^2 \quad (5.50)$$

特别地，若两相干波源的初相相同，即 $\varphi_{20}=\varphi_{10}$，则 $\Delta\varphi$ 只取决于两相干波相遇时的波程差 $\delta=r_2-r_1$。此时，干涉相长和干涉相消条件可分别简化为

$$\delta=r_2-r_1=\pm 2k\frac{\lambda}{2},\ k=0,1,2,\cdots \quad (5.51)$$

$$\delta=r_2-r_1=\pm(2k+1)\frac{\lambda}{2},\ k=0,1,2,\cdots \quad (5.52)$$

当两列波在某处的相位差 $\Delta\varphi$ 为其他取值时，合振动振幅 A 介于最大值 $A_{max}=A_1+A_2$ 和最小值 $A_{min}=|A_1-A_2|$ 之间。相应地，合成波的强度 I 介于最大值 I_{max} 和最小值 I_{min} 之间。因此，两列相干波叠加后，有的地方强度加强了，有的地方强度减弱了，合成波在空间各点形成不均匀但稳定的强度分布。

波的干涉现象是波动的重要特征之一，它对于光学、声学、天文学等学科都非常重要，并且有广泛的实际应用。例如，在声学领域，可基于波的干涉原理实现声音的定向和立体声效果，还可通过声波干涉来控制噪声；在天文学领域，由多个天线组成的干涉天线阵可利用干涉原理实现对宇宙天文的高分辨率观测；在光学领域，利用光的干涉原理制成的干涉测量仪可以进行光学精密测量，相关内容将在本书第 6 章详细讨论。

★**【例 5.9】** 如例 5.9 图所示，A 和 B 为同一介质中的两相干波源，振幅相等，初相相等，振动频率皆为 100 Hz。已知 A、B 相距 20 m，两相干波在介质中的传播速度为 200 m/s。试求 A、B 连线上因干涉而静止的各点位置。

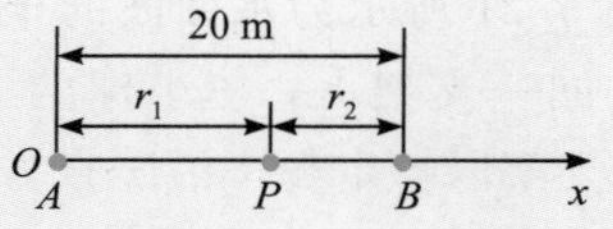

例 5.9 图

解 由题意，频率 $\nu=100$ Hz，波速 $u=200$ m/s，因此波长 $\lambda=\frac{u}{\nu}=2$ m。

取 A 点为坐标原点，A、B 连线方向为 Ox 轴正方向。在 A、B 连线上任取一点 P，设 P 点坐标为 x。当 P 点在 A 的左侧($x<0$)或 B 的右侧($x>20$)时，两列波在 P 点的波程差为

$$\delta=r_2-r_1=\pm 20\ \text{m}$$

式中，正负号分别代表 $x<0$ 及 $x>20$ 的情况。两列波在 P 点的相位差为

$$\Delta\varphi=(\varphi_{20}-\varphi_{10})-\frac{2\pi}{\lambda}(r_2-r_1)=-\frac{2\pi}{\lambda}\delta$$

$x<0$ 时，

$$\Delta\varphi=-\frac{2\pi}{2}\times 20=-20\pi$$

$x>20$ 时，

$$\Delta\varphi=\frac{2\pi}{2}\times 20=20\pi$$

可见，在 A、B 两侧外的任意一点处，两列波在该处的相位差都满足干涉相长的条件，各点振动振幅最大，不会因干涉而静止。

当 P 点在 A、B 之间($0\leqslant x\leqslant 20$)时，两列波在 P 点的波程差为

$$\delta=r_2-r_1=(20-x)-x=20-2x$$

相位差为

$$\Delta\varphi=-\frac{2\pi}{\lambda}\delta=2\pi x-20\pi$$

若 P 点因干涉而静止，其相位差须满足干涉相消条件，即

$\Delta\varphi=2\pi x-20\pi=\pm(2k+1)\pi,\ k=0,1,2,\cdots$

根据题设条件，求解可得

$$x=10\pm\left(k+\frac{1}{2}\right),\ k=0,1,2,\cdots,9$$

因此，在 A、B 之间且与波源 A 相距 $x=0.5$，1.5，2.5，3.5，…，19.5 m 处的各点会因两列波的干涉而静止。

【例 5.10】 例 5.10 图为声波干涉演示仪的原理图。两个 U 形管 A 和 B 套在一起，A 管两侧各有一小孔，其中 S 为声源入口，R 为声音出口。当声波从 S 口进入仪器后分别沿管 A 和管 B 两路传播，最后在 R 口汇合并传出。管 B 可以伸缩，当它渐渐伸长时，从 R 口传出的声音周期性增强或减弱。若已知管 B 每伸长 8 cm，从 R 口传出的声音就减弱一次，求此声波的频率。设空气中的声波传播速度为 340 m/s。

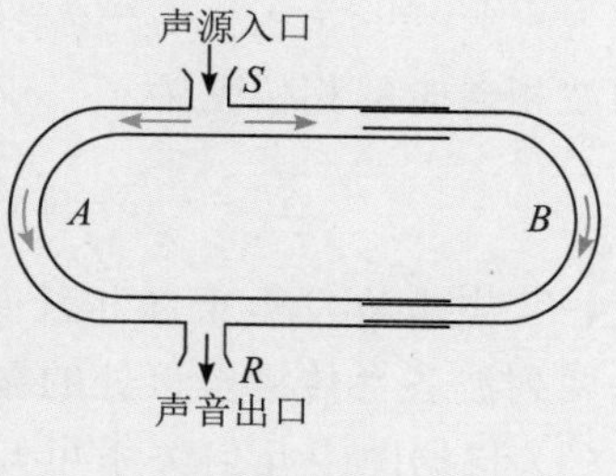

例 5.10 图

解　由 S 口进入的声波分别沿管 A 和管 B 传播至 R 口时发生干涉，干涉相消时传出的声波强度最弱。设开始时 A、B 管长分别为 r_A 和 r_B，此时两路声波的波程差须满足：

$$\delta=r_B-r_A=(2k+1)\frac{\lambda}{2}$$

当管 B 伸长 $x=8$ cm 时，再次出现干涉相消，此时波程差须满足：

$$\delta'=r_B+2x-r_A=[2(k+1)+1]\frac{\lambda}{2}$$

两式作差可得

$$\lambda=\delta'-\delta=2x$$

即波程差每改变一个波长 λ，就会再发生一次干涉相消。干涉相长的情况也是如此。

由此可得声波的频率为

$$\nu=\frac{u}{\lambda}=\frac{u}{2x}=\frac{340}{2\times0.08}=2125\ \text{Hz}$$

【例 5.11】 在无线电技术中，通常将工作在同一频率的两个或两个以上的单个天线，按照一定要求进行馈电和空间排列构成天线阵列，以加强和改善天线辐射场的强度和方向性。设有两个相干点波源 S_1 和 S_2，振幅相同，相位相同，波长均为 λ，两波源相距 $d=2\lambda$。以 S_1S_2 连线的中点为坐标原点，连线方向为 y 轴，垂直平分线方向为 x 轴建立直角坐标系 xOy，如例 5.11 图所示。以 O 点为圆心，在 xOy 平面内作半径 $R\gg d$ 的圆。

(1) 两波源发出的波在图中 M 点发生什么样的干涉？

(2) 两波源发出的波在图中 N 点发生什么样的干涉？

(3) 在圆上任取一点 P，设 OP 连线与 x 轴的夹角为 θ，则 θ 为多少时，P 点发生干涉相长？

(4) θ 为多少时，P 点发生干涉相消？

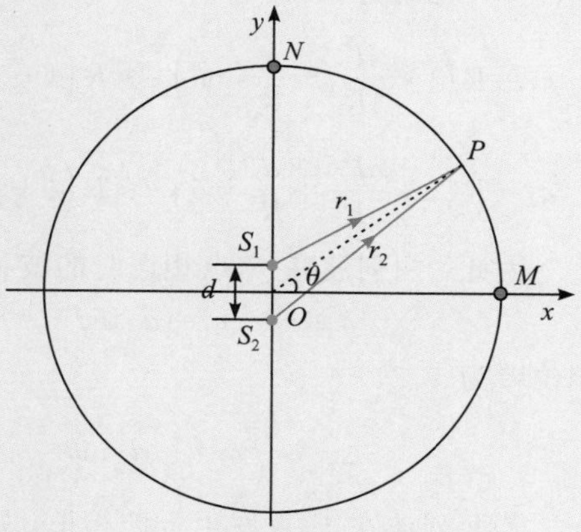

例 5.11 图

解　两相干波源干涉叠加时，两列波相遇时的相位差为

$$\Delta\varphi=\varphi_{20}-\varphi_{10}-\frac{2\pi}{\lambda}(r_2-r_1)$$

由题意可知，$\varphi_{20}=\varphi_{10}$，因此两相干波相遇后的干涉情况取决于两列波相遇时的波程差 $\delta=r_2-r_1$。

(1) M 点在两波源连线的垂直平分线上，因此两列波在 M 点相遇时的波程差为

$$\delta=r_2-r_1=0$$

两列波相遇时的相位差为

$$\Delta\varphi=\frac{2\pi}{\lambda}\delta=0$$

因此，M 点将发生干涉相长。质元的振动振幅将是两列波各自传播至该处的振幅之和。

(2) N 点在两波源连线的延长线上，因此，两列波相遇时的波程差为

$$\delta=r_2-r_1=d=2\lambda$$

两列波相遇时的相位差为

$$\Delta\varphi=\frac{2\pi}{\lambda}\delta=4\pi$$

因此，N 点也将发生干涉相长。质元的振动振幅也是两列波各自传播至该处的振幅之和。

(3) 根据图中几何关系可知，两波源到 P 点的距离 r_1 和 r_2 分别可表示为

$$r_1=\left[R^2+\left(\frac{d}{2}\right)^2-Rd\sin\theta\right]^{\frac{1}{2}}=R\left(1+\frac{d^2}{4R^2}-\frac{d}{R}\sin\theta\right)^{\frac{1}{2}}$$

$$r_2=\left[R^2+\left(\frac{d}{2}\right)^2+Rd\sin\theta\right]^{\frac{1}{2}}=R\left(1+\frac{d^2}{4R^2}+\frac{d}{R}\sin\theta\right)^{\frac{1}{2}}$$

由题意，$R\gg d$，$\frac{d}{R}\ll 1$，因此$\frac{d^2}{4R^2}\to 0$ 可略去不计，r_1、r_2 可化简为

$$r_1=R\left(1+\frac{d^2}{4R^2}-\frac{d}{R}\sin\theta\right)^{\frac{1}{2}}\approx R\left(1-\frac{d}{2R}\sin\theta\right)$$

$$r_2=R\left(1+\frac{d^2}{4R^2}+\frac{d}{R}\sin\theta\right)^{\frac{1}{2}}\approx R\left(1+\frac{d}{2R}\sin\theta\right)$$

因此，两列波在 P 点相遇时的波程差为

$$\delta=r_2-r_1=d\sin\theta$$

相位差为

$$\Delta\varphi=\frac{2\pi}{\lambda}\delta=\frac{2\pi}{\lambda}d\sin\theta$$

若两列波在 P 点发生干涉相长，则需满足：

$$\Delta\varphi=\pm 2k\pi,\ k=0,\ 1,\ 2,\ \cdots$$

即

$$d\sin\theta=\pm k\lambda,\ k=0,\ 1,\ 2,\ \cdots$$

由题意，$d=2\lambda$，因此有

$$\sin\theta=\pm\frac{k}{2},\ k=0,\ 1,\ 2$$

当 $k=0$ 时，$\sin\theta=0$，即 $\theta=0°$或 $180°$；

当 $k=1$ 时，$\sin\theta=\pm 1/2$，即 $\theta=\pm 30°$或 $\pm 150°$；

当 $k=2$ 时，$\sin\theta=\pm 1$，即 $\theta=\pm 90°$。

θ 的以上 8 个取值，分别对应圆上的 8 个位置，两列波在这些位置处均发生干涉相长。

(4) 若两列波在 P 点发生干涉相消，则需满足：

$$\Delta\varphi=\pm(2k+1)\pi,\ k=0,\ 1,\ 2,\ \cdots$$

即

$$d\sin\theta=\pm(2k+1)\frac{\lambda}{2},\ k=0,\ 1,\ 2,\ \cdots$$

由题意，$d=2\lambda$，因此有

$$\sin\theta=\pm\frac{2k+1}{4},\ k=0,\ 1$$

当 $k=0$ 时，$\sin\theta=\pm 1/4$，即 $\theta=\pm 14.5°$或 $\pm 165.5°$；

当 $k=1$ 时，$\sin\theta=\pm 3/4$，即 $\theta=\pm 48.6°$或 $\pm 131.4°$；

θ 的以上 8 个取值，分别对应圆上的 8 个位置，两列波在这些位置处均发生干涉相消。

上述分析表明，两列相干波在远大于其间距的位置进行干涉叠加时，具有明显的方向选择性。在某些方向上始终发生干涉相长，而在有的方向上则始终发生干涉相消。若例 5.11 中两波源的初相差为 π，则干涉情况与上述结论正好相反。若改变两相干波源的间距 d，则在圆上发生干涉相长或干涉相消的相应位置都将随之改变，只有连线中垂线上的两个位置不受 d 的影响。由此可见，相干波源之间的间距及初相差是影响其在远处干涉相长或干涉相消的方向性的主要因素。

科技专题

相控阵雷达

雷达是英文 radar 的音译，意为“无线电探测和测距”。雷达是利用电磁波对远距离的目标(飞机、船舶、坦克等)进行探测、定位和识别的电子装备。雷达发射一束电磁波，并接收由目标物体反射回来的反射回波，从而获得目标的相对位置、方位等信息。

为了增大雷达的作用距离并提高探测精度，其发射及接收天线需要具有一定的方向性，即其发射出去的电磁波只在有限的角度范围内具有很强的发射强度，接收的反射回波也只在有限的角度范围内有很高的接收灵敏度。而且，这个角度越小，雷达发射的电磁波的辐射面就越窄，能量就越集中，探测距离就越远，接收时探测的灵敏度也就越高。

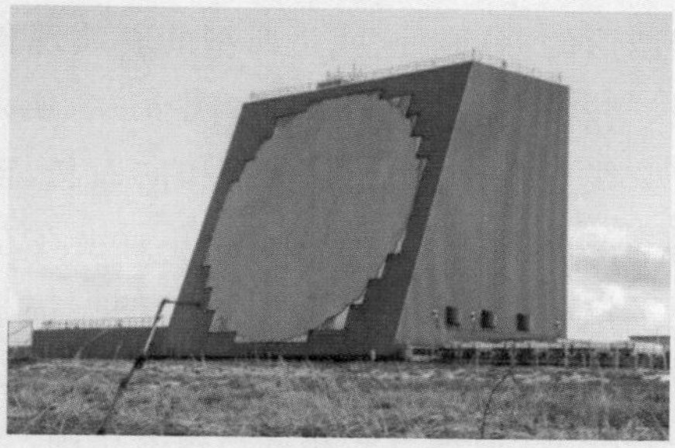

最常见的雷达发射天线是抛物面天线，辐射球面波的馈源置于抛物面的焦点，电磁波经反射面反射后形成朝单方向发射出去的平面波，从而达到雷达的指向性目的。但是，这样的天线只能探测一个方向的目标，所以，在使用中需要通过机械转动来旋转天线的方向。机械转动需要一系列特殊的装备来实现，这导致雷达的结构复杂、体量庞大，而且受机械运动惯性影响，空间扫描速度相对较慢，如扫描100°角度范围大概需要1秒左右。

相控阵雷达与传统机械雷达不同，它不是通过发射面来集中电磁波能量的，而是通过在空间布防多个发射源形成一个发射阵列，并控制各个发射源发出的信号之间的相位关系来调制雷达探测波束的。在使用中，根据波束方向指向的需要，设定各个发射源相移器的延时量，从而控制发射信号的相位。这样，各发射源发出的相干信号在空间叠加而发生干涉，在指定方向探测信号因发生干涉相长而加强，从而达到增大探测距离以及提高探测精度的目的。

相控阵雷达天线无需做指针式圆周转动，摆脱了传统意义的天线扫描。电扫描使其波束指向更灵活，大大缩短了目标信号检测、录取、信息传递等所需的时间，因此具有更高的数据率。相控阵雷达能同时形成多个独立控制的波束，分别执行搜索、探测和导弹制导等任务，一部相控阵雷达就能完成多部专用机械雷达的工作，大大提升了系统的机动能力。

目前，多功能相控阵雷达已广泛应用于机载系统、舰载系统和地面远程预警系统，典型的如俄罗斯C-300防空武器系统的多功能相控阵雷达、美国的AN/FPS-108“丹麦眼镜蛇”陆基相控阵雷达等。

思 考 题

1. 如何利用干涉原理消除噪声？

2. 线阵列扬声器因其功率大、投射距离远、覆盖声场均匀等特点，广泛用于大型演出现场，线阵列扬声器的设计原理是怎样的？

5.6 驻 波

本节讨论一种特殊形式的波，即驻波。驻波是由两列振幅相等、传播方向相反的相干波相遇叠加而成的。

5.6.1 驻波的形成

考虑一根拉紧的弦线，左端固定，右端连接振荡器。右端的振荡器以某一频率振动时，波沿弦线向左传播，当波到达左端时发生反射，反射波沿弦线向右继续传播，于是左行波和右行波在弦线上相遇并叠加，调节振荡频率，就可以看到弦线上呈现出特殊的波动现象，如图5.23所示，此时弦线被

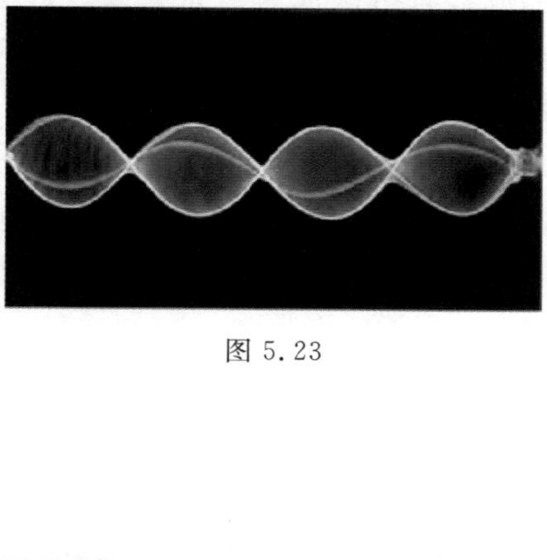

图5.23

分成几段，每一段中各点的振幅不同，有些点振幅很大，有些点却几乎不动。并且，整个弦线上并没有波形的移动。这就是典型的驻波现象。

驻波是怎样形成的？图 5.23 所示的演示中，沿弦线向左传播的入射波和向右传播的反射波是同一波源发出的相干波，若不计波在左端反射时的能量损耗，则反射波与入射波的振幅相等，且传播方向相反。所以，当两列振幅相等、传播方向相反的相干波(振动方向相同、频率相同、相位差恒定)相遇后叠加，便形成了驻波。

下面以平面简谐波为例，利用波形的叠加来说明驻波的形成机理。

如图 5.24 所示，有两列振幅相等的相干平面简谐行波。其中，一列以波速 u 向右传播，用虚线表示；另一列以相同波速 u 向左传播，用细实线表示。设 $t=0$ 时刻，两列波的波形恰好重叠，两波形在各点相加即可得合成波的波形，如图 5.24(a)中红色实线所示，各点合位移达到最大值。经过 $\frac{T}{8}$ 之后，在 $t=\frac{T}{8}$ 时刻，两列波的波形分别向右、向左移动了 $\frac{\lambda}{8}$ 的距离，两波形叠加后合成波的波形如图 5.24(b)所示。再经过 $\frac{T}{8}$ 之后，在 $t=\frac{T}{4}$ 时刻，两列波的波形又分别向右、向左移动了 $\frac{\lambda}{8}$ 的距离，此时两波形恰好反相，两波形叠加后合成波的波形为一条直线，如图 5.24(c)所示，各点振动位移均为零。两波形继续移动，在 $t=\frac{3T}{8}$ 和 $t=\frac{T}{2}$ 时刻，合成波的波形与 $t=\frac{T}{8}$ 和 $t=0$ 时刻的情况恰好相反，如图 5.24(d)和(e)所示。以此类推，在 $t=\frac{3}{4}T$ 时刻，合成波的波形将再次成为一条直线。如此周而复始。观察合成波的波形变化，不难发现，它虽然形似余弦形式的行波波形，但并不沿某个方向移动，而是原地起伏，这就是驻波波形的特点。如果振动频率很高，由于人的视觉暂留作用，这些不同时刻的波形曲线连成一片，得到的视觉图像就如图 5.23 所示。

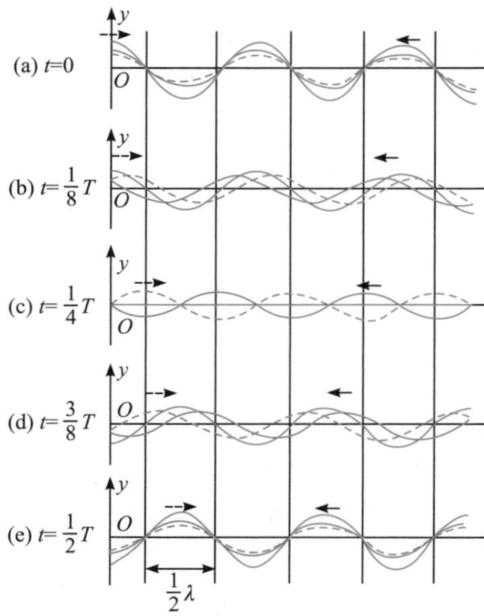

图 5.24

5.6.2 驻波方程

下面以弦线上的驻波为例，来讨论驻波的波函数。设有两列振动方向相同、振幅相等、频率相同的平面简谐行波分别沿 x 轴正方向和负方向传播，其波函数分别为

$$y_1=A\cos\left[2\pi\left(\frac{t}{T}-\frac{x}{\lambda}\right)\right]=A\cos(\omega t-kx)$$

$$y_2=A\cos\left[2\pi\left(\frac{t}{T}+\frac{x}{\lambda}\right)\right]=A\cos(\omega t+kx)$$

式中，A、T、λ、ω、k 分别表示两列行波的振幅、周期、波长、角频率和角波数。在 $t=0$ 时刻，两波形恰好重合。根据波的叠加原理，合成波的波函数为

$$\begin{aligned}y&=y_1+y_2\\&=A\cos\left[2\pi\left(\frac{t}{T}-\frac{x}{\lambda}\right)\right]+A\cos\left[2\pi\left(\frac{t}{T}+\frac{x}{\lambda}\right)\right]\end{aligned}$$

利用三角函数关系，上式可简化为

$$y=2A\cos\frac{2\pi}{\lambda}x\cdot\cos\frac{2\pi}{T}t \tag{5.53}$$

这就是驻波的波函数，常称为驻波方程。

从数学形式上看，驻波方程由两项谐因子组成。其中，$\cos\frac{2\pi}{T}t$ 只与时间 t 有关，称为谐振动因子，它表示各质元都以同一频率作简谐振动；另一项 $2A\cos\frac{2\pi}{\lambda}x$ 只与空间位置 x 有关系，称为振幅

因子，它表示各质元的振动振幅随其位置作周期性变化。因此，驻波形成时，各质元作振幅为 $\left|2A\cos\frac{2\pi}{\lambda}x\right|$、频率为 $\nu=\frac{2\pi}{T}$ 的简谐振动。

利用驻波方程可以进一步讨论驻波的特点。

1. 波形特点

对于式(5.53)所示的驻波方程，若时间 $t=t_0$ 给定，则可得 $t=t_0$ 时刻的波形曲线方程，即

$$y=2A\cos\frac{2\pi}{T}t_0\cdot\cos\frac{2\pi}{\lambda}x \tag{5.54}$$

式(5.54)表明，不同时刻的波形曲线都是余弦函数曲线，但是具有不同的极大值，即不同时刻的波形相同，但波幅大小不同。驻波的波幅 $\left|2A\cos\frac{2\pi}{T}t_0\right|$ 随时间呈周期性变化，这一特点可以从图 5.25 所示的一组驻波波形曲线的变化中直观呈现出来。这与行波波形是不同的，行波波形以波速 u 沿波线移动，但波幅大小不变，如图 5.26 所示。而驻波中不存在波形的移动，驻波波形只在原地起伏变化，这是“驻”字的第一层含义。

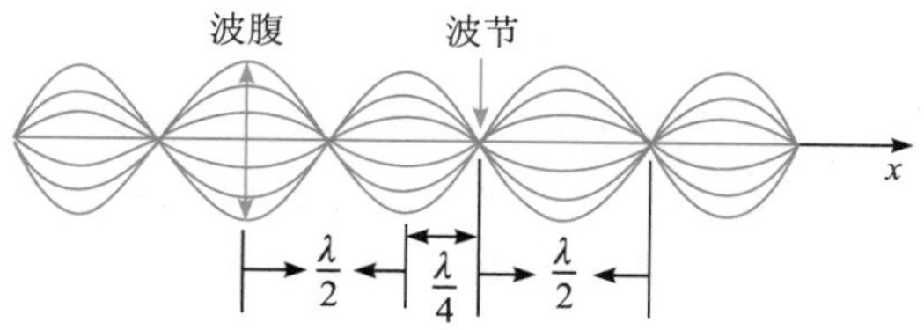

图 5.25

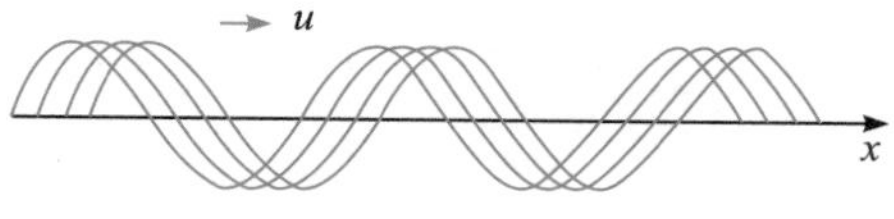

图 5.26

2. 振幅特点

在式(5.53)所示的驻波方程中，若给定质元位置 $x=x_0$，则可得 $x=x_0$ 处质元的振动方程，即

$$y=2A\cos\frac{2\pi}{\lambda}x_0\cdot\cos\frac{2\pi}{T}t \tag{5.55}$$

式(5.55)表明，驻波中各质元作简谐振动的振幅一般不同，振幅 $\left|2A\cos\frac{2\pi}{\lambda}x_0\right|$ 随质元位置作周期性变化。从图 5.25 中可以看出，有的质元振幅大，有的质元振幅小，还有的质元振幅始终为零。其中，振幅最大的位置称为波腹，振幅始终为零的位置称为波节。在波腹处，两列行波必然同相，从而发生干涉相长，因此振幅最大；在波节处，两列行波必然反相，从而发生干涉相消，因此振幅为零。

对于式(5.53)所示的驻波方程，令振幅为最大值，即 $\left|\cos\frac{2\pi}{\lambda}x\right|=1$，可求得一系列波腹的坐标为

$$x=\pm k\,\frac{\lambda}{2},\ k=0,\ 1,\ 2,\ \cdots \tag{5.56}$$

令振幅为最小值，即 $\cos\frac{2\pi}{\lambda}x=0$，可求得一系列波节的坐标为

$$x=\pm(2k+1)\frac{\lambda}{4},\ k=0,\ 1,\ 2,\ \cdots \tag{5.57}$$

由式(5.56)和式(5.57)可得，相邻两波腹之间的距离为 $\lambda/2$，相邻两波节之间的距离也是 $\lambda/2$，而波腹与相邻的波节之间的距离为 $\lambda/4$。值得注意的是，如果沿 x 轴正、负方向传播的两列行波的初始相位不同，那么叠加后的驻波方程不一定与式(5.53)完全相同，由驻波方程得出的波腹、波节位置也就不一定符合式(5.56)和式(5.57)的描述，但相邻两波腹、相邻两波节之间的距离依然是 $\lambda/2$。因此，只要测定两相邻波腹或波节之间的距离，就可以确定合成驻波的两列波的波长。

3. 相位特点

由式(5.53)所示的驻波方程可以看出，振幅因子 $2A\cos\frac{2\pi}{\lambda}x$ 对于不同的 x 值有正有负。对于满足 $2A\cos\frac{2\pi}{\lambda}x>0$ 的各点，振动相位均为 $\frac{2\pi}{T}t$；而对于满足 $2A\cos\frac{2\pi}{\lambda}x<0$ 的各点，振动相位均为 $\frac{2\pi}{T}t+\pi$。不难证明，在相邻两波节之间，振幅因子符号相同，各点振动相位相同；在波节的两侧，振幅因子的符号相反，各点振动相位相反。也就是说，驻波中的各质元是按波节分段振动的。若将相邻两个波节之间的各点称为一段，则每一段内的各点振动步调一致，相位相同；相邻两段中的各质元振动步调相反，相位相反。与行波相比，驻波中不存在振动状态或相位的传播，这是“驻”字的第二层含义。

4. 能量特点

仍以弦线上的驻波为例来讨论驻波的能量特征。由式(5.53)所示的驻波方程，可得弦线上某一

质元 Δm 的动能 E_k 和势能 E_p 分别为

$$E_k=2\Delta m\omega^2A^2\cos^2\left(\frac{2\pi}{\lambda}x\right)\sin^2\left(\frac{2\pi}{T}t\right) \quad (5.58)$$

$$E_p=2\Delta m\omega^2A^2\sin^2\left(\frac{2\pi}{\lambda}x\right)\cos^2\left(\frac{2\pi}{T}t\right) \quad (5.59)$$

式(5.58)和式(5.59)表明，驻波中各质元的动能和势能均随时间 t 和空间位置 x 作周期性变化。对于任一时刻 t，由于波节处满足 $\cos^2\left(\frac{2\pi}{\lambda}x\right)=0$，所以势能最大，而动能始终为零；波腹处满足 $\cos^2\left(\frac{2\pi}{\lambda}x\right)=1$，所以动能最大，而势能始终为零。

从驻波波形上看，在 $t=0$ 时刻，如图 5.24(a)所示，此时驻波波形幅值最大，各质元处于各自正向或负向的最大位移处且静止，因此整个驻波中无动能，能量以势能形式主要存储在波节附近。随着波形幅值逐渐变小，各质元向着平衡位置处运动，驻波中的势能逐渐减少，动能逐渐增多。在 $t=\frac{T}{4}$ 时刻，如图 5.24(c)所示，此时驻波波形为一条直线，各质元均回到各自平衡位置，因此整个驻波中无形变势能，能量以动能形式主要存储在波腹附近。随着波形幅值逐渐变大，各质元向着正向或负向的最大位移处运动，驻波中的动能逐渐减少，势能逐渐增多。在 $t=\frac{T}{2}$时刻，如图 5.24(e)所示，此时驻波波形再次达到最大幅值，各质元静止，动能为零，驻波中的能量再次以势能形式存储在波节附近，如此周而复始。由此可见，当弦线上形成驻波时，其能量不断地在动能和势能之间相互转化，并且交替地由波腹附近转移到波节附近，再由波节附近转移到波腹附近。这说明驻波能量并没有作定向传播，这是驻波区别于行波的能量特征，也是“驻”字的第三层含义。

5.6.3 半波损失

在如图 5.23 所示的驻波演示实验中，波在左端固定点处反射并形成波节。这说明入射波和反射波在反射点处的相位恰好相反，即反射波在反射点的相位与入射波相比跃变了 π，相当于入射波在反射时突然损失了半个波长的波程，如图 5.27(a)所示。通常将这种现象称为半波损失。若波在自由端反射，则反射点处形成波腹，即无半波损失。

一般情况下，入射波在两种介质的分界面处反射时，反射波是否存在半波损失，与波的种类、两介质的性质及入射角等因素有关。实验表明，当机械波由波疏介质垂直入射到波密介质，再反射回波疏介质时，反射点处将发生半波损失。这里的波疏介质一般是指介质密度 ρ 和波速 u 的乘积 ρu（即特性阻抗）较小的介质，而波密介质是指特性阻抗 ρu 较大的介质。反之，当机械波由波密介质垂直入射到波疏介质时，反射点处无半波损失。此时，反射波在反射点的振动相位与入射波完全相同，如图 5.27(b)所示，合成的驻波在反射点处形成波腹。

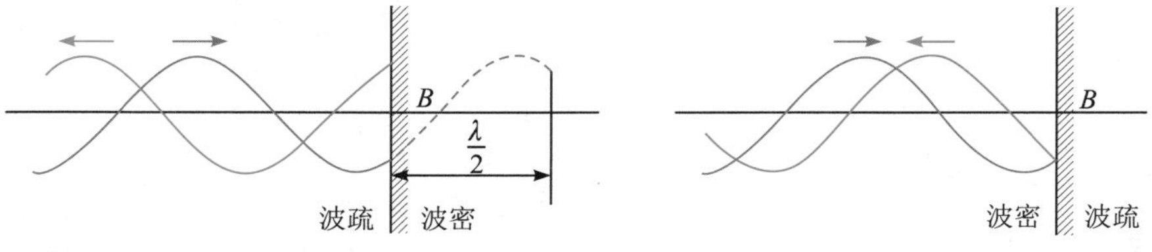

(a) 入射波反射时损失半个波长　(b) 反射波与入射波同相位

图 5.27

除了机械波，电磁波包括光波在介质界面处反射时也可能会发生半波损失。当光波由折射率 n 较小的光疏介质入射到折射率 n 较大的光密介质并反射时，反射波在反射点也会有相位 π 的突变。光波反射时的半波损失问题在本书第 6 章波动光学中还将继续讨论。

★**【例 5.12】** 如例 5.12 图所示，有一平面简谐行波沿 x 轴正方向传播，在 $x=L$ 的界面处反射，已知入射波的波函数为 $y_{入}=A\cos\left(2\pi\frac{t}{T}-2\pi\frac{x}{\lambda}\right)$，设波是从波疏介质入射至波密介质再反射回波疏介质，且波在反射时无能量损耗。试求：

（1）反射波的波函数；

（2）合成驻波的波函数；

（3）各波腹和波节的位置坐标。

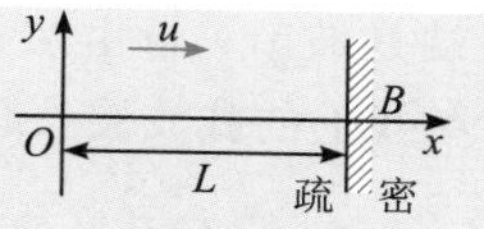

例 5.12 图

解　（1）由入射波的波函数，可得入射波在反射点 B 的振动方程为

$$y_B = A\cos\left(2\pi \frac{t}{T} - \frac{2\pi L}{\lambda}\right)$$

由题意，入射波在 B 点反射时有半波损失，故反射波在 B 点的振动方程为

$$y_{B反} = A\cos\left(2\pi \frac{t}{T} - \frac{2\pi L}{\lambda} - \pi\right)$$

因此，可得反射波的波函数为

$$y_{反} = A\cos\left[2\pi \frac{t}{T} - \frac{2\pi L}{\lambda} - \frac{2\pi(L-x)}{\lambda} - \pi\right]$$

整理可得

$$y_{反} = A\cos\left(2\pi \frac{t}{T} + 2\pi \frac{x}{\lambda} - 4\pi \frac{L}{\lambda} - \pi\right)$$

（2）入射波与反射波叠加形成驻波，由波的叠加原理，可得驻波的波函数为

$$y = y_{入} + y_{反} = A\cos(2\pi \frac{t}{T} - 2\pi \frac{x}{\lambda}) + A\cos\left(2\pi \frac{t}{T} + 2\pi \frac{x}{\lambda} - 4\pi \frac{L}{\lambda} - \pi\right)$$

利用三角函数和差化积，可得

$$y = 2A\cos\left(2\pi \frac{t}{T} - 2\pi \frac{L}{\lambda} - \frac{\pi}{2}\right) \cdot \cos\left(2\pi \frac{L}{\lambda} - 2\pi \frac{x}{\lambda} + \frac{\pi}{2}\right)$$

（3）令 $\left|\cos\left(2\pi \frac{L}{\lambda} - 2\pi \frac{x}{\lambda} + \frac{\pi}{2}\right)\right| = 1$，即

$$2\pi \frac{L}{\lambda} - 2\pi \frac{x}{\lambda} + \frac{\pi}{2} = k\pi$$

可得波腹位置坐标为

$$x = L - \frac{\lambda}{4}(2k-1),\ k = 1, 2, 3, \cdots$$

令 $\cos\left(2\pi \frac{L}{\lambda} - 2\pi \frac{x}{\lambda} + \frac{\pi}{2}\right) = 0$，即

$$2\pi \frac{L}{\lambda} - 2\pi \frac{x}{\lambda} + \frac{\pi}{2} = (2k+1)\frac{\pi}{2}$$

可得波节位置坐标为

$$x = L - \frac{\lambda}{2}k,\ k = 0, 1, 2 \cdots$$

5.6.4　驻波的简正模式

驻波现象的实际应用非常广泛，如管弦乐器的发声都服从驻波原理。以弦乐器为例，弦线的两端拉紧固定，拨动琴弦时，弦线上的波经两固定端反射后叠加形成驻波。但是，并不是所有波长的波都能形成稳定的驻波。对于长度为 L 且两端固定的弦线来说，形成驻波时，弦线两端都是波节，因此，驻波的波长 λ 与弦线长度 L 之间必须满足条件

$$L = n\frac{\lambda}{2},\ n = 1, 2, 3, \cdots \tag{5.60}$$

也就是说，只有当弦长 L 等于半波长的整数倍时，才能在两端固定的弦线上形成稳定的驻波。对于同一根弦线，式(5.60)中 n 取不同的值，则对应不同的波长值。可见，能在这一弦线上存在的驻波的波长值是不连续的，或者用现代物理的语言说，波长是“量子化”的。如果波在弦线上的传播速度 u 一定，显然其频率也是“量子化”的。将 $\nu = u/\lambda$ 代入式(5.60)，可得弦线上驻波的可能频率为

$$\nu_n = n\frac{u}{2L},\ n = 1, 2, 3, \cdots \tag{5.61}$$

这些频率称为弦振动的本征频率，其中每一个频率对应着弦线上的一种可能的振动方式，这些振动方式统称为弦振动的简正模式。如图 5.28 所示为两端固定的弦线上的几种简正模式。其中 $n=1$ 对应的最低频率 ν_1 称为基频，而其他较高的频率 ν_2、ν_3 等都是基频的整数倍，称为二次、三次谐频或倍频，声学中常称为泛频或泛音。

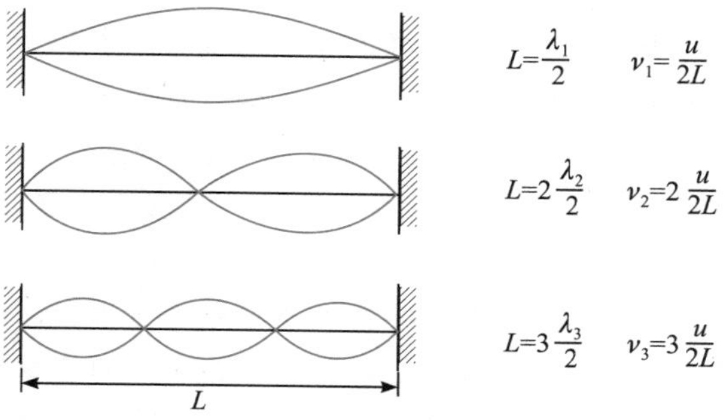

图 5.28

对于一端固定、一端自由的弦线，在形成驻波

后，固定端是波节，自由端是波腹，如图 5.29 所示，这时弦线上的驻波波长必然满足：

$$L=(2n-1)\frac{\lambda}{4},\ n=1,\ 2,\ 3,\ \cdots \tag{5.62}$$

若已知波速为 u，同样可得一系列的本征频率，即

$$\nu_n=(2n-1)\frac{u}{4L},\ n=1,\ 2,\ 3,\ \cdots \tag{5.63}$$

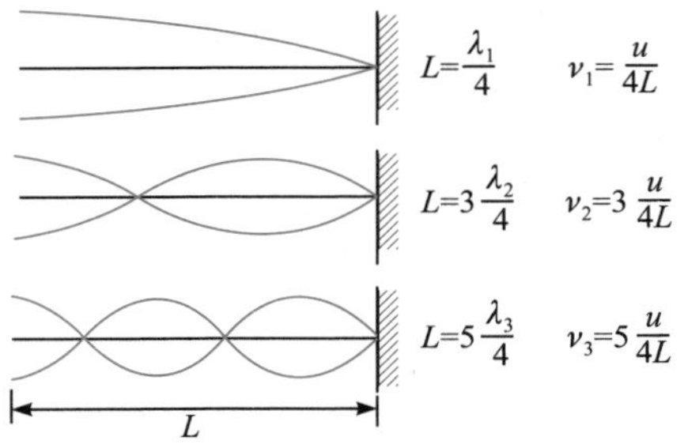

图 5.29

实际上，不止弦线上的驻波存在简正模式，一端开口或两端开口的玻璃管中的驻波也有简正模式。当管中形成驻波时，开口端为波腹，封闭端为波节，其驻波的简正模式如图 5.30 所示。广义的讲，凡是有边界的振动物体，其上都存在驻波，只是其简正模式比一维的弦线或管要复杂得多。一个系统的简正模式所对应的简正频率反映了系统的固有频率特性。若系统在外界驱动下振动，当外界驱动源的频率等于系统的某一固有频率时，就会激起高强度的驻波，这种现象也称为共振或谐振。当拨动琴弦、吹奏管乐或击打鼓面使其振动时，振动模式是各种简正模式的叠加，其中基频决定了声音的音调，而谐频(泛频)决定了声音的音色，各种频率的声音叠加则发出具有某种特定音色的音调。

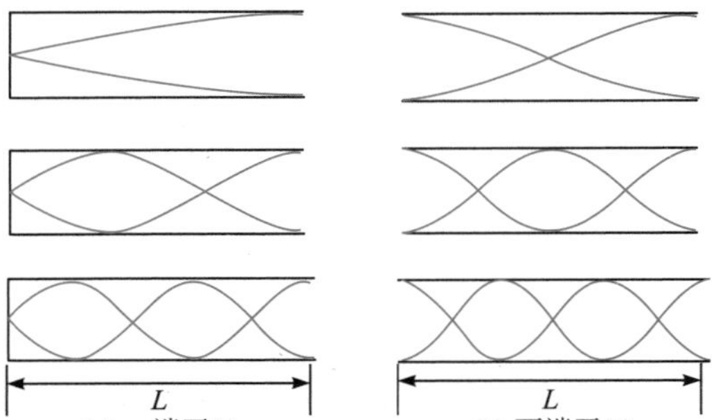

图 5.30

科技专题

驻波与声悬浮

声悬浮是在重力或微重力空间，利用高强度声波产生的声辐射力与物体重力相平衡的原理，从而实现物体悬浮的一种技术。它是高声强条件下的一种非线性效应，其基本原理是利用声驻波与物体的相互作用，产生竖直方向的悬浮力，以克服物体所受到的重力。高强度声驻波在轴向和径向上均存在一定的声压梯度，使物体在轴向和径向上均受到回复力的作用，当被悬浮物受到轻微扰动偏移平衡位置时，其能够在回复力的作用下再次回到平衡位置。

声悬浮技术简单易行，没有明显的机械支撑，几乎对客体没有附加效应。20 世纪 80 年代以来，随着航天技术的进步和空间资源的开发利用，声悬浮逐渐发展成为一项很有潜力的无容器处理技术。比如在材料科学领域，为了获得高质量的材料，需通过各种悬浮方法来避免材料与容器壁间的接触。电磁作用下的悬浮仅适用于金属材料，并且强烈的加热效应会导致低熔点金属的过热和蒸发，而声悬浮能把包括金属在内的所有物质悬浮起来。目前，西北工业大学魏炳波教授及其合作者采用超声悬浮技术，在国际上首次悬浮起密度为 22.6 g/cm^3 的固态金属铱和密度为 13.6 g/cm^3 的液态金属汞，这标志着我国声悬浮研究进入国际领先行列。

不仅如此，声悬浮技术还可以用于进行深过冷热力学研究，测定深过冷熔体的热力学性质，探究深过冷条件下的共晶、偏晶和包晶合金的形核机制。另外声悬浮状态下液滴运动学和动力学规律的研究可应用于测量液体的密度、表面张力和粘滞系数等物理性质。该方法采用非接触式测量，因此可以获得其他方法难以得到的液体在过冷态的热物性实验数据。

思 考 题

1. 驻波没有振动状态和能量的传播，那么驻波是波吗？

2. 什么叫半波损失？什么情况下会发生半波损失？

3. 二胡演奏时，手指压触弦线的不同部位，就能发出各种音调不同的声音，这是什么原理？

4. 当吉他弦振动时，轻轻触摸弦的中点，以确保弦在该点不振动。以这种方式触摸琴弦时，哪些正常模式不能出现在琴弦上？

5. 我国古代有一种称为“鱼洗”的铜面盆，如图所示，盆底雕刻着两条鱼，在盆中盛水，用手轻轻摩擦盆边两环，就能在两条鱼的嘴上方激起很高的水柱。试从物理上解释这一现象。

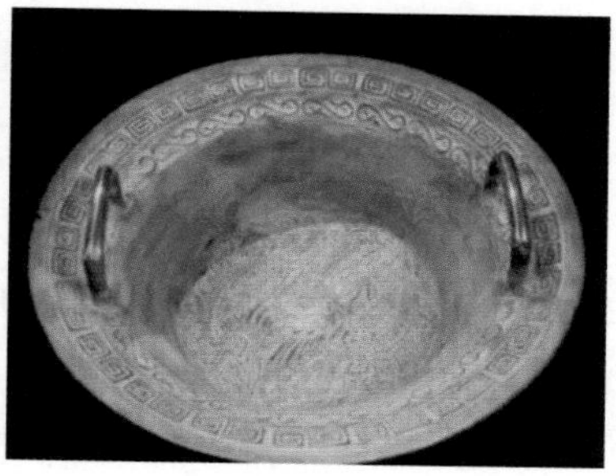

5.7　多普勒效应

前面对波动的讨论中，实际上都假定了波源和观察者是相对于介质静止的，因此观察者接收的波的频率和波源的振动频率是相同的。但是在日常生活中，经常会遇到波源或观察者相对于介质运动的情况。例如，当鸣笛的火车迎面而来时，站台上的观察者听到的汽笛音调较高；而当火车飞驰而去时，站台上的观察者听到的汽笛音调偏低。这种由于波源或观察者相对于介质的运动，而使观察者接收到的波的频率不同于波源发射频率的现象，称为多普勒效应。该现象是由多普勒(C. J. Doppler，1803—1853)在1842年首先发现的。

5.7.1　机械波的多普勒效应

设波源 S 的发射频率和观察者 R 的接收频率分别为 ν_S 和 ν_R。其中，波源的发射频率 ν_S 即波源的振动频率，是指波源在单位时间内发出的完整波形数；观察者的接收频率 ν_R 是指观察者在单位时间内接收到的完整波形数。设波在介质中的传播速度为 u，波源静止时发出的一个完整波形在介质中沿波线展开的长度(即波长)为 λ，因此有 $\nu_S=\dfrac{u}{\lambda}$。当波源发出的波传播到达观察者处时，设观察者接收到的完整波形长度为 λ'，波相对于观察者的传播速度为 u'，因此有 $\nu_R=\dfrac{u'}{\lambda'}$。当波源及观察者相对介质静止时，$\lambda'=\lambda$，$u'=u$，此时没有多普勒效应，即 $\nu_R=\nu_S$。

设波源 S 相对于介质的运动速度为 v_S，观察者 R 相对于介质的运动速度为 v_R。为简单起见，假定波源、观察者的运动只发生在二者的连线上。下面分三种情况讨论机械波的多普勒效应。

1. 波源不动，观察者运动

当观察者 R 以速度 v_R 向着波源 S 运动时，波相对于观察者 R 的速度为

$$u'=u+v_R$$

由于波源静止，所以完整波形的长度不变，即 $\lambda'=\lambda$，因此观察者在单位时间内所接收的完整波形的数即接收频率为

$$\nu_R=\frac{u'}{\lambda'}=\frac{u+v_R}{\lambda}=\frac{u+v_R}{u}\nu_S \tag{5.64}$$

式(5.64)表明，观察者向着波源运动时所接收到的频率大于波源发射频率，为波源发射频率的 $1+\dfrac{v_R}{u}$ 倍。如图5.31所示，波源 S 发出的波向着观察者 R 传播，观察者 R 迎着波传播的方向移动，使得其单位时间内接收到的完整波形数增加了。

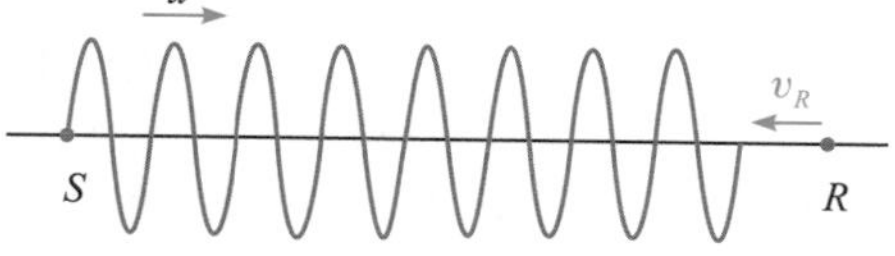

图 5.31

当观察者 R 远离波源 S 运动时，同理可得，波相对于观察者的速度为 $u'=u-v_R$，观察者接收到的频率为

$$\nu_R=\frac{u'}{\lambda'}=\frac{u-v_R}{u}\nu_S \tag{5.65}$$

式(5.65)表明，观察者远离波源运动时所接收到的

频率小于波源的发射频率。

2. 观察者不动，波源运动

当波源相对介质运动时，介质中的波长将发生变化。设波源 S 以速度 v_S 向着观察者 R 运动，波源发出的波经一个振动周期 T 后向前传播的距离为 $\lambda=uT$，完成了一个完整波形的传播。与此同时，由于波源的运动，其位置由原来的 S 移到 S'，移动的距离为 v_ST，如图 5.32 所示。也就是说，波源的运动使波形在介质中的形状被压缩了，实际完整波形的长度为

$$\lambda'=uT-v_ST=\frac{u-v_S}{\nu_S} \tag{5.66}$$

由于观察者静止，波相对于观察者的传播速度依然是 u，即 $u'=u$。因此，观察者接收到的频率为

$$\nu_R=\frac{u'}{\lambda'}=\frac{u}{u-v_S}\nu_S \tag{5.67}$$

式(5.67)表明，当波源向着观察者运动时，观察者接收到的频率高于波源的频率。

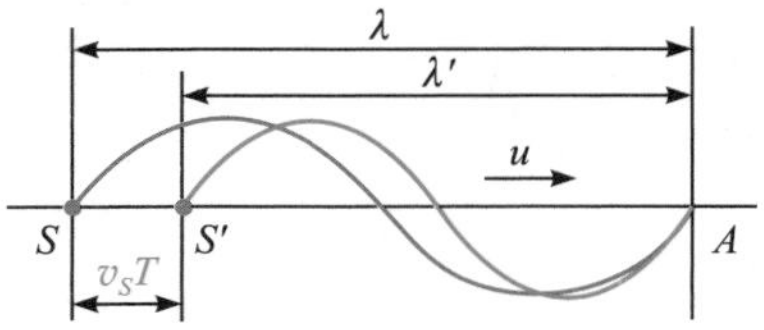

图 5.32

当波源 S 远离观察者 R 运动时，同理可得介质中的实际波长为

$$\lambda'=uT+v_ST=\frac{u+v_S}{\nu_S}$$

因此观察者接收到的频率为

$$\nu_R=\frac{u'}{\lambda'}=\frac{u}{u+v_S}\nu_S \tag{5.68}$$

式(5.68)表明，当波源远离观察者运动时，观察者接收到的频率低于波源的频率。

若从波面的角度分析，当波源 S 相对于介质静止时，其发出的球面波的波面是一组同心球面，如图 5.33(a)所示，任意方向上两相邻波面的距离(即介质中的波长)都是相等的。当波源 S 相对于介质以速度 v_S 向右运动时，其先后发出的球面波的波面中心不断向右移动，使得相邻两波面的距离在各方向上不同，如图 5.33(b)所示，在其运动的前方波长变短，在其运动的后方波长变长。

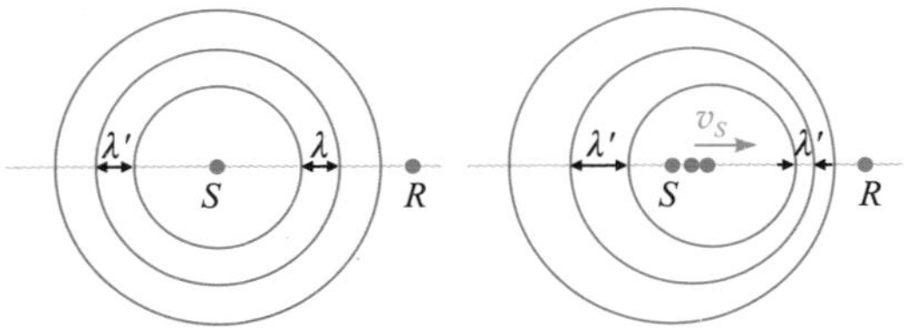

(a) 波源静止　(b) 波源移动

图 5.33

3. 观察者与波源同时相对介质运动

综合以上两种情况，由于波源的运动，介质中的波长为

$$\lambda'=uT\pm v_ST=\frac{u\pm v_S}{\nu_S}$$

由于观察者的运动，波相对于观察者的传播速度为

$$u'=u\pm v_R$$

因此，观察者接收到的频率为

$$\nu_R=\frac{u'}{\lambda'}=\frac{u\pm v_R}{u\pm v_S}\nu_S \tag{5.69}$$

其中，波源的运动速度 v_S 和观察者的运动速度 v_R 均为算术量。式(5.69)中正负号的取法与前面的讨论一致。不难发现，无论波源运动还是观察者运动，当两者相互靠近时，观察者的接收频率均高于波源频率，即 $\nu_R>\nu_S$；当两者相互远离时，观察者的接收频率低于波源频率，即 $\nu_R<\nu_S$。

如果波源和观察者的运动方向与其连线方向垂直，则 $\nu_R=\nu_S$，此时没有多普勒效应发生。如果波源和观察者的运动不在两者连线方向，则只需将其速度在连线上的分量代入式(5.69)。

★**【例 5.13】** 一列火车以 90 km/h 的速度行驶，其汽笛的频率为 500 Hz。一个人站在铁轨旁，当火车从他身边驶过时，他听到的汽笛声的频率变化是多少？设声速为 340 m/s。若此人坐在汽车里，而汽车在铁轨旁的公路上以 54 km/h 的速率向火车行驶。试问此人听到汽笛声的频率为多大？

解 当火车向该人驶近，即接收者不动，波源靠近接收者时，接收者听到的汽笛声频率为

$$\nu_{R1}=\frac{u}{u-v_S}\nu_S$$

当火车驶离该人，即接收者不动，波源远离接收者时，接收者听到的汽笛声频率为

$$\nu_{R2}=\frac{u}{u+v_S}\nu_S$$

因此，当火车从站立人身边驶过时，此人听到的汽笛声的频率变化为

$$\Delta\nu=\nu_{R1}-\nu_{R2}=\frac{u}{u-v_S}\nu_S-\frac{u}{u+v_S}\nu_S=\frac{2uv_S\nu_S}{u^2-v_S^2}$$

已知 $u=340\ \mathrm{m/s}$，$v_S=90\ \mathrm{km/h}=25\ \mathrm{m/s}$，$\nu_S=500\ \mathrm{Hz}$，代入得

$$\Delta\nu=\frac{2\times340\times25\times500}{340^2-25^2}=74\ \mathrm{Hz}$$

当此人坐在行驶的汽车里且火车迎面驶来时，听到的汽笛声频率为

$$\nu_R=\frac{u+v_R}{u-v_S}\nu_S$$

已知 $v_R=54\ \mathrm{km/h}=15\ \mathrm{m/s}$，代入得

$$\nu_R=\frac{340+15}{340-25}\times500\ \mathrm{Hz}=563.5\ \mathrm{Hz}$$

克里斯琴·约翰·多普勒(Christian Johann Doppler，1803—1853)，奥地利数学家、物理学家。

多普勒于 1842 年首次在他的论文《论天体中双星和其他一些星体的彩色光》中提出了多普勒效应这一概念的雏形，但当时的实验数据并未立即验证他的理论。在多普勒的研究生涯中，还对其他科学领域作出过贡献，包括数学和天文学。虽然他的贡献在生前并未得到充分认可，但如今多普勒效应被广泛应用于许多学科和领域，如天文学、声学、光学、雷达、医学成像等，它已成为物理学中一个重要的理论基础。多普勒的名字也因此被铭记并用于多种科学技术上，如多普勒雷达和多普勒超声。

科技专题

多普勒超声波检测

多普勒超声检测是一种医学超声检查技术，它利用多普勒效应对组织和体液(通常是血液)的运动及其与探头的相对速度进行成像。该技术通过计算特定样本体积(例如动脉中的血流或心脏瓣膜上的射流)的频移，来确定并可视化其速度和方向。多普勒超声检测能够估计和测量流经各种静脉、动脉和其他血管的血流量，并将检测结果在超声系统屏幕上描绘为运动图片。人们通常可以从超声图像上可见的彩色流中识别多普勒检测的结果，图像中的颜色可以根据测量拍摄的特定区域的血液运动来解释。

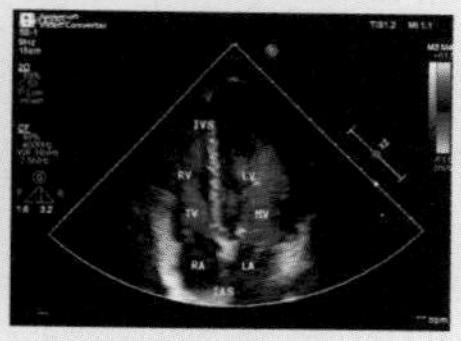

5.7.2　电磁波的多普勒效应

多普勒效应是波动过程的共同特征。不仅机械波有多普勒效应，电磁波(包括光波)也有多普勒效应。因为电磁波的传播不依赖弹性介质，所以波源和观察者之间的相对运动速度 v 决定了观察者的接收频率。考虑相对论效应，可以证明，当电磁波源和观察者在同一直线上运动时，观察者接收到的频率为

$$\nu_R=\sqrt{\frac{c+v}{c-v}}\nu_S \tag{5.70}$$

当波源与观察者相互靠近时，式(5.70)中的 v 取正值，此时接收频率比波源频率高，即 $\nu_R>\nu_S$，称为紫移；当波源与观察者相互远离时，式(5.70)中的 v 取负值，此时接收频率比波源频率低，即 $\nu_R<\nu_S$，称为红移。

电磁波的多普勒效应有着广泛的应用。例如，天文学家将来自其他星球的光谱与地球上相同元素的光谱进行比较时，发现来自其他星球的光谱几乎都有红移现象。由此可推断这些星球都向着背离地球方向退行，并能计算这些星球的退行速度。此结论为大爆炸宇宙论提供了重要的理论证据。电磁波的多普勒效应还用于跟踪卫星和其他太空飞行器。在图 5.34 中，卫星发射频率为 ν_S 的无线电信

号。当卫星绕轨道运行时，它首先接近接收器，然后远离接收器；当卫星经过地球时，地球上接收到的信号频率从大于 ν_S 的值变为小于 ν_S 的值。

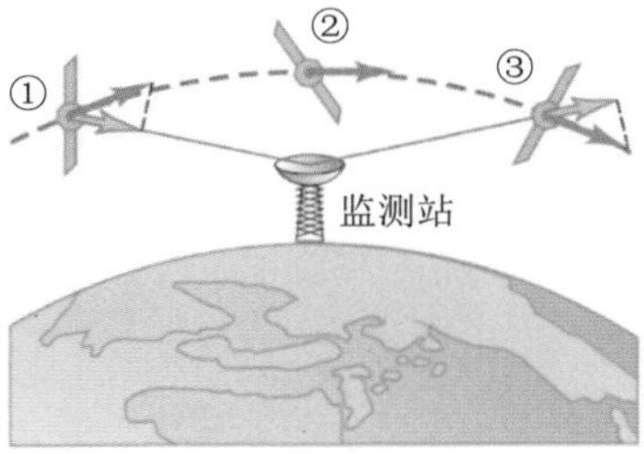

图 5.34

此外，电磁波的多普勒效应在生活中常用于雷达测速，如安装在警车侧窗上的雷达装置，用于检测其他车辆的速度。该设备发射的电磁波被移动的汽车反射，反射回设备的波发生多普勒频移。发射和反射的信号叠加起来产生拍频，可以根据拍频计算被检车辆的速度。

5.7.3 冲击波

由式(5.66)可知，当波源运动速度 v_S 小于波速 u 时，则波源运动前方的波长变短，波面逐渐密集。当波源运动速度 v_S 接近波速 u 时，运动前方的波长接近零，波峰相互堆积，如图 5.35 所示。以飞机飞行过程中不断发出的声波为例，当飞机飞行速度接近音速时，飞机不断压缩挤压其前方的空气，根据牛顿第三运动定律，前方空气也会对飞机施加压力，因此飞机受到的空气阻力大幅增加，这种现象称为“音障”。

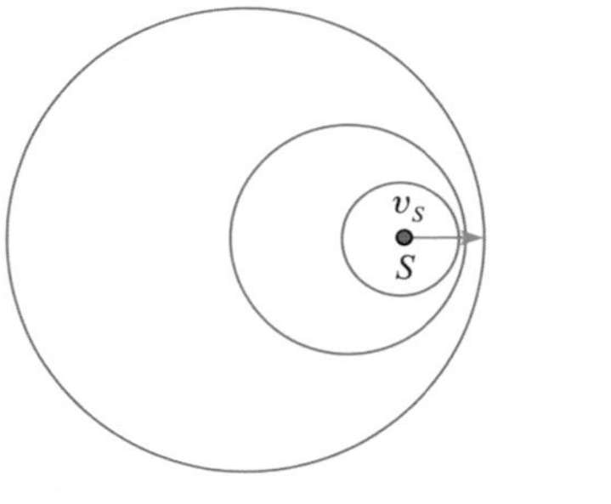

图 5.35

当波源运动速度 v_S 超过波速 u 时，多普勒效应的式(5.67)和(5.69)不再成立，波源运动前方没有任何波动产生。如图 5.36 所示，当波源速度 v_S 大于波速 u 时，波源 S 在运动中先后发出的所有球面波前都被挤压，形成一个以波源 S 为顶点的圆锥状的包络面，称为马赫锥。在圆锥面上，各波面同相叠加，因此波的能量高度集中，这种波称为冲击波或激波。马赫锥的半顶角 α 称为马赫角，可以表示为

$$\sin\alpha=\frac{u\Delta t}{v_S\Delta t}=\frac{u}{v_S} \tag{5.71}$$

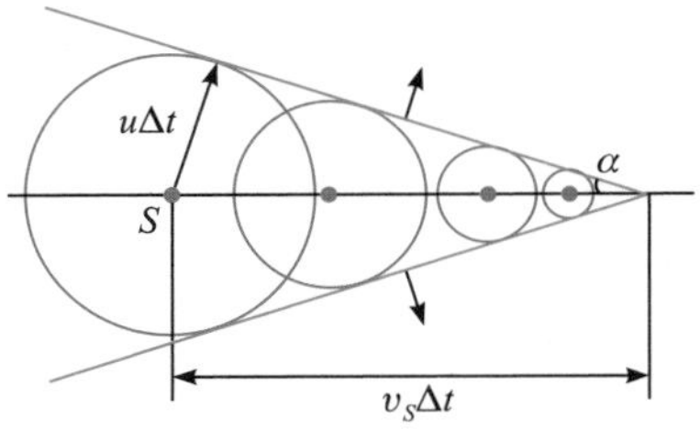

图 5.36

比值 v_S/u 称为马赫数。当飞机或炮弹在空中超音速飞行时，都会产生冲击波。冲击波传播到达的地方，声压声强突然升高，称为声爆，声爆破坏力极强。图 5.37(a)为高速相机拍摄的冲击波图像。当船只的航行速度超过水波的传播速度时，也会产生类似的冲击波。此时，随着船的前进，在水面上激起以船头为顶端的 V 形波，如图 5.37(b)所示，这种波通常称为艏波。

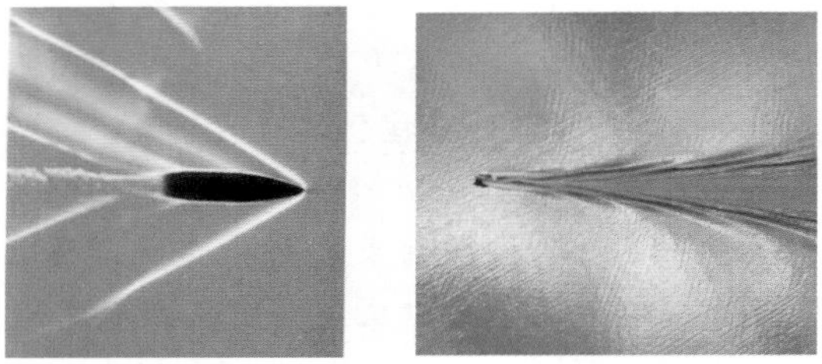

(a) 声爆　　(b) V形波

图 5.37

冲击波在生活中也经常应用，如利用冲击波碎石技术进行非侵入性分解肾结石和胆结石，即体外产生的冲击波由反射器或声透镜聚焦，使冲击波能量汇聚在结石上。当结石中产生的应力超过其抗拉强度时，结石会碎成小块并随身体代谢排出体外。该技术需要准确确定结石的位置，这可以使用超声波成像技术来完成。

思　考　题

1. 波源向接收器运动和接收器向波源运动，都会产生接收频率增大的效果，这两种情况有何区别?

如果以上两种情况下的运动速度相同，接收器的接收频率会有不同吗？

2. 海上行驶的油轮是如何利用多普勒声呐来导航的？

3. 人在驾车行驶或在马路边行走时，如何利用多普勒频移来判断交通情况。

4. 在一场户外音乐会中，表演者的演奏声音顺风吹向听众。听众听到的声音是否发生多普勒频移？如果发生频移，它的频率是更低还是更高？

5. 如果有人位于超音速飞机的正后方，他会听到什么？

本章小结

机械波的产生和传播

机械振动在弹性介质中的传播过程称为机械波。

机械波产生的必要条件：波源、弹性介质。

横波：质元振动方向与波传播方向垂直的波。

纵波：质元振动方向与波传播方向平行的波。

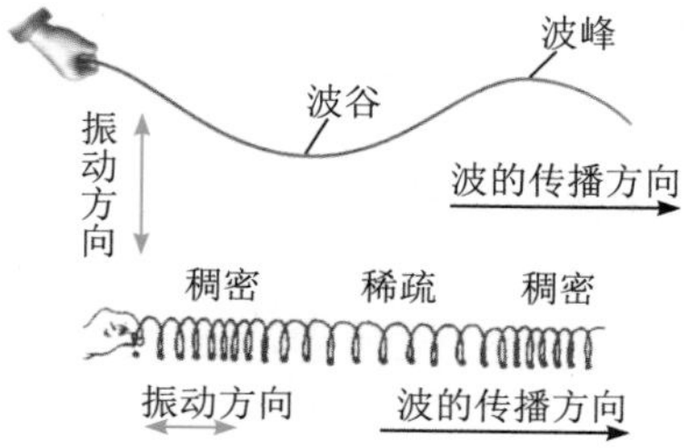

平面简谐波的波函数

$$y(x,t)=A\cos\left[\omega\left(t-\frac{x}{u}\right)+\varphi_0\right]$$

$$y(x,t)=A\cos\left[2\pi\left(\frac{t}{T}-\frac{x}{\lambda}\right)+\varphi_0\right]$$

$$y(x,t)=A\cos(\omega t-kx+\varphi_0)$$

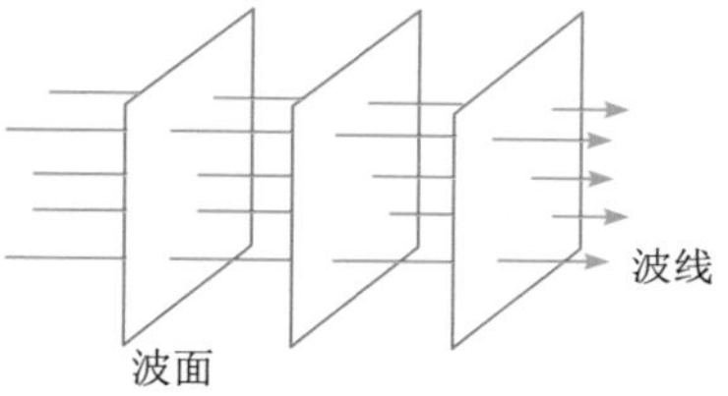

描述波动的物理量

波长 λ：同一波线上相邻的相位差为 2π 的质点间的距离。

周期 T：波向前传播一个波长 λ 所需的时间。

频率 ν：单位时间内，波向前传播的完整波形数。

波速 u：振动状态在介质中的传播速度。

它们之间的关系满足

$$\nu=\frac{1}{T},\quad u=\frac{\lambda}{T}=\lambda\nu$$

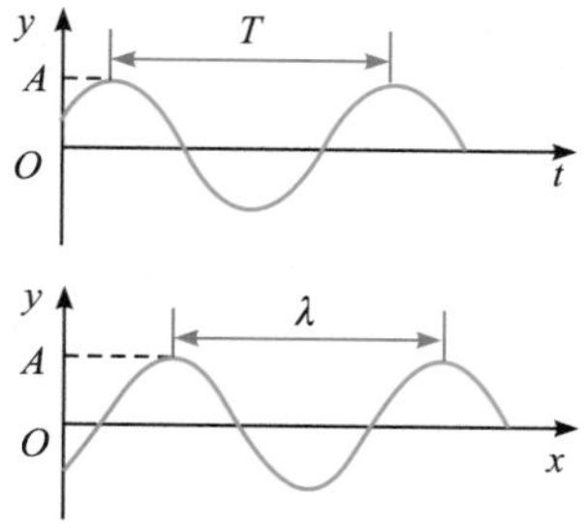

平面波的波动方程

$$\frac{\partial^2 y}{\partial x^2}=\frac{1}{u^2}\frac{\partial^2 y}{\partial t^2}$$

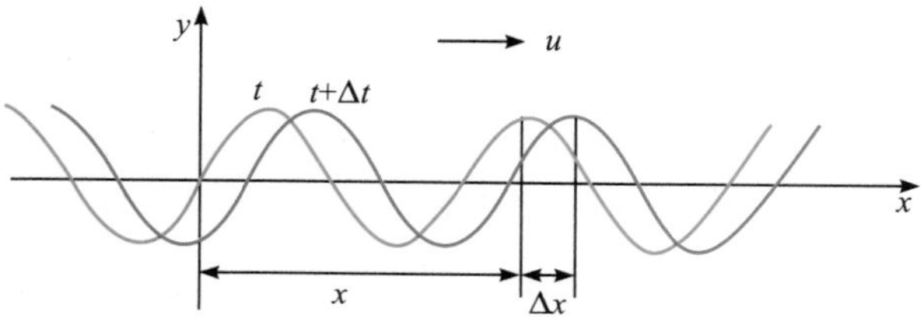

波的能量

波动传播过程中，介质中任一质元的动能和弹性势能都随时间 t 变化，且在任一时刻线元动能与弹性势能的值都相等。质元的总机械能并非常量，而是随时间 t 和位置坐标 x 作周期性变化。

总机械能：

$$E=E_k+E_p=\Delta m\omega^2A^2\sin^2\left[\omega\left(t-\frac{x}{u}\right)+\varphi_0\right]$$

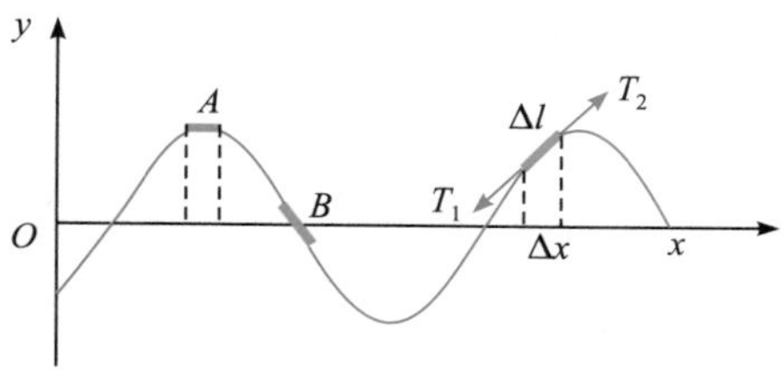

平均能量密度：$\bar{w}=\frac{1}{2}\rho A^2\omega^2$

平均能流密度(波的强度)：$I=\bar{w}u=\frac{1}{2}\rho A^2\omega^2 u$

声强级：$L_I=10\log\frac{I}{I_0}$，$I_0=10^{-12}\ \mathrm{W/m^2}$

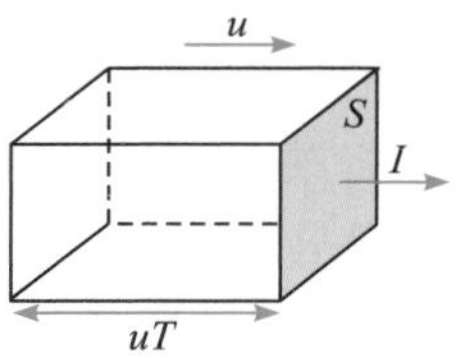

惠更斯原理

介质中波动传播到达的各点都可以看作是发射子波的波源，在其后的任一时刻，这些子波的包络面就是新的波面。

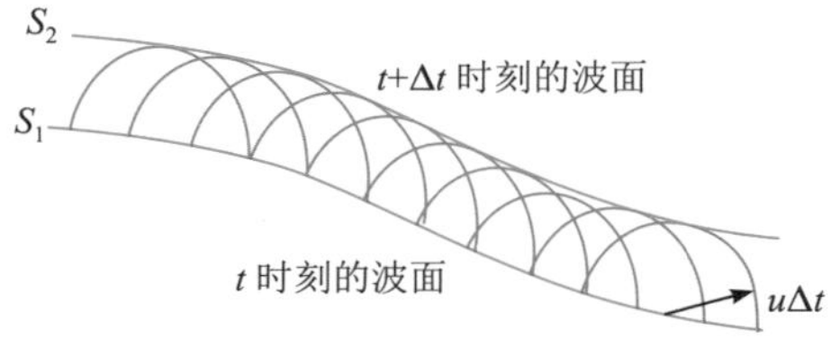

波的叠加原理

在几列波相遇的介质区域内，各质元的振动位移是各列波单独存在时在该点引起的振动位移的矢量和。

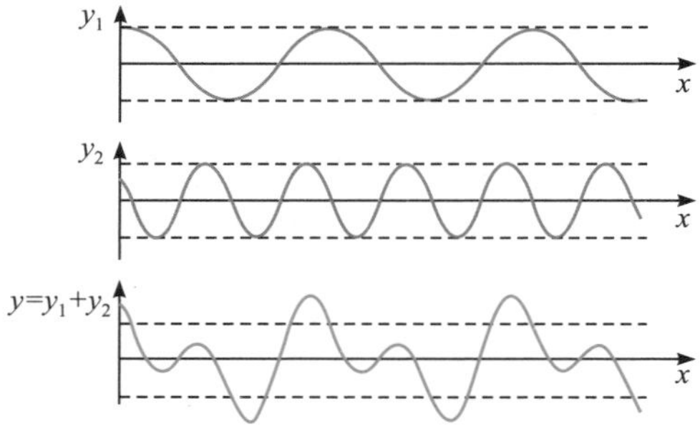

波的干涉

相干条件：振动方向相同、频率相同、相位差恒定。

干涉现象：在相遇区域，两列波分别引起的各质元的振动叠加后，有的合振动始终加强，有的合振动始终减弱，形成不均匀但稳定的强度分布。

干涉相长：合振动振幅 A 和强度 I 极大。

发生干涉相长时两列波在某处相位差：

$$\Delta\varphi=\varphi_{20}-\varphi_{10}-\frac{2\pi(r_2-r_1)}{\lambda}=\pm 2k\pi,\ k=0,\ 1,\ 2,\ \cdots$$

干涉相消：合振动振幅 A 和强度 I 极小。

发生干涉相消时两列波在某处相位差：

$$\Delta\varphi=\varphi_{20}-\varphi_{10}-\frac{2\pi(r_2-r_1)}{\lambda}=\pm(2k+1)\pi,\ k=0,\ 1,\ 2,\ \cdots$$

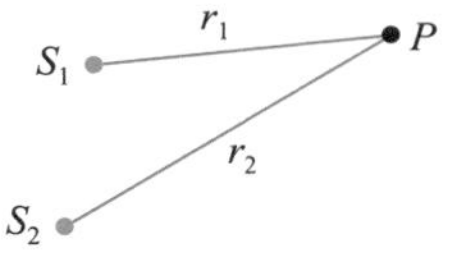

驻波

两列振幅相等、传播方向相反的相干波(振动方向相同、频率相同、相位差恒定)相遇后叠加，便形成了驻波。

驻波方程：$y=2A\cos\frac{2\pi}{\lambda}x\cdot\cos\frac{2\pi}{T}t$

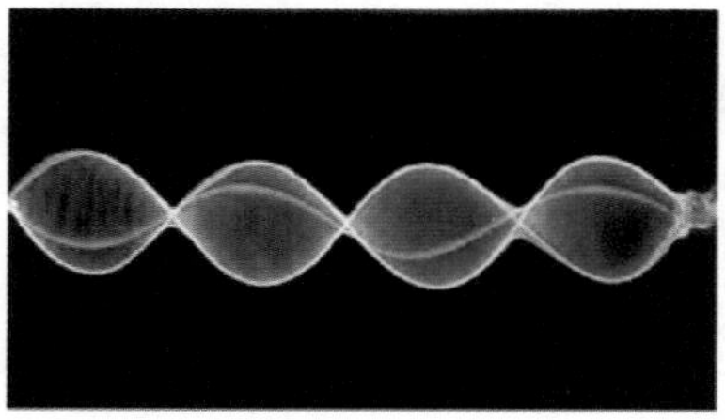

驻波特点：波形不平移、相位不传播、能量不传播。

波腹：$\left|\cos\frac{2\pi}{\lambda}x\right|=1$

波节：$\cos\frac{2\pi}{\lambda}x=0$

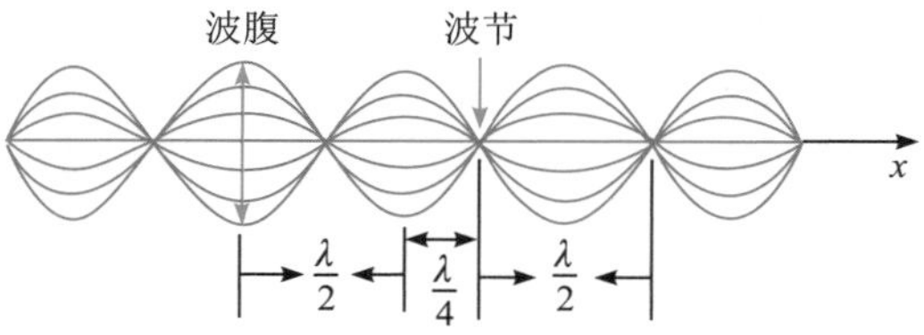

两端固定的弦线上驻波的简正模式：

$$L=n\frac{\lambda}{2},\quad \nu_n=n\frac{u}{2L},\quad n=1,2,3,\cdots$$

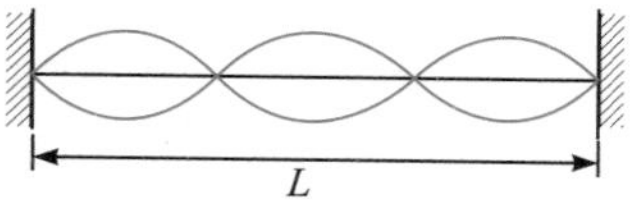

一端固定的弦线上驻波的简正模式：

$$L=(2n-1)\frac{\lambda}{4},\quad \nu_n=(2n-1)\frac{u}{4L},\ n=1,2,3,\cdots$$

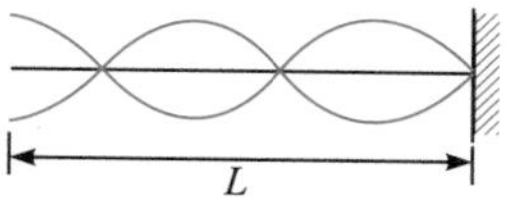

多普勒效应

由于波源和接收器的相对运动，使得接收频率不等于波源发射频率的现象。

接收器接收的频率：$\nu_R=\dfrac{u\pm v_R}{u\pm v_S}\nu_S$

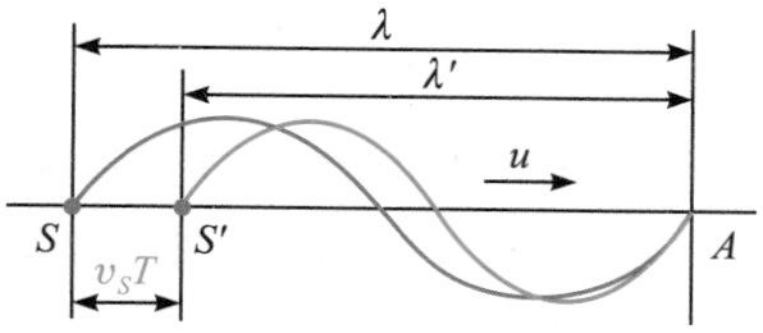

习　题

5.1　地震时从震源发出的地震波在地球内部有两种传播形式：纵波(P 波)和横波(S 波)。S 波的典型波速大约是 4.5 km/s，P 波的典型波速是 8.0 km/s。一地震仪记录了某次地震的 S 波与 P 波，首次到达的 P 波比首次到达的 S 波早 3 min，假定地震波直线传播，求该地震发生在多远的地方？【答案：1851 km】

5.2　一平面简谐波沿 x 轴方向的绳子传播，其波函数为 $y=0.05\cos(100\pi t-2\pi x)$。求：(1) 此波的振幅、频率、波长和波速；(2) 绳子上各质元的最大振动速度和最大振动加速度；(3) $x_1=0.2$ m 处和 $x_2=0.7$ m 处二质元振动的相位差。【答案：(1) $A=0.05$ m，$\nu=50$ Hz，$\lambda=1.0$ m，$u=50$ m/s；(2) $v_{\max}=15.7$ m/s，$a_{\max}=4.93\times10^3$ m/s^2；(3) π】

5.3　已知一平面简谐波的波函数为 $y=A\cos[\pi(4t+2x)]$。求：(1) 该波的波长 λ、频率 ν 和波速 u；(2) 求 $t=4.2$ s 时刻各波峰位置的坐标表达式，并求出此时离坐标原点最近的那个波峰的位置；(3) 求 $t=4.2$ s 时离坐标原点最近的那个波峰通过坐标原点的时刻 t。【答案：(1) $\lambda=1.0$ m，$\nu=2$ Hz，$u=2$ m/s；(2) $t=4.2$ s 时，$x=(k-8.4)$m，$x=-0.4$ 的波峰离坐标原点最近；(3) $t=4$ s】

5.4　一平面简谐纵波沿螺旋形线圈弹簧传播，设波沿 Ox 轴正方向传播，弹簧中各质元的最大纵向振动位移为 0.03 m，振动频率为 2.5 Hz，弹簧中相邻两个疏部中心的距离为 0.24 m。$t=0$ 时刻，$x=0$ 处质元恰在其平衡位置处，且向 x 轴正向运动。试写出此平面简谐纵波的波函数。【答案：$y=0.03\cos\left(5\pi t-\dfrac{25}{3}\pi x-\dfrac{\pi}{2}\right)$】

5.5　一平面简谐波沿 x 轴正向传播，已知 $x=0$ 处质元的振动曲线如题 5.5 图所示，设振幅为 A，周期为 T，波速为 u，求此波的波函数，并画出 $t=T/4$ 时的波形曲线。【答案：$y(x,t)=A\cos\left[\dfrac{2\pi}{T}\left(t-\dfrac{x}{u}\right)-\dfrac{\pi}{2}\right]$，波形曲线如答案 5.5 图所示】

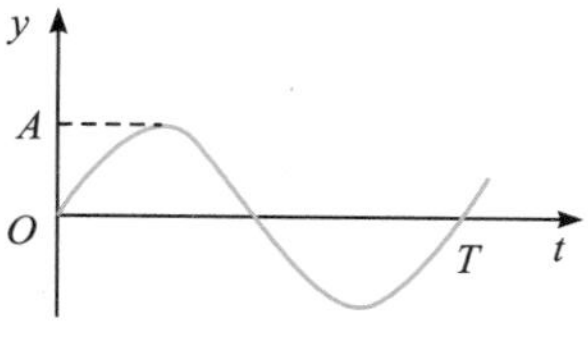

题 5.5 图

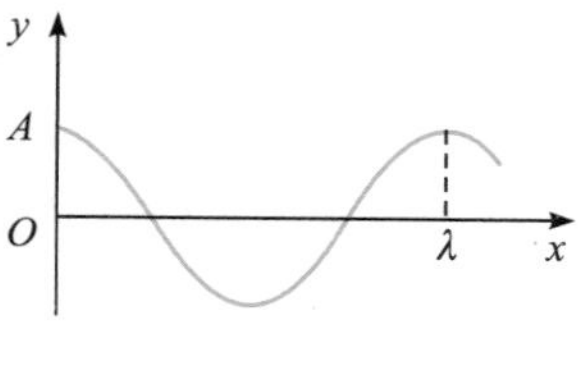

答案 5.5 图

5.6　题 5.6 图为一平面简谐波在 $t=0$ 时刻的波

形图，求：(1) 该波的波动表达式；(2) P 处质点的振动方程。【答案：(1) $y=0.04\cos\left[2\pi\left(\frac{t}{5}-\frac{x}{0.4}\right)-\frac{\pi}{2}\right]$；(2) $y=0.04\cos\left(0.4\pi t-\frac{3}{2}\pi\right)$】

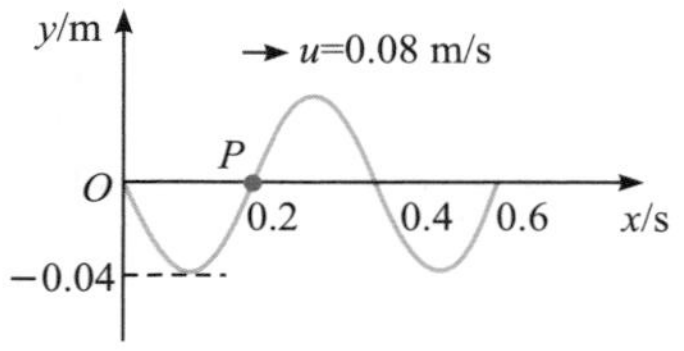

题 5.6 图

5.7　如题 5.7 图所示为一列沿 x 轴正方向传播的平面简谐波在 $t=2$ s 时的波形曲线，求图中 O 点和 P 点的振动方程。【答案：$y_O(t)=0.01\cos\left(2\pi t-\frac{\pi}{2}\right)$；$y_P(t)=0.01\cos(2\pi t+\frac{\pi}{3})$】

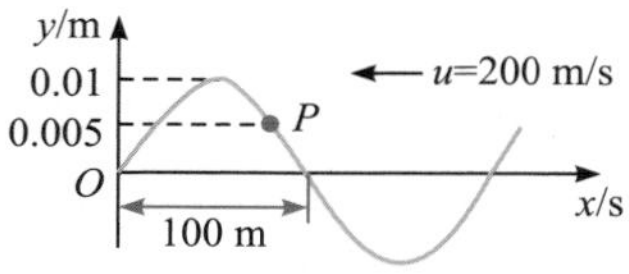

题 5.7 图

5.8　题 5.8 图为一平面简谐波在 $t=0$ 时刻和 $t=2$ s 时的波形图。已知 $T>0.2$ s，求：(1) 坐标原点处质元的振动方程；(2) 该波的波函数。【答案：(1) $y_0=A\cos\left(\frac{\pi t}{8}-\frac{\pi}{2}\right)$；

(2) $y=A\cos\left[2\pi\left(\frac{t}{16}+\frac{x}{160}\right)-\frac{\pi}{2}\right]$】

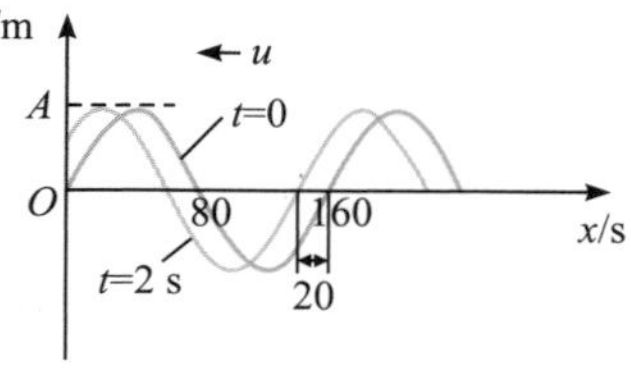

题 5.8 图

5.9　一平面简谐声波的频率 $\nu=400$ Hz，在空气中传播速率 $u=340$ m/s，已知空气密度 $\rho=1.21$ kg/m^3，此波到达人耳时，振幅 $A=1.0\times10^{-7}$ m。求：人耳接收到声波的平均能量密度和声强。【答案：3.82×10^{-8} J/m^3，1.3×10^{-5} W/m^2】

5.10　一波源以 35 kW 的功率向空间均匀发射球面电磁波，其传播速度为 3.0×10^8 m/s。已知某处测得该电磁波的平均能量密度为 7.8×10^{-15} J/m^3，求该处到波源的距离。【答案：34.5 km】

5.11　有一点波源发出球面简谐声波，已知距离声源 10 m 处的声强级为 20 dB，若不计介质对声波的吸收，求：(1) 距离声源 5 m 处的声强级；(2) 距离声源多远时，声音就听不见了。【答案：(1) 26 dB；(2) 100 m】

5.12　如题 5.12 图所示，两相干波源在 x 轴上的位置为 S_1 和 S_2，其距离 $d=30$ m，S_1 位于坐标原点 O。设波只沿 x 轴正负方向传播，单独传播时强度保持不变。$x_1=9$ m 和 $x_2=12$ m 处的两点是相邻的两个因干涉而静止的点。求：(1) 两波的波长；(2) 两波源间的最小相位差。【答案：(1) $\lambda=6$ m；(2) $\pm\pi$】

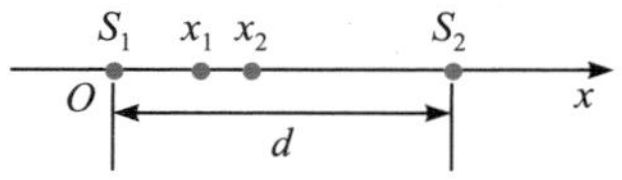

题 5.12 图

5.13　两个相距 3 m 的扬声器是同相的，扬声器发出的声波频率在可听范围(20 Hz～20 kHz)内，听者站在距其中一个扬声器 18.3 m，距另一个扬声器 19.6 m 的地方，设声速为 340 m/s，求：(1) 听者能听到的由相消干涉产生的最弱信号中的最低频率；(2) 听者能听到的最强信号中的最低频率。【答案：(1) 131 Hz；(2) 262 Hz】

5.14　如题 5.14 图所示，地面上的短波无线电波源 S，与短波无线电探测器 D 相距为 d，当短波无线电波从 S 发出后，一部分沿直线直接传波至探测器 D，一部分经大气上方的电离层反射后到达探测器 D。已知当电离层高度为 H 时，两条路径的无线电波到达 D 时恰好同相，当电离层逐渐升高至 $H+h$ 时，两条路径的无线电波到达 D 时的相位差逐渐变化至恰好反相。求此无线电波的波长 λ。【答案：$\lambda=4\left[\sqrt{\left(\frac{d}{2}\right)^2+(H+h)^2}-\sqrt{\left(\frac{d}{2}\right)^2+H^2}\right]$】

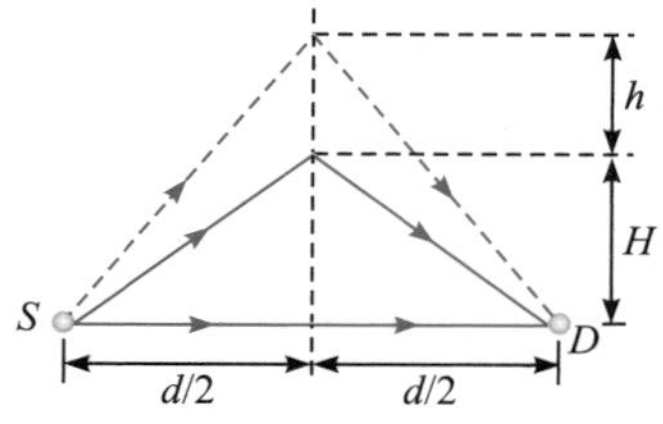

题 5.14 图

5.15 两个振幅相同、相位相同的相干波源，相距 $D=1.5\lambda$，以两个波源的连线中点为圆心，作半径 $R\gg D$ 的大圆，求：(1)大圆上满足干涉相长的点的个数；(2)大圆上满足干涉相消的点的个数。【答案：(1) 6 个；(2) 6 个】

5.16 如题 5.16 图所示，一平面简谐波沿 x 轴正方向传播，BC 为波密媒质的反射面。波由 P 点反射，$OP=3\lambda/4$，$DP=\lambda/6$。在 $t=0$ 时，O 处质点的合振动是经过平衡位置向负方向运动。求 D 点处入射波与反射波的合振动方程。(设入射波和反射波的振幅皆为 A，频率为 ν)【答案：$y=\sqrt{3}A\sin 2\pi\nu t$】

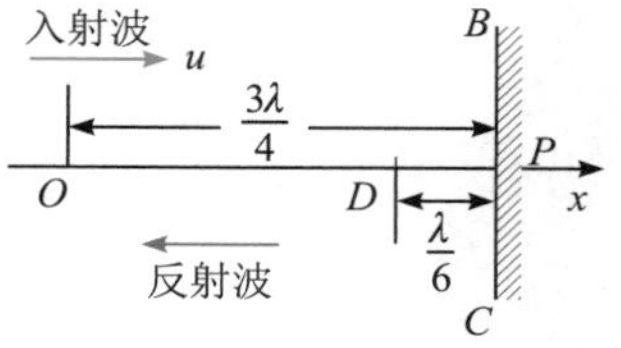

题 5.16 图

5.17 两列振幅、频率、波速、振动方向均相同的机械波，同时在同一根绳上沿相反方向传播，已知绳上各质元的振动方程为 $y(x, t)=0.005\sin\left(\frac{100\pi}{3}x\right)\cos(40\pi t)$。求：(1) 参与叠加而形成这个振动的两列波的振幅、波速；(2) 波节之间的距离；(3) 在 $t=\frac{9}{8}$ s时，位于 $x=0.015$ m 处线元的速率。【答案：(1) 0.0025 m，1.2 m/s；(2)0.03 m；(3) 0】

5.18 在相距 0.75 m 的两个固定支点之间有一根拉紧的线，其具有共振频率 420 Hz 和 315 Hz，没有中间共振频率，求：(1) 最低共振频率；(2) 波速。【答案：(1) 105 Hz；(2) 158 m/s】

5.19 如题 5.19 图所示，一根长为 $L_1=0.6$ m、横截面积为 1.0×10^{-6} m^2、密度为 2.6×10^3 kg/m^3 的铝丝与一根截面积相同、密度为 7.8×10^3 kg/m^3 的钢丝连接着，这条复合金属丝由质量为 $m=10.0$ kg 的物块拉着。从钢铝结合点到定滑轮的距离 L_2 是 0.866 m。用一个外部的频率可变的波源在复合金属丝上建立起横波，在滑轮处是波节。求：(1) 产生驻波时，使钢铝结合点成为一个波节的最低激发频率；(2) 在此频率下，线上共有多少个波节？【答案：(1) 323 Hz；(2) 8 个】

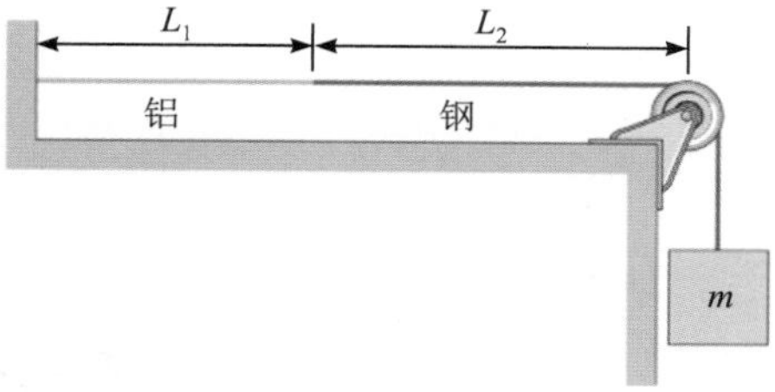

题 5.19 图

5.20 蝙蝠利用超声波脉冲导航可以在洞穴中飞来飞去，若蝙蝠发射的超声波频率为 39 kHz，在朝着平坦的墙壁飞扑期间，它的运动速率为空气中声速的 1/40。试问：蝙蝠接收到的反射脉冲的频率是多少？(设空气的声速为 340 m/s)【答案：41 kHz】

5.21 公路检查站上警察用雷达测速仪测来往汽车的速度，所用雷达的频率为 5.0×10^{10} Hz，发射的雷达波被一迎面开来的速度为 v 的汽车反射回来，与入射波叠加形成了频率为 1.1×10^4 Hz 的拍频。此汽车是否超过了限定车速 100 km/h?【答案：车速 $v=119$ km/h，超过了限定车速】

5.22 一报警器离观察者而去，向一悬崖运动，$\nu_0=1000$ Hz，其相对介质速度 $v=10$ m/s，空气中声速 $u=340$ m/s，求：(1) 观察者直接从报警器听到的声波频率；(2) 悬崖反射的声波频率；(3) 观察者听到的拍频；(4) 波源前、后方的波长。【答案：(1) $\nu_1=971$ Hz；(2) $\nu_2=1030$ Hz；(3) $\Delta\nu=59$ Hz；(4) $\lambda_{前}=0.33$ m，$\lambda_{后}=0.35$ m】

第6章　波动光学

高级照相机的镜头看起来大都呈现蓝紫色，你知道这是为什么吗？

光是一种重要的自然现象。早在春秋战国时期，墨翟及其弟子所著的《墨经》中就记载了关于光的直线传播和光在镜面上的反射等现象，并提出了一系列经验规律。对光的本性的认识始于17世纪形成的两种学说：一种是牛顿（Isaac Newton，1643—1727）主张的微粒说，另一种是惠更斯（Christiaan Huygens，1629—1695）提出的波动说。波动说认为光是在以太中传播的波。所谓以太，是一种假想的弹性介质，充满整个空间，光的传播速度取决于以太的弹性和密度。当时波动说不仅在实验上无法得到证实，在理论上也显得荒唐，以至于微粒说差不多统治了17、18两个世纪。19世纪初，杨（Thomas Young，1773—1829）和菲涅耳（Augustin-Jean Fresnel，1788—1827）等人的实验和理论工作解释了光的干涉和衍射现象，初步测定了光的波长，并根据光的偏振现象确认了光是横波。19世纪中叶，麦克斯韦（James Clerk Maxwell，1831—1879）提出了电磁波理论，预言了电磁波的存在，并被赫兹（Heinrich Rudolf Hertz，1857—1894）的实验所证实。这时人们认识到光是一定波段的电磁波，从而形成了以电磁波理论为基础的波动光学。本章主要讨论光的干涉、衍射和偏振三个方面的内容。

6.1 光源与光波的叠加

6.1.1 光的电磁理论

理论和实验表明，光是一种电磁波。电磁波的波长范围很广，如图6.1所示，其中可见光是波长范围为390～760 nm的电磁波，红外线是波长范围为760 nm～1000 μm的电磁波，紫外线是波长范围为10～390 nm的电磁波，X射线是波长范围为0.01～10 nm的电磁波。紫外线、红外线、X射线等均是人类肉眼看不到的光，称为不可见光。

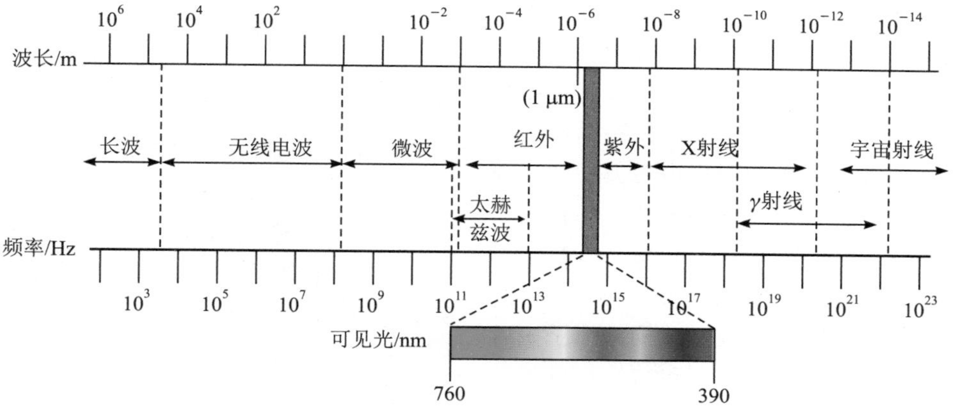

图6.1

光作为一种电磁波，其电场强度 $\boldsymbol{E}$ 和磁场强度 $\boldsymbol{H}$ 互相垂直，且两者都与光的传播方向 $\boldsymbol{u}$ 垂直，$\boldsymbol{E}$、$\boldsymbol{H}$、$\boldsymbol{u}$ 三者满足右手螺旋关系，如图6.2所示，这表明光是横波。实验表明，引起视觉和光化学效应的是光波中的电场强度 $\boldsymbol{E}$，所以常把电场强度 $\boldsymbol{E}$ 称为光矢量。人眼或感光仪器所检测到的光的强弱是由平均能流密度决定的，光的平均能流密度正比于电场强度振幅的平方，即

$$I \propto E_0^2 \tag{6.1}$$

其中，E_0 为电场强度 $\boldsymbol{E}$ 的振幅。

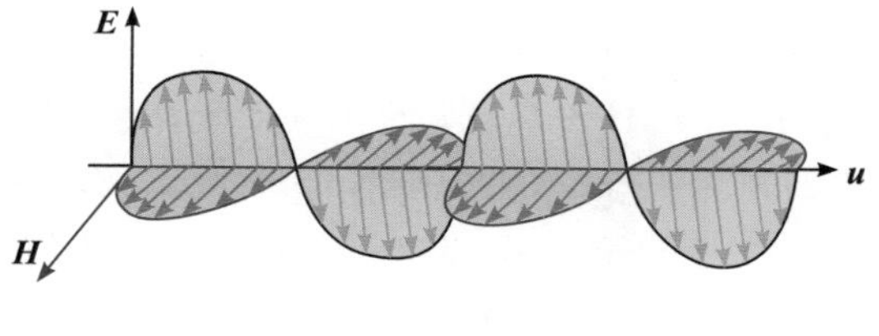

图6.2

根据麦克斯韦的电磁理论，光在真空中的传播速率为

$$c = \frac{1}{\sqrt{\varepsilon_0 \mu_0}} = 2.997\,924\,58 \times 10^8 \ \mathrm{m/s} \tag{6.2}$$

其中，ε_0 和 μ_0 为真空中的介电常数和磁导率。光在介质中的传播速率为

$$u = \frac{1}{\sqrt{\varepsilon\mu}} = \frac{1}{\sqrt{\varepsilon_r \varepsilon_0 \mu_r \mu_0}} \tag{6.3}$$

其中，ε 和 μ 为介质的介电常数和磁导率，ε_r 和 μ_r 为介质的相对介电常数和相对磁导率。

光在真空中的速率 c 与它在某种介质中的速率 u 之比称为该介质的折射率，其计算式为

$$n = \frac{c}{u} = \sqrt{\varepsilon_r \mu_r} \tag{6.4}$$

在光波段，对于一般的非铁磁性介质，$\mu_r \approx 1$，因此 $n \approx \sqrt{\varepsilon_r}$。

6.1.2 光源及其发光机制

在物理学中，光源是指能发出一定波长范围电磁波(包括可见光以及紫外线、红外线和X射线等不可见光)的物体，通常指能发出可见光的物体。光源有普通光源与激光光源之分。普通光源随处可见，而激光光源则由特定的发光物质及特殊的结构部件所组成。

根据光源中基本发光单元激发方式的不同，普通光源大体可以分为以下几类：

(1) 热致发光：任何热物体都辐射电磁波，温度高的物体可以发射可见光，如白炽灯、太阳光等。

(2) 电致发光：依靠电场能量的激发引起的发光现象，如闪电、电弧灯、火花放电、辉光放电等。

(3) 光致发光：用外来光激发所引起的发光现象，如日光灯、夜光表及某些交通指示牌上的磷光物质的发光。

(4) 化学发光：由化学反应所引起的发光现象，如燃烧过程中发出的光、腐物中的磷在空气中缓慢氧化而发出的光。

普通光源发光过程的差别在于激发的方式不同，而发光的微观机制却是相同的，即在外界条件的激励下，普通光源中的原子、分子吸收能量而处于一种不稳定的激发态，当它们由激发态返回到较低能量状态时，常把多余的能量以电磁波的形式辐射出来。这个辐射过程的时间是很短的，为 10^{-9}～10^{-8} s。一般来说，普通光源中各个原子的激发与辐射是彼此独立和随机的，是间歇性进行的，因此同一瞬间不同原子发射的电磁波，或同一原子先后发射的电磁波，其频率、振动方向和初始相位不可能完全相同。光源中每个原子每次发射的电磁波可以看作持续时间很短、长度有限的波列，如图 6.3 所示。一个有限长度的波列可以表示为许多不同频率、不同振幅的简谐波的叠加。

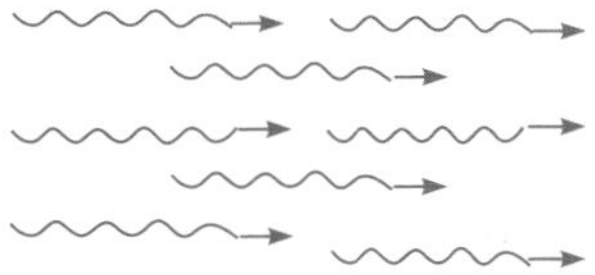

图 6.3

激光光源是利用激发态粒子在受激辐射作用下发光的光源。激光的产生机制可以溯源到爱因斯坦于 1916 年提出的受激辐射理论。这一理论提出，原子中的电子通过吸收能量从低能级跃迁到高能级，然后从高能级返回到低能级时释放能量，这种能量以光子的形式放出。当这些光子受到外部光子的诱发时，它们会以相同的方式释放出光子，这种现象称为受激辐射。受激辐射产生的光子在频率、振动方向和传播方向上均与诱发光子完全相同，这种现象称为光放大效应。

科技专题

同步辐射光源

光是观察及研究自然最重要的工具。人类对光的探索经历了电光、X 光、激光、同步辐射光等多次大跨越。其中，同步辐射光被比喻为进一步探究微观世界的“眼睛”。同步辐射光源是指产生同步辐射的物理装置，它是一种利用相对论性电子(或正电子)在磁场中偏转时产生同步辐射的高性能新型强光源。电子同步加速器的出现，特别是电子储存环的发展，推动了同步辐射光源的广泛应用。同步辐射光源的早期研究是在电子同步加速器上进行的，有人把它称为第零代光源。

我国国家同步辐射实验室坐落在安徽合肥中国科学技术大学西校园中，这是国家计委批准建设的我国第一个国家级实验室。实验室建有我国第一台自主建设的专用同步辐射光源——合肥光源，其优势能区为真空紫外和软 X 射线波段，主要面向先进功能材料、能源与环境、物质与生命科学等交叉领域的研究，为我国基础科学及基础应用科学提供了先进的研究平台。自 20 世纪 90 年代以来，合肥光源在长期的运行开放中解决了先进功能材料、能源与环境、生命科学等领域一系列重要的科学问题；面向我国的重大战略需求，在航空发动机燃烧、煤化工能源转化、先进薄膜材料、大光栅技术和标准探测器定标与传递等领域做出了开创性的研究工作。

6.1.3 光的颜色和光谱

在可见光范围内，不同波长的光呈现不同的颜色。大致来说，波长与颜色的对应关系如表 6.1 所示。红色对应的是较长的波长，紫色对应的是较短的波长。将不同颜色的光混合在一起，可以形成更多的颜色。

在光学中，只含单一波长的光称为单色光。严格的单色光在实际中是不存在的，一般光源的光是由大量分子或原子在同一时刻发出的，它包含了各种不同的波长成分，称为复色光。如果光波中包含波长范围很窄的成分，则这种光称为准单色光。准单色光只是近似的单色光，它的光强分布有一定的波长范围，通常用最大光强的一半所包含的波长范围 $\Delta\lambda$ 来表征单色光的单色程度，如图 6.4 所示，$\Delta\lambda$ 称为准单色光的谱线宽度。

表 6.1　波长与颜色的对应关系

颜色	波长范围/nm	中心波长/nm
红	760～622	660
橙	622～597	610
黄	597～577	570
绿	577～492	550
青	492～450	460
蓝	450～435	440
紫	435～390	410

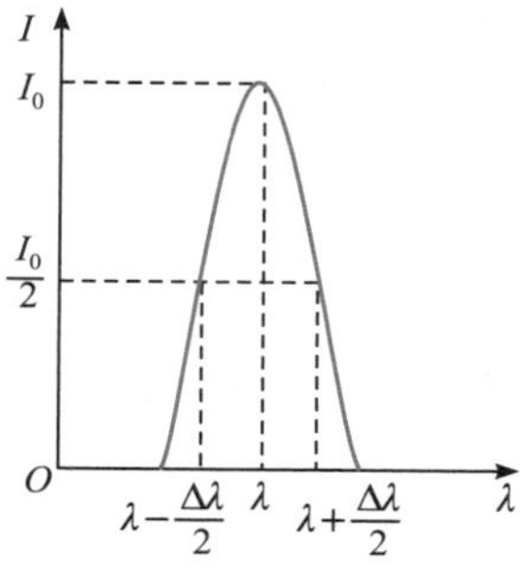

图 6.4

利用光谱仪可以把光源所发出的光中波长不同的成分彼此分开，所有的波长成分就组成了光谱。光谱中每一波长成分所对应的亮线和暗线，称为光谱线。光谱线都有一定的宽度，$\Delta\lambda$ 越窄，谱线的单色性越好。光谱可以分为连续谱和线谱两种类型。连续谱是指波长范围内几乎所有的波长都有表示的谱线，如图 6.5 所示。太阳光经过棱镜后形成的光谱就是一连续谱，因为它包含了从紫外线到红外线全部的可见光波长。

图 6.5

线谱是指光谱中只出现特定波长的峰值或者线条，如图 6.6 所示。气体放电管发出的光就是线谱。当通电后，放电管中的气体会发射出特定波长的光线，形成线谱。每种气体都有自己独特的线谱，可以用于识别和分析气体的成分。

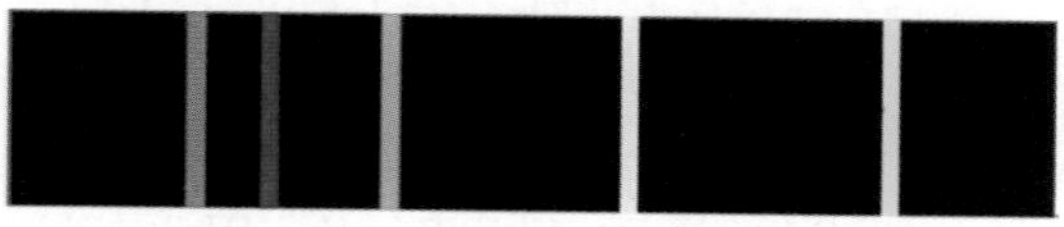

图 6.6

6.1.4　单色光波的叠加

在通常情况下，光和其他波动一样，在空间传播时，遵从波的叠加原理。当几列光波在空间传播时，它们都将保持原有的特性，即光波的独立传播原理。因此，在它们叠加的区域内各点的光振动是各列光波单独存在时在该点所引起的光振动的矢量和，这就是光的叠加原理。但应指出，光并不是在任何情况下都遵从这一原理的。当光通过非线性介质或者光强很强时，该原理不成立。通常强光通过介质时将出现许多非线性效应，研究这类光现象的理论称为非线性光学。这是现代光学中很活跃的研究领域之一，不过在本章所涉及的范围内，光波叠加原理仍然是一个基本的原理。

在讨论机械波时，已给出了波干涉的定义，即当两列波同时在空间传播时，在两波叠加的区域内某些地方振动始终加强，而另一些地方振动始终减弱。光的干涉的定义与之完全相同。能产生干涉现象的光叫相干光。干涉并不违背叠加原理且正是叠加的结果，但并不是任何两列波在空间相遇时都能产生干涉，产生干涉是有条件的，即干涉是特殊条件下的叠加。光波的相干条件是：① 频率相同；② 振动方向相同；③ 具有恒定的相位差。如果参与叠加的两列光波不满足相干条件，则显然在两束光波叠加的区域内就不会产生干涉现象，通常称该现象为非相干叠加。

下面通过两列光波的叠加来讨论光的相干叠加和非相干叠加的区别。设两列振动方向相同、频率相同的光波，在空间某点相遇时，它们在该点引起的光振动分别是

$$E_1 = E_{10}\cos(\omega t + \varphi_1)$$
$$E_2 = E_{20}\cos(\omega t + \varphi_2)$$

式中，E_{10} 和 E_{20} 为两列光波的振幅，ω 为振动的角频率，φ_1 和 φ_2 为振动的初始相位。由于两列光波的振动是彼此独立的，因此其叠加的结果可表示为

$$E = E_1 + E_2 = E_0\cos(\omega t + \varphi)$$

其中，

$$E_0^2 = E_{10}^2 + E_{20}^2 + 2E_{10}E_{20}\cos(\varphi_2 - \varphi_1)$$

$$\tan\varphi = \frac{E_{10}\sin\varphi_1 + E_{20}\sin\varphi_2}{E_{10}\cos\varphi_1 + E_{20}\cos\varphi_2}$$

由于光强与振幅的平方成正比，因此在观察的时间间隔 τ 内，平均光强 I 是正比于 $\overline{E_0^2}$ 的，则

$$I = \overline{E_0^2} = \frac{1}{\tau}\int_0^\tau E_0^2\,dt$$

$$= \frac{1}{\tau}\int_0^\tau [E_{10}^2 + E_{20}^2 + 2E_{10}E_{20}\cos(\varphi_2 - \varphi_1)]\,dt$$

$$= E_{10}^2 + E_{20}^2 + 2E_{10}E_{20}\,\frac{1}{\tau}\int_0^\tau \cos(\varphi_2 - \varphi_1)\,dt$$

即

$$I = I_1 + I_2 + 2\sqrt{I_1 I_2}\,\frac{1}{\tau}\int_0^\tau \cos(\varphi_2 - \varphi_1)\,dt$$

对上式分两种情况来讨论。

1. 非相干叠加

由于普通光源的原子或分子发光具有间隙性和随机性，因此在观察时间 τ 内，振动时断时续以致它们的初始相位各自独立地作不规则的改变，概率均等地在观察时间 τ 内多次历经从 0 到 2π 的一切可能值，则

$$\int_0^\tau \cos(\varphi_2 - \varphi_1)\,dt = 0$$

从而有

$$I = I_1 + I_2$$

上式表明，两个独立光源发出的光叠加后的光强等于两列光波分别照射时的光强 I_1 和 I_2 之和，在光的叠加区域内不会出现亮度分布不均匀的干涉图样。

2. 相干叠加

如果两列光波是相干的，则它们的相位差为 $\varphi_2 - \varphi_1$，也就是任何时刻的相位差始终保持不变，且与时间无关，则

$$\frac{1}{\tau}\int_0^\tau \cos(\varphi_2 - \varphi_1)\,dt = \cos(\varphi_2 - \varphi_1)$$

从而有

$$I = I_1 + I_2 + 2\sqrt{I_1 I_2}\cos(\varphi_2 - \varphi_1) \tag{6.5}$$

在叠加区域内，相位差 $\Delta\varphi = \varphi_2 - \varphi_1$ 随空间点的位置不同而不同，因此光强位置的分布变化，出现了明暗按一定规则排列的干涉现象。

当相位差为零或 π 的偶数倍时，两列光波叠加后的光强为最大值，称为干涉相长，即

$$\Delta\varphi = \pm 2k\pi,\ k = 0, 1, 2, \cdots,\ \text{干涉相长} \tag{6.6}$$

此时

$$I_{max} = I_1 + I_2 + 2\sqrt{I_1 I_2} = (\sqrt{I_1} + \sqrt{I_2})^2$$

当相位差为 π 的奇数倍时，两列光波叠加后的光强为最小值，称为干涉相消，即

$$\Delta\varphi = \pm(2k+1)\pi,\ k = 0, 1, 2, \cdots,\ \text{干涉相消} \tag{6.7}$$

此时

$$I_{min} = I_1 + I_2 - 2\sqrt{I_1 I_2} = (\sqrt{I_1} - \sqrt{I_2})^2$$

相位差为其他值时的光强介于两者之间，即

$$I_{min} < I < I_{max}$$

如果两列相干光波的光强相等，设 $I_1 = I_2 = I_0$，则干涉后

$$I_{max} = 4I_0,\ I_{min} = 0$$

需要指出的是，对于两列相干光波，只有在 $I_1 = I_2$ 或 $I_1 \approx I_2$ 的情况下，才能观察到清楚的明暗相间的干涉图样；当 I_1、I_2 相差甚大时，I_{max} 与 I_{min} 相差不大，干涉图样模糊不清。

为了描述干涉图场中条纹的强弱对比，引入可见度(或衬比度)的概念，其定义为

$$V = \frac{I_{max} - I_{min}}{I_{max} + I_{min}} \tag{6.8}$$

当 $I_{min} = 0$ 时，$V = 1$，条纹的反差最大，清晰可见；当 $I_{min} \approx I_{max}$ 时，$V \approx 0$，条纹模糊不清，甚至不可辨认。

影响干涉条纹可见度的因素很多，对于理想的相干点光源发出的光波，主要因素是两列相干光波的振幅比。根据光强与振幅的平方成正比，得到 $\sqrt{I_1} = E_{10}$，$\sqrt{I_2} = E_{20}$，于是有 $I_{max} = (E_{10} + E_{20})^2$，$I_{min} = (E_{10} - E_{20})^2$，代入式(6.8)得到

$$V = \frac{2E_{10}E_{20}}{E_{10}^2 + E_{20}^2} = \frac{2(E_{10}/E_{20})}{1 + (E_{10}/E_{20})^2} \tag{6.9}$$

显然，当 $E_{10} = E_{20}$ 时，$V = 1$，可见度最好；当 $E_{10} = 0$ 或 $E_{20} = 0$ 时，$V \approx 0$，可见度最差；在其他情况下，V 介于 1 和 0 之间。由此可知，能产生明显的干涉现象的补充条件是：两列光波的光强(或振幅)不能相差太大。

6.1.5 光程与光程差

前面考虑的是光在同一介质中传播的情形。当在光的传播路径上有不同的介质时，为计算方便，

引入光程和光程差的概念。

1. 光程

已知单色光的传播速率在不同介质中是不同的，在折射率为 n 的介质中，光速 $u=c/n$。因此，在相同时间 t 内，光波在不同介质中传播的路程是不同的。若时间 t 内光波在介质中传播的路程为 r，则相应在真空中传播的路程应为

$$x=ct=\frac{cr}{u}=nr \tag{6.10}$$

式(6.10)说明，在相同的时间内，光在介质中传播的路程 r 可折合为光在真空中传播的路程 nr。

另一方面，若单色光的频率为 ν，则在介质中光波的波长为

$$\lambda=\frac{u}{\nu}=\frac{c}{n\nu}=\frac{\lambda_0}{n} \tag{6.11}$$

式中，λ_0 为真空中光的波长。显然，在不同介质中，同一频率单色光的波长是不同的。但是，光波传播一个波长的距离，相位改变 2π。因此，在相位改变相同的条件下，光波在不同介质中传播的路程是不同的。若光波在介质中传播的路程为 r，则相应在真空中传播的路程为 x，有

$$\Delta\varphi=\frac{2\pi r}{\lambda}=\frac{2\pi x}{\lambda_0} \tag{6.12}$$

式(6.12)再次说明，在相位变化相同的条件下，光在介质中传播的路程 r 可折合为光在真空中传播的路程 nr。

综上所述，光程是一个折合量，在传播时间相同或相位改变相同的条件下，把光在介质中传播的路程折合为光在真空中传播的相应路程。在数值上，光程等于介质折射率乘以光在介质中传播的路程，即

$$\text{光程}=nr \tag{6.13}$$

当一束光连续经过几种介质时，有

$$\text{光程}=\sum_i n_i r_i \tag{6.14}$$

若折射率是连续变化的，则

$$\text{光程}=\int n\,\mathrm{d}r \tag{6.15}$$

2. 光程差

如图 6.7 所示，S_1 和 S_2 为初始相位相同的相干光源，光束 S_1P 和 S_2P 分别在折射率为 n_1 和 n_2 的介质中传播，在 P 点两光束相遇，其相位差为

$$\Delta\varphi=\frac{2\pi r_2}{\lambda_2}-\frac{2\pi r_1}{\lambda_1}=\frac{2\pi n_2 r_2}{\lambda_0}-\frac{2\pi n_1 r_1}{\lambda_0}$$

即

$$\Delta\varphi=\frac{2\pi}{\lambda_0}(n_2 r_2-n_1 r_1) \tag{6.16}$$

式(6.16)说明，在引入光程的概念后，计算通过不同介质的相干光的相位差可不用介质中的波长，而统一采用真空中的波长 λ_0。

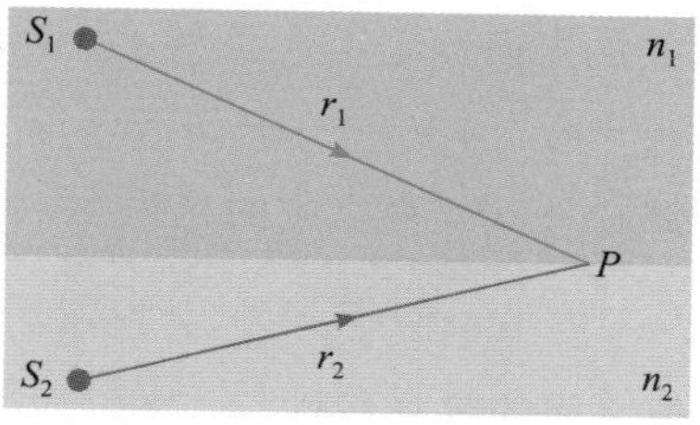

图 6.7

在式(6.16)中，令

$$\delta=n_2 r_2-n_1 r_1 \tag{6.17}$$

δ 称为光程差。将式(6.17)代入式(6.16)，得到

$$\Delta\varphi=\frac{2\pi}{\lambda_0}\delta \tag{6.18}$$

在特殊情况下，两束光始终在同一种介质中传播，设介质折射率为 n，则它们的光程差为

$$\delta=n(r_2-r_1) \tag{6.19}$$

若两束光到相遇点时，所传播的几何距离相等，但两束光所经历的介质不同，那么这时的光程差为

$$\delta=(n_2-n_1)r \tag{6.20}$$

若两束光波在空气中传播的路程都为 r，在其中一条光路中插入一块厚度为 e、折射率为 n 的透明介质，如图 6.8 所示，这时两束光的光程差为

$$\delta=[ne+(r-e)]-r=(n-1)e \tag{6.21}$$

这是一条很有用的结论。

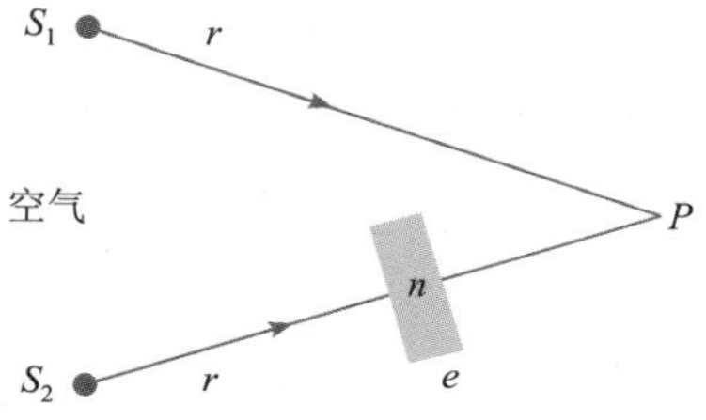

图 6.8

★【例 6.1】 如例 6.1 图所示，S_1 和 S_2 是两个相干光源，它们到 P 点的距离分别为 r_1 和 r_2。路径 S_1P 垂直穿过一块厚度为 e_1、折射率为 n_1 的介质板，路径 S_2P 垂直穿过一块厚度为 e_2、折射率为 n_2 的另一介质板，其余部分可看作真空，求这两条路径的光程差。

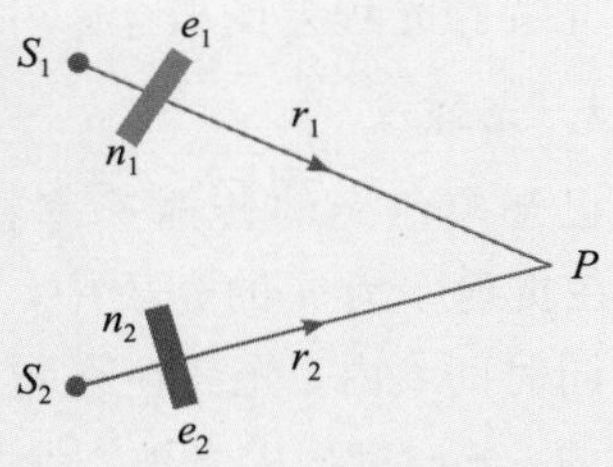

例 6.1 图

解 对于路径 S_1P，真空中的光程为 r_1-e_1，厚度为 e_1、折射率为 n_1 的介质板中的光程为 n_1e_1，则路径 S_1P 的光程为

$$r_1-e_1+n_1e_1=r_1+(n_1-1)e_1$$

对于路径 S_2P，真空中的光程为 r_2-e_2，厚度为 e_2、折射率为 n_2 的介质板中的光程为 n_2e_2，则路径 S_2P 的光程为

$$r_2-e_2+n_2e_2=r_2+(n_2-1)e_2$$

路径 S_1P 与路径 S_2P 的光程差为

$$\begin{aligned}\delta&=[r_2+(n_2-1)e_2]-[r_1+(n_1-1)e_1]\\&=(r_2-r_1)+(n_2-1)e_2-(n_1-1)e_1\end{aligned}$$

3. 物像之间的等光程性

透镜的物像有一条重要的性质：从物点到像点，沿各条传播路径的光程相等，或从物点到像点，沿各条传播路径的光程差为零，即透镜不会引起附加光程差。

如图 6.9 所示，考虑点光源 S 经透镜成像。同一波面上各点的振动与波源之间的相位差都是一样的。因此，从光源到同一波面上各点的光线有相同的光程，这一结论对各个波面均成立，不管波面是在透镜左边还是右边。从左向右的所有波面到像点也有这一性质。所以，从物点 S 到像点 S' 各条光线的光程相等。从传播时间上看，从光源发出的波扰动同时传到同一波面上各点。因此，从 S 到 S' 各条光线所用时间相同，即各光线的光程相等。注意，光程相等，并不是几何路程相等。例如，从 S 到 S'，对于光线 1 来说，路程短，但在透镜中经过的路程较长；对于光线 2 来说，路程长，但在透镜内部经过的路程较短，光线 1 的光程与光线 2 的光程相等。

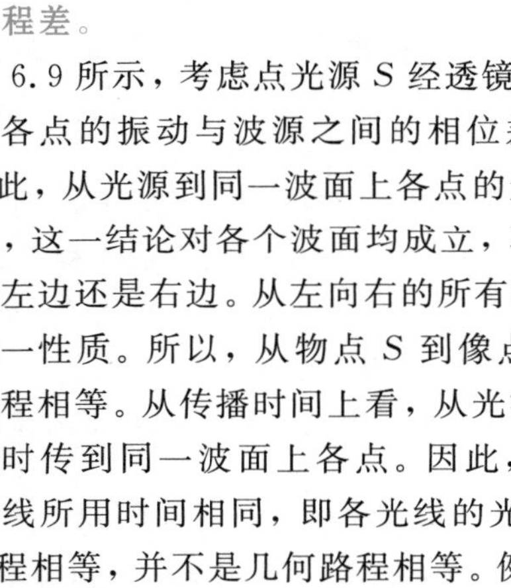

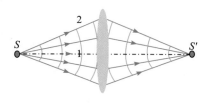

图 6.9

根据透镜成像的性质，沿主光轴的平行光经透镜会聚于主焦点，如图 6.10(a)所示；斜入射平行光经透镜会聚于焦平面上某一点，如图 6.10(b)所示。由物像之间的等光程性可知，若某时刻平行光束波前各点(A、B、C)的相位相同，则到达焦平面后相位仍然相同，即在图 6.10(a)中，光线 AaF 的光程、光线 BbF 的光程、光线 CcF 的光程相等，在图 6.10(b)中，光线 AaF' 的光程、光线 BbF' 的光程、光线 CcF' 的光程相等。

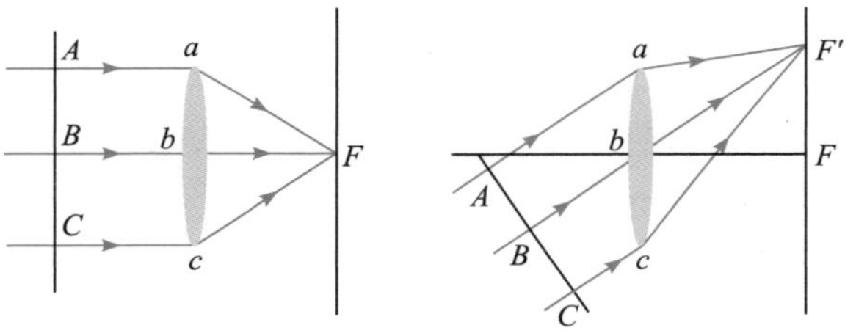

(a) 沿主光轴平行光 (b) 斜入射平行光

图 6.10

4. 半波损失与附加光程差

在讨论机械波时，给出了半波损失的概念。对于光波而言，半波损失是指当光从折射率小的光疏介质射向折射率大的光密介质时，在入射点，反射光相对于入射光有相位突变 π，即在入射点，反射光与入射光的相位差为 π，由于相位差 π 与光程差 $\lambda/2$ 相对应，相当于反射光多走了半个波长 $\lambda/2$ 的光程，因此这种相位突变的现象叫作半波损失。半波损失仅存在于当光从光疏介质射向光密介质时的反射光中，折射光没有半波损失。当光从光密介质射向光疏介质时，反射光也没有半波损失。

思考题

1. 为什么两个独立的同频率的普通光源发出的光波叠加时不能得到光的干涉图样?

2. 为什么要引入光程的概念?光程差与相位差有怎样的关系?

3. 在不同的均匀介质中,若单色光通过的光程相等,则其几何路程是否相同?其所需时间是否相同?

4. 为什么说使用透镜不会引起附加光程差?

6.2 分波振面双光束干涉

6.2.1 获得相干光的方法

由前面的讨论可知,普通光源发出的光是由光源中各个分子或原子发出的波列组成的,而这些波列之间没有固定的相位关系。因此,来自两个独立光源的光波,即使频率相同,振动方向相同,它们的相位差也不可能保持恒定,因而不是相干光;同一光源的两个不同点发出的光,也不满足相干条件,因此也不是相干光。只有光源上同一点在同一时刻发出的光通过某些装置进行分束后,才能获得符合相干条件的相干光。

因此获得相干光的基本原理是:设法把光源上同一点在同一时刻发出的光一分为二,然后使这两部分叠加起来,由于这两部分光的相应部分实际上都来自同一发光原子的同一次发光,即每一个光波列都分成两个频率相同、振动方向相同、相位差恒定的波列,因而这两部分是满足相干条件的相干光。把同一光源发出的光分成两部分的方法有两种:一种叫分波振面法,由于同一波振面上各点的振动具有相同相位,所以从同一波振面上取出的两部分可以作为相干光源,如杨氏双缝干涉实验等就用了这种方法;另一种叫分振幅法,其原理是利用反射、折射把波面上某处的振幅分成两部分,再使它们相遇,从而产生干涉现象,如薄膜干涉和迈克耳孙干涉仪等就采用了这种方法。

上面讨论的是普通光源,对于激光光源来说,所有发光的原子或分子都有步调一致的动作,其所发出的光具有高度的相干稳定性。从激光束中任意两点引出的光都是相干的,可以方便地观察到干涉现象,因而不必采用上述获得相干光束的方法。

6.2.2 杨氏双缝干涉实验

1801年,英国人托马斯·杨(Thomas Young,1773—1829)首次从实验上研究了光的干涉现象,也首次把光的波动学说建立在了坚实的实验基础之上。

1. 实验原理

杨氏双缝干涉实验的原理如图6.11所示,用单色光源发射出的光照射小孔S,因此S可看作一个单色光源,它发出的光照射到不透明屏上的两个小孔S_1和S_2上,这两个孔靠得很近,并且与S等距离,因而它们就成为同一波阵面上分出的两个同相的单色光源,即相干光源。从它们发出的光波在观察屏上叠加,形成明暗相间的干涉条纹。为了提高干涉条纹的亮度,实际上用了三个互相平行的狭缝代替三个小孔S、S_1和S_2。

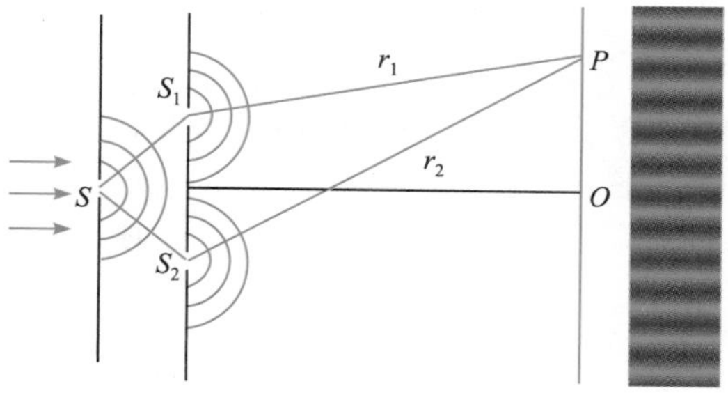

图6.11

2. 干涉条纹的分析

1) 明暗条纹的条件

现分析相干光源S_1和S_2在观察屏上产生的干涉条纹的明暗分布情况。如图6.12所示,设从光源S_1和S_2发出的光在折射率$n=1$的介质中传播,屏与两个小孔的连线S_1S_2的垂直平分线MO交于原点O,$S_1S_2=d$,$MO=D$,且$D\gg d$。令x轴平行于S_1S_2,P为观察屏上距原点x处的点,r_1和r_2分别为S_1和S_2到观察屏上P点的距离,

则从 S_1 和 S_2 到 P 点的光程差为

$$\delta=r_2-r_1$$

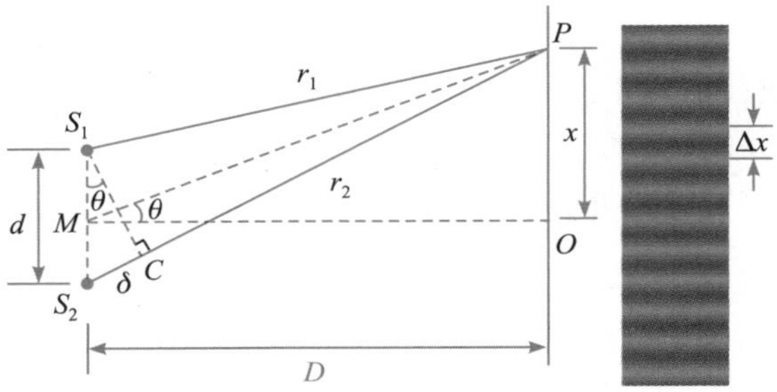

图 6.12

在 r_2 上取 $CP=r_1$，则 $r_2-r_1=S_2C$。在 $D\gg d$ 近似条件下，有 $S_1C\perp S_2P$，从而

$$\delta=r_2-r_1\approx d\sin\theta\approx d\tan\theta=d\,\frac{x}{D}\qquad(6.22)$$

由于这两列相干波在 S_1 和 S_2 处的相位相同，因此它们到达 P 点的相位差完全取决于光程差 δ，即

$$\Delta\varphi=2\pi\,\frac{\delta}{\lambda}$$

根据前面讲过的单色光波的相干叠加理论，当相位差为零或 π 的偶数倍时，干涉相长，即

$$\Delta\varphi=2\pi\,\frac{\delta}{\lambda}=2\pi\,\frac{d}{D}\frac{x}{\lambda}=\pm 2k\pi,\ k=0,1,2,\cdots,\ \text{干涉相长}\qquad(6.23)$$

或

$$\delta=d\,\frac{x}{D}=\pm 2k\,\frac{\lambda}{2},\ k=0,1,2,\cdots,\ \text{干涉相长}\qquad(6.24)$$

即当光程差为零或半波长的偶数倍时，P 点处干涉相长，形成亮条纹。

同理，当相位差为 π 的奇数倍时，干涉相消，即

$$\Delta\varphi=2\pi\,\frac{\delta}{\lambda}=2\pi\,\frac{d}{D}\frac{x}{\lambda}=\pm(2k+1)\pi,\qquad(6.25)$$

$$k=0,1,2,\cdots,\ \text{干涉相消}$$

或

$$\delta=d\,\frac{x}{D}=\pm(2k+1)\,\frac{\lambda}{2},\ k=0,1,2,\cdots,\ \text{干涉相消}\qquad(6.26)$$

即当光程差为半波长的奇数倍时，P 点处干涉相消，形成暗条纹。

2) 明暗条纹的位置

由式(6.24)可得到明条纹中心的坐标位置为

$$x=\pm 2k\,\frac{D\lambda}{2d},\ k=0,1,2,\cdots\qquad(6.27)$$

由式(6.26)可得到暗条纹中心的位置为

$$x=\pm(2k+1)\,\frac{D\lambda}{2d},\ k=0,1,2,\cdots\qquad(6.28)$$

其中，k 为明暗条纹的级次。

3) 干涉条纹的特点

在干涉区域内，从屏幕上可以看到，在中央明纹的两侧对称地分布着明暗相间的干涉条纹。如果已知 D、d、λ，则由式(6.27)和式(6.28)得出相邻明纹或暗纹中心间的距离为

$$\Delta x=x_{k+1}-x_k=\frac{D}{d}\lambda\qquad(6.29)$$

即干涉明暗条纹是等距离分布的。若已知 D 和 d，又测出 Δx，则由式(6.29)可以得出单色光的波长 λ。由式(6.29)还可以看到，若 D 与 d 的值一定，则相邻条纹间的距离 Δx 与入射光的波长 λ 成正比，波长越小，条纹间距越小。若用白光照射，则由于不同波长的光出现干涉极大的位置错开(中央明纹除外)，因此在中央明纹(白色)的两侧将出现彩色条纹并形成连续的光谱，如图 6.13 所示。

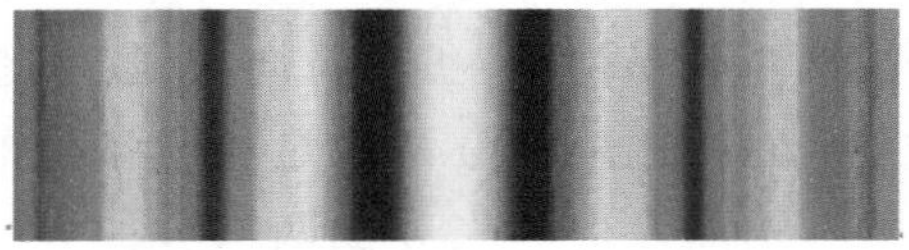

图 6.13

杨氏双缝干涉实验的应用非常广泛，其可用于测量光的波长、物体的尺寸、光学薄膜的厚度等，还可以应用于光学相干层析成像等领域。

★**【例 6.2】** 单色光照射到相距 0.2 mm 的双缝上，双缝与屏幕的垂直距离为 0.8 m。
(1) 若第一级明纹到同侧旁第四级明纹间的距离为 7.5 mm，求单色光的波长；
(2) 若入射光的波长为 600 nm，求相邻两明纹的距离。

解 (1) 根据双缝干涉明纹的条件，可知明条纹的坐标位置为

$$x=\pm 2k\,\frac{D\lambda}{2d},\ k=0,1,2,\cdots$$

其中，k 为亮条纹的级次。取同一侧的第一级和第四级明纹，即将 $k=1$ 和 $k=4$ 代入上式，得到

$$\Delta x_{4,1}=x_4-x_1=(4-1)\,\frac{D}{d}\lambda$$

于是有

$$\lambda=\frac{\Delta x_{4,1}d}{3D}=\frac{7.5\times10^{-3}\times0.2\times10^{-3}}{3\times0.8}\ \text{m}$$
$$=6.25\times10^{-7}\ \text{m}$$
$$=625\ \text{nm}$$

(2) 当 $\lambda=600$ nm 时，相邻两明纹的距离为

$$\Delta x=\frac{D}{d}\lambda=\frac{0.8\times600\times10^{-9}}{0.2\times10^{-3}}\ \text{m}$$
$$=2.4\times10^{-3}\ \text{m}$$
$$=2.4\ \text{mm}$$

★【例 6.3】 在杨氏双缝干涉实验中，用波长为 λ 的单色光照射，如果用折射率为 n 的透明薄膜盖在缝 S_1 上，如例 6.3 图所示，发现中央明纹向上移至未盖薄膜时的第三级明纹位置。

(1) 试求薄膜的厚度 e；

(2) 现将薄膜移去，设此时 P 点处为第三级明纹，再把整个装置浸入某种透明液体中，P 点处变为第四级明纹，求此液体的折射率；

(3) 装置浸入液体后，求干涉条纹的宽度(设双缝距离为 d，缝到屏的距离为 D)。

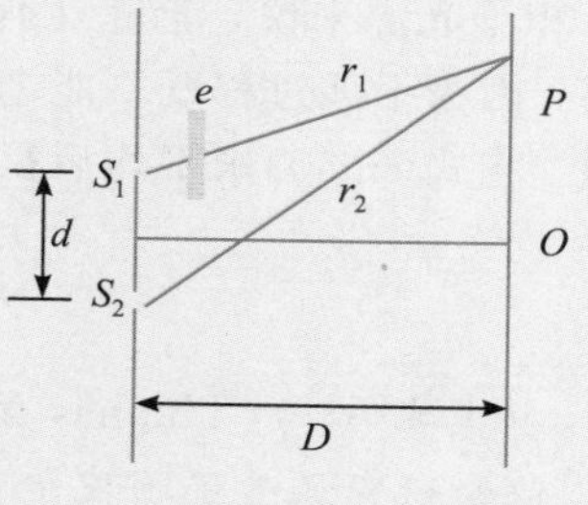

例 6.3 图

解 (1) 若 P 点为盖薄膜后的中央明纹中心位置，则两束光线到达 P 点的光程差为零，即

$$r_2-(ne+r_1-e)=0$$

P 点处为盖薄膜前的第三级明纹，可得

$$r_2-r_1=3\lambda$$

由以上两式求得

$$e=\frac{3\lambda}{n-1}$$

(2) 装置浸入液体前，两束光的光程差为 r_2-r_1，且 $r_2-r_1=3\lambda$，浸入后光程变为 $n(r_2-r_1)$，P 点处由第三级明纹变为第四级明纹，这表明 P 点处的光程差增加了一个波长，即

$$n(r_2-r_1)-(r_2-r_1)=\lambda$$

所以

$$n-1=\frac{1}{3}$$

即

$$n=\frac{4}{3}$$

(3) 装置浸入液体后，两束光的光程差为

$$n(r_2-r_1)=\frac{nd}{D}x$$

干涉条纹为明纹的位置满足

$$\frac{nd}{D}x=\pm k\lambda,\ k=0,\ 1,\ 2,\ 3,\cdots$$

因此

$$x=\pm k\frac{D\lambda}{nd}$$

干涉条纹宽度为

$$\Delta x=x_{k+1}-x_k=\frac{D\lambda}{nd}$$

即干涉条纹宽度变小。

3. 双缝干涉图样的强度分布

P 点的干涉强度与抵达该处的两光波的相位差和振幅有关。设 S_1 引起 P 点振动的振幅为 E_{10}，S_2 引起 P 点振动的振幅为 E_{20}，S_1、S_2 在 P 点的相位差为 $\Delta\varphi$，则合振幅为

$$E_0=\sqrt{E_{10}^2+E_{20}^2+2E_{10}E_{20}\cos\Delta\varphi}$$

而叠加后的光强为

$$I=I_1+I_2+2\sqrt{I_1I_2}\cos\Delta\varphi$$

其中，$\Delta\varphi=\dfrac{2\pi}{\lambda}\delta$，$\delta$ 为 S_1P 和 S_2P 两路径的光程差。

可见，合成光强 $I\neq I_1+I_2$，这是有干涉项 $2\sqrt{I_1I_2}\cos\Delta\varphi$ 的结果。对于某处 P 点的干涉强度，若 $\delta=\pm2k\dfrac{\lambda}{2}(k=0,\ 1,\ 2,\ \cdots)$，则

$$I_{\max}=(\sqrt{I_1}+\sqrt{I_2})^2\propto(E_{10}+E_{20})^2$$

即 $E=E_{10}+E_{20}$，为干涉相长。

若 $\delta=\pm(2k+1)\dfrac{\lambda}{2}(k=0,\ 1,\ 2,\ \cdots)$，则

$$I_{\min}=(\sqrt{I_1}-\sqrt{I_2})^2\propto(E_{10}-E_{20})^2$$

即 $E_0=|E_{10}-E_{20}|$，为干涉相消。

对双缝干涉，如假定在 P 点有 $E_{10}=E_{20}$，即认为 $I_1=I_2=I_0$，则

$$I=4I_0\cos^2\left(\pi\frac{\delta}{\lambda}\right) \tag{6.30}$$

此时有 $I_{max}=4I_0$，$I_{min}=0$。当光程差 δ 变化时，P 点的光强按 $I=4I_0\cos^2(\pi\delta/\lambda)$ 的规律变化，如图 6.14 所示。此时称光强变化比较平稳或条纹不锐利(细锐)。

相干光源来说，能量只不过是在屏幕上的重新分布，因为干涉过程既不能创造能量，也不能消灭能量。将式(6.30)求平均后得到

$$\bar{I}=4I_0\times\frac{1}{2}=I_0+I_0$$

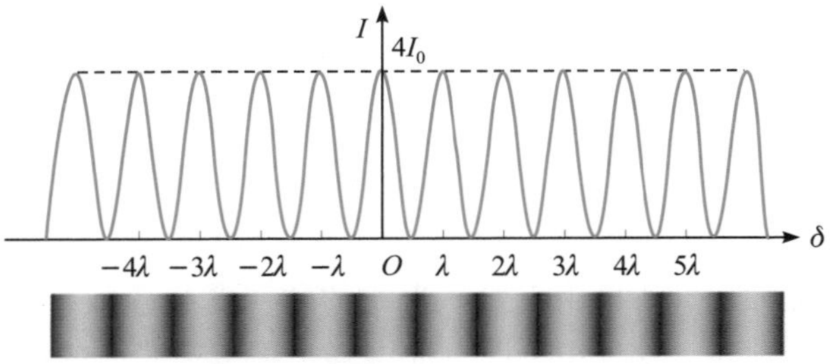

图 6.14

托马斯·杨(Thomas Young，1773—1829)是一位多才多艺的科学家，他的研究涵盖了物理学、数学、光学、声学、语言学、动物学、考古学等多个学科。在物理学特别是光学领域，他的贡献尤为显著。1801 年，他进行了著名的杨氏双缝干涉实验，这一实验揭示了光在传播过程中会形成明暗相间的条纹，从而证明了光具有波动性。这一发现与当时被广泛接受的光的微粒说形成了鲜明对比，为光学领域带来了革命性的变革。托马斯·杨的这一发现不仅在科学理论上具有重要意义，而且对后来的科学研究也产生了深远的影响，特别是在量子力学的发展中扮演了关键角色。杨氏双缝干涉实验的应用非常广泛。在科学研究中，杨氏双缝干涉实验可以用来研究光的干涉现象的规律和特性，也可以用来研究材料的光学性质，测量光学薄膜的厚度，检测材料内部的裂纹和缺陷等。此外，杨氏双缝干涉实验还可以应用于光学器件的设计和制造，以及光信号的调制和解调。

6.2.3 分波振面双光束干涉其他实验

在杨氏双缝干涉实验中，要求 S_1 和 S_2 足够窄，这样通过狭缝的光就很弱，实验只能在暗室中进行，后来菲涅耳等人又基于分波振面双光束设计了其他干涉实验装置。

1. 菲涅耳双面镜实验

菲涅耳双面镜实验如图 6.15 所示，从狭缝 S 发出的光波，经过两个紧靠在一起的夹角 ε 很小的平面镜 M_1 和 M_2 反射后成为两束相干光，在两束光重叠区域内的屏幕 E 上，可观察到与杨氏双缝干涉一样的干涉图样。S_1 和 S_2 分别为平面镜 M_1 和 M_2 反射所成的虚像。由于两束反射光好像来自虚光源 S_1 和 S_2，所以菲涅耳双面镜干涉与杨氏双缝干涉相似。因此可利用杨氏双缝干涉的结果计算这里的明暗条纹位置及条纹间距。

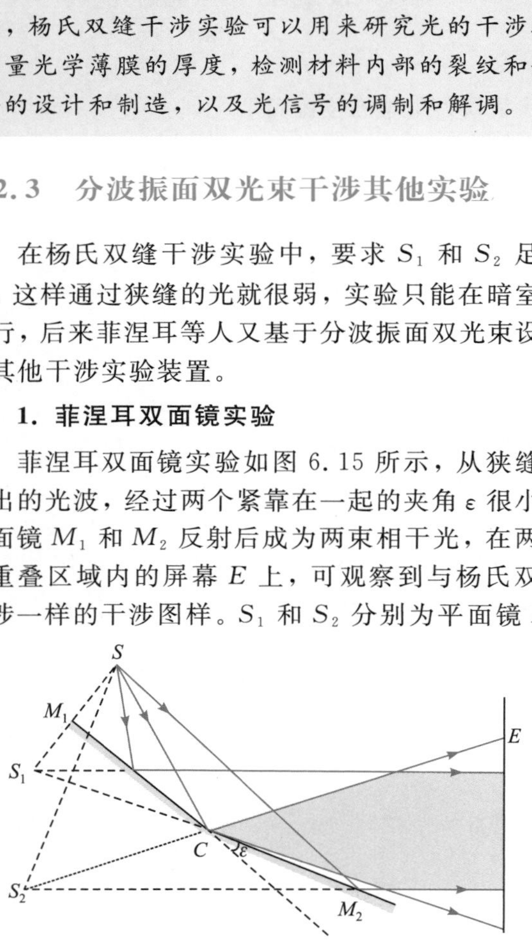

图 6.15

2. 洛埃镜实验

洛埃镜实验如图 6.16 所示，S_1 为一狭缝光源，从狭缝 S_1 发出的光线，一部分直接射到屏幕上，另一部分几乎与镜面平行地(入射角接近于 90°)掠射到平面镜 ML 上，然后反射到屏幕 E 上，反射光就好像从 S_1 的虚像发出的一样，S_1 和 S_2 形成一对相干光源，在屏幕上出现了明暗相间的条纹。

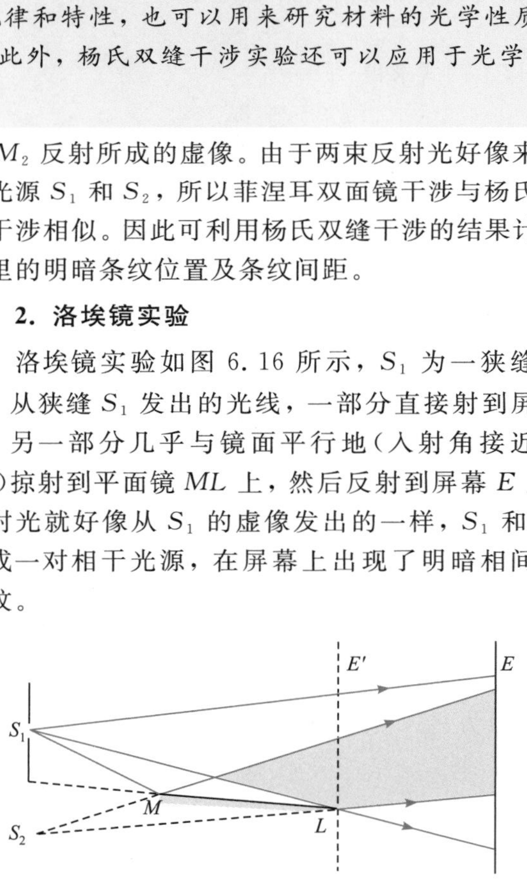

图 6.16

当把屏幕 E 移到紧靠 L 点时，在接触处的屏

E'上出现的是暗条纹，但是该处的光程差为零，似乎应该是零级亮纹。对于这个现象，唯一合理的解释是：当光在镜面上反射时，振动相位突然变化了 π，相当于光波多走（或少走）了半个波长的距离，这种现象叫作半波损失，即假设光从光疏介质射向光密介质再反射时，反射光损失了半个波长的光程。

洛埃镜装置有众多应用。对无线电波，可用湖面（甚至大气的电离层）作反射面；对微波，可用金属网作反射面；对可见光，可用玻璃作反射面；对 X 射线，可用晶体作反射面。

★**【例 6.4】** 如例 6.4 图所示，一射电望远镜的天线设在湖岸上，距湖面高度为 h，对岸地平线上方有一颗恒星正在升起，发出波长为 λ 的电磁波。当天线第一次接收到电磁波的一个极大强度时，恒星的方位与湖面所成的角度 α 为多大？

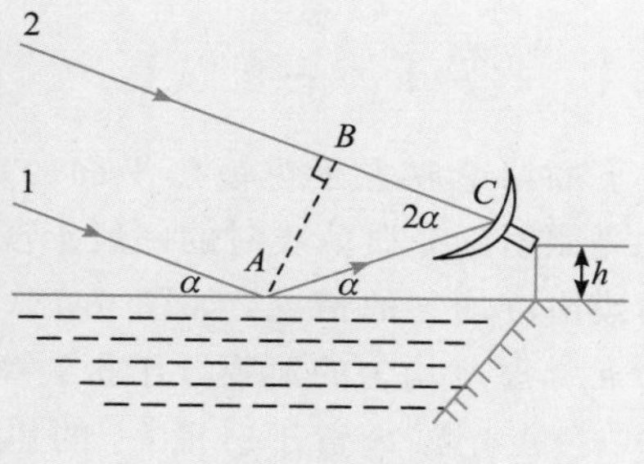

例 6.4 图

解 天线接收到的电磁波一部分直接来自恒星，另一部分经湖面反射，这两部分电磁波满足相干条件，天线接收到电磁波的极大强度是它们干涉的结果，所以，可以用类似洛埃镜的方法进行分析。

设电磁波在湖面上 A 点反射，由图例 6.4 可知，$AB\perp BC$，这两束相干电磁波的波程差为

$$\begin{aligned}\delta &= AC-BC+\frac{\lambda}{2}\\ &= AC\left[1-\sin\left(\frac{\pi}{2}-2\alpha\right)\right]+\frac{\lambda}{2}\\ &= AC(1-\cos 2\alpha)+\frac{\lambda}{2}\end{aligned}$$

式中，$\lambda/2$ 是湖面反射时附加的额外波程差（即半波损失）。当干涉极大时，波程差为波长的整数倍，即

$$\begin{aligned}\delta &= AC(1-\cos 2\alpha)+\frac{\lambda}{2}\\ &= 2k\,\frac{\lambda}{2},\ k,\ 1,\ 2,\ 3,\ \cdots\end{aligned}$$

上式可改写为

$$2AC\sin^2\alpha=(2k-1)\frac{\lambda}{2}$$

利用几何关系

$$AC\sin\alpha=h$$

取 $k=1$，可得

$$\alpha=\arcsin\frac{\lambda}{4h}$$

思考题

1. 获得相干光的方法有哪些？依据何在？
2. 在杨氏双缝干涉实验中，如果有一条狭缝稍稍加宽一些，屏幕上的干涉条纹有什么变化？如果把其中一条狭缝遮住，将发生什么现象？
3. 若将杨氏双缝干涉实验装置由空气移入水中，屏上的干涉条纹有何变化？
4. 洛埃镜实验得到的干涉图样与杨氏双缝干涉图样有何不同之处？

6.3 分振幅薄膜干涉

利用透明薄膜的上表面和下表面对入射光反射，将入射光的振幅分解为两部分，这两部分光波相遇产生的干涉，称为薄膜干涉，这就是分振幅法产生的干涉现象。例如，水面上的油膜、肥皂膜以及昆虫（蜻蜓等）的翅膀在阳光下形成的彩色条纹，如图 6.17 所示，都是常见的薄膜干涉现象。

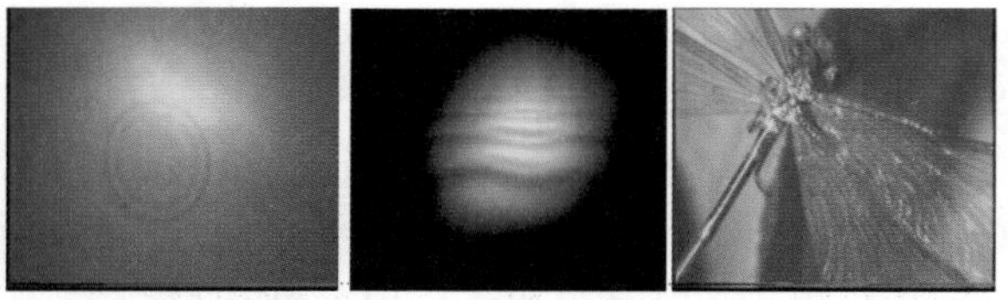

(a) 水面上油膜　(b) 肥皂膜　(c) 昆虫的翅膀

图 6.17

6.3.1 薄膜干涉的光程差

下面讨论放置于透镜焦平面的单色点光源发出的光照射到介质薄膜时的一般干涉现象。首先考虑薄膜厚度均匀的情况，如图 6.18(a)所示，折射率为 n_2、厚度均匀的薄膜置于折射率为 n_1 的介质中，单色点光源 S 置于透镜 L_1 的焦点处，使出射的平行光束入射到薄膜表面上，现考虑两条特定的光线 a 和 b，其中光线 a 入射到薄膜的上表面 A 点后，一部分反射形成光线 a_1，另一部分折射进入薄膜，并在薄膜下表面上的 B 点反射，再由上表面的点 C 折射形成光线 a_2。显然，光线 a_1 和 a_2 是两束平行光线。类似地，光线 b_1 和 b_2 也是两束平行光线，且 b_1、b_2 分别和 a_1、a_2 平行。由于光线 a_1、a_2、b_1、b_2 都是从同一点光源发出的，所以它们是相干的，它们会聚于透镜 L_2 的焦点 S' 处。这一点的亮暗是由两相干光束的光程差来决定的。

因为光是在均匀介质中传播的，所以在计算光程差时，只需考虑表示每束平行光传播方向的一条光线。例如，在图 6.18(b)中，从 C 点作线段 CD 垂直于光线 a_1，则从 CD 上的任何一点到 S' 点的光程都相等。由图 6.18(b)可知，光线 a_2 在折射率为 n_2 的介质中的光程为 $n_2(AB+BC)$，光线 a_1 在折射率为 n_1 的介质中的部分光程为 n_1AD，因此它们的光程差为

$$\delta_0=n_2(AB+BC)-n_1AD \tag{6.31}$$

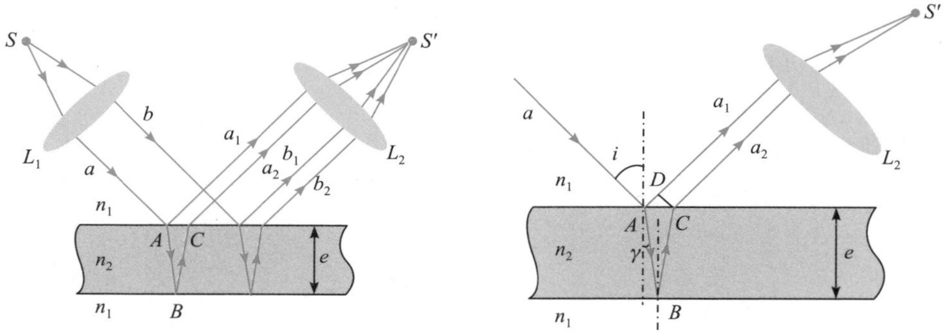

(a) 薄膜厚度均匀　(b) 光程差计算示意

图 6.18

设膜的厚度为 e，光线 a 的入射角为 i，进入薄膜的折射角为 γ，由图 6.18(b)可得

$$AB=BC=\frac{e}{\cos\gamma} \tag{6.32}$$

$$AD=AC\sin i=2e\tan\gamma\sin i \tag{6.33}$$

将式(6.32)和式(6.33)代入式(6.31)，得到

$$\delta_0=\frac{2e}{\cos\gamma}(n_2-n_1\sin\gamma\sin i) \tag{6.34}$$

根据折射定律 $n_1\sin i=n_2\sin\gamma$，式(6.34)可写成

$$\delta_0=\frac{2e}{\cos\gamma}n_2(1-\sin^2\gamma)=2n_2e\cos\gamma$$

或

$$\delta_0=2n_2e\sqrt{1-\sin^2\gamma}=2e\sqrt{n_2^2-n_1^2\sin^2 i}$$

此外，由于两介质的折射率不同，因此还必须考虑光在界面反射时有相位突变 π 或附加光程差 $\pm\lambda/2$。取附加光程差为 $\lambda/2$，则两反射光的总光程差为

$$\delta=2e\sqrt{n_2^2-n_1^2\sin^2 i}+\frac{\lambda}{2} \tag{6.35}$$

这就是两束反射光在 S' 点相遇时的光程差。当光束垂直入射，即 $i=0$ 时，薄膜上下两表面反射光的光程差

$$\delta=2n_2e+\frac{\lambda}{2} \tag{6.36}$$

需要注意的是，一般情况下，要具体分析半波损失是否存在。

以上讨论的是薄膜厚度均匀的情况，现在考虑薄膜厚度不均匀的情况。如图 6.19(a)所示，折射率为 n_2、厚度不均匀的薄膜置于折射率为 n_1 的介质中，单色点光源 S 置于透镜 L_1 的焦点处，使出射的平行光束沿一定的方向入射到薄膜表面上，两束

反射的平行光 a_1b_1 和 a_2b_2 将以不同的方向传播。现在来计算这两束反射光通过薄膜表面上任一点 C 时的光程差。在入射光束 ab 中，除了考虑光线 a 之外，还考虑通过 C 点的光线 c，如图 6.19(b)所示。在反射光束 a_1b_1 和 a_2b_2 中分别选择光线 c_1 和 a_2，它们都通过 C 点。作 AD 垂直于光线 c，则 A、D 两点都在入射光束 ac 的同一波面上，故有相同的相位。在交点 C 处，光线 a 和 c 的光程差为

$$\delta = n_2(AB+BC) - n_1 DC + \frac{\lambda}{2}$$

因膜很薄，又 A 点与 C 点距离很近，故可认为 AB 近似等于 BC，在这一区域内薄膜的厚度可看作相等，设为 e，从而得到与式(6.35)和式(6.36)一致的表达式。

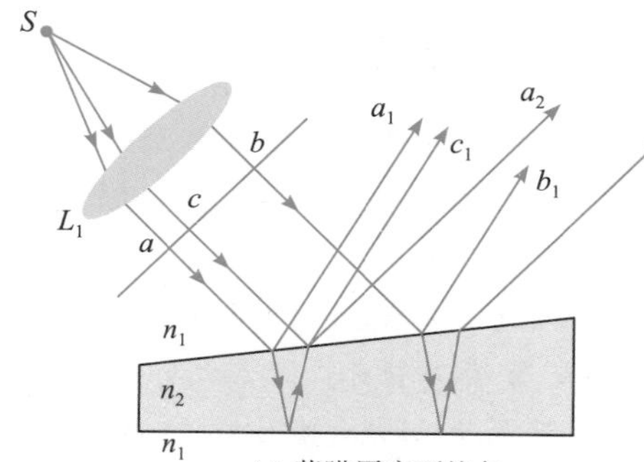

(a) 薄膜厚度不均匀

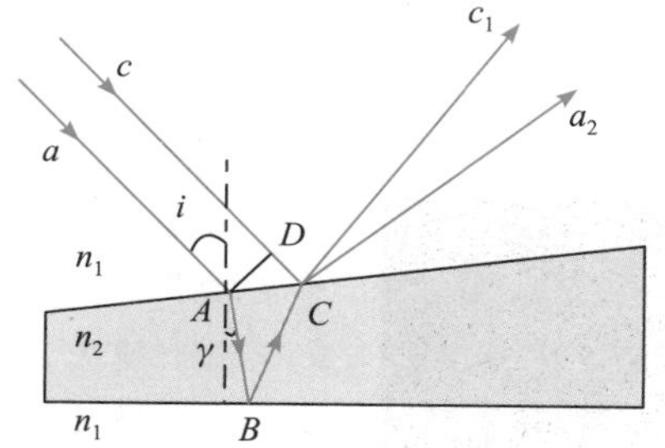

(b) 光程差计算示意

图 6.19

6.3.2　等倾干涉

由式(6.35)可知，当薄膜的厚度 e 一定时，光程差 δ 只与光的入射角 i 有关，即对于厚度均匀的薄膜，具有相同入射角的各光线其光程差相同，因此干涉情况也相同，这就是等倾干涉。等倾干涉形成的条纹，叫作等倾干涉条纹。等倾干涉产生明暗条纹的条件为

$$\delta = 2k\frac{\lambda}{2},\ k=1,2,3,\cdots,\ \text{明条纹} \quad (6.37)$$

$$\delta = (2k+1)\frac{\lambda}{2},\ k=0,1,2,\cdots,\ \text{暗条纹} \quad (6.38)$$

在实验上获得等倾干涉条纹的装置如图 6.20(a)所示。从扩展光源 S 发出的光入射到半透半反射的平面镜 M 上，被 M 反射的部分射向薄膜，再被薄膜上、下表面反射，透过 M 和透镜 L 会聚到观察屏 E 上。S 发出的沿不同方向传播的光只要以相同入射角 i 入射到薄膜表面上，它们的反射光就会在观察屏 E 上会聚于同一个圆周上。所以，呈现在观察屏 E 上的等倾干涉条纹是一组明暗相间的同心圆环。至于扩展光源 S 上的其他发光点，显然也都会产生一组这样的干涉圆环，且 S 所有各点发出的光中，入射角相同的光线都将聚焦在观察屏 E 上的同一圆周上。由于光源不同点发出的光线彼此不相干，因此所有的干涉圆环彼此将进行非相干叠加，从而提高了条纹的对比度。等倾干涉图样的特点可由式(6.35)予以分析，当入射角 i 越大时，光程差 δ 越小，相应的干涉级次也越低。由图 6.20(a)可知，半径越大的圆环对应的 i 也越大，所以等倾干涉图样中心处的干涉级次最高，越向外干涉，级次越低。此外，从中央向外各相邻明纹或相邻暗纹的间距也不相同，呈内疏外密分布，如图 6.20(b)所示。

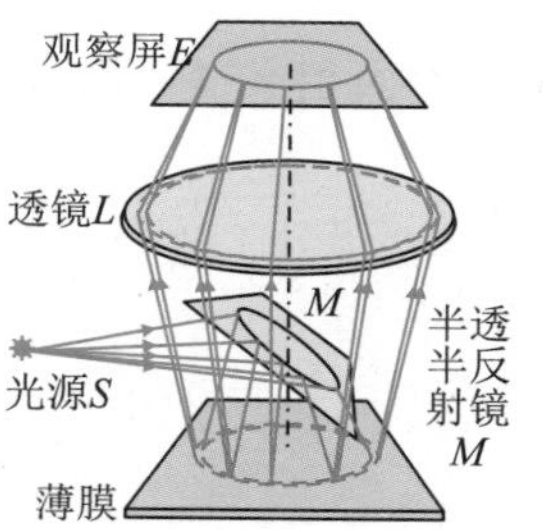

(a) 等倾干涉装置

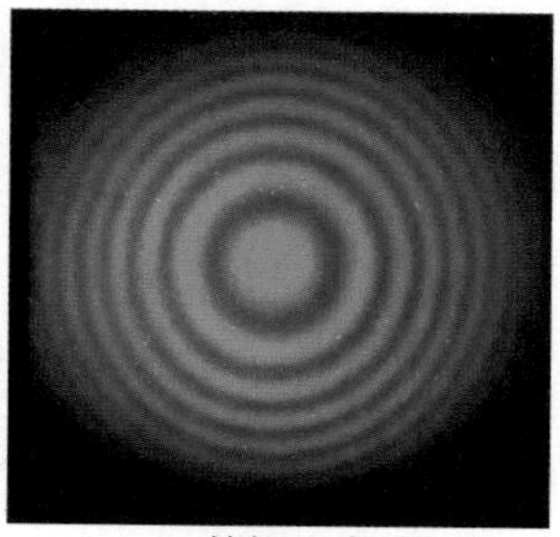
(b) 等倾干涉圆环

图 6.20

利用薄膜等倾干涉不仅可以测定入射光的波长或薄膜的厚度，而且可以提高或降低光学仪器的透射率。为了减少入射光能量在光学元件的玻璃表面上反射时所引起的损失，可在光学元件表面上镀一层厚度均匀的透明薄膜，以增强其透射率，这种能减少反射光而增加透射光强度的薄膜，称为增透膜。相反，有些光学器件则需要减小其透过率，以增加反射光的强度，此时也可在光学元件表面上镀一层能提高反射光能量的均匀薄膜，称为增反膜。

科技专题

增透膜和增反膜的应用

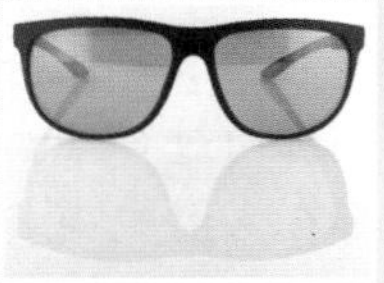

增透膜是利用薄膜的光学干涉效应，选择性地增强特定波长的光线的透射，从而增强光学器件的透射率。增透膜主要应用于光学镜片、眼镜片、相机镜头、投影仪镜头、显微镜镜片、望远镜镜片等光学器件。例如：镀膜后的镜片对视觉有明显改善效果，如果镜片表面不镀增透膜，将会发生：① 前反光，会使别人看戴镜者时，镜面一片白光，尤其在照相时，这种反射光会严重影响照片的质量；② 后反光，会产生眩光，降低视物的对比度和舒适性；③ 内反光，会产生虚像，影响视物的清晰度。照相机镜头上都要求镀增透膜，一般选择对可见光中光能量最强、人眼最敏感的中央波长为 552 nm 的绿光实现透射增强、反射相消，所以绿光几乎全部透射，而远离 552 nm 的紫光和红光则不能完全反射相消，反射光就呈紫红色，这就是我们平常所看到的照相机镜头的颜色。

与增透膜相反，增反膜是利用薄膜的光学干涉效应，选择性地增强特定波长的光线的反射，从而减小光学器件的透射率。增反膜在建筑领域、农业领域、电子领域和交通领域中有广泛应用。例如，在屋顶的保温系统中，增反膜可以有效地反射太阳光，减少热能的吸收，降低室内温度，提高能源利用效率；在温室种植中，增反膜可以有效地反射阳光，提高温室内的光照强度，促进植物生长；在液晶显示器中，增反膜可以提高显示效果，减少反射和折射，提高画面的清晰度和亮度；在太阳能电池板中，增反膜可以提高光的吸收率，提高太阳能电池的转换效率；在交通标志中，增反膜可以增加标志的反射亮度，提高夜间的可见性，减少交通事故的发生；在道路标线中，增反膜可以提高标线的反光性能，增加驾驶员对道路的辨识度，提高行车安全性。

★【例 6.5】 用波长为 550 nm 的黄绿光照射到一肥皂膜上，沿与膜表面成 60°角的方向观察到的膜表面最亮，已知肥皂膜的折射率为 1.33，此膜至少多厚？若改为垂直观察，求能够使此膜最亮的光波的波长。

解 由题意可知，入射光的入射角 $i=30°$，反射光加强应满足

$$2e\sqrt{n_2^2-n_1^2\sin^2 i}+\frac{\lambda}{2}=2k\,\frac{\lambda}{2},\ k=1,\ 2,\ 3,\ \cdots$$

于是得到

$$e=\frac{k\lambda-\dfrac{\lambda}{2}}{2\sqrt{n_2^2-n_1^2\sin^2 i}}$$

取 $k=1$，得到膜的最小厚度

$$e=\frac{\lambda}{4\sqrt{n_2^2-n_1^2\sin^2 i}}=\frac{\lambda}{4\sqrt{1.33^2-1^2\sin^2 30°}}$$
$$=1.22\times10^{-7}\ \text{m}$$

若将光改为垂直入射，且观察到膜最亮，则

$$2n_2e+\frac{\lambda}{2}=2k\,\frac{\lambda}{2},\ k=1,\ 2,\ 3,\ \cdots$$

所以

$$\lambda=\frac{2n_2e}{k-\dfrac{1}{2}}$$

取 $k=1$，得到 $\lambda=595.8$ nm；取 $k=2$，得到 $\lambda=198.6$ nm(不是可见光)。因此在垂直观察时，波长 $\lambda=595.8$ nm 的光波最亮。

★【例 6.6】 如例 6.6 图，在折射率 $n=1.5$ 的玻璃上，镀上 $n'=1.35$ 的透明介质薄膜。入射光波垂直于介质膜表面照射，观察反射光的干涉，发现 $\lambda_1=600$ nm 的光波干涉相消，对 $\lambda_2=700$ nm 的光波干涉相长，且在 600 nm 到 700 nm 之间没有其他波长是最大限度相消或相长的情形。求所镀介质膜的厚度。

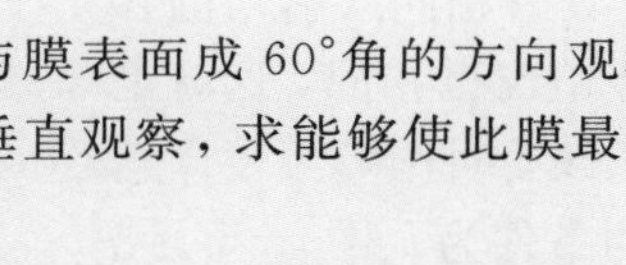

例 6.6 图

解 设介质膜的厚度为e，上、下表面反射均为由光疏介质到光密介质，故不计附加光程差。光线是垂直入射的，即$i=0$。

对$\lambda_1=600$ nm，有

$$2n'e=\frac{1}{2}(2k+1)\lambda_1,\ k=0,1,2\cdots \qquad ①$$

对$\lambda_2=700$ nm，有

$$2n'e=k\lambda_2,\ k=0,1,2\cdots \qquad ②$$

由式①、②解得

$$k=\frac{\lambda_1}{2(\lambda_2-\lambda_1)}=3$$

将k、λ_2、n'代入式②得

$$e=\frac{k\lambda_2}{2n'}=7.78\times10^{-4}\ \text{mm}$$

【例 6.7】 一油轮漏出的油(折射率$n_1=1.2$)污染了某海域，在海水(折射率$n_2=1.3$)表面形成了一层薄薄的油污。

(1) 如果太阳正位于海域上空，一直升飞机的驾驶员从飞机上向下方观察，他所正对的油层厚度为460 nm，他观察到的油层是什么颜色？

(2) 如果潜水员潜入该区域水下并向上方观察，他看到的油层呈现什么颜色？

解 (1) 当驾驶员从飞机上向下方观察时，没有半波损失项，光程差为

$$\delta=2n_1e=2k\frac{\lambda}{2},\ k=1,2,3,\cdots$$

于是得到

$$\lambda=\frac{2n_1e}{k}$$

取

$$k=1,\ \lambda=2n_1e=1104\ \text{nm}>760\ \text{nm}$$

$$k=2,\ \lambda=n_1e=552\ \text{nm，绿光}$$

$$k=3,\ \lambda=\frac{2}{3}n_1e=368\ \text{nm}<400\ \text{nm}$$

所以驾驶员观察到的油层为绿色。

(2) 潜水员潜入该区域水下并向上方观察时，有半波损失项，则透射光的光程差为

$$\delta=2n_1e+\frac{\lambda}{2}=2k\frac{\lambda}{2},\ k=1,2,3,\cdots$$

于是得到

$$\lambda=\frac{4n_1e}{2k-1}$$

取

$k=1$，$\lambda=2208$ nm，红外

$k=2$，$\lambda=736$ nm，红光

$k=3$，$\lambda=3441.6$ nm，紫光

$k=4$，$\lambda=315.4$ nm，紫外

所以潜水员观察到的油层为红色和紫色。

6.3.3 等厚干涉

由式(6.35)可知，对于厚度不均匀的薄膜，在平行光入射的情形下，薄膜表面不同入射点处的入射角i是相同的，光程差δ只与光线在相遇点处薄膜的厚度e有关，因此干涉图样中同一干涉条纹对应于薄膜上厚度相同点的连线，这种条纹称为等厚干涉条纹。下面介绍两种有代表性的等厚干涉实验装置。

1. 劈尖干涉

图6.21(a)为一个放在空气中的劈尖形状的介质薄膜，简称劈尖。它的上下两个表面是平面，其间有一非常非常小的夹角θ，薄膜的厚度是不均匀的，当单色平行光垂直入射到这样的劈尖上时，经劈尖上下表面产生的反射光在劈尖上表面处相遇，将产生干涉，此时会观察到一系列平行于劈尖棱边的明暗相间的直条纹。

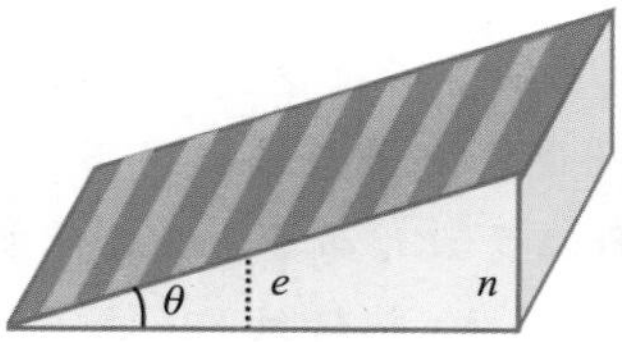

(a) 劈尖

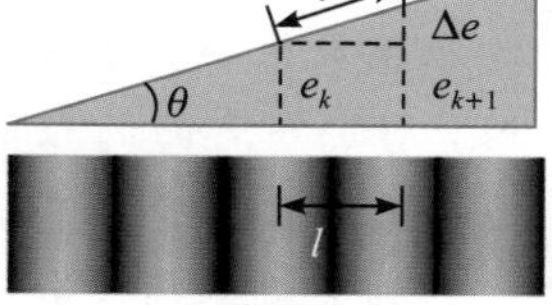

(b) 劈尖干涉

图 6.21

设介质膜的折射率为n，光的入射点处介质的厚度为e，由式(6.36)可知，两束相干的反射光在相遇时的光程差为

$$\delta=2ne+\frac{\lambda}{2}$$

劈尖干涉产生明暗条纹的条件为

$$\delta = 2ne + \frac{\lambda}{2} = 2k\frac{\lambda}{2},\ k=1,2,3,\cdots,\ \text{明条纹} \tag{6.39}$$

$$\delta = 2ne + \frac{\lambda}{2} = (2k+1)\frac{\lambda}{2},\ k=0,1,2,\cdots,\ \text{暗条纹} \tag{6.40}$$

由式(6.39)和式(6.40)可以看出，凡是劈尖厚度 e 相同的地方均满足相同的干涉条件。因此，劈尖的干涉条纹是一系列平行于棱边的明暗相间的直条纹，厚度相等的地方干涉条纹的亮度相同。由于一条干涉条纹对应一定的厚度，所以当厚度变化时，干涉条纹会发生移动。对于如图 6.21(a)所示的劈尖，当薄膜增厚时，条纹左移；反之，则右移。若薄膜厚度改变 $\lambda/2$，则条纹就移动一根条纹的间距。

根据以上讨论，不难求出两相邻明纹(或暗纹)处劈尖的厚度差。如图 6.21(b)所示，设第 k 级明纹处劈尖的厚度为 e_k，第 $k+1$ 级明纹处劈尖的厚度为 e_{k+1}，由式(6.39)很容易得到

$$\Delta e = e_{k+1} - e_k = \frac{\lambda}{2n} \tag{6.41}$$

即厚度差是薄膜中的半个波长。

由图 6.21(b)可知，条纹间距 l 与劈尖倾角 θ 的关系为

$$l = \frac{\Delta e}{\sin\theta} \approx \frac{\lambda}{2n\theta} \tag{6.42}$$

从式(6.42)中可以看出，劈尖的夹角 θ 越小，或介质膜的折射率 n 越小，或入射光波长 λ 越大，条纹间距 l 就越大，条纹分布就越疏；反之，θ 越大，或 n 越大，或 λ 越小，l 就越小，条纹分布就越密。需要注意的是，当夹角 θ 大到一定程度时，干涉条纹将密得无法分辨，这时看不到干涉现象；相邻条纹之间对应的厚度差或间距 l 与有无半波损失无关。半波损失仅影响何处是明，何处是暗。从式(6.42)中还可以看出，如果已知劈尖的夹角 θ 和折射率 n，则测出条纹间距 l，就可以算出波长 λ；反之，如果波长 λ 和 n 已知，则测出条纹间距 l，就可算出微小角度 θ。

劈尖干涉技术在光学测量和光学检测中具有广泛的应用。劈尖干涉技术可用于形状测量和形貌表征，通过测量物体的形状，可以得到其表面的特征信息，如凹凸度、曲率半径等；劈尖干涉技术也可用于检测光学元件的平整度、平行度和曲率等参数；劈尖干涉技术还可用于测量细胞的表面形貌和细胞膜的弹性特性，实现对物体内部缺陷或薄膜厚度等参数的无损检测。

科技专题

干涉膨胀仪

干涉膨胀仪是一种利用劈尖干涉原理测量物体膨胀或收缩程度的仪器。它利用物体在温度变化下的尺寸变化来测量膨胀或收缩的程度。干涉膨胀仪具有高精度和高灵敏度，因此在许多领域(如工程材料研究、航空航天等)中得到了广泛应用。

干涉膨胀仪的结构如图所示，它由线膨胀系数很小的石英制成圆柱套框，框内放置一个上表面磨成稍微倾斜的样品，框顶放一块平板玻璃，这样在玻璃和样品之间构成一个空气劈尖。因为套框的线膨胀系数很小，可以忽略不计，所以空气劈尖的上表面不会因为温度的变化而移动。当样品受热膨胀时，劈尖下表面的位置升高，使干涉条纹发生移动，测出条纹移过的数目，就可算得劈尖下表面位置的升高量，从而可求出样品的线膨胀系数。

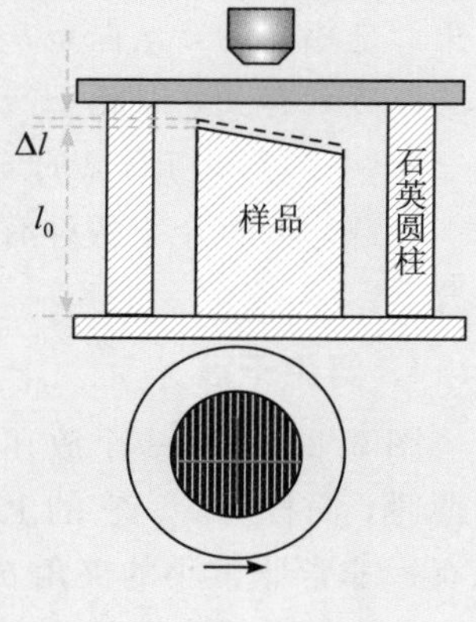

如果观察到某处干涉明纹(或暗纹)移过了 N 条，说明样品的伸长量为

$$\Delta l = N \cdot \frac{\lambda}{2}$$

根据线膨胀系数的定义得

$$\beta = \frac{\Delta l}{l_0(t-t_0)} = \frac{N\lambda}{2l_0(t-t_0)}$$

式中，l_0 为样品在温度为 t_0 时的长度。

★【例 6.8】 如例 6.8 图所示，波长为680 nm 的平行光垂直照射到 $L=0.12$ m 的两块玻璃片上，两玻璃片一边相互接触，另一边被直径 $d=0.048$ mm 的细钢丝隔开。

(1) 两玻璃片间的夹角 θ 是多少？

(2) 相邻两明条纹间空气膜的厚度差是多少？

(3) 相邻两暗条纹的间距是多少？

(4) 在这 0.12 m 内呈现多少条明条纹？

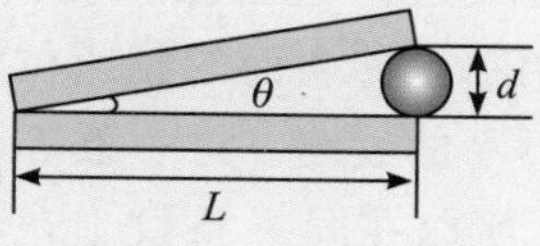

例 6.8 图

解 (1) 由例 6.8 图可知，$L\sin\theta=d$。当夹角 θ 很小时，有 $\sin\theta\approx\theta$，即 $L\theta\approx d$，故两玻璃片间的夹角为

$$\theta\approx\frac{d}{L}=\frac{0.048}{0.12\times10^{3}}=4.0\times10^{-4}\ \text{rad}$$

(2) 相邻两明条纹间空气膜的厚度差为

$$\Delta e=\frac{\lambda}{2}=3.4\times10^{-7}\ \text{m}$$

(3) 相邻两暗纹的间距为

$$l=\frac{\lambda}{2\theta}=\frac{680\times10^{-9}}{2\times4.0\times10^{-4}}=850\times10^{-6}\ \text{m}=0.85\ \text{mm}$$

(4) 这 0.12 m 内呈现的明条纹数为

$$\Delta N=\frac{L}{l}\approx141\ 条$$

【例 6.9】 劈尖干涉技术可用于测量金属细丝的直径。如例 6.8 图所示，把金属丝夹在两块平板玻璃之间，形成空气劈尖，用单色平行光垂直照射在玻璃板上，两块平板玻璃之间的空气膜将产生等厚干涉条纹，测量出干涉条纹的距离，就可以计算出金属丝的直径。设某次测量时，所采用的单色光的波长 $\lambda=589.3$ nm，金属丝与劈尖顶点间的距离 $L=28.88$ mm，用显微镜读出 30 条明纹间的距离为 4.295 mm，求金属微丝的直径 d。

解 由题意可知，相邻两条明纹之间的距离为

$$l=\frac{4.295}{30-1}\ \text{mm}=0.148\ \text{mm}$$

其间空气膜的厚度相差 $\lambda/2$，于是

$$l\sin\theta=\frac{\lambda}{2}$$

式中，θ 为劈尖的顶角，因为 θ 角很小，所以

$$\sin\theta\approx\frac{d}{L}$$

于是得到

$$l\frac{d}{L}=\frac{\lambda}{2}$$

所以

$$d=\frac{L}{l}\frac{\lambda}{2}$$

代入题设数据，求得金属丝的直径为

$$d=\frac{28.88\times10^{-3}}{0.148\times10^{-3}}\times\frac{1}{2}\times5893\times10^{-10}=5.746\times10^{-5}\ \text{m}$$

【例 6.10】 劈尖干涉技术可用于检测工件的平整度。如例 6.10 图所示，在工件上放一平板玻璃，使其间形成一空气劈尖，观察到干涉条纹。试根据纹路弯曲方向，判断工件表面上纹路是凹的还是凸的，并求纹路深度 H。

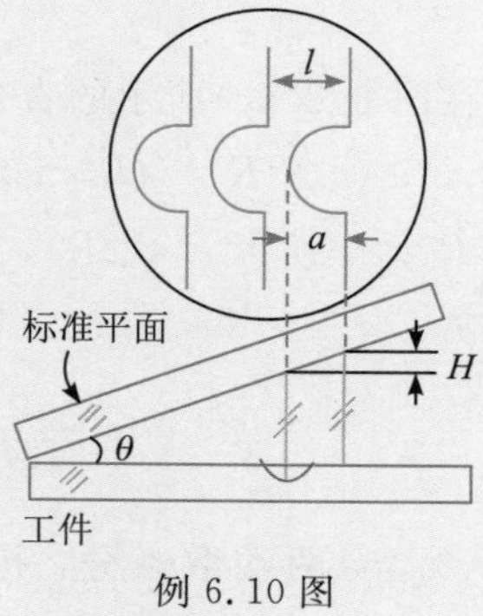

例 6.10 图

解 由于玻璃下表面是完全平的，所以若工件表面也是平的，则空气劈尖的等厚条纹应为平行于棱边的直条纹。现在条纹有局部弯向棱边，说明在工件表面的相应位置处有一条垂直于棱边的不平的纹路。同一条等厚条纹对应相同的膜厚度，所以在同一条纹上，弯向棱边的部分和直的部分所对应的膜厚度应该相等。本来越靠近棱边，膜的厚度越小，而现在在同一条纹上近棱边处和远棱边处的厚度相等，这就说明工件表面的纹路是凹下去的。

为了计算纹路深度，参考例 6.10 图，图中 l 是条纹间隔，a 是条纹弯曲深度，H 为纹路深度，由图可知

$$H=a\sin\theta$$

因为

$$l\sin\theta=\frac{\lambda}{2}$$

所以，纹路深度

$$H=\frac{a}{l}\frac{\lambda}{2}$$

2. 牛顿环

如图 6.22(a)所示，在一光学平板玻璃上放一个曲率半径为 R 的平凸透镜，两者之间形成厚度不均匀的空气薄膜，当平行光垂直地射向平凸透镜时，可以在显微镜中观察到透镜表面出现了一组等厚干涉条纹，这些条纹是以接触点为圆心的一系列间距不等的同心圆环，称为牛顿环，如图 6.22(b)所示。

由于空气薄膜的折射率小于上下介质(玻璃)的折射率，因此空气膜的下表面上的反射光有半波损失，所以上下表面反射光的光程差为(空气折射率 $n=1$)

$$\delta=2e+\frac{\lambda}{2}$$

当空气层薄膜厚度 e 满足

$$\delta=2e+\frac{\lambda}{2}=2k\,\frac{\lambda}{2},\ k=1,2,3,\cdots \tag{6.43}$$

时出现明环；当空气层薄膜厚度 e 满足

$$\delta=2e+\frac{\lambda}{2}=(2k+1)\,\frac{\lambda}{2},\ k=0,1,2,\cdots \tag{6.44}$$

时出现暗环。

由于在中心 O 处的空气膜厚为零，其光程差产生于下表面反射光的半波损失，所以空气膜的牛顿环中心是一个暗斑。由中心往边缘，膜厚的增加越来越快，因而牛顿环也越来越密。

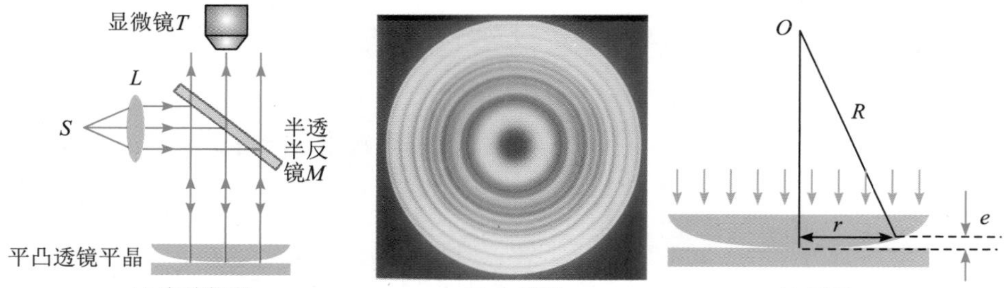

(a) 实验装置 (b) 牛顿环 (c) 原理

图 6.22

在图 6.22(c)所示的直角三角形中，有

$$r^2=R^2-(R-e)^2=2Re-e^2$$

因为 $R\gg e$，所以 $e^2\ll 2Re$，可以把 e^2 从式中略去，于是

$$e=\frac{r^2}{2R} \tag{6.45}$$

将式(6.45)两端取微分，得到 $\Delta e=\frac{2r\Delta r}{2R}=\frac{r\Delta r}{R}$。因为相邻两明环之间的空气薄膜厚度差 $\Delta e=\frac{\lambda}{2}$，所以相邻两明环之间的半径差

$$\Delta r=\frac{R\Delta e}{r}=\frac{R\lambda}{2r} \tag{6.46}$$

式(6.46)说明，离中心愈远，牛顿环愈密，牛顿环是不等距离的环形干涉条纹。

将式(6.45)代入式(6.43)和式(6.44)中，可得反射光中的明环和暗环的半径分别为

$$r=\sqrt{\frac{(2k-1)R\lambda}{2}},\ k=1,2,3,\cdots,\text{明环} \tag{6.47}$$

$$r=\sqrt{kR\lambda}\text{，}k=0\text{，}1\text{，}2\text{，}\cdots\text{，暗环} \quad (6.48)$$

可见，接触点处是暗斑，这是半波损失引起的。如果平的玻璃片和平凸透镜发生上下相对位移，则牛顿环将移动：当距离变大时，环往中心收缩；当距离变小时，环往外扩大。同时，接触点的明暗也交替变化。

牛顿环作为一种干涉现象，具有广泛的应用领域。它不仅可以用于光学测量、材料检测和光学元件研制等科学研究领域，还可以应用于显微镜成像、光学涂层表征和光学仪器校准等工程领域。测量干涉条纹的直径和间距，可以计算出待测物体的尺寸和形状。观察干涉条纹的间距和形态变化，可以判断表面是否均匀、平整，并且可以定量测量出高度差的大小。观察干涉条纹的形态和位置，可以对仪器的放大倍数、焦距等参数进行精确测量和调整。观察涂层反射光产生的干涉条纹，可以评估涂层的均匀性和厚度，并判断涂层是否符合要求。在显微镜下观察样品形成的牛顿环，可以获得更清晰的图像，并提高显微镜的分辨率。牛顿环还可以用于检测透镜的曲率半径误差。

★**【例 6.11】**　一曲率半径为 $R=2.75\times10^{3}$ m 的平凹透镜覆盖在平板玻璃上，如例 6.11 图(a)所示。在空气隙中充满折射率为 1.62 的 CS_2 液体，图中央 P 点处液膜的最大厚度 $h=1.82\ \mu$m。今垂直投射波长 $\lambda=589$ nm 的钠黄光，试求：

(1) 干涉条纹的形状和分布；

(2) 最多能观察到的暗条纹数；

(3) 零级暗纹的位置。

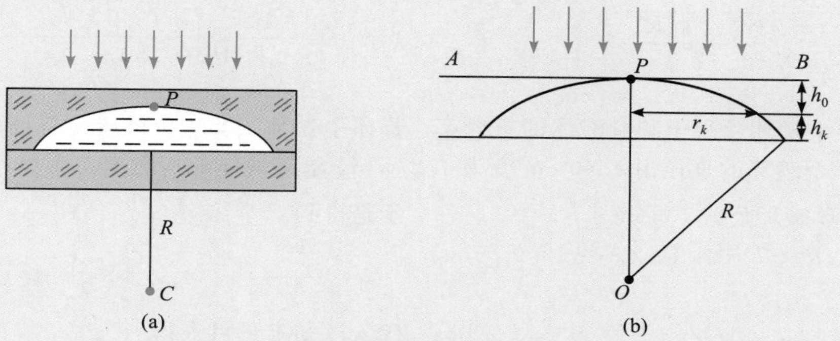

例 6.11 图

解　(1) 在 CS_2 液膜表面看到以中央处 P 点为中心的一组同心的明暗相间的圆环形条纹。如例 6.11 图(b)所示，过 P 点作与平凹透镜底面平行的参考平面 AB。第 k 级圆环所对应的光程差公式为

$$2nh_k=k\lambda\text{，}k=1\text{，}2\text{，}3\text{，}\cdots$$

第 k 级暗环的半径 r_k 满足

$$\frac{r_k^2}{2R}=h_0$$

即

$$r_k=\sqrt{2Rh_0}$$

且

$$h_k=h-h_0$$

综合以上的结果，得 k 级暗环的半径

$$r_k=\sqrt{R\lambda}\cdot\sqrt{\frac{2h}{\lambda}-\frac{k}{n}}$$

在已知条件下，有

$$\frac{2h}{\lambda}=\frac{2\times1.82\times10^{-6}}{589\times10^{-9}}=6.18$$

故

$$r_k=\sqrt{R\lambda}\cdot\sqrt{6.18-\frac{k}{n}}$$

可见，随着级次 k 的增大，条纹半径逐渐减小，条纹间距也减小。

(2) 观察到的最高级次 $r_k=0$，即 $k=\frac{2h}{\lambda}n=10.01$，因此最多能看到 10 条暗条纹。

(3) 当 $k=0$ 时，对应零级暗条纹，它位于视场的最外围，其暗环半径

$$\begin{aligned}r_0&=\sqrt{2Rh}\\&=\sqrt{2\times2.75\times10^{3}\times1.82\times10^{-6}}\\&=0.1\text{ m}=10\text{ cm}\end{aligned}$$

★【例 6.12】 用波长不同的光观察牛顿环，$\lambda_1=600$ nm，$\lambda_2=450$ nm，观察到波长为λ_1时的第k个暗环与波长为λ_2时的第$k+1$个暗环重合，已知透镜的曲率半径为190 cm。求波长为λ_1时第k个暗环的半径。

解 由牛顿环暗环公式可知

$$r_k=\sqrt{kR\lambda}$$

据题意 $r=\sqrt{kR\lambda_1}=\sqrt{(k+1)R\lambda_2}$，于是有

$$k=\frac{\lambda_2}{\lambda_1-\lambda_2}$$

代入暗环的半径，得到

$$r=\sqrt{\frac{R\lambda_1\lambda_2}{\lambda_1-\lambda_2}}$$

$$=\sqrt{\frac{190\times10^{-2}\times6000\times10^{-10}\times4500\times10^{-10}}{6000\times10^{-10}-4500\times10^{-10}}}$$

$$=1.85\times10^{-3}\text{ m}$$

【例 6.13】 牛顿环可用于测量光的波长。若在牛顿环实验中用紫光照射，则借助于低倍测量显微镜测得由中心往外数第k级明环的半径$r_k=3.0\times10^{-3}$ m，k级往上数第16个明环半径$r_{k+16}=5.0\times10^{-3}$ m，平凸透镜的曲率半径$R=2.5$ m。求紫光的波长。

解 根据牛顿环明环半径公式，可知

$$r_{k+16}^2-r_k^2=16R\lambda$$

其中

$$r_k=\sqrt{\frac{(2k-1)R\lambda}{2}}$$

$$r_{k+16}=\sqrt{\frac{[2\times(k+16)-1]R\lambda}{2}}$$

将r_k和r_{k+16}代入$r_{k+16}^2-r_k^2=16R\lambda$，得到

$$\lambda=\frac{(5.0\times10^{-2})^2-(3.0\times10^{-2})^2}{16\times2.50}=4.0\times10^{-7}\text{ m}$$

【例 6.14】 牛顿环可用于测量液体的折射率。若在牛顿环实验中，将透镜与玻璃平板间充满液体，观察到第10个暗环的直径由1.40 cm变为1.27 cm，求该液体的折射率。

解 由牛顿环暗环公式，可知

$$r_k^2=kR\lambda,\ k=0,1,2,\cdots$$

空气中：

$$r_1^2=10R\lambda$$

$$r_2^2=10R\lambda_n$$

于是得到

$$\frac{r_1^2}{r_n^2}=\frac{\lambda}{\lambda_n}$$

代入已知参量可求得

$$n=\left(\frac{r_1}{r_2}\right)^2=\left(\frac{1.40}{1.27}\right)^2=1.21$$

科技专题

透镜曲率半径误差的检测

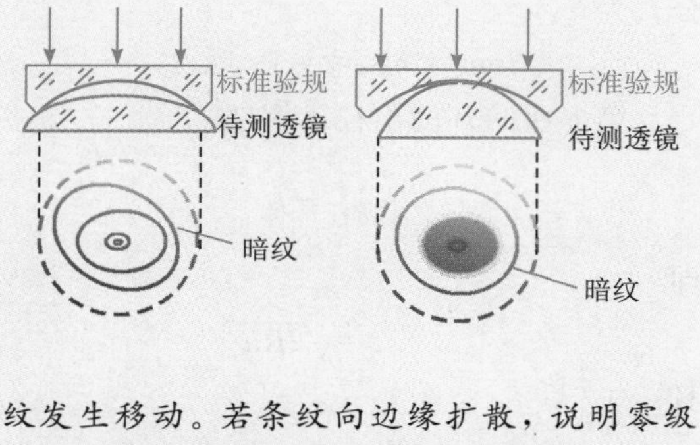

有一种与牛顿环相类似的干涉条纹，这种条纹形成在样板表面和待检元件表面之间的空气层上，通常称为光圈。根据光圈的形状、数目以及用手加压后条纹的移动，就可检验元件的偏差。用一样板覆盖在待测件上，如果两者完全密合，即达到标准值要求，不出现牛顿环。如果被测件的曲率半径小于或大于标准值，则产生牛顿环。圆环条数越多，误差越大。若条纹不圆，则说明被测件的曲率半径不均匀。此时，用手均匀轻压样板，牛顿环各处空气隙的厚度必然减小，相应的光程差也减少，条纹发生移动。若条纹向边缘扩散，说明零级条纹在中心，可知被测件曲率半径小于标准件；若条纹向中心收缩，说明零级条纹在边缘，可知被测件的曲率半径大于标准件。这样通过现场检测、及时判断，再对不合格元件进行相应精加工研磨，就可以得到合乎标准的元件。

6.3.4　迈克耳孙干涉仪

迈克耳孙干涉仪的结构如图 6.23 所示。M_1 和 M_2 是两块互相垂直放置的平面反射镜，M_2 固定不动，M_1 可以沿精密丝杆前后做微小移动。G_1 和 G_2 是两块与 M_1 和 M_2 成 45°平行放置的平面玻璃板，它们的折射率和厚度完全相同，其中 G_1 的背面镀有半反射膜，称为分光板，G_2 称为补偿板。

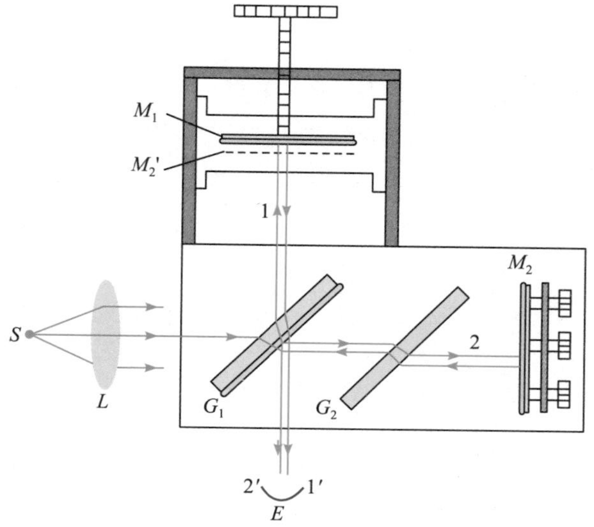

图 6.23

光源 S 处发出的单色光经透镜 L 成为平行光，经分光板 G_1 分成光线 1 和光线 2，它们分别垂直入射到平面反射镜 M_1 和 M_2 上。经 M_1 反射的光线 1 回到分光板 G_1 后，一部分透过分光板成为光线 1′，并向 E 方向传播；而透过 G_1 和 G_2 并经 M_2 反射的光线 2 回到分光板 G_1 后，其中一部分被反射成为光线 2′，并向 E 方向传播。由于 1′和 2′两者是相干光，因此在 E 处可以看到干涉现象。在光路中放置补偿板 G_2 是为了使光线 1 和光线 2 分别三次穿过相同的玻璃板，以避免光线 1 和 2 因所经路径不同而引起较大光程差。

对 E 处的观察者来说，来自 M_1 和 M_2 上的反射相当于相距为 d 的 M_1 和 M'_2 上的反射，其中 M'_2 是平面镜 M_2 经 G_1 半反射膜反射所成的虚像。因此，在 E 处所看到的明暗干涉现象取决于厚度 d。设光在半反射膜内外两侧反射时引起的半波损失相同，则当 d 为零时，光线 1′和 2′ 间的光程差为零，产生干涉相长，E 处视场最亮。移动反射镜 M_1，当其移动距离为 $\lambda/4$ 时，光线 1′和 2′ 间的光程差为 $\lambda/2$，产生干涉相消，E 处的视场最暗。显然，每移动 $\lambda/2$，视场从最亮（最暗）到最亮（最暗）变化一次。若 E 处视场从最亮到第 N 次出现最亮时，反射镜 M_1 移动的距离为 Δd，则有

$$\Delta d = N\frac{\lambda}{2} \tag{6.49}$$

因为 M'_2 是 M_2 的虚像，所以迈克耳孙干涉仪产生的条纹与 M'_2 和 M_1 间的空气膜产生的干涉条纹一样。如果 M_1 与 M_2 严格垂直，则 M_1 与 M'_2 严格平行，这样用扩展光源可在无穷远处或透镜的焦平面上得到等倾干涉条纹。如果 M_1 与 M_2 不是严格垂直，则 M_1 与 M'_2 间有微小夹角，形成一等效的空气劈型薄膜。此时，用平行光照射，就可形成等厚干涉条纹。

在用迈克耳孙干涉仪做实验时发现，当 M_1 和 M'_2 之间的距离超过一定限度后，就观察不到干涉现象了。原因在于一切实际光源发射的光是一个个波列，每个波列有一定的长度。例如，在迈克耳孙干涉仪的光路中，点光源先后发出两个波列 a 和 b，每个波列都被分光板分为 1 和 2 两个波列，用 a_1、a_2、b_1、b_2 表示。当两光路的光程差不太大时，如图 6.24(a)所示，由同一波列分出来的两波列如 a_1 和 a_2、b_1 和 b_2 等可以重叠，这时能够发生干涉。但如果两光路的光程差太大，如图 6.24(b)所示，则由同一波列分解出来的两波列不再重叠，而相互重叠的却是由不同波列 a、b 分出来的波列，如 a_2 和 b_2，因此不能发生干涉。这就是说，当两光路之间的光程差超过波列长度 L 时，就不再发生干涉。因此，两个分光束产生干涉效应的最大光程差为波列的长度 L，称为该光源所发射的光的相干长度。与相干长度对应的时间 $\Delta t = L/c$ 称为相干时间。当同一波列分出来的两波列到达观察点的时间小于相干时间 Δt 时，这两波列叠加后发生干

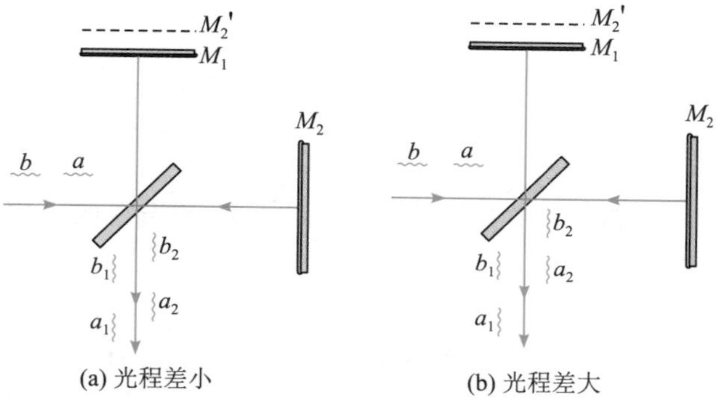

图 6.24

涉现象，否则就不发生。

迈克耳孙干涉仪作为一种精密光学仪器，在光学测量、光纤传感、激光技术和天文学等领域具有广泛的应用。观察干涉条纹的变化，可以计算出被测物体的长度或折射率。观察干涉条纹的变化，可以计算出薄膜的厚度。改变反射镜的位置，观察干涉条纹的移动情况，可以得到光的速度。在光纤传感系统中，迈克耳孙干涉仪可以用来测量光纤的长度、应力、温度等物理量。在激光器中，迈克耳孙干涉仪可以用于精确测量激光器输出的波长和功率的稳定性。迈克耳孙干涉原理还可以用于观测天体的形态、温度和速度分布等信息。

★**【例 6.15】** 迈克耳孙干涉仪如例 6.15 图所示。现用一单色光照射，如将其反射镜 M_1 向外平移 $d=1.0\times10^{-5}$ cm，在现场中观察到 40 条明纹移过。

(1) 求入射单色光的波长；

(2) 若不移动平面反射镜，而在图中所示位置插入一折射率为 n、厚度 $e=1.0\times10^{-4}$ cm 的透明介质片，观察到 200 条明纹移过，求此透明介质片的折射率 n。

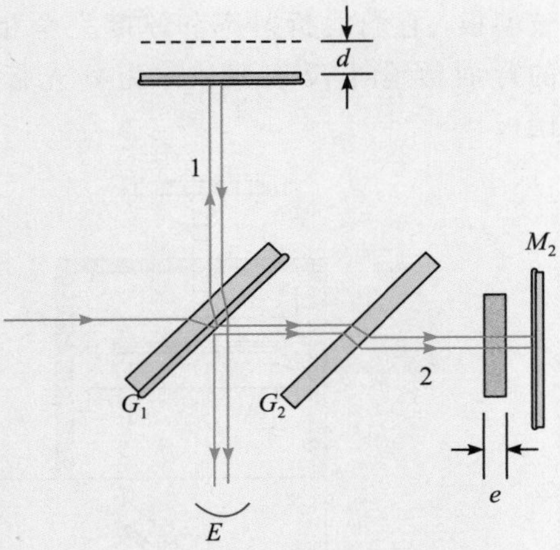

例 6.15 图

解 (1) 当 M_1 移动 d 时，光程差的改变量为

$$2d=40\lambda$$

代入数值得到

$$\lambda=\frac{2\times1.0\times10^{-5}}{40}=500\times10^{-9}\ \text{m}=500\ \text{nm}$$

(2) 当插入一折射率为 n 的透明介质片时，光程差的改变为

$$2(n-1)e=N'\lambda$$

代入数值得到

$$n=\frac{N'\lambda}{2e}+1=\frac{200\times500\times10^{-9}}{2\times1.0\times10^{-4}\times10^{-2}}+1=1.5$$

★**【例 6.16】** 如例 6.16 图所示，在迈克耳孙干涉仪的两臂中分别引入 100.0 mm 长的玻璃管 A、B，其中一个抽成真空，另一个在充以一个大气压空气的过程中观察到 107 条条纹移动，所用光的波长为 546.1 nm。求空气的折射率。

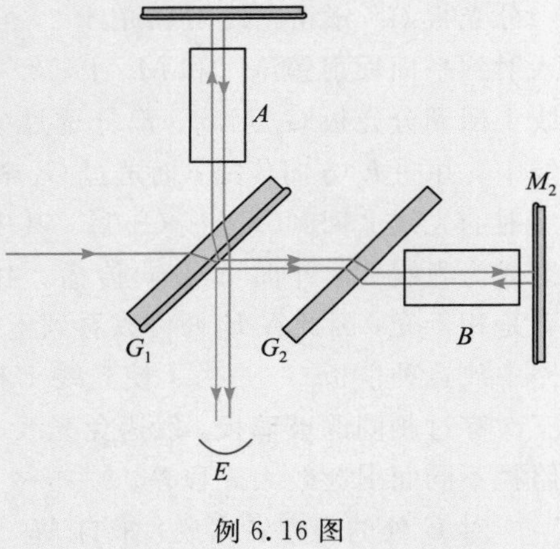

例 6.16 图

解 设空气的折射率为 n，两条光线的光程差为

$$\delta=2nl-2l=2l(n-1)$$

当相邻条纹或条纹移动一条时，其对应光程差的变化为一个波长，当观察到 107 条移过时，光程差的改变量满足

$$2l(n-1)=107\times\lambda$$

代入数值得到

$$n=\frac{107\times\lambda}{2l}+1=1.000\ 292\ 2$$

科技专题

激光干涉引力波探测仪

引力波存在是广义相对论最重要的预言，对爱因斯坦引力波的探测是近一个世纪以来最重大的基础探索项目之一。为了证明引力波的存在，许多科学家致力于利用激光干涉引力波探测仪来探测引力波。该仪器的主体是一台激光迈克耳孙干涉仪。在无引力波存在时，调整臂长使从互相垂直的两臂返回的两束相干光在分光镜处相干减弱，输出端的光电二极管接收的是暗纹，无输出信号。引力波存在会使一个臂伸长，另一臂缩短，使两束相干光产生光程差，破坏了相干减弱的初始条件，光电二极管有信号输出，该信号的大小与引力波的强度成正比。20世纪90年代中期，华盛顿州的Hanford和路易斯安那州的Livingston开始建造引力波探测站，并于21世纪初相继建成臂长分别为4000 m和2000 m的激光干涉仪引力波探测仪。

阿尔伯特·亚伯拉罕·迈克耳孙(Albert Abraham Michelson，1852—1931)主要从事光学和光谱学方面的研究(他以毕生精力从事光速的精密测量)，他一直是光速测定的国际中心人物。他发明了一种用以测定微小长度、折射率和光波波长的干涉仪，即迈克耳孙干涉仪。迈克耳孙干涉仪的最著名应用是迈克耳孙-莫雷实验，其在对以太风观测中得到了零结果，这团19世纪末经典物理学天空中的乌云为狭义相对论的基本假设提供了实验依据。除此之外，由于激光干涉仪能够非常精确地测量干涉中的光程差，因此在当今的引力波探测中，迈克耳孙干涉仪以及其他种类的干涉仪都得到了相当广泛的应用。迈克耳孙干涉仪还被应用于寻找太阳系外行星的探测中，尽管在这种探测中马赫-曾特干涉仪的应用更加广泛。迈克耳孙干涉仪还在延迟干涉仪(即光学差分相移键控解调器)的制造中有所应用，这种解调器可以在波分复用网络中将相位调制转换成振幅调制。迈克耳孙因发明精密光学仪器以及借助这些仪器在光谱学和度量学的研究工作中所做出的贡献，被授予1907年度诺贝尔物理学奖。

思考题

1. 照相机镜头、镀膜眼镜片看上去为什么是紫色的?

2. 观察肥皂液膜的干涉时，先看到膜上有彩色条纹，然后条纹随膜的厚度的变化而变化。当彩色条纹消失、膜面呈黑色时，肥皂膜随即破裂，为什么?

3. 在劈尖干涉实验中，主要利用上玻璃片的下表面和下玻璃片的上表面所形成的空气劈尖来产生干涉条纹，那么上下玻璃片另外两个表面的反射光是否会对空气劈尖干涉条纹产生影响?请简述理由。

4. 若用白光照射产生牛顿环，其颜色顺序是怎样的?为什么?

5. 牛顿环的平凸透镜可以上下移动，若以单色光垂直照射时看见条纹向中心收缩，透镜是向上移动还是向下移动?

6. 迈克耳孙干涉仪中补偿板的作用是什么?取消补偿板还能实现光的等倾干涉吗?为什么?

6.4 惠更斯-菲涅耳原理

6.4.1 光的衍射现象

波在传播过程中遇到障碍物会发生偏离直线传播的现象，称为波的衍射。在日常生活里，人们对水波、声波和无线电波的衍射现象是比较熟悉的。例如，水波可以绕过闸口，声波可以绕过门窗，无线电波能越过高山等。那么，光波有没有衍射现象呢？实验表明，当光遇到普通大小的物体时，仅表现出直线传播的性质，如图6.25(a)所示，这是因为光波波长很短。但当光遇到比其波长大得不多的物体时，就有光进入阴影区域并且在阴影外的光强分布也与无障碍物时有所不同，会出现明暗分布，如图6.25(b)所示，这就是光的衍射现象，可以表述为：当光遇到障碍物时，它的波振面受到限制，光绕过障碍物偏离直线传播，且在观察屏上出现光强不均匀分布的现象。

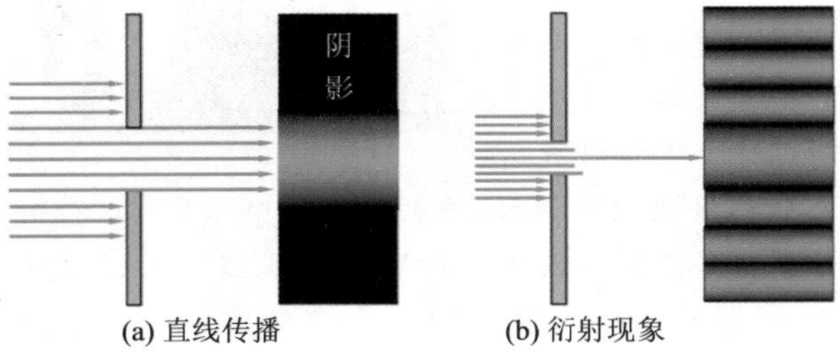

图 6.25

6.4.2 惠更斯原理的局限性

在第5章中曾用惠更斯原理定性地解释了波的衍射现象。惠更斯原理指出，任何时刻波面上的每一点都可作为子波的波源，各自发出球面子波；在以后的任何时刻，所有这些子波波面的包络面形成整个波在该时刻的新波面。其核心思想是：介质中任一处的波动状态是由各处的波动决定的。

惠更斯原理的子波假设不涉及波的时空周期特性——波长、振幅和位相，它虽然能说明波在障碍物后面偏离直线传播的现象，但实际上，光的衍射现象要细微得多，例如还有明暗相间的条纹出现，表明各点的振幅大小不等，对此惠更斯原理就无能为力了。因此必须定量计算光所到达的空间范围内任何一点的振幅，才能更精确地解释衍射现象。

6.4.3 惠更斯-菲涅耳原理

菲涅耳根据波的叠加和干涉原理提出了“子波相干叠加”的思想，发展了惠更斯原理：波阵面上的每一个面元都可看成发射子波的波源，这些子波是相干的，空间任一点的振动是这些子波在该点相干叠加的结果。如图6.26所示，dS 为某波振面 S 上的任一面元，是发出球面子波的子波源，而空间任一点 P 的光振动，则取决于波振面 S 上所有面元发出的子波在该点相互干涉的总效应。菲涅耳具体提出，球面子波在点 P 的振幅正比于面元的面积 dS，反比于面元到点 P 的距离 r，与 r 和 dS 的法线方向 $\boldsymbol{n}$ 之间的夹角 θ 有关，θ 越大，在 P 处的振幅越小。点 P 处光振动的相位，由 dS 到 P 点的光程确定。由此可见，点 P 处光矢量 $\boldsymbol{E}$ 的大小应由下述积分决定，即

$$E = C\int \frac{k(\theta)}{r}\cos\left[2\pi\left(\frac{t}{T}-\frac{r}{\lambda}\right)\right]dS$$

式中，C 是与光源和所选波面有关的比例系数，$k(\theta)$ 是随 θ 增大而减小的倾斜因子，T 和 λ 分别是光波的周期和波长。

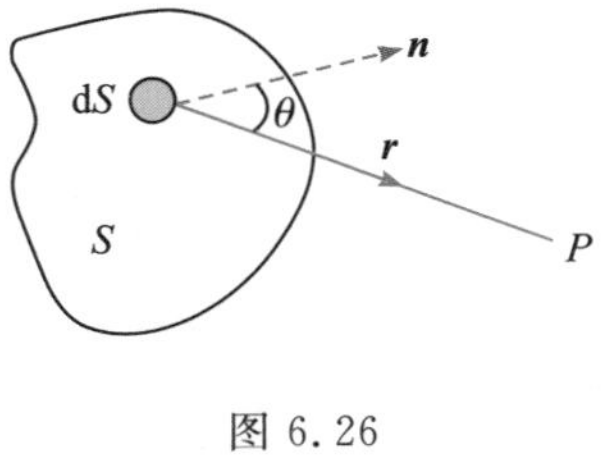

图 6.26

上式的积分一般是比较复杂的。这里以惠更斯-菲涅耳原理为基础，用菲涅耳提出的一种简化的近似方法——半波带法来讨论单缝及光栅的衍射。值得一提的是，当年光的微粒说拥护者泊松(Simeon-Denis Poisson，1781—1840)根据菲涅耳理论计算了小圆盘衍射，得出在几何阴影中央应有一亮斑，从而为惠更斯-菲涅耳原理奠定了实验基础。

奥古斯丁·让·菲涅耳(Augustin-Jean Fresnel，1788—1827)，物理学家。他的科学研究是在业余时间和艰苦的条件下进行的，这花费了他有限的收入并损害了他的健康。菲涅耳的科学成就主要有两方面。一是衍射，他以惠更斯原理和干涉原理为基础，用新的定量形式建立了以他们的姓氏命名的惠更斯-菲涅耳原理。他的实验具有很强的直观性、明确性，很多仍通用的实验和光学元件都冠有菲涅耳的姓氏，如双面镜干涉、波带片、菲涅耳镜、圆孔衍射等。另一成就是偏振，他肯定了光是横波，发现了圆偏振光和椭圆偏振光，用波动说解释了偏振面的旋转，推导出了反射定律和折射定律的定量规律，即菲涅耳公式，解释了马吕斯的反射光偏振现象和双折射现象，从而建立了晶体光学的基础。

6.5 夫琅禾费单缝衍射

根据光源和观察屏离障碍物的位置情况，可将光的衍射分为两类。当光源与屏(或其中之一)离障碍物为有限远时产生的衍射称为菲涅耳衍射，如图6.27(a)所示。当光源和屏离障碍物的距离都为无限远时产生的衍射称为夫琅禾费衍射，如图6.27(b)所示。夫琅禾费衍射的特征是使用平行光，这种光可以利用透镜来获得，如图6.27(c)所示。本章仅讨论夫琅禾费衍射，它在实际应用中有很重要的意义。

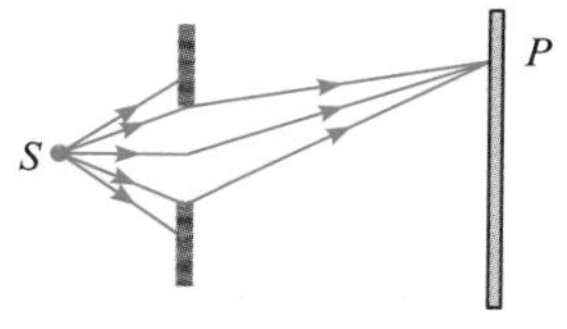

(a) 菲涅耳衍射

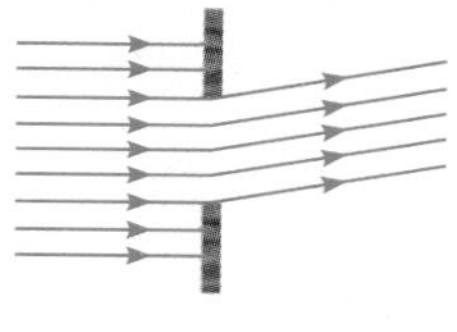

(b) 夫琅禾费衍射

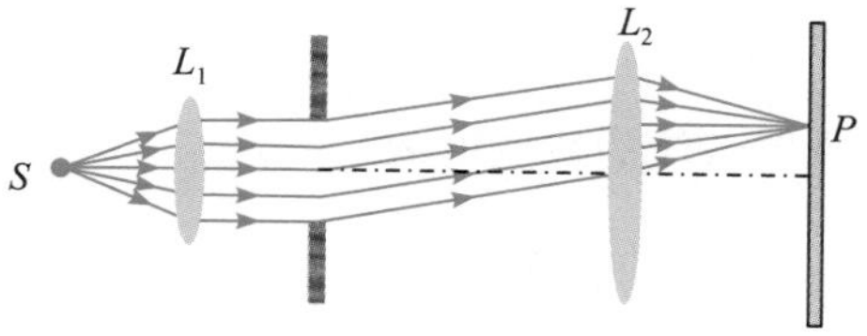

(c) 夫琅禾费衍射的平行光

图 6.27

6.5.1 实验装置及衍射图样特点

夫琅禾费单缝衍射实验装置如图6.28所示，光源 S 放置在透镜 L_1 的焦平面处，光源 S 发出的光经透镜 L_1 变为平行光。当一束平行光垂直照射宽度可与光的波长相比拟的狭缝时，光会绕过缝的边缘向阴影区域衍射，衍射光通过透镜 L_2 会聚到焦平面处的屏幕上，形成衍射条纹，这种条纹叫作单缝衍射条纹。实验表明，夫琅禾费单缝衍射条纹的中心是一条很亮的明纹，两侧对称分布着一系列强度较弱的明纹，且离中心越远，亮度越亮。

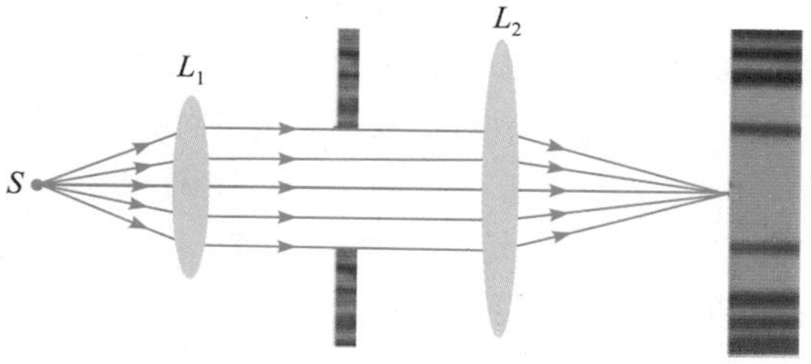

图 6.28

6.5.2 夫琅禾费单缝衍射图样分析

如图6.29所示，AB 为单缝的截面，其宽度为 a。当单色平行光垂直照射单缝时，根据惠更斯-菲涅耳原理，波面 AB 上的各点都是相干的子波源。当这些子波向前传播、被透镜 L 会聚到屏上时，就会相互叠加，产生干涉，从而形成衍射条纹。图中 θ 为衍射光线与狭缝法线的夹角，称为衍射角。屏上任一点的干涉效应是相互加强还是相互减弱(即

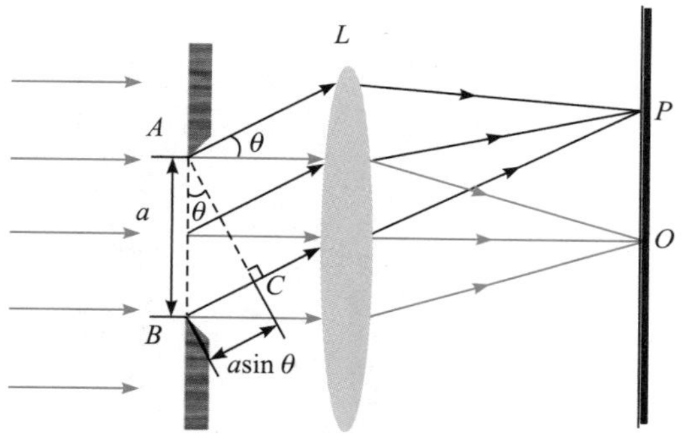

图 6.29

光强的分布规律)要通过分析到达该点的光束中各衍射光线的光程差来确定。

首先考虑沿入射方向传播的各子波射线，它们被透镜 L 会聚于焦点 O，由于 AB 是同相面，而透镜又不会引起附加的光程差，所以它们到达 O 点时仍保持相同的相位而相互加强。这样，在正对狭缝中心的 O 处将是一条明纹的中心，这条明纹就是中央明纹。

接下来考虑衍射角为 θ 的一束平行光，经过透镜后，聚焦在屏幕上 P 点处衍射图样的特点。需要注意的是，从波面 AB 上各点发出的子波到达点 P 的光程并不相等。对应于衍射角为 θ 的屏幕上的 P 点，缝上下边缘的两条光线之间的光程差为

$$\delta = BC = a\sin\theta$$

这是沿 θ 角方向各子波射线的最大光程差。如何从上述分析获得各子波在点 P 处叠加的结果呢？下面采用菲涅耳提出的半波带法进行分析。

菲涅耳半波带法的精妙之处在于，无需复杂的数学推导便能得知衍射条纹分布的概貌。如图6.30所示，作一些平行于 AC 的平面，使两相邻平面之间的距离等于入射光的半波长，即 $\lambda/2$。假定这些平面将单缝处的波振面 AB 分成 AA_1、A_1A_2、…、A_kB 整数个半波带。半波带的个数 $N=\dfrac{a\sin\theta}{\lambda/2}$。由于各个波带的面积相等，所以各个波带在 P 点所引起的光振幅接近相等。而在两相邻的波带上，任何两个对应点(如 AA_1 与 A_1A_2 的中点)所发出的子波的光程差总是 $\lambda/2$，即相位差是 π。结果任何两个相邻波带所发出的子波在 P 点引起的光振动将完全抵消。因此，如果 BC 是半波长的偶数倍，即对应于某给定的衍射角 θ，单缝可分成偶数个波带，则波带的作用成对地相互抵消，在 P 点处将出现暗纹；如果 BC 是半波长的奇数倍，即单缝可分成奇数个波带，则相互抵消后还留下一个波带的作用，在 P 点处将出现明纹。当半波带数 N 不是整数时，P 点的光强介于明暗之间。

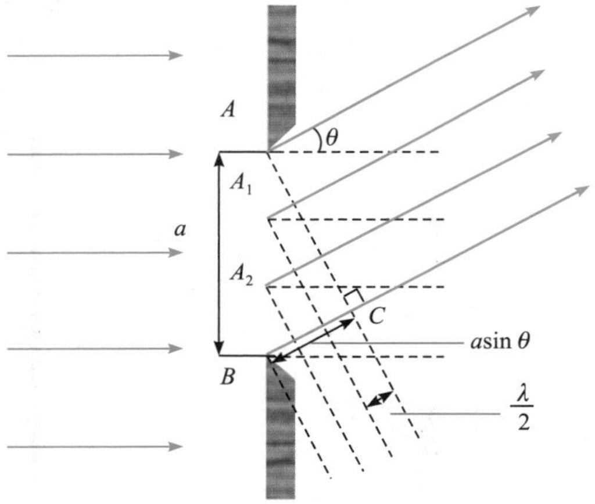

图 6.30

根据上述讨论，当 $\theta=0°$ 时，有

$$a\sin\theta=0$$

对应中央明纹中心的位置，中央明纹是零级明纹。

当 $\theta\neq 0°$ 时，夫琅禾费单缝衍射形成的明暗条纹中心的位置用衍射角 θ 表示的条件为

$$a\sin\theta=\pm 2k\,\frac{\lambda}{2},\ k=1,\ 2,\ 3,\ \cdots,\ \text{暗条纹中心} \tag{6.50}$$

$$a\sin\theta=\pm(2k+1)\frac{\lambda}{2},\ k=1,2,3,\ \cdots,\ \text{明条纹中心} \tag{6.51}$$

式中，k 为衍射级，分别称为第一级暗(明)条纹、第二级暗(明)条纹，以此类推，正负号表示条纹对称分布于中央明纹的两侧。

当 θ 很小时，$\sin\theta\approx\theta$，由式(6.50)得到第一级暗条纹对应的衍射角为

$$\theta_{\pm1}\approx\pm\frac{\lambda}{a}$$

第一级暗条纹对应的衍射角称为中央明条纹的半角宽度。中央明条纹的角宽度为

$$\theta_0=2\,\frac{\lambda}{a} \tag{6.52}$$

设透镜 L 的焦距为 f，于是第一级暗条纹距中心 O 的距离为

$$x_{\pm1}=f\tan\theta_1\approx f\sin\theta_1\approx\pm f\,\frac{\lambda}{a} \tag{6.53}$$

所以中央明条纹的线宽度为

$$\Delta x_0=\frac{2\lambda f}{a} \tag{6.54}$$

由式(6.50)还可知，其他任意一级暗条纹对应的衍射角 θ_k 为

$$\theta_k\approx k\,\frac{\lambda}{a} \tag{6.55}$$

于是其他任意两条相邻暗纹的距离为

$$\Delta x=f\theta_{k+1}-f\theta_k=\left[\frac{(k+1)\lambda}{a}-\frac{k\lambda}{a}\right]f=\frac{\lambda f}{a} \tag{6.56}$$

可见，其他明纹均有同样的宽度，而中央明纹的宽度为其他明纹宽度的两倍。

菲涅耳半波带法不但可以确定衍射图样中各级明暗条纹的位置，而且可以定性地讨论各级明条纹的亮度。第 k 级明条纹对应于 $2k+1$ 个半波带，其中相邻的 $2k$ 个半波带的衍射光干涉抵消。因此照射到明条纹上的能量是衍射光能量的 $1/(2k+1)$。可见，k 越大，照射到明条纹上的光能量越小，明条纹的亮度越小。于是，各级明条纹随着级次的增加（即衍射角的增大），亮度将变小，明暗条纹的分界越来越模糊，所以一般只能看到中央明纹附近少数几条清晰的明纹。单缝衍射的光强分布如图 6.31 所示。从图 6.31 中可以看出，中央明纹最宽、最亮；其他各级明纹分居中央明纹两侧，其光强随着级次的增大而减小。

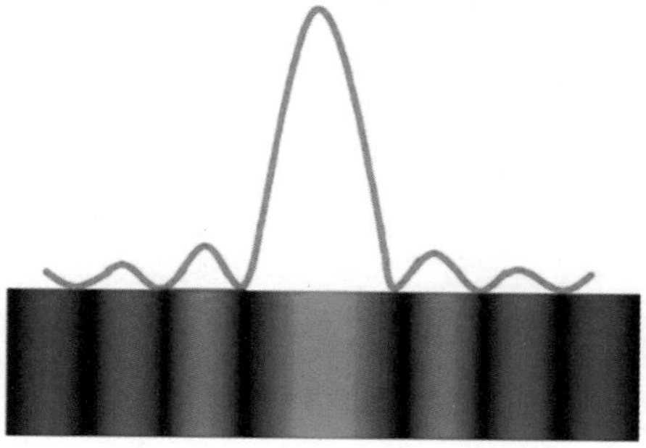

图 6.31

由式(6.50)和式(6.51)可知，对一定宽度的单缝来说，$\sin\theta$ 与波长 λ 成正比，而单色光的衍射条纹的位置是由 $\sin\theta$ 决定的。因此，如果入射光为白光，白光中各种波长的光抵达 O 点都没有光程差，则中央是白色明纹，但在中央明纹两侧的各级条纹中，不同波长的单色光在屏幕上的衍射明纹将不完全重叠，各种单色光的明纹将随波长的不同而略微错开，最靠近的为紫色，最远的为红色，从而形成内紫外红的彩色图样，如图 6.32 所示。

图 6.32

对给定波长 λ 的单色光来说，a 愈小，与各级条纹相对应的 θ 角就愈大，即衍射作用愈显著；反之，a 愈大，与各级条纹相对应的 θ 角就愈小，这些条纹都向中央明纹 O 靠近，逐渐分辨不清，衍射作用愈不显著。如果 $a \gg \lambda$，则各级衍射条纹全部并入 O 附近，形成单一的明条纹。它就是光源缝 S 经透镜 L_1 和 L_2 所成的几何光学的像。这是从单缝射出的平行光束直线传播所引起的作用。由此可见，通常所说的光的直线传播现象，只是光的波长远小于障碍物的线度（即衍射现象不显著）时的情况。

★**【例 6.17】** 用橙黄色的平行光垂直照射一宽 $a=0.6$ mm 的单缝，缝后凸透镜的焦距 $f=40$ cm，观察屏幕上形成的衍射条纹。若屏上离中央明条纹中心 1.40 mm 处的 P 点为第三级明条纹，求：

(1) 入射光的波长；

(2) 从 P 点看，对该光波而言，狭缝处的波面可分成几个半波带？

解 (1) 由于 P 点是明纹，因此有

$$a\sin\theta=\pm(2k+1)\frac{\lambda}{2},\ k=1,\ 2,\ 3,\ \cdots$$

由

$$\frac{x}{f}=\frac{1.4}{400}=3.5\times10^{-3}=\tan\theta\approx\sin\theta$$

得到

$$\lambda=\frac{2a\sin\theta}{2k+1}=\frac{2\times0.6}{2k+1}\times3.5\times10^{-3}=\frac{1}{2k+1}\times4.2\times10^{-3}\ \text{mm}$$

当 $k=3$ 时，求得 $\lambda=60$ nm。

(2) 由 $a\sin\theta=(2k+1)\dfrac{\lambda}{2}$ 可知，当 $k=3$ 时，单缝处的波面可分成 $2k+1=7$ 个半波带。

★**【例 6.18】** 用波长 λ 为 550 nm 的单色光垂直照射到宽度为 0.5 mm 的单缝上，在缝后放一焦距 $f=50$ cm 的凸透镜，求屏上：

(1) 中央明纹的宽度；

(2) 第一级明条纹的位置。

解 (1) 单缝衍射第一级暗条纹中心对应的衍射角 θ_1 满足

$$a\sin\theta_1=\pm\lambda$$

第一级暗条纹距中央明条纹中心的距离为

$$x_{\pm1}=f\tan\theta_1\approx f\sin\theta_1\approx\pm f\frac{\lambda}{a}$$

所以中央明纹的宽度

$$\Delta x_0=2f\frac{\lambda}{a}=2\times0.5\times\frac{550\times10^{-9}}{0.5\times10^{-3}}$$

$$=1.10\times10^{-3}\text{ m}=1.1\text{ mm}$$

(2) 第一级明条纹满足

$$a\sin\theta=\pm(2k+1)\frac{\lambda}{2}$$

$$x_1=f\tan\theta\approx f\sin\theta\approx\pm f\frac{3}{2}\frac{\lambda}{a}$$

$$=\pm0.5\times\frac{3}{2}\times\frac{550\times10^{-9}}{0.5\times10^{-3}}$$

$$=\pm0.825\times10^{-3}\text{ m}$$

$$=\pm0.825\text{ mm}$$

所以第一级明条纹距中央的距离为 0.825 mm。

【例 6.19】 如例 6.19 图所示，一雷达位于路边 15 m 处，它的射束与公路成 15°角。假如发射天线的输出口宽度 $b=0.1$ m，发射的微波波长是 18 mm，则在它监视范围内的公路长度大约是多少？

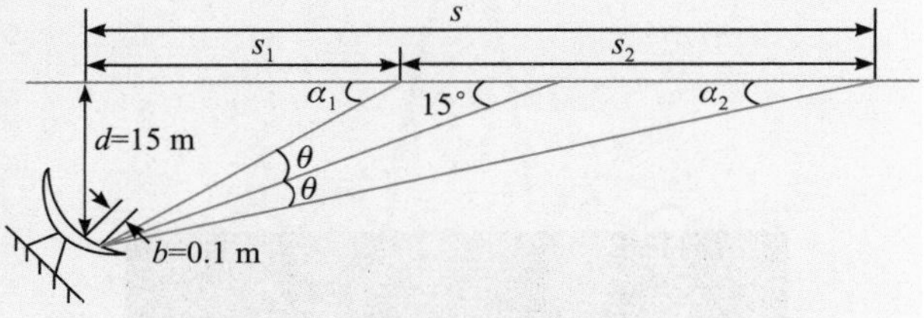

例 6.19 图

解 现将雷达天线的输出口看成发出衍射波的单缝，因衍射波的能量主要集中在中央明纹的范围内，故可大致估算雷达在公路上的监视范围。考虑到雷达距公路较远，故可按夫琅禾费衍射作近似计算。根据夫琅禾费单缝衍射的暗纹条件，对第一级暗纹有

$$a\sin\theta=\lambda$$

于是解得

$$\theta=\arcsin\frac{\lambda}{a}=\arcsin\frac{18\times10^{-3}}{0.1}=10.37°$$

则监视范围内的公路长度大约为

$$s_2=s-s_1=d(\cot\alpha_2-\cot\alpha_1)$$

$$=d[\cot(15°-\theta)-\cot(15°+\theta)]$$

$$=15\times(\cot4.63°-\cot25.37°)$$

$$=153\text{ m}$$

思 考 题

1. 在观察夫琅禾费衍射的装置中，透镜的作用是什么？

2. 在夫琅禾费单缝衍射中，为什么衍射角越大的那些明条纹的光强越小？

3. 什么叫半波带？夫琅禾费单缝衍射中怎样划分半波带？对应于夫琅禾费单缝衍射的第三级明条纹和第四级暗条纹，单缝处波面分别可分成几个半波带？

4. 在夫琅禾费单缝衍射实验中，当把单缝沿透镜光轴方向平移时，衍射图样是否会跟着移动？当把单缝沿垂直于光轴方向平移时，衍射图样是否会跟着移动？

6.6 夫琅禾费圆孔衍射

6.6.1 实验装置及衍射图样特点

前面讨论了光通过狭缝时的衍射现象。同样，光通过小圆孔时也会产生衍射现象。夫琅禾费圆孔衍射实验装置如图 6.33 所示，点光源 S 放置在透镜 L_1 的焦点处，从 S 发出的单色光经透镜 L_1 形成平行光，当单色平行光垂直照射小圆孔时，在透镜 L_2 的焦平面处的屏幕 E 上将形成衍射图样。实验表明，夫琅禾费圆孔衍射图样的中央是一明亮的圆斑，外围是一组同心暗环和明环。

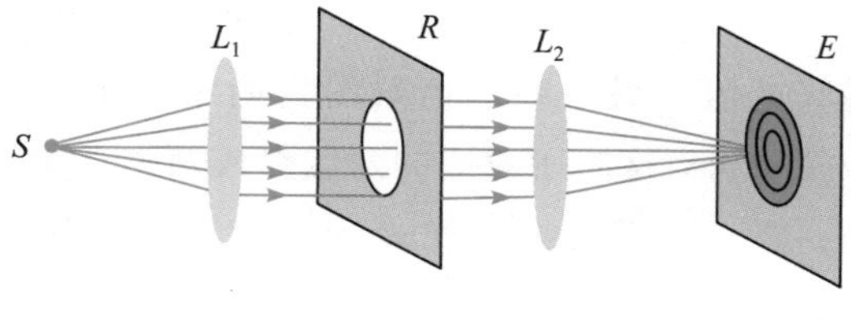

图 6.33

6.6.2 夫琅禾费圆孔衍射图样分析

根据惠更斯-菲涅耳原理，采用积分法可以推导得到圆孔衍射在屏 E 上任一点 P 的光强为

$$I_P=A_0^2\left[1-\frac{1}{2}m^2+\frac{1}{3}\left(\frac{m^2}{2!}\right)^2-\frac{1}{4}\left(\frac{m^3}{3!}\right)^2+\frac{1}{5}\left(\frac{m^4}{4!}\right)^2-\cdots\right]^2 \tag{6.57}$$

式中，A_0 为整个圆孔发出的次波在衍射角 $\theta=0$ 的方向上的合振幅，$m=(\pi R\sin\theta)/\lambda$，$R$ 为圆孔的半径，λ 为入射光的波长。式(6.57)可用一阶贝塞尔函数 $J_1(\cdot)$表示为

$$I_P=A_0^2\left[\frac{J_1(2m)}{m}\right]^2=I_0\left[\frac{J_1(2m)}{m}\right]^2 \tag{6.58}$$

式中，I_0 为整个圆孔发出的次波在衍射角 $\theta=0°$方向上的光强。对于 $\theta=0°$的 P 点，式(6.58)有最大值；将式(6.58)对 m 求导数并令导数为零，则得次最大值；当 m 为某些值时，式(6.58)为零。

由式(6.57)可推导得到中央最大值的位置为

$$\sin\theta_0=0$$

最小值的位置为

$$\begin{cases}\sin\theta_1=0.610\dfrac{\lambda}{R}\\ \sin\theta_2=1.116\dfrac{\lambda}{R}\\ \sin\theta_3=1.619\dfrac{\lambda}{R}\\ \cdots\end{cases} \tag{6.59}$$

以$(R\sin\theta)/\lambda$ 为横坐标，I/I_0 为纵坐标，则由式(6.59)绘制得到的夫琅禾费圆孔衍射光强分布如图 6.34 所示。

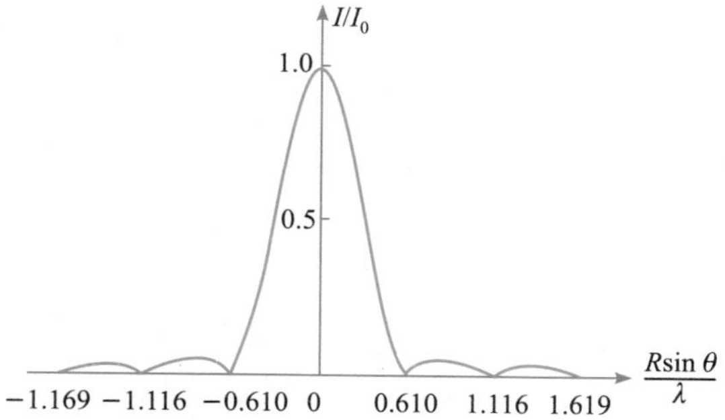

图 6.34

次最大值的位置为

$$\begin{cases}\sin\theta_{10}=0.819\dfrac{\lambda}{R}\\ \sin\theta_{20}=1.333\dfrac{\lambda}{R}\\ \sin\theta_{30}=1.847\dfrac{\lambda}{R}\\ \cdots\end{cases} \tag{6.60}$$

次最大值的相对强度为

$$\begin{cases}I_1=0.0175I_0\\ I_2=0.0042I_0\\ I_3=0.0016I_0\\ \cdots\end{cases}$$

式(6.59)和式(6.60)中，R 为圆孔的半径，故衍射图样是一组同心的明暗相间的圆环。可以证明以第一暗环为范围的中央亮斑的光强占整个入射光束光强的84%，这个中央光斑称为艾里斑。由式(6.59)可知艾里斑的半角宽度为

$$\theta_1\approx\sin\theta_1=0.61\frac{\lambda}{R}=1.22\frac{\lambda}{D}$$

式中，D 是圆孔的直径。显然圆孔直径 D 越小，艾里斑越大，衍射现象越明显；反之，D 越大，艾里

斑越小，衍射现象越不明显。当 $D \gg \lambda$ 时，各级条纹向中心靠拢，艾里斑缩成一亮点，这正是几何光学的结果。由于大多数光学仪器中所用透镜的边缘是圆形的，而且大多数是通过平行光或近似平行光成像的，所以，研究圆孔夫琅禾费衍射对分析成像质量有着重要意义。

6.6.3 光学仪器的分辨本领

在光学中，光学仪器的最小分辨角的倒数，即

$$R = \frac{1}{\theta_1} = \frac{D}{1.22\lambda} \tag{6.61}$$

称为光学仪器的分辨本领。式(6.61)说明，提高光学仪器的分辨本领有两条途径：一是加大透镜的透光孔径，例如光学天文望远镜的镜头直径已达到 5 m，射电天文望远镜的接收天线直径已达到 300～500 m；二是减小观测光波的波长，例如电子显微镜利用电子束的波动性来成像。电子的物质波波长比可见光的波长要小三四个数量级，所以电子显微镜的分辨率要比普通光学显微镜的分辨率大数千倍。

从几何光学角度来说，一个无像差的光学仪器的分辨本领是无限的。从波动光学角度来说，光学仪器中的光阑和透镜都是有限大小的，都会产生衍射。一个物点的共轭像，实际上是在物点的共轭像平面上所形成的以其几何像点为中心的夫琅禾费衍射图样。物体所成的像是有许多重叠的艾里斑构成的。几何光学中所谓的像点，实际上是在假定成像系统孔径无限大时的一种极限情况。物平面上的相邻两点可视为强度相等的两个独立发光点，以单透镜成像系统为例：当两个艾里斑不重叠时，可完全分辨出是两个像点；当两个艾里斑的重叠区域很小时，亦可以分辨出是两个像点；当两个艾里斑的重叠区域增大到一定程度时，两个像点不可分辨，如图 6.35 所示。若一物点所产生的衍射图样的中央最亮处恰与另一物点衍射图样的第一个极小值点位置重合，这时所对应的两像点或两物点刚好可分辨。这一判定两物点能否分辨的准则叫做瑞利判据。

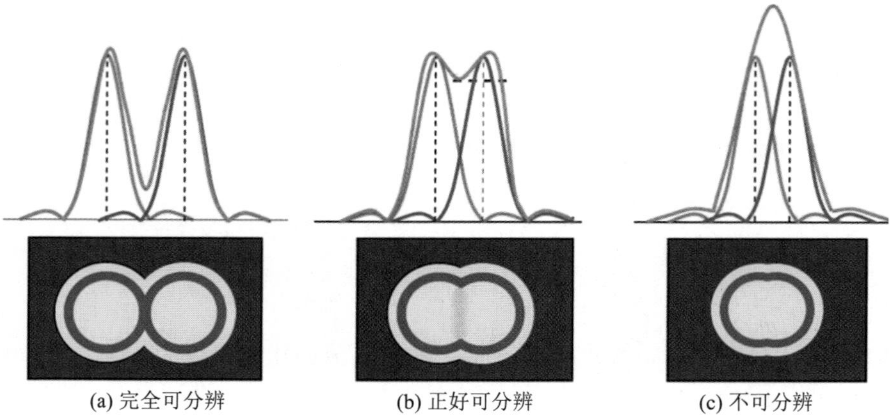

图 6.35

★【例 6.20】 人眼的瞳孔直径约为 3 mm，若视觉感受最灵敏的光波长为 550 nm，试问：

(1) 人眼最小分辨角是多大？

(2) 教室最后一排座位离黑板的距离为 15 m，坐在最后一排的人能分清黑板上两条平行线的最小距离是多少？

解 (1) 人眼的最小分辨角为

$$\theta_0 = 1.22\frac{\lambda}{D} = \frac{1.22 \times 5500 \times 10^{-7}}{3}$$

$$= 2.24 \times 10^{-4}\ \text{rad} \approx 0.013°$$

(2) 设黑板上两条平行线的间距为 x，人离开黑板的距离为 s，则对人眼来说，恰能分辨时

$$\theta_0 \approx \frac{x}{s}$$

于是得到

$$x = s\theta_0 = 15 \times 10^3 \times 2.2 \times 10^{-4} = 3.3\ \text{mm}$$

即最后一排观察者能分辨黑板上两条平行线的最小距离为 3.3 mm。

【例 6.21】 一直径为 2 mm 的氦氖激光束射向月球表面，其波长为 632.8 nm，已知月球和地球的距离为 3.84×10^{8} m。

(1) 在月球上得到的光斑直径有多大?

(2) 如果这束激光束经扩束器扩展后的直径为 2 m，则在月球上得到的光斑直径将为多大? 在激光测距仪中，通常采用激光扩束器，这是为什么?

解 (1) 由于衍射，该激光束的发散角为

$$\Delta\theta=2\theta_0=2.44\frac{\lambda}{D}=2.44\times\frac{632.8\times10^{-9}}{2\times10^{-3}}=7.72\times10^{-4}\ \text{rad}$$

月球上的光斑直径为

$$d=L\Delta\theta=2.96\times10^{5}\ \text{m}$$

(2) 扩束后月球上的光斑直径将变为

$$d=L\Delta\theta=2.44L\frac{\lambda}{D'}=2.44\times3.84\times10^{8}\times\frac{632.8\times10^{-9}}{2}=296\ \text{m}$$

由此可知，激光经过扩束后，其方向性大为改善，激发测距仪的分辨本领大大提高。

知识进阶

眼睛和典型光学仪器的分辨本领

1. 眼睛的分辨本领

眼是视觉的感觉器官，包括眼球及其附属器。眼所占的表面积和容积虽小，但其功能至关重要。眼是机体的一个组成部分，许多全身系统性疾病可在眼部有所表现。人的眼睛结构如右图所示，眼球是一个球形器官，分成眼球壁和眼内容物两部分。其中，眼球壁包括外层、中层和内层；眼球内容物包括晶状体、房水和玻璃体；眼的附属器包括眼眶、眼睑、结膜、泪器和眼外肌。

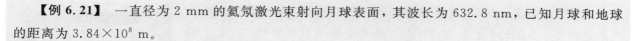

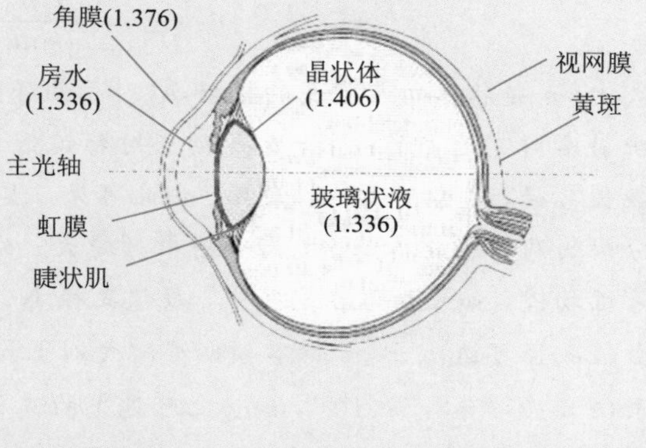

为了近似计算方便，可把标准眼简化为一个折射球面的模型，该模型称为简化眼。简化眼的有关参数如下：折射面的曲率半径为 5.56 mm，像方介质的折射率为 4/3，视网膜的曲率半径为 9.7 mm。可算得简化眼的物方焦距为 16.7 mm，像方焦距为 22.26 mm，光焦度为 59.88 屈光度。

设眼睛瞳孔的直径是 D，光在眼内的波长是 λ'，按瑞利判据，眼睛的最小分辨角为

$$\theta=122\frac{\lambda'}{D}=1.22\frac{\lambda}{nD}$$

式中，λ 是光在真空中的波长，n 是眼内物质的折射率。对于远处物体上的两点，如果它们对眼睛的张角大于或等于上式中的 θ，则能够分辨，否则不能分辨。由于人眼的焦距约 20 mm，对于明视距离(眼前 250 mm)处的物体，也可用上式估计其最小分辨角。白天人眼瞳孔的直径约 2 mm，折射率可取 1.33，绿光的波长为 5.5×10^{-4} mm，可得最小分辨角为 2.5×10^{-4} rad。

2. 望远镜的分辨本领

因为望远镜物镜通光孔径的直径 D 大于人眼的瞳孔 d，所以当用望远镜观察远处物体时，提高了对物体的分辨本领，望远镜的分辨能力是人眼的 D/d 倍。为了充分利用这个分辨本领，望远镜必

须有足够的放大率。若放大率不足($<D/d$),望远镜的分辨本领就得不到充分利用;若放大率过大($>D/d$),并不能提高分辨本领,只是使像的形状变得更大。例如,1990 年美国发射的哈勃太空望远镜的凹面物镜的直径为 2.4 m。其最小分辨角可观察 130 亿光年远的太空深处,发现了 500 亿个星系。哈勃太空望远镜主要观测可见光波段,其波长范围为 390~780 nm。

500 米口径球面射电望远镜(Five-hundred-meter Aperture Spherical radio Telescope,FAST)是一个球面射电望远镜,其主要反射面是一个直径约 500 m 的球面。这个巨大的尺寸使得 FAST 能够收集并聚焦更多的射电信号,以提高灵敏度和分辨率。FAST 的主要工作原理是通过球面反射面捕捉到来自宇宙射电源的微弱射电信号。这些信号被反射并聚焦在望远镜焦点上。在焦点上,有射电接收器,它负责接收和检测射电信号。接收器将射电信号转化为电信号,然后通过电缆传输到信号处理系统。接收到的电信号由信号处理系统进行分析和处理。这包括数据滤波、频谱分析、数据压缩等步骤。处理后的射电数据被用于进行各种射电天文学的科学研究,包括探测宇宙中的脉冲星、星系、星云等天体。

3. 显微镜的分辨本领

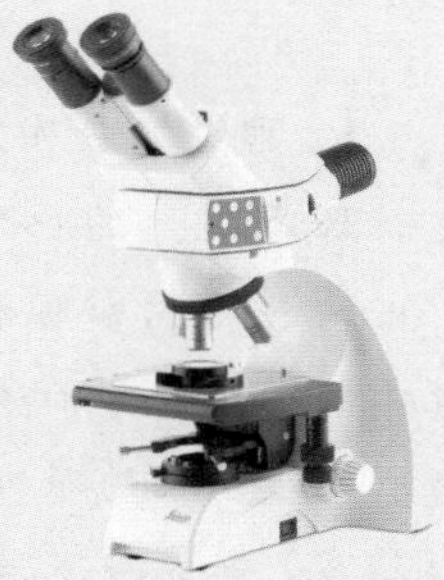

显微镜是用来观察近处小物体的。显微镜的分辨本领,通常不用角度来表示,而是用刚好能分辨开的物体上两点的最小距离 Δy 表示。Δy 的计算公式为

$$\Delta y=\frac{0.61\lambda}{n\sin u}$$

式中,n 是物体所在空间的折射率(对于油浸镜头为油的折射率,一般为空气的折射率),λ 为光的波长,u 是物点对物镜张角的一半。$n\sin u$ 的值叫作物镜的数值孔径,通常用 $N.A.$ 表示。由此可见,波长越小,物镜的数值孔径越大,可分辨的两点间距离越小,即分辨本领越大。为了增大数值孔径,应使物体尽量靠近物镜。如果物体在空气中,数值孔径 $N.A.$ 就等于 1。如果用油浸物镜,油的折射率 $n=1.5$,则数值孔径可达 1.5,分辨本领也可增大到 1.5 倍。如果减小波长,例如使用紫外线,由于紫外线的波长($2\times10^{-4}\sim2.5\times10^{-4}$ mm)比可见光的波长短一半,显微镜的分辨本领可增大一倍。

4. 照相机的分辨本领

照相机的分辨本领正比于物镜的相对孔径 D,反比于照射光的波长 λ,表示为

$$R=\frac{D}{1.22\lambda f}$$

式中,f 是镜头焦距。由此可见,增大相机物镜的相对孔径可以增大其分辨本领。

思考题

1. 假如人眼能感知的电磁波段不在 500 nm 附近,而是移到毫米波段,人眼的瞳孔仍保持 4 mm 左右的孔径,那么人们所看到的外部世界将是一幅什么样的景象?

2. 如何提高望远镜和显微镜的分辨率?

6.7　光栅衍射

光栅是由大量等宽等间距的平行狭缝所组成的光学器件。如图 6.36(a)所示，一块透明的屏板上刻有大量相互平行、等宽且等间距的刻痕，这样的屏板就是一种透射光栅，其中刻痕为不透光部分。如图 6.36(b)所示，在一块光洁度很高的金属平面上刻出一系列等间距的平行刻痕，就构成了反射光栅。实际的光栅一般每毫米内有几十条乃至上千条刻痕。若刻痕间距为 a，刻痕宽度为 b，则 $d=a+b$ 称为光栅常数。通常，光栅常数是很小的，例如在 1 cm 内刻有 5000 条等宽等间距的刻痕，此时，$d=2\times10^{-6}$ m。

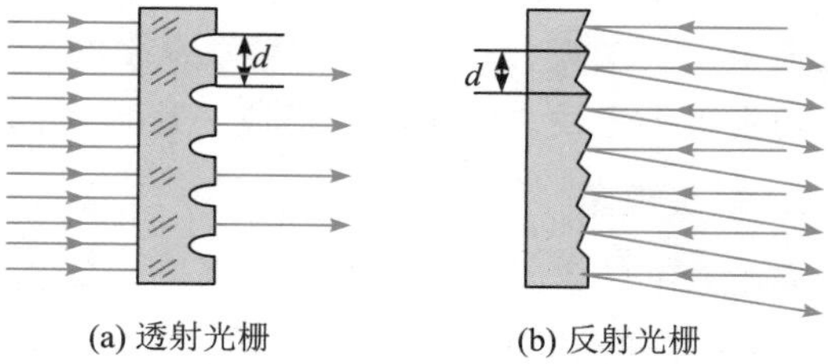

图 6.36

6.7.1　实验装置及衍射图样的特点

光栅衍射实验装置如图 6.37 所示，光源 S 放置在透镜 L_1 的焦平面处，光源 S 发出的光经透镜 L_1 变为平行光。单色平行光垂直照射光栅常数为 d、缝数为 N 的光栅上，通过每一狭缝的光都要发生衍射，而缝与缝之间透过的光又要发生干涉。用透镜 L_2 把光束会聚到屏幕上，便形成一组光栅衍射花样。实验表明，光栅衍射图样具有如下特征(如图 6.38 所示)：① 与单缝衍射图样相比，光栅衍射图样中出现一系列新的强度最大值和最小值，其中那些较强的亮纹称为主极大，较弱的亮纹称为次极大；② 主极大的位置与缝数 N 无关，但它们的宽度随 N 的增大而减小，其强度正比于 N^2；③ 在相邻两个主极大条纹之间有 $N-1$ 个暗纹和 $N-2$ 个光强很小的次极大；④ 光栅衍射强度曲线的包迹与单缝衍射强度曲线的形式一样。另外，如果入射光由波长不同的成分组成，则每一波长都产生和它对应的又细又亮的明纹，即光栅具有色散分光的作用。

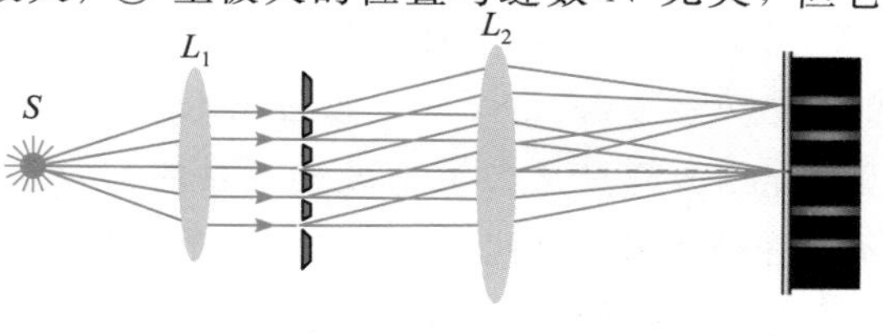

图 6.37

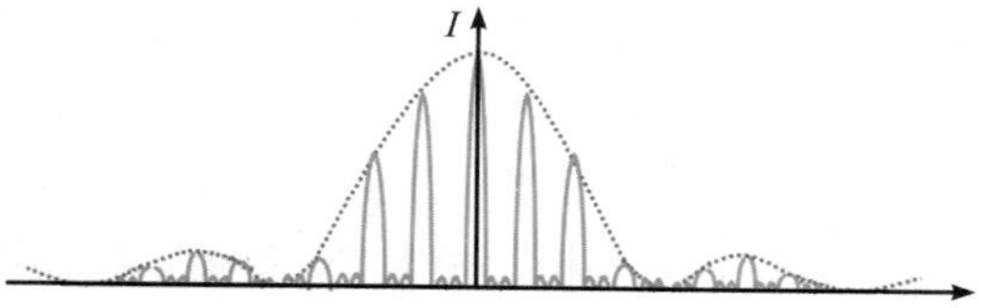

图 6.38

6.7.2　光栅衍射条纹分析

光栅衍射条纹与单缝衍射条纹有很大的不同，原因在于光栅的衍射条纹是衍射和干涉的综合结果。光栅中每一条缝都将按单缝衍射规律对入射光进行衍射，但是各单缝发出的光是相干光，因此将发生干涉，结果形成不同于单缝的光栅衍射规律和相应的衍射图样。下面分析光栅明暗条纹满足的条件。

1. 光栅方程

如图 6.39 所示，两相邻狭缝发出沿 θ 角衍射的平行光，当它们会聚于屏上的 P 点时，其光程差为 $(a+b)\sin\theta$。若此光程差恰为入射光波长 λ 的整数倍，则这两束光线将因相干叠加而得到加强。显然，其他任意相邻两缝沿 θ 方向的衍射光也将会聚于相同点 P，且光程差亦为 λ 的整数倍，它们的干涉效果也都是相互加强的。所以总体来看，光栅衍射明条纹的条件是衍射角 θ 必须满足：

$$(a+b)\sin\theta=\pm k\lambda,\ k=0,1,2,\cdots \tag{6.62}$$

式(6.62)通常称为光栅方程。满足光栅方程的明纹

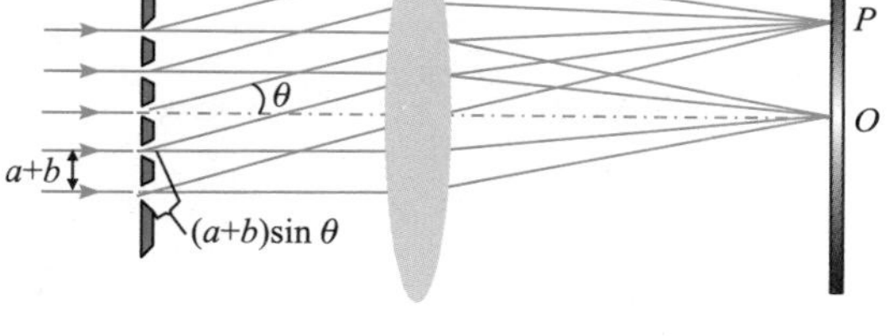

图 6.39

称为主极大条纹，k 称为主极大级数。$k=0$ 时，$\theta=0°$，对应的明纹称为中央明条纹；$k=1$，2 的明纹分别称为第一级、第二级主极大明纹，并依次类推。式(6.62)中正、负号表示各级明条纹对称分布在中央明纹两侧。需要指出的是，主极大条纹是由多缝干涉决定的。另外，由惠更斯-菲涅耳原理可知，衍射角 $|\theta|$ 不可能大于 $\pi/2$，$|\sin\theta|$ 不可能大于 1。这就对观察到的主极大级数有了限制，最大的主极大级数 $k<(a+b)/\lambda$。

从光栅方程可以看出，主极大条纹的位置只与光栅常数有关，与光栅的缝数 N 无关，且光栅常数越小，对应各级明纹的衍射角越大，各级明纹就分得越开，能够观察到的主极大条纹的总数越小。对光栅常数一定的光栅，入射光的波长 λ 越大，各级明纹的衍射角也越大，这就是上面提到的光栅衍射具有色散分光的作用。

2. 暗纹条件

在光栅衍射中，两主极大条纹之间分布着一些暗条纹，也称极小。这些暗条纹是由各缝发出的光聚焦于屏上一点，因干涉相消而形成的。屏上任一点 P 的光振动矢量 $\boldsymbol{A}$ 应是来自各缝光振动矢量 $\boldsymbol{A}_1$，$\boldsymbol{A}_2$，…，$\boldsymbol{A}_n$ 之和。由于各缝面积相等，又对应于同一衍射角 θ，故 $\boldsymbol{A}_1$，$\boldsymbol{A}_2$，…，$\boldsymbol{A}_n$ 的大小应相等。这样，只要知道了来自各缝光振动矢量的夹角，就可以用矢量多边形法则求得合矢量 $\boldsymbol{A}$，如图 6.40(a)所示。前面讲过，相邻两缝沿衍射角 θ 方向发出光的光程差都等于 $(a+b)\sin\theta$，其相应的相位差 $\Delta\varphi$ 为

$$\Delta\varphi=\frac{2\pi(a+b)\sin\theta}{\lambda}$$

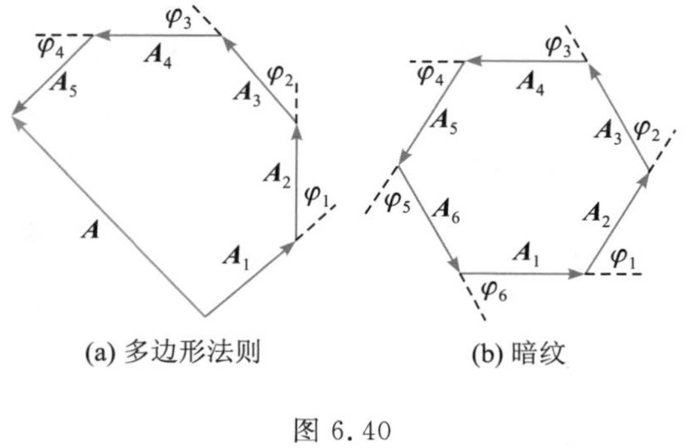

图 6.40

根据谐振动的矢量表示法，显然 $\Delta\varphi$ 就是 $\boldsymbol{A}_1$，$\boldsymbol{A}_2$，…，$\boldsymbol{A}_n$ 各矢量间依次的夹角，如果合矢量 $\boldsymbol{A}=\sum\boldsymbol{A}_i=\boldsymbol{0}$，即 $\boldsymbol{A}_i$ 矢量组成的多边形是封闭的，如图 6.40(b) 所示，则 P 点为暗纹上的点。因此，暗纹形成的条件为

$$N\Delta\varphi=\pm m\cdot 2\pi(m\neq kN,\ k=1,\ 2,\ \cdots)$$

或改写为

$$N(a+b)\sin\theta=\pm m\lambda \tag{6.63}$$

式中，$m=1$，2，…，$N-1$，$N+1$，…，$2N-1$，$2N+1$，…。

衍射角 θ 满足式(6.63)的方向上出现暗纹。当 $m=N$，$2N$，$3N$，…，即 m 为 N 的整数倍时，相邻两缝沿衍射角 θ 方向发出的光相位差正好为 2π 的整数倍，因此相干叠加加强。事实上，这时相应的衍射角 θ 正对应光栅方程确定的主极大位置。

综上所述，在相邻两个主极大条纹之间，有 $N-1$ 个暗纹，在这 $N-1$ 个暗纹之间还有 $N-2$ 个光强很小的次极大，以致于在缝数众多的情况下相邻两主极大条纹之间实际上形成一片暗的背景。

3. 缺级现象

光栅方程只考虑了多光束干涉产生暗条纹的情况，下面分析每条缝的衍射对屏上明条纹的影响。前面分析过，光栅的 N 条缝各自在屏上形成条纹的位置完全重合，这是因为，平行光经透镜后汇聚点的位置只与衍射角 θ 有关，因此满足光栅方程

$$(a+b)\sin\theta=\pm k\lambda \tag{6.64}$$

的衍射角 θ 对应屏上的位置应该出现主极大，若衍射角 θ 又同时满足单缝衍射的暗条纹条件

$$a\sin\theta=\pm k'\lambda,\ k'=1,\ 2,\ \cdots \tag{6.65}$$

这时，各狭缝发出的衍射光在屏上衍射角 θ 对应的位置产生暗条纹，光强为零，所以不存在多光束干涉加强的问题。因此，满足光栅方程相应的衍射角的主极大条纹就不会出现，这一现象称为衍射光谱线的缺级。将式(6.64)和式(6.65)相除，可得缺级的级数为

$$k=\frac{a+b}{a}k',\ k'=1,\ 2,\ \cdots$$

例如，当 $a+b=4a$ 时，对应 $k'=1$，2，…，可得缺级的级数 $k=\pm4$，±8，…，如图 6.41 所示。由此可见，光栅方程只是产生主极大条纹的必要条件，而不是充分条件。也就是说，在研究光栅衍射图样时，除考虑缝间干涉外，还必须考虑缝的衍射，即光栅衍射是干涉和衍射的综合结果。

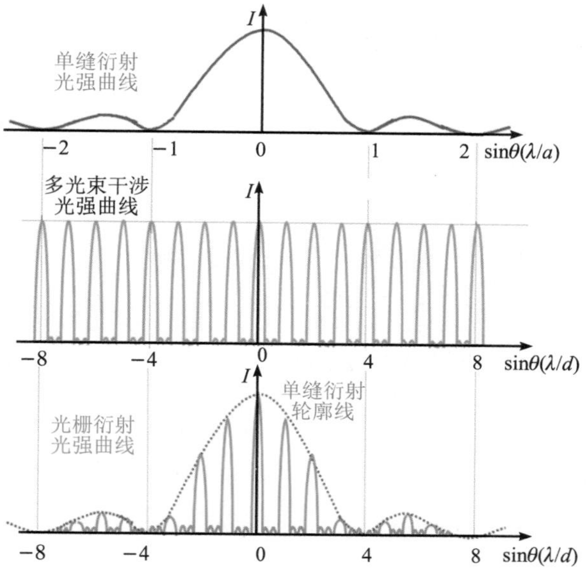

图 6.41

4. 强度分布

对应于衍射角 θ，计算在观察点 P 处的合振动的振幅为

$$A_P = A_0 \frac{\sin\left(\frac{\pi a}{\lambda}\sin\theta\right)}{\frac{\pi a}{\lambda}\sin\theta} \cdot \frac{\sin N\left(\frac{\pi d}{\lambda}\sin\theta\right)}{\sin\left(\frac{\pi d}{\lambda}\sin\theta\right)}$$

式中，A_0 为整个光栅发出的次波在衍射角 $\theta=0°$方向上的合振幅，a 为光栅单个缝的宽度，d 为光栅常数。

令 $u=\frac{\pi a}{\lambda}\sin\theta$，$v=\frac{\pi d}{\lambda}\sin\theta$，则屏上观察点 P 处的光强为

$$I_P = A_0^2 \frac{\sin^2 u}{u^2} \frac{\sin^2 Nv}{\sin^2 v} \tag{6.66}$$

式(6.66)的前一部分 $\frac{\sin^2 u}{u^2}$ 表示单缝衍射的光强分布，称为单缝衍射因子，它来源于单缝衍射，是整个衍射图样的轮廓，如图 6.41 所示。后半部分 $\frac{\sin^2 Nv}{\sin^2 v}$ 表示多光束干涉的强度分布，它来源于缝隙间干涉，称为缝间干涉因子。综上所述，光栅衍射的光强是单缝衍射因子和缝间干涉因子的乘积，单缝衍射因子对干涉主极大起调制作用，缝间干涉因子影响各个主极大的位置，当给定光栅常量之后，主极大的位置就确定了。此时单缝衍射并不改变主极大的位置，而只改变各级主极大的强度，形如一个“包络线”，如图 6.41 所示。

6.7.3 光栅光谱

对于一个确定的光栅，光栅常数 $a+b$ 是确定的。由光栅方程知，同一级谱线的衍射角 θ 的大小与入射光的波长有关。用白光平行正入射在光栅上，可以观察到，屏上只有中央明条纹由各种波长光混合，仍为白光，其两侧形成由紫到红对称排列的彩色光带，此即光栅光谱，如图 6.42 所示。观察光栅光谱的实验装置称为光栅光谱仪。光栅光谱仪通常由光源、光栅和光谱检测器组成，通过调整光栅的参数，如刻线宽度、刻线间距等，可以实现对光谱的分辨和测量。光栅光谱仪被广泛应用于物质成分分析、气体检测、光谱特性研究等领域。

图 6.42

科技专题

光栅调制及其应用

光栅调制是一种通过光栅对光进行调制的技术。光栅是一种具有微观周期性结构的光学元件，当光通过光栅时，会发生多缝衍射和干涉，形成特定的光谱。改变光栅的参数可以实现对入射光的波长、相位、偏振状态等调制。光栅调制在光纤通信、光学测量、全息技术等领域有广泛应用。例如在全息技术中，利用叉形全息光栅可以实现对涡旋光束拓扑荷数的调控。当叉形光栅被涡旋光束照亮时，衍射光斑的拓扑荷数为参考光的拓扑荷数加光栅拓扑荷数与衍射光斑阶数的乘积，示意图如右图所示。

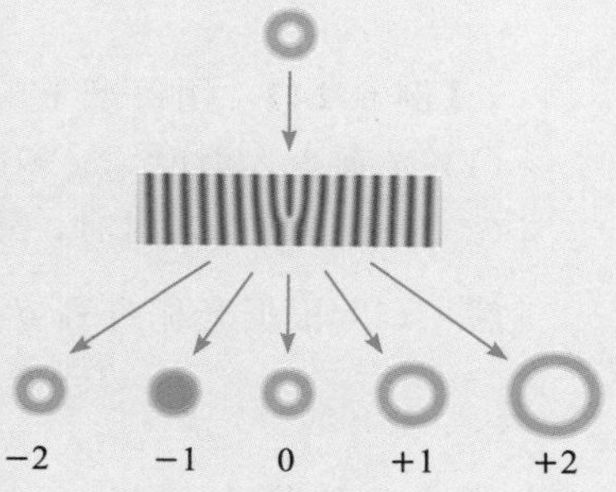

图中叉形光栅是由拓扑荷数为 q 的涡旋光与高斯光束干涉产生的，照射光栅的入射光拓扑荷数为 l，衍射光斑的阶数为 n，得到的衍射光斑的拓扑荷数为 $m=l+nq$。

★【例 6.22】 波长 $\lambda=600$ nm 的单色光垂直入射到一光栅上，测得第二级主极大的衍射角为 30°，且第三级缺级。

(1) 光栅常数 d 等于多少?

(2) 透光缝可能的最小宽度 a 等于多少?

(3) 在选定了上述 d 和 a 之后，求屏幕上可能呈现的主极大的级次。

解 (1) 由光栅衍射主极大公式得

$$d=\frac{k\lambda}{\sin\theta}=\frac{2\times600\times10^{-7}}{\sin30^\circ}=2.4\times10^{-4}\ \text{cm}$$

(2) 由光栅公式知第三级主极大的衍射角 θ' 满足关系式：

$$d\sin\theta'=3\lambda \qquad ①$$

由于第三级缺级，对应于最小可能的 a，θ' 方向应是单缝衍射第一级暗纹的方向，即

$$a\sin\theta'=\lambda \qquad ②$$

比较①、②两式得

$$a=\frac{d}{3}=\frac{2.4\times10^{-4}}{3}=0.8\times10^{-4}\ \text{cm}$$

(3) 由 $d\sin\theta=k\lambda$ 可得

$$k_{\max}=\frac{d\sin\frac{\pi}{2}}{\lambda}=\frac{2.4\times10^{-4}\times1}{6000\times10^{-8}}=4$$

因为第三级缺级，第四级在 $\theta=\frac{\pi}{2}$ 的方向，在屏上也不可能显示，所以实际呈现 $k=0$，±1，±2 级主极大。

★【例 6.23】 波长 $\lambda=600$ nm 的单色光垂直入射到一光栅上，第二、第三级明条纹分别出现在 $\sin\theta_2=0.2$ 与 $\sin\theta_3=0.3$ 处，第四级缺级。求：

(1) 光栅常数；

(2) 光栅上狭缝的宽度；

(3) 在 $-90^\circ<\theta<90^\circ$ 范围内，实际呈现的全部级数。

解 (1) 由 $(a+b)\sin\theta=k\lambda$ 可知，对应于 $\sin\theta_1=0.2$ 与 $\sin\theta_2=0.3$ 处满足

$$0.2(a+b)=2\times600\times10^{-9}$$

$$0.3(a+b)=3\times600\times10^{-9}$$

于是得到

$$a+b=6.0\times10^{-6}\ \text{m}$$

(2) 因第四级缺级，因此需要同时满足

$$(a+b)\sin\theta=k\lambda$$

$$a\sin\theta=k'\lambda,\ k'=1,\ 2,\ \cdots$$

解得

$$a=\frac{a+b}{4}k'=1.5\times10^{-6}k'$$

取 $k'=1$，得光栅狭缝的最小宽度为 1.5×10^{-6} m。

(3) 由 $(a+b)\sin\theta=k\lambda$，得

$$k=\frac{(a+b)\sin\theta}{\lambda}$$

当 $\theta=\frac{\pi}{2}$ 时，对应 $k=k_{\max}$，得到

$$k_{\max}=\frac{a+b}{\lambda}=\frac{6.0\times10^{-6}}{6000\times10^{-10}}=10$$

因第四级和第八级缺级，所以在 $-90^\circ<\theta<90^\circ$ 范围内实际呈现的全部级数为

$$k=0,\ \pm1,\ \pm2,\ \pm3,\ \pm5,\ \pm6,\ \pm7,\ \pm9$$

共 15 条明条纹($k=\pm10$ 在 $\theta=\pm90^\circ$ 处看不到)。

★【例 6.24】 用每毫米内有 400 条刻痕的平面透射光栅观察波长为 589 nm 的钠光谱。试问：

(1) 光垂直入射时，最多能观察到几级光谱?

(2) 光以 30°角入射时，最多能观察到几级光谱?

解 (1) 根据光栅方程 $d\sin\theta=k\lambda$，得

$$k=\frac{d\sin\theta}{\lambda}$$

可见 k 的最大值与 $\sin\theta=1$ 的情况相对应($\sin\theta$ 真正等于 1 时，光就不能到达屏上)。

根据已知条件

$$d=\frac{1}{400}\ \text{mm}=2.5\times10^{-6}\ \text{m}$$

取 $\sin\theta=1$，则得

$$k=\frac{2.5\times10^{-6}}{589\times10^{-9}}=4.2$$

此处 k 只能取整数，即最多能观察到第四级光谱线。

(2) 根据平行光倾斜入射时的光栅方程

$$d(\sin\theta \pm \sin\theta_0) = k\lambda,\ k=0,\ \pm 1,\ \pm 2,\ \cdots$$

可得

$$k=\frac{d(\sin\theta \pm \sin\theta_0)}{\lambda}$$

同样，取 $\sin\theta=1$，得

$$k=\frac{2.5\times 10^{-6}\times(\sin 30^\circ+1)}{589\times 10^{-9}}=6.4$$

即最多能观察到第六级光谱线。

思考题

1. 光栅衍射与单缝衍射有何区别？为何光栅衍射的明条纹特别明亮而暗区很宽？
2. 如何理解光栅的衍射条纹是单缝衍射和多缝干涉的总效应？
3. 光栅衍射图样的强度分布具有哪些特征？这些特征分别与光栅的哪些参数有关？
4. 如果光栅中透光狭缝的宽度与不透光部分的宽度相等，将出现怎样的衍射图样？
5. 一束平行光入射光栅，当光栅在其所在的平面内沿与刻线垂直的方向作微小移动时，衍射图样有没有变化？
6. 若白光垂直入射光栅，不同波长的光将会有不同的衍射角。那么在可见光中哪种颜色的光衍射角最大？不同波长的光，其分开程度与什么因素有关？

6.8　X 射线的衍射

6.8.1　X 射线

X 射线又称伦琴射线，是德国物理学家伦琴(Wilhelm Conrad Röntgen，1845—1923)于 1895 年发现的。它是一种频率极高、波长极短、能量很大的电磁波，其波长范围在 0.01～10 nm 之间。

产生 X 射线最简单的方法是用加速后的电子撞击金属靶。高速电子与阳极靶的原子碰撞时，由高速运动突然变为停止不动，电子失去的动能以光子形式辐射，形成 X 光光谱的连续部分。加大加速电压，电子携带的能量增大，则有可能将金属原子的内层电子撞出。于是内层形成空穴，外层电子跃迁回内层填补空穴，同时放出波长约为 0.1 nm 的光子。由于外层电子跃迁放出的能量是量子化的，所以放出的光子的波长也集中在某些范围，形成了 X 光谱中的特征线。此外，高强度的 X 射线亦可由同步加速器或自由电子激光器产生。同步辐射光源具有强度高、连续波长、光束准直、光束截面积极小的优势，并具有时间脉冲特性与偏振性。

与可见光相比，X 射线的特点是波长短、能量大、穿透能力强，其能穿透可见光不能穿透的物质，如生物软组织、木板、普通玻璃，以及除重金属外的金属板。X 射线由于其独特的性质，被广泛应用于医学诊断和工业探伤。X 射线可激发荧光，使气体电离，使感光乳胶感光，故可用电离计、闪烁计数器和感光乳胶片等检测。

6.8.2　X 射线在晶体上的衍射

1912 年德国物理学家劳厄(Max von Laue，1879—1960)设想，晶体内的点阵粒子是有规则排列的，粒子之间的距离与 X 射线的波长同数量级，可以把晶体作为 X 射线的天然光栅。这种设想得到了实验验证。X 射线在晶体上的衍射实验装置如图 6.43(a)所示，从 X 射线管发出的射线经用铅制作成的衍射屏射在一薄晶体上，在晶体后面放置的照相底片上发现了有规则的斑点，称为劳厄斑点，如图 6.43(b)所示。X 射线在晶体上的衍射实验证实了 X 射线与可见光一样具有波动性，同时也说

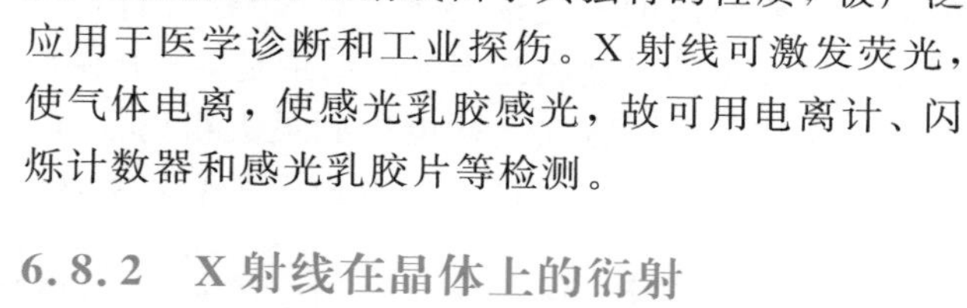

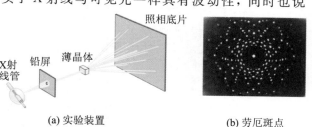

(a) 实验装置　　(b) 劳厄斑点

图 6.43

明X射线的波长和晶体点阵间距的数量级相同。

1913年，英国布拉格父子(William Henry Bragg、William Lawrence Bragg)提出了一种解释X射线衍射的简明方法，并作了定量的计算。这种方法把晶体看成由一系列相互平行的原子层所组成，如图6.44所示，图中小圆点表示晶体点阵中的原子(或粒子)。

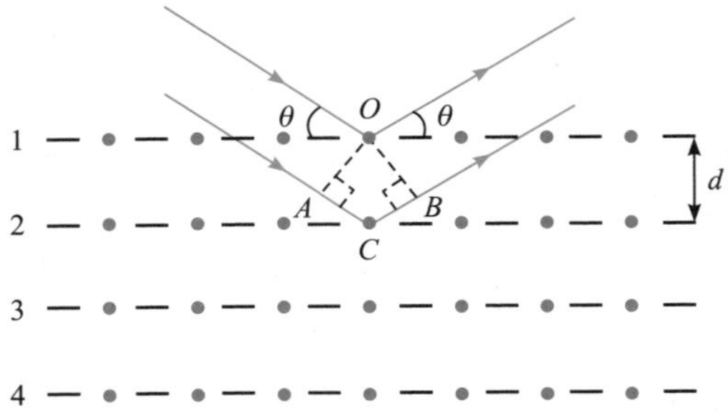

图6.44

当X射线照射到晶体上时，按照惠更斯原理，组成晶体的每个原子都可看成是发射子波的波源，向各个方向发出衍射线。它们的叠加可以分为：同一晶面上不同子波波源所发出的子波的叠加，以及不同晶面所发出的子波的叠加。对同一晶面而言，各原子所发出的子波相互干涉的结果是，只有在符合反射定律的衍射方向上才能得到最大衍射强度。对不同晶面而言，在上述反射方向上的总衍射强度，取决于各晶面的反射线相互叠加的结果。设原子层之间的距离是d，当一束平行的相干X射线以掠射角θ入射时，相邻两层反射线的光程差为

$$AC+CB=2d\sin\theta$$

显然，符合条件

$$2d\sin\theta=k\lambda,\ k=1,\ 2,\ 3,\ \cdots \tag{6.67}$$

时，各原子层的反射线都将相互加强，光强极大。式(6.67)就是著名的**布拉格公式**。

在晶体中有许多取向不同的晶面族。对同一个晶体的空间点阵而言，从不同方向看去，会看到取向不同、间距不同的晶面族。当X射线入射到晶体表面时，对于不同的晶面族，其掠射角θ是不同的，晶面间距也是不同的。在相应晶面的反射方向上，只要相干光线的光程差满足布拉格公式，就能在该方向上得到相干加强的结果。

晶体对X射线的衍射应用很广。如果晶体的结构已知，即晶体的晶格常数已知，其就可以用来测定X射线的波长，这一方面的工作称为X射线的光谱分析，它对原子结构的研究极为重要。用已知波长的X射线在晶体上衍射，就可测定晶体的晶格常数，这一方面的工作称为X光结构分析，分子物理中很多重要的结论都是以此为基础的。X射线的晶体结构分析在工程技术上也有极大的应用价值。

★**【例6.25】** 以波长为0.11 nm的X射线照射岩盐晶体，实验测得，当X射线与晶面夹角为11.5°时获得第一级反射极大。

(1) 岩盐晶体原子平面层之间的间距d为多大？

(2) 如以另一束待测X射线照射，测得当X射线与晶面夹角为17.5°时获得第一级反射极大，求该X射线的波长。

解 (1) 根据布拉格公式$2d\sin\theta=\lambda$，可知晶面间距

$$d=\frac{\lambda}{2\sin\theta}=\frac{0.11}{2\times\sin 11.5^\circ}=0.276\ \text{nm}$$

(2) 待测X射线的波长为

$$\begin{aligned}\lambda&=2d\sin\theta\\&=2\times0.276\times10^{-9}\times\sin 17.5^\circ\\&=0.166\ \text{nm}\end{aligned}$$

共享一届诺贝尔物理学奖的布拉格父子

英国的威廉·亨利·布拉格(William Henry Bragg，1862—1942)和他的儿子威廉·劳伦斯·布拉格(William Lawrence Bragg，1890—1971)，因创立极其重要的科学分支——X射线晶体结构分析，而共享了1915年的诺贝尔物理学奖。

威廉·亨利·布拉格，英国物理学家，现代固体物理学的奠基人之一。他早年在剑桥大学三一学院学习数学，曾任澳大利亚阿德莱德大学、英国利兹大学及伦敦大学教授，1940年出任英国皇家学会会长。同时，作为一名杰出的社

会活动家，他在20世纪二三十年代是英国公共事务中的风云人物。他与威廉·劳伦斯·布拉格通过对X射线谱的研究，提出了晶体衍射理论，建立了布拉格公式，并改进了X射线分光计。

威廉·劳伦斯·布拉格，出生于澳大利亚阿德莱德，物理学家。1912年，他开始研究劳厄发现的X射线衍射现象，并于11月在《剑桥哲学学会学报》上发表了关于该课题的第一篇论文。1912年到1914年他和父亲一起工作，研究成果在1915年以论文形式发表，题为“X射线和晶体结构”。该论文创立了X射线晶体结构分析方法，提出了晶体衍射理论，建立了布拉格公式。在X射线衍射的研究工作中，威廉·劳伦斯·布拉格获得了重要的理论成果，其父亲威廉·亨利·布拉格则亲自动手做实验，将儿子的理论成果付诸实践。威廉·劳伦斯·布拉格1915年获得诺贝尔物理学奖时，刚满25岁，他也因此成为历史上最年轻的诺贝尔物理学奖获得者。

思 考 题

1. 利用光学光栅能否观察到X射线的衍射现象？
2. X射线入射到晶格常数为d的晶体中，可能发生布拉格衍射的最大波长为多少？

6.9 光的偏振性与马吕斯定律

光的干涉和衍射现象揭示了光的波动性，但还不能由此确定光是横波还是纵波。光的偏振现象则是确定光是横波最有力的实验证据。所谓偏振，是指振动方向对于传播方向的不对称性。偏振现象是横波区别于纵波最明显的标志。光波是横波，光波中光矢量的振动方向与光的传播方向垂直。在垂直于光传播方向的平面内，光矢量可以有各种不同的振动状态，称为光的偏振态。光波最常见的偏振态大致可分为五种：自然光、线偏振光、部分偏振光、椭圆偏振光和圆偏振光。

6.9.1 自然光

由于普通光源中各原子或分子发出的波列的初相位和振动方向是随机分布且互不相关的。就平均而言，在垂直于光传播方向的平面内，有沿各个方向振动的光矢量，且各个方向光振动的振幅相同，这种光称为自然光，如图6.45(a)所示。任何一束自然光，在垂直于传播方向的平面内，总可以将各个方向的光矢量都分解到两个互相垂直的方向上，从而得到两个互相垂直、振幅相等、彼此独立的振动。也就是说，自然光的光振动可以用振动方向相互垂直且振幅相同的两个分振动来表示，如图6.45(b)中的$\boldsymbol{E}_1$和$\boldsymbol{E}_2$。值得注意的是，由于自然光中各矢量之间无固定的相位关系，因而自然光的两个分振动之间也无固定的相位关系，并且在用图表示时，$\boldsymbol{E}_1$和$\boldsymbol{E}_2$可以是任意取向，只要相互垂直、长度相等就可以。正因为$\boldsymbol{E}_1$和$\boldsymbol{E}_2$的幅度相等，所以这两个光振动各自都占自然光总光强的一半。为了简明地表示光的传播，常用和传播方向垂直的短线

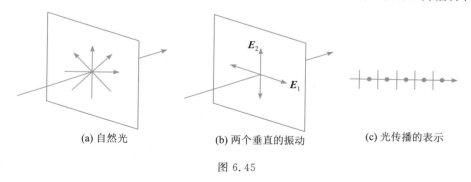

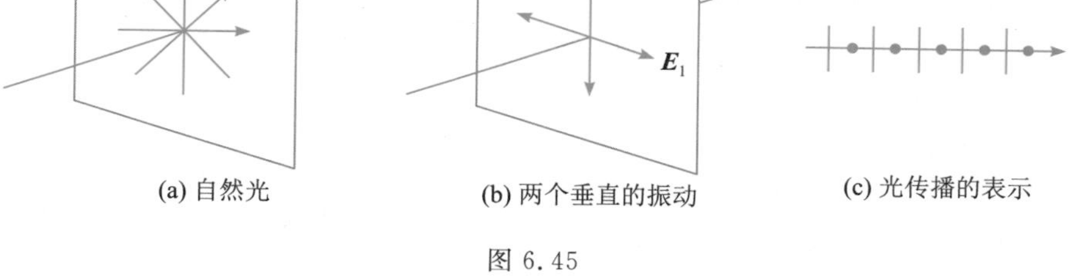

(a) 自然光　(b) 两个垂直的振动　(c) 光传播的表示

图6.45

表示在纸面内的光振动，而用点表示和纸面垂直的光振动。对于自然光，点和短线数量相等，表示没有哪一个方向的光振动占优势，如图6.45(c)所示。

6.9.2 偏振光

自然光经反射、折射和吸收后，可能只保留某一方向振动的光，激光光源发出的光，其振动方向总是在某一确定的方向。光矢量只限于在某一固定方向上振动的光称为线偏振光。光矢量的振动方向与光的传播方向构成的平面称为振动面。图 6.46(a)表示振动平面平行纸面的线偏振光，图 6.46(b)表示振动平面垂直纸面的线偏振光。

(a) 振动平行纸面　　(b) 振动垂直纸面

图 6.46

若振动面不止一个，即各个方向的光振动都有，但振幅不等，各个方向的光振动间也无确定的相位关系，那么这种光叫做部分偏振光。部分偏振光是振动状态介于自然光和线偏振光之间的光。与自然光相似的是，部分偏振光也包含了与光的传播方向相垂直的、无固定相位关系的各个方向的光矢量。与自然光不同的是，在与光的传播方向相垂直的平面内，各个方向光振动的振幅不同，振幅最大的方向与振幅最小的方向相垂直。部分偏振光可用图 6.47 所示的方法表示，其中图 6.47(a)表示平行纸面的振动较强的部分偏振光，图 6.47(b)表示垂直纸面的振动较强的部分偏振光。

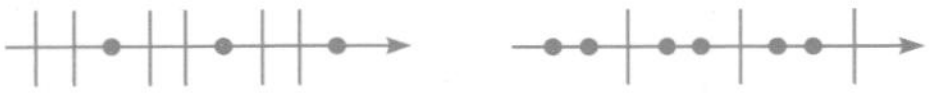

(a) 平行纸面振动较强　　(b) 垂直纸面振动较强

图 6.47

在垂直于光传播方向的平面内，光矢量以一定的频率旋转，若光矢量端点的轨迹在垂直传播方向平面内的投影是一个圆，这样的偏振光称为圆偏振光，如图 6.48(a)所示。若光矢量端点的轨迹在垂直传播方向平面内的投影是一个椭圆，这样的偏振光称为椭圆偏振光，如图 6.48(b)所示。圆(椭圆)偏振光按光矢量旋转方向不同分为右旋和左旋两种。当迎着光的传播方向看时，光矢量顺时针旋转的，称为右旋圆(椭圆)偏振光；反之，光矢量逆时针旋转的，称为左旋圆(椭圆)偏振光。需要注意的是，左、右旋圆(椭圆)偏振光与左、右旋圆(椭圆)无线电波的定义通常相反。

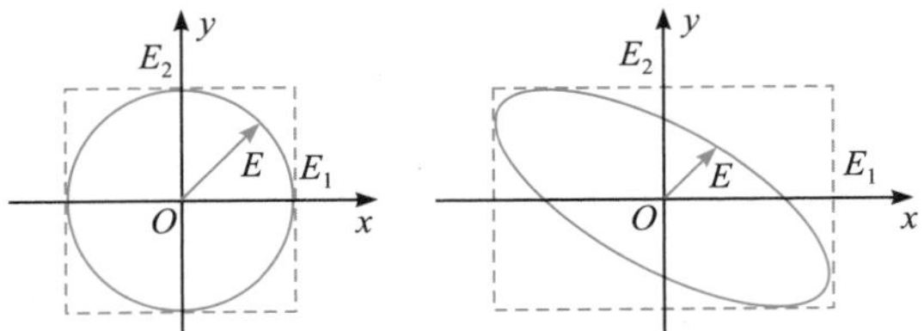

(a) 圆偏振光　　(b) 椭圆偏振光

图 6.48

6.9.3 起偏和检偏

通常把能使自然光变成线偏振光的光学元件称为起偏器，偏振片是实验室中最常用的起偏器。如图 6.49 所示，两个平行放置的偏振片 P_1 和 P_2，它们的偏振化方向分别用一组平行线表示。当自然光垂直入射于偏振片 P_1 时，由于垂直于 P_1 的偏振化方向的光振动被吸收，透射光为振动方向平行于 P_1 偏振化方向的线偏振光，且透射光的强度为入射光强度的一半(因为自然光中两垂直振动的振幅相等)。这里，偏振片 P_1 即可称为起偏器。透过 P_1 的线偏振光再入射到偏振片 P_2 上，如果 P_2 的偏振化方向与 P_1 的偏振化方向平行，则透过 P_2 的光强最强；如果两者的偏振化方向相互垂直，则光强最弱，称为消光。将 P_2 绕光的传播方向慢慢转动，可以看到透过 P_2 的光强将随 P_2 的转动而变化，例如由亮逐渐变暗，再由暗逐渐变亮，旋转一周将出现两次最亮和两次最暗。这种现象只有在线偏振光入射到 P_2 上时才会发生，可见此处偏振片 P_2 的作用是检验入射光是否为线偏振光。这时 P_2 即可称作检偏器。

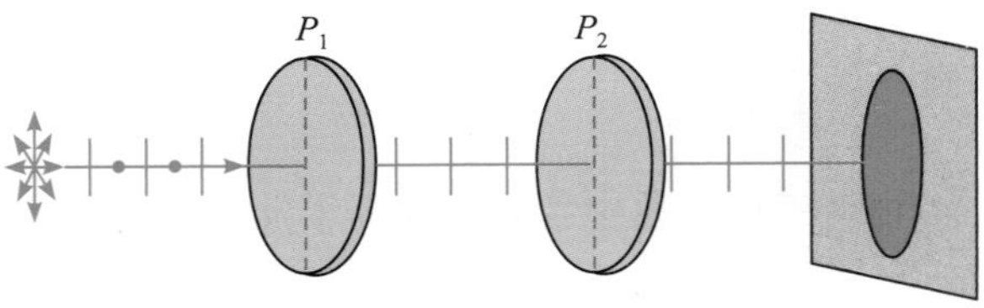

图 6.49

6.9.4 马吕斯定律

1808 年，法国物理学家马吕斯(Etienne Louis Malus，1775—1812)在研究线偏振光透过检偏器后透射光的光强时发现：光强为 I_0 的线偏振光，透过检偏器后的光强 I 为

$$I=I_0\cos^2\alpha \tag{6.68}$$

式中，α 是检偏器的偏振化方向与入射线偏振光的振动方向之间的夹角。式(6.68)即**马吕斯定律**的数学表达式。现证明如下：如图6.50所示，P_1 表示入射线偏振光的光振动方向，P_2 表示检偏器的偏振化方向，α 为两者之间的夹角。设入射线偏振光的振幅为 E_0，I_0 为相应的光强。将入射到检偏器上的线偏振光的光振动分解为两个相互垂直的分振动，一个分振动平行于 P_2，另一个分振动垂直于 P_2，其振幅分别为 $E_0\cos\alpha$ 和 $E_0\sin\alpha$。只有平行于 P_2 的分振动能通过检偏器，所以透过检偏器的光的振幅为

$$A=A_0\cos\alpha$$

相应的光强为

$$I=(A_0\cos\alpha)^2=A_0^2\cos^2\alpha=I_0\cos^2\alpha$$

这便是马吕斯定律。

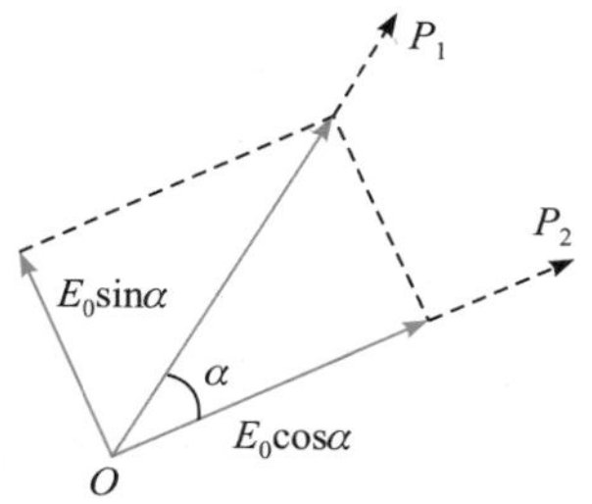

图 6.50

由马吕斯定律可知，$\alpha=0°$ 或 π 时，$I=I_0$，透射光强最大；$\alpha=\pi/2$ 或 $3\pi/2$ 时，$I=0$，透射光强最小。

★**【例 6.26】** 两偏振片平行放置作为起偏器和检偏器。当它们的偏振化方向之间的夹角为30°时，一束单色自然光穿过它们，出射光光强为 I_1'；当它们的偏振化方向之间的夹角为60°时，另一束单色自然光穿过它们，出射光光强为 I_2'，且 $I_1'=I_2'$。求两束单色自然光的强度之比。

解 令 I_1 和 I_2 分别为两光源照到起偏器上的光强。透过起偏器后，光的强度分别为 $I_1/2$ 和 $I_2/2$。按马吕斯定律，透过检偏器的光强分别是

$$I_1'=\frac{1}{2}I_1\cos^2 30°,\ I_2'=\frac{1}{2}I_2\cos^2 60°$$

由题意可知，$I_1'=I_2'$，所以有

$$\frac{1}{2}I_1\cos^2 30°=\frac{1}{2}I_2\cos^2 60°$$

由此得到

$$\frac{I_1}{I_2}=\frac{\cos^2 60°}{\cos^2 30°}=\frac{1}{3}$$

★**【例 6.27】** 一束光强为 I_0 的自然光垂直入射在三个叠在一起的偏振片 P_1、P_2、P_3 上，已知 P_1 与 P_3 的透光方向相互垂直。

(1) 求当 P_2 与 P_3 的偏振化方向之间夹角为多大时，透过第三个偏振片的透射光强为 $I_0/8$；

(2) 若以入射光方向为轴转动 P_2，当 P_2 转过多大角度时，透过第三个偏振片的透射光强由原来的 $I_0/8$ 单调减小到 $I_0/16$？此时 P_2、P_1 的偏振化方向之间的夹角多大？

解 (1) 透过 P_1 的光强

$$I_1=\frac{I_0}{2}$$

设 P_2 与 P_1 的偏振化方向之间的夹角为 α，则透过 P_2 的光强为

$$I_2=I_1\cos^2\alpha$$

透过 P_3 的光强为

$$I_3=I_2\cos^2\left(\frac{1}{2}\pi-\alpha\right)=\frac{1}{8}I_0\sin^2 2\alpha$$

由题意可知 $I_3=I_0/8$，则 $\alpha=90°-\alpha=45°$。

(2) 转动 P_2，若使 $I_3=I_0/16$，则 P_1 与 P_2 偏振化方向的夹角 $\alpha=22.5°$

P_2 转过的角度为 $45°-22.5°=22.5°$。

科技专题

光的偏振现象及其应用

光的偏振现象在自然界中普遍存在，且在许多领域中有着重要的应用。

1. 立体电影与偏振镜

在观看立体电影时，观众要戴上一副特制的眼镜，这副眼镜就是一对偏振化方向互相垂直的偏振片。立体电影是用两个镜头从两个不同方向同时拍摄下景物的像制成的电影胶片。在放映时，两个放映机把用两个摄影机拍下的两组胶片同步放映，使这略有差别的两幅图像重叠在银幕上。这时如果用眼睛直接观看，看到的画面是模糊不清的。要看清立体电影，就要在每架放映机前装一块偏振片，它的作用相当于起偏器。从两架放映机射出的光通过偏振片后，就成了偏振光。左右两架放映机前的偏振片的偏振化方向互相垂直，因而产生的两束偏振光的偏振方向也互相垂直。这两束偏振光投射到银幕上再反射到观众处，偏振光的方向不改变。观众用上述的偏振眼镜观看，每只眼睛只看到相应的偏振光图像，即左眼只能看到左机映出的画面，右眼只能看到右机映出的画面，这样就会产生立体感觉。这就是立体电影的原理。

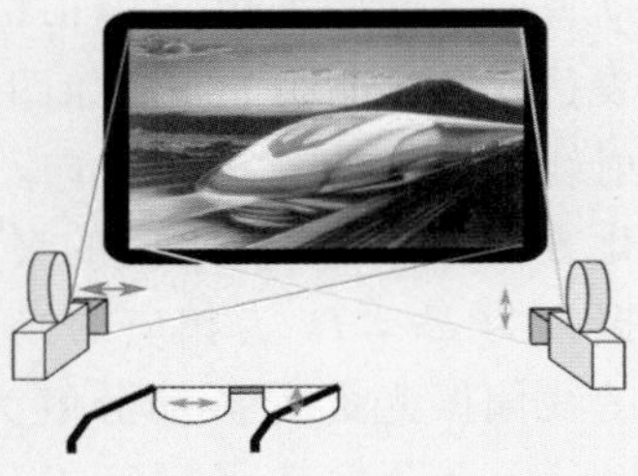

2. 生物的生理机能与偏振光

人的眼睛是不能分辨光的偏振状态的，但某些昆虫的眼睛却对偏振很敏感。比如蜜蜂有五支眼，包括三支单眼和两支复眼，如右图所示。每个复眼又包含有6300个小眼，这些小眼能根据太阳的偏振光确定太阳的方位，然后再以太阳为定向标来判断方向，所以蜜蜂可以准确无误地把它的同类引到它所找到的花丛。

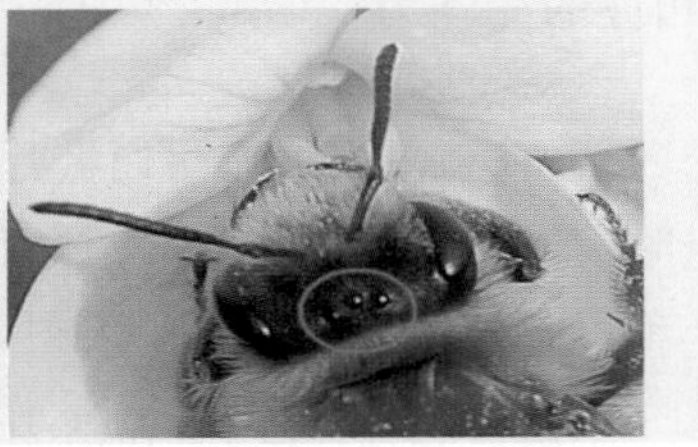

思考题

1. 举例说明日常生活中光的偏振现象。
2. 通常偏振片的偏振化方向是没有标明的，如何确定偏振片的偏振化方向？
3. 要使线偏振光的光振方向转动90°，最少需要几块偏振片？这些偏振片怎样放置才能使透射光的光强最大？
4. 一光束可能是：(a) 自然光；(b) 线偏振光；(c) 部分偏振光。如何用实验来确定这束光是哪一种光？

6.10 反射光和折射光的偏振

6.10.1 反射光和折射光产生的偏振

如图6.51所示，一束自然光以角度 i 入射到折射率分别为 n_1 和 n_2 的两种介质的分界面上，产生反射和折射，反射角和折射角分别为 i 和 γ。用偏振片检验反射光时，发现当偏振化方向与入射面垂直时，透过偏振片的光强最大；当偏振片的偏振化方向与入射面平行时，透过偏振片的光强最小。这一结果说明反射光为偏振方向垂直入射面成分较多的部分偏振光。同样方法可以检验出折射光为偏振方向平行于入射面成分较多的部分偏振光。实验结果说明反射和折射过程会使入射光成为部分偏振光，这种现象在日常生活遇到的很多，如从水面、柏油路面等反射的光都是部分偏振光。

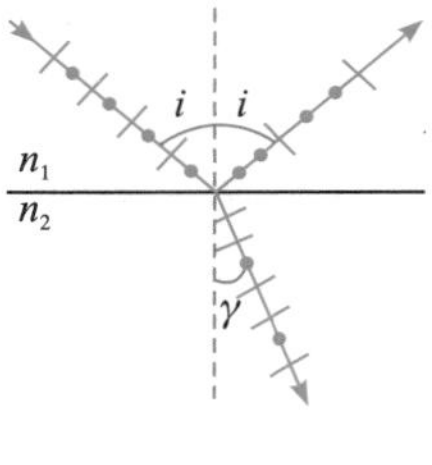

图6.51

6.10.2 布儒斯特定律

1815年，英国物理学家布儒斯特（David

Brewster，1781—1868)在研究反射光的偏振化程度时发现，反射光的偏振化程度取决于入射角 i。当入射角 i 与折射角 γ 之和等于 90°，即反射光与折射光互相垂直时，反射光中就只有垂直于入射面的光振动，而没有平行于入射面的光振动，这时反射光为完全偏振光，而折射光仍为部分偏振光。如图 6.52 所示，设 i_B 为这种情况下的入射角，n_1 和 n_2 为两种介质的折射率，由折射定律得

$$\sin i_B=\frac{n_2}{n_1}\sin\gamma=\frac{n_2}{n_1}\cos i_B$$

得到

$$\tan i_B=\frac{n_2}{n_1} \tag{6.69}$$

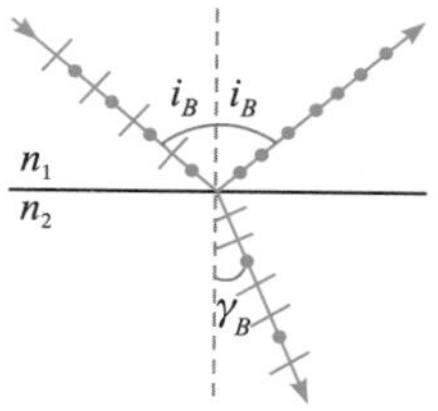

图 6.52

式(6.69)即布儒斯特定律的数学表达式，i_B 称为布儒斯特角，也称为起偏角。例如，自然光从空气射到一般玻璃上，$n_1=1.0$，$n_2=1.5$，欲使反射光为线偏振光，根据式(6.69)计算得到起偏角应为 56.3°。需要指出的是，当自然光以起偏角入射时，反射光是垂直入射面的线偏振光，但并不是入射光中垂直振动部分的全部，而只是一小部分。对于一般的光学玻璃，反射的偏振光的强度约为入射光强度的 7.5%，大部分光能都透过玻璃。因此，仅靠自然光在一块玻璃上的反射光来获得线偏振光，其强度是比较弱的。为了增强反射光的强度和提高折射光的偏振化程度，常把多层玻璃叠合在一起组成玻璃片堆，如图 6.53 所示。玻璃片数越多，反射光的强度越大，折射光的偏振化程度越高。

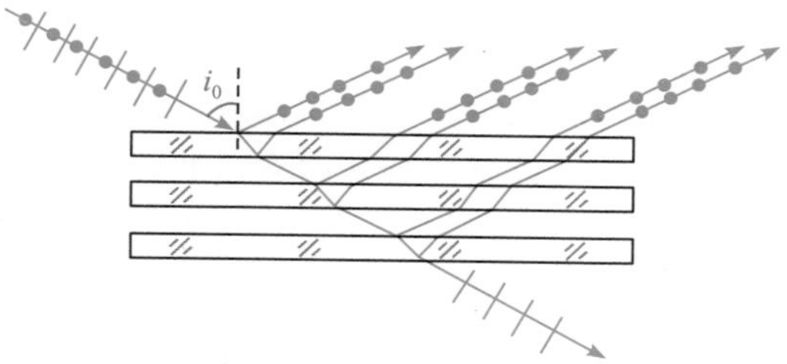

图 6.53

★【例 6.28】　一束自然光从空气以入射角 i_0 投射到玻璃表面上(设空气的折射率 $n_0=1$)，当折射角 $\gamma=30°$时，反射光是线偏振光。求玻璃的折射率 n，并说明出射光光矢量的振动方向。

解　因为当 $\gamma=30°$时，反射光为线偏振光，根据布儒斯特定律

$$i_0+\gamma=90°$$

得到

$$i_0=90°-\gamma=90°-30°=60°$$

由折射定律

$$n_0\sin i_0=n\sin\gamma$$

可知

$$n=\frac{\sin i_0}{\sin\gamma}=\frac{\sin 60°}{\sin 30°}=1.732$$

反射光光矢量的振动方向垂直于入射面。

★【例 6.29】　例 6.29 图所示的 6 个图表示自然光或线偏振光入射于两种介质分界面上，n_1、n_2 为两种介质的折射率，图中入射角 $i_b=\arctan(n_2/n_1)$。试在图上画出实际存在的折射光线和反射光线，并用点或短线把振动方向表示出来。

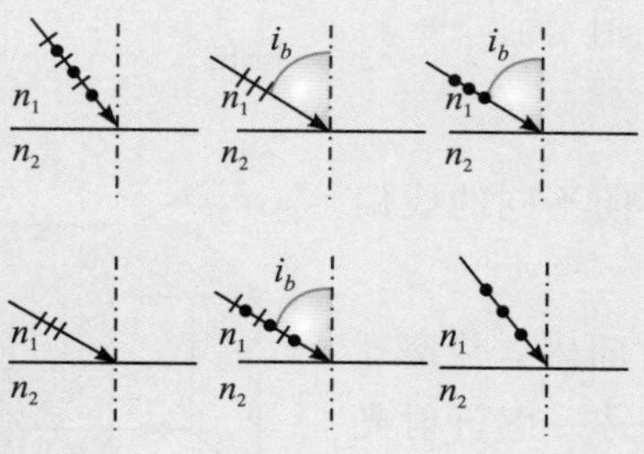

例 6.29 图

解 当 $i \neq i_b$ 时，两种振动方向的光都是一部分反射，一部分折射，即既有反射光，又有折射光。

当 $i=i_b$ 时，平行于入射面振动的光只折射不反射，垂直于入射面振动的光一部分反射，一部分折射。反射线、折射线及偏振状态如右图所示。

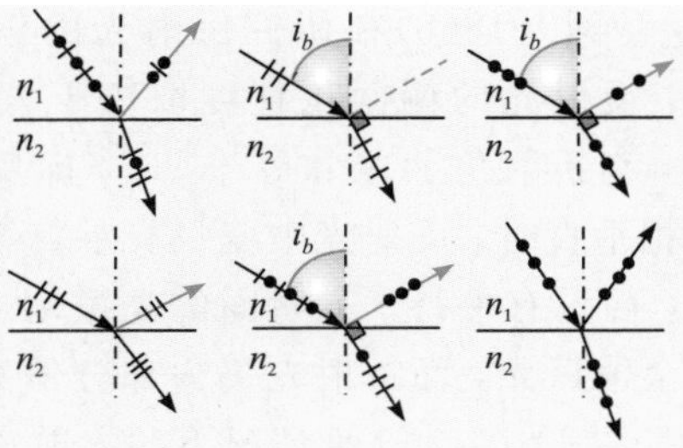

思考题

1. 如何利用布儒斯特定律测定不透明介质的折射率？

2. 若从一池静水表面反射出来的太阳光是完全偏振的，那么太阳在地平线之上的仰角是多大？这种反射光光矢量的振动方向是怎么样的？

3. 在拍摄玻璃橱窗里的物体时，如何去除反射光的干扰？

4. 一束光入射到两种透明介质的分界面上时只有透射光而无反射光，这束光是怎样入射的？其偏振态如何？

6.11 光的双折射现象

6.11.1 晶体的双折射现象

1669 年，丹麦哥本哈根大学数学教授巴托林(E. Bartholin，1625—1698)无意间将一块方解石晶体(典型的各向异性介质)放在书上，他惊奇地发现，书上每一个字都变成了两个字。他将此现象记载下来。十年后，惠更斯研究了这一现象，他认为一个字有两个像，表明一束光通过方解石晶体后变成了两束光，惠更斯把这种现象称为**晶体的双折射现象**。

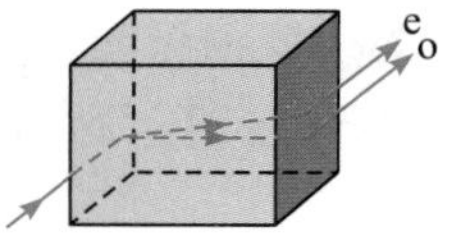

图 6.54

进一步研究表明，一束光进入各向异性晶体后，变成了如图 6.54 所示的两束光，这两束折射光具有下列特性：

(1) 两束折射光是光矢量振动方向不同的线偏振光；

(2) 其中一束折射光始终在入射面内，并遵守折射定率，称为**寻常光**，简称 o 光；另一束折射光一般不在入射面内，且不遵守折射定率，称为**非常光**，简称 e 光。当入射角 $i=0°$时，寻常光沿原方向传播 ($\gamma_o=0°$)，而非常光一般不沿原方向传播 ($\gamma_e\neq 0°$)。若以入射光为轴转动晶体，o 光不动，而 e 光绕轴转动。

(3) 晶体内存在特殊方向，当光线沿着该特殊方向传播时不产生双折射现象，这个特殊方向称为晶体的**光轴**。方解石、石英、红宝石等晶体只有一个光轴，这类晶体称为**单轴晶体**；云母、硫磺等晶体有两个光轴，这类晶体称为**双轴晶体**。

为了描述晶体中的光波，需要引入主平面和主截面的概念，如图 6.55 所示。晶体光轴与晶体中某光线构成的平面叫作这条光线对应的主平面，而晶体光轴与界面法线组成的平面称为主截面。主平面的方位取决于光线及晶体光轴的取向，而主截面的方位由晶体自身特性决定。显然，通过 o 光和光轴所作的平面就是与 o 光对应的主平面，通过 e 光和光轴所作的平面就是与 e 光对应的主平面。

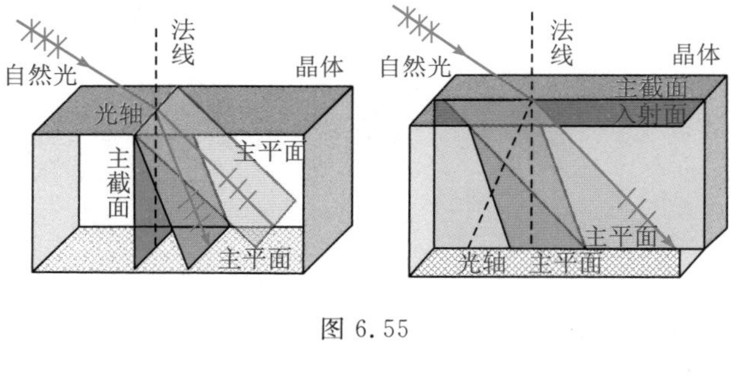

图 6.55

实验和理论都证明：o 光光矢量的振动方向垂直于自己的主平面，e 光光矢量的振动在自己的主平面内。因为 e 光不一定在入射面内，所以 o 光和 e 光的主平面不一定重合，o 光和 e 光的光矢量的振动方向也不一定相互垂直。只有当光轴在入射面内，o 光和 e 光的主平面都和入射面重合时，o 光和 e 光的光矢量的振动方向才相互垂直，如图6.56所示。

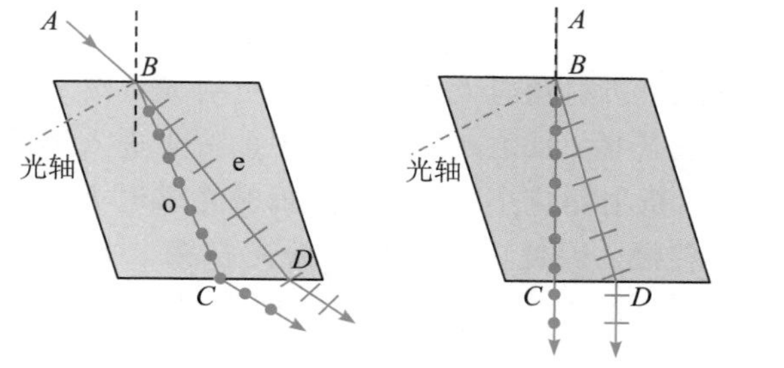

图 6.56

理论证明，o 光沿不同方向的传播速率相同，因此 o 光波面上一点在晶体中发出的次波波面是球面，而 e 光沿不同方向的传播速率不同，e 光波面上一点在晶体中发出的次波波面是以光轴为轴的旋转椭球面，如图 6.57 所示。用 v_o 表示 o 光在晶体中的传播速率，用 v_e 表示 e 光在晶体中的传播速率。$v_o > v_e$ 的一类晶体称为正晶体，如石英；$v_o < v_e$ 的一类晶体称为负晶体，如方解石。

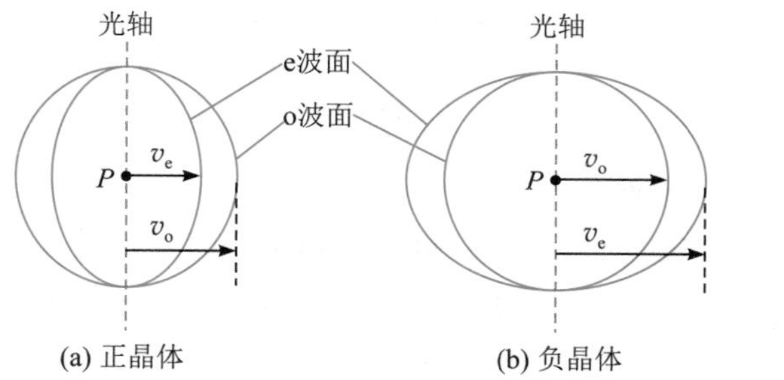

图 6.57

根据折射率的定义，对于 o 光，晶体的折射率 $n_o = c/v_o$，它与 o 光的传播方向无关，而是由晶体材料决定的常数；对于 e 光，由于它不服从折射定律，因此通常把真空中的光速 c 与 e 光沿垂直于光轴方向的传播速度 v_e 之比 $n_e = c/v_e$ 称为 e 光的主折射率。e 光在其他方向上的折射率介于 n_o 和 n_e 之间。显然，对于正晶体，$n_o < n_e$；而对于负晶体，$n_o > n_e$。

6.11.2 晶体双折射现象的惠更斯原理解释

这里以方解石晶体（$v_o < v_e$）为例，根据惠更斯原理用作图法解释双折射现象。如图 6.58 所示，因 o 光沿各方向传播的速度是相同的，故 o 光的波面是球面；而 e 光在晶体内沿各方向传播的速度不同，所以 e 光的波面是椭球面。两者沿光轴方向的速度是相等的，该方向 e 光和 o 光的波切面相切；而 e 光和 o 光在垂直光轴方向上的速度差别最大。

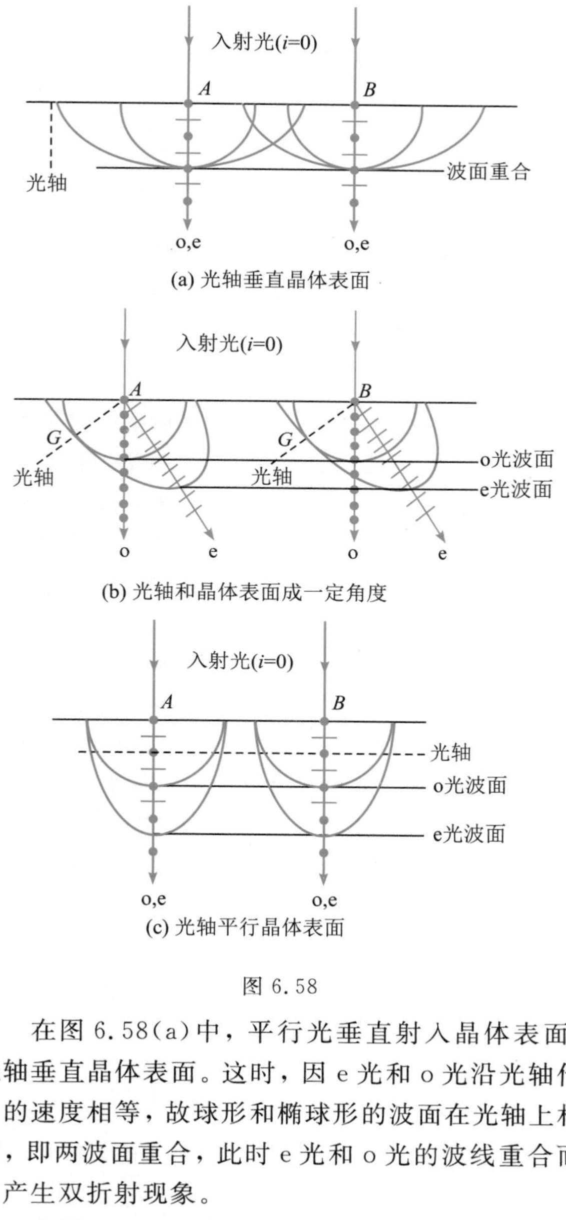

图 6.58

在图 6.58(a) 中，平行光垂直射入晶体表面，光轴垂直晶体表面。这时，因 e 光和 o 光沿光轴传播的速度相等，故球形和椭球形的波面在光轴上相切，即两波面重合，此时 e 光和 o 光的波线重合而不产生双折射现象。

在图 6.58(b) 中，平行光垂直射入晶体表面，这时光轴在入射面内并与晶体表面成一定角度。当平面波波面到达晶体表面的 A、B 两点时，它们在晶体内分别产生两对球形和椭球形的子波波面，并

在光轴上的 G 点相切，即椭球形波面的短轴沿光轴，长轴垂直于光轴。根据惠更斯原理所得的 e 光和 o 光的各子波所形成的各自新的波面将不重合，即 e 光和 o 光在晶体内的波线不重合，产生了双折射现象。值得注意的是，此时 e 光的波面与其传播方向并不互相垂直，这是由于晶体中 e 光传播的速度沿各方向不同引起的。

在图 6.58(c)中，平行光垂直射入晶体表面，光轴与晶体表面平行，与图 6.58(a)不同的是，e 光和 o 光的波面不重合，但两者的波线仍然重合，e 光和 o 光不分开。需要注意的是，此时 e 光和 o 光因波面不重合而具有相位差。

6.11.3 晶体偏振器件

利用晶体的双折射性质制备的用以产生、检验、测量和改变光的偏振特性的光学器件称为晶体偏振器件。典型的晶体偏振器件包括尼科耳棱镜、渥拉斯顿棱镜和波片。

1. 尼科耳棱镜

尼科耳棱镜的结构如图 6.59 所示，它是由两块方解石直角棱镜(图中 ABC 和 ACD)用加拿大胶粘合而成的。光轴与端面成 48°角。自然光沿平行于棱 BC 的方向入射到端面 AB，进入晶体后分成 o 光和 e 光，o 光的振动方向与截面 $ABCD$ 垂直，e 光的振动方向与截面 $ABCD$ 平行。对于 o 光，方解石的折射率为 1.658，加拿大胶的折射率为 1.550，因此 o 光在方解石与加拿大胶的界面上发生全反射(入射角为 76°，全反射的临界角为 68°)。对于 e 光，在此入射方向上方解石的折射率为 1.516，加拿大胶的折射率仍为 1.550，e 光不会发生全反射，而是进入第二个直角棱镜，并从端面 CD 出射，这样就得到了线偏振光。

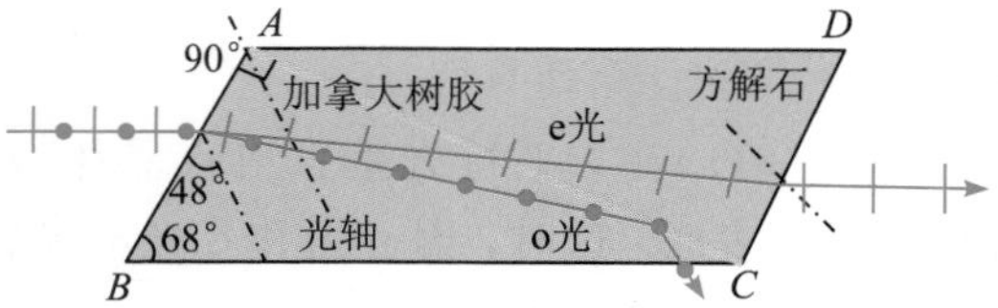

图 6.59

2. 渥拉斯顿棱镜

渥拉斯顿棱镜与尼科耳棱镜不同，它能产生两束相互分开的、振动方向相互垂直的线偏振光。渥拉斯顿棱镜是由两块方解石直棱镜拼成的，如图 6.60 所示。棱镜 ABD 的光轴平行于 AB 面，棱镜 CBD 的光轴垂直于 ABD 的光轴。当自然光垂直入射到 AB 面时，o 光和 e 光将分别以速率 v_o 和 v_e 无折射地沿同一方向传播，当它们进入第二棱镜后，由于第二棱镜光轴与第一棱镜光轴垂直，所以在第一棱镜中的 o 光对第二棱镜来说变成 e 光，在第一棱镜中的 e 光对第二棱镜来说变成 o 光。随着进入两棱镜分界面前后 o 光和 e 光性质的变化，它们的折射率也相应发生了变化。由于方解石是负晶体，$n_o > n_e$，这样，第一棱镜中的 o 光进入第二棱镜时，折射角应大于入射角，折射光远离 BD 面的法线传播；反之，第一棱镜中的 e 光进入第二棱镜时，折射角应小于入射角，折射光靠近 BD 面的法线传播。因此，两束线偏振光在第二棱镜中分开。当两光束由第二棱镜 CD 面出射进入空气时，各自都由光密介质进入光疏介质，它们将进一步分开。

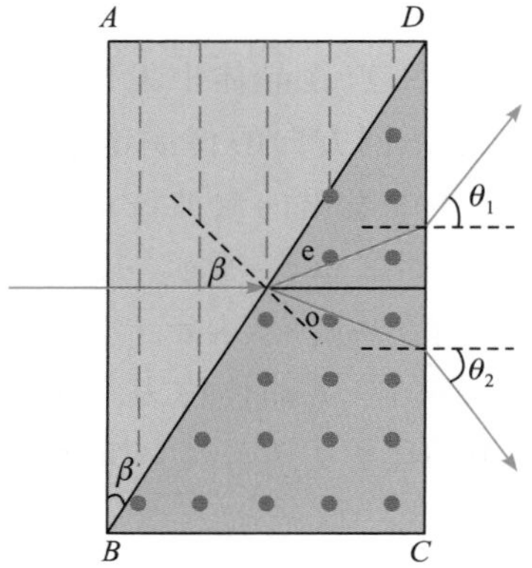

图 6.60

3. 波片

在图 6.58(c)所示的情形下，即光轴与晶体表面平行，平行光垂直射入晶体表面，从晶体射出的 e 光和 o 光虽然没有分开，但两者之间有一定的相位差。利用晶体这一特性制成的能使 e 光和 o 光产生各种相位差的晶体薄片称为波片。

设晶体薄片的厚度为 d，o 光和 e 光的折射率分别为 n_o 和 n_e，则两束从晶片射出后的相位差为

$$\Delta\varphi = \frac{2\pi}{\lambda}(n_o - n_e)$$

式中，λ 为入射光的波长，当 λ 一定时，不同厚度 d 对应于不同的相位差(或光程差)。如果波片的厚度正好使某一波长的光产生 $\pi/2$ 的相位差，这样的波片称为 1/4 波片。1/4 波片的厚度满足：

$$(n_o - n_e)d = \pm \frac{\lambda}{4} \tag{6.70}$$

例如，对于 $\lambda = 460$ nm 的蓝光，$n_o - n_e = 0.184$，则 $d = 6.3 \times 10^{-3}$ cm。因为制造这样薄的波片相当困难，实际制作的1/4波片的厚度是上述厚度的奇数倍，即

$$(n_o - n_e)d = \pm(2k+1)\frac{\lambda}{4}, k = 0, 1, 2, \cdots \tag{6.71}$$

对应的相位差为

$$\Delta\varphi = (2k+1)\frac{\pi}{2}, k = 0, 1, 2, \cdots$$

如果波片的厚度正好使某一波长的光产生的光程差为

$$(n_o - n_e)d = \pm(2k+1)\frac{\lambda}{2}, k = 0, 1, 2, \cdots \tag{6.72}$$

或者说，相应的相位差为

$$\Delta\varphi = (2k+1)\pi, k = 0, 1, 2, \cdots$$

这样的波片称为半波片。

如果波片的厚度正好使某一波长的光产生的光程差为

$$(n_o - n_e)d = \pm 2k\frac{\lambda}{2}, k = 1, 2, 3, \cdots \tag{6.73}$$

或者说，相应的相位差为

$$\Delta\varphi = 2k\pi, k = 1, 2, 3, \cdots$$

这样的波片称为全波片。

★**【例6.30】** 石英晶体对波长为589.3 nm的光的主折射率分别为 $n_o = 1.541$ 和 $n_e = 1.553$，用石英晶体做一个1/4波片，则晶片的厚度最小应为多少？

解 1/4半波片的厚度 d 应满足：

$$\frac{2\pi}{\lambda}(n_o - n_e)d = (2k+1)\frac{\pi}{2}, k = 0, 1, 2, \cdots$$

因此，晶片的厚度最小应为

$$d_{\min} = \frac{\lambda}{4(n_o - n_e)} = \frac{589.3 \times 10^{-9}}{4 \times (1.553 - 1.541)} = 1.23 \times 10^{-3}\ \text{m} = 0.0123\ \text{mm}$$

6.11.4 人工双折射

上面介绍的是光通过方解石等天然晶体时所产生的双折射现象。某些各向同性的介质本来并不产生双折射现象，但当其受到外界作用(如机械力、电场或磁场等)时，可以变为各向异性介质，从而呈现双折射现象。这种在人为的条件下产生的双折射，称为人工双折射。

1. 光弹效应

光弹效应是指介质中应力波的存在可改变介质的介电常数或折射率，使介质由各向同性转变为各向异性，从而呈现出双折射现象。受力后发生形变的介质表现为单轴晶体的特性，其等效光轴沿受力方向，各向异性特性可用主折射率差 $n_o - n_e$ 来量度。实验表明，主折射率差 $n_o - n_e$ 正比于应力 p，即 $n_o - n_e = Cp$。其中，C 是与非晶态物质有关的常量。当光通过厚度为 d 的物质后，o光和e光产生的光程差为

$$\delta = (n_o - n_e)d = Cpd \tag{6.74}$$

对应的相位差即为

$$\Delta\varphi = \frac{2\pi(n_o - n_e)d}{\lambda} = 2\pi\frac{Cpd}{\lambda} \tag{6.75}$$

经形变介质后的o光和e光通过检偏器，这时两束光都成为振动方向平行于偏振器起振方向的线偏振光，因而能够通过检偏器。由于它们频率相同，有固定的相位差，振动方向又相同，因而能产生干涉，应力分布决定了干涉条纹的分布情况。应力集中处的干涉条纹密集，应力分散处的干涉条纹稀疏，所以从干涉条纹的分布可以分析应力分布的情况。

光弹效应已被广泛应用于研究介质中的应力分布，并由此发展出一个专门的学科——光测弹性学。利用物质的光弹效应可以设计压力、位移等光纤传感器，可用均匀压力场引起的纯相位变化进行调制，构成干涉型光栅压力、位移等传感器；也可用各向异性压力场引起的感应线性双折射进行调制，构成了非干涉型光纤压力、应变传感器。

2. 克尔效应

克尔效应是指在电场作用下，某些各向同性介质变为各向异性介质，从而呈现出双折射现象。

克尔效应的实验装置如图6.61所示，图中 K

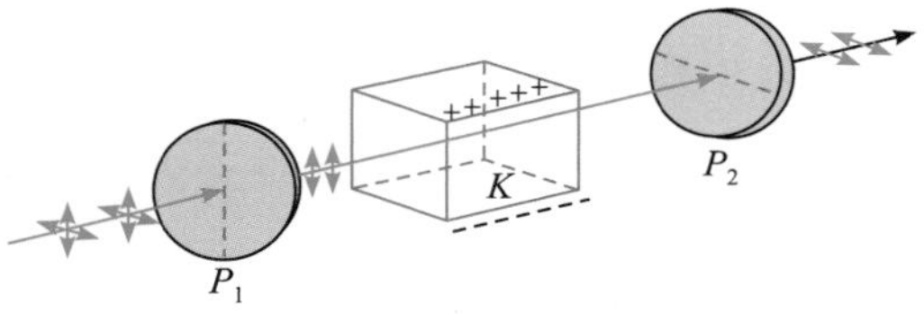

图 6.61

是盛有硝基苯液体的克尔盒，其被放置在两个透振方向正交的偏振片之间，K 的两端为透明窗口以便光线通过，盒中在与光的传播方向相垂直的方向上装有两块平行金属板作为电极。单色平行自然光通过起偏振器 P_1 后变为线偏振光。电源未接通时，各向同性的液体样品无双折射现象，所以没有光从偏振片 P_2 射出。当电源接通后，克尔盒中处于电极之间的液体受到电场作用而变成各向异性，使进入其中的线偏振光发生双折射分解为 o 光和 e 光。实验表明，o 光和 e 光的折射率差正比于电场强度 E 的平方，即

$$n_o - n_e = KE^2 \tag{6.76}$$

式中的 K 称为克尔常数，它与液体的种类有关。当光在液体中通过的距离为 l 时，o 光和 e 光之间所产生的相位差为

$$\Delta\varphi = \frac{2\pi(n_o - n_e)l}{\lambda} = \frac{2\pi}{\lambda}lKE^2 \tag{6.77}$$

如果两极板之间的距离为 d，电势差为 U，则 $E=U/d$，由此可知，相位差与电势差之间的关系为

$$\Delta\varphi = \frac{2\pi}{\lambda}lk\frac{U^2}{d^2} \tag{6.78}$$

式(6.78)表明，当电势差变化时，相位差也随之变化，因而通过克尔盒的光强也随之变化。

克尔效应的特点是可以利用外加电场的变化来调节偏振光的输出，利用克尔效应可以制成反应极为灵敏的电光开关。这种开关在 10^{-9} s 内能作出响应，可用于高速摄影、激光测距、激光通信等设备中。

思 考 题

1. 当单轴晶体的光轴与晶体表面成一定角度时，一束与光轴平行的光入射到该晶体表面，这束光射入晶体后，是否发生双折射？

2. 一块 1/4 波片和两块偏振片混在一起不能识别，试用实验方法将它们区别开来。

6.12 偏振光的干涉

6.12.1 椭圆偏振光和圆偏振光的获得

根据垂直振动的合成理论可知，两个频率相同、互相垂直的简谐振动，当它们的相位差不等于 0 或 $\pm\pi$ 时，其合成的振动就是椭圆运动。所以椭圆偏振光可以看成是两个互相垂直的线偏振光的合成，这两个互相垂直的线偏振光可以表示为

$$\begin{cases} E_x = E_1\cos\omega t \\ E_y = E_2\cos(\omega t + \varphi) \end{cases}$$

式中，$\varphi \neq 0$，$\pm\pi$。当 $\varphi > 0$ 时，偏振光为右旋椭圆偏振光；当 $\varphi < 0$ 时，偏振光为左旋椭圆偏振光。当 $\varphi = 0$ 或 $\pm\pi$ 时，椭圆偏振光退化为线偏振光。

当 $E_1 = E_2 = E$ 且 $\varphi = \pm\pi/2$ 时，偏振光为圆偏振光。即圆偏振光可以看成是两个互相垂直的、振幅相等的、相位差为 $\pm\pi/2$ 的线偏振光的合成，这两个线偏振光可以表示为

$$\begin{cases} E_x = E\cos\omega t \\ E_y = E\cos\left(\omega t \pm \frac{\pi}{2}\right) \end{cases}$$

式中，$\pi/2$ 前取正号，对应于右旋圆偏振光；取负号，对应于左旋圆偏振光。

自然界中大多数光源发出的光是自然光，由自然光获得椭圆偏振光和圆偏振光的装置如图 6.62 所示。单色自然光通过偏振片 P 后，成为线偏振光，其振幅为 A，光振动方向与晶片 C 光轴之间的夹角为 θ。此线偏振光射入波片后产生双折

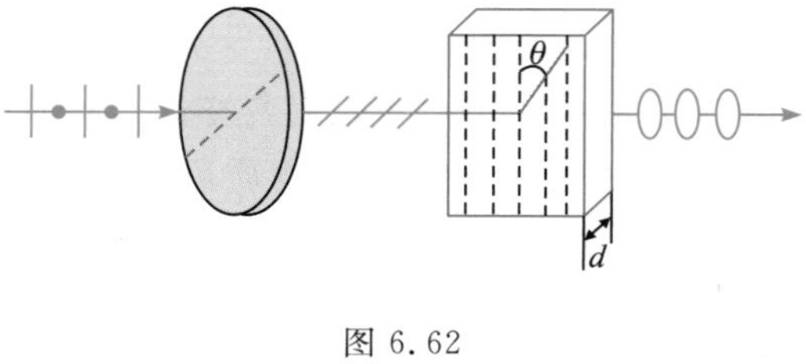

图 6.62

射。对于 o 光，其振动垂直于光轴，振幅为 $A_o=A\sin\theta$；对于 e 光，其振动平行于光轴，振幅为 $A_e=A\cos\theta$。在这种情况下，o 光和 e 光在晶体中沿同一方向传播，但速度不同，利用不同折射率计算光程，可得两束光通过晶片后的相位差为

$$\Delta\varphi=\frac{2\pi}{\lambda}(n_o-n_e)d$$

这样的两束振动方向相互垂直而相位差一定的光互相叠加，就形成椭圆偏振光。选择适当的晶片厚度 d，使得相位差 $\Delta\varphi=\pi/2$ 时，出射光是右旋正椭圆偏振光；$\Delta\varphi=-\pi/2$ 时，出射光是左旋正椭圆偏振光。

当入射线偏振光的振动方向与晶片光轴之间的夹角 $\theta=45°$，且 o 光和 e 光的振幅相等，则从 1/4 波片出射的光便为圆偏振光。

★**【例 6.31】** 一束圆偏振光垂直入射到 1/4 波片上，求透射光的偏振状态。

解 圆偏振光可以看成相互垂直的两条线偏振光的合成，两者之间的位相差为 $\pi/2$，再经 1/4 波片后，它们的相位差又增了 $\pi/2$，这样两束线偏振光的位相差为

$$\frac{\pi}{2}+\frac{\pi}{2}=\pi$$

所以一束圆偏振光经 1/4 波片后合成为线偏振光。

6.12.2 偏振光的干涉

在实验中观察偏振光干涉的基本装置如图 6.63 所示。和图 6.62 所示装置不同的是，其在晶片后面又加上了一块偏振片，通常使 P_1 和 P_2 正交。单色自然光垂直入射到偏振片 P_1，通过 P_1 后，成为线偏振光，进一步通过晶片后，成为有一定相位差但光振动互相垂直的两束光。这两束光射入偏振片 P_2 时，只有沿 P_2 的偏振化方向的光振动才能通过，于是就得到了两束相干的偏振光。

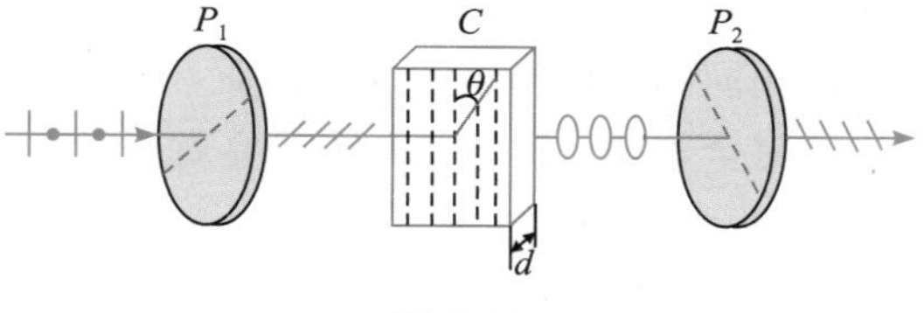

图 6.63

图 6.64 为光通过偏振片 P_1、晶片 C 和偏振片 P_2 后的振幅矢量图，这里 P_1 和 P_2 表示两正交偏振片的偏振化方向，C 表示晶片的光轴方向。E_1 为入射晶片的线偏振光的振幅，E_o 和 E_e 为通过晶片后两束光的振幅，E_{2o} 和 E_{2e} 为通过 P_2 后两束相干光的振幅。如果忽略吸收和其他损耗，由振幅矢量求得

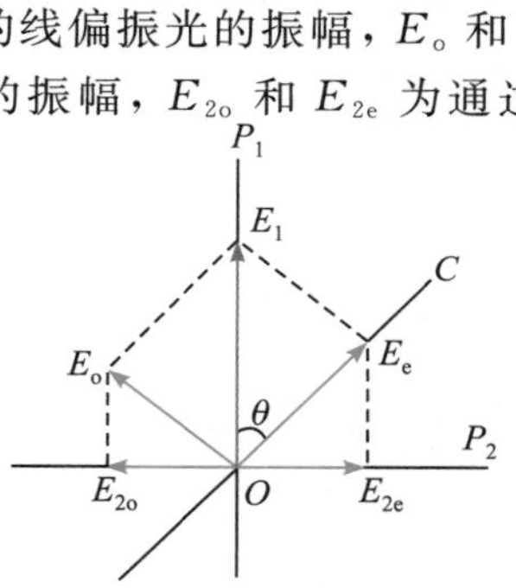

图 6.64

$$E_o=E_1\sin\theta$$
$$E_e=E_1\cos\theta$$
$$E_{2o}=E_o\cos\theta=E_1\sin\theta\cos\theta$$
$$E_{2e}=E_e\sin\theta=E_1\sin\theta\cos\theta$$

可见在 P_1 和 P_2 正交时，$E_{2o}=E_{2e}$。

两相干偏振光总的相位差为

$$\Delta\varphi=\frac{2\pi}{\lambda}(n_o-n_e)d+\pi \tag{6.79}$$

因为透过 P_1 的是线偏振光，所以进入晶片后形成的两束光的初始相位差为零。式(6.79)中的第一项是通过晶片时产生的相位差，第二项是通过 P_1 时产生的附加相位差。从振幅矢量图可知 E_{2o} 和 E_{2e} 的方向相反，因而附加相位差为 π。应该明确的是，这一附加相位差和 P_1、P_2 的偏振化方向之间的相对位置有关，在两者平行时没有附加相位差。因此这一项应视具体情况而定。在 P_1 和 P_2 正交的情况下，当

$$\Delta\varphi=2k\pi,\ k=1,2,3,\cdots$$

或

$$(n_o-n_e)d=(2k-1)\frac{\lambda}{2} \tag{6.80}$$

时，干涉相长；当

$$\Delta\varphi=(2k+1)\pi,\ k=1,2,3,\cdots$$

或

$$(n_o-n_e)d=2k\frac{\lambda}{2} \tag{6.81}$$

时，干涉相消。如果晶片厚度均匀，当用自然光入

射，干涉相长时，P_2 后面的视场最明；干涉相消时视场最暗，并无干涉条纹。当晶片厚度不均匀时，各处干涉情况不同，则视场中将出现干涉条纹。当白光入射时，对各种波长的光来讲，干涉相长和相消的条件因波长的不同而各不相同。所以当晶片的厚度一定时，视场将出现一定的色彩，这种现象称为色偏振。如果这时晶片各处厚度不同，则视场中将出现彩色条纹。

思 考 题

1. 两束振动方向相互垂直的线偏振光，若相位差为 π，其合成后为什么类型的偏振光？
2. 简述一种利用自然光制备圆偏振光的方法。

6.13 旋光效应

当线偏振光沿某些晶体(如石英)的光轴传播时，透射光虽然仍是线偏振光，但它的振动面却旋转了一个角度，这种现象称为旋光效应。除了石英晶体外，许多有机液体和溶液也能产生旋光现象。物质的这种使线偏振光的振动面发生旋转的性质，称为旋光性。具有旋光性的物质，称为旋光物质。观察石英晶体旋光效应的装置如图 6.65 所示，图中 P_1 和 P_2 是两个偏振化方向正交的偏振片，R 是旋光物质。未插入旋光物质时，单色自然光通过 P_1 和 P_2 后由于消光视场是暗的；插入 R 后，视场由暗变亮。若将 P_2 以光的传播方向为轴旋转某一角度 θ，视场又重新变暗，这说明线偏振光通过旋光物质 R 后仍为线偏振光，只是振动面旋转了 θ 角。

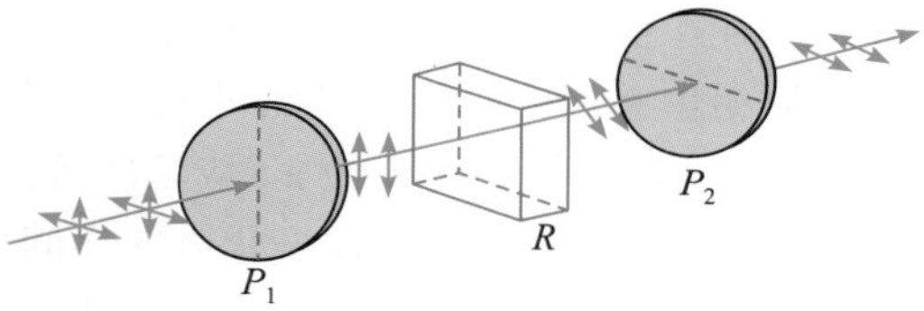

图 6.65

实验表明，旋光物质为晶体时，振动面转过的角度 θ 与光在旋光物质中通过的距离 l 成正比，即

$$\theta = \alpha l \tag{6.82}$$

其中，比例系数 α 为晶体的旋光率，它与晶体的性质及入射光的波长等有关。旋光率随波长而改变的现象称为旋光色散。对于液体旋光物质，振动面转过的角度 θ 除了与光在液体中通过的距离 l 有关外，还与溶液的浓度 C 成正比，即

$$\theta = \alpha Cl \tag{6.83}$$

在化学、化工和生物学研究中，常利用式(6.83)来测定溶液的浓度 C，糖量计就是利用这个原理来测定糖溶液浓度的。

实验还表明，线偏振光振动面的旋转分为右旋和左旋两种。振动面向左旋还是向右旋与旋光物质的结构有关。如葡萄糖为右旋物质，而果糖为左旋物质，两种糖的分子式相同，但分子结构互为镜像对称。石英晶体也有右旋和左旋两种，它们的结构也是镜像对称的。一个有趣的现象是，化学成分和化学性质相同的右旋物质和左旋物质，所引起的生物效应却完全不同。例如，人体需要右旋糖，而左旋糖对人体却是无用的。

利用人为方法也可以产生旋光性，其中最重要的是磁致旋光，又称法拉第旋转效应。当线偏振光通过磁性物质时，如果沿光的传播方向加磁场，就能发现偏振光的振动面也转了一个角度。利用材料的这种性质可以制成光隔离器，用于控制光的传播。

本 章 小 结

光程和光程差

光程是一个折合量，在传播时间相同或相位改变相同的条件下，把光在介质中传播的路程折合为光在真空中传播的相应路程。

光程 $x = nr$

光程差 $\delta = n_2 r_2 - n_1 r_1$

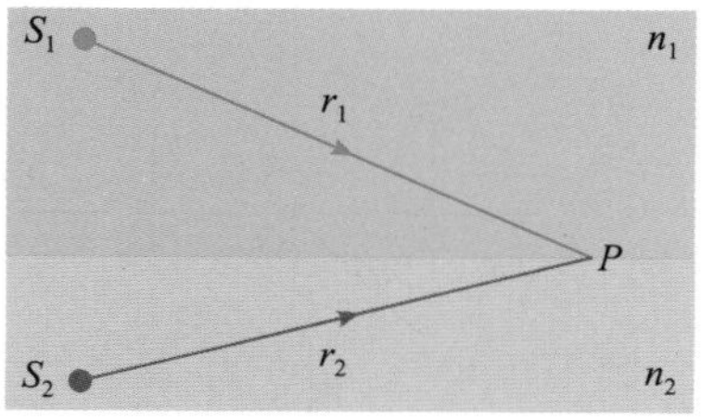

杨氏双缝干涉试验

明条纹位置　$x=\pm 2k\dfrac{D\lambda}{2d}$，$k=0$，1，2，3，…

暗条纹位置　$x=\pm(2k+1)\dfrac{D\lambda}{2d}$，$k=0$，1，2，3，…

相邻明纹或暗纹中心间的距离　$\Delta x=x_{k+1}-x_k=\dfrac{D}{d}\lambda$

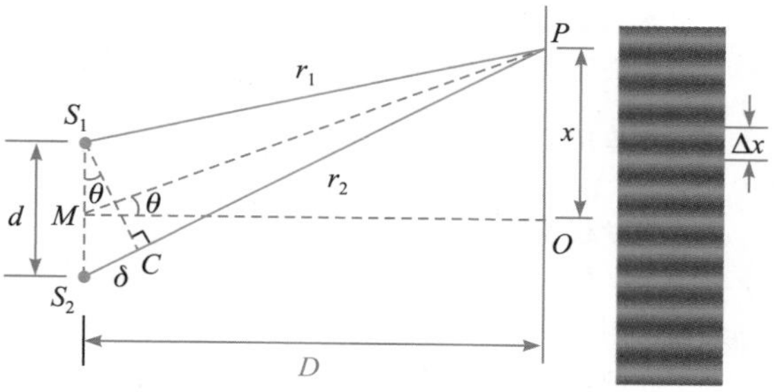

薄膜等倾干涉

两反射光的总光程差　$\delta=2e\sqrt{n_2^2-n_1^2\sin^2 i}+\dfrac{\lambda}{2}$

干涉相长　$\delta=2k\dfrac{\lambda}{2}$，$k=1$，2，3，…

干涉相消　$\delta=(2k+1)\dfrac{\lambda}{2}$，$k=0$，1，2，…

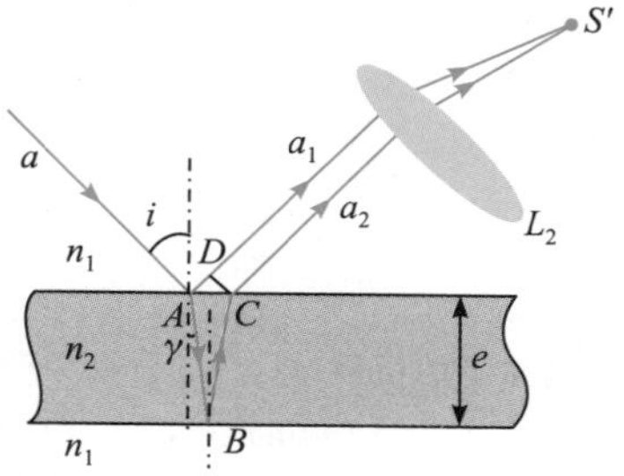

薄膜等厚干涉(劈尖干涉)

垂直入射下，两束相干的反射光在相遇时的光程差

$$\delta=2ne+\frac{\lambda}{2}$$

明条纹条件　$\delta=2k\dfrac{\lambda}{2}$，$k=1$，2，…

暗条纹条件　$\delta=(2k+1)\dfrac{\lambda}{2}$，$k=0$，1，2，…

条纹间距 l 与劈尖角 θ 的关系 $l=\dfrac{\Delta e}{\sin\theta}\approx\dfrac{\lambda}{2n\theta}$

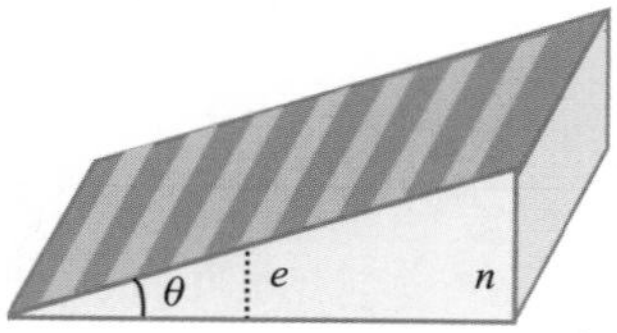

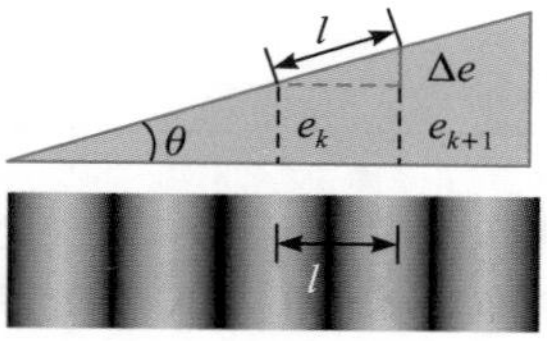

薄膜等厚干涉(牛顿环)

上下表面反射光的光程差　$\delta=2e+\dfrac{\lambda}{2}$

明环条件　$\delta=2k\dfrac{\lambda}{2}$，$k=1$，2，…

暗环条件　$\delta=(2k+1)\dfrac{\lambda}{2}$，$k=0$，1，2，…

反射光中的明环和暗环的半径分别为

$$r=\sqrt{\frac{(2k-1)R\lambda}{2}}，k=1，2，3，\cdots$$

$$r=\sqrt{kR\lambda}，k=0，1，2，\cdots$$

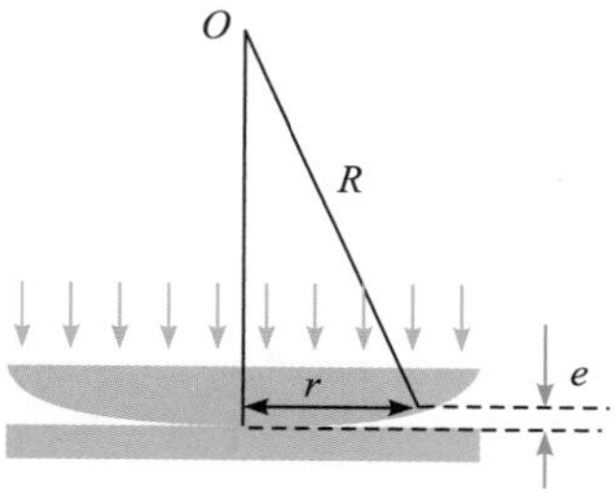

夫琅禾费单缝衍射

用平行光照射单缝，用菲涅尔半波带法可得衍射条纹分布规律

暗纹条件　$a\sin\theta=\pm 2k\dfrac{\lambda}{2}$，$k=1$，2，…

明纹条件　$a\sin\theta=\pm(2k+1)\dfrac{\lambda}{2}$，$k=1$，2，…

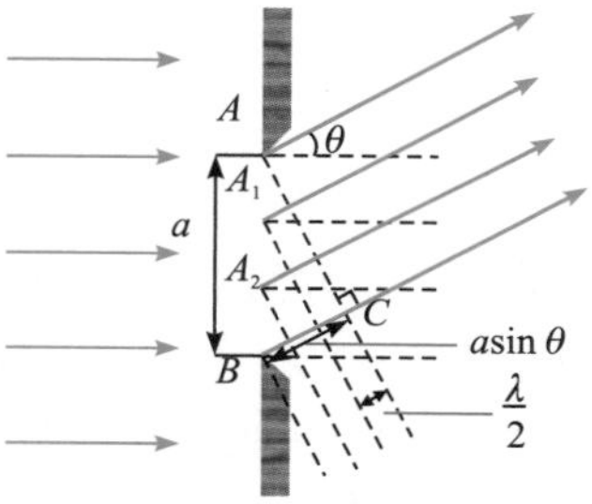

夫琅禾费圆孔衍射

中央光斑集中了衍射光能83.5%的光强，称为艾里斑。

艾里斑的半角宽度 $\theta_1 \approx \dfrac{0.61\lambda}{R} = \dfrac{1.22\lambda}{D}$

光学仪器的分辨本领 $R = \dfrac{1}{\theta_1} = \dfrac{D}{1.22\lambda}$

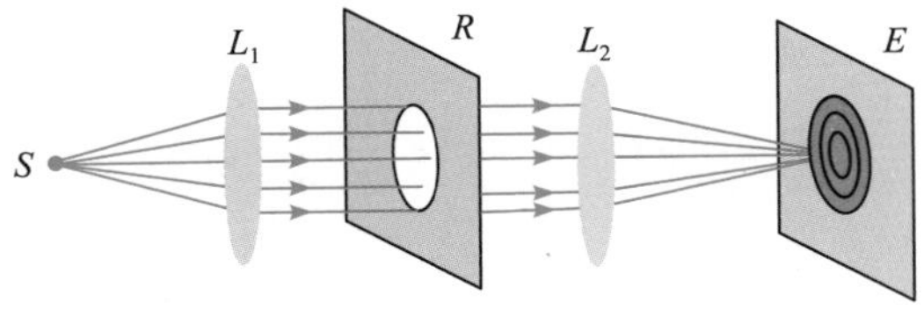

光栅衍射

在两条主极大明纹之间有 $N-1$ 个暗纹和 $N-2$ 个次极大明纹

光栅方程 $(a+b)\sin\theta = \pm k\lambda$，$k=0, 1, 2, \cdots$

暗纹条件 $N(a+b)\sin\theta = \pm m\lambda$，$m \neq k$ 的整数倍

缺级条件 $k = k'\dfrac{a+b}{a}$，$k'=1, 2, \cdots$

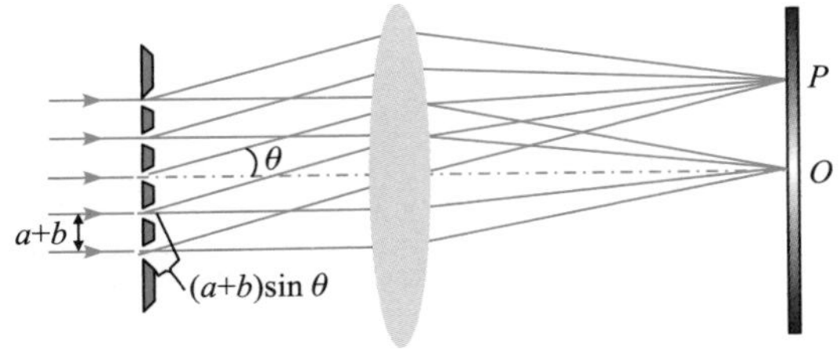

X射线在晶体上的衍射

布拉格公式 $2d\sin\theta = k\lambda$，$k=1, 2, \cdots$

符合布拉格公式时，各原子层的反射线都将相互加强，光强极大。

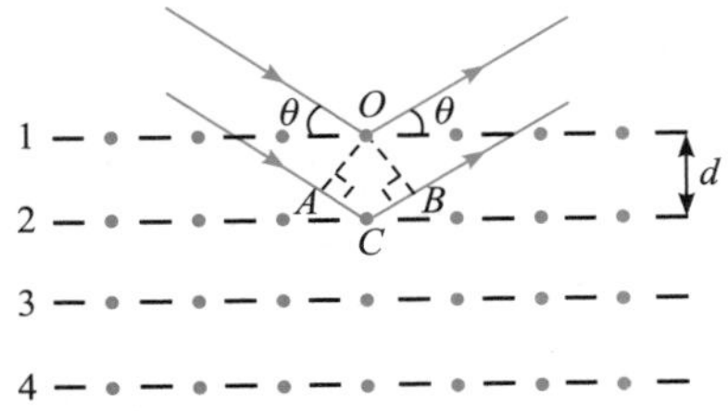

马吕斯定律

光强为 I_0 的线偏振光，透过检偏器后的光强 $I = I_0\cos^2\alpha$

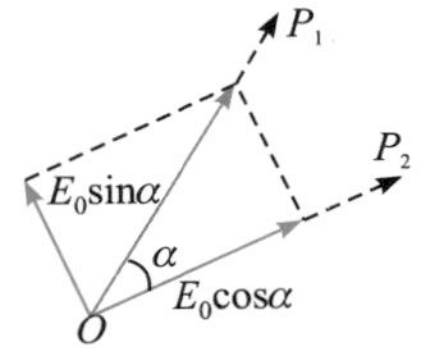

布儒斯特定律

自然光以布儒斯特角 i_B 入射两介质的分界面，反射光为振动方向垂直于入射面的线偏振光

布儒斯特定律的数学表达式 $\tan i_B = \dfrac{n_2}{n_1}$

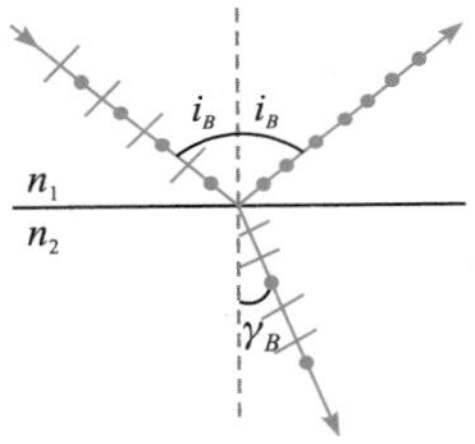

晶体

正晶体 $v_o > v_e$，$n_o < n_e$

负晶体 $v_o < v_e$，$n_o > n_e$

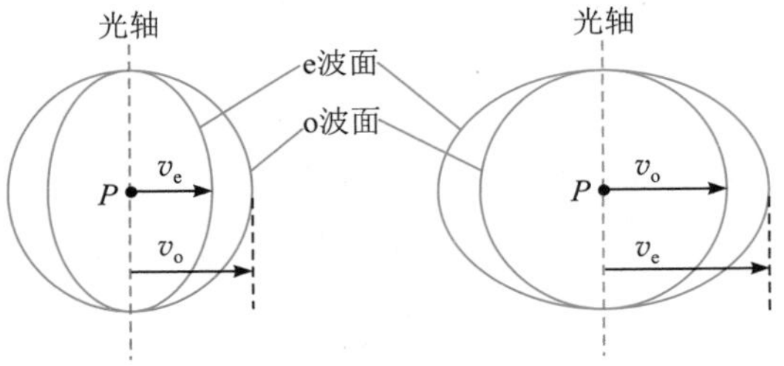

习　题

6.1　两列振动方向平行的相干光束的振幅比 E_{01}/E_{02} 分别为1、1/3、3、6、1/6，分别求这几种情形下干涉条纹的可见度，并说明哪种情形干涉条纹的可见度最好。【答案：当 E_{01}/E_{02} 分别为1、1/3、3、6、1/6时，干涉条纹可见度 V 分别为1、0.6、0.6、0.32、0.32，第一种情形干涉条纹的可见度最好】

6.2　如题6.2图所示，S_1 和 S_2 是两个相干光源，它们到 P 点的距离分别为 r_1 和 r_2。路径 S_2P 垂直穿过一块厚度为 e、折射率为 n 的介质

板，其余部分可看作真空，求从 S_1 和 S_2 发出的两束光在 P 点的相位差。【答案：121π】

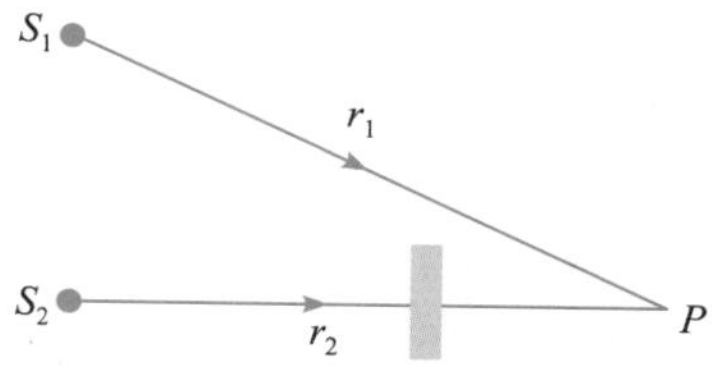

题 6.2 图

6.3 波长为 500 nm 的绿光投射在间距 d 为 0.022 cm 的双缝上，在距离 180 cm 处的光屏上形成干涉条纹，求两个亮条纹之间的距离。若改用波长为 700 nm 的红光投射到此双缝上，两个亮条纹之间的距离又为多少？并计算这两种光第二级亮纹位置的距离。【答案：0.409 cm，0.573 cm，0.328 cm】

6.4 在杨氏双缝干涉实验装置中，光源波长为 640 nm，两狭缝间距为 0.4 mm，光屏离狭缝的距离为 50 cm。若 P 点离中央亮条纹为 0.1 mm，求：(1) 两束光在 P 点的相位差；(2) P 点的光强度和中央点的强度之比。【答案：(1) π/4；(2) 0.8536】

6.5 在杨氏双缝干涉实验装置中，当用白光(波长为 400～760 nm)垂直入射时，在屏上会形成彩色光谱，试问从哪一级光谱开始发生重叠？开始产生重叠的波长是多少？【答案：第二级，600 nm】

6.6 波长为 550 nm 的单色光射在相距 $d=2\times10^{-4}$ m 的双缝上，屏到双缝的距离 $D=2$ m。如题 6.6 图所示，若用一厚度 $d=6.6\times10^{-6}$ m，折射率 $n=1.58$ 的云母片覆盖上面的一条缝后，问：(1)零级明纹将移到原来的第几级明纹处？(2)云母片的厚度为多少？【答案：(1) 七；(2) 6.6×10^{-6} m】

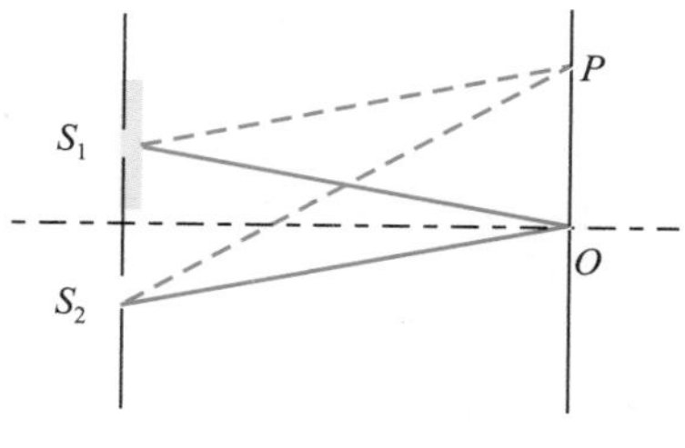

题 6.6 图

6.7 波长为 700 nm 的光源与菲涅耳双镜相交棱之间的距离为 20 cm，棱到光屏的距离为 180 cm，若所得干涉条纹中相邻亮条纹的间隔为 1 mm，求双镜平面之间的夹角 θ。【答案：$\theta\approx35\times10^{-4}$ rad≈12′】

6.8 在题 6.8 图所示的洛埃镜实验中，波长为 600 nm 的点光源 S 与洛埃镜的垂直距离 $h=0.5$ mm，$A=3$ cm，$B=5$ cm，$C=15$ cm，求观察屏上干涉条纹的间距和可能出现的干涉条纹的数目。【答案：0.138 mm，17】

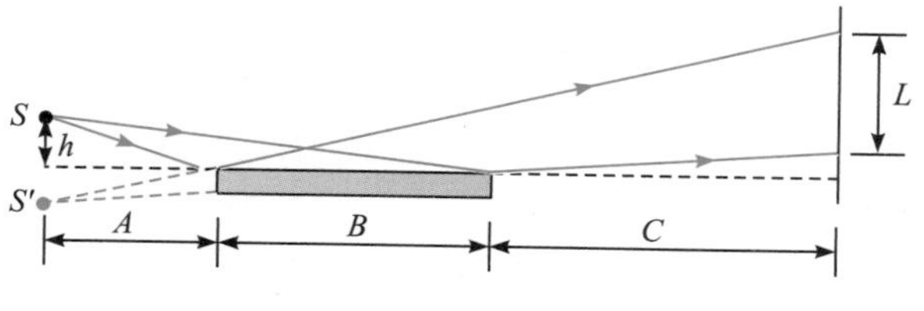

题 6.8 图

6.9 如题 6.9 图所示，白光入射到折射率为 1.33 的肥皂水膜上，当视线与膜法线的夹角为 20°时，观察到的反射光是波长为 550 nm 的绿光，求膜层的最小厚度。【答案：107 nm】

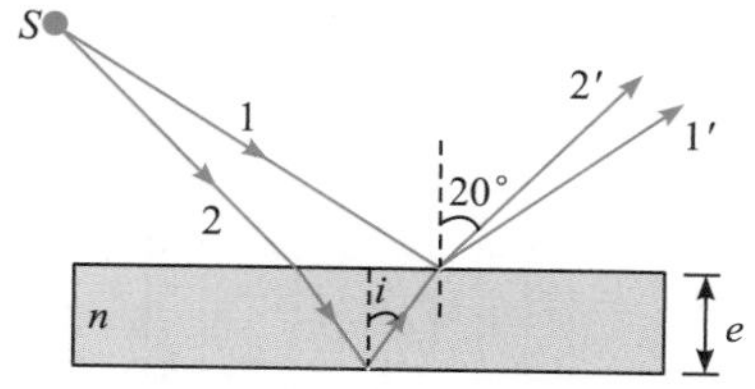

题 6.9 图

6.10 透镜表面通常镀一层 MgF_2($n=1.38$)一类的透明物质薄膜，目的是利用干涉来降低玻璃表面的反射。为了使透镜在可见光谱的中心波长 $\lambda=550$ nm 处产生极小的反射，则镀层的厚度是多少？【答案：10^{-7} m】

6.11 波长 $\lambda=500$ nm 的平行光垂直入射到劈形薄膜的上表面，从反射光中观察，劈尖的棱边是暗纹。若劈尖上面媒质的折射率 n_1 大于薄膜的折射率 n($n=1.5$)。求：(1) 膜下面介质的折射率 n_2 与 n 的大小关系；(2) 第十级暗纹处薄膜的厚度；(3) 使膜的下表面向下平移一微小距离 Δe，干涉条纹有什么变化？若 $\Delta e=2.0$ μm，原来的第十级暗纹处将被哪级暗纹占据？【答案：(1) $n_2>n$；(2) $\Delta e=1.5\times10^{-3}$ mm；(3) 各级条纹向棱边方向移动，被第二十一级暗纹占据】

6.12 在两块玻璃片之间的一边放一张厚纸，另一边相互压紧。玻璃片长 10 cm，纸厚为 0.05 mm。若沿垂直于玻璃片表面的方向看去，看到相邻两条暗纹间距为 1.4 mm，已知玻璃片长 17.9 cm，纸厚为 0.036 mm，求光波的波长。【答

案：516.13 nm】

6.13 如题 6.13 图所示，在 Si 平面上形成了一层厚度均匀的 SiO_2 薄膜。为了测量薄膜厚度，将它的一部分腐蚀成劈形(示意图中的 AB 段)。现用波长为 600 nm 的平行光垂直照射，观察反射光形成的等厚干涉条纹。在图中 AB 段共有 8 条暗纹，且 B 处恰好是 1 条暗纹，求薄膜的厚度(Si 折射率为 3.42，SiO_2 折射率为 1.50)。【答案：1.5×10^{-3} mm】

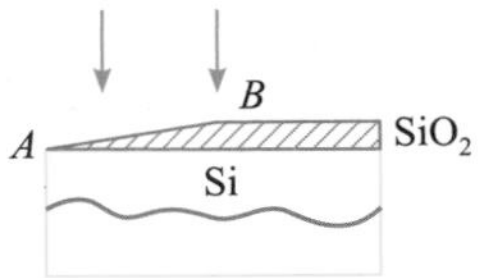

题 6.13 图

6.14 直径为 d 的细丝夹在两块平板玻璃的边缘，形成劈尖形空气层，在波长为 589.3 nm 的钠黄光的垂直照射下形成如题 6.14 图所示的干涉条纹分布，求细丝的直径。【答案：3.24 μm】

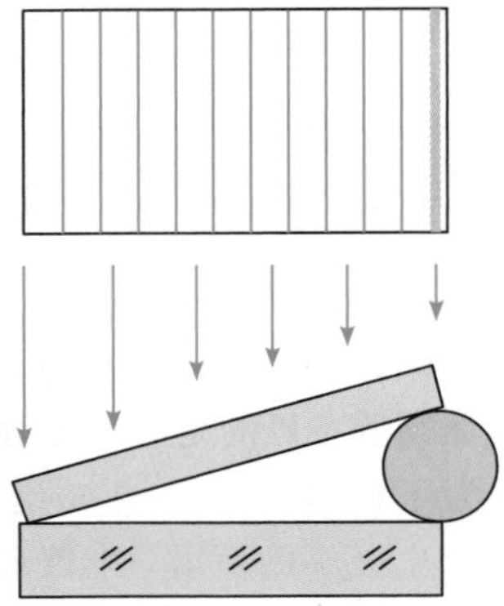

题 6.14 图

6.15 在表面光洁度待测的玻璃工件上面覆盖平板薄玻璃，形成劈尖形空气层，波长为 589.3 nm 的平行光垂直入射时，可以看到如题 6.15 图所示的干涉条纹中显示的待测玻璃工件的缺陷。求缺欠的形状和缺陷起伏的最大值。【答案：工件中心有一条长形凹陷，0.295 μm】

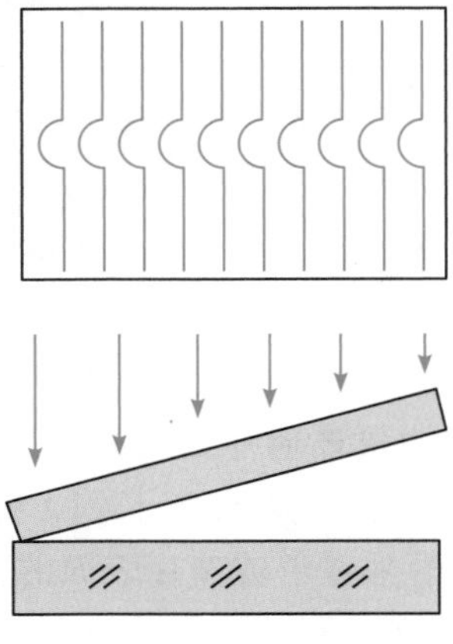

题 6.15 图

6.16 在牛顿环中波长 $\lambda_1=500$ nm 光形成的第五级明环与波长 λ_2 光形成的第六级明环重合，求未知波长 λ_2。【答案：409.1 nm】

6.17 观察牛顿环的干涉图样，若第五级和第六级暗环的间距为 2 mm，求第十二级和第十三级暗环的间距。【答案：1.33 mm】

6.18 用单色光观察牛顿环，测得某一亮环的直径为 3.0 mm，在它外边第五个亮环的直径为 4.6 mm，所用平凸透镜的凸面曲率半径为 1.03 m，求此单色光的波长。【答案：590.3 nm】

6.19 在牛顿环实验中，透镜的曲率半径为 5.0 mm，直径为 2.0 mm。(1)用波长 $\lambda=589.3$ nm 的单色光垂直照射时，可看到多少干涉条纹？(2) 若在空气层中充以折射率为 n 的液体，可看到 46 条明纹，求液体的折射率(玻璃的折射率为 1.5)。【答案：(1) 34；(2) 1.33】

6.20 折射率均为 1.5 的平凹透镜与平板玻璃构成如题 6.20 图所示的干涉装置，装置中间的空腔充满折射率为 1.33 的水溶液，当波长为 589.3 nm 的平行光垂直照射时可以看到反射光的 4 个圆形干涉条纹。求：(1) 这些条纹是暗条纹还是亮条纹；(2) 水溶液中心处的可能最大厚度。【答案：(1) 暗条纹；(2) 0.89 μm】

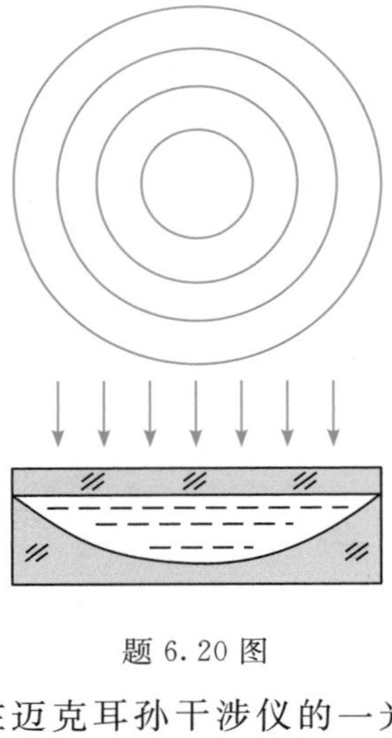

题 6.20 图

6.21 在迈克耳孙干涉仪的一光路中放入折射率 $n=1.632$ 的玻璃片，观察到有 150 条干涉条纹向一方移动，若所用光源波长 $\lambda=500$ nm，求玻璃片的厚度。【答案：5.93×10^{-5} m】

6.22 迈克耳孙干涉仪的反射镜 M_2 移动

0.25 mm 时，看到条纹移过的数目为 909 个，设光为垂直入射，求所用光源的波长。【答案：550 nm】

6.23 用钠灯($\lambda_1=589$ nm，$\lambda_2=589.6$ nm)作为迈克耳孙干涉仪的光源，首先调整干涉仪得到最清晰的条纹，然后移动反射镜 M_1，条纹逐渐模糊，至干涉现象第一次消失时，M_1 由原来位置移动了多少距离？【答案：0.145 mm】

6.24 调节一台迈克耳孙干涉仪，使其用波长为 500 nm 的扩展光源照明时会出现同心圆环条纹。若要使圆环中心处相继出现 1000 条圆环条纹，则必须将一臂移动多远的距离？若中心是亮的，试计算第一暗环的角半径。【答案：0.25 mm，1.8°】

6.25 在夫琅禾费单缝衍射实验中，若缝宽 $a=5\lambda$，透镜焦距 $f=40$ cm，问对应 $\theta=23.5°$的衍射方向，缝面可分为多少个半波带？对应明暗情况如何？【答案：4，对应第二级暗条纹】

6.26 有一单缝宽 $a=0.1$ mm，在缝后放一焦距为 50 cm 的会聚透镜，用波长 $\lambda=546$ nm 的平行绿光垂直照射单缝，求位于透镜焦面处的屏幕上的中央明条纹及第二级明纹宽度。【答案：5.46 mm，2.73 mm】

6.27 平面光的波长为 480 nm，垂直照射到宽度为 0.4 mm 的狭缝上，会聚透镜的焦距为 60 cm。分别计算当缝的两边到 P 点的相位为 $\pi/2$ 和 $\pi/6$ 时，P 点离焦点的距离。【答案：0.18 mm，0.06 mm】

6.28 白光形成的单缝衍射图样中，其中某一波长的第三个次最大值与波长为 600 nm 的光波的第二个次最大值重合，求该光波的波长。【答案：428.6 nm】

6.29 一束波长为 600 nm 的单色平行光垂直入射一缝宽可调的狭缝，在调节狭缝宽度的过程中测得单缝衍射中央亮纹的宽度由 1.0 cm 变化到了 1.5 cm，求缝宽的变化。已知透镜的焦距 $f=40$ cm。【答案：缝宽减小了 0.016 mm】

6.30 波长为 500 nm 的单色平行光垂直照射缝宽为 0.2 mm 的单缝夫琅禾费衍射屏，在单缝后面放置焦距为 60 cm、折射率为 1.56 的薄凸透镜，求：(1) 零级亮条纹的线宽度；(2) 将该装置放入折射率为 1.33 的水中，零级亮条纹的线宽度。【答案：(1) 3.0 mm；(2) 7.3 mm】

6.31 在正常的照度下，人眼瞳孔的直径为 3 mm，而在可见光中，人眼对波长为 550 nm 的绿光最为敏感，问：(1) 人眼的最小分辨角为多大？(2) 若物体放在明视距离 25 cm 处，则两物体能被分辨的最小距离多大？【答案：(1) 2.2×10^{-4} rad；(2) 0.055 mm】

6.32 在迎面驶来的汽车上，两盏前灯相距 120 cm，若仅考虑人眼圆形瞳孔的衍射效应，试问在汽车离人多远的地方，眼睛才能分辨这两盏前灯。假设夜间人眼瞳孔直径约为 5 mm，而入射光波长为 550 nm。【答案：8.94 km】

6.33 已知地球到月球的距离为 3.84×10^8 m，设来自月球的光波长为 600 nm，若在地球上用直径为 1 m 的天文望远镜观察时，刚好将月球正面一环形山上的两点分辨开，则该两点的距离为多少？【答案：281 m】

6.34 用照相机在距离地面 100 km 的高空拍摄地面上的物体，设白光的平均波长为 550 nm，若要分辨地面上相距 0.5 m 的两个物点，则照相机镜头的口径至少应当多大？【答案：13.4 cm】

6.35 某单色光垂直入射到每厘米 6000 条刻痕的光栅上，测得第一级谱线的衍射角 $\theta_1=20°$，求入射光的波长。若用焦距为 0.2 nm 的透镜将光谱会聚到屏上，则第一级谱线与第二级谱线的距离为多少？【答案：$\lambda=5.7\times10^{-7}$ m，0.116 m】

6.36 一束平行白光垂直入射在每毫米 50 条刻痕的光栅上，问第一级光谱的末端和第二光谱的始端的衍射角 θ 之差为多少？(设可见光中最短的紫光波长为 400 nm，最长的红光波长为 760 nm)【答案：$\Delta\theta=2\times10^{-3}$ rad】

6.37 一束平行光垂直入射到某个光栅上，该光束有两种波长的光，$\lambda_1=440$ nm，$\lambda_2=660$ nm。实验发现，两种波长的谱线(不计中央明纹)第二次重合于衍射角 $\varphi=60°$的方向上，求此光栅的光栅常数 d。【答案：$d=3.05$ μm】

6.38 用每毫米内有 500 条刻痕的平面透射光栅观察波长为 589.3 nm 的钠光谱，当光以 30°角入射时，谱线的最高级次是多少？并与垂直入射时比较。【答案：斜入射五，垂直入射三】

6.39 一束具有两种波长 λ_1 和 λ_2 的平行光垂直照射到一衍射光栅上，测得波长 λ_1 的第三级主极大衍射角和 λ_2 的第四级主极大衍射角均为 30°。已知 $\lambda_1=560$ nm，试求：(1) 光栅常数 d；(2) 波长 λ_2。【答案：(1) $d=3.36$ μm；(2) $\lambda_2=420$ nm】

6.40 波长为 0.00147 nm 的平行 X 射线射在

晶体界面上，晶体原子层的间距为 0.28 nm，问光线与界面成什么角度时，能观察到二级光谱。【答案：18′】

6.41 一束光由自然光和线偏振光混合而成，当它们垂直入射并通过一偏振片时，透射光的强度随偏振片的转动而变化，其最大光强是最小光强的 5 倍。入射光中自然光和线偏振光的强度各占入射光强度的几分之几？【答案：1/3，2/3】

6.42 在两个偏振化方向正交的偏振片之间插入第三个偏振片。(1) 当最后透过的光强为入射自然光光强的 1/8 时，求插入的第三个偏振片的偏振化方向；(2) 若最后投射光光强为零，则第三个偏振片怎样放置？【答案：(1) 45°；(2) 第三个偏振片的偏振化方向与第一个偏振片的偏振化方向一致，或与之夹角为 $\pi/2$】

6.43 一束自然光自空气入射到水(折射率为 1.33)表面上，若反射光是线偏振光，则：(1) 此入射光的入射角为多大？(2) 折射角为多大？【答案：(1) 53.1°；(2)36.9°】

6.44 一束自然光由空气入射到某种不透明介质的表面上。今测得此不透明介质的起偏角为 56°，求这种介质的折射率。【答案：1.48】

6.45 波长为 600 nm 的单色光垂直入射到某种双折射材料制成的 1/4 波片上。已知该材料的主折射率为 1.74 和 1.71，求此波片的最小厚度。【答案：5 μm】

6.46 一束圆偏振光垂直入射到 1/8 波片上，求透射光的偏振状态。【答案：椭圆偏振光】

第7章 气体动理论

如果现在的温度是零下10摄氏度，你知道此时空气分子的平均速率是多少吗？

自然界中物质的运动形式多种多样，如机械运动、电磁运动以及分子热运动等。热学研究的是有关物质的分子热运动以及与热相联系的各种规律的学科，它与力学、电磁学和光学被列为经典物理的四大基石。所有与冷热相联系的问题都属于热学研究的范畴，如生活中常见的热胀冷缩现象、与温度有关的热辐射等。登山者到达一定的海拔高度为什么会有高原反应？炎炎夏日或寒冷的冬天我们感知到不同气温的微观本质是什么？此外，热机和制冷机的工作原理，以及有关热力学过程的方向性等问题也都是热学研究的内容。同时热学也渗透于很多方面，如能源、材料、环境、生物医学等。

热现象的研究理论有热力学和统计物理学两种。热力学是研究热学的宏观理论，它从大量的直接观察和实验测量出发，应用数学方法结合逻辑推理，总结得到普适的基本规律，其结论具有较高的普适性和可靠性。统计物理学是研究热学的微观理论，它从物质的微观模型出发，结合力学规律和统计方法来研究微观粒子热运动的统计规律，从而解释宏观热现象的微观本质。热力学与统计物理相辅相成，组成了热学的理论基础。

本章要讨论的气体动理论是统计物理学的重要组成部分，它将力学规律和统计方法相结合，分析分子无规则热运动所遵从的统计规律，建立宏观量与微观量统计平均值之间的关系，揭示气体宏观热现象的微观本质。

7.1 宏观描述方法和微观描述方法

7.1.1 热学研究对象及其特点

一切宏观物体都是由分子或原子组成的，分子或原子处于不断的运动之中，并且这种运动是无规则的。这种无规则的热运动决定了宏观物体的热学性质。1 mol 任意物质中含有的分子(或原子)个数 $N_A = 6.022\times10^{23}/\mathrm{mol}$，这一数值称为阿伏伽德罗常量。热学研究的就是由大量无规则热运动的分子或原子所组成的物体。温度是热学研究中非常重要的物理量，宏观上它是物体冷热程度的量度，微观上它代表了分子热运动的剧烈程度。与温度有关(微观上与分子热运动有关)的物理性质和状态的变化称为热现象。热学是研究与热现象有关的学科，是物理学的一个重要分支。任何物质在涉及与冷热有关的现象和规律时，都是热学的研究对象。

科技专题

对热现象的认识

热现象是人类最早接触的一种自然现象，而对热现象的研究却只有四百多年的历史。热学这一门学科起源于人类对于热与冷现象本质的探索。历史上曾存在着热质说(热是物质)和热动说(热来源于运动)两种观点的争论。热质说认为热是一种可以透入一切物体之中不生不灭的无重量的流体，较热的物体含有的热质多，较冷的物体含有的热质少，冷热不同的物体接触，热质从较热的物体流入较冷的物体，其总量守恒。在当时热质说可以定量说明热传递和热平衡等现象，甚至可以说明热机工作的一些规律。卡诺(Carnot，1796—1832)于 1824 年从热质说出发，对热机进行了科学探讨，得出了卡诺定理。1798 年英国的伦福德伯爵(C. Rumford，1753—1814)在兵工厂监督制造大炮的工作时，发现炮筒被钻头钻了很短的时间就会产生大量的热，钻下来的铜屑温度很高，并且钻头越钝，温度越高。这一过程并未有大量的热质流入或流出，但钻削所产生的热似乎是无穷无尽的，伦福德由此断定这些热是钻头与炮筒的激烈摩擦导致的，明确指出热是运动。1799 年英国的科学家戴维(H. Davy，1778—1829)的冰摩擦实验进一步支持了热是运动的学说。直到物体的分子结构学说建立后，人们才逐渐认识到热现象是分子热运动的表现。伦福德和戴维并没有找到热量和机械功之间的数量关系，英国物理学家焦耳(J. P. Joule，1818—1889)在 1843 年到 1878 年间做了 400 多次实验。他在装水的容器中安装桨叶，重物下降带动桨叶旋转，搅动瓶中的水，比较重物下落的功和水升温所需的热之间的关系，得到了热功当量。焦耳的实验定量地确认了热和功的等价关系，为热动说提供了强有力的支持，也为能量守恒和转化定律的建立奠定了牢固的实验基础。在焦耳不懈努力的同时，德国物理学家迈耶(J. R. Mayer，1814—1878)和亥姆霍兹(H. von. Helmholtz，1821—1904)通过推理计算确定了热与运动的关系，确定了热是能量转移的一种形式。因此，焦耳、迈耶和亥姆霍兹都被认为是热力学第一定律的创始人。

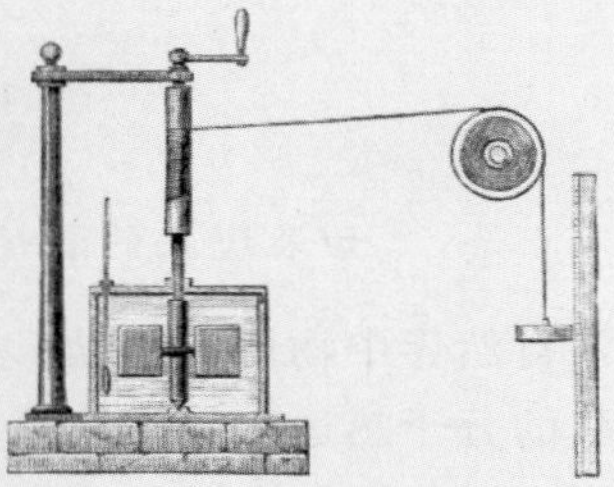

7.1.2 热力学系统

热学所研究的对象称为热力学系统，简称系统。热力学系统可以是气体、液体和固体。与系统存在密切联系的系统以外的部分称为外界或环境，这种密切联系可理解为系统与外界之间存在着能量(做功或传热)的传递或物质的交换。例如，研究气缸内一定量气体的压强、体积变化规律时，气缸内的气体就是系统，而气缸壁、活塞、发动机等其他部分都是外界。

按照系统与外界是否有物质和能量的交换，可将系统划分为孤立系统、封闭系统和开放系统。与外界既没有能量交换又没有物质交换的系统称为孤立系统，与外界有能量交换但没有物质交换的系统称为封闭系统，与外界既有能量交换又有物质交换的系统称为开放系统。

实际上，严格的孤立系统并不存在，它是为理论研究所设立的一个理想化模型。如果系统与外界的质量和能量交换非常少，在一定条件下可将系统视为孤立系统。从理论的理想模型来看，孤立系统内物质的质量守恒且总能量守恒。比如存放气体的气缸封闭性非常好，若气缸的外壁是导热材料，那么系统可以与环境有能量的交换。因此，封闭系统的质量守恒，但能量可以变化。而开放系统在生活中很多见，比如密闭性不好的气缸，存在漏气现象；再比如打开壶盖的一壶开水，或者壶盖的密封性不好；另外任何生物系统，比如我们的身体，不断地与外界有物质和能量交换等，这些都是典型的开放系统。本书主要的研究对象是封闭系统和孤立系统。

7.1.3 宏观描述和微观描述

任何热力学系统都是由分子或原子等微观粒子组成的，通常将描述微观粒子运动特征的物理量称为微观量，如速度、动量、能量等。微观量不能被直接观察，也不能被直接测量。将描述系统宏观特征的物理量称为宏观量，如压强、温度和体积等。宏观量通常可以由实验测量得到。由于微观粒子处于永不停息的无规则热运动中，因此单个粒子的运动状态具有很大的偶然性。当粒子数足够多时，大量粒子将遵从确定性的统计规律。这种统计规律表现为系统的宏观量与大量微观粒子的微观量的统计平均值之间必然存在着一定的联系。因此热学有宏观和微观两种描述方法，与之对应的就是研究热学的宏观理论和微观理论。

基于大量的观察和实验，通过逻辑推理和归纳总结，得到有关系统宏观性质之间的关系，这就构成了热学的宏观理论，称为热力学。其结论具有高度的可靠性和普遍性，但它没有考虑物质的微观结构，因此不能对宏观规律给出其微观本质的解释，这也正是热力学理论的局限性。从分子、原子等微观粒子的运动和它们之间的相互作用出发，将力学规律和和统计方法相结合，讨论微观量统计平均值与宏观量之间的关联，这就是研究热学的微观理论，称为统计物理学。它给出宏观规律的微观解释，可以更好地揭示热现象的本质，但统计物理学结论是否正确，需要热力学来检验和证实。热力学和统计物理学相互验证，相辅相成，共同组成了热学的基础理论。

气体动理论是统计物理学中最简单、最基本的内容，其研究对象是气体系统。该理论从气体微观结构的理想模型出发，运用统计平均方法研究气体在平衡状态下的性质，以及气体由非平衡状态向平衡状态转变过程中的相关规律。

7.2 平衡态与理想气体的状态方程

7.2.1 气体的状态参量

力学中，引入了速度、加速度、能量、动量和角动量等参量来描述物体的机械运动状态。电磁学中，引入了电场强度、磁感应强度等参量来描述物质的电磁运动规律。那么对于大量分子所组成的气体系统，微观上可利用速度、动量、能量等微观量描述单个分子的运动状态；宏观上，气体的状态可利用压强、体积和温度来描述，称这三个宏观量为气体的状态参量。

气体没有固定的形态，其体积 V 是指气体分子活动所能到达的空间。一定量气体处于某一容器中，通常气体的体积就等于容纳它的容器的容积。需注意的是，气体的体积并非气体中分子自身体积求和。体积的国际单位是立方米(m^3)，气体体积还有两个常用单位，分别是升(L)和毫升(mL)，它们之间的换算关系是：$1L=1\ dm^3=10^{-3}\ m^3=1000\ mL$。

气体的压强 p 是指气体在单位时间内作用于容器壁单位面积上的垂直作用力，它是气体分子与容器壁频繁碰撞所产生的宏观效果。实际上气体压强不仅存在于容器壁，也存在于气体内部。压强的国际单位是帕斯卡(Pa)，$1\ Pa=1\ N/m^2$。气体的压强还有一常用单位“标准大气压”，用 atm 表示，$1\ atm=1.013\times10^5\ Pa$。

温度是热学中很重要的概念，是人们日常生活中对物体冷热程度的一种感觉。要对温度概念做深入了解，在宏观上对温度建立严格、科学的定义，需引入热力学第零定律。

实验表明，如果两个热力学系统分别与第三个热力学系统处于热平衡，则它们彼此也必定处于热平衡，此规律称为热平衡定律，也称为热力学第零定律。如图 7.1(a)所示，若系统 A 和系统 B 用绝热板隔开，同时通过导热板与系统 C 热接触，经过一段时间后，A 和 C 以及 B 和 C 都将分别达到了热平衡。如果再使 A 通过导热板和 B 热接触，同时将它们用绝热板与 C 隔开，如图 7.1(b)，发现

A 和 B 的状态都不再发生变化，说明 A 和 B 处于热平衡。

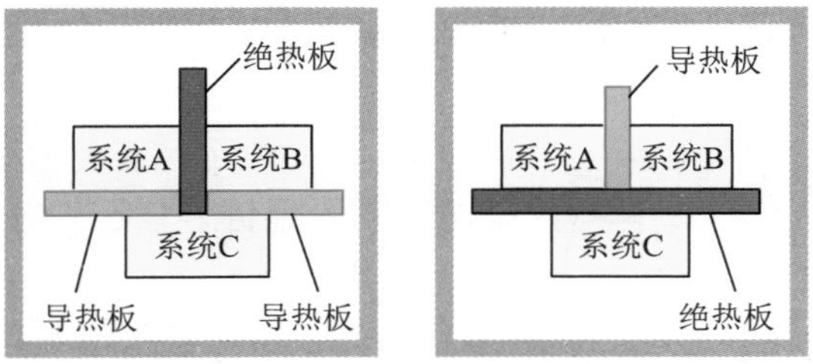

(a) 热平衡状态一　　(b) 热平衡状态二

图 7.1

热平衡定律为温度的概念提供了实验基础，即互为热平衡的两个物体温度必然是相等的。热力学第零定律给出了判别两物体温度是否相同的方法，该方法不一定要两物体直接接触，而可以借助一个“标准”的物体(如图 7.1 中的 C)分别与这两个物体热接触，这个“标准”的物体就是温度计。

温度的数值表示称为温标，建立一种温标需要三个要素：测温物质、测温属性和固定点标准。一般来说，三个要素的选择均与所选择的测温物质有关，基于不同测温物质和测温属性的温标称为经验温标。常见的经验温标有摄氏温标和华氏温标，国际上规定热力学温标为基本温标，它不是经验温标，因而也称为绝对温标，符号是 T，国际单位是开尔文(K)。日常使用较多的摄氏温标，符号是 t，单位是摄氏度(℃)。规定水的冰点为 0℃，水的沸点为 100℃。摄氏温标与热力学温标的换算关系为

$$T = t + 273.15 \tag{7.1}$$

在实际应用中，式(7.1)也经常用 $T = t + 273$ 表示。

7.2.2 平衡态与准静态过程

1. 平衡态

宏观上，热力学系统的状态可分为平衡态和非平衡态。在不受外界影响的条件下，经过足够长的时间后，系统必将达到一个宏观上看起来不随时间变化的状态，这种状态称为平衡态，不满足上述条件的系统状态就是非平衡态。此处所说的不受外界条件影响，是指系统与外界之间不存在物质和能量的交换。当系统到达平衡态时，其状态参量 p、V、T 将不随时间变化。

实际问题中，完全不受外界影响、宏观状态绝对保持不变的系统是不存在的，因此平衡态只是一个理想化模型。比如一根金属棒，一端置于沸水中，另一端放在冰水混合物中，由于金属棒两端存在温差，因此金属棒上将发生热量的传递。传热经过一段时间到达稳态时，金属棒上各处温度将不随时间变化，这种状态称为稳常态，但它不是平衡态，因为金属棒始终与外界有能量的交换。

还需指出的是，处于平衡态的系统其宏观性质不随时间变化。而微观上，分子的热运动永不停息，分子的热运动及分子间频繁的碰撞所导致的宏观效果表现为，宏观状态不随时间变化，因此系统的平衡态实际上是热动平衡态。

2. 准静态过程

当系统受到外界影响时，其状态会发生变化。系统状态变化的过程称为热力学过程，简称过程。如果在过程进行的每一时刻，系统的状态都无限接近平衡态，这样的过程叫做准静态过程。也就是说在准静态过程中的任意时刻，系统的状态都可以当作平衡态来处理。

由于受到外界影响，实际上系统在过程的任意时刻，它的状态都不会是平衡态，所以准静态过程是一个理想化过程。实际过程如果进行得足够缓慢，过程中每一时刻状态的变化都很微小，可以将这样的状态近似看成是平衡态，那么该过程就可以视作准静态过程。在实际问题中，除了进行得非常快的过程，如爆炸、活塞的剧烈运动等，一般情况下都可将实际过程近似处理为准静态过程。本书中如无特别说明，所讨论的热力学过程都是准静态过程。

处于平衡态的气体，其状态可用一组确定的状态参量 p、V、T 来描述。系统的一个平衡态在 p-V 图(或 p-T 图、V-T 图)中可用一个确定的点来表示。如果系统经历一个准静态过程，该过程在 p-V 图中可用一条曲线来表示，称为过程曲线。如图 7.2 所示，过程曲线 MN 代表系统所经历的一个准静态过程，曲线上每一个点代表系统的一个平衡态。而非准静态过程通常不能在状态图上用一条曲

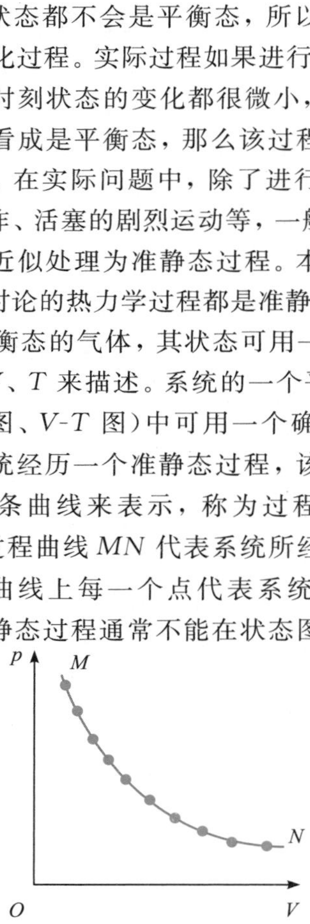

图 7.2

线来表示。

7.2.3　理想气体的状态方程

1. 气体的三个实验定律

实验表明，对于一定量的气体，当状态参量 p、V、T 中的一个量发生变化时，另外两个量一般也随之变化。这说明 p、V、T 之间必然存在着一定的关系，其中一个参量可表示为另外两个参量的函数，即 $T=f(p, V)$。

实验发现，不论何种气体，在压强不太高(与大气压相比)和温度不太低(与室温相比)的情况下，它们都能近似地遵守气体的三个实验定律，分别是：

(1) 玻意耳定律：当温度 T 不变时，压强与体积满足 $pV=$常量。

(2) 查理定律：当体积 V 不变时，压强与温度满足 $p/T=$常量。

(3) 盖-吕萨克定律：当压强 p 不变时，体积与温度满足 $V/T=$常量。

2. 理想气体的状态方程

任何情况下都能严格遵守以上三个实验定律的气体称为理想气体，由三个实验定律可以得到，1 mol 理想气体的三个状态参量满足：

$$pV=RT \tag{7.2}$$

式中，$R=8.31\ \mathrm{J/(mol\cdot K)}$称为气体的摩尔常量，它是描述 1 mol 气体行为的普适常量。质量为 m，摩尔质量为 M，摩尔数为 $\nu=m/M$ 的理想气体，其三个状态参量满足：

$$pV=\frac{m}{M}RT=\nu RT \tag{7.3}$$

这就是理想气体的状态方程。在温度不太低、压强不太高的情况下，各种实际气体都能近似地遵守式(7.3)，并且压强越低，近似程度越高，且在压强无限趋近于零时，各种气体才能严格遵守式(7.3)。理想气体与气体的种类无关，它反映了各种实际气体在压强趋于零的极限条件下的共同性质。实际上理想气体是不存在的，它是实际气体的近似，是研究气体性质的一种理想化模型。

引入另一普适常量，称为玻尔兹曼常量，用 k 表示，它与气体的摩尔常量 R 满足的关系为 $k=R/N_A$，则 $k=1.38\times10^{-23}\ \mathrm{J/K}$。因此，式(7.3)又可以表示为

$$p=\frac{\nu RT}{V}=\frac{\nu N_A kT}{V}=\frac{NkT}{V}=nkT \tag{7.4}$$

式中，N 表示分子总数；$n=N/V$，称为分子数密度，表示单位体积中的分子个数。式(7.4)是理想气体状态方程另一种常见的表达形式。

只要被视为理想气体，不管它是什么化学成分，式(7.3)总适用。假设有多种化学成分的混合理想气体(各种成分的气体间无化学反应)，它由 ν_1 mol 的 A 气体、ν_2 mol 的 B 气体等 N 种理想气体组成。处于平衡态的混合理想气体，其总压强 p 与混合气体的体积 V 及温度 T 满足：

$$pV=(\nu_1+\nu_2+\cdots+\nu_n)RT \tag{7.5}$$

$$p=\nu_1\frac{RT}{V}+\nu_2\frac{RT}{V}+\cdots+\nu_n\frac{RT}{V}=p_1+p_2+\cdots+p_n \tag{7.6}$$

式(7.5)称为混合理想气体的状态方程。式(7.6)中，p_1，p_2，…，p_n 分别表示将其他气体排走以后，仅留下其中一种气体单独存在时所产生的压强，也称为该种气体的分压，式(7.6)称为混合理想气体的分压定律，这是英国科学家道尔顿(Dalton，1766—1844)于 1801 年在实验中发现的，因此也称为道尔顿分压定律。

★**【例 7.1】** 试计算标准状态下 1 mol 理想气体的体积和单位体积中的分子数。标准状态时，温度为 0℃，压强为 1 atm。

解 由题意可知 $T=273.15\ \mathrm{K}$，$p=1.013\times10^5\ \mathrm{Pa}$。根据理想气体的状态方程，可得标准状态下，1 mol 气体的体积为

$$V=\frac{\nu RT}{p}=\frac{1\times8.31\times273.15}{1.013\times10^5}=0.0224\ \mathrm{m^3}=22.4\ \mathrm{L}$$

单位体积中的分子数，即分子数密度为

$$n=\frac{N_A}{V}=\frac{6.022\times10^{23}}{0.0224}=2.7\times10^{25}/\mathrm{m^3}$$

也可利用 $p=nkT$ 计算，即

$$n=\frac{p}{kT}=\frac{1.013\times10^5}{1.38\times10^{-23}\times273.15}=2.7\times10^{25}/\mathrm{m^3}$$

标准状态下，气体的分子数密度也叫洛施密特常量。根据这一常量可以估算，如果一个人每次的呼吸量约为 400 ml，那么折合下来大约有 10^{22} 个分子。

★【例 7.2】 一个封闭的圆筒，内部被导热的、不漏气的可移动活塞隔成两部分。最初活塞位于圆筒中央，圆筒两侧的长度 $l_1=l_2$。当两侧各充以 T_1、p_1 和 T_2、p_2 的相同气体(视为理想气体)后，试求平衡时活塞将在什么位置？即 l_1/l_2 是多少？已知 $T_1=680\ \text{K}$，$p_1=1.0\times10^5\ \text{Pa}$，$T_2=280\ \text{K}$，$p_2=2.0\times10^5\ \text{Pa}$。

解 设活塞两侧气体的摩尔数分别为 ν_1 和 ν_2，初始状态时，两侧气体的体积为 V_0。到达平衡时，两侧气体的压强和温度相同，设为 p、T。设圆筒的截面积为 S，平衡时两侧气体的体积分别为 $V_1=l_1S$，$V_2=l_2S$。

根据理想气体的状态方程，可得

$$p_1V_0=\nu_1RT_1,\ pV_1=\nu_1RT$$

$$p_2V_0=\nu_2RT_2,\ pV_2=\nu_2RT$$

联立以上四式，可得

$$\frac{V_1}{V_2}=\frac{\nu_1}{\nu_2}=\frac{p_1T_2}{p_2T_1}=\frac{1.0\times10^5\times280}{2.0\times10^5\times680}=\frac{7}{34}$$

所以

$$\frac{l_1}{l_2}=\frac{7}{34}$$

【例 7.3】 空气中几种主要成分的体积占比分别为：氮气约 78%，氧气约 21%，氩气约 1%。已知氮气、氧气和氩气的摩尔质量分别为 28 g/mol、32 g/mol 和 40 g/mol，将空气视为理想气体。

(1) 求空气的平均摩尔质量；

(2) 一水下呼吸器瓶内装有 9 L 温度为 23℃，压强为 1.013×10^5 Pa 的空气。现使用压缩机向呼吸器瓶内充入空气，结束时瓶内空气温度为 40℃，压强为 2.1×10^7 Pa。求充入的空气质量是多少？

解 (1) 混合气体到达平衡态时，各组分气体的体积相同，温度相同，混合气体的总压强等于各组分单独产生的压强和。但通常所说的混合气体各组分的体积百分比，是指各组分气体单独处在与混合气体相同的温度和压强时，各组分的体积占混合气体总体积的百分比。

根据 $pV=\nu RT$ 可知，压强和温度相同的不同种类的气体，体积比与摩尔数之比是相等的。因此空气中各种气体的摩尔数占比与体积占比相同。也就是说 1 mol 空气中，氮气约 0.78 mol，氧气约 0.21 mol，氩气约 0.01 mol。故空气的平均摩尔质量为

$$\begin{aligned}M&=0.78\times28+0.21\times32+0.01\times40\\&=28.96\ \text{g/mol}\\&\approx29\ \text{g/mol}\end{aligned}$$

(2) 充气前瓶内空气的摩尔数为

$$\begin{aligned}\nu_1&=\frac{p_1V}{RT_1}=\frac{1.013\times10^5\times9\times10^{-3}}{8.31\times296}\\&=0.37\ \text{mol}\end{aligned}$$

充气后瓶内空气的摩尔数为

$$\begin{aligned}\nu_1&=\frac{p_2V}{RT_2}\\&=\frac{2.1\times10^7\times9\times10^{-3}}{8.31\times313}\\&=72.66\ \text{mol}\end{aligned}$$

因此，充入空气的质量为

$$\begin{aligned}m&=(\nu_2-\nu_1)\times M\\&=(72.66-0.37)\times29\\&=2096.41\ \text{g}\\&\approx2.1\ \text{kg}\end{aligned}$$

思考题

1. 系统各部分温度不随时间变化，说明系统已经到达平衡态。这种说法对吗？

2. 气体处于平衡态时有何特征？这时分子在作热运动吗？

3. 例 7.3 中第(2)问中，对呼吸器瓶充气结束后，当瓶内气体处于平衡态时，氮气、氧气和氩气的分压分别是多少？

4. 在相同的温度和压强下，各种理想气体在相同体积内的分子数是否相同？

7.3　物质的微观模型

7.3.1　物质由大量分子或原子组成

任何宏观物体(气体、液体、固体等)都由大量的分子或原子组成，分子和原子的线度一般为 $10^{-9} \sim 10^{-10}$ m。可以估算 1 cm^3 的水中含有 3.3×10^{22} 个分子，标准状态下 1 cm^3 的气体中约有 2.7×10^{19} 个分子。如此小的空间内包含这么多个分子，由此可以看出，组成宏观物体的分子数目很大。

大量分子或原子所组成的宏观物体是不连续的，即分子或原子之间存在一定的间隙。这一特征可以用很多现象来说明，如气体通常很容易被压缩；水在 4×10^9 Pa 的压强下，体积可以减到原来的 1/3；水和酒精混合后体积小于原来两者的体积之和；以大约 2×10^9 Pa 的压强压缩钢桶中的油，发现油会通过桶壁渗出。以上事实都说明了气体、液体、固体均是不连续的，组成它们的分子或原子间都有间隙。现在通过扫描隧道显微镜能够直接观察到物质表面原子结构的图像，也说明了物质是由分子或原子组成的事实。

科技专题

扫描隧道显微镜(STM)

STM 是一种用于观察和定位单个原子的扫描探针显微工具，它能通过原子尺度的针尖，在不到一个纳米的高度上，对不同样品进行超高精度扫描成像。STM 在低温下可以利用探针尖端精确操纵单个分子或原子，其不仅是重要的微纳尺度测量工具，也是颇具潜力的微纳加工工具。STM 在原子级扫描材料表面探伤及修补、引导微观化学反应、控制原子排列等领域广泛应用。传统的电学调制速率限制了 STM 在更高时间分辨率的观测(一般具有微秒量级的时间分辨率)。2013 年，加拿大阿尔伯塔大学教授 Frank Hegmann 首次将太赫兹脉冲和 STM 结合，实现了亚皮秒时间分辨和纳米空间分辨，随后德国、美国等科研团队纷纷开展相关技术研究。中国科学院空天信息研究院-广东大湾区空天信息研究院于 2022 年成功研制出国内首套自主研制的太赫兹扫描隧道显微镜系统。该显微镜具有埃级空间分辨率和亚皮秒时间分辨率(提升 100 万倍以上)，可同时实现高时间和空间分辨下的精密检测，为进一步揭示微纳尺度下电子的超快动力学过程提供了强有力的技术手段，可用于新型量子材料、微纳光电子学、生物医学、超快化学等领域。

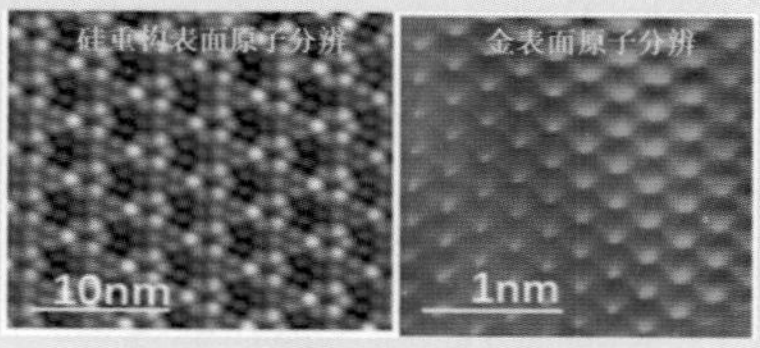

7.3.2　分子处于永不停息的无规则热运动中

下面通过实验事实进一步说明，组成物质的大量分子处于永不停息、杂乱无章的无规则热运动中。

1. 扩散现象

生活中最常见的是气体和液体的扩散。比如一滴墨水在一杯水中扩散形成均匀的溶液，我们能闻到不远处有人使用香水的气味，这都是液体和气体分子的运动所导致的。固体中也存在扩散现象，比如墙角堆放煤炭，经过较长时间后墙壁颜色变深，这是煤炭分子的运动所导致的。工业上的“渗碳”技术，是提高表面硬度的一种热处理方法，其原理就是碳原子在钢件表面的扩散。在半导体器件的生产中，为了改善半导体材料的导电性能，使特定的杂质在高温下向半导体晶片内部扩散、渗透，从而形成杂质半导体。固体的扩散大多在高温下效果才显著，这说明温度越高，分子运动越剧烈，分子更容易挤入其他分子之间。扩散现象说明，一切物体(气体、液体、固体)的分子都在永不停息地运动。

2. 布朗运动

扩散现象说明分子在运动，布朗运动则证实了分子作杂乱无章的无规则热运动。1827年英国植物学家布朗(Brown，1773—1858)通过显微镜观察到，悬浮在液体表面的藤黄粉或花粉颗粒，其运动方向不断改变且毫无规则，即悬浮颗粒作杂乱无章的无规则运动，此现象称为布朗运动。若将每隔相等时间所观察的颗粒位置连接起来，则得到类似于如图7.3所示的无规则折线。直到1857年，德耳索(Delsaulx，1828—1891)才对布朗运动给出了正确的解释，他指出布朗运动是由于悬浮颗粒受到周围液体分子的不平衡碰撞所引起的。液体分子从各个方向冲击悬浮颗粒，在颗粒足够小时，任一瞬间分子从各个方向作用于悬浮颗粒的冲力互不平衡，无法抵消，于是颗粒就朝着冲击作用微弱的方向运动。一般作布朗运动的颗粒线度约为$10^{-6}\sim10^{-8}$ m，后来研究人员发现悬浮在气体中的微小颗粒也会发生布朗运动。布朗运动所观察到的并非分子的运动，但它间接地反映了液体或气体分子运动的无规则性。实验发现，颗粒越小，布朗运动越显著；温度越高，布朗运动越剧烈。这也说明了温度越高，分子运动越剧烈，即分子无规则运动与温度有关，因此通常将这种运动也称为分子热运动。

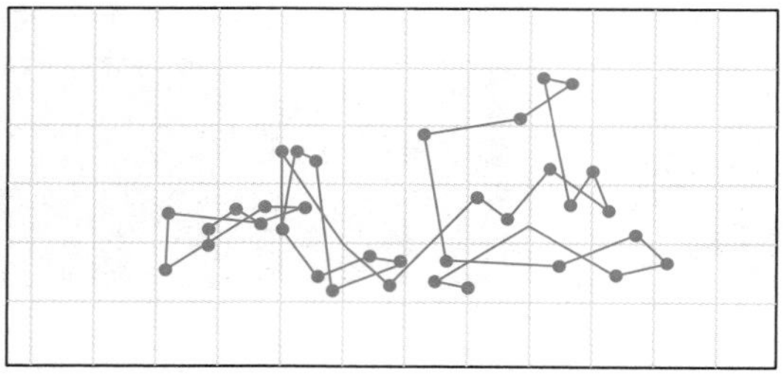

图7.3

7.3.3 分子间的相互作用力

分子间的相互作用力称为分子力。大量事实都说明了分子间存在着相互作用的引力和斥力。比如拉断一根钢丝或切削一块金属需要很大的作用力，证明了分子间存在着吸引力。再比如液体和固体能保持一定体积很难被压缩，说明分子间的排斥力阻止分子相互靠拢。只有当分子非常接近时，它们之间才会表现出排斥力，因此排斥力的作用距离比吸引力的作用距离要小。

通常假定分子间的相互作用具有球对称性。两分子质心间的距离用r表示，以r为横坐标，分子力F_r为纵坐标，F_r随r的变化曲线如图7.4所示。当r比较大时，分子力比较微弱，且通常表现为吸引力，随着r的减小，吸引力逐渐增大。当两个分子靠近到一特定距离r_0处，此时分子力为零，即排斥力和吸引力互相抵消，将r_0称为平衡位置，通常在10^{-10} m左右。若两个分子靠近到间距$r<r_0$，分子力主要表现为排斥力，且随着r减小，斥力急剧增大。

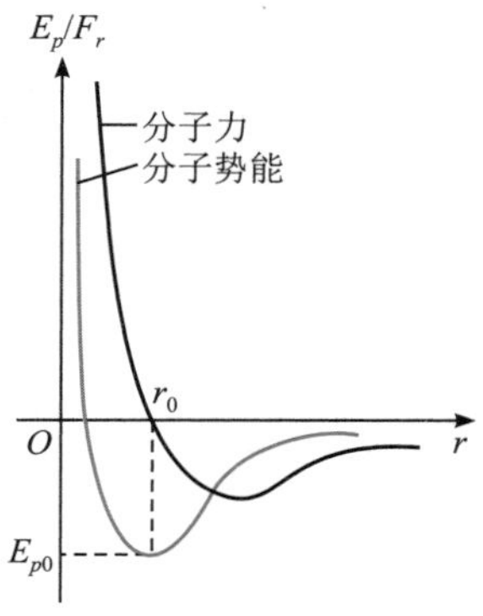

图7.4

分子力是保守力，但又并非只是简单的库仑力。它是一个分子中所有电子和核与另一个分子中所有电子和核之间的相互作用的总和。图7.4也展示了分子势能E_p随r的变化规律，两条曲线由$F_r=-\mathrm{d}E_p/\mathrm{d}r$联系起来。在$r_0$处，分子力$F_r=0$，势能曲线斜率$\mathrm{d}E_p/\mathrm{d}r=0$，势能有极小值$E_{p0}$。当$r<r_0$时，势能曲线的斜率为负，分子力表现为排斥力。当$r>r_0$时，势能曲线的斜率为正，分子力则表现为吸引力。

特别指出，分子力和分子热运动形成一对矛盾。分子力使分子有在空间形成某种有序排列的趋势，分子热运动却力图破坏这种趋势，使得分子尽量散开。矛盾的两个方面互相制约和变化，决定了物质的不同性质，比如物质由气态到液态或者由液态到固态，这些变化过程都体现着这一对矛盾。

思考题

1. 气体相对来讲容易被压缩，但为什么不能被无限压缩？
2. 产生布朗运动的原因是什么？作布朗运动的颗粒受到哪些力的作用？
3. 还有哪些事实能证明分子之间有着相互作用的引力和斥力？

7.4 气体分子的热运动规律

7.4.1 伽耳顿板实验

生活中有两个形象描述统计规律的例子，分别是扔硬币和掷骰子事件。比如在扔硬币前，无法预知哪个面一定朝上，但当试验次数非常多时，正面和反面朝上的可能性趋于一样，概率均为1/2，即表现出确定性的统计规律。掷骰子与其类同，只有在大量的试验次数下，确定性的统计规律才能表现出来，即六个面朝上的概率均为1/6。

伽耳顿板实验可以将统计规律进行直观演示，实验装置如图7.5所示。一个很薄的长方体形容器，背部的木板上钉了一排排等间隔的铁钉(图中黑色的小点)，前部的透明薄板正好与铁钉接触，顶部开有一漏斗形入口，下部用隔板隔成等宽的狭槽(图中的竖线)。在入口处投入一个小球，小球在下落过程中与铁钉碰撞，最后落入底部的某一狭槽内。实验发现，投入不同的小球，它与哪些铁钉碰撞、落入哪个狭槽是偶然的。如果投入很多小球，小球在狭槽内的分布则呈现出规律性，即中间狭槽数目较多，两侧狭槽数目较少。

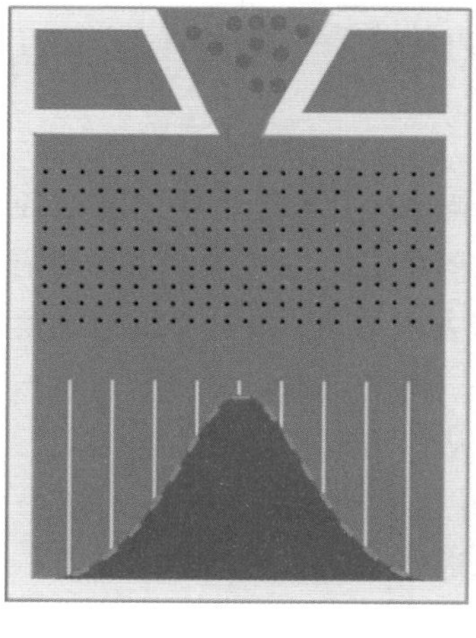

图7.5

重复上述操作，可得到相似的实验结果。当小球数目很多时，每次得到的小球位置分布曲线近似重合。总之，实验结果表明，单个小球落入哪个狭槽是偶然的，但大量小球在狭槽内的分布大致是确定的，也就是说大量小球在狭槽的分布遵从确定的统计规律。

统计规律是大量随机事件整体所遵从的规律。由于统计规律研究的是具有不确定性的随机事件，因此对大量随机事件整体的实际测量结果，与统计规律之间或多或少会存在一定的偏差，这种现象称为涨落。统计规律与涨落现象是不可分割的。如布朗运动说明了分子无规则热运动所必然伴随的涨落现象，悬浮颗粒越小，周围的液体或气体的分子数就越少，涨落越明显。电路中由于带电粒子的热运动会引起电流的涨落，在精度很高的电子学仪器中，这种涨落往往会严重影响仪器的工作。当测量微弱电流时，待测电流若小于涨落电流，这种测量将无法进行。晶体管、光电管、电子管中电流的涨落噪声也是影响仪器灵敏度的原因之一。因此研究涨落对电子仪器也有着重要意义。另外，光在空气中的散射现象以及“临界乳光”现象都是由介质密度的涨落所引起的。

7.4.2 气体分子的运动和碰撞

气体分子的平均速率很大，在室温下通常可以达到每秒几百米，但气体分子从一处迁移至另一处的速率并不是如此之快。比如不远处有人使用花露水，我们并非立刻就能闻到。这是由于分子间不断发生频繁的碰撞，使得分子的运动沿着曲折复杂的路径迂回前行。因此虽然分子的速率很大，但分子从一处迁移至另一处的速率并不大。

在标准状态下，1 mol气体的体积为22.4 L，平均下来，1 cm^3 的空间中包含的分子个数就可以达到 2.7×10^{19}。又由于分子热运动的速率很大，从而导致分子间极其频繁的碰撞。在常温常压下，一秒钟内一个分子与其他分子碰撞的次数可达几十亿次。在如此频繁的碰撞下，分子速度在不断变化，分子间频繁地交换着能量，这也是气体宏观物理规律产生的微观原因。例如在平衡态下，气体确定的压强和温度、气体分子数按速率或速度的确定分布、能量按自由度平均分配等规律，都与分子的热运动和频繁碰撞有密切关系。

7.4.3 气体分子热运动的统计规律

1. 气体分子热运动服从统计规律

分子无规则热运动和分子间频繁的碰撞，使得单个分子的运动非常复杂，偶然性很大。任一时刻，分子的速度是不可预测的。虽然每个分子的运动和碰撞都遵守力学规律，但由于气体中的分子个数非常之大，要追踪每个分子，研究它的运动规律，这是无法实现的。在宏观状态确定的条件下，大量分子组成的系统整体，则表现出确定性的统计规律。

气体动理论对每个分子应用力学规律，对大量分子应用统计平均的方法，探讨宏观量与微观量统计平均值之间的关系，从而揭示宏观现象的微观本质。热运动本质上有别于机械运动，它是一种复杂的物质运动形式。在研究气体分子的热运动规律时，牛顿力学和统计规律要相结合，两者缺一不可。

由于分子热运动千变万化，因而在任意时刻，宏观量数值与它的统计平均值之间多少会存在偏差，这正是分子热运动的统计规律所必然伴随的涨落。在实际问题中，当系统处在稳定的宏观条件下，且在足够长的时间内观测系统的宏观性质，发现压强、温度等表征系统宏观性质的物理量基本上是常量，与它们的统计平均值之间没有特别明显的偏差，这其实是分子数极多的表现。分子数越多，涨落越小。

2. 分子热运动微观量的统计平均值

分子无规则的热运动，导致在任意时刻每个分子热运动的微观量无法确定。但在宏观状态确定时，大量分子微观量的统计平均值则表现出确定性的结果。考虑处于平衡态的一定量气体，分子总数为 N，下面介绍该气体系统中大量分子热运动的微观量的统计平均值。

系统中任意一个分子的速度可表示为

$$\boldsymbol{v}_i = v_{ix}\boldsymbol{i} + v_{iy}\boldsymbol{j} + v_{iz}\boldsymbol{k} \tag{7.7}$$

式中，v_{ix}、v_{iy}、v_{iz} 表示系统中第 i 个分子的速度 $\boldsymbol{v}_i$ 在 x、y、z 三个坐标轴上的投影。

系统中所有分子的统计平均速度可表示为

$$\begin{aligned}\overline{\boldsymbol{v}} &= \frac{1}{N}\sum \boldsymbol{v}_i \\ &= \left(\frac{1}{N}\sum v_{ix}\right)\boldsymbol{i} + \left(\frac{1}{N}\sum v_{iy}\right)\boldsymbol{j} + \left(\frac{1}{N}\sum v_{iz}\right)\boldsymbol{k} \\ &= \bar{v}_x\boldsymbol{i} + \bar{v}_y\boldsymbol{j} + \bar{v}_z\boldsymbol{k}\end{aligned} \tag{7.8}$$

式中，$\bar{v}_x$、$\bar{v}_y$、$\bar{v}_z$ 表示所有分子的平均速度在 x、y、z 三个坐标轴上投影的统计平均值。

所有分子速率平方的统计平均值为

$$\begin{aligned}\overline{v^2} &= \frac{1}{N}\sum v_i^2 = \frac{1}{N}\sum (v_{ix}^2 + v_{iy}^2 + v_{iz}^2) \\ &= \frac{1}{N}\sum v_{ix}^2 + \frac{1}{N}\sum v_{iy}^2 + \frac{1}{N}\sum v_{iz}^2 \\ &= \overline{v_x^2} + \overline{v_y^2} + \overline{v_z^2}\end{aligned} \tag{7.9}$$

式中，$\overline{v_x^2}$、$\overline{v_y^2}$、$\overline{v_z^2}$ 表示所有分子速度在 x、y、z 三个坐标轴上投影的平方的统计平均值。

所有分子速率的统计平均值为

$$\bar{v} = \frac{1}{N}\sum v_i \tag{7.10}$$

分子的质量用 μ 来表示，则所有分子平动动能的统计平均值可表示为

$$\begin{aligned}\bar{\varepsilon}_k &= \frac{1}{2}\mu\overline{v^2} = \frac{1}{N}\sum\left(\frac{1}{2}\mu v_x^2 + \frac{1}{2}\mu v_y^2 + \frac{1}{2}\mu v_z^2\right) \\ &= \frac{1}{2}\mu\overline{v_x^2} + \frac{1}{2}\mu\overline{v_y^2} + \frac{1}{2}\mu\overline{v_z^2}\end{aligned} \tag{7.11}$$

$\bar{\varepsilon}_k$ 也称为分子的平均平动动能。

3. 平衡态气体分子热运动的统计假设

处于平衡态的一定量理想气体，在无外场作用时，气体分子热运动遵从以下统计假设。

(1) 气体分子均匀地分布于容器之中，即分子数密度处处均匀。可以理解为每个分子的位置处在容器中任一点的机会是一样的。考虑一定量气体，体积为 V，分子总数为 N，分子数密度为 n，任一体积元 $\mathrm{d}V$ 内的分子数为 $\mathrm{d}N$，则有

$$n = \frac{\mathrm{d}N}{\mathrm{d}V} = \frac{N}{V} \tag{7.12}$$

(2) 平衡态时，大量气体分子沿各个方向运动的机会是均等的，即在气体中平均来看，不存在任何一个特殊方向，分子沿这个方向的运动比其他方向更占优势。也可以理解为分子速度按方向的分布是均匀的。从而可以得到以下结果：

① 所有分子速度在 x、y、z 三个坐标轴上投影的平均值是相等的，且均为零，即

$$\bar{v}_x = \bar{v}_y = \bar{v}_z = 0 \tag{7.13}$$

② 所有分子速度在 x、y、z 三个坐标轴上投影的平方的统计平均值也相等，即

$$\overline{v_x^2} = \overline{v_y^2} = \overline{v_z^2} \tag{7.14}$$

根据 $\overline{v^2} = \overline{v_x^2} + \overline{v_y^2} + \overline{v_z^2}$，则有

$$\overline{v_x^2} = \overline{v_y^2} = \overline{v_z^2} = \frac{1}{3}\overline{v^2} \tag{7.15}$$

以上统计规律，只有对大量气体分子所组成的系统才成立。如果系统内分子数很少，或者讨论系统中个别分子或少量分子的运动，统计规律则失去了意义。另外在讨论气体内部分子热运动的速度和能量时，不考虑系统整体的机械运动。对于处于平衡态的气体，分子热运动的参考系是容器或者系统的质心。

思考题

1. 气体中少量分子的平均速率与大量分子的统计平均速率相等吗？
2. 什么是涨落现象？如何理解统计规律与涨落是分不开的？你还能想出哪些现象与涨落有关？

7.5　理想气体微观描述的初级理论

本节介绍理想气体的微观模型，并基于此模型和平衡态下气体的统计假设，讨论宏观量压强和温度的微观意义。

7.5.1　理想气体的微观模型

从气体动理论的观点出发，对理想气体的微观模型可作如下假设：

(1) 分子自身的线度与分子间的平均距离相比可以忽略，分子可以看作质点。

标准状态下，分子间平均距离的数量级约为 10^{-9} m，分子线度的数量级约为 10^{-10} m，在这样的比较下，分子线度可忽略不计，可以将分子视为质点。

(2) 分子力的作用距离很短，除碰撞瞬间外，分子间的相互作用力可忽略不计。因此在两次碰撞之间，分子的运动可看作是匀速直线运动。

(3) 气体分子间的碰撞以及分子与容器壁间的碰撞均可视为完全弹性碰撞，分子在碰撞中动能不损失，碰撞会改变分子速度方向，但不改变速度大小。

如图 7.6 所示，分子与容器壁之间发生完全弹性碰撞，速度的 y 方向(平行于容器壁方向)分量在碰撞前后不发生变化，速度的 x 方向(垂直于容器壁方向)分量碰撞前后等值反向。从图中可以看出分子动量的增量垂直于容器壁，说明分子与容器壁之间相互的冲量方向也垂直于容器壁。

利用上述理想气体的微观模型，推导所得的有关理想气体的统计规律与宏观测量结果吻合得都比较好，这也说明了理想气体微观模型的合理性。

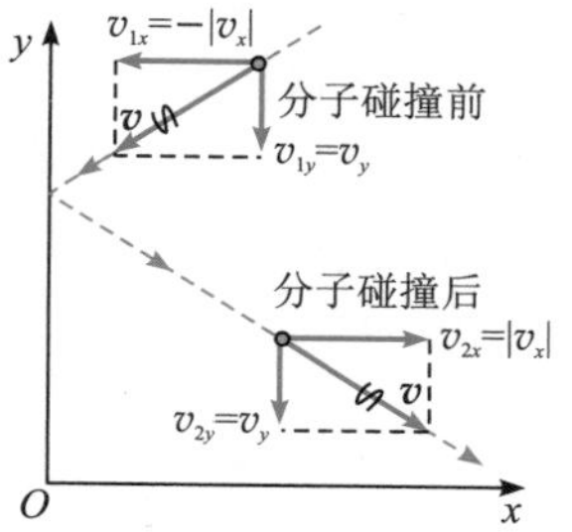

图 7.6

7.5.2　理想气体的压强

气体的压强是大量分子在碰撞容器壁的过程中，不断施于容器壁的冲力所引起的。单个分子何时与容器壁在何处碰撞，碰撞中施于器壁多大的冲力，这些都是不可预测的。因此从微观上看，容器壁受到的分子碰撞力是间断和不确定的。但从宏观上看，大量分子整体施于器壁的力是持续的，犹如密集的雨点打在伞上所产生的作用力一样。气体的压强定义为：单位时间内，大量分子碰撞容器壁，施于器壁单位面积的平均总冲量。

设有一定量某种处于平衡态的理想气体，贮存在体积为 V 的任意形状的容器中。气体分子总数为 N，分子质量为 μ，分子数密度 $n=N/V$。

气体处于平衡态时，器壁上各处的压强均相同。如图 7.7 所示，在容器壁上任取一小面元 dS 作为研究对象，dS 与 x 轴垂直，分析气体施于 dS 的压强，其值可以代表器壁各处的压强。

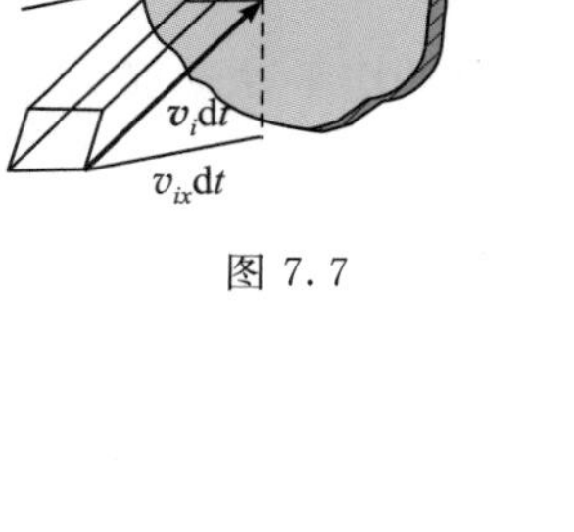

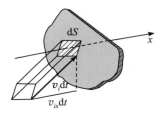

图 7.7

由于分子速度具有各种可能性，为方便讨论，将分子按照速度分成若干组，每一组内的分子具有相同的速度。任取第 i 组分子，它们的速度为 $\boldsymbol{v}_i$，分子的个数为 N_i，分子数密度 $n_i=N_i/V$。那么对所有组别的分子数密度求和，则有

$$\sum_i n_i=\sum_i \frac{N_i}{V}=\frac{1}{V}\sum_i N_i=\frac{N}{V}=n$$

速度为 $\boldsymbol{v}_i$ 的这一组分子，其速度在 x 方向的投影为 v_{ix}。由于分子与容器壁的碰撞是完全弹性碰撞，因此这一组内任意一个分子与 $\mathrm{d}S$ 碰撞，分子动量的增量均为 $-2\mu v_{ix}$。由动量定理可知，$\mathrm{d}S$ 施于分子的冲量为 $-2\mu v_{ix}$。根据牛顿第三定律可得，分子施于 $\mathrm{d}S$ 的冲量为 $2\mu v_{ix}$，方向垂直于 $\mathrm{d}S$，沿 x 轴正方向。

下面分析在 $\mathrm{d}t$ 时间内，速度为 $\boldsymbol{v}_i$ 的分子与 $\mathrm{d}S$ 的碰撞情况。如图 7.7 所示，以 $\mathrm{d}S$ 为底面积，以 $\boldsymbol{v}_i\mathrm{d}t$ 为棱边，以 $v_{ix}\mathrm{d}t$ 为高，作一斜棱柱。该斜棱柱体的体积为 $v_{ix}\mathrm{d}S\mathrm{d}t$，其内部速度为 $\boldsymbol{v}_i$ 的分子个数可表示为 $n_i v_{ix}\mathrm{d}S\mathrm{d}t$。根据气体平衡态时的统计假设可知，$v_{ix}<0$ 和 $v_{ix}>0$ 时的分子个数是相同的。考虑到 $v_{ix}<0$ 的分子不可能与 $\mathrm{d}S$ 碰撞，因此，在 $\mathrm{d}t$ 时间内，速度为 $\boldsymbol{v}_i$ 的分子中与 $\mathrm{d}S$ 发生碰撞的分子个数为 $n_i v_{ix}\mathrm{d}S\mathrm{d}t/2$，它们施于 $\mathrm{d}S$ 的冲量为 $(2\mu v_{ix})n_i v_{ix}\mathrm{d}S\mathrm{d}t/2$。

设 $\mathrm{d}t$ 时间内，与 $\mathrm{d}S$ 碰撞的所有各组分子，施于 $\mathrm{d}S$ 的总冲量大小为 $\mathrm{d}I$，则

$$\mathrm{d}I=\sum_i 2\mu v_{ix}\ \frac{1}{2}n_i v_{ix}\mathrm{d}S\mathrm{d}t=\sum_i \mu n_i v_{ix}^2\mathrm{d}S\mathrm{d}t \tag{7.16}$$

按照平均值定义，可知

$$\overline{v_x^2}=\frac{\sum\limits_i N_i v_{ix}^2}{N}=\frac{\sum\limits_i n_i v_{ix}^2}{n}$$

结合统计假设 $\overline{v_x^2}=\overline{v_y^2}=\overline{v_z^2}=\overline{v^2}/3$，式(7.16)可以写成

$$\mathrm{d}I=\frac{1}{3}n\mu\overline{v^2}\mathrm{d}S\mathrm{d}t$$

根据气体压强的定义，可得

$$p=\frac{\mathrm{d}I}{\mathrm{d}S\mathrm{d}t}=\frac{1}{3}n\mu\overline{v^2} \tag{7.17}$$

考虑到分子的平均平动动能为 $\varepsilon_k=\mu\overline{v^2}/2$，式(7.17)也可表示为

$$p=\frac{2}{3}n\bar{\varepsilon}_k \tag{7.18}$$

这就是平衡态下理想气体的压强公式，它说明了宏观量 p 与微观量的统计平均值 $\bar{\varepsilon}_k$ 和粒子数密度 n 成正比，表明了气体压强的微观本质。n 越大，单位时间内碰撞在容器壁上单位面积的分子数就越多，因此压强会更大；$\bar{\varepsilon}_k$ 越大，一方面分子与容器壁的碰撞频率越高，一方面分子与容器壁碰撞所给予的平均冲量越大，从而也导致了压强的增加。对于理想气体，器壁处的压强和气体内部压强的表达式完全相同。

理想气体的压强公式是一个统计规律，它反映了大量分子对容器壁碰撞的平均效果。只有当分子数足够多时，器壁所受到的冲量才具有确定的统计平均值。压强 p 是可以测量的宏观量，而 $\bar{\varepsilon}_k$ 无法通过实验测量，导致式(7.18)无法通过实验来验证，但利用此公式可以很好地解释与理想气体有关的实验结果。

若分析处于平衡态的混合理想气体的总压强，式(7.18)依然适用。需注意，式中 n 是各种气体分子数密度求和的结果。

7.5.3 温度的微观本质

根据理想气体的压强公式 $p=2n\bar{\varepsilon}_k/3$ 和状态方程 $p=nkT$，可以得到理想气体的热力学温度 T 与分子平均平动动能 $\bar{\varepsilon}_k$ 之间的关系

$$\bar{\varepsilon}_k=\frac{1}{2}\mu\overline{v^2}=\frac{3}{2}kT \tag{7.19}$$

式(7.19)表明了宏观量 T 与微观量的统计平均值 $\bar{\varepsilon}_k$ 之间的联系。这是一个统计规律，只有对大量分子才成立，而对个别分子或少量分子而言，温度的概念没有任何意义。式(7.19)还说明了温度的微观本质，即温度代表了大量分子热运动的剧烈程度。T 越高，分子的 $\bar{\varepsilon}_k$ 越大，分子热运动更加剧烈。

可以看出，处于平衡态的不同种类理想气体，当温度相同时，这些气体分子的平均平动动能都相等。反之，如果分子的平均平动动能相等，那么不同理想气体必然具有相同的温度。

$\sqrt{\overline{v^2}}$ 具有速率的单位，它称为方均根速率，用 v_{rms} 表示。由式(7.19)可以得到，处于平衡态的理想气体分子的方均根速率为

$$v_{\mathrm{rms}}=\sqrt{\overline{v^2}}=\sqrt{\frac{3kT}{\mu}}=\sqrt{\frac{3RT}{M}} \tag{7.20}$$

式中，M 是气体的摩尔质量，$M=N_A\mu$。v_{rms} 与温度和气体的种类有关。当气体的种类确定时，v_{rms} 与 $\sqrt{T}$ 成正比，因此 v_{rms} 可以反映分子热运动的剧烈程度。

★**【例 7.4】** 一容器内贮存有一定量的氧气，可视为理想气体，其温度 $T=300$ K，压强 $p=1.013\times10^5$ Pa，已知氧气的摩尔质量 $M=32$ g/mol。试求：

(1) 氧气的分子数密度；

(2) 氧气的质量密度；

(3) 氧气分子的平均平动动能；

(4) 氧气分子的方均根速率；

(5) 氧分子间的平均距离。

解 (1) 根据理想气体的状态方程 $p=nkT$，可得氧气的分子数密度为

$$n=\frac{p}{kT}=2.45\times10^{25}/\text{m}^3$$

(2) 结合理想气体的状态方程 $pV=\nu RT$，可以得到氧气的质量密度为

$$\rho=\frac{m}{V}=\frac{p\nu M}{\nu RT}=\frac{pM}{RT}=1.30\ \text{kg/m}^3$$

还可利用 $\rho=n\mu=nM/N_A$ 计算质量密度。

(3) 由理想气体温度与分子平均平动动能的关系，可得氧气分子的平均平动动能

$$\bar{\varepsilon}_k=\frac{3}{2}kT=6.21\times10^{-21}\ \text{J}$$

(4) 氧气分子的方均根速率为

$$v_{rms}=\sqrt{\overline{v^2}}=\sqrt{\frac{3RT}{M}}=483\ \text{m/s}$$

(5) 在估算分子间距离时，可以将分子看成是均匀等间距排列的。设两分子间平均距离为 $\bar{L}$，则每个分子平均占有的体积 $V_0=\bar{L}^3$。所以

$$\bar{L}=\sqrt[3]{\frac{1}{n}}=3.44\times10^{-9}\ \text{m}$$

通过本题的求解，我们对常压常温下理想气体的分子数密度、分子的平均平动动能、方均根速率，以及分子间平均距离等物理量的数量级有了一定的了解。

★**【例 7.5】** 电子伏特是近代物理中常用的一种能量单位，用 eV 表示。它指的是当一个电子在电场中通过电势差为 1 V 的区间时，由于电场力做功所获得的能量，1 eV≈1.602×10^{-19} J。试求在多高的温度下，气体分子的平均平动动能可以达到一个电子伏特。

解 设气体的温度为 T，由题意知

$$\bar{\varepsilon}_k=\frac{3}{2}kT=1.602\times10^{19}\ \text{J}$$

所以

$$T=\frac{2}{3}\frac{1.602\times10^{-19}}{1.38\times10^{-23}}=7.739\times10^3\ \text{K}$$

可以看出，如果分子的平均平动动能要达到 1 eV，气体就要达到很高的温度。

思 考 题

1. 对一定量的理想气体来说，当温度 T 不变时，压强 p 随体积 V 的减小而增大；当 V 不变时，p 随 T 的升高而增大。从微观角度来看，它们是否有区别？

2. 对轮胎充气，使其达到所需要的压强。那么在高温和低温天气，打入轮胎内的空气质量是否相同，为什么？

3. 理想气体内部的压强与容器壁处的压强是相等的，思考理想气体内部压强该如何分析和推导。

4. 两种气体混合后处于热平衡状态，那么这两种气体分子具有相同的平均速率。这样的说法是否正确？

5. 一单原子分子理想气体温度从 25℃升高到 50℃，每个气体分子的平均平动动能是否增加 1 倍？如果答案是否定的，那么当分子的平均平动动能增加 1 倍时，气体最终的温度是多少？

6. 计算标准状态下空气中氧气分子和氢气分子的方均根速率。从气体动理论的角度能否说明地球大气中氢含量极少的原因？

7.6 麦克斯韦速率分布

气体分子的无规则热运动和频繁碰撞，使得某时刻，任意一个分子的速率是不确定的。就大量分子整体而言，在一定条件下，分子的速率遵从确定的统计规律。本节主要讨论在没有外力场时，处于平衡态的理想气体分子数按速率分布的统计规律。

7.6.1 速率分布函数

处于平衡态的理想气体，每个分子的运动都在随机变化着，分子的速率可以取 0～∞之间的任何数值。如图 7.8 所示，建立分子的速率轴。将0～∞的速率轴划分成很多微小间隔，每个间隔的取值为相同的 Δv。任取一速率区间，其速率的取值范围为 $v \sim v+\Delta v$。Δv 足够小，可以认为在速率区间 $v \sim v+\Delta v$ 内，分子速率都是相同的 v，而在 $v \sim v+\Delta v$ 内仍包含了大量分子。

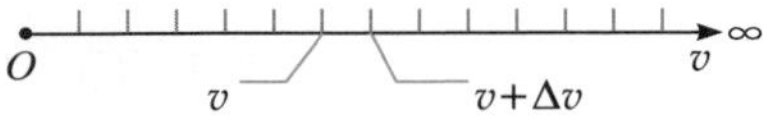

图 7.8

尽管微观上每个分子的速率取值是偶然的，但当气体处于确定的平衡态时，对大量分子整体而言，任意时刻每个速率区间内的分子个数是稳定的。设气体的分子总数为 N，处于某一速率区间 $v \sim v+\Delta v$ 的分子个数为 ΔN，即当气体处于平衡态时，$\Delta N/N$ 是确定的。

首先可以想到，速率间隔 Δv 越大，处于速率区间 $v \sim v+\Delta v$ 内的分子数 ΔN 就越多。其次 ΔN 与 v 也有关系，如果 ΔN 与 v 无关，那么不同速率 v 附近，同样大小的 Δv 内的分子数都相等，即分子按速率均匀分布，这与实际情况不符。因此每个速率区间内分子数与分子总数的比值 $\Delta N/N$ 与 v 和 Δv 都有关系。

当速率间隔 Δv 足够小时，其可用 $\mathrm{d}v$ 表示，相应的 ΔN 用 $\mathrm{d}N$ 表示。在速率区间 $v \sim v+\mathrm{d}v$ 内的分子数与分子总数的比值为 $\mathrm{d}N/N$，它正比于 $\mathrm{d}v$，在 $\mathrm{d}v$ 相同的情况下，该比值与速率区间取在哪个速率 v 附近也有关。这种规律可表示为

$$\frac{\mathrm{d}N}{N}=f(v)\mathrm{d}v \tag{7.21}$$

式中，$f(v)$称为速率分布函数，可得

$$f(v)=\frac{\mathrm{d}N}{N\mathrm{d}v} \tag{7.22}$$

式(7.22)表明 $f(v)$的物理含义：在速率 v 附近，单位速率区间内的分子数与分子总数的比值。在微观上，无法回答某个分子的速率一定是多少。但对于大量分子整体，可以采用概率来描述分子的速率。因此 $f(v)$可以理解为分子速率处于 v 附近单位速率区间内的概率，显然速率分布函数在概率论中称为概率密度函数。那么从 0 到∞对 $f(v)$积分，结果应等于 1，即

$$\int_0^{\infty} f(v)\mathrm{d}v=1 \tag{7.23}$$

这就是概率的归一化条件。归一化条件可以理解为所有速率区间的分子个数相加，其和一定等于系统内的分子总数；也可以理解为，虽然每个分子的速率不可预测，但在系统中任取一个分子，它的速率一定处于 0～∞之间。

7.6.2 麦克斯韦速率分布

1. 麦克斯韦速率分布

1859 年英国物理学家麦克斯韦运用统计的方法，从理论上推导出在没有外力场时，处于平衡态的理想气体分子速率分布的统计规律，其表达式为

$$f(v)=4\pi\left(\frac{\mu}{2\pi kT}\right)^{3/2} v^2 \mathrm{e}^{-\frac{\mu v^2}{2kT}} \tag{7.24}$$

式中，T 为热力学温度，μ 为分子的质量，k 是玻尔兹曼常量。式(7.24)称为麦克斯韦速率分布函数。由式(7.24)可以得到，速率处于 $v \sim v+\mathrm{d}v$ 区间内的分子数与分子总数的比值为

$$\frac{\mathrm{d}N}{N}=f(v)\mathrm{d}v=4\pi\left(\frac{\mu}{2\pi kT}\right)^{3/2} v^2 \mathrm{e}^{-\frac{\mu v^2}{2kT}}\mathrm{d}v \tag{7.25}$$

式(7.25)为麦克斯韦速率分布律。

在任一有限的速率区间 $v_1 \sim v_2$ 内，分子数与分子总数的比值可表示为

$$\begin{aligned}\frac{\Delta N}{N}&=\int_{v_1}^{v_2} f(v)\mathrm{d}v\\&=\int_{v_1}^{v_2} 4\pi\left(\frac{\mu}{2\pi kT}\right)^{3/2} v^2 \mathrm{e}^{-\frac{\mu v^2}{2kT}}\mathrm{d}v\end{aligned} \tag{7.26}$$

2. 麦克斯韦速率分布曲线

对于一定量的气体，在温度和气体种类确定时，$f(v)$随 v 的变化规律如图 7.9 所示，该曲线称

为麦克斯韦速率分布曲线。它可以直观地表示气体分子按速率的分布规律。从麦克斯韦速率分布曲线可以看出：

（1）分子速率很小和很大的分子数与分子总数的比值都很小，说明分子处于中等速率的概率较大。曲线的最大值所对应的速率叫作最概然速率，用 v_p 表示，即分子速率处于 v_p 附近的概率是最大的。

（2）曲线下任一速率区间 $v \sim v+\mathrm{d}v$ 所对应窄条的矩形面积，表示分子速率处于 $v \sim v+\mathrm{d}v$ 内的分子数与分子总数的比值。任一有限速率区间 $v_1 \sim v_2$ 所对应曲线下的面积，则表示分子速率处于 $v_1 \sim v_2$ 内的分子数与分子总数的比值。根据速率分布函数的归一化条件可知，速率分布曲线下的总面积必然等于1。

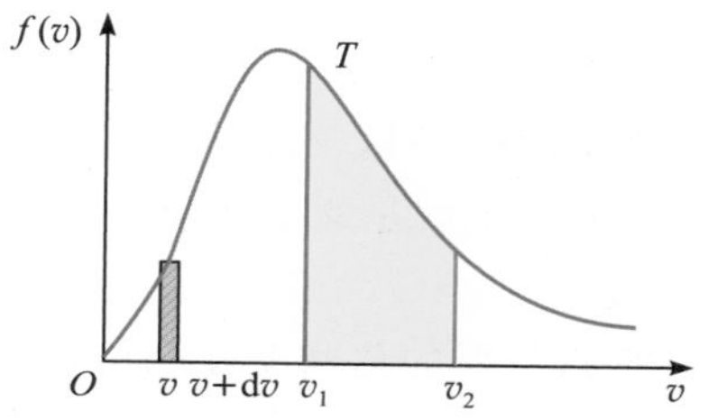

图 7.9

3. 三种统计速率

下面介绍有关分子热运动的三个统计速率，分别是最概然速率、平均速率以及方均根速率，对于描述气体分子的热运动规律，它们的意义和应用有所不同。以下分析中，μ 代表分子质量，M 为气体的摩尔质量。

1）最概然速率

最概然速率 v_p 是 $f(v)$ 极大值所对应的速率，即分子速率处于 v_p 附近的概率是最大的。对麦克斯韦速率分布函数求导，并令其等于零，即

$$\left.\frac{\mathrm{d}f(v)}{\mathrm{d}v}\right|_{v=v_p}=0$$

计算可得最概然速率为

$$v_p=\sqrt{\frac{2kT}{\mu}}=\sqrt{\frac{2RT}{M}}\approx 1.41\sqrt{\frac{RT}{M}} \quad (7.27)$$

由式(7.27)可知，同种气体，当温度升高时，v_p 向着 v 增大的方向移动，如图7.10所示。在温度相同的条件下，不同气体的 v_p 随分子质量的减小而增大，如图7.11所示。

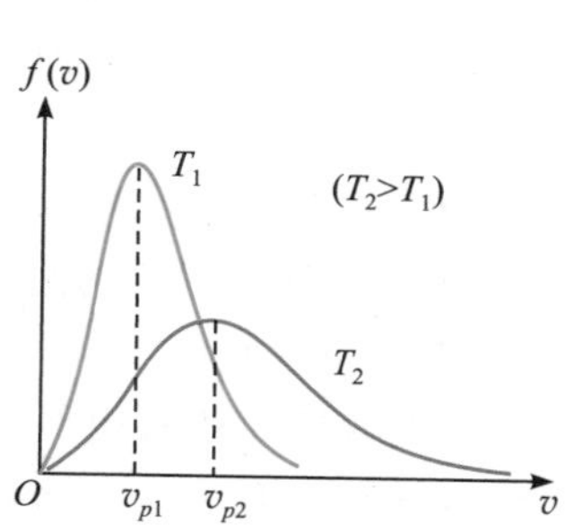

图 7.10

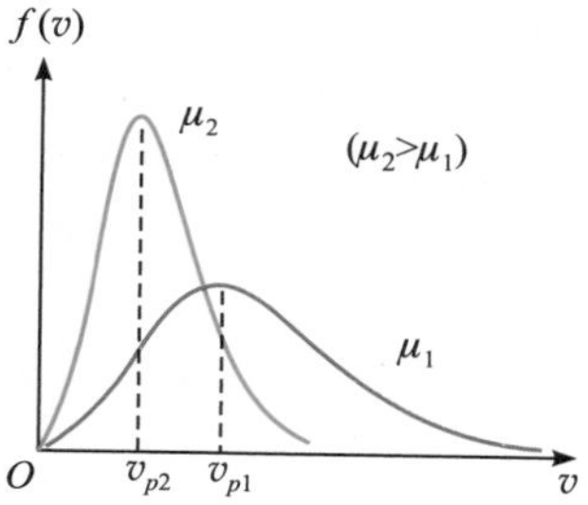

图 7.11

2）平均速率

根据统计平均速率的定义可知，分子总数为 N 的一定量理想气体，所有分子的平均速率 $\bar{v}$ 为

$$\bar{v}=\frac{\int_0^\infty v\mathrm{d}N}{N}=\frac{\int_0^\infty vNf(v)\mathrm{d}v}{N}=\int_0^\infty vf(v)\mathrm{d}v \quad (7.28)$$

将麦克斯韦速率分布函数代入式(7.28)，积分可以得到

$$\bar{v}=\sqrt{\frac{8kT}{\pi\mu}}\approx 1.6\sqrt{\frac{RT}{M}} \quad (7.29)$$

3）方均根速率

分子总数为 N 的一定量理想气体，所有分子速率平方的统计平均值可表示为

$$\overline{v^2}=\frac{\int_0^\infty v^2\mathrm{d}N}{N}=\int_0^\infty v^2 f(v)\mathrm{d}v \quad (7.30)$$

将麦克斯韦速率分布函数代入式(7.30)，积分可以得到 $\overline{v^2}=3kT/\mu$，则方均根速率为

$$v_{\mathrm{rms}}=\sqrt{\overline{v^2}}=\sqrt{\frac{3kT}{\mu}}\approx 1.73\sqrt{\frac{RT}{M}} \quad (7.31)$$

这与利用温度和平均平动动能关系所得的结果相同。

由以上讨论可知，三个统计速率均与气体的种类和温度有关。它们与 $\sqrt{M}$ 或 $\sqrt{\mu}$ 成反比，与 $\sqrt{T}$ 成正

比。对于处于平衡态、温度确定的某种理想气体，三个统计速率比值约为 $v_{\mathrm{rms}}:\bar{v}:v_p=1.224:1.128:1$，其中方均根速率最大，最概然速率最小，且 $v_{\mathrm{rms}}\approx 1.085\bar{v}$。方均根速率与平均速率差别比较小，在有些问题中这两个量的数值可近似互换。

通常讨论分子的碰撞规律时用平均速率，如在分析分子的平均碰撞频率和平均自由程等问题中，为便于分析，假设所有分子都以平均速率在运动。讨论分子速率的整体分布情况时用最概然速率，因为分子速率处于最概然速率附近的概率是最大的。由于平动动能与速率的平方成正比，所以讨论分子平均平动动能时通常采用方均根速率。三种速率都是统计规律，是大量分子热运动的平均结果。

7.6.3 气体分子速率分布的实验测定

图 7.12 是测量分子速率的一种装置，该装置置于高度真空的容器中。经高温加热的金属蒸汽分子，经过一组固定的狭缝后形成一条很窄的分子射线束。分子射线再通过两个相距为 l 的相对固定的共轴圆盘，两盘上各开一个很窄的狭缝，且两狭缝间有一很小的确定的夹角 θ（约 2°左右，为直观表示，图中的角度是放大画的），装置的最右端是接收分子的探测器。

实验中，共轴圆盘绕中心转轴以角速度 ω 作匀速转动，分子射线束中的分子恰巧刚好依次穿过两圆盘上的狭缝，所需满足的条件是

$$\frac{l}{v}=\frac{\theta}{\omega}\quad 或者\quad v=\frac{\omega}{\theta}l$$

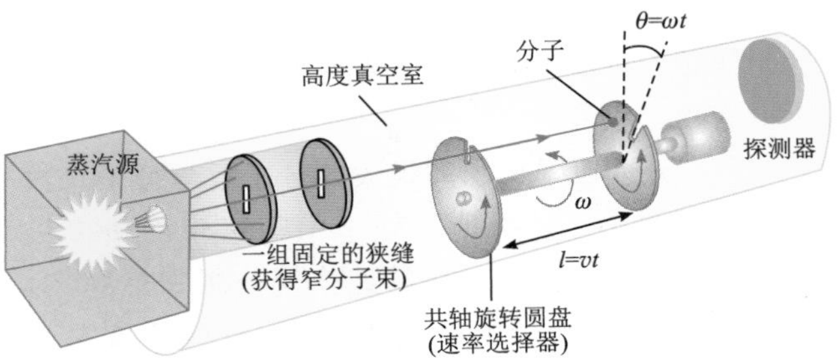

图 7.12

只有满足上述条件的分子才能穿过两圆盘的狭缝到达探测器。可以看出，绕中心转轴转动的共轴圆盘部分起到了选择分子速率的作用，称它为速率选择器。在 l 和 θ 确定时，改变速率选择器转动的角速度 ω，可使不同速率的分子通过。考虑到两圆盘上的狭缝具有一定微小的宽度，实际上当 ω 一定时，通过速率选择器的分子速率并不严格相等，而是分布在 $v\sim v+\Delta v$ 的速率区间内。当速率选择器的角速度为 ω 时，到达探测器的分子个数为 ΔN，那么 ΔN 也就是速率处于 $v\sim v+\Delta v$ 区间内的分子个数。

改变速率选择器的角速度 ω，使其取不同的数值时，探测器可测量到不同速率区间金属分子的沉积层厚度。不同速率区间的沉积层厚度可用来比较不同速率区间内分子数的相对比值。实验结果表明：分布在不同速率区间的分子数是不相同的，当金属蒸汽源的温度固定时，分布在各个速率区间的分子数的相对比值是完全确定的。尽管单个分子的速率是偶然的，但就大量分子整体来看，其分子数按速率的分布遵从着统计规律。

★**【例 7.6】** 已知处于平衡态的某种气体，分子总数为 N，其速率分布函数为 $f(v)$，计算速率处于 $v_1\sim v_2$ 区间内的分子的平均速率。

解 速率处于 $v_1\sim v_2$ 区间内的分子个数为

$$\int_{v_1}^{v_2}\mathrm{d}N=\int_{v_1}^{v_2}Nf(v)\mathrm{d}v$$

速率处于 $v_1\sim v_2$ 区间内的分子速率之和为

$$\int_{v_1}^{v_2}v\,\mathrm{d}N=\int_{v_1}^{v_2}vNf(v)\mathrm{d}v$$

根据平均速率的定义，可得速率处于 $v_1\sim v_2$ 区间内分子的平均速率为

$$\bar{v}=\frac{\int_{v_1}^{v_2}vNf(v)\mathrm{d}v}{\int_{v_1}^{v_2}Nf(v)\mathrm{d}v}=\frac{\int_{v_1}^{v_2}vf(v)\mathrm{d}v}{\int_{v_1}^{v_2}f(v)\mathrm{d}v}$$

如果 $v_1=0$，$v_2\to\infty$，则有

$$\bar{v}=\frac{\int_0^{\infty}vf(v)\mathrm{d}v}{\int_0^{\infty}f(v)\mathrm{d}v}=\int_0^{\infty}vf(v)\mathrm{d}v$$

【例 7.7】 导体中自由电子的运动类似于容器中气体分子的运动，故称为电子气。设导体中共有 N 个电子，其中电子的最大速率为 v_{F}（费米速率），电子速率在 $v\sim v+\mathrm{d}v$ 之间的概率为

$$\frac{\mathrm{d}N}{N}=\begin{cases}\frac{4\pi A}{N}v^2\mathrm{d}v, & 0\leqslant v\leqslant v_\mathrm{F}(A\ 为常量)\\ 0, & v>v_\mathrm{F}\end{cases}$$

(1) 用 N 和 v_F 表示出常量 A；

(2) 证明电子气中电子的平均动能为 $\bar{\varepsilon}_k=3\varepsilon_\mathrm{F}/5$。其中，$\varepsilon_\mathrm{F}=\mu v_\mathrm{F}^2/2$，称为费米能，$\mu$ 表示电子的质量。

解　由题意可知，电子气的速率分布函数为

$$f(v)=\frac{\mathrm{d}N}{N\mathrm{d}v}=\begin{cases}\frac{4\pi Av^2}{N}, & 0\leqslant v\leqslant v_\mathrm{F}\\ 0, & v>v_\mathrm{F}\end{cases}$$

(1) 根据速率分布函数满足的归一化条件，可知

$$\int_0^{v_\mathrm{F}}\frac{4\pi Av^2}{N}\mathrm{d}v=1$$

计算可得

$$A=\frac{3N}{4\pi v_\mathrm{F}^3}$$

(2) 所有电子速率平方的统计平均值为

$$\overline{v^2}=\int_0^\infty v^2f(v)\mathrm{d}v=\int_0^{v_\mathrm{F}}v^2\frac{4\pi Av^2}{N}\mathrm{d}v$$

$$=\frac{4\pi Av_\mathrm{F}^5}{5N}=\frac{3}{5}v_\mathrm{F}^2$$

因此可以证明

$$\bar{\varepsilon}_k=\frac{1}{2}\mu\overline{v^2}=\frac{3}{5}\frac{1}{2}\mu v_\mathrm{F}^2=\frac{3}{5}\varepsilon_\mathrm{F}$$

思　考　题

1. 指出下列各式的物理意义：

$f(v)\mathrm{d}v$，$Nf(v)\mathrm{d}v$，$\int_0^{v_p}f(v)\mathrm{d}v$，$\int_{v_1}^{v_2}Nf(v)\mathrm{d}v$，$\int_0^\infty Nf(v)\mathrm{d}v$，$\int_0^\infty\frac{1}{2}mv^2f(v)\mathrm{d}v$，$\int_{v_1}^{v_2}N\frac{1}{2}mv^2f(v)\mathrm{d}v$。

2. 已知平衡态下某种气体的速率分布函数为 $f(v)$，$g(v)$是速率 v 的任意函数，那么 $g(v)$的统计平均值该如何计算？

3. 最概然速率的物理意义是什么？根据麦克斯韦速率分布，分析分子速率处于 $v_p\sim v_p+0.01v_p$ 之间的概率有多大？

4. 测定气体分子速率的实验为什么要在高度真空的环境中进行？

7.7　玻耳兹曼分布

7.7.1　麦克斯韦速度分布

麦克斯韦速率分布讨论的是处于平衡态的一定量理想气体，在无外力场作用时，分子按速率分布的统计规律。下面介绍处于平衡态的理想气体，其分子数按速度分布的统计规律。

为了讨论速度分布，先介绍速度空间的概念。将速度矢量 $\boldsymbol{v}$ 沿 x、y、z 方向进行分解，以所得到的三个方向上的速度分量 v_x、v_y、v_z 为坐标轴，建立直角坐标系，该坐标系所构成的空间称为速度空间，速度空间中不同的点对应不同的速度矢量。

对于由 N 个分子所组成的气体系统，分子的速度在速度空间中可用矢量 $\boldsymbol{v}(v_x, v_y, v_z)$来表示。如图 7.13 所示，在速度空间中某一速度矢量 $\boldsymbol{v}(v_x, v_y, v_z)$附近，取一微分区间 $v_x\sim v_x+\mathrm{d}v_x$、$v_y\sim v_y+\mathrm{d}v_y$、$v_z\sim v_z+\mathrm{d}v_z$，该区间对应的体积元为 $\mathrm{d}v_x\mathrm{d}v_y\mathrm{d}v_z$，分子速度处于该速度微分区间内的分子数记为 $\mathrm{d}N$。由于分子无规则的热运动，任意时刻每个分子的速度都是不确定的。但在分子数足够多的情况下，处于平衡态的气体，其 $\mathrm{d}N/N$ 遵从确定的统计规律。

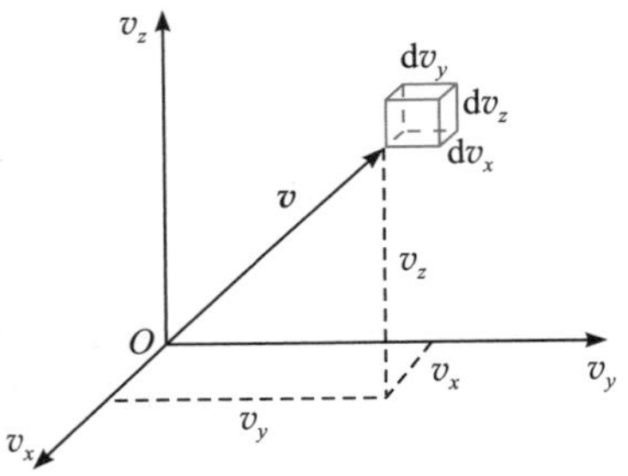

图 7.13

麦克斯韦根据统计理论推导了平衡态下理想气体的分子按速度分布的统计规律，表达式为

$$\frac{\mathrm{d}N}{N}=f(v_x,\ v_y,\ v_z)\,\mathrm{d}v_x\mathrm{d}v_y\mathrm{d}v_z$$

$$=\left(\frac{\mu}{2\pi kT}\right)^{3/2}\cdot \mathrm{e}^{-\frac{\mu(v_x^2+v_y^2+v_z^2)}{2kT}}\cdot \mathrm{d}v_x\mathrm{d}v_y\mathrm{d}v_z \tag{7.32}$$

式(7.32)称为麦克斯韦速度分布律，表示分子速度处于 $v_x \sim v_x+\mathrm{d}v_x$、$v_y \sim v_y+\mathrm{d}v_y$、$v_z \sim v_z+\mathrm{d}v_z$ 区间中的分子数 $\mathrm{d}N$ 与分子总数 N 的比值，即分子速度处于该区间内的概率。式(7.32)中，$f(v_x,\ v_y,\ v_z)$ 称为麦克斯韦速度分布函数，它的物理意义是在速度空间中分子速度处于 $\boldsymbol{v}(v_x,\ v_y,\ v_z)$附近单位体积内的概率，表达了分子按速度分布的概率密度。

7.7.2 气体分子在外力场中的分布规律

1. 重力场中大气压和分子数密度随高度的变化规律

若气体系统所在空间无外力场，分子按位置的分布应该是均匀的。下面以重力场为例，分析处于外力场中的大气分子的分布规律。

在重力场中，大气分子受到两种相互对立的作用。第一，分子无规则的热运动使气体分子尽量均匀分布于所能到达的空间。第二，重力的作用则欲使气体分子尽量靠近地面。当这两种作用达到平衡时，大气分子在空间的分布是不均匀的，且分子数密度随高度增加而减小，大气压随高度增加也减小。

考虑地球附近重力场中温度为 T 的恒温大气，假设重力加速度 g 不随高度变化，取竖直向上的方向为 z 轴正方向。设地面 $z=0$ 处的分子数密度为 n_0，压强为 p_0。设高度 z 处的分子数密度为 n，压强为 p。在高度 z 处取厚度为 $\mathrm{d}z$、横截面积为 S 的薄层大气作为研究对象，如图 7.14 所示。

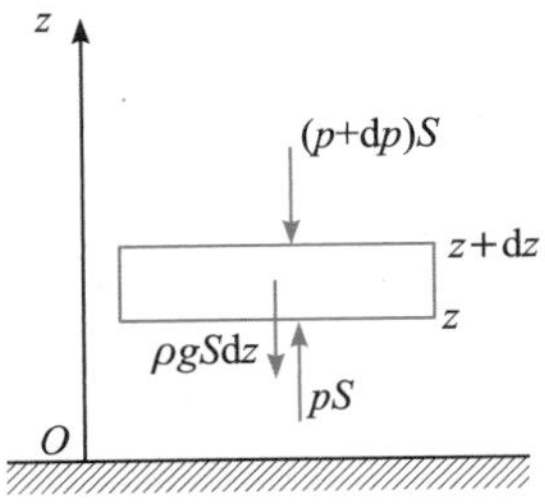

图 7.14

对于这一薄层大气，下部大气施于它的气压为 p，上部大气所产生的气压为 $p+\mathrm{d}p$，该层气体的重力为 $\rho gS\mathrm{d}z$，其中 ρ 表示高度 z 处的大气质量密度，假设分子的质量为 μ，则 $\rho=n\mu$。当大气处于平衡状态时，根据这一薄层大气的受力平衡条件 $pS=(p+\mathrm{d}p)S+\rho gS\mathrm{d}z$，可得

$$\mathrm{d}p=-\rho g\,\mathrm{d}z=-n\mu g\,\mathrm{d}z \tag{7.33}$$

由理想气体的状态方程可知 $n=p/kT$，代入式(7.33)，则有

$$\frac{\mathrm{d}p}{p}=-\frac{\mu g}{kT}\mathrm{d}z \tag{7.34}$$

对式(7.34)两边积分，可以得到大气压随高度的变化规律

$$p(z)=p_0\mathrm{e}^{-\frac{\mu gz}{kT}}=p_0\mathrm{e}^{-\frac{Mgz}{RT}} \tag{7.35}$$

式中，M 是气体的摩尔质量。式(7.35)就是重力场中的等温大气压公式，其表明在温度处处均匀的情况下，大气压强随高度增加呈指数衰减，这是分子热运动与重力场这一对矛盾相互协调形成的稳定大气压分布。以上讨论的是等温大气，实际上大气温度并非处处均匀相等，其与地貌和气候条件等很多因素都有关系，随高度变化很复杂，所以大气压强随高度的变化也很复杂。当两点间的高度差不太大时，上式的计算结果与实际结果接近。式(7.35)还可以转化为

$$z=\frac{kT}{\mu g}\ln\frac{p_0}{p}=\frac{RT}{Mg}\ln\frac{p_0}{p}$$

这就是气压高度计的原理，通过气压的变化测量高度的变化。在登山、航测和地质勘测等活动中，利用气压高度计来估算某处的海拔高度。有些户外手表和手机就是通过内部装载的气压高度计来显示运动者所在处的海拔高度。

结合 $p=nkT$，根据式(7.35)可以得到，重力场中大气分子数密度随高度的变化规律

$$n(z)=n_0\mathrm{e}^{-\frac{\mu gz}{kT}}=n_0\mathrm{e}^{-\frac{Mgz}{RT}} \tag{7.36}$$

式(7.36)说明，地球表面附近重力场中的等温大

气，其分子数密度随高度增加呈指数衰减。式(7.36)表明，当温度一定时，分子的质量 μ 越大，分子数密度随高度衰减得越快。同种分子，温度越高，分子数密度随高度衰减得越慢。这一规律也可以利用分子力和分子热运动这一对矛盾来解释。

重力场中不论是大气分子数密度还是大气压都随高度的增加而衰减，这使人们理解了高原缺氧的原因所在。在一些高海拔地区活动人会因缺氧感到身体不适，因此需要携带氧气装置。珠穆朗玛峰的岩面海拔高度为 8844.43 m，雪面海拔高度为 8848.86 m，通常人攀登珠穆朗玛峰是需要携带氧气瓶的。

★**【例 7.8】** 根据重力场中的等温大气压公式，估算温度为 0℃时，珠穆朗玛峰岩面海拔高度处的大气压强。

解　温度 $T=273$ K，重力加速度 $g=9.8\ \mathrm{m/s^2}$，取空气的平均摩尔质量 $M=29$ g/mol。设海拔高度 $z=0$ 处的气压 $p_0=1\ \mathrm{atm}=1.013\times10^5$ Pa。

$$\frac{Mgz}{RT}=\frac{29\times10^{-3}\times9.8\times8844.43}{8.31\times273}=1.11$$

$$p=p_0\mathrm{e}^{-\frac{Mgz}{RT}}=1.013\times10^5\mathrm{e}^{-1.11}$$
$$=0.334\times10^5\ \mathrm{Pa}=0.33\ \mathrm{atm}$$

这是假定大气温度均匀且重力加速度恒定所得到的结果。实际上温度随海拔高度增加也有变化，重力加速度随海拔升高而略有下降。这道题目的结果已经能够说明为什么攀登珠穆朗玛峰需要携带氧气装置，同时也说明了高空飞行的飞机中都配有加压舱的原因。

2. 保守力场中气体分子的分布规律

考虑到 μgz 表示大气分子在高度 z 处所具有的重力势能，记为 $\varepsilon_p=\mu gz$，式(7.36)可表示为

$$n(z)=n_0\mathrm{e}^{-\frac{\varepsilon_p}{kT}}\tag{7.37}$$

式(7.37)表明温度一定的情况下，分子数密度随势能增加呈指数衰减，这一规律依然是分子热运动和重力场的共同作用，使得气体分子形成了一种平衡的非均匀分布。对于分子数目一定的气体，在不同温度时，分子数密度在同一势能处也不相同，并且温度越高，分子数密度随势能衰减得越慢。

式(7.37)的适用范围可推广到任意保守力场。在保守力场空间中的 $\boldsymbol{r}$ 位置处，单位体积中的粒子数可表示为

$$n(\boldsymbol{r})=n_0\mathrm{e}^{-\frac{\varepsilon_p(\boldsymbol{r})}{kT}}\tag{7.38}$$

根据式(7.38)可知，位于空间 $\boldsymbol{r}(x,y,z)$ 位置处，微分区间 $x\sim x+\mathrm{d}x$、$y\sim y+\mathrm{d}y$、$z\sim z+\mathrm{d}z$ 中的粒子数 $\mathrm{d}N$ 可表示为

$$\mathrm{d}N=n_0\mathrm{e}^{-\frac{\varepsilon_p(\boldsymbol{r})}{kT}}\mathrm{d}x\mathrm{d}y\mathrm{d}z\tag{7.39}$$

式中，$\varepsilon_p(\boldsymbol{r})$ 表示粒子在保守场中 $\boldsymbol{r}$ 处所具有的势能。比如静电场中，$\varepsilon_p(\boldsymbol{r})$ 就是带电粒子在静电场 $\boldsymbol{r}$ 处所具有的电势能。式(7.38)和(7.39)表明，粒子在保守力场中的位置分布由势能决定。可以看出，在保守力场中，粒子总是优先占据势能较低的位置。

7.7.3　玻耳兹曼分布

气体分子出现在什么位置与它以多大的速度运动是两个独立事件，同时考虑分子按速度和空间位置的分布，即综合考虑式(7.32)和(7.39)。那么分子位置在 $x\sim x+\mathrm{d}x$、$y\sim y+\mathrm{d}y$、$z\sim z+\mathrm{d}z$ 区间且速度在 $v_x\sim v_x+\mathrm{d}v_x$、$v_y\sim v_y+\mathrm{d}v_y$、$v_z\sim v_z+\mathrm{d}v_z$ 区间的分子数 $\mathrm{d}N$ 可表示为

$$\mathrm{d}N(\boldsymbol{r},\boldsymbol{v})=C\mathrm{e}^{-\frac{\varepsilon}{kT}}\mathrm{d}v_x\mathrm{d}v_y\mathrm{d}v_z\mathrm{d}x\mathrm{d}y\mathrm{d}z\tag{7.40}$$

式中，$\varepsilon=\varepsilon_k+\varepsilon_p$ 是分子的总能量，C 是与位置坐标和速度无关的比例因子。其中 ε_k 可以被推广为分子的总动能，包括平动动能、转动动能和振动动能。ε_p 也可被推广，它既包括分子在外力场中的势能，也包含了分子内原子间的相互作用势能。式(7.40)称为麦克斯韦-玻耳兹曼分布，也叫玻耳兹曼分布，它给出了分子按状态的分布规律，表明了在温度为 T 的平衡态下，气体分子处于某状态的概率与该状态下的总能量有关，总能量越大，位于该状态上的分子数就越少。

玻耳兹曼分布是经典粒子普遍满足的规律，其不仅适用于气体分子，也适用于液体和固体分子，并且它还适用于其他微观粒子。如果微观粒子只可能取一系列不连续的能量状态，那么处于能量为 ε 的状态上的粒子数可表示为

$$N=C'\cdot\mathrm{e}^{-\frac{\varepsilon}{kT}}\tag{7.41}$$

式中，C'是与能量无关的常数，式(7.41)也是玻耳兹曼分布的一种表达形式，可以理解为粒子总是优先占据能量更低的状态。这一规律在固体物理、激光等近代物理学中有着广泛的应用。

玻耳兹曼(Ludwig Eduard Boltzmann，1844—1907)，奥地利著名的理论物理学家，分子运动论和统计物理的奠基者之一。他把麦克斯韦分布推广为麦克斯韦-玻耳兹曼分布，证明了能量均分定理，建立了玻耳兹曼积分微分方程，导出了粘滞系数、扩散系数、热导率的表达式。他引入了H函数，证明了H定理，给出了熵与热力学概率的关系式，提出了热力学第二定律的统计解释，他还提出过各态历经假说和系综的思想。玻耳兹曼、克劳修斯和麦克斯韦三人是分子运动论和统计物理的奠基者。玻耳兹曼的卓越贡献标志着分子运动论的成熟和完善。为了捍卫和维护分子运动论和原子论，玻耳兹曼付出了坚持不懈的努力。玻耳兹曼涉足的领域十分广泛，包括物理学、化学、数学和哲学等许多方面，其中包括著名的黑体辐射的斯特藩—玻耳兹曼定律。玻耳兹曼在科学上是国际主义者，他反对故步自封、自我孤立，主张充分讨论、相互交流。

思考题

1. 如何理解速度空间？麦克斯韦速度分布函数的物理意义是什么？
2. 设空气的温度为5℃，试估算登山者上升到什么高度时大气压减为地面的75%？
3. 重力场中分子数密度和大气压随高度呈现不均匀稳定分布的原因是什么？
4. 利用式(7.36)可以表示出阿伏伽德罗常量吗？如果可以，根据此规律可否测量出阿伏伽德罗常量？

7.8 能量均分定理

前面讨论分子热运动时，将分子看成质点，只考虑了它的平动规律。而实际上，除了单原子分子外，一般分子都有较为复杂的空间结构。因此分子的运动除了平动，还需考虑转动以及分子内部各原子的振动，分子的能量应该是其各种运动能量的总和。本节主要讨论分子热运动能量所遵从的统计规律。

7.8.1 自由度

确定物体空间位置所需的独立坐标数目，称为自由度。所谓独立坐标，指的是坐标之间没有关联，也就是说一个坐标的变化不影响其他坐标的取值。

先来看质点的自由度。在直角坐标系中，可用三维坐标x、y、z反映质点在空间的位置。对于自由运动的质点，它的x、y、z坐标是独立的，3个坐标之间没有任何相关性，那么独立坐标数是3。因此自由质点的自由度是3。

如果质点在确定的平面或曲面上自由运动，3个坐标受到1个平面方程或曲面方程的约束。若x和y确定，z也就被唯一确定了，那么确定其空间位置所需要的独立坐标数是2，因此其自由度为2。如果质点在确定的直线或曲线上自由运动，空间的一条直线或一条曲线是两个平面或曲面的交线，3个坐标受到两个方程约束。给定x，那么y和z同时都被确定了，所以自由度为1。显然，物体在空间运动时受到的限制越多，自由度就会越少。

下面分析自由运动刚体的自由度。刚体的一般运动可分解为质心的运动和绕通过质心的瞬时轴的转动。刚体的质心可用3个独立坐标x、y、z来表示，质心的自由度称为平动自由度，因此自由刚体的平动自由度是3。如图7.15所示，过刚体质心的任意瞬时转轴，其空间取向可采用方位角α、β、γ来表示，而3个方向余弦满足$\cos^2\alpha+\cos^2\beta+\cos^2\gamma=1$，3个参量受1个方程约束，则其独立坐标数为2。在质心位置和瞬时转轴空间取向确定的情况下，要描写刚体上其他任意点的位置，还需要 1 个独立坐标，即刚体绕轴转过的角度 φ，所以自由刚体的转动自由度为 3。总结起来，一般形状的自由刚体有 3 个平动自由度和 3 个转动自由度，总自由度为 6。如果刚体是一根刚性细棒，其自由度还可以这样理解：某时刻细棒的质心和空间取向只要确定，细棒上各点的位置也就完全确定了，因此刚性细棒的平动自由度为 3，转动自由度为 2，总自由度为 5。

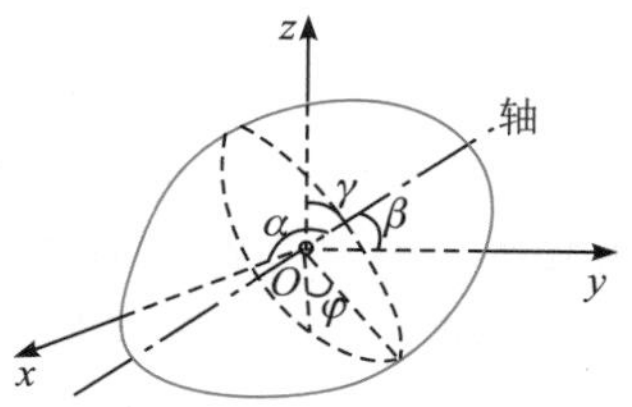

图 7.15

7.8.2 分子的自由度

根据组成分子的原子数目可将分子划分为单原子分子、双原子分子和多原子分子(三原子及以上)。若不考虑分子内原子的振动，这样的分子被认为是刚性分子。下面结合自由质点和自由刚体模型，来讨论无规则热运动的分子的自由度。

原子自身的线度很小，可忽略不计。因此单原子分子可视为质点，它的自由度为 3。刚性双原子分子可被视为刚性细棒，有 3 个平动自由度和 2 个转动自由度，总自由度为 5。刚性多原子分子，相当于一般形状的刚体，有 3 个平动自由度和 3 个转动自由度，总自由度为 6。需要注意的是，像 CO_2、C_2H_2 等刚性多原子分子，其原子排列在一条直线上，因此它们的总自由度是 5。

事实上，双原子分子或多原子分子一般不完全是刚性的，其分子内部会出现原子在其平衡位置附近的振动。因此双原子分子和多原子分子除平动和转动外，还需考虑其振动。一般来讲，如果一个分子由 N 个原子组成，它最多有 $3N$ 个自由度，其中 3 个是平动的，3 个是转动的，其余 $3N-6$ 个是振动自由度。对于双原子分子，振动自由度为 $3N-5$。对于一般的多原子分子，振动自由度为 $3N-6$。如果忽略分子的振动，那么双原子和多原子分子则被视为刚性分子。

7.8.3 能量按自由度均分定理

处于平衡态的理想气体分子平均平动动能与温度 T 的关系为 $\bar{\varepsilon}_k=\mu\overline{v^2}/2=3kT/2$，再考虑气体平衡态下的统计假设 $\overline{v_x^2}=\overline{v_y^2}=\overline{v_z^2}=\overline{v^2}/3$，可以得到

$$\frac{1}{2}\mu\overline{v^2}=\frac{1}{2}\mu\overline{v_x^2}+\frac{1}{2}\mu\overline{v_y^2}+\frac{1}{2}\mu\overline{v_z^2}=\frac{3}{2}kT$$

$$\frac{1}{2}\mu\overline{v_x^2}=\frac{1}{2}\mu\overline{v_y^2}=\frac{1}{2}\mu\overline{v_z^2}=\frac{1}{2}kT \tag{7.42}$$

式(7.42)表明，处于平衡态、温度为 T 的理想气体，其分子在每一个平动自由度上具有相同的平均动能。也可以理解为分子的平动动能均匀分配在每个平动自由度上的值为 $kT/2$。这一结果可以推广到一切气体，当气体处于温度为 T 的平衡状态时，分子的每一个自由度都具有相同的平均动能，其值为 $kT/2$，此定理称为**能量按自由度均分定理**，简称**能量均分定理**。统计物理对这一规律可给予严格证明。除气体系统外，能量均分定理也适用于平衡态下的液体和固体系统。

如果某种气体分子有 t 个平动自由度，r 个转动自由度，s 个振动自由度。按照能量均分定理，这个分子平均总动能为 $(t+r+s)kT/2$。分子在振动自由度上除了动能还具有势能。分子中原子的振动可看成是简谐振动，其振动的平均动能等于平均势能。因此分子在振动自由度上平均分配的势能也为 $kT/2$，那么一个振动自由度上平均分配的总能量是 kT。由此可得，一个分子平均总能量为 $(t+r+2s)kT/2$。

常温下，大多数气体分子的振动对分子热运动能量基本没有贡献，此时分子的振动可不予考虑。本书若无特别说明，均不考虑分子的振动自由度和振动能量，即分子被视为刚性分子。那么一个分子的平均总能量就是其平动动能与转动动能求和，可表示为

$$\bar{\varepsilon}=\frac{t+r}{2}kT=\frac{i}{2}kT \tag{7.43}$$

式中，$i=t+r$ 表示刚性分子的总自由度。

能量均分定理是一个统计规律，它是对大量分子热运动统计平均所得到的结果，只成立于大量分子所组成的系统。对于某个分子来说，任一瞬间，它的各种形式的动能及总动能完全可能与能量均分定理有很大的差别，而且每一种形式的动能也不见得按自由度均分。对于大量分子整体来说，能量均分是依靠分子间无规则热运动和频繁碰撞来实现的。碰撞过程中一个分子的能量可以传递给另一个分子，一种形式的能量可以转化成另一种形式的能量，一个自由度的能量可以转移至另一个自由

度。当气体到达平衡态时，就实现了能量按自由度平均分配的规律。

7.8.4 理想气体的内能

系统内部与分子热运动有关的所有能量之和，称为系统的内能。内能包含所有分子各种形式的动能、分子振动的势能以及分子之间相互作用势能。理想气体不考虑分子力，也就忽略了分子间的相互作用势能，又因为常温下可忽略分子的振动，所以理想气体的内能就是所有分子的平动动能和转动动能求和。根据式(7.43)可以得到，自由度为 i(平动自由度与转动自由度之和)的 1 mol 理想气体的内能为

$$E=N_A\cdot\frac{i}{2}kT=\frac{i}{2}RT$$

不难得到，自由度为 i 的 νmol 理想气体内能为

$$E=\nu\,\frac{i}{2}RT \tag{7.44}$$

式(7.44)表明理想气体的内能与气体的种类和温度有关，它是描写系统性质的状态函数。对于给定的理想气体，其内能只是温度的单值函数，这也是理想气体的一个重要性质。若理想气体的温度变化量为 ΔT，其内能的相应变化量为 ΔE，则

$$\Delta E=\nu\,\frac{i}{2}R\Delta T \tag{7.45}$$

在温度 T 和摩尔数 ν 相同的情况下，单原子分子理想气体、刚性双原子分子理想气体和刚性多原子分子理想气体的内能分别为 $3\nu RT/2$、$5\nu RT/2$ 和 $3\nu RT$。当这三种气体的温度变化相同时，它们内能的变化量是不同的。

思 考 题

1. 一个固定不动的物体，其自由度是多少？绕固定轴旋转的刚体的自由度是多少？
2. 当飞机或轮船沿着确定的航线运动时，它们的自由度是多少？
3. 如果通过传热的方法使摩尔数相同的单原子分子、双原子分子以及多原子分子理想气体均升高相同的温度，需要的热量是否相同？为什么？
4. 气体分子的热运动和频繁碰撞在能量均分定理中起到什么作用？
5. 一定量的单原子分子理想气体，其热力学温度从 T 升高到 $2T$，每个分子的动能都变为原来的 2 倍。这个说法对吗？

7.9 气体分子的平均碰撞频率和平均自由程

7.9.1 气体分子的运动和碰撞

7.4 节中通过实验证实了气体中大量分子都在作永不停息的无规则热运动，分子间发生着频繁的碰撞，图 7.16 表示了某个分子运动过程与其他分子的碰撞。

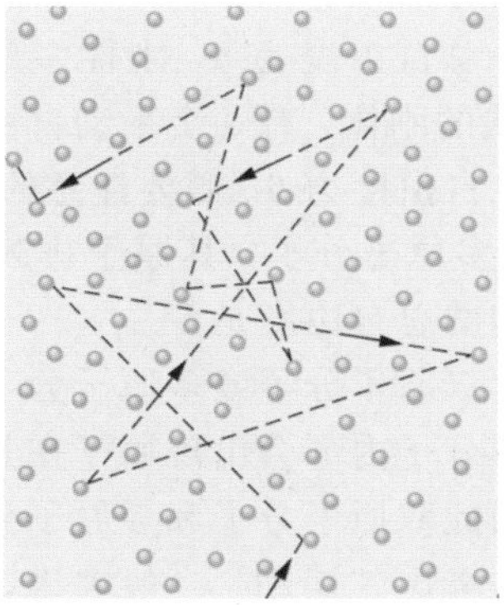

图 7.16

对于某一个分子，它在什么时候与哪个分子碰撞？碰撞后速度如何改变？单位时间内发生多少次碰撞？连续两次碰撞之间可以运动多长的路程？上述问题对于任意一个分子均是偶然的、不可预测的。

一个分子连续两次碰撞之间所走过的路程称为自由程，用 λ 表示。一个分子在单位时间内与其他分子或容器壁发生碰撞的次数称为碰撞频率，用 Z 表示。对于单个分子，自由程和碰撞频率具有不确定性。但对大量的气体分子整体来说，分子间的碰撞服从确定的统计规律。对于气体分子碰撞的研究，更重要的是考虑大量分子的多次碰撞，自由程和碰撞频率的统计平均值，相应地称为平均自由程和平均碰撞频率，分别用 $\bar{\lambda}$ 和 $\bar{Z}$ 表示。当气体处于确定的平衡状态时，$\bar{\lambda}$ 和 $\bar{Z}$ 也具有确定的取值。分

子的平均速率 $\bar{v}$ 代表单位时间内平均走过的路程，显然，$\bar{v}$、$\bar{\lambda}$ 和 $\bar{Z}$ 满足：

$$\bar{\lambda}=\frac{\bar{v}}{\bar{Z}} \tag{7.46}$$

7.9.2　平均碰撞频率和平均自由程

在讨论气体分子的碰撞规律时，将理想气体分子视为直径为 d 的刚性小球，分子间的碰撞为完全弹性碰撞。为分析问题方便，假设所有分子的直径相等。

如图 7.17 所示，在大量分子中任选 A 分子作为研究对象，将其余分子作为参考系。A 分子相对其他任意一个分子的相对速率也是偶然的和不可预测的。因此假定 A 分子以相对平均速率 $\bar{u}$ 在运动，这样可认为其余分子均静止不动。由于分子间的频繁碰撞，A 分子的质心轨迹必然是一条复杂的折线。

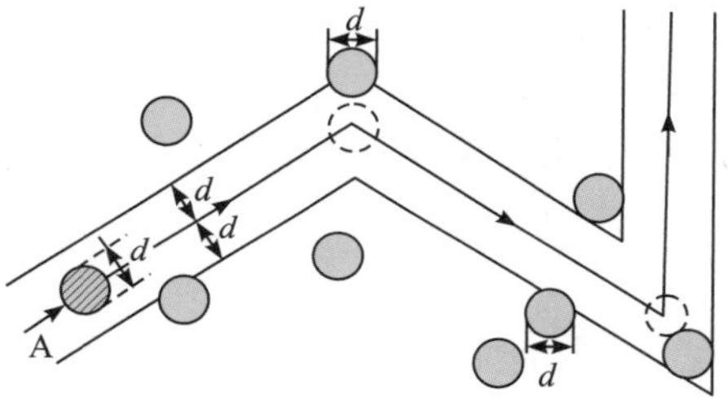

图 7.17

现以 A 分子质心的运动轨迹为中心轴线，以分子的直径 d 为半径，作一个圆柱体，此圆柱体一直追踪着 A 分子的运动。可以想到，其余分子只要质心落在这个圆柱体内，就会与 A 分子发生碰撞。单位时间内，A 分子运动所对应的圆柱体体积为 $\bar{u}\pi d^2$，假设分子数密度 n 处处相同，则该圆柱体内的分子个数为 $n\bar{u}\pi d^2$，即平均下来单位时间内与 A 分子发生碰撞的分子个数，故分子的平均碰撞频率为

$$\bar{Z}=n\bar{u}\pi d^2 \tag{7.47}$$

以上分析假定 A 分子运动，其余分子均静止，实际上所有分子都在不停地运动着。$\bar{v}$ 是分子相对于容器的平均速率，$\bar{u}$ 是分子间的相对平均速率。接下来的问题就是如何将分子的相对平均速率 $\bar{u}$ 用分子的平均速率 $\bar{v}$ 来表示。

在气体中任取两个分子，设其速度分别为 $\boldsymbol{v}_1$ 和 $\boldsymbol{v}_2$，两者之间的夹角为 θ，相对速度矢量可表示为 $\boldsymbol{u}=\boldsymbol{v}_1-\boldsymbol{v}_2$，如图 7.18 所示。由余弦定理可知

$$u^2=v_1^2+v_2^2-2v_1v_2\cos\theta \tag{7.48}$$

考虑系统中所有的分子，对式(7.48)两边取平均值，则有

$$\overline{u^2}=\overline{v_1^2}+\overline{v_2^2}-2\overline{v_1v_2\cos\theta}$$

式中，$\overline{v_1^2}$ 和 $\overline{v_2^2}$ 代表所有分子的速率平方的统计平均值，因此 $\overline{v_1^2}=\overline{v_2^2}=\overline{v^2}$。由平衡态下气体的统计假设，可知分子运动速度的大小和方向没有择优性，因此对所有分子，有 $\overline{v_1v_2\cos\theta}=0$，由此可以得到 $\overline{u^2}=2\overline{v^2}$。若忽略气体分子方均根速率和平均速率的差别，可得 $\bar{u}=\sqrt{2}\,\bar{v}$。以上分析并非严格证明，理论上可通过麦克斯韦分布证明此结果。

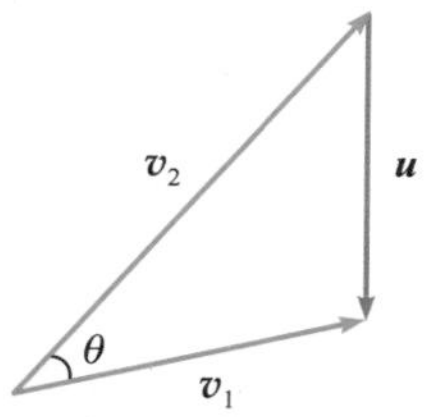

图 7.18

根据以上分析，结合式(7.47)，气体分子**平均碰撞频率**可表示为

$$\bar{Z}=\sqrt{2}\,\bar{v}\pi d^2 n \tag{7.49}$$

式(7.49)表明，在分子数密度 n 不变的情况下，平均碰撞频率与平均速率成正比。由于 $\bar{v}\propto\sqrt{T}$，这说明温度越高，分子热运动越剧烈，平均碰撞频率越大。若温度一定，$\bar{v}$ 确定，那么 n 越大，分子分布得更加密集，单位时间内分子的碰撞次数也就越大。由式(7.49)可以得到，分子连续两次碰撞之间所经历的平均时间为

$$\overline{\Delta t}=\frac{1}{\sqrt{2}\,\bar{v}\pi d^2 n}$$

根据 $\bar{\lambda}=\bar{v}/\bar{Z}$，再结合理想气体的状态方程，气体分子的**平均自由程**可表示为

$$\bar{\lambda}=\frac{\bar{v}}{\bar{Z}}=\frac{1}{\sqrt{2}\,\pi d^2 n}=\frac{kT}{\sqrt{2}\,\pi d^2 p} \tag{7.50}$$

也就是说，平均自由程 $\bar{\lambda}$ 与分子数密度 n 成反比，n 越小，分子分布越稀疏，分子间的平均距离越大，因此 $\bar{\lambda}$ 更大。式(7.50)表明了宏观量与微观量统计平均值的关系，温度一定时，$\bar{\lambda}$ 与压强 p 成反比。

上面在讨论分子的碰撞规律时，将分子看成是直径为 d 的刚性小球，分子间的碰撞为完全弹性碰撞。而实际上分子的结构较为复杂，且碰撞过程需要考虑分子力，碰撞过程两分子质心间的平均最小

距离称为分子的有效直径。那么对于实际的气体分子，式(7.49)和(7.50)中的 d 应为分子的有效直径。

$\bar{\lambda}$ 和 $\bar{Z}$ 可以通过气体输运过程的实验来验证。输运过程是气体从非平衡态向平衡态过渡的过程，典型的三个输运过程是气体的黏性、扩散和热传导。描写输运强度的黏度系数、扩散系数和热导系数均与平均自由程 $\bar{\lambda}$ 有关，实验中可通过测量这三个系数，得到分子的 $\bar{\lambda}$。实验发现，在分子数密度 n 一定时，$\bar{\lambda}$ 随温度升高略有增加。因为温度越高，分子的平均速率越大，碰撞过程更容易彼此靠近，那么分子的有效直径随温度升高而略有减小，所以 $\bar{\lambda}$ 随温度升高也就略有增加。

在标准状态下，各种气体分子的平均碰撞频率，其数量级大约为 10^9/s，即一个分子一秒钟内平均碰撞次数可以达到几十亿次，平均自由程的数量级一般在 $10^{-8}\sim10^{-7}$ m。

有一些实际问题想尽量避免分子之间或其他粒子与分子间发生碰撞，在这种情况下，平均自由程都比较大。前面介绍过的分子测速实验，实验装置放在高度真空环境中，就是为了尽量避免金属蒸汽分子与空气分子间的碰撞，从而确保测量的准确性。另外，像阴极射线管、质谱仪、粒子加速器等仪器，在工作时都需高度真空的环境，目的是想尽量减少粒子与空气分子之间的碰撞。制造这些仪器时都需要抽真空，在技术上均有相应的压强指标。这类设备中空气分子数密度都很小，粒子的平均自由程都很大。

★**【例 7.9】** 计算空气分子在标准状态下的平均自由程和平均碰撞频率。空气分子的有效直径 $d=3.5\times10^{10}$ m，空气的平均摩尔质量 $M=29\times10^{-3}$ kg/mol。

解 标准状态下：$p=1.013\times10^5$ Pa，$T=273.15$ K。

空气分子的平均自由程为

$$\bar{\lambda}=\frac{kT}{\sqrt{2}\pi d^2 p}=\frac{1.38\times10^{-23}\times273.15}{1.414\times3.14\times(3.5\times10^{-10})^2\times1.013\times10^5}=6.84\times10^{-8}\ \text{m}$$

标准状态下空气分子的平均速率为

$$\bar{v}=\sqrt{\frac{8RT}{\pi M}}=\sqrt{\frac{8\times8.31\times273.15}{3.14\times29\times10^{-3}}}=447\ \text{m/s}$$

因此空气分子的平均碰撞频率为

$$\bar{Z}=\frac{\bar{v}}{\bar{\lambda}}=\frac{447}{6.84\times10^{-8}}=6.54\times10^9/\text{s}$$

可见，在标准状态下，平均下来，空气分子的平均自由程是分子有效直径的近 200 倍，分子的平均速率可达每秒几百米，每个空气分子与其他分子的碰撞可达几亿次。

【例 7.10】 在质子加速器中，若要使质子在 10^5 km 的路径上不和空气分子碰撞，在 27℃时，该加速器真空室的压强应降到多少？空气分子的有效直径 $d=3.5\times10^{-10}$ m，空气的平均摩尔质量 $M=29\times10^{-3}$ kg/mol。

解 本题并非讨论分子间的碰撞，而是讨论质子与分子间的碰撞。质子直径的数量级是飞米(fm)级，即 10^{-15} m。质子的直径远小于空气分子，因此在与空气分子的碰撞中，质子可以看成是质点。式(7.49)和(7.50)的结论不能直接应用，但还可以用类似的方法来推导。以质子的运动轨迹为中心轴线，以空气分子的有效直径为直径，作一个曲折的圆柱体。但凡质心落在这个圆柱体内的空气分子都会与质子发生碰撞。加速器中质子的速率远大于 27℃时空气分子的速率，因此质子相对于空气分子的速率可看作是相对于加速器的速率，也就是说可以去掉式(7.49)中的 $\sqrt{2}$。设质子相对加速器的平均速率为 $\bar{v}$，加速器中空气的分子数密度为 n。

质子的平均碰撞频率可表示为

$$\bar{Z}=\pi n\bar{v}\left(\frac{d}{2}\right)^2=\frac{\pi}{4}n\bar{v}d^2$$

平均自由程可表示为

$$\bar{\lambda}=\frac{\bar{v}}{\bar{Z}}=\frac{4}{\pi n d^2}=\frac{4kT}{\pi d^2 p}$$

代入 $\bar{\lambda}=10^5\ \text{km}=10^8\ \text{m}$、$T=300$ K 和 $d=3.5\times10^{-10}$ m，可以得到真空室的压强为

$$p=\frac{4kT}{\pi d^2\bar{\lambda}}=\frac{4\times1.38\times10^{-23}\times300}{3.14\times(3.5\times10^{-10})^2\times10^8}=4.3\times10^{-10}\ \text{Pa}$$

思　考　题

1. 使气体分子平均碰撞频率 $\bar{Z}$ 减小的方法有哪些？影响气体分子平均自由程 $\bar{\lambda}$ 的因素是什么？

2. 一定量理想气体在体积不变的情况下，对其加热到一定状态，分子的 $\bar{\lambda}$ 和 $\bar{Z}$ 如何变化？

3. 一定量气体的温度始终不变，在压强增加的过程中，气体分子的 $\bar{\lambda}$ 和 $\bar{Z}$ 如何变化？

4. 真空管的线度为 10^{-2} m，其内部压强为 1.33×10^{-3} Pa，设空气分子的有效直径为 3.5×10^{-10} m。按照 $\bar{\lambda}=\dfrac{1}{\sqrt{2}\pi d^2 n}$ 计算可得，27℃时 $\bar{\lambda}=5.73$ m。该问题中分子的平均自由程可以是 5.73 m 吗？为什么？

7.10　气体的输运现象

气体内各部分物理性质会有不均匀的情况，比如压强不同、温度不同、分子数密度不均匀或各气体层之间有相对运动等，有时这几种情况也可能同时存在。在这些非平衡态下，气体内部将发生能量、动量或质量的输运。本节介绍三种典型的输运现象，分别是气体的黏性、扩散和热传导。

1. 黏性

在流动的气体中，各部分因流速不同而产生相互作用力的现象称为气体的黏性。相邻气体层间因相对运动而产生的相互作用力称为黏性力，也叫内摩擦力。

为使问题简化，在讨论气体黏性时，假设气体的压强、温度和粒子数密度处处相同。通常当流速比较小时，气体将做分层平行流动，各质点的轨迹是规则的光滑曲线且不互相混杂，将这样的状态称为层流。如图 7.19 所示，设想气体被限制在两个无限大的平板 A、B 之间，A 板静止，B 板在外力作用下以恒定速度 u_0 水平向右运动。黏性力使得附着在B板上的气体层也以速度 u_0 水平向右运动，于是平行于平板的各气体层在黏性力的作用下，都被带动向右运动。黏性力使得流速较快的气体层减速，流速较慢的气体层加速。稳态时各气体层的速度 u 是 z 的函数。设相邻气体层的接触面积为 S。

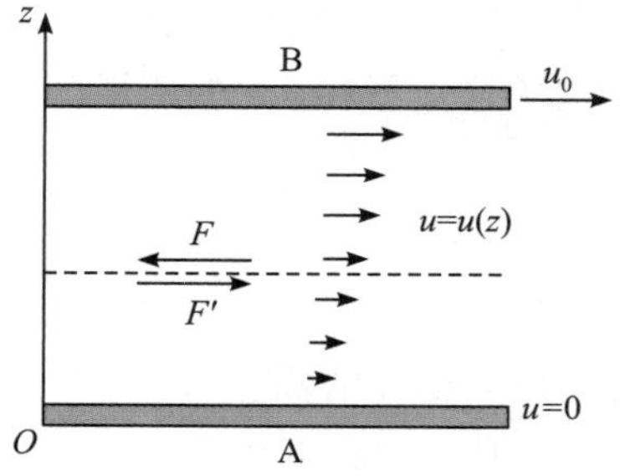

图 7.19

实验测得，两相邻气体层之间的黏性力 F 与 S 和速度的梯度 $\mathrm{d}u/\mathrm{d}z$ 成正比，即

$$F=-\eta\cdot\frac{\mathrm{d}u}{\mathrm{d}z}\cdot S \tag{7.51}$$

式(7.51)称为牛顿黏性定律。式中，负号表示相对速度较大的气体层受到的是黏性阻力；η 称为黏度系数，也称为黏度，国际单位为 Pa·s。气体的黏度与气体的性质和状态都有关系，通常可由实验测定。表 7.1 给出了几种气体的黏度，其中 1 mPa$=10^{-3}$ Pa。

表 7.1　常见气体的黏度

气体	t/℃	η/mPa·s	气体	t/℃	η/mPa·s
空气	0	0.0171	O_2	0	0.0199
	20	0.0182	CO	20	0.0127
	40	0.193	H_2	20	0.0089

从气体动理论的观点来看，气体流动时，分子除了具有热运动的速度，还具有定向运动的速度。由于气体分子的无规则热运动，相邻气体层之间在交换分子对的同时，也交换了它们定向运动的动量，使得流速较快的气体层定向动量减少，流速较慢的气体层定向动量增加，在宏观效果上则表现为黏性力。微观上，气体的黏性是分子在热运动中输运定向动量的过程。

2. 扩散

当气体的分子数密度不均匀时，由于分子热运动使得分子从高密度区向低密度区迁移的现象称为气体的扩散。为使问题简化，考虑在压强和温度相同的情况下，两种气体的相互扩散。现在取其中一种气体作为研究对象，讨论它沿一维方向(z 方向)的扩散规律。设沿着扩散方向，该气体的分子数密度的梯度为 $\mathrm{d}n/\mathrm{d}z$，在气体内部取垂直于扩散方向的截面积 S。实验表明，单位时间内在 S 上扩散的分子数为

$$\frac{\mathrm{d}N}{\mathrm{d}t}=-D\frac{\mathrm{d}n}{\mathrm{d}z}S \tag{7.52}$$

式(7.52)称为菲克定律。式中，负号表示扩散总是朝着分子数密度减小的方向进行；D 称为扩散系数，国际单位为 $\mathrm{m^2/s}$。设分子的质量为 μ，在 $\mathrm{d}t$ 时间内从 S 面扩散的气体质量为 $\mathrm{d}m=\mu\mathrm{d}N$，该气体的质量密度可表示为 $\rho=n\mu$，$\mathrm{d}\rho/\mathrm{d}z$ 为质量密度沿扩散方向的梯度。菲克定律还可表示为

$$\frac{\mathrm{d}m}{\mathrm{d}t}=-D\frac{\mathrm{d}\rho}{\mathrm{d}z}\cdot S$$

从气体动理论的观点来看，扩散现象是同种分子在分子数密度不均匀的情况下，所产生的分子迁移或质量迁移。

3. 热传导

热传导是由于气体各部分温度不同，导致热量从高温区域向低温区域传递的现象。设气体温度沿 z 的正方向逐渐降低，该方向温度的梯度为 $\mathrm{d}T/\mathrm{d}z$，垂直于 z 方向取截面 S，实验表明，单位时间内从 S 面传递的热量可表示为

$$\frac{\mathrm{d}Q}{\mathrm{d}t}=-\kappa\frac{\mathrm{d}T}{\mathrm{d}z}S \tag{7.53}$$

式(7.53)称为傅里叶定律。式中，负号表示热量传递的方向是从高温区域传向低温区域；κ 称为热导系数，也称为热导率，其国际单位为 W/(m·K)。表 7.2 列出了几种气体的热导率，通常气体的热导率都很小，当不存在对流时，气体可以作为比较好的绝热材料。

从气体动理论的观点来看，气体各部分温度不同，意味着各部分分子平均平动动能不同。分子无规则的热运动导致分子间互相掺和，分子间频繁的碰撞导致分子交换热运动的能量，从而发生热运动能量的迁移。因此微观上，气体的热传导就是分子在热运动中输运能量的过程。

表 7.2 几种气体的热导率

气体/(0.1 MPa)	t/℃	κ/($\mathrm{W\cdot m^{-1}\cdot K^{-1}}$)
空气	−74	0.018
	38	0.027
水蒸气	100	0.0245
氦	−130	0.093
	93	0.169
氢	−123	0.098
	175	0.251
氧	−123	0.0137
	175	0.038

4. 气体的三个输运系数

气体的黏度系数、扩散系数和热导系数可通过实验测量。在气体动理论中，也可以推导出这三个系数与相应微观量统计平均值的关系，分别为

$$\eta=\frac{1}{3}\rho\bar{v}\bar{\lambda} \tag{7.54}$$

$$D=\frac{1}{3}\bar{v}\bar{\lambda} \tag{7.55}$$

$$\kappa=\frac{1}{3}\rho\bar{v}\bar{\lambda}\frac{C_{V,m}}{M} \tag{7.56}$$

式(7.54)～式(7.56)中，ρ 为气体的质量密度，$\bar{v}$ 为气体分子的平均速率，$\bar{\lambda}$ 为气体分子的平均自由程，$C_{V,m}$ 是气体的等体摩尔热容，M 为气体的摩尔质量。

三种典型的输运过程在工程应用和日常生活中很多见。如物体在气体中运动，气体的黏性是产生阻力的一个重要原因。气体的扩散现象可用于同位素的分离。气体的低热导率在多孔绝热材料中有重要的作用。对于超高真空气体，通常 η 和 κ 都与 p 成正比。气体越稀薄，压强越小，其导热性越差。杜瓦瓶就是利用了这一规律，它的双层玻璃薄壁之间的空气非常稀薄，绝热性(保温性)很好，可用来贮存各种液态气体，很多保温杯也是这样的原理。像汽车、房屋等窗户中常用的真空夹层玻璃，不仅绝热性能很好，还有很好的隔音效果。另外气体的黏性和热传导，也是声波在气体中传播时衰减的主要原因。

思　考　题

1. 分子热运动和分子间频繁的碰撞在三种输运过程中起到了什么样的作用？
2. 三种输运过程遵从的宏观规律是什么？它们有哪些共同的特征？
3. 黏度系数、热导系数和扩散系数的物理含义和影响因素是什么？
4. 三种输运过程在微观上输运的是什么？

7.11　实际气体的范德瓦尔斯方程

前面讨论的都是理想气体的性质。一般情况下压强不太大、温度不太低的气体，都可近似视为理想气体。但在一些科研和工程应用中，经常需要处理高压或低温条件下的气体问题，这时理想气体状态方程不再适用，需要有能反映实际气体性质的状态方程。理想气体分子的微观模型忽略了分子固有体积和分子力，荷兰物理学家范德瓦尔斯(J. D. van der Waals，1837—1923)在理想气体微观模型的基础上，作了两条重要修正，从而得到了描述实际气体行为的范德瓦尔斯方程。

1. 分子固有体积修正

因理想气体分子不考虑分子体积，理想气体状态方程 $pV=\nu RT$ 中的 V 就是容器的容积，也就是每个分子可自由活动的空间。若将分子看成是有一定大小的刚性小球，则每个分子能自由活动的空间一定小于 V。实际上，气体因分子间的斥力不能无限被压缩。假设 1 mol 气体占有 V_m 体积，分子能自由活动的空间为 V_m-b，则 1 mol 理想气体状态方程可被修改为

$$p(V_m-b)=RT \tag{7.57}$$

式中，b 是 1 mol 气体被无限压缩时所能达到的最小体积，即 $p\to\infty$时，$V_m\to b$。

2. 分子吸引力修正

由分子间相互作用力的规律可知，分子间的吸引力随着距离的增加迅速减小。每个分子只与临近的分子有相互作用的引力；而相距较远的分子，引力可以忽略不计。

设分子间的吸引力为球对称分布，吸引力平均作用距离为 R。如图 7.20 所示，以分子的质心为球心，R 为半径作一个球体，该球体称为分子吸引力作用球。在气体内部任一分子的吸引力作用球内，平均下来，其他分子对它在各个方向的作用力相互抵消，合力为零。那么该气体内部的压强在数值上应等于理想气体压强。

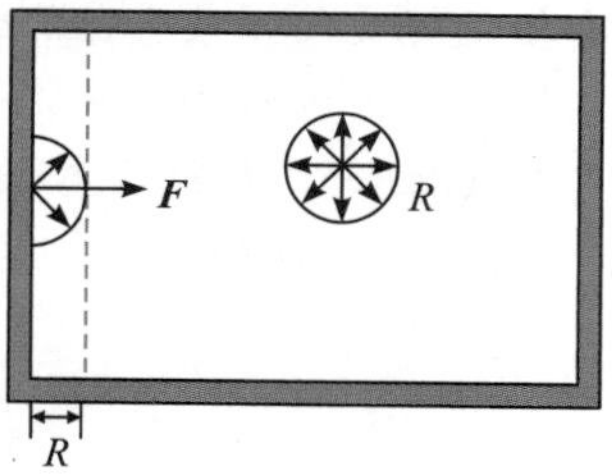

图 7.20

在靠近容器壁处取一个厚度为 R 的边界层，当气体分子靠近此边界层时，它受到的其他气体分子的作用力是不平衡的，其合力指向气体内部，从而导致分子与器壁碰撞过程中，分子动量的改变量要比不考虑分子引力时小一些。即分子与器壁碰撞时，施于器壁的冲量减小了，因此器壁受到的压强比气体内部的压强小。

设器壁处的压强减少量为 Δp。首先 Δp 与分子受到的指向气体内部的合力成正比，这个力与分子数密度 n 成正比。其次 Δp 与单位时间内，碰撞在容器壁的单位面积上的分子数成正比，即与 n 成正比。由此可知 $\Delta p\propto n^2$。对于占有体积为 V_m 的 1 mol 气体，则 $\Delta p\propto 1/V_m^2$，也可表示为 $\Delta p=a/V_m^2$。

3. 范德瓦尔斯方程

气体内部的压强在数值上等于理想气体的压强。设气体施于器壁的实际压强为 p，式(7.57)中理想气体的压强可表示为 $p+\Delta p$，因此，式(7.57)可改写为

$$\left(p+\frac{a}{V_m^2}\right)(V_m-b)=RT \tag{7.58}$$

式中，a 和 b 分别表示 1 mol 气体的吸引力修正量与排斥力(固有体积)修正量，可由实验测定，其值因气体种类不同而有变化。式(7.58)是 1 mol 实际气体的范德瓦尔斯方程。

考虑 ν mol 气体，其体积为 V，被无限压缩后的体积是 νb，由式(7.58)可得，ν mol 实际气体的

范德瓦尔斯方程

$$\left(p+\nu^2\frac{a}{V^2}\right)(V-\nu b)=\nu RT \qquad (7.59)$$

范德瓦尔斯方程考虑了分子间的吸引力和分子的固有体积。方程形式简单，物理图像鲜明。相比于理想气体方程更进了一步，但它仍是一个近似方程，也有着自己的局限性。一般对于压强小于5 MPa、温度不太低的常见气体，如氧气、氮气、氢气等，应用范德瓦尔斯方程都能与实际情况吻合得比较好。

范德瓦尔斯(J. D. van der Waals，1837—1923)，荷兰物理学家，他的主要成就是建立了实际气体的物态方程。1883年，他考虑到气体分子间作用力和分子体积两个因素，将理想气体物态方程加以修正，得出了近似描述实际气体性质的物态方程，即范德瓦尔斯方程。范德瓦尔斯方程是对理想气体状态方程的一种改进，以便更好地描述气体的宏观物理性质。经推广后还可用于液体，并且能描述气、液相互转变的性质，也能说明临界点的特征，从而揭示相变与临界现象的特点。范德瓦尔斯方程形式简单，物理图像鲜明，使用方便，因而得到了广泛应用，对揭示液体和气体的性质做出了重要贡献。范德瓦尔斯是20世纪相变理论的创始人，于1910年获得了诺贝尔物理学奖。

思 考 题

1. 范德瓦尔斯气体内部压强与理想气体内部压强是否相同，产生这两种压强的原因是否相同？
2. 用气压计测量气体的压强，所测量的是容器壁处的压强还是气体内部的压强？
3. 当气体的体积增大时，范德瓦尔斯方程是否趋近于理想气体的状态方程？

本 章 小 结

理想气体状态方程

处于平衡态的一定量理想气体，其压强、温度和体积 V 满足：$pV=\dfrac{m}{M}RT=\nu RT$，$p=nKT$

理想气体的压强和温度

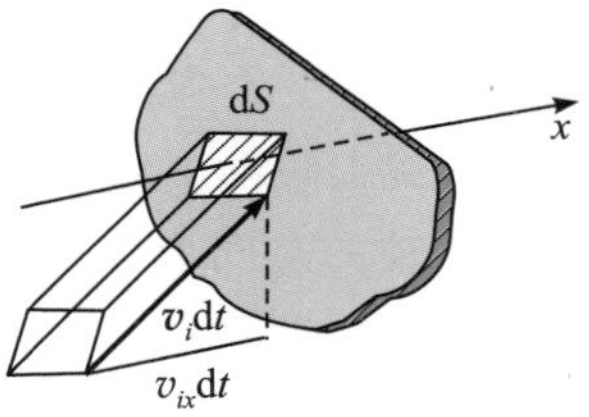

气体的压强：大量气体分子与容器壁频繁碰撞中不断施于容器壁的碰撞力所引起。

理想气体压强统计规律：$p=\dfrac{2}{3}n\left(\dfrac{1}{2}\mu\overline{v^2}\right)=\dfrac{2}{3}n\bar{\varepsilon}_k$

温度的微观本质：温度是气体分子无规则热运动剧烈程度的量度。$\bar{\varepsilon}_k=\dfrac{1}{2}\mu\overline{v^2}=\dfrac{3}{2}kT$

麦克斯韦速率分布

速率分布函数 $f(v)$：速率 v 附近单位速率区间内的分子数与分子总数的比值。

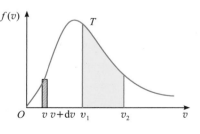

麦克斯韦速率分布：没有外力场时，处于平衡态的理想气体分子数按速率的分布函数。

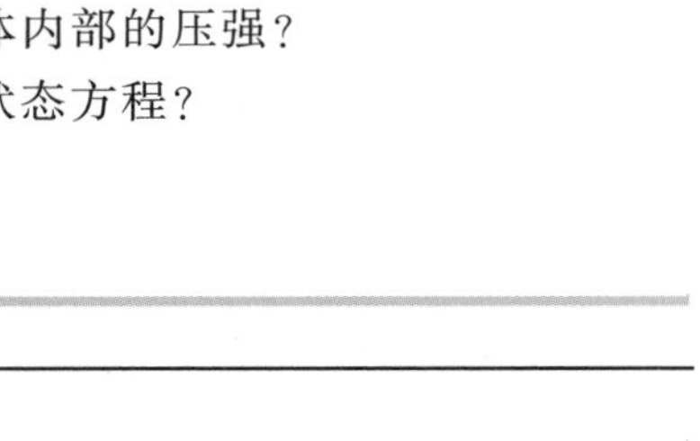

$$f(v)=4\pi\left(\frac{\mu}{2\pi kT}\right)^{3/2}v^2\mathrm{e}^{-\mu v^2/2kT}$$

速率分布函数的归一化条件：$\int_0^\infty f(v)\mathrm{d}v=1$(速率分布曲线下的总面积等于1)

三个特征速率：$v_p=\sqrt{\dfrac{2kT}{\mu}}\approx1.41\sqrt{\dfrac{RT}{M}}$，$\bar{v}=\sqrt{\dfrac{8kT}{\pi\mu}}\approx1.6\sqrt{\dfrac{RT}{M}}$，

$v_{\mathrm{rms}}=\sqrt{\overline{v^2}}=\sqrt{\dfrac{3kT}{\mu}}\approx1.73\sqrt{\dfrac{RT}{M}}$

玻耳兹曼分布

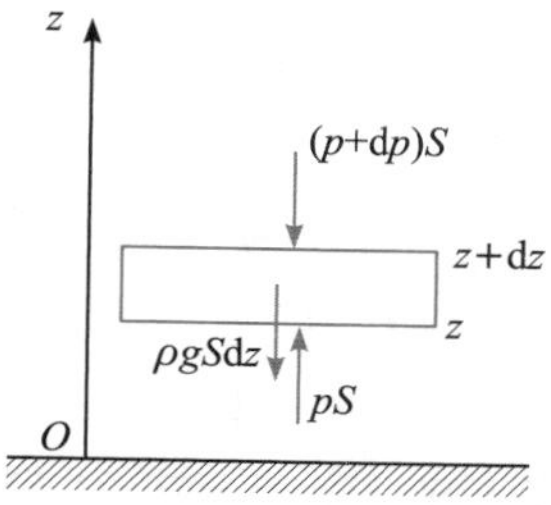

麦克斯韦速度分布：$f(v_x, v_y, v_z)=\left(\dfrac{\mu}{2\pi kT}\right)^{3/2}\cdot e^{-\frac{\mu(v_x^2+v_y^2+v_z^2)}{2kT}}$

重力场中的等温大气压强及分子数随高度的分布：

$p(z)=p_0 e^{-\frac{\mu g z}{kT}}=p_0 e^{-\frac{Mgz}{RT}}$，

$n(z)=n_0 e^{-\frac{\mu g z}{kT}}=n_0 e^{-\frac{Mgz}{RT}}$

保守力场中粒子数按位置的分布：$n(\boldsymbol{r})=n_0 e^{-\frac{\varepsilon_p(\boldsymbol{r})}{kT}}$，$dN=n_0 e^{-\frac{\varepsilon_p(\boldsymbol{r})}{kT}}dx dy dz$

玻尔兹曼分布：$dN(\boldsymbol{r}, \boldsymbol{v})=C e^{-\frac{\varepsilon}{kT}}dv_x dv_y dv_z dx dy dz$，$N=C'\cdot e^{-\frac{\varepsilon}{kT}}$

能量均分定理

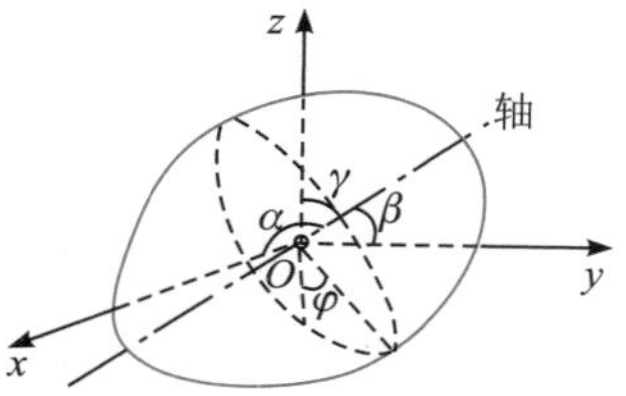

自由度：确定物体空间位置所需的独立坐标数目。

能量按自由度均分定理：当气体处于温度为 T 的平衡状态时，分子的每一个自由度都具有相同的平均动能，其数值为 $kT/2$。

理想气体的内能

理想气体的内能是所有分子各种形式的动能与分子内部原子振动势能的总和，其内能是温度的单值函数。常温下，忽略分子的振动势能，理想气体的内能是所有分子平动动能与转动动能之和。

$$E=\nu\frac{i}{2}RT,\ \Delta E=\nu\frac{i}{2}R\Delta T$$

平均自由程和平均碰撞频率

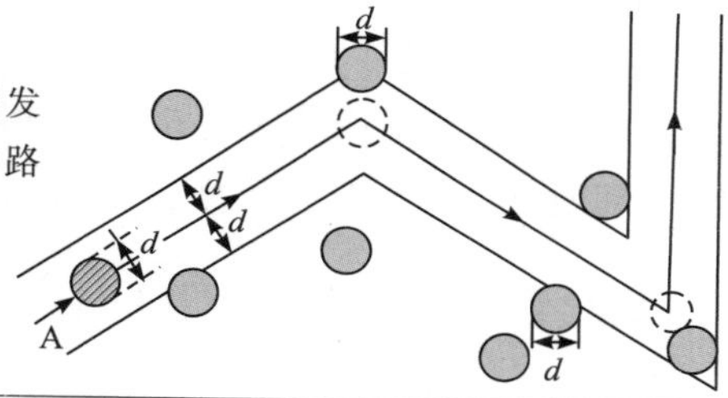

大量分子多次碰撞，平均下来，单位时间内分子与其他分子及容器壁发生碰撞的次数，称为平均碰撞频率；分子在连续两次碰撞之间平均走过的路程，称为平均自由程。

$$\bar{Z}=\sqrt{2}\bar{v}\pi d^2 n,\ \bar{\lambda}=\frac{\bar{v}}{\bar{Z}}=\frac{1}{\sqrt{2}\pi d^2 n}=\frac{kT}{\sqrt{2}\pi d^2 p}$$

气体的输运现象

黏性：$F=-\eta\cdot\dfrac{du}{dz}\cdot S$，扩散：$\dfrac{dN}{dt}=-D\dfrac{dn}{dz}S$，热传导：$\dfrac{dQ}{dt}=-\kappa\dfrac{dT}{dz}S$

实际气体的范德瓦尔斯方程

$$\left(p+\nu^2\frac{a}{V^2}\right)(V-\nu b)=\nu RT$$

习　题

7.1　容器中有质量为 0.20 kg 的氧气(可视为理想气体)，压强为 10×10^5 Pa，温度为 47℃。由于容器漏气，经过一段时间后，压强降到原来的一半，温度降到 27℃。求(1)容器的容积有多大？(2)漏掉了多少氧气？【答案：(1) 1.662×10^{-2} m^3；(2) 0.1067 kg】

7.2　如题 7.2 图所示，在两个大小不同的容器中，分别装有氧气和氢气，二者之间通过放有水银滴的玻璃管相连。某时刻两边气体温度相同，玻璃管中水银滴静止不动，试问此时这两种气体的质量密度哪个更大？【答案：氧气】

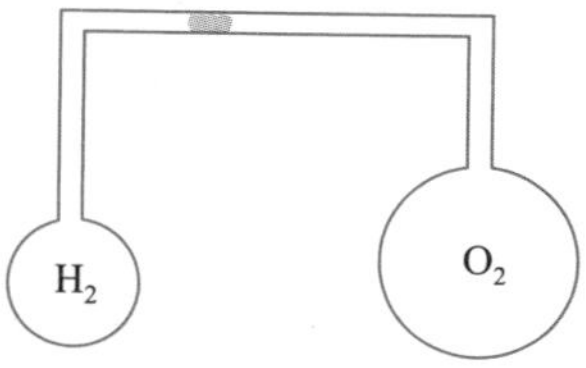

题 7.2 图

7.3　假设空气可看作理想气体。某种柴油机的气缸容积为 0.827×10^{-3} m^3。设压缩前其中空气的温度是47℃，压强为8.5×10^4 Pa。当活塞急剧上升时，可把空气压缩到原体积的1/17，使压强增加到4.2×10^6 Pa，求这时空气的温度。【答案：930 K】

7.4 容积为1.54 L的氧气瓶，贮存有质量为2×10^{-3} kg、压强为1.013×10^5 Pa的一定量氧气。视氧气为理想气体，计算氧气分子的平均平动动能。【答案：6.22×10^{-21} J】

7.5 一体积为1 L的容器中，装有4×10^{-5}kg的氦气和等质量的氢气(两种气体均为理想气体)。处于平衡态时，它们的温度为30 ℃，求容器中混合气体的压强。【答案：7.56×10^4 Pa】

7.6 当温度为300 K时，分别计算氧气和氢气分子的平均平动动能以及方均根速率。【答案：氧气：6.21×10^{-21} J，483 m/s，氢气：6.21×10^{-21}J，1931 m/s。】

7.7 根据麦克斯韦速率分布，计算气体分子速率介于v_p与$v_p+0.01v_p$之间的分子数与分子总数的比值。【答案：0.83%】

7.8 根据麦克斯韦速率分布律，试推导分子数按分子平动动能的分布规律，并判断分子的最概然平动动能是否等于最概然速率v_p所对应的$m_0v_p^2/2$?【答案：$\frac{dN}{N}=f(\varepsilon_k)d\varepsilon_k=\frac{4\sqrt{2}\pi}{(2\pi kT)^{3/2}}\cdot\varepsilon_k^{1/2}e^{-\varepsilon_k/kT}d\varepsilon_k$，否】

7.9 试根据麦克斯韦速率分布函数，求气体中所有分子速率倒数的平均值$\overline{\left(\frac{1}{v}\right)}$。【答案：$\frac{4}{\pi}\cdot\frac{1}{\bar{v}}$】

7.10 设N个粒子的系统中，粒子速率在v附近dv区间内的分子数为dN，其满足的规律为

$dN=K\,dv$ ($v'>v>0$，K为常量)

$dN=0$ ($v>v'$)

(1) 画出速率分布函数曲线；(2) 用N和v'表示常量K；(3) 用v'表示算术平均速率和方均根速率。【答案：(1) 略；(2) $K=\frac{N}{v'}$；(3) $\bar{v}=\frac{1}{2}v'$，$\sqrt{\overline{v^2}}=\frac{1}{\sqrt{3}}v'$】

7.11 (1) 某理想气体在平衡温度T_2时的最概然速率，与它在平衡温度为T_1时的方均根速率相等，求T_2/T_1；(2) 已知这种气体的压强为p，密度为ρ，试导出方均根速率的表达式。【答案：3/2，$v_{rms}=\sqrt{3p/\rho}$】

7.12 声波在理想气体中传播的速率正比于气体分子的方均根速率，试分析声波分别通过氧气和氢气的速率之比是多少？设这两种气体都为理想气体且具有相同的温度。【答案：1/4】

7.13 在室温300 K时，1 mol氢气的内能是多少？1 g氮气的内能是多少？(氢气和氮气均视为刚性双原子分子理想气体)【答案：6233 J，223 J】

7.14 求从地面上升到多高时，大气压强会降低到地面压强的50%。设空气的温度为0℃，空气的平均摩尔质量为$M=29$ g/mol。【答案：5552 m】

7.15 拉萨海拔约为3600 m，设大气温度为300 K且处处相等，求：(1) 当海平面上气压为1.01×10^5 Pa，拉萨的气压是多少？(2) 某人在海平面上每分钟呼吸17次，他在拉萨应呼吸多少次才能吸入相同质量的空气？空气的平均摩尔质量为$M=29$ g/mol。【答案：(1) 0.67×10^5 Pa；(2) 25.6次】

7.16 求在标准状态下，1 s内氢气分子平均碰撞次数。(已知氢气分子的有效直径为2×10^{-10} m)【答案：约80亿次】

7.17 设氮气分子的有效直径为10^{-10} m。(1) 求氮气在标准状态下的平均碰撞次数；(2) 如果温度不变，气体压强降低到1.33×10^{-4} Pa，则平均碰撞次数又是多少？【答案：(1) 5.40×10^8/s；(2) 0.71/s】

7.18 宇宙中除了发光的恒星，还有许多星云和星际物质。某一暗星云的温度为20 K，若每立方厘米的暗星云中含有50个氢原子，取氢原子的直径为1×10^{-10} m，试计算这些氢原子的平均碰撞频率和连续两次碰撞间隔的平均时间。【答案：1.4×10^{-9}/s，23年】

7.19 在标准状态下，氦气的粘度η=1.89×10^{-5} Pa·s，摩尔质量M=0.004 kg/mol，平均速率$\bar{v}$=1.20×10^3 m/s，求：(1) 标准状态下氦原子的平均自由程；(2) 氦原子的半径。【答案：(1) 2.67×10^{-7} m；(2) 1.79×10^{-10} m】

7.20 把氧气当作范德瓦尔斯气体，它的a=1.36×10^{-1} m^6·Pa/mol^2，b=32×10^{-6} m^3/mol，求当密度为100 kg/m^3，压强为10.1 MPa时，氧气的温度，并将此结果与把氧气当作理想气体时的结果进行比较。【答案：396 K，389 K】

第 8 章　热力学基础

运载火箭可以将人造地球卫星、载人飞船、空间探测器等有效载荷送入预定轨道。
你知道运载火箭发动机的原理吗？

热力学是研究热学的宏观理论，主要讨论热量、功和内能之间的转化规律，并探讨有关热力学过程进行方向的问题。热力学存在于很多实际问题中，如汽油发动机可驱动汽车运动，燃气轮机可驱动舰船运动或进行发电，喷气式发动机以及运载火箭发动机等可驱动飞行器运动。它们都是将燃料燃烧所产生的热量转化为功的机器。生活经验使我们明白，热量可以自动地从高温热源传向低温热源，反方向的过程不能自动发生。而空调的使用说明在外界做功的条件下，可以将从室内吸收的热量传递到室外，从而降低室内温度。显然，无论是驾驶汽车还是发射运载火箭，甚至使用冰箱和空调、烧水做饭等日常活动都与热力学密不可分。

本章主要介绍热力学第一定律和热力学第二定律，分析热力学第一定律在理想气体典型准静态过程中的应用，讨论正循环与热机、逆循环与制冷机，并分析这些机器工作的效率，介绍卡诺热机和卡诺制冷机及其意义。热力学第二定律部分主要探讨热力学过程的方向性，讨论孤立系中的熵增原理。

8.1 热力学第一定律

8.1.1 内能、功与热量

在热力学中，通常不考虑系统整体的机械运动，只研究系统内部分子热运动的宏观规律。通常把系统内部与热现象有关的那部分能量称为内能。微观上，内能包含了系统内所有分子各种形式的动能、分子内原子振动的势能以及分子之间相互作用的势能。内能是描述系统热运动的一个状态函数，因此系统经历一个热力学过程，其内能的改变量只取决于系统初、末状态的性质，而与所经历的过程无关。

一般的气体系统，其内能通常是温度和体积的函数。理想气体不考虑分子间的相互作用，若忽略分子内原子的振动，那么理想气体的内能就是所有分子平动动能与转动动能求和。7.8 节中曾讲过，自由度 i 确定的一定量理想气体，其内能是温度的单值函数，内能的改变仅取决于温度的改变。

力学中，通过做功使系统与外界之间产生能量的交换，从而改变系统的机械运动状态。大量事实说明，当热力学系统与外界之间存在做功或热量的传递时，系统的热运动状态通常会发生变化，即描写热运动能量的内能会发生变化。例如，钻头打孔时，温度会升高，内能增加；火炉上加热一壶水，温度也会升高，水的内能增加。

做功和传热是能量交换的两种方式，对于改变系统状态是等效的，但它们也存在本质上的区别。做功是有规则运动的能量与系统内分子无规则热运动的能量之间的转化；传热则是外界与系统之间进行的分子无规则运动的能量的转化。

8.1.2 热力学第一定律

功、热量和内能是描述热力学过程的三个重要参量，它们有着严格的区别，也存在着密切的联系。做功和传热是改变热力学系统状态的重要方式，一般情况下，在系统状态变化过程中，做功与传热往往同时存在。设某一过程中，系统从外界吸收热量 Q，对外界做功 A，内能从初状态的 E_1 变化到末状态的 E_2，根据能量守恒和转化定律，有

$$Q=(E_2-E_1)+A=\Delta E+A \tag{8.1}$$

这就是热力学第一定律的数学表达式，表明系统从外界吸收的热量中，一部分使其内能增加，其余部分用于对外做功。对式(8.1)中各量的正负号作如下规定：系统从外界吸收热量 $Q>0$，系统向外界放出热量 $Q<0$；系统对外界做正功 $A>0$，外界对系统做正功 $A<0$；系统内能增加 $\Delta E>0$，系统内能减小 $\Delta E<0$。

若系统经历一无限小过程，则热力学第一定律的数学表达式为

$$\mathrm{d}Q=\mathrm{d}E+\mathrm{d}A \tag{8.2}$$

内能是描述系统状态的单值函数，式(8.2)中，$\mathrm{d}E$ 代表无限小过程中系统内能的增量，也可理解为内能的微分。热量和功都是过程量，并非系统的状态函数，因此，$\mathrm{d}Q$ 和 $\mathrm{d}A$ 代表无限小过程中系统所传递的热量和所做的元功。

热力学第一定律是包含热现象在内的能量守恒和转化定律，是普遍适用的自然规律。热力学第一定律表明了热力学系统在状态变化过程中，功、热量与内能增量之间的转换关系。它适用于固体、液体及气体系统，也适用于任何热力学过程，可以是准静态过程，也可以是非准静态过程。应用时只要求过程的初、末状态是平衡态。

历史上，有人曾试图制造一种机器，即不消耗任何形式的能量而可以对外做功的装置，这种机器被称为第一类永动机。显然，这违背了热力学第一定律，零本万利的第一类永动机是不可能实现的。

8.1.3 准静态过程中功和热量的计算

1. 准静态过程中功的计算

下面只讨论准静态过程中理想气体由于体积变化所做的功。如图 8.1 所示，以气缸中一定量的理想气体为研究对象。活塞面积为 S，气体作用于活塞的压强为 p，作用力 $F=pS$。当气体经历一无限小准静态过程时，在推动活塞缓慢移动微小距离 $\mathrm{d}l$ 的过程中，气体对外界所做的元功为

$$\mathrm{d}A=F\mathrm{d}l=pS\mathrm{d}l=p\mathrm{d}V \tag{8.3}$$

式中，$\mathrm{d}V=S\mathrm{d}l$，表示气体体积的增量。如果气体

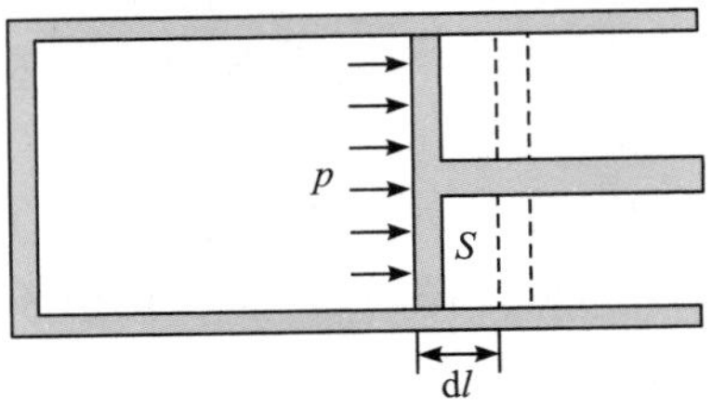

图 8.1

膨胀，则 $dV>0$，$dA>0$，此时气体对外界做正功；如果气体被压缩，则 $dV<0$，$dA<0$，此时气体对外界做负功，也可以理解为外界对气体做正功。

若气体经历一有限的准静态过程，体积从 V_1 变化到 V_2，则气体对外界做功为

$$A=\int_{V_1}^{V_2} p\,dV \tag{8.4}$$

式(8.3)和式(8.4)是气体在准静态过程中做功的计算关系式，表明了当气体与外界有功的交换时，气体的体积会发生变化，因此也称为体积功。当气体膨胀时，它对外做正功；当气体被压缩时，它对外做负功。

理想气体在准静态过程中任一时刻的状态都可看作平衡态。气体压强处处均匀，作用于活塞的压强和气体内部的压强相同，式(8.3)和式(8.4)中的 p、V 为气体平衡态下的状态参量，因此气体准静态过程的功可用其平衡态参量来表示。

在 p-V 状态图上，功可以表示为准静态过程曲线下的面积。比如，式(8.3)中的 dA 就是图 8.2 中 $V\sim V+dV$ 区间内曲线下的小窄条面积，式(8.4)中的 A 就是 $V_1\sim V_2$ 区间内曲线下的面积。如果气体在初态和末态之间经历另一个准静态过程，其过程曲线如图 8.2 中的虚线所示，那么气体所做的功就等于虚线下的面积。显然，功是一个过程量，它不仅与系统的初、末状态有关，还与其所经历的路径有关。

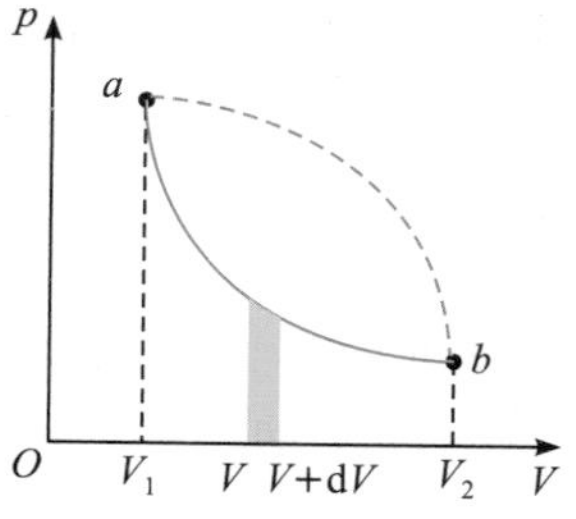

图 8.2

由以上讨论可知，当理想气体经历一无限小的准静态过程时，热力学第一定律可表示为

$$dQ=dE+p\,dV \tag{8.5}$$

若理想气体经历一有限的准静态过程，则热力学第一定律可表示为

$$Q=(E_2-E_1)+\int_{V_1}^{V_2} p\,dV \tag{8.6}$$

2. 热容与准静态过程中热量的计算

系统与外界由于存在温差而传递的能量叫作热量，热量是一个过程量。如果两个物体的温差是有限数值，则热量交换过程是非准静态的。只有当两个物体的温差为一无穷小量 dT 时，热量交换过程才是准静态的。通常准静态过程中的热量可以根据热容来计算。

考虑一定量的系统，其质量为 m，摩尔质量为 M，摩尔数为 ν。设系统经历一个无限小的准静态过程，温度的增量为 dT，与外界交换的热量为 dQ，系统的热容定义为

$$C=\frac{dQ}{dT}$$

C 表示温度变化 1 K 时系统与外界交换的热量，它与系统的总质量有关。定义比热容 c 和摩尔热容 C_m，分别表示单位质量的热容和单位物质的量的热容，则有

$$c=\frac{1}{m}\frac{dQ}{dT},\quad C_m=\frac{1}{\nu}\frac{dQ}{dT}$$

热容、比热容和摩尔热容的国际单位分别是 J/K、J/(K·kg) 和 J/(K·mol)，三者的数量关系为 $C=mc=\nu C_m$。通常系统吸热 $dQ>0$，系统放热 $dQ<0$。当 dQ 与 dT 同号时，$C>0$；当 dQ 与 dT 异号时，$C<0$。若系统变化过程与外界无热量交换，即 $dQ=0$，则 $C=0$。系统变化过程中，当温度始终不变(即 $dT=0$)时，系统如果吸热，则 $C\to\infty$，如果放热，则 $C\to-\infty$。热容与系统经历的具体过程有关，过程不同，热容的数值一般不同。热容通常也与温度有关。

当系统经一准静态过程，温度从 T_1 变化到 T_2 时，热量可表示为

$$Q=\int_{T_1}^{T_2} C\,dT=\int_{T_1}^{T_2} mc\,dT=\int_{T_1}^{T_2} \nu C_m\,dT$$

对于气体系统，常用的是摩尔热容。如果气体经历等体过程，即状态变化过程中体积始终保持不变，则此过程引入等体摩尔热容，用 $C_{V,m}$ 表示；如果气体经历等压过程，即状态变化过程中压强始终不变，则相应地引入等压摩尔热容，用 $C_{p,m}$ 表示。因此，有

$$C_{V,m}=\frac{1}{\nu}\frac{dQ_V}{dT},\quad C_{p,m}=\frac{1}{\nu}\frac{dQ_p}{dT} \tag{8.7}$$

式中，dQ_V 和 dQ_p 分别表示无限小等体过程和等压过程所传递的热量。

考虑 ν mol 气体，温度从 T_1 变化到 T_2，分别经历准静态等体过程和准静态等压过程，则热量分别可表示为

$$Q_V=\int_{T_1}^{T_2} \nu C_{V,m}\,dT,\quad Q_p=\int_{T_1}^{T_2} \nu C_{p,m}\,dT \tag{8.8}$$

思考题

1. 如果已知系统的初态和末态以及内能的变化，能否判断内能的变化是做功引起的还是传热引起的？

2. 怎么区别内能与热量？下面哪种说法是正确的？

(1) 物体的温度越高，则热量越多；

(2) 物体的温度越高，则内能越大。

3. 对物体加热而其温度不变，有可能吗？没有热交换而系统的温度发生变化，有可能吗？

4. 负热容的含义是什么？举例说明一些负热容的过程。

8.2 热力学第一定律在理想气体典型准静态过程中的应用

本节主要讨论理想气体的几种典型准静态过程，并讨论热力学第一定律在这几种过程中的应用。

8.2.1 等体过程

在等体过程中，气体的体积始终保持不变，即 V 为常量，$dV=0$，这是等体过程的特征。根据理想气体的状态方程可知，当 V 不变时，$p/T=$常量，这是等体过程的过程方程。任一准静态等体过程在 p-V 状态图中可表示为一条垂直于 V 轴的直线，如图 8.3 所示。图中，箭头代表过程进行的方向。图 8.3 所示为一个等体升压升温的过程。

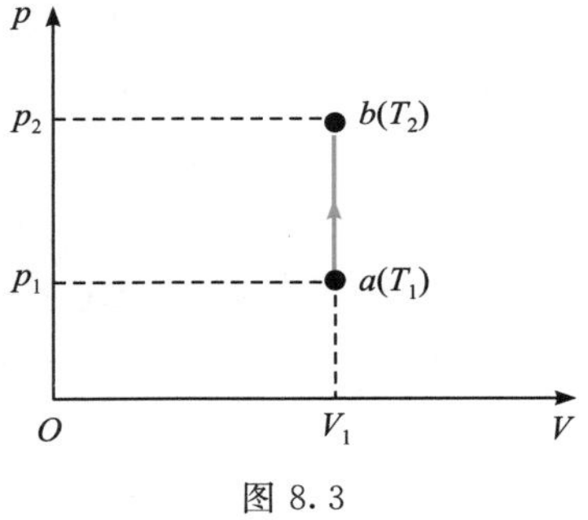

图 8.3

在等体过程中，由于 $dV=0$，因此气体不做功，根据热力学第一定律，可得

$$dQ_V = dE \tag{8.9}$$

若理想气体经历一有限的准静态等体过程，则有

$$Q_V = E_2 - E_1 = \Delta E \tag{8.10}$$

表明在等体过程中，气体吸收的热量全部用来增加它的内能；若气体内能减少，则减少的内能全部转化为气体向外界放出的热量。

ν mol 理想气体的内能可表示为 $E=\nu iRT/2$，结合式(8.9)，可得理想气体的等体摩尔热容为

$$C_{V,m} = \frac{1}{\nu}\frac{dQ_V}{dT} = \frac{1}{\nu}\frac{dE}{dT} = \frac{i}{2}R \tag{8.11}$$

可以看出，理想气体的等体摩尔热容只与气体种类有关，与温度无关。

考虑 ν mol 理想气体经历一准静态等体过程，从初状态 (p_1, V, T_1) 变化到末状态 (p_2, V, T_2)，吸收的热量可表示为

$$Q_V = \nu C_{V,m}(T_2 - T_1) \tag{8.12}$$

由式(8.10)和式(8.12)可知，理想气体的内能增量可用 $C_{V,m}$ 来表示，即

$$\Delta E = \nu\frac{i}{2}R(T_2 - T_1) = \nu C_{V,m}(T_2 - T_1) \tag{8.13}$$

式(8.13)适用于理想气体的任何过程。

★**【例 8.1】** 某种理想气体从初状态 a 出发，经历准静态过程到末状态 b，ab 过程的 p-V 图如例 8.1 图所示。求该理想气体在此过程中的摩尔热容。已知气体的等体摩尔容为 $C_{V,m}=2.5R$。

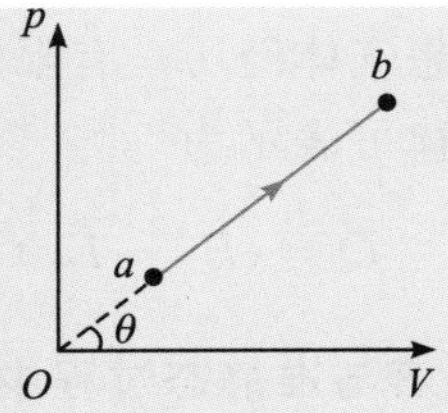

例 8.1 图

解　设 ab 过程的摩尔热容为 C_m，1 mol 气体在该过程中一无限小准静态过程的热力学第一定律可表示为

$$C_m \mathrm{d}T = C_{V,m}\mathrm{d}T + p\mathrm{d}V$$

化简可得

$$C_m = C_{V,m} + p\frac{\mathrm{d}V}{\mathrm{d}T}$$

由 ab 过程的 p-V 图可知，压强与体积成正比关系，即 $p=V\tan\theta$，再结合 1 mol 理想气体的状态方程 $pV=RT$，可得

$$V^2=\frac{RT}{\tan\theta},\ \frac{\mathrm{d}V}{\mathrm{d}T}=\frac{R}{2V\tan\theta}=\frac{R}{2p}$$

因此该过程气体的摩尔热容为

$$C_m = C_{V,m}+p\frac{\mathrm{d}V}{\mathrm{d}T}=2.5R+\frac{R}{2}=3R$$

8.2.2　等压过程

在等压过程中，气体的压强始终保持不变，即 p 为常量，$\mathrm{d}p=0$，这是等压过程的特征。根据理想气体的状态方程可知，当 p 不变时，$V/T=$常量，这是等压过程的过程方程。任一准静态等压过程在 p-V 状态图中可以表示为一条垂直于 p 轴的直线，如图 8.4 所示。图中，箭头代表过程进行的方向。图 8.4 所示为一个等压膨胀升温的过程。

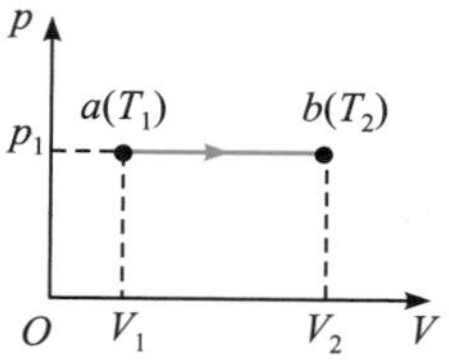

图 8.4

理想气体经历一无限小准静态等压过程，其热力学第一定律可表示为

$$\mathrm{d}Q_p=\mathrm{d}E+p\mathrm{d}V \tag{8.14}$$

则理想气体的等压摩尔热容可表示为

$$C_{p,m}=\frac{1}{\nu}\frac{\mathrm{d}Q_p}{\mathrm{d}T}=\frac{1}{\nu}\left(\frac{\mathrm{d}E+p\mathrm{d}V}{\mathrm{d}T}\right)_p$$
$$=\frac{1}{\nu}\left(\frac{\mathrm{d}E}{\mathrm{d}T}\right)_p+\frac{1}{\nu}\left(\frac{p\mathrm{d}V}{\mathrm{d}T}\right)_p$$

在等压过程中，对理想气体状态方程 $pV=\nu RT$ 两边求微分，可得 $p\mathrm{d}V=\nu R\mathrm{d}T$，代入式(8.14)，可得理想气体的等压摩尔热容为

$$C_{p,m}=\frac{i}{2}R+R=\frac{i+2}{2}R \tag{8.15}$$

表明理想气体的等压摩尔热容只与气体的种类有关，与温度无关。

考虑 ν mol 理想气体经历一准静态等压过程，从初态(p，V_1，T_1)变化到末态(p，V_2，T_2)，吸收的热量可表示为

$$Q_p=\nu C_{p,m}(T_2-T_1) \tag{8.16}$$

气体所做的功为

$$A=\int_{V_1}^{V_2}p\mathrm{d}V=p(V_2-V_1) \tag{8.17}$$

根据理想气体的状态方程 $pV=\nu RT$，式(8.17)还可以表示为

$$A=\nu R(T_2-T_1) \tag{8.18}$$

对等压过程应用热力学第一定律，有

$$\nu C_{p,m}(T_2-T_1)=\nu C_{V,m}(T_2-T_1)+\nu R(T_2-T_1) \tag{8.19}$$

式(8.19)说明，理想气体在等压过程中吸收的热量，一部分用来增加其内能，其余部分用来对外做功。化简式(8.19)，可以得到理想气体的等压摩尔热容为

$$C_{p,m}=C_{V,m}+R \tag{8.20}$$

式(8.20)称为迈耶公式。可以看出，摩尔热容的确与热力学过程有关，且 $C_{p,m}>C_{V,m}$。气体在等体过程中吸收的热量全部用于增加其内能，而等压过程中吸收的热量在增加内能的同时，还需对外做功。因此当升高相同温度时，气体在等压过程吸收的热量大于在等体过程吸收的热量。

等压摩尔热容 $C_{p,m}$ 与等体摩尔热容 $C_{V,m}$ 的比值称为热容比，用 γ 表示，即

$$\gamma=\frac{C_{p,m}}{C_{V,m}}=\frac{i+2}{i}>1 \tag{8.21}$$

表 8.1 给出了理想气体摩尔热容的理论值。

表 8.1　理想气体摩尔热容的理论值

($R=8.31\ \mathrm{J/(mol\cdot K)}$)

气　体	$C_{V,m}$	$C_{p,m}$	$\gamma=C_{p,m}/C_{V,m}$
单原子分子	$1.5R$	$2.5R$	1.667
刚性双原子分子	$2.5R$	$3.5R$	1.400
刚性多原子分子	$3R$	$4R$	1.333

需指出，常温下实验所测量的气体摩尔热容，对于单原子分子气体和双原子分子气体，其实验值与表 8.1 中的结果符合得较好，多原子分子气体的实验值与理论值出现了一点偏差。

图 8.5 给出了实验所测量的氢气等体摩尔热容随温度的变化规律。在低温时，$C_{V,m}$ 约为 $3R/2$，此时氢气分子表现得像个单原子分子。常温下，$C_{V,m}$ 约为 $5R/2$，此时氢气分子表现得像刚性双原子分子。在温度很高时，$C_{V,m}$ 逐渐接近 $7R/2$，此时氢气分子表现得像个非刚性双原子分子。实验表明，其他气体的 $C_{V,m}$ 随温度变化也有类似的规律。经典理论对热容的分析是建立在能量均分定理的基础之上的，热容的实验结果无法用经典理论解释，也说明了能量均分定理的局限性，只有用量子理论才能更好地解释这些规律。

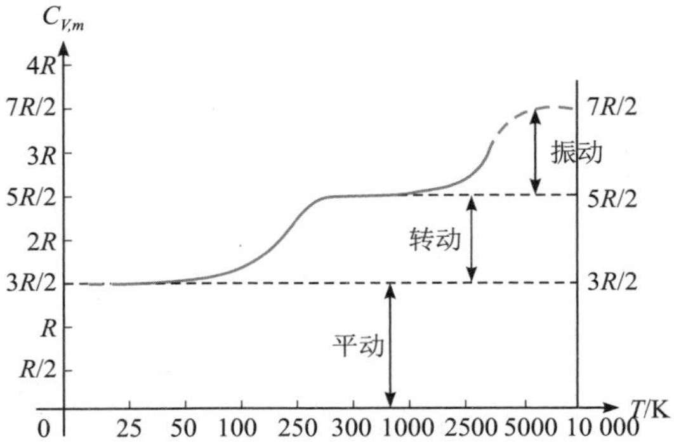

图 8.5

8.2.3 等温过程

在等温过程中，气体的温度始终保持不变，即 T 为常量，$dT=0$，这是等温过程的特征。由理想气体的状态方程可知，温度不变时，$pV=$常量，这是等温过程的过程方程。任一准静态等温过程在 p-V 图上的过程曲线是一条双曲线，该过程曲线也叫等温线，如图 8.6 所示。图中，箭头代表过程进行的方向。图 8.6 表示的是一个等温膨胀降压的过程。

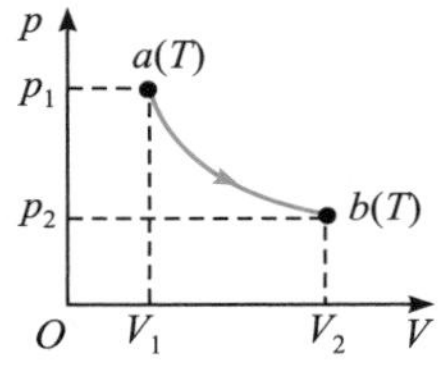

图 8.6

理想气体的内能是温度的函数，在等温过程中，气体的内能不变化，即 $\Delta E=0$。假定 ν mol 理想气体经历等温过程，从初状态 (p_1, V_1, T) 变化到末状态 (p_2, V_2, T)，则该过程气体做功为

$$A=\int_{V_1}^{V_2} p\,dV \tag{8.22}$$

结合理想气体的状态方程和等温过程方程，式 (8.22) 可写为

$$A=\int_{V_1}^{V_2}\frac{\nu RT}{V}dV=\nu RT\ln\frac{V_2}{V_1}=\nu RT\ln\frac{p_1}{p_2} \tag{8.23}$$

根据热力学第一定律，等温过程气体吸收的热量为

$$Q_T=\nu RT\ln\frac{V_2}{V_1}=\nu RT\ln\frac{p_1}{p_2} \tag{8.24}$$

式(8.24)表明，如果理想气体经历等温膨胀过程，则 $Q_T>0$，$A>0$，即气体吸收的热量全部用来对外做功；如果理想气体经历等温压缩过程，则 $Q_T<0$，$A<0$，说明外界为气体做的功全部转化为气体向外界放出的热量。

8.2.4 绝热过程

1. 绝热过程的特点

在绝热过程中，系统始终与外界不交换热量，即 $Q=0$，$dQ=0$，这是绝热过程的重要特点。实际上，绝对的绝热过程是不存在的，但在有些过程中，系统与外界虽有热量的传递，但所传递的热量非常小，可以忽略不计，这样的过程就可近似为绝热过程。比如，迅速打开摇晃过的装有碳酸饮料的饮料瓶后，内部气体迅速向外膨胀，对外做功，该过程气体没时间与外界交换热量；再如，蒸汽机气缸中蒸汽的迅速膨胀、汽油机气缸内混合气体的燃烧和爆炸等，这类过程进行得都很快，快到可以认为系统来不及跟外界交换热量，因此可近似地看成绝热过程。实际上，这些非常迅速的过程都是非准静态过程。另外，气体在被绝热材料包裹起来的容器内经历的过程，也可看成绝热过程。理想的绝热材料是不存在的，通常把热导率 κ 很小的材料近似看成绝热材料。

在 7.10 节中曾介绍过，气体的热导率通常都很小，当不存在对流时，气体可视为良好的绝热材料。表 8.2 中列举了部分金属和其他一些材料的热导率。

可以看出，纯金属大多是高热导率材料。玻璃的热导率比较小，而玻璃纤维中有很多空气小孔隙，热导率可降到 0.04 W/(m·K)，原因是将空气限制在玻璃纤维一个个小孔隙中，很难发生对流，绝热性能大大提高，这也称为多孔绝热技术。聚苯乙烯泡沫材料中也有这样的小孔隙，其热导率也很小，隔热保温性能很好。珍珠棉也是一种具有空气小孔隙的聚乙烯发泡棉材料，铝膜珍珠棉就是食物保温袋中常见的一种材料。羽绒、棉花的隔热保温性很好也是类似的原理。现在有一种纳米闭孔绝热新材料，这种材料具有隔热、保暖、轻薄等性能，可应用于服装、户外装备保暖等很多领域。

表 8.2　几种材料的热导率

金属	t/℃	κ/[W/(m·K)]
纯金	0	311
纯银	0	418
纯钢	20	386
纯铝	20	204
纯铁	20	72.2
钢(0.5 碳)	20	53.6
常见材料	t/℃	κ/[W/(m·k)]
沥青	20～25	0.74～0.76
水泥	24	0.76
红砖	—	−0.6
玻璃	20	0.78
大理石	—	2.08～2.94
松木	30	0.112
橡木	30	0.166
石棉	51	0.166
软木	32	0.043
刨花	24	0.059

在建筑物的外墙及屋顶一般都会有保温层，其所起到的作用就是保温和隔热。在一些极端寒冷的地域，保温材料可以是多层复合材料，如灰泥墙、玻璃纤维材料、木制外壁板等。多层复合隔热材料可以起到增加热阻的作用，从而进一步降低热导率。

2. 绝热过程方程

下面主要讨论理想气体准静态绝热过程的规律。根据绝热过程的特点，热力学第一定律可以写成

$$dE + p\,dV = 0 \tag{8.25}$$

或者

$$p\,dV = -dE = -\nu C_{V,m}\,dT \tag{8.26}$$

在绝热过程中，可通过气体内能的变化来计算气体所做的功。考虑 ν mol 理想气体从初状态 (p_1, V_1, T_1) 经历准静态绝热过程变化到末状态 (p_2, V_2, T_2)，此过程气体所做的功为

$$A = -(E_2 - E_1) = -\nu C_{V,m}(T_2 - T_1) \tag{8.27}$$

式(8.27)表明，在绝热压缩过程中，外界对气体所做的功全部转化为气体内能的增量，气体温度升高；在绝热膨胀过程中，气体消耗自身的内能来对外做功，因此温度降低。

对理想气体的状态方程 $pV=\nu RT$ 两边求微分，有

$$p\,dV + V\,dp = \nu R\,dT \tag{8.28}$$

联立式(8.26)和式(8.28)，可得

$$C_{V,m}V\,dp + (C_{V,m}+R)p\,dV = 0$$

将 $C_{p,m}=C_{V,m}+R$ 以及 $\gamma=C_{p,m}/C_{V,m}$ 代入式(8.28)，化简可得

$$\frac{dp}{p}+\gamma\frac{dV}{V}=0$$

对上式积分，有

$$pV^{\gamma}=\text{常量} \tag{8.29}$$

这就是在理想气体准静态绝热过程中，压强与体积所满足的关系，称为**泊松方程**。将理想气体的状态方程 $pV=\nu RT$ 与式(8.29)联立，分别消去 p 和 V，可得

$$TV^{\gamma-1}=\text{常量} \tag{8.30}$$

$$p^{\gamma-1}T^{-\gamma}=\text{常量} \tag{8.31}$$

式(8.29)、式(8.30)和式(8.31)是**理想气体准静态绝热过程的过程方程**。它们表明了理想气体在准静态绝热过程中，p、V、T 均在变化。

3. 绝热过程中功的定义求解

理想气体在绝热过程中所做的功，除了可以利用式(8.27)计算外，还可以根据准静态过程中功的定义求解。根据式(8.29)的绝热过程方程，可得

$$pV^{\gamma}=p_1V_1^{\gamma}=p_2V_2^{\gamma}$$

所以

$$A=\int_{V_1}^{V_2}p\,dV=\int_{V_1}^{V_2}p_1V_1^{\gamma}\frac{dV}{V^{\gamma}}$$

$$=\frac{1}{\gamma-1}(p_1V_1-p_2V_2) \tag{8.32}$$

利用理想气体的状态方程，式(8.32)还可以表示为

$$A=\frac{\nu R}{\gamma-1}(T_1-T_2)$$

$$=-\frac{\nu R}{\gamma-1}(T_2-T_1) \tag{8.33}$$

式(8.32)和式(8.33)是根据做功的定义得到的准静态绝热过程中功的计算式。

将 $\gamma=C_{p,m}/C_{V,m}$ 和 $C_{p,m}=C_{V,m}+R$ 代入式(8.33)，化简可得

$$A=-\nu C_{V,m}(T_2-T_1) \tag{8.34}$$

4. 绝热线和等温线

理想气体的准静态绝热过程在 p-V 状态图上是一条比等温线更陡的曲线，称为绝热线。如图 8.7 所示，等温线和绝热线在交点 C 处的斜率分别为

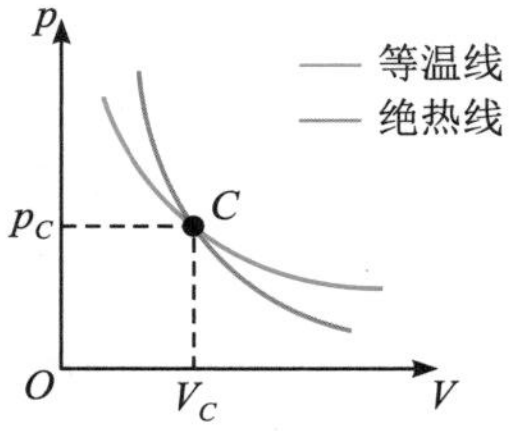

图 8.7

$$\left(\frac{dp}{dV}\right)_T=-\frac{p_C}{V_C}, \quad \left(\frac{dp}{dV}\right)_Q=-\gamma\frac{p_C}{V_C}$$

由于 $\gamma>1$，所以绝热线比等温线更陡。这一结果可从气体动理论出发，结合 $p=2n\bar{\varepsilon}_k/3$ 来解释。比如，当气体膨胀相同的体积时，在等温过程中，分子的 $\bar{\varepsilon}_k$ 不变，体积增加，n 减小，则压强降低。在绝热过程中，当体积增加时，不仅 n 减小，而且由于气体对外做功，内能减少，分子的 $\bar{\varepsilon}_k$ 同时也减小，所以气体压强降低得更多。

上面讨论了理想气体的四个典型准静态过程的规律，表 8.3 总结了这几个过程中的主要结论。

表 8.3 理想气体在四个典型准静态过程中的主要结论

过程	过程特征	过程方程	内能增量 $\Delta E=E_2-E_1$	对外做功 A	吸收热量 Q	摩尔热容
等体	$V=$常量	$\dfrac{p}{T}=$常量	$\nu C_{V,m}(T_2-T_1)$	0	$\nu C_{V,m}(T_2-T_1)$	$C_{V,m}=\dfrac{i}{2}R$
等压	$p=$常量	$\dfrac{V}{T}=$常量	$\nu C_{V,m}(T_2-T_1)$	$p(V_2-V_1)$	$\nu C_{p,m}(T_2-T_1)$	$C_{p,m}=C_{V,m}+R$ $=\dfrac{i+2}{2}R$
等温	$T=$常量	$pV=$常量	0	$\nu RT\ln\dfrac{V_2}{V_1}=\nu RT\ln\dfrac{p_1}{p_2}$	$\nu RT\ln\dfrac{V_2}{V_1}=\nu RT\ln\dfrac{p_1}{p_2}$	∞
绝热	$dQ=0$ $Q=0$	$pV^\gamma=$常量 $TV^{\gamma-1}=$常量 $p^{\gamma-1}T^{-\gamma}=$常量	$\nu C_{V,m}(T_2-T_1)$	$-\nu C_{V,m}(T_2-T_1)$ 或 $-\dfrac{1}{\gamma-1}(p_2V_2-p_1V_1)$	0	0

★**【例 8.2】** 将标准状态下 0.14 kg 的氮气压缩为原体积的一半，分别通过下列过程来实现：

(1) 等压过程；

(2) 等温过程；

(3) 绝热过程。

试分别求出以上三种不同过程中气体内能的增量、吸收的热量及对外所做的功。将氮气视为理想气体，其等体摩尔热容 $C_{V,m}=5R/2$。

解 由题意可知，氮气的摩尔数 $\nu=0.14/0.028=5$ mol，初状态时 $T_1=273.15$ K，$p_1=1.013\times10^5$ Pa。末状态与初状态的体积比 $V_2/V_1=1/2$。

(1) 根据等压过程方程可知

$$\frac{V_1}{T_1}=\frac{V_2}{T_2},\quad T_2=\frac{V_2}{V_1}T_1=\frac{1}{2}T_1$$

气体内能的增量为

$$\begin{aligned}\Delta E&=\nu C_{V,m}(T_2-T_1)\\&=5\times\frac{5}{2}\times8.31\times\left(\frac{1}{2}-1\right)\times273.15\\&=-1.42\times10^4\ \text{J}\end{aligned}$$

气体吸收的热量为

$$\begin{aligned}Q&=\nu C_{p,m}(T_2-T_1)\\&=5\times\frac{7}{2}\times8.31\times\left(\frac{1}{2}-1\right)\times273.15\\&=-1.99\times10^4\ \text{J}\end{aligned}$$

根据热力学第一定律可得，气体做功为

$$\begin{aligned}A&=Q-\Delta E\\&=-1.99\times10^4-(-1.42\times10^4)\\&=-5.7\times10^3\ \text{J}\end{aligned}$$

(2) 等温过程，气体内能的增量为

$$\Delta E=0$$

气体做功为

$$A=\nu RT\ln\frac{V_2}{V_1}=5\times 8.31\times 273.15\times\ln\frac{1}{2}$$

$$=-7.87\times 10^3\ \mathrm{J}$$

根据热力学第一定律可知，气体吸收的热量

$$Q=-7.87\times 10^3\mathrm{J}$$

(3) 气体经历绝热过程，则吸收的热量 $Q=0$。根据绝热过程方程 $TV^{\gamma-1}=$常量，可知

$$T_2=T_1\left(\frac{V_1}{V_2}\right)^{\gamma-1}=2^{2/5}T_1$$

内能的增量为

$$\Delta E=\nu C_{V,m}(T_2-T_1)$$

$$=5\times\frac{5}{2}\times 8.31\times(2^{2/5}-1)\times 273.15$$

$$=9.07\times 10^3\ \mathrm{J}$$

根据热力学第一定律可得，气体做功为

$$A=-\Delta E=-9.07\times 10^3\ \mathrm{J}$$

【例 8.3】 7.7 节中讨论过重力场中等温大气压强随高度的变化规律。实际上，临近地球的对流层大气的温度不可能处处相等，大气在竖直方向存在着温度的梯度。将空气视为理想气体，干燥大气的导热性较差，干燥大气在垂直方向上的变化过程可用理想气体的准静态绝热过程来描述。从这一规律出发，试分析对流层大气温度随高度的变化规律。

解 在 7.7 节中讲过，如例 8.3 图所示，对于高度 z 处厚度为 $\mathrm{d}z$ 的一薄层大气，由平衡条件可知

$$\mathrm{d}p=-\rho g\,\mathrm{d}z=-n\mu g\,\mathrm{d}z$$

$$\frac{\mathrm{d}p}{\mathrm{d}z}=-n\mu g=-\frac{\mu g}{kT}p=-\frac{Mg}{RT}p$$

式中，ρ 和 n 分别表示高度 z 处大气的质量密度和分子数密度，T 和 p 分别表示高度 z 处大气的温度和压强，M 和 μ 分别表示大气的平均摩尔质量和大气分子质量。

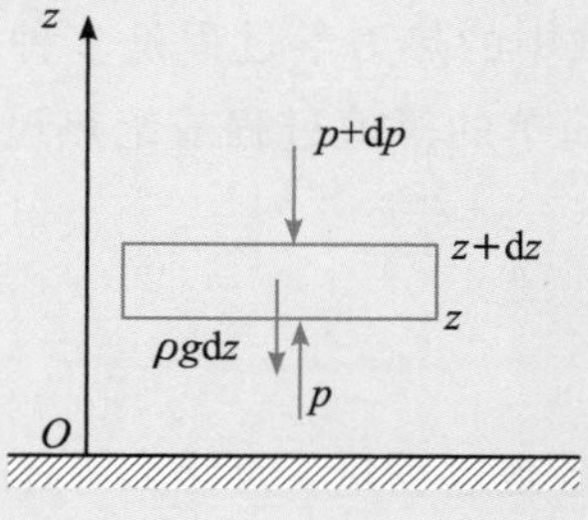

例 8.3 图

对绝热过程方程 $p^{\gamma-1}T^{-\gamma}=$常量，两边求微分整理可得

$$\frac{\mathrm{d}p}{\mathrm{d}T}=\frac{\gamma}{\gamma-1}\frac{p}{T}$$

于是有

$$\frac{\mathrm{d}p}{\mathrm{d}z}=\frac{\mathrm{d}p}{\mathrm{d}T}\frac{\mathrm{d}T}{\mathrm{d}z}=\frac{\gamma}{\gamma-1}\frac{p}{T}\frac{\mathrm{d}T}{\mathrm{d}z}$$

由此可以得到干燥大气温度随高度的变化规律

$$\frac{\mathrm{d}T}{\mathrm{d}z}=-\frac{Mg}{R}\frac{\gamma-1}{\gamma}$$

由于 $\gamma>1$，所以温度随高度的增加而减小。对流层大气中的主要成分是氮气和氧气，取 $\gamma=1.4$，空气的平均摩尔质量取 $M=29\times 10^{-3}$ kg/mol，重力加速度取 $g=9.8\ \mathrm{m/s^2}$，可得

$$\frac{\mathrm{d}T}{\mathrm{d}z}=-\frac{Mg}{R}\frac{\gamma-1}{\gamma}=-\frac{29\times 10^{-3}\times 9.8}{8.31}\times\frac{1.4-1}{1.4}$$

$$=-9.77\times 10^{-3}\ \mathrm{K/m}=-9.77\ \mathrm{K/km}$$

这就是说，对于干燥大气，在垂直方向高度每升高 1 km，大气温度大约降低 10 K。实际大气的温度，高度每升高 1 km，通常温度降低 6～7 K。事实上，大气中通常含有水蒸气，温度、压强的变化可引起水蒸气的凝结或水的蒸发，凝结热和汽化热会影响大气的热学性质。对湿空气温度的垂直变化的研究中，通常依然采用绝热模型。由绝热大气模型所确定的干燥大气和湿空气的温度变化规律与实测结果符合得较好，这说明它是较好的实际大气模型，在大气物理和气象研究中起到了重要作用。

8.2.5 多方过程

前面讲过的理想气体的四个典型准静态过程都是理想化的过程。实际上气体所经历的过程，通常温度很难绝对保持不变，也不可能和外界完全没有热量的交换，因此实际过程往往与理想过程有一定的偏离，下面要讨论的实际过程依然是理想气体的准静态过程。

比较理想气体的等压、等体、等温以及绝热过程的特征和过程方程($p=$常量，$V=$常量，$pV=$常量，$pV^{\gamma}=$常量)，p 和 V 所满足的规律可表示为

$$pV^{n}=\text{常量} \tag{8.35}$$

可以看出：等温过程 $n=1$，绝热过程 $n=\gamma$，等压过程 $n=0$。关于等体过程，对式(8.35)两边开 n 次方根，则有 $p^{1/n}V=$常量，因此等体过程 $n=\infty$，相应的过程曲线见图 8.8。

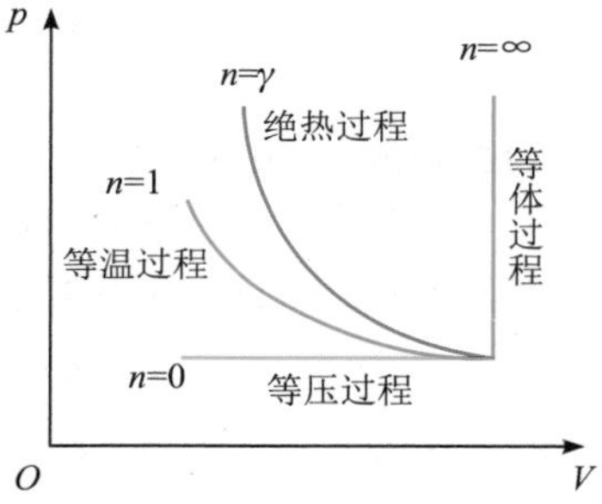

图 8.8

实际上，n 可取任意实数，它是对应于某一特定过程的常数。对于不同的过程，n 的取值不同，通常称 n 为多方指数，式(8.35)称为理想气体的准静态多方过程方程。

与理想气体的准静态绝热过程方程的推导相似，多方过程的另外两个方程分别是

$$TV^{n-1}=\text{常量} \tag{8.36}$$

$$p^{n-1}T^{-n}=\text{常量} \tag{8.37}$$

现假设 ν mol 理想气体从初态(p_1，V_1，T_1)经历准静态多方过程变化到末状态(p_2，V_2，T_2)，因内能是状态量，故该过程的气体内能增量仍可表示为

$$\Delta E=E_2-E_1=\nu C_{V,m}(T_2-T_1)$$

类似于准静态绝热过程功的推导，多方过程中气体做功的表达式与式(8.32)相似，因此有

$$\begin{aligned}A&=\int_{V_1}^{V_2}p\mathrm{d}V=\int_{V_1}^{V_2}p_1V_1^n\frac{\mathrm{d}V}{V^n}\\&=\frac{1}{n-1}(p_1V_1-p_2V_2)\\&=-\frac{\nu R}{n-1}(T_2-T_1)\end{aligned}$$

设理想气体的多方摩尔热容为 $C_{n,m}$，则多方过程中气体吸收的热量可表示为

$$Q_n=\nu C_{n,m}(T_2-T_1)$$

根据热力学第一定律可得，多方摩尔热容与等体摩尔热容的关系为

$$\begin{aligned}C_{n,m}&=C_{V,m}-\frac{R}{n-1}\\&=C_{V,m}-\frac{C_{p,m}-C_{V,m}}{n-1}\\&=\frac{n-\gamma}{n-1}C_{V,m}\end{aligned}$$

多方指数通常由实验测定，多方过程在化学工业、热力工程和喷气发动机等工程技术中广泛存在，这些领域中的热力学过程是多种多样的，因此不能都视为简单的等值过程或绝热过程。

思 考 题

1. 功是过程量，为什么绝热过程的功只与初、末态有关？热量是过程量，为什么等体过程吸收的热量与中间过程无关？

2. 给自行车打气，打气筒变热，这主要是活塞与筒壁之间的摩擦导致的吗？试解释此现象。

3. 打开啤酒瓶盖子时，经常会发现白色的气雾从瓶内冒出来，这是为什么？

4. 寒冷的冬天，用手去摸放在室外的金属和木头，为什么感觉金属比木头凉？

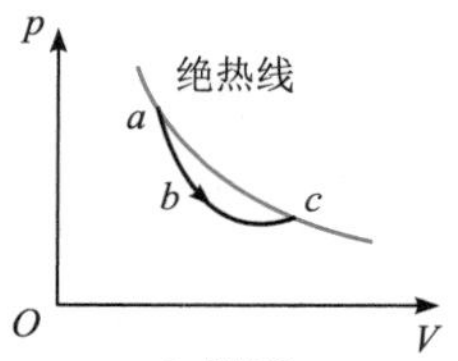

5 题图

5. 图中的蓝色曲线是一条绝热线，黑色曲线 abc 代表任意准静态过程，试分析 abc 过程的吸热和放热情况。

6. 一定量理想气体从 a 状态出发，经历不同过程，ab 是等压过程，ac 是等温过程，ad 是绝热过程，ae 是等体过程。试分析哪些过程温度升高。

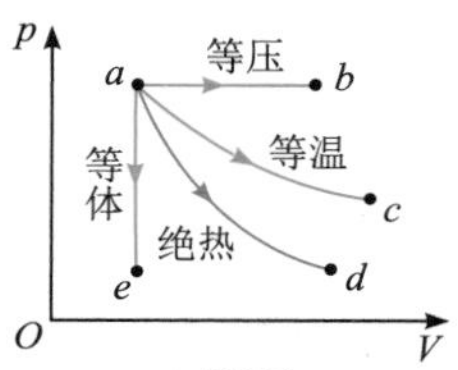

6 题图

8.3　循环过程

在实际应用中，要将热和功的转化持续地进行下去，需要使工作物质持续工作于循环过程。通常在研究热力学循环时，将热力学系统也称为工作物质，简称工质。

8.3.1　一般的循环

一个系统从某一状态出发，经过一系列的变化过程，最后又回到初始状态，这样的过程称为循环过程，简称循环。如果工作物质所经历的循环是准静态过程，那么循环过程在 p-V 状态图上可以用一条闭合曲线来表示。本书主要讨论理想气体的准静态循环过程。

内能是描写系统性质的状态函数，因此系统经历一个循环后内能不变，这是循环过程的重要特征，即

$$\Delta E = 0 \tag{8.38}$$

如图 8.9 所示，一定量的理想气体从状态 a 经过状态 b 到达状态 c，气体膨胀对外界做功 A_1，其值等于曲线 abc 下的面积。接着又从状态 c 经过状态 d 返回到状态 a，气体体积减小，外界对气体做功 A_2，其大小等于 cda 曲线下的面积。在整个循环中，气体对外界做的净功 $A = A_1 - |A_2|$，其值等于 p-V 图上循环曲线所包围的面积。

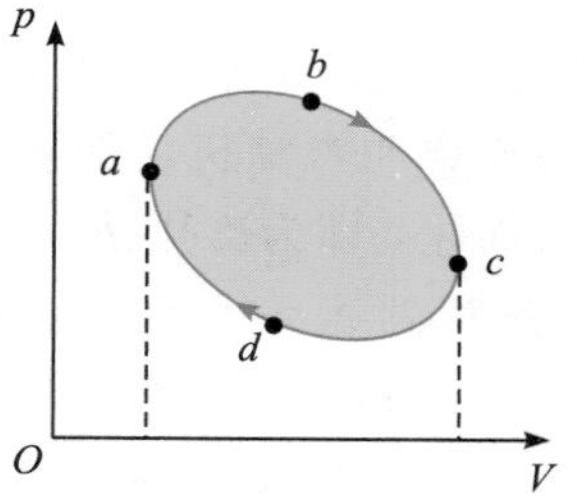

图 8.9

在这一个循环中，气体从外界吸收的总热量为 Q_1，向外界放出的总热量为 Q_2，那么气体从外界吸收的净热量 $Q = Q_1 - |Q_2|$。根据热力学第一定律，有

$$Q = A \tag{8.39}$$

也就是说，在一个循环过程中，气体吸收的净热量等于其所做的净功。因此，在一次循环中，净热量的大小也等于 p-V 图上循环曲线所包围的面积。

按照过程进行的方向可以将循环分成两类。p-V 图上沿顺时针方向进行的循环过程称为正循环，图 8.9 表示的就是一个正循环。一次正循环中，工质从外界吸收净热量 $Q>0$，对外界做净功 $A>0$。p-V 图上沿逆时针方向进行的循环过程称为逆循环。一次逆循环中，外界对工质做净功 $A<0$，工质向外界放出净热量 $Q<0$。

8.3.2　热机

工作物质作正循环的机器叫作热机，它是将热量持续转化为功的一种机器。比如，蒸汽机、内燃机等都属于热机。

热机的工作能流图如图 8.10 所示。热机在一次循环中，工质从高温热源吸收热量 Q_1，对外做净功 A，向低温热源放出热量 Q_2，显然，$A = Q_1 - |Q_2|$。

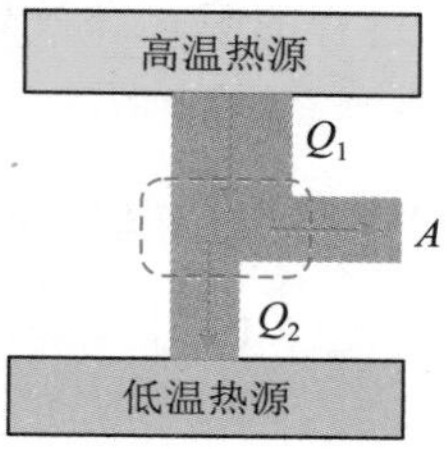

图 8.10

在热机循环中定义

$$\eta = \frac{A}{Q_1} = \frac{Q_1 - |Q_2|}{Q_1} = 1 - \frac{|Q_2|}{Q_1} \tag{8.40}$$

η 称为热机效率，也叫循环效率。η 是衡量热机性能的一个重要指标，表示工质从高温热源吸收的热量有多大比例转化为对外输出的有用功。可以看出，$\eta<1$。在工质吸收相同热量的情况下，对外做功越多，热机效率就越高。需要说明的是，一个循环中，工质可能会从几个温度较高的热源处吸热，向几个温度较低的热源处放热。在这种情况下，循环效率中的 Q_1 应为一个循环中工质吸收的总热量，Q_2 为一个循环中的总放热。

第一部实用的热机就是蒸汽机，它诞生于 17 世纪末，早期用于煤矿中的抽水设备、交通工具中，如蒸汽火车、蒸汽轮船等，目前蒸汽机主要用于热电厂中。除蒸汽机外，汽油机、柴油机、燃气轮机、喷气式发动机以及运载火箭发动机等也都属于热机。它们的工作原理基本相同，都是不断将热量转化为功。

★【例 8.4】 一定量的双原子分子理想气体，经历一个如例 8.4 图所示的循环过程，ab 和 cd 是等压过程，bc 和 da 是等体过程。气体的等体摩尔热容 $C_{V,m}=5R/2$，已知 $T_a=300\ \text{K}$，求此循环的效率。

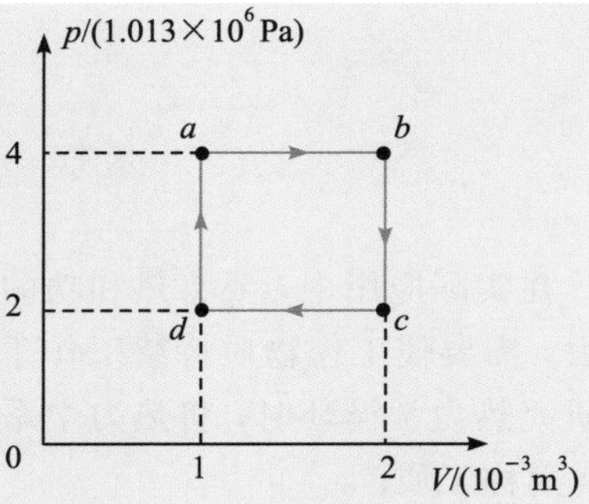

例 8.4 图

解 根据等体过程和等压过程的规律可知，气体在状态 b、c、d 的温度分别为

$$T_b=600\ \text{K},\ T_c=300\ \text{K},\ T_d=150\ \text{K}$$

气体的摩尔数为

$$\nu=\frac{p_aV_a}{RT_a}=\frac{4\times1.013\times10^6\times10^{-3}}{8.31\times300}=1.63\ \text{mol}$$

循环中各个过程的吸热和放热为

$$\begin{aligned}Q_{ab}&=\nu C_{p,m}(T_b-T_a)\\&=1.63\times\frac{7}{2}\times8.31\times(600-300)\\&=1.42\times10^4\ \text{J}\end{aligned}$$

$$\begin{aligned}Q_{bc}&=\nu C_{V,m}(T_c-T_b)\\&=1.63\times\frac{5}{2}\times8.31\times(300-600)\\&=-1.02\times10^4\ \text{J}\end{aligned}$$

$$\begin{aligned}Q_{cd}&=\nu C_{p,m}(T_d-T_c)\\&=1.63\times\frac{7}{2}\times8.31\times(150-300)\\&=-0.71\times10^4\ \text{J}\end{aligned}$$

$$\begin{aligned}Q_{da}&=\nu C_{V,m}(T_a-T_d)\\&=1.63\times\frac{5}{2}\times8.31\times(300-150)\\&=0.51\times10^4\ \text{J}\end{aligned}$$

整个循环中气体的总吸热为

$$Q_1=Q_{ab}+Q_{da}=1.93\times10^4\ \text{J}$$

整个循环中气体的总放热为

$$Q_2=Q_{bc}+Q_{cd}=-1.73\times10^4\ \text{J}$$

根据循环效率的定义，可得

$$\begin{aligned}\eta&=\frac{A}{Q_1}=\frac{Q_1-|Q_2|}{Q_1}\\&=\frac{1.93\times10^4-1.73\times10^4}{1.93\times10^4}\\&=10.4\%\end{aligned}$$

本题中，一个循环过程的功 A 也可以利用 p-V 图上循环曲线所包围的面积来计算，由 ab 和 bc 过程的吸热可以得到一个循环的总吸热 Q_1，根据 $\eta=A/Q_1$ 也可计算循环效率。

★【例 8.5】 德国工程师奥托(Otto，1832—1891)于 1876 年设计了使用气体燃料的火花点火式四冲程内燃机，所使用的工质是汽油和空气的混合气体，这种内燃机也叫汽油机。例 8.5 图(a)给出了典型四冲程汽油机的工作过程，对这类汽油机的热力学过程进行简化，即为奥托循环，循环曲线如例 8.5 图(b)所示。混合气体进入气缸，先由 a 状态经过绝热压缩过程到达 b 状态；此时火花塞放出电火花点燃气体，燃烧过程十分迅速，气体来不及膨胀，因此可认为工质经等体过程到达 c 状态，吸热 Q_1；接着气体绝热膨胀对外做功，到达 d 状态；最后经等体过程放出热量 Q_2，返回到初状态 a，从而完成一次循环。已知 V_1 和 V_2，工质的热容比用 γ 表示，计算该汽油机的循环效率。

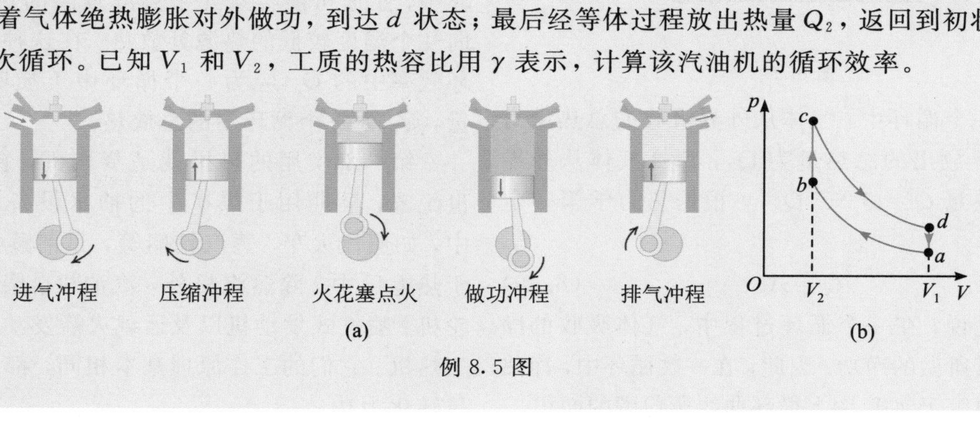

例 8.5 图

解　设状态 a、b、c、d 的温度分别为 T_a、T_b、T_c、T_d。在等体升压升温过程中，工质从外界吸收的热量为

$$Q_1=\nu C_{V,m}(T_c-T_b)$$

在等体降压降温过程中，工质向外界放出的热量为

$$Q_2=\nu C_{V,m}(T_a-T_d)$$

由于 ab 和 cd 是绝热过程，工质与外界没有热量的交换，因此根据热机效率的定义，可得

$$\eta=1-\frac{|Q_2|}{Q_1}=1-\frac{\nu C_{V,m}(T_d-T_a)}{\nu C_{V,m}(T_c-T_b)}=1-\frac{T_d-T_a}{T_c-T_b}$$

由绝热过程方程可得

$$\frac{T_b}{T_a}=\left(\frac{V_1}{V_2}\right)^{\gamma-1},\ \frac{T_c}{T_d}=\left(\frac{V_1}{V_2}\right)^{\gamma-1}$$

根据以上两式可得

$$\frac{T_b}{T_a}=\frac{T_c}{T_d}=\frac{T_c-T_b}{T_d-T_a}$$

因此奥托循环的效率为

$$\eta=1-\frac{T_d-T_a}{T_c-T_b}=1-\frac{T_a}{T_b}=1-\left(\frac{V_2}{V_1}\right)^{\gamma-1}$$

令 $k=V_1/V_2$，称为绝热体积压缩比，因此奥托循环效率可表示为 $\eta=1-k^{1-\gamma}$。显然，增大 k 可以提高奥托循环的效率，同时也提高了绝热压缩结束时混合气体的温度。如果温度太高，混合气体在压缩期间会自爆，而不是在火花塞点火后均匀燃烧，这种现象称为预点火或爆震，它对工作器件会产生一定的影响，甚至会损坏发动机。通常 k 的取值在 5～7 之间。如果 $k=7$，$\gamma=1.4$，则 $\eta=1-7^{1-1.4}=55\%$；如果 $k=5$，则 $\eta=1-5^{1-1.4}=47\%$。奥托循环是一个理想化模型，将工质的循环过程视为理想气体的准静态循环，且忽略了摩擦、漏气、不完全燃烧等耗散因素。实际的汽油发动机效率会低于理论计算，通常在 35%左右。

柴油发动机与汽油发动机相似，最主要的差别就是在压缩冲程开始时气缸内没有燃料。在绝热压缩中，空气获得高温，在做功冲程将要开始前，喷油嘴迅速将柴油燃料喷入气缸，燃料在喷入时就会自燃而不需要火花塞点火。通常柴油机绝热体积压缩比可以取 12～20，其效率高于汽油机，实际效率可达 40%。柴油机比汽油机笨重，能输出较大功率，通常用于大型卡车、工程机械和船舶的动力装置。而混合动力汽车中，通常内燃机和电动机协同工作，结合了传统燃油车的动力系统和电动车的驱动技术，旨在提高燃油的经济性，减少排放。这种技术通过使用电池、燃料电池或超级电容等储能装置，结合内燃机，使得车辆在启动、加速和低速行驶时能够更多地依赖电力驱动，从而减少燃油消耗和尾气排放。

8.3.3　制冷机

1. 焦耳-汤姆孙效应

使物体温度降低的方法很多。例如，可以通过温度更低的物体进行冷却，也可以通过绝热膨胀降温，还可以通过节流膨胀降温。下面主要介绍节流过程。

图 8.11 为节流膨胀过程的简化图。绝热气缸中间有一个对气流有较大阻滞作用的多孔塞(如具有蓬松结构的棉絮一类的东西)，内部有很多细小的通道，气缸的两侧装有两个可以移动的活塞。开始时，气体都在多孔塞的左边。实验中，通过适当的推力推动活塞，使气体从多孔塞左边缓慢地、持续不断地流到多孔塞右边，使左端气体压强稳定在 p_1。在右边活塞上作用合适的外力，使右边气体压强稳定在 p_2，且 $p_1>p_2$，在多孔塞两边维持一定的压强差。工业上经常会用一个带有细小阀门的隔板或毛细管代替多孔塞，也称节流阀。

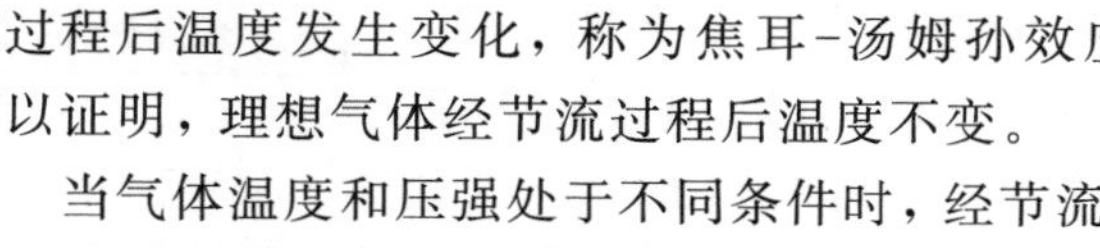

图 8.11

气体通过多孔塞，从高压端稳定地膨胀到低压端的过程称为节流过程。实验发现，实际气体经节流过程后温度发生变化，称为焦耳-汤姆孙效应。可以证明，理想气体经节流过程后温度不变。

当气体温度和压强处于不同条件时，经节流过程后，实际气体的温度可能降低，也可能升高。实际应用中，适当选取温度和压强，使节流降温过程发生。节流制冷可应用于低温工程中，如用于制冷或使气体液化。利用这种方法，1895 年林德(C. Linde，1842—1934)和汉普森(W. Hampson)实现了空气的液化，1898 年杜瓦(J. Dewar，1842—1923)得到了液态氢，1908 年昂内斯(Onnes，1853—1926)实现了液态氦。

科技拓展

极低温制冷

1908 年，昂内斯实现了氦的液化，这个历史性时刻深远地影响了时至今日的前沿科学探索，利用液氦的蒸发制冷是实现低温的有效手段，人类从此进入低温物理世界。低温让科学家发现了超导、超流、整数量子霍尔效应和分数量子霍尔效应等新奇量子现象。氦元素有^{4}He 和^{3}He 两种同位素。^{4}He 的蒸发制冷可以提供 1 K 的低温环境；^{3}He 蒸发制冷可提供 300 mK 的低温环境。人们常把低于 1 K 或低于 300 mK 的环境称为极低温。极低温制冷广泛应用于深空探测、材料科学、量子计算、大科学装置等领域。绝热去磁制冷和稀释制冷是目前主流的极低温制冷技术。

早在 1907 年郎杰斐(P. Langevin)就注意到顺磁体在绝热去磁过程中其温度会降低。而绝热去磁制冷的概念最早于 1926 提出，1933 年前后被实现，并成为当时获得 1 K 以内温度的主流手段。绝热去磁制冷中的制冷剂通常为顺磁盐。基于液氦提供的低温环境，该制冷方式可提供低至毫开尔文温区的低温环境。稀释制冷的概念于 1951 年提出，1965 年被实现，20 世纪 70 年代之后才有成熟商业化的稀释制冷机出现。其原理是^{3}He 和^{4}He 的混合液在低温度下发生相分离，^{3}He 原子从高浓度相进入低浓度相的稀释过程中吸收热量。稀释制冷机通常可提供 50 mK 以下的极低温环境，尖端的商业化稀释制冷机可以稳定地获得 10 mK 以下的极低温环境。在已搭建的稀释制冷机中，最低温度约 2 mK。戈特(Gorter)于 1934 年和库尔蒂(Kurti)于 1935 年分别独立地提出了基于核自旋的绝热去磁制冷方法。1949 年，将氟的化合物作为制冷剂的核绝热去磁制冷被实现了。1970 年前后，才逐渐出现了真正具有制冷能力的核绝热去磁制冷机。如今，利用核绝热去磁制冷可以获得 1 mK 以下的温度。

21 世纪以来，国际上的氦供应不稳定且价格持续上涨，依赖液氦提供预冷环境的传统实验难以长期稳定开展。不消耗液氦的干式制冷技术是低温实验发展进程中非常重要的技术。2020 年，北京大学搭建了一套能获得 90 μK 极低温环境的无液氦消耗核绝热去磁制冷机，这一温度是目前世界上无液氦消耗制冷机的最低温度。从室温到核绝热去磁制冷，温度实现了 7 个数量级的飞跃，达到了人类的宏观制冷极限。低温物理的每一次飞跃，都推动着基础学科的发展和人类社会的进步。

2. 制冷机

工作物质作逆循环的机器叫作制冷机。图 8.12 表示制冷机的能流图。制冷机的一次循环中，外界对工质做功 A，使得工质从低温热源吸收热量 Q_2，最终全部以热量的形式传向高温热源，向高温热源放出的热量为 Q_1。对于一台制冷机，它的主要目的就是从低温热源(也称冷库)吸收热量，从而降低低温热源的温度。在制冷循环中，定义

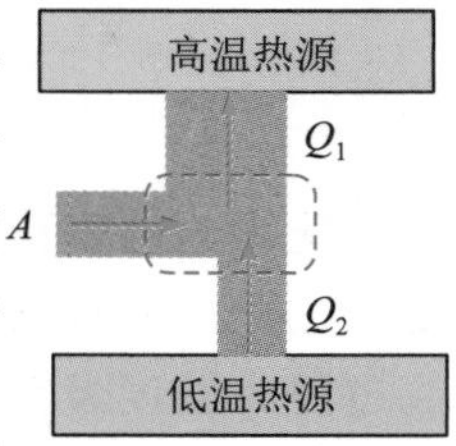

图 8.12

$$w=\frac{Q_2}{|A|}=\frac{Q_2}{|Q_1|-Q_2} \quad (8.41)$$

w 称为制冷机的制冷系数，它是衡量制冷机性能的重要指标。可以看出，在外界做功相同的情况下，从低温热源吸收的热量越多，制冷系数就越大。

常见的压缩型制冷机(空调、冰箱)的工作原理示意图如图 8.13 所示。图中，气态工质首先被压缩机 A 急速压缩，温度和压强都升高，再进入冷凝器 B 中冷却降温，放出热量而逐渐变为液态；液态工质经过节流阀 C 降压降温，随后进入蒸发室 D，从周围低温热源(冷库)处吸收热量，使冷库温度降低，且工质自身蒸发成气体，最后再进入压缩机，从而完成一次循环。

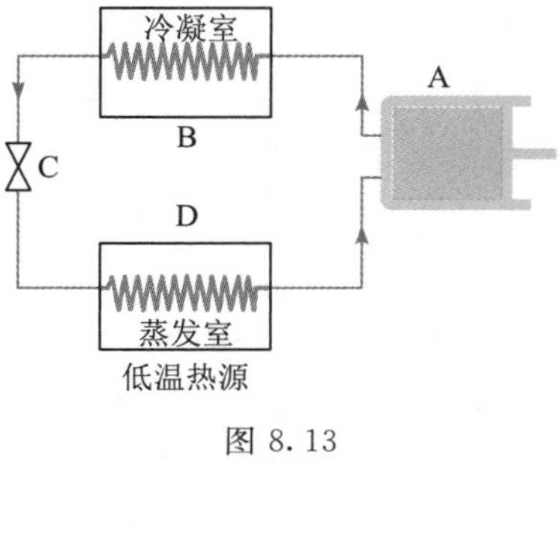

图 8.13

通常空调在工作时，室内是低温热源(冷库)，室外大气为高温热源。如果以室外大气为低温热源，而以室内为高温热源，则整个系统逆向运行，这样就可以供室内取暖，具有这种功能的制冷机也称为热泵。现在普遍使用的双制空调实际上就是热泵。

压缩式制冷机通常使用的是一些低沸点的液态工作物质，比如 NH_3 的沸点为－33.5℃，氟利昂(CCl_2F_2)的沸点为－29.8℃，它们在不同压力下汽化时，通过吸收热量来实现制冷。氟利昂是一种很好的制冷剂，易液化，无毒无味，不燃烧，不腐蚀金属，价格低廉，还可作为发泡剂、气雾剂等，但其对臭氧层有严重的破坏作用。联合国于 1985 年和 1987 年相继制定了《保护臭氧层维也纳公约》和《蒙特利尔议定书》，对破坏臭氧层物质提出了禁止使用时限和要求，中国已加入上述公约。1993 年初，国务院批准《中国消耗臭氧层物质逐步淘汰的国家方案》。1994 年联合国宣布 9 月 16 日为保护臭氧层国际日，旨在提高公众对臭氧层保护的意识，强调保护臭氧层的重要性。

科技拓展

温差电制冷

当直流电通过两种不同导体组成的闭合回路时，节点上将产生吸热或放热现象，称为帕尔贴效应。温差电制冷就是利用了帕尔贴效应。实用的温差电制冷装置通常是用半导体电偶制成的，即用 N 型半导体和 P 型半导体连接成电偶，当电流流过半导体材料时，除产生不可逆的焦耳热外，在接头处会产生温差并出现吸热、放热现象，吸热量和放热量与电流成正比。如右图所示，一些半导体电偶通过串联构成一个常见的制冷热电堆。如果电流方向相反，则吸热接头和放热接头也会互换。

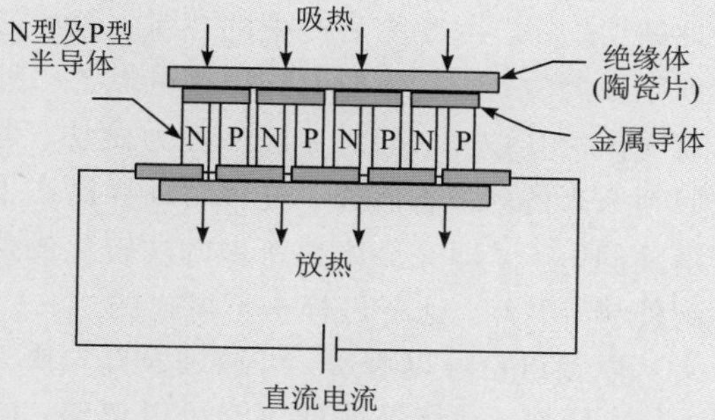

温差电制冷装置与一般制冷装置的显著区别在于：不使用制冷剂，无机械传动，无磨损，无噪声，容量、尺寸小，直流工作，维护方便等。同时由于其制冷效率比较低，制作工艺比较复杂，且必须使用直流电，因此热电制冷不宜大规模和大冷量使用。但由于其灵活性强、简单方便、控温精准以及局部制冷等优势，在微电子、传感器以及 5G 光模块等方面有一定优势和潜力，也可为医疗器械中需要冷却的部位提供冷源。另外，采用热电制冷的小型便携式冰箱很适合作为小冷量直流供电的车载冰箱。

思　考　题

1. 工作物质经历一个循环，功、热量、内能具有什么特点？

2. 有人说，循环过程中系统对外做的净功，其值等于 p-V 图中循环曲线所包围的面积，所以循环曲线所包围的面积越大，循环的效率就越高。这样的说法对吗？为什么？

3. 有几部制冷机，一个循环中从低温热源吸收的热量越多，该制冷机的制冷系数越大，这个说法对吗？

8.4　卡诺循环与卡诺定理

8.4.1　可逆与不可逆过程

系统经历了一个过程，如果过程的每一步都可以沿相反的方向进行，同时不引起外界的任何变化，那么这个过程就是可逆过程。在可逆过程中，系统和外界都能恢复到原来的状态。如果对于某一过程，用任何方法都不能使系统和外界同时恢复到原来的状态，那么这样的过程是不可逆的。

设想气缸中有一定量的理想气体，当气缸的活塞无限缓慢运动时，气体任一时刻的状态都可以看成平衡态，气体状态变化所经历的过程即为准静态过程。如果活塞与气缸壁之间无摩擦且无漏气现象，气体先经过一准静态膨胀过程，从初状态变化到末状态，该过程中气体吸收热量对外做功，推动活塞缓慢移动。在此过程中，系统与外界的状态在接下来气体被缓慢压缩的逆过程中再次出现，只是变化的顺序是相反的。最终不仅气体回到了原状态，外界状态也能完全复原。气体膨胀过程中吸收的热量等于压缩过程放出的热量，气体膨胀过程对外界所做的功等于压缩过程外界对气体做的功，这样的过程就是可逆的。对于可逆过程，系统和外界都必须能回到原来的状态。

如果活塞与气缸之间有摩擦，气体吸收热量缓慢膨胀推动活塞移动，则此过程中气体克服摩擦力对外做功，放出因摩擦所产生的热量。假如活塞要回到原来的位置，气体要回到原来的状态，外界需压缩气体对其做功，同时克服摩擦力做功，可使系统回到原来的状态。但这一过程对外界已产生了不可消除的影响，即克服摩擦所做的功转化成热量释放到外界。显然，这一过程是不可逆的。

从以上讨论可以看出，可逆过程首先要无限缓慢，其次摩擦、漏气等耗散因素可以忽略，同时符合这两个条件的过程就是可逆过程。任意一个条件不满足，过程就是不可逆的。因此可逆过程是无耗散的准静态过程，它是一个理想化过程。与其他的理想化概念和模型一样，可逆过程在理论研究中具有重要意义。

8.4.2 卡诺热机

18 世纪中期，蒸汽机的诞生标志着第一次产业革命的开始，它的广泛应用极大地促进了生产力的发展。在蒸汽机诞生之初，其效率非常低下，不超过 8%。现代蒸汽机的效率可以达到 40%。20 世纪，内燃机的进一步应用使得汽车、飞机等工业得到了迅速的发展。现在的汽油内燃机的效率一般在 35% 左右，柴油内燃机的效率为 40% ~ 50%。从蒸汽机年代开始，人们迫切地想不断提高热机的效率，那么提高热机效率的方向在哪里？热机效率有没有上限？热力学对此问题给出了理论上的回答。

为了从理论上研究热机的效率，早在 1824 年，法国年轻的工程师卡诺(S. Carnot，1796—1832)就设想了一部理想热机。在该机器的一次循环中，工质从高温热源吸收热量的过程视为准静态等温膨胀过程，向低温热源放出热量的过程看作准静态等温压缩过程。整个循环中，工质只与这两个热源交换热量，当它脱离两个热源时，其所进行的过程与外界不存在热量的交换，被看成绝热过程。卡诺热机不考虑漏气、摩擦等实际的耗散因素，因此卡诺循环是由两个可逆等温过程和两个可逆绝热过程组成的，也称为可逆卡诺循环，通常将这样的机器称为可逆卡诺热机。显然，这是一部理想的热机。另外，卡诺热机对工作物质没有规定，可看作理想气体。

图 8.14 是 ν mol 理想气体可逆卡诺正循环的 p-V 图。图中，ab 就是工质从高温热源吸热的可逆等温膨胀过程，吸收的热量为

$$Q_1=\nu RT_1\ln\frac{V_2}{V_1}$$

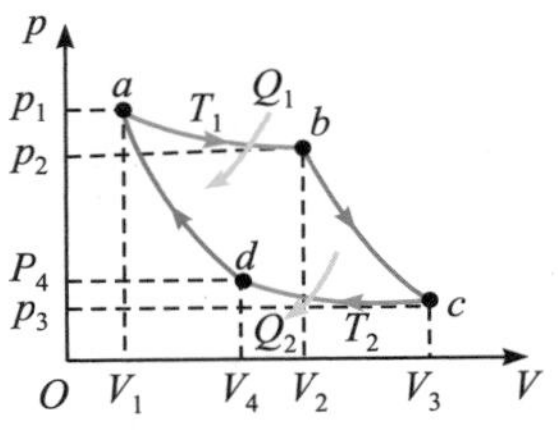

图 8.14

cd 是工质向低温热源放热的可逆等温压缩过程，放出的热量为

$$Q_2=\nu RT_2\ln\frac{V_4}{V_3}=-\nu RT_2\ln\frac{V_3}{V_4}$$

bc 和 da 是两个绝热过程，对它们分别应用绝热过程方程，则有

$$T_1V_2^{\gamma-1}=T_2V_3^{\gamma-1},\ T_1V_1^{\gamma-1}=T_2V_4^{\gamma-1}$$

联立以上两式可得

$$\frac{V_2}{V_1}=\frac{V_3}{V_4}$$

由热机效率的定义，可得**卡诺热机的效率**为

$$\eta=1-\frac{|Q_2|}{Q_1}=1-\frac{T_2}{T_1}\qquad(8.42)$$

式(8.42)表明，可逆卡诺循环的效率只与两个热源的温度有关，而与工作物质的种类无关，只要是理想气体，上述结果就成立。可以看出，高、低温热源的温差越大，卡诺循环效率越高。因此通过提高高温热源温度或降低低温热源温度，都可以提高卡诺热机的效率。

卡诺(Nicolas Léonard Sadi Carnot，1796—1832)，法国工程师，热力学奠基人之一。他最先定量地研究热和功的转化问题，关于热机的研究内容主要发表在《论火的动力》一书中，这是他一生发表的唯一著作。也正是此书，确立了他在科学史上的重要地位。

卡诺的一生是短暂的，他的研究主要集中在热机及其相关的热力学理论上。对于热机，卡诺基于热质说的观点，提出了一种理想的可逆循环，后人称为“卡诺循环”。后来开尔文整理了卡诺的理论，并以他提出的绝对温度来表示这种循环过程。卡诺运用了科学抽象的方法，在错综复杂的客观事物中建立理想模型，抓住主要矛盾，从而揭示事物普遍的客观规律。卡诺循环给出了工作于相同高、低温热源之间的一切热机效率的极限，给出了提高热机效率的方法，对提高实际热机效率具有指导意义。由卡诺的研究还可以得到永动机不可能制成的结论，即永动机的效率是不可能超过卡诺热机的效率的，这对热力学第二定律的建立具有重要意义。

★**【例 8.6】**　一可逆卡诺热机，当高温热源的温度为 127℃、低温热源温度为 27℃时，每一次循环对外做净功 8000 J。如果维持低温热源的温度不变，提高高温热源的温度，使其每次循环对外做净功 10 000 J，假设两个卡诺循环都工作在两条相同的绝热线之间。试求：

(1) 第二个循环的热机效率；

(2) 第二个循环的高温热源的温度。

解　(1) 第一个卡诺循环的效率为

$$\eta=\frac{A}{Q_1}=1-\frac{T_2}{T_1}=1-\frac{300}{400}=25\%$$

工质在一次循环中吸收的热量为

$$Q_1=4A=4\times 8000=32\ 000\ \text{J}$$

工质在一次循环中放出的热量的大小为

$$|Q_2|=Q_1-A=24\ 000\ \text{J}$$

因为维持低温热源的温度不变，且两个循环工作在两条相同的绝热线之间，所以在第二个卡诺循环的一次循环中，工质放出热量的大小为

$$|Q_2'|=|Q_2|=24\ 000\ \text{J}$$

因此第二个卡诺循环的效率为

$$\eta'=\frac{A'}{A'+|Q_2'|}=\frac{10\ 000}{10\ 000+24\ 000}=29.4\%$$

(2) 因为

$$\eta'=1-\frac{T_2}{T_1'}$$

所以第二个卡诺循环高温热源的温度为

$$T_1'=\frac{T_2}{1-\eta'}=\frac{300}{1-29.4\%}=425\ \text{K}$$

8.4.3　卡诺制冷机

下面讨论由两个可逆等温过程和两个可逆绝热过程组成的卡诺逆循环，其对应的机器就是可逆卡诺制冷机。图 8.15 是 ν mol 理想气体卡诺逆循环的 p-V 图。

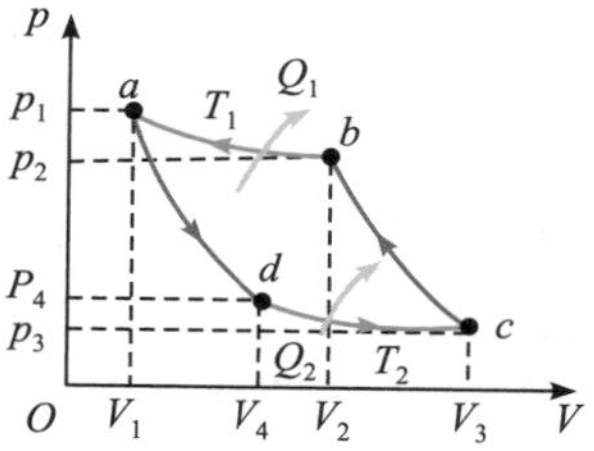

图 8.15

一次卡诺逆循环中，工质从低温热源吸热 Q_2，向高温热源放热 Q_1，则

$$Q_2=\nu RT_2\ln\frac{V_3}{V_4}$$

$$Q_1=\nu RT_1\ln\frac{V_1}{V_2}=-\nu RT_1\ln\frac{V_2}{V_1}$$

由制冷系数定义，可得卡诺制冷机的制冷系数为

$$w=\frac{Q_2}{|A|}=\frac{Q_2}{|Q_1|-Q_2}=\frac{T_2}{T_1-T_2}\tag{8.43}$$

式(8.43)表明，理想气体可逆卡诺制冷机的制冷系数也只与两个热源的温度有关，当高温热源的温度 T_1 一定时，制冷系数只取决于冷库的温度 T_2，且 T_2 越低，制冷系数越小，这对提高实际制冷机的制冷系数具有指导意义。

夏天，当冰箱内外温差较大时，其制冷系数较小，说明从冰箱内吸收相同的热量，外界需做更多的功。通常在夏天，传入冰箱的热量也多，因此夏天冰箱的耗电量相对较大。空调的工作原理也类似。比如，夏天要维持室内温度为26℃，那么在室外气温较高的情况下，空调的耗电量就会更大一些。在室外气温一定时，室内温度越低，空调的制冷系数越小，因此从节约能源的角度来看，室内温度不宜太低。

★**【例 8.7】** 夏天当室外温度为38℃时，打开空调使室内温度维持在26℃。该空调的制冷系数是在这两个温度间工作的卡诺制冷机制冷系数的60%。如果每天有 3.3×10^8 J 的热量传入室内，则外界每天需要做多少功？功率是多少？如果使室内温度维持在18℃，其他条件均不变，那么外界每天需要做多少功，功率又是多少？

解 (1) 当室内温度维持在26℃时，空调的制冷系数为

$$w_1=\frac{T_2}{T_1-T_2}\times60\%=\frac{299}{311-299}\times60\%=14.95$$

每天有 3.3×10^8 J 的热量传入室内，被空调从室内再抽出，外界一天需做功为

$$A_1=\frac{Q}{w_1}=\frac{3.3\times10^8}{14.95}=2.21\times10^7\ \text{J}$$

功率为

$$P_1=\frac{A_1}{t}=\frac{2.21\times10^7}{24\times60\times60}=255.79\ \text{W}$$

(2) 当室内温度维持在18℃时，空调的制冷系数为

$$w_2=\frac{T_2'}{T_1-T_2'}\times60\%=\frac{291}{311-291}\times60\%=8.73$$

外界每天需做功为

$$A_2=\frac{Q}{w_2}=\frac{3.3\times10^8}{8.73}=3.78\times10^7\ \text{J}$$

功率为

$$P_2=\frac{A_2}{t}=\frac{3.78\times10^7}{24\times60\times60}=437.5\ \text{W}$$

【例 8.8】 逆向斯特林循环是回热式制冷机的一种理想循环，循环曲线如例8.8图所示。工质从状态 $a(V_1, T_1)$ 出发经等温压缩过程到达状态 $b(V_2, T_1)$，放出热量 Q_1；再经历等体降温过程到状态 $c(V_2, T_2)$；然后经历等温膨胀过程到达状态 $d(V_1, T_2)$，吸收热量 Q_2；最后经等体升温过程返回初状态 $a(V_1, T_1)$。回热器是回热式制冷系统的一部分，在斯特林循环中，两个等体过程是工质与回热器交换热量，并非工质与外界交换热量，一个循环后回热器复原。求该循环的制冷系数。

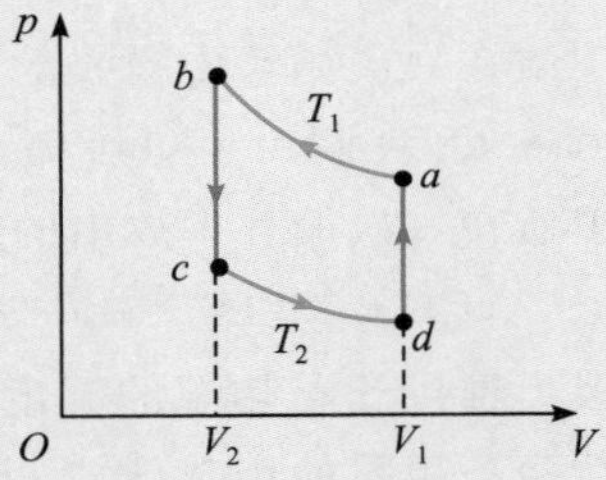

例 8.8 图

解 在等温膨胀过程中，工质从冷库吸收的热量为

$$Q_2=\nu RT_1\ln\frac{V_1}{V_2}$$

在等温压缩过程中，工质向外界放出的热量为

$$Q_1=\nu RT_1\ln\frac{V_2}{V_1}$$

由于在两个等体过程中，工质是与回热器交换热量，并非与外界交换热量，因此两等体过程中的吸、放热不计入循环运算。所以一次循环过程中，外界对工质做的净功大小为

$$|A|=|Q_1|-Q_2$$

根据制冷系数的定义式，可得

$$w=\frac{Q_2}{|A|}=\frac{Q_2}{|Q_1|-Q_2}=\frac{T_2}{T_1-T_2}$$

可以看出，理想的逆向斯特林循环，其制冷系数只与冷库和外界的温差有关，温差越大，制冷系数越小。

8.4.4 卡诺定理

前面讨论了理想气体可逆卡诺循环的效率，而对于实际热机，首先其工质不是理想气体，其次摩擦、漏气等耗散因素是不可避免的。那么如何提高实际不可逆热机的效率呢？该效率有没有上限？卡诺定理正好解决了这些问题，其内容如下：

(1) 在温度为 T_1 的高温热源和温度为 T_2 的低温热源之间工作的一切可逆热机，其效率相同，

都等于理想气体可逆卡诺热机的效率，即

$$\eta = 1 - \frac{T_2}{T_1} \tag{8.44}$$

（2）在温度为 T_1 的高温热源和温度为 T_2 的低温热源之间工作的一切不可逆热机，其效率 η' 都不可能大于可逆热机的效率，即

$$\eta' \leqslant 1 - \frac{T_2}{T_1} \tag{8.45}$$

卡诺定理给出了工作于两个相同高、低热源之间的一切热机效率的极限，也指出了提高热机效率的方向，即增加高、低温热源的温差，对提高热机效率具有非常重要的理论指导意义。对于实际热机，在尽可能减少摩擦、漏气等耗散因素的情况下，可通过增加高、低温热源的温差来提高热机的效率。在实际问题中，热机循环中的低温热源通常是相对开放的周围环境。因此在实践中，都是通过提高高温热源的温度来提高热机效率的。

思考题

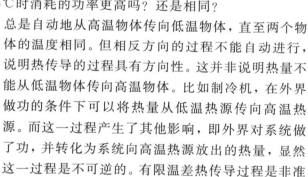

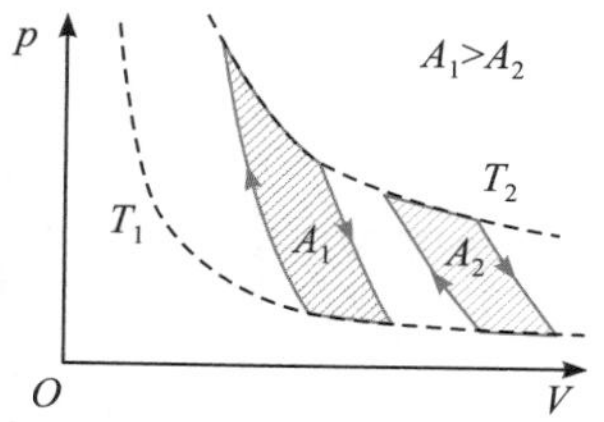

1. 如右图所示的两个卡诺循环，循环曲线所包围的面积不相同，两个循环的效率是否相同？

2. 有一部热机，从温度为 500 K 的高温热源吸收热量 2000 J，对外界做功 1200 J，向温度为 300 K 的低温热源放出热量 800 J，你觉得这部热机能实现吗？为什么？

3. 有一可逆的卡诺机，它作热机使用时，两热源的温差越大，对于做功就越有利。当作制冷机使用时，两热源的温差越大，对于制冷是否越有利？为什么？

4. 为提高实际热机的效率，通常总是设法提高高温热源的温度，为什么不考虑降低低温热源的温度？现在的汽油机、柴油机高温热源的温度能提高到什么程度？

5. 装满食物的冰箱，在室温 20℃时比在室温 15℃时消耗的功率更高吗？还是相同？

8.5　热力学第二定律

热力学第一定律的本质是能量守恒和转化定律，它否定了第一类永动机的存在。设想有一部热机，它在循环中可以把从高温热源吸收的热量全部输出为有用功，而不向低温热源放出热量，这样的机器称为理想热机，也称为第二类永动机。它并不违反热力学第一定律，但能否实现呢？长期大量的科学实践说明第二类永动机不可能制成，因为它违反了热力学第二定律。本节讨论有关热力学过程方向的问题。

8.5.1　热力学过程的方向性

自然界中有一些热力学过程有着类似的规律，它们都按一定的方向进行，反方向过程不能自动进行，或者说需要一定的条件才可以反方向进行。下面通过一些实例来分析热力学过程的方向性。

1. 热传导

两个物体之间的有限温差热传导过程中，热量总是自动地从高温物体传向低温物体，直至两个物体的温度相同。但相反方向的过程不能自动进行，说明热传导的过程具有方向性。这并非说明热量不能从低温物体传向高温物体。比如制冷机，在外界做功的条件下可以将热量从低温热源传向高温热源。而这一过程产生了其他影响，即外界对系统做了功，并转化为系统向高温热源放出的热量，显然这一过程是不可逆的。有限温差热传导过程是非准静态过程，也说明了非准静态过程是不可逆的。

2. 功热转化

具有一定初速度的物体在粗糙面上运动，仅受摩擦力作用，最终摩擦力做的功全部转化为热量。其反方向过程不能自动发生，即摩擦产生的热量全部自动转化为物体的初动能，这显然是不可能的。再如，热功当量实验中，盛在绝热容器内的水，由于砝码的下落带动桨叶旋转，使水温升高，这是机械能转化为内能的过程。其反方向过程，如水温自动下降，将减少的内能转化为功，从而将砝码拉回原来的高度，这显然也是不可能的。这两个例子说明功热转化具有方向性。

以上讨论并非说明热转化为功的过程不能进

行。比如，热机就是将热量转化为功的一种装置。工质从高温热源吸收的热量只有一部分输出为功，其余部分传向低温热源。也就是说，工质在从高温热源吸收热量转化为功的同时，还产生了其他的影响，即向低温热源放出了热量。

3. 理想气体绝热自由膨胀

绝热容器被中间隔板划分成两部分，左边充满处于平衡态(p_1，V_1，T_1)的一定量理想气体，右边是真空，如图 8.16(a)所示。若将隔板迅速抽除，则左边容器中的气体将自动向右边真空迅速膨胀，最后气体均匀充满整个容器并达到新的平衡态(p_2，V_2，T_2)，如图 8.16(b)所示。这一过程称为理想气体的绝热自由膨胀。

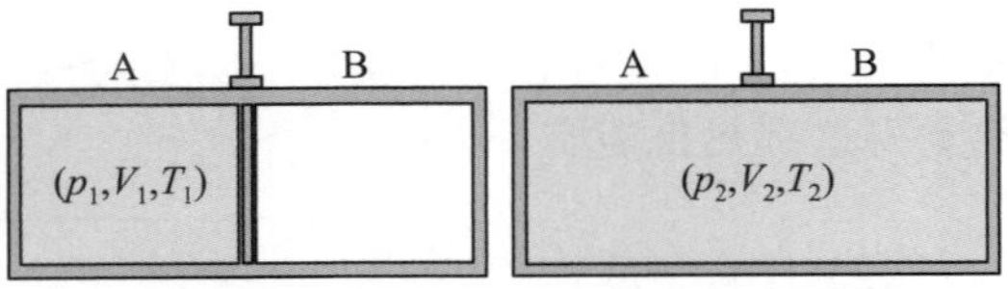

(a) 有隔板　　(b) 抽除隔板

图 8.16

首先分析此过程的基本特征。

(1) 理想气体绝热自由膨胀的整个过程非常迅速，除初、末状态是平衡态外，在中间过程的任一时刻，气体都处于非平衡态，因此整个过程无法在状态图上用一条曲线来表示。

(2) 由于气体与外界无热量交换，因此 $Q=0$。又因为气体在容器内是向真空膨胀，所以不对外界做功，即 $A=0$。根据热力学第一定律可知，气体的内能不变，内能的增量 $\Delta E=0$。因此理想气体自由膨胀前后温度相等，即 $T_1=T_2$。根据 $p_1V_1=p_2V_2$ 可知，气体膨胀过程中，体积 V 增加，压强 p 减小。

(3) 理想气体绝热自由膨胀发生在孤立系中，且是非准静态的，虽然 $T_1=T_2$，但它并不是前面所讲过的准静态等温膨胀过程。

(4) 理想气体的绝热自由膨胀也有别于准静态绝热膨胀，因此准静态绝热过程方程在绝热自由膨胀中是不成立的。

接下来分析绝热自由膨胀过程的方向性。其反方向过程，即均匀充满容器中的气体自动绝热收缩到容器左边，使得右边成为真空，这显然是不可能发生的，说明气体绝热自由膨胀过程也是有方向性的。可以设想将容器右侧器壁改造成一个活塞，左侧器壁改成导热壁，缓慢推动活塞，使气体准静态等温压缩回原来的状态。这一过程虽然气体回到了原来的状态，但也产生了其他的影响，即外界对气体做功，转化为气体向外界放出热量。因此理想气体的绝热自由膨胀过程是不可逆的，这也说明了非准静态过程是不可逆过程。

4. 扩散

一个孤立容器被隔板分成两部分，两边贮存不同种类的气体。抽除隔板，两种气体会自发扩散，最终均匀地分布于整个容器中，且没有对外界产生其他影响。其相反方向过程，即均匀混合的两种气体自动分离，又重新位于容器两侧，这样的过程是不可能发生的，说明扩散过程也具有方向性。可以通过一些方法将混合气体分离，但外界的参与足以说明扩散过程是不可逆的。扩散过程通常都是非准静态的，同时也说明了非准静态过程是不可逆过程。

上面分析了几个典型热力学过程所具有的方向性，其反方向的过程并非不能发生，而是需要一定的条件才能进行，或者说当反方向过程发生时，必然会产生其他影响。

如果热力学过程是非准静态的，或者存在摩擦等耗散因素，那么这样的过程就是不可逆的。自然界中一切与热现象有关的实际过程要么不可避免地存在耗散因素，要么是非准静态的，因此都是不可逆过程。包含以上实例的大量实验事实说明：自然界中与热现象有关的实际热力学过程都是不可逆过程。

8.5.2 热力学第二定律的两种表述

1. 热力学第二定律的开尔文表述

功热转化的方向性，表明了功全部转化为热的过程可以无条件进行，但热全部转化为功是有条件的。1851 年开尔文(L. Kelvin，1824—1907)，将这一普遍规律总结为：不可能只从单一热源吸收热量，使之全部转化为功而不引起其他影响。这就是热力学第二定律的开尔文表述。

如果存在单一热源的理想热机，其效率就是 100%。而在实际热机的工作过程中，将热转化为功的同时也引起了其他影响，这个影响就是向低温热源放热，或者说热机工作时必须至少有两个热源。开尔文表述同时也说明，单一热源的理想热机($\eta=100\%$)，即第二类永动机是不可能制成的，实

际的热机效率 η 必小于 1。

开尔文表述不能理解为热量不能全部转化为功。事实上，理想气体的等温膨胀过程，就是将吸收的热量全部转化为对外所做的功。但这一单方向的膨胀过程并没有构成循环工作，因此它不是热机。理想气体的等温膨胀过程实现了从单一热源吸收热量全部转化为功，但也引起了其他影响。这一过程气体体积增加，压强减小，说明其工质状态已发生变化。

2. 热力学第二定律的克劳修斯表述

大量事实表明自然界中的热传递具有方向性。1850 年克劳修斯(Clausius，1822—1888)将这一规律总结为：不可能把热量从低温物体传向高温物体而不引起其他影响，或者说，热量不能自动地从低温物体传向高温物体。这就是**热力学第二定律的克劳修斯表述**。

虽然可以借助制冷机实现将热量从低温热源传向高温热源，但外界需要对制冷机做功。这一过程也引起了其他影响，这个影响就是外界对系统做了功，且转化为热量传向了高温热源。因此克劳修斯表述说明，热量自动从低温热源传向高温热源的理想制冷机是不可能制成的，同时也说明了实际制冷机的制冷系数 w 不可能趋于无穷。

3. 热力学第二定律两种表述的等价性

开尔文表述和克劳修斯表述看起来很不相同，只有两者等价时，才可以将它们同时称为热力学第二定律。下面利用反证法证明两种表述的等价性。

(1) 若开尔文表述不成立，则克劳修斯表述也不成立。

设有一违反开尔文表述的理想热机，可以将从高温热源吸收的热量全部输出为功，利用此功来驱动一台制冷机，将热量从低温热源传向高温热源，如图 8.17 所示。这个联合装置的净效果是热量 Q_2 自动从低温热源传向高温热源，且不需要外界做功。这显然违反了克劳修斯表述。

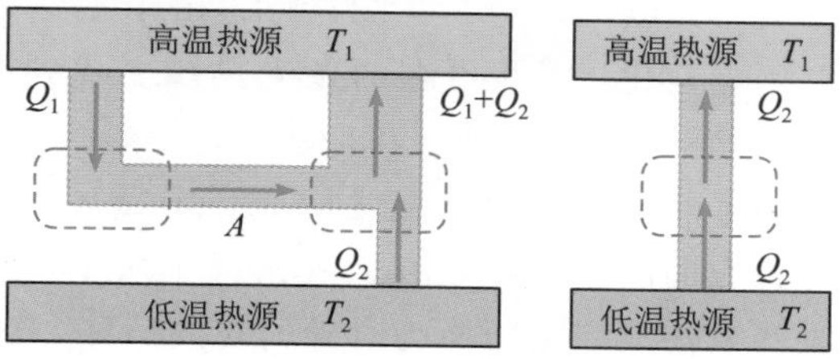

图 8.17

(2) 若克劳修斯表述不成立，则开尔文表述也不成立。

设有一违反克劳修斯表述的理想制冷机，不需要外界做功，热量 Q_2 自动从低温热源传向高温热源。同时再考虑在这两个热源之间工作的一部热机，它从高温热源吸收的热量，一部分转化为功，其余部分传向低温热源，如图 8.18 所示。这个联合装置的净效果是从高温热源净吸热 $Q_1-|Q_2|$，并将其完全转化为功 A，这一结果显然违反了开尔文表述。

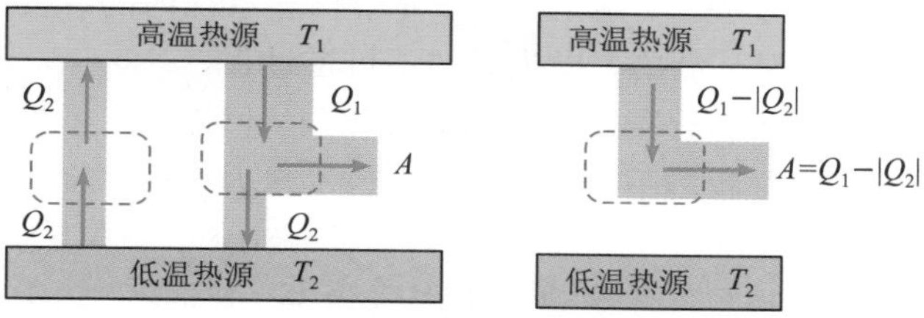

图 8.18

实际上任何对宏观过程方向的说明，都可作为热力学第二定律的表述。比如根据理想气体绝热自由膨胀的方向性，也可以给出一种表述：气体可向真空自由膨胀，但不能自动收缩而不引起其他影响。所有关于热力学过程方向的描述，均可以被证明是等价的。

克劳修斯(R. J. E Clausius，1822—1888)，德国物理学家和数学家，是气体动理论和热力学的主要奠基人之一，他对热学理论有着杰出的贡献。在热力学方面，他提出了热力学第二定律的克劳修斯表述，第一次引入了熵的概念，并给出了熵的宏观分析和计算，推导出了热力学第二定律的数学表达式，得出了孤立系统中的熵增原理；在气体动理论方面，他提出了统计平均的思想，推导出了气体的压强公式，并计算出了气体分子的方均根速率，引入了单位时间内分子的碰撞次数和气体分子的平均自由程的重要概念，解决了气体分子运动速度很大但气体扩散速度很慢的矛盾。

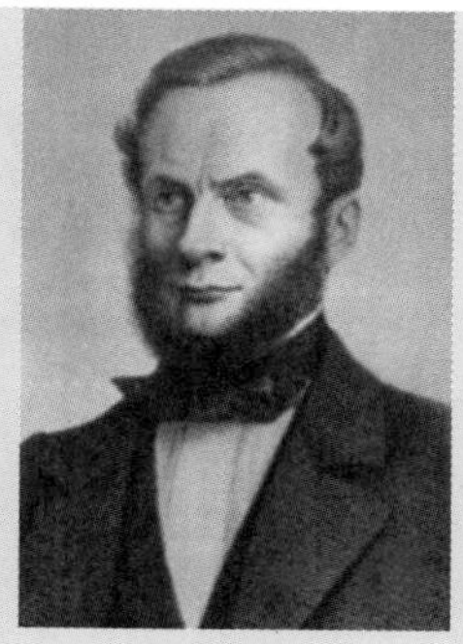

★**【例 8.9】** 根据热力学第二定律，利用反证法证明在 p-V 图上任意两条绝热线不可能相交。

证 反证法证明：假定在 p-V 图上两条绝热线相交于 c 点，如例 8.9 图所示。由于绝热线上温度逐点变化，因此可在两条绝热线上找到温度相同的两点 a 和 b，过 a 和 b 做一条等温线。如图所示，两条绝热线和等温线构成一个循环。考虑顺时针方向的正循环 $abca$，其构成了从单一热源吸收热量使之完全转换为对外的功的循环，循环效率 $\eta=100\%$。这一结果违反了热力学第二定律的开尔文表述，因此 p-V 状态图上任意两条绝热线不可能相交。

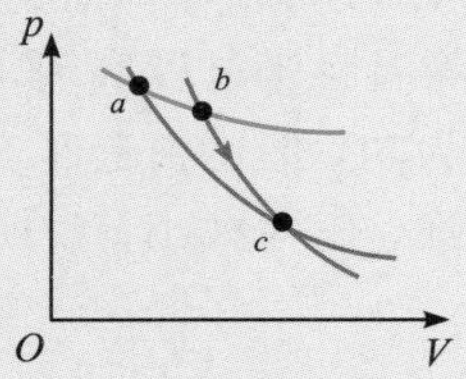

例 8.9 图

8.5.3 热力学第二定律的统计意义

自然界中不受外界影响而能自动发生的过程，称为自发过程。一个不受外界影响的系统是孤立系统，自发过程就是孤立系统内发生的与热现象有关的实际过程。扩散、理想气体绝热自由膨胀、两物体间的有限温差热传导等过程都是自发过程，也是不可逆过程。实际上，自然界中孤立系统内的自发过程，都是沿单方向进行的不可逆过程。

下面从分子热运动的观点出发，讨论孤立系统中自发过程的不可逆性，从而揭示热力学第二定律的统计意义。

以理想气体绝热自由膨胀为例。如图 8.19 所示，绝热容器被中间隔板划分成体积相等的 A 和 B 两部分，A 中充满处于平衡态的一定量理想气体，B 为真空。迅速抽除隔板后，A 中的气体将自动向 B 迅速膨胀，最后气体在整个容器中达到新的平衡态。现在研究气体分子在容器中位置的分布情况。由于分子热运动的无序性，对于每一个分子来说，只能讨论它在某处出现的概率。气体中任一分子在容器中的位置有两种情况：在 A 中和在 B 中。

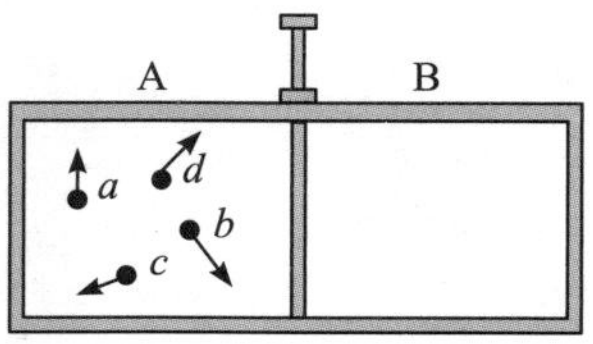

图 8.19

从宏观上描述分子的分布，只能以 A 和 B 中各有多少个分子来区分不同的分布状态，将这种在宏观上能加以区分的每一种分布状态称为系统的宏观态。若从微观来看，需要确定具体哪些分子在 A 中，哪些分子在 B 中，将这种在微观上能够加以区分的每一种分布状态称为系统微观态。

先以少数分子的系统为例，如图 8.19 所示，设系统内有 4 个分子，分别以 a、b、c、d 来表示。在没有抽出隔板前，4 个分子都处于 A 中。去掉隔板后，4 个分子在 A、B 中的分布将发生变化，它们在 A、B 中分布的宏观态和微观态如表 8.4 所示。

表 8.4 4 个分子在 A 和 B 中的分布方式

宏观态	宏观态 1		宏观态 2		宏观态 3		宏观态 4		宏观态 5	
	A	B	A	B	A	B	A	B	A	B
	4	0	3	1	2	2	1	3	0	4
微观态	*abcd*		*abc* *abd* *acd* *bcd*	*d* *c* *b* *a*	*ab* *ac* *ad* *bc* *bd* *cd*	*cd* *bd* *bc* *ad* *ac* *ab*	*a* *b* *c* *d*	*bcd* *acd* *abd* *abc*		*abcd*
各宏观态所对应的微观态数	1		4		6		4		1	

由表 8.4 可以看出，4 个分子所组成的系统，共有 5 个宏观态和 16 个微观态。在 5 个宏观态中，A 和 B 中分子个数相同(均为 2)时，所对应的微观态数最多，这也是容器中分子分布相对均匀的平衡状态。

考虑由 N 个分子所组成的系统。处于 A 中的分子个数可能取 0，1，2，…，$N-1$，N 等，共有 $N+1$ 种可能性，那么分子在 A 和 B 中分布的宏观态共有 $N+1$ 个。这些宏观态所对应的微观态总和

为 $C_N^0+C_N^1+C_N^2+\cdots+C_N^N=2^N$。统计物理学中有一条基本假设，即孤立系统内任一微观态出现的概率都是相同的。理想气体绝热自由膨胀发生在孤立系统中，因此每一个微观态出现的概率是一样的，均为 $1/2^N$。每一种宏观态出现的概率与该宏观态所对应的微观态数成正比。N 个分子全都分布在 A 中的宏观态，包含的微观态只有 1 个，那么该宏观态的概率为 $1/2^N$。如果容器中有 1 mol 气体，则这个概率为 $1/2^{6.022\times10^{23}}$，也就是说，当气体绝热自由膨胀后，这些分子都自动绝热收缩到 A 的概率非常之小，实际上这种情况是不会出现的。对于 N 个分子的系统，A 和 B 中各分布 $N/2$ 个分子的宏观态所对应的微观态数是最多的，这说明气体均匀分布的平衡态包含的微观态数是最多的，它是概率最大的宏观态。

通过以上分析不难看出，气体可以向真空绝热自由膨胀，但不能自动绝热收缩。这是因为气体自由膨胀的初状态所对应的微观态数最少，该状态出现的概率最小。自由膨胀结束后，气体均匀分布在整个容器的平衡状态所对应的微观态数最多，因而这种状态的概率也最大。反方向的过程如果没有外界影响，实际上是不可能发生的。理想气体绝热自由膨胀的不可逆性，也反映了孤立系统中的自发过程，总是由概率小的宏观态向概率大的宏观态进行，最终达到概率最大的平衡态。

两物体间的有限温差热传导是不可逆过程，对它也可作类似说明。热传导过程中，高温物体内分子的平均平动动能比低温物体内分子的平均平动动能大，当两物体接触时，能量从高温物体传向低温物体的概率比反方向传递的概率大得多。最终达到两物体内分子的平均平动动能相等的宏观态，此状态的概率远大于两物体内分子的平均平动动能不相等时的宏观态概率。因此热量会自动从高温物体传向低温物体，最终达到温度相同、概率最大的平衡态。但反方向的过程实际上不可能发生。

总结以上讨论可以看出，孤立系统中的自发过程，都是由概率小(微观态数少)的宏观态向概率大(微观态数多)的宏观态进行，最终达到概率最大、包含微观态数最多的平衡态，这就是热力学第二定律的统计意义。应当说明的是，相反方向的过程并非一定不能发生，只是因为概率极小，实际上观察不到。另外还需要指出，热力学第二定律的统计意义只成立于大量分子组成的宏观系统。

8.5.4　玻尔兹曼熵与熵增原理

1. 玻尔兹曼熵

孤立系统能否从某一初态变化到另一状态，需要分析这两个状态的概率大小。为了定量表示系统状态的这种性质，从而定量说明自发过程进行的方向，需要定义一个新的物理量，这个量称为熵，用 S 表示。从宏观上看，熵与内能类似，都是描述系统状态的单值函数，系统任一确定的宏观态都有确定的熵值。从微观上看，系统任一确定的宏观态都对应于一个确定的微观态数，用 Ω 表示宏观态所包含的微观态数，玻尔兹曼给出了熵与微观态数之间的对应关系

$$S=k\ln\Omega \tag{8.46}$$

式中，k 是玻尔兹曼常量。式(8.46)称为玻尔兹曼关系，其表明一个系统的熵是系统微观态数的量度。由于 $\ln\Omega$ 是一个数，所以熵的单位和玻尔兹曼常量的单位相同，国际单位为 J/K。

2. 熵增原理

孤立系统从初状态 1 变化到末状态 2，设 Ω_1 和 Ω_2 分别是初态和末态的微观态数，S_1 和 S_2 分别是初态和末态的熵。根据玻尔兹曼关系，该过程系统熵增可表示为

$$\Delta S=S_2-S_1=k\ln\frac{\Omega_2}{\Omega_1}$$

孤立系统中一切的实际过程，即自发过程，都是朝着 Ω 增大的方向进行，即由概率小的宏观态向概率大的宏观态进行，最终达到概率最大的平衡态。因此孤立系统中的自发过程都是熵增加的过程，平衡态时系统的熵最大。对于孤立系统中进行的可逆过程，过程中任意两个状态的概率是相等的，因而熵值不变。由此可以总结出：孤立系统的熵永不减少，这一结论称为熵增原理，即

$$\mathrm{d}S\geqslant0\quad 或\quad \Delta S\geqslant0 \tag{8.47}$$

式中的等号仅适用于可逆过程，大于号则对应于不可逆过程。熵增原理是热力学第二定律常用的一种表述方式，为我们提供了判定孤立系统中过程进行方向的依据。

3. 熵的微观意义

下面以理想气体绝热自由膨胀为例，进一步说明熵的微观意义。自由膨胀前的初始状态，气体分子都位于容器一侧。膨胀结束后，气体分子均匀分

布于整个容器并达到新的平衡态。相较于初始状态，末状态时分子在容器中的位置分布的可能性更多，分子位置的分布更加混乱且没有秩序。无序是相对于有序来讲的，分子在空间的分布越是均匀，分散得越开，系统越是无序；分子在空间的分布越是不均匀，越是集中在某一很小的区域内，则系统越是有序。因此气体自由膨胀的过程是从分子位置分布的低无序性向高无序性变化的。

引入了有序和无序的概念后，可以看出，孤立系统中的不可逆过程都是从相对有序变化到相对无序，因此都是无序度增加的过程，这就是过程不可逆性的微观含义。所以，熵是系统内分子热运动无序程度或混乱程度的量度，这就是熵的微观意义。从而可以总结出第二定律的微观意义：孤立系统中的不可逆过程都是无序度增加的过程，到达平衡态时系统的熵最大，表明平衡态是系统最无序的状态。需要说明的是，这一规律只适用于由大量分子构成的宏观体系，对少数分子构成的体系不适用。

以上讨论都是针对孤立系统进行的。对于非孤立系统，在某一过程中，系统的熵有可能减少，也有可能增加，还有可能不变化。比如在孤立系中，有温差的两个物体间的有限温差热传导过程，是一个不可逆过程，系统的总熵在增加，但高温物体的熵减小，低温物体的熵增加。

★**【例 8.10】** 分子总数为 N 的 ν mol 理想气体在绝热自由膨胀过程中，体积由 V_1 变化到 V_2，初、末状态均为平衡态。求该过程中气体熵的增量。

解 理想气体绝热自由膨胀过程中，初、末态温度相同，因此可以不考虑分子速度分布的变化。此时确定分子的微观态时，只需考虑分子在空间位置的分布。设想将容器空间划分成很多大小相等的体积元，V_1 中有 m 个体积元，V_2 中有 n 个体积元，显然 $V_2/V_1=n/m$。每个分子在每个体积元中出现的概率是一样的，那么 N 个分子分布于 m 个体积元的可能性有 m^N 种，则微观态数为 $\Omega_1=m^N$，N 个分子分布于 n 个体积元的可能性有 n^N 种，则 $\Omega_2=n^N$。因此气体膨胀前后微观态数之比为

$$\frac{\Omega_2}{\Omega_1}=\left(\frac{n}{m}\right)^N=\left(\frac{V_2}{V_1}\right)^N$$

理想气体绝热自由膨胀过程熵的增量为

$$\Delta S=S_2-S_1=k\ln\frac{\Omega_2}{\Omega_1}$$
$$=k\ln\left(\frac{V_2}{V_1}\right)^N=kN\ln\frac{V_2}{V_1}$$
$$=kN_A\nu\ln\frac{V_2}{V_1}=\nu R\ln\frac{V_2}{V_1}$$

由于 $V_2>V_1$，因此 $\Delta S>0$，这说明绝热自由膨胀是不可逆的、熵增加的过程，系统变得更加无序，这一过程是能够自动发生的。反之，如果 $V_2<V_1$，$\Delta S<0$，这违背了熵增原理，因此气体体积自动收缩的过程不可能自动发生。如果 $V_2=2V_1$，则 $\Delta S=\nu R\ln 2$。

应当注意，熵是描述系统性质的状态函数，只要系统的初、末状态确定，熵的增量也就唯一确定了，与系统在初、末状态之间经历的过程无关。

玻耳兹曼对熵的统计解释，使人们对熵的微观本质有了一定的理解，丰富了熵的内涵。目前，熵的应用已经远远超出了热力学范畴，熵的意义有了新的发展，信息论、生物学、经济学、气象学，以及社会科学等很多领域都涉及到熵的概念。

科技专题

熵与信息

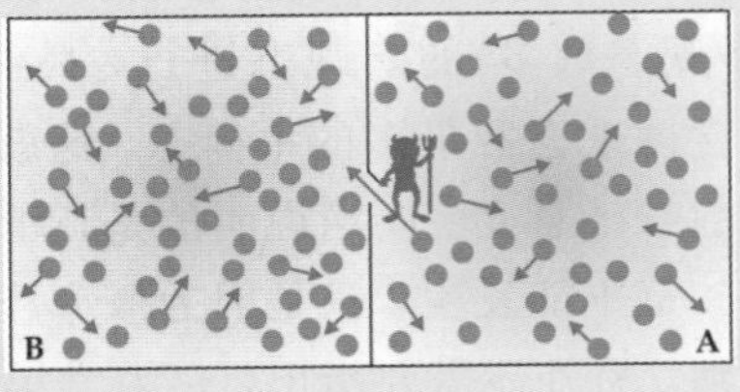

麦克斯韦妖是一个质疑热力学第二定律的思想实验。绝热容器的中间有一个隔板，将容器中处于平衡态的理想气体分成两部分。隔板上开了一扇小门，让一只小妖守卫着这扇小门，这个小妖被称为麦克斯韦妖。它允许速率较大的分子通过小门去容器左边的B部分，速率较小的分子去容器右边的A部分。经过一段时间后，容器两边分子的平均速率出现了差别，即在没有外界影响的情

况下，A 部分温度自动降低，B 部分温度自动升高，这显然违反了热力学第二定律的克劳修斯表述，或者说违反了熵增原理。麦克斯韦妖真的能打败热力学第二定律吗？问题的关键在于小妖需要知道哪些分子速率大，哪些分子速率小，也就是说小妖必须获取分子的速率信息。而它对这些信息的获取必须借助一定的物质过程，如光、电、磁等手段，信息获取必然伴随着能量的损耗。显然孤立系统中能够使熵减少的小妖是不存在的，信息的输入相当于负熵的流入，信息熵的概念正是这样发展起来的，信息的输入相当于消除了无知和不确定性。信息熵被信息论所引用，信息量越大，系统越有序，信息熵越小；信息量越小，系统越无序，信息熵越大。信息熵的引入为信息学的定量研究提供了方便。

思考题

1. 对比理想气体的绝热自由膨胀和准静态绝热膨胀，比较两个过程中气体压强、温度、体积如何变化？功、热量、内能有什么特点？

2. 两条等温线和一条绝热线能否构成一个循环？

3. 热量不可能完全转化为功，这个说法对吗？

4. 准静态过程一定是可逆过程吗？可逆过程需满足什么条件？

5. 一杯热水，放在空气中慢慢冷却到最后与周围环境温度相同，这一过程水的熵减少了。这与熵增原理有无矛盾？

6. 鞭炮的燃烧爆炸过程是一个不可逆过程，试分析这一过程中无序度增加都表现在哪些方面？

本章小结

热力学第一定律

系统从外界吸收的热量，一部分用来增加内能，另一部分用来对外做功。热力学第一定律的数学表达式：$Q=\Delta E+A$。

系统从外界吸热 $Q>0$，系统向外界放热 $Q<0$；系统对外界做正功 $A>0$，外界对系统做正功 $A<0$。

理想气体准静态过程的热力学第一定律表达式：$\mathrm{d}Q=\mathrm{d}E+p\mathrm{d}V$。

几种典型准静态过程

等体过程：系统不对外做功，吸收的热量全部用来增加内能。

$V=$常量，　$P/T=$常量

$Q_V=\nu C_{V,m}(T_2-T_1)$，　$\Delta E=\nu\dfrac{i}{2}R(T_2-T_1)$，　$C_{V,m}=\dfrac{i}{2}R$

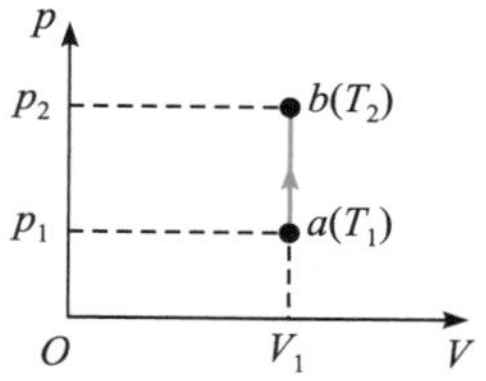

等压过程：系统吸收的热量一部分用来增加内能，其余部分用以对外做功。

$p=$常量，　$V/T=$常量

$Q_p=\nu C_{p,m}(T_2-T_1)$，　$A=p(V_2-V_1)=\nu R(T_2-T_1)$，

$\Delta E=\nu C_{V,m}(T_2-T_1)$

$C_{p,m}=C_{V,m}+R=\dfrac{i}{2}R+R$，　$\gamma=\dfrac{C_{p,m}}{C_{V,m}}=\dfrac{i+2}{i}$

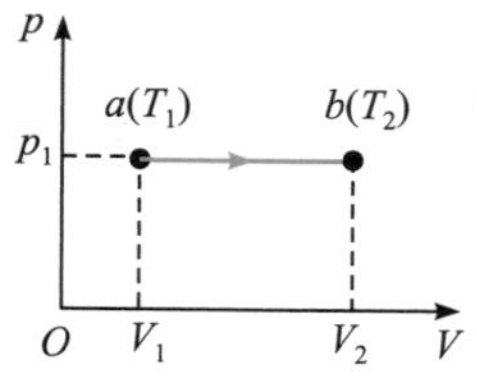

等温过程：系统吸收的热量，全部用来对外做功。

$T=$常量，　　$pV=$常量

$Q=A=\nu RT\ln\frac{V_2}{V_1}=\nu RT\ln\frac{p_1}{p_2}$

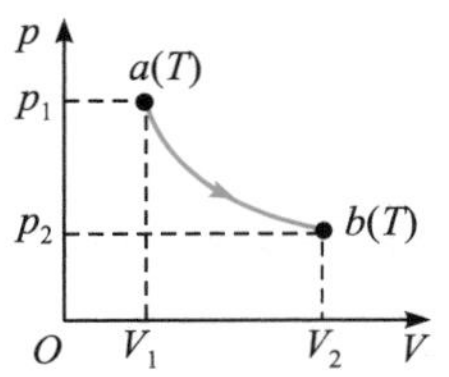

绝热过程：系统与外界无热量交换，减小的内能全部用以对外做功。

$pV^{\gamma}=$常量，　$TV^{\gamma-1}=$常量，　　$p^{\gamma-1}T^{-\gamma}=$常量

$Q=0$，　　$A=-(E_2-E_1)=-\nu C_{V,m}(T_2-T_1)$

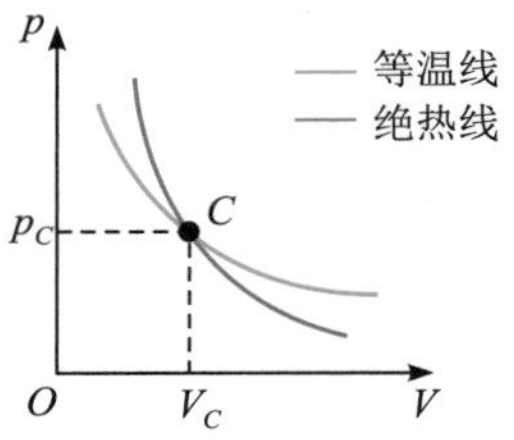

循环过程

循环过程：$\Delta E=0$，　$Q=A$。

正循环：p-V 图上沿顺时针方向进行的循环，工质从外界吸热，对外界做功。

热机：工质从高温热源吸收热量，一部分用来对外做功，一部分传向低温热源。

热机效率：$\eta=\frac{A}{Q_1}=\frac{Q_1-|Q_2|}{Q_1}=1-\frac{|Q_2|}{Q_1}$。

逆循环：p-V 图上沿逆时针方向进行的循环，外界对工质做功，工质对外放出热量。

制冷机：在外界做功的条件下，工质将从低温热源吸收的热量传向高温热源，从而降低低温热源的温度。

制冷机制冷系数：$w=\frac{Q_2}{|A|}=\frac{Q_2}{|Q_1|-Q_2}$。

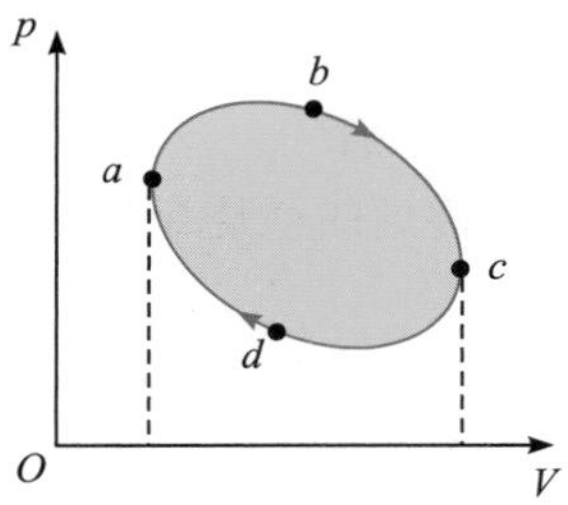

卡诺循环与卡诺定理

卡诺循环：有两个等温过程和两个绝热过程组成。

卡诺正循环与卡诺热机：$\eta=1-\frac{|Q_2|}{Q_1}=1-\frac{T_2}{T_1}$。

卡诺逆循环与卡诺制冷机：$w=\frac{Q_2}{|A|}=\frac{Q_2}{|Q_1|-Q_2}=\frac{T_2}{T_1-T_2}$。

卡诺定理：

(1) 工作于相同的高温热源和低温热源之间的一切可逆热机，其效率相同，均等于理想气体可逆卡诺热机的效率；

(2) 工作于相同的高温热源和低温热源之间的一切不可逆热机，其效率都不可能大于可逆热机的效率。

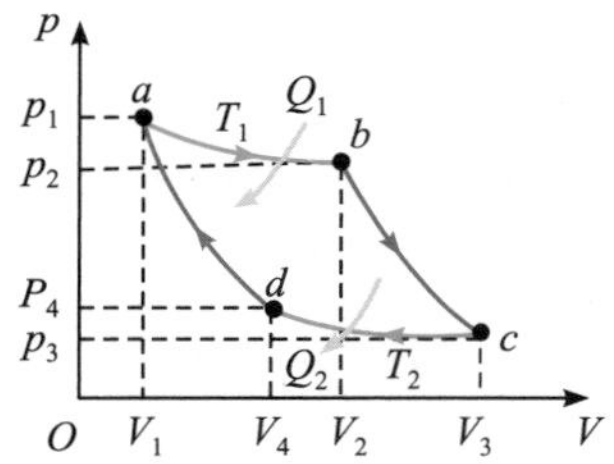

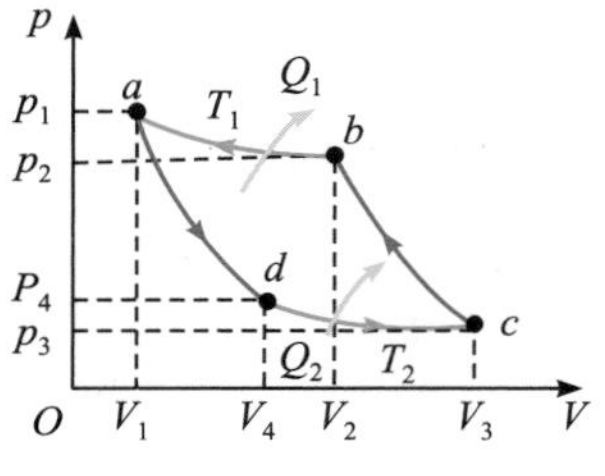

热力学第二定律

开尔文表述：不可能只从单一热源吸收热量，使之完全转化为功，而不引起其他影响。

克劳修斯表述：不可能把热量从低温物体传向高温物体而不引起其他影响。

热力学第二定律的统计意义：孤立系统中的自发过程都是从概率小(微观态数少)的宏观态向概率大(微观态数多)的宏观态进行的。

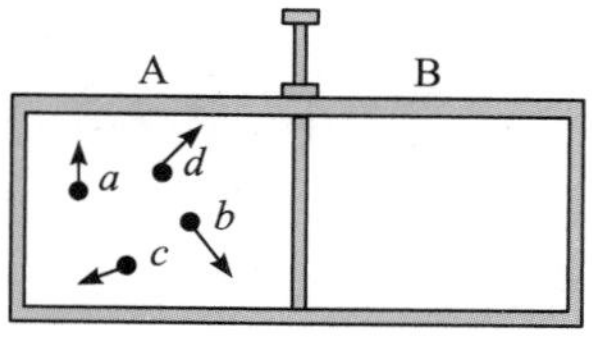

玻耳兹曼关系：$S=k\ln\Omega$。

熵的微观意义：熵 S 代表着系统的无序度和混乱度。

熵增原理：孤立系统中的熵永不减少，即 $\Delta S\geqslant 0$，等号对应可逆过程，大于号对应不可逆过程。

习 题

8.1 如题8.1图所示，一热力学系统由状态 a 经过状态 c 到达状态 b，吸热336 J，做功126 J。(1) 系统由状态 a 经过状态 d 到达状态 b，做功42 J，吸热为多少？(2) 系统由状态 b 沿曲线 ba 返回状态 a 时，做功 −84 J，系统是吸热还是放热？传递的热量是多少？
【答案：(1) 252 J；(2) −294 J】

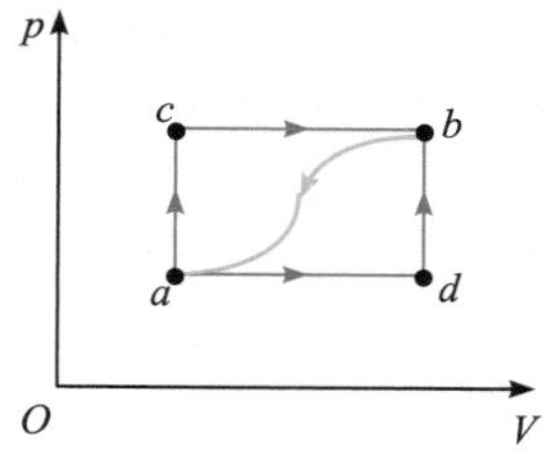

题8.1图

8.2 一气缸中储有氮气，质量为1.25 kg。在标准大气压下缓慢地加热，使温度升高1 K。求气体膨胀时所做的功 A、气体内能的增量 ΔE 以及气体所吸收的热量 Q_p。(氮气视为刚性双原子分子理想气体，活塞的质量以及它与气缸内壁的摩擦均忽略不计)【答案：$A=371$ J，$\Delta E=927$ J，$Q_p=1298$ J】

8.3 设有8 g氧气(氧气分子视为刚性分子)，体积为 0.41×10^{-3} m^3，温度为300 K。如氧气绝热膨胀，膨胀后的体积为 4.1×10^{-3} m^3，试问气体做功多少？如氧气等温膨胀，膨胀后的体积也是 4.1×10^{-3} m^3，试问这时气体做功多少？【答案：$A_1=941$ J；$A_2=1.44\times10^3$ J】

8.4 设某柴油发动机的绝热体积压缩比为15∶1，即气缸中的空气被绝热压缩到原来体积的1/15。(1) 如果初始压强为 1.013×10^5 Pa，初始温度为27℃，求绝热压缩后气缸中空气的压强和温度。(2) 如果空气的初始体积为1 L，则绝热压缩过程中气体所做的功是多少？(将空气视为刚性双原子分子理想气体，$\gamma=1.4$)【答案：(1) 886 K，4.48×10^6 Pa；(2) −494 J】

8.5 气缸内有一定量处于平衡态的单原子分子理想气体，若绝热压缩使其体积减半，问气体分子的平均速率变为原来速率的几倍？若为双原子分子理想气体($\gamma=1.4$)，又为几倍？(气体分子的平均速率可利用 $\bar{v}=\sqrt{8RT/\pi M}$ 计算)【答案：1.26，1.15】

8.6 两个绝热容器，体积分别是 V_1 和 V_2，用一带有活塞的管子连起来。打开活塞前，第一个容器盛有氮气，温度为 T_1；第二个容器盛有氩气，温度为 T_2。证明：打开活塞后混合气体的温度和压强分别为

$$T=\frac{\frac{m_1}{M_1}C_{V,m1}T_1+\frac{m_2}{M_2}C_{V,m2}T_2}{\frac{m_1}{M_1}C_{V,m1}+\frac{m_2}{M_2}C_{V,m2}}$$

$$p=\frac{1}{V_1+V_2}\left(\frac{M_1}{M_{mol1}}+\frac{M_2}{M_{mol2}}\right)RT$$

式中，$C_{V,m1}$、$C_{V,m2}$ 分别是氮气和氩气的等体摩尔热容，m_1、m_2 和 M_1、M_2 分别是氮气和氩气的质量和摩尔质量。

8.7　(1) 一定量理想气体从同一初态 a 出发，分别经历 ab、ac、ad 过程到达具有相同温度的终态，如题 8.7 图(a)所示，其中 ac 是绝热过程。试分析 ab 和 ad 过程中的吸热和放热情况。(2) 如题 8.7 图(b)所示，试分析理想气体在从 a—b 的过程中，其热容是大于零，等于零还是小于零?【答案：(1) ab：放热，ad：吸热；(2) 小于零】

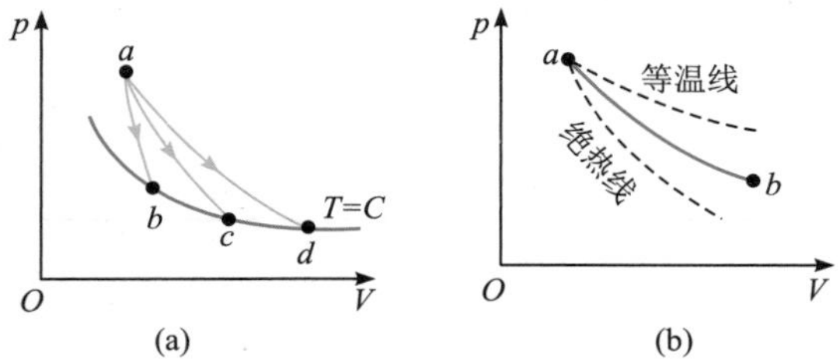

(a)　(b)

题 8.7 图

8.8　题 8.8 图为理想气体所经历的循环过程，该循环由两个等体过程和两个等温过程组成。(1) a、b、c、d 的压强用 p_1、p_2、p_3、p_4 表示，证明：$p_1p_3=p_2p_4$。(2) 若有 0.32 kg 的氧气(视为刚性双原子分子理想气体)做如图所示的循环，设 $V_2=2V_1$，ab 的温度为 $T_1=300$ K，cd 的温度为 $T_2=200$ K，求该循环的效率。【答案：15%】

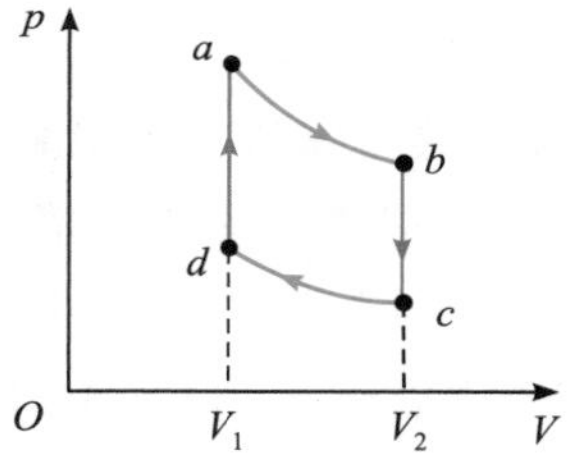

题 8.8 图

8.9　有 25 mol 的某种单原子分子理想气体，经历如题 8.9 图所示的循环过程(ac 为等温过程)。已知 $p_1=4.15\times10^5$ Pa，$V_1=2.0\times10^{-2}$ m^3，$V_2=3.0\times10^{-2}$ m^3。求：(1) 各过程中的热量、内能改变以及所做的功；(2) 循环的效率。【答案：(1) ab：$Q=1.04\times10^4$ J，$\Delta E=6.23\times10^3$ J，$A=$

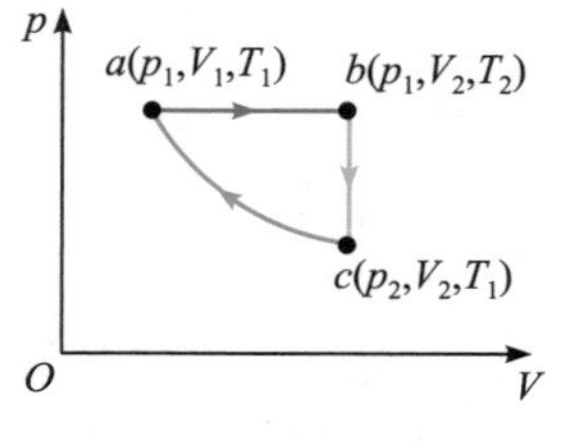

题 8.9 图

4.15×10^3 J；bc：$Q=\Delta E=-6.23\times10^3$ J，$A=0$ J；ca：$Q=A=-3.37\times10^3$ J，$\Delta E=0$ J；(2) 7.7%】

8.10　1 mol 刚性双原子分子理想气体经历一可逆循环过程，如题 8.10 图所示，其中 1－2 为直线，2－3 为绝热线，3－1 为等温线。已知 $T_2=2T_1$，$V_3=8V_1$。试求：(1) 各过程中的功、内能增量和传递的热量；(用 T_1 和气体的摩尔常量 R 表示)(2) 此循环的效率 η。【答案：(1) 1－2：$\Delta E_1=\frac{5}{2}RT_1$，$A_1=\frac{1}{2}RT_1$，$Q_1=3RT_1$；2－3：$\Delta E_2=-\frac{5}{2}RT_1$，$A_2=\frac{5}{2}RT_1$，$Q_2=0$；3－1：$\Delta E_3=0$，$A_3=-2.08\,RT_1$，$Q_3=-2.08RT_1$；(2) 30.7%】

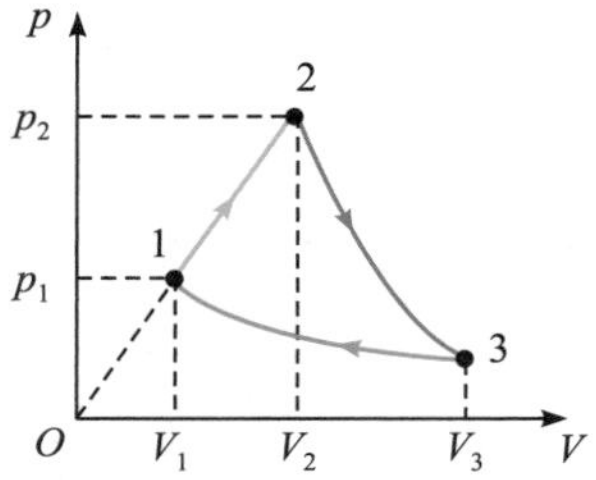

题 8.10 图

8.11　燃气轮机是将燃料能量转化为有用功的内燃旋转式动力设备，其是热机的一种。布雷顿循环是燃气轮机热力学过程简化的一种理想循环，如题 8.11 图所示。ab 和 cd 是绝热过程，bc 和 da 是等压过程。设 a、b、c、d 四个状态的温度分别为 T_1、T_2、T_3、T_4，工质的热容比为 γ。(1) 证明此循环的效率为 $\eta=1-\frac{T_4-T_1}{T_3-T_2}$；(2) 令 $k=p_2/p_1$，称为循环增压比。证明布雷顿循环的效率可表示为 $\eta=1-1/k^{(\gamma-1)/\gamma}$。【答案：(1) 证明略；(2) 证明略】

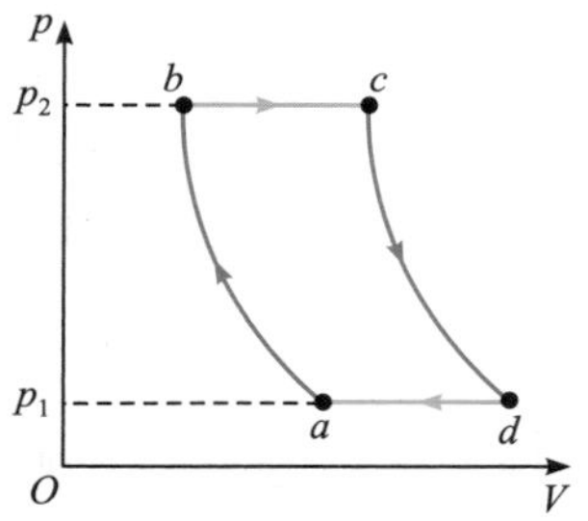

题 8.11 图

8.12　热机在一次循环中从温度为 373 K 的高温热源吸收热量 200 J，向温度为 273 K 低温热源放热 152 J，求该热机的效率。此循环是否是理

想的卡诺循环？【答案：24%，不是】

8.13　两部可逆热机串联，如题 8.13 图所示。可逆热机 1 工作于温度为 T_1 的热源 1 和温度为 $T_2=400$ K 的热源 2 之间。可逆热机 2 吸入可逆热机 1 放给热源 2 的热量 Q_2，转而放给 $T_3=300$ K 的热源。分别求以下两种情况下热源 1 的温度 T_1：(1) 两部热机效率相等；(2) 两部热机做功相等。【答案：(1) 533 K；(2) 500 K】

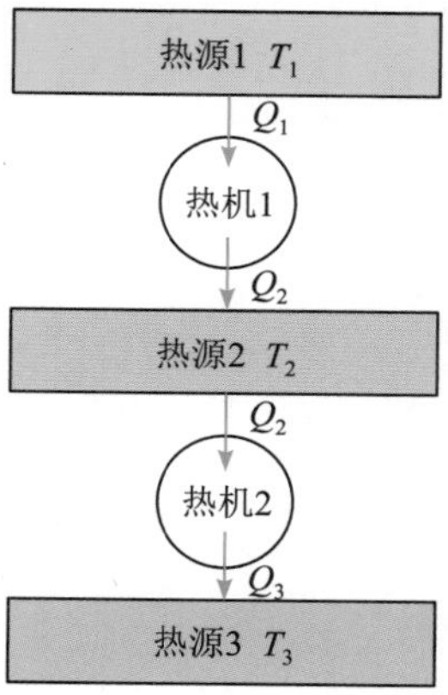

题 8.13 图

8.14　设一汽车发动机在温度为 1000 K 和 300 K 的两热源之间工作。如果：(1) 高温热源温度提高到1100 K；(2) 低温热源温度降到 200 K。求理论上的热机效率各增加多少？【答案：2.7%，10%】

8.15　一冰箱的制冷系数为 2.1，在每个循环中，它从低温热源吸收 3.4×10^4 J 热量。(1) 运行冰箱的每个循环需要多少机械功？(2) 每个循环向高温热源排出多少热量？【答案：(1) 16.2 kJ；(2) 50.2 kJ】

8.16　有一卡诺制冷机，从温度为-10℃的冷藏室吸取热量，向温度为 20℃的物体放出热量。设该制冷机所耗功率为 15 kW，问每分钟从冷藏室吸取的热量和向高温物体放出的热量分别是多少？【答案：7.89×10^6 J，8.79×10^6 J】

8.17　一电冰箱放在室温为 20℃的房间里，冰箱冷藏柜中的温度维持在 5℃。现每天有 2.0×10^7 J 的热量自房间传入冰箱内，若要维持冰箱冷藏柜的温度不变，外界每天需做多少功，其功率为多少？设在此之间运转的冰箱的致冷系数是卡诺致冷机致冷系数的 55%。【答案：0.2×10^7 J，23 W】

8.18　证明：在 p-V 图上，一条等温线和一条绝热线有且仅有一个交点。【答案：证明略】

参考文献

[1] 胡盘新，汤毓骏，钟季康．普通物理学思考题分析与拓展[M]．6版．北京：高等教育出版社，2008.
[2] 黄伯坚．普通物理学思考题与习题解答[M]．武汉：华中科技大学出版社，2005.
[3] 李慧娟，巩晓阳．大学物理学[M]．北京：高等教育出版社，2015.
[4] 东南大学等七所工科院校编．物理学下册[M]．7版．北京：高等教育出版社，2020.
[5] 张三慧．大学物理学上册[M]．3版．北京：清华大学出版社，2014.